Springer Collected Works in Mathematics

More information about this series at http://www.springer.com/series/11104

I. Schur

Issai Schur

Gesammelte Abhandlungen III

Editors
Alfred Brauer
Hans Rohrbach

Reprint of the 1973 Edition

Springer

Author
Issai Schur (1875 – 1941)
Universität Berlin
Berlin
Germany

Editors
Alfred Brauer (1894 – 1985)
University of North Carolina
Chapel Hill, NC
USA

Hans Rohrbach (1903 – 1993)
Universität Mainz
Mainz
Germany

ISSN 2194-9875
Springer Collected Works in Mathematics
ISBN 978-3-662-48754-9 (Softcover)
978-3-540-05630-0 (Hardcover)

Library of Congress Control Number: 2012954381

Mathematics Subject Classification (2010): 20.XX, 01A75, 40.0X, 15.85

Springer Heidelberg New York Dordrecht London

Printed on acid-free paper

Springer-Verlag GmbH Berlin Heidelberg is part of Springer Science+Business Media
(www.springer.com)

ISSAI SCHUR

GESAMMELTE ABHANDLUNGEN

BAND III

Herausgegeben von

Alfred Brauer und Hans Rohrbach

Springer-Verlag
Berlin · Heidelberg · New York 1973

ISBN 978-3-540-05630-0

 Library of Congress Catalog Card Number 75-175903

Offsetdruck: Julius Beltz, Hemsbach/Bergstr.
Bindearbeiten: Konrad Triltsch, 87 Würzburg

Vorwort

Die Ergebnisse, Methoden und Begriffe, die die mathematische Wissenschaft dem Forscher Issai Schur verdankt, haben ihre nachhaltige Wirkung bis in die Gegenwart hinein erwiesen und werden sie unverändert beibehalten. Immer wieder wird auf Untersuchungen von Schur zurückgegriffen, werden Erkenntnisse von ihm benutzt oder fortgeführt und werden Vermutungen von ihm bestätigt. Daher ist es sehr zu begrüßen, daß sich der Springer-Verlag bereit erklärt hat, die wissenschaftlichen Veröffentlichungen von I. Schur als Gesammelte Abhandlungen herauszugeben.

Die Besonderheit des mathematischen Schaffens von Schur hat einst Max Planck, als Sekretär der physikalisch-mathematischen Klasse der Preußischen Akademie der Wissenschaften zu Berlin, gut gekennzeichnet. In seiner Erwiderung auf die Antrittsrede von Schur bei dessen Aufnahme als ordentliches Mitglied der Akademie am 29. Juni 1922 bezeugte er, daß Schur „wie nur wenige Mathematiker die große Abelsche Kunst übe, die Probleme richtig zu formulieren, passend umzuformen, geschickt zu teilen und dann einzeln zu bewältigen".

Zum Gedächtnis an I. Schur gab die Schriftleitung der Mathematischen Zeitschrift 1955 einen Gedenkband heraus, aus dessen Vorrede wir folgendes entnehmen (Mathematische Zeitschrift **63**, 1955/56): „Aus Anlaß der 80. Wiederkehr des Tages, an dem Schur in Mohilew am Dnjepr geboren wurde, vereinen sich Freunde und Schüler, um sein Andenken mit diesem Bande der Zeitschrift zu ehren, die er selbst begründet hat. Sie sind in alle Welt zerstreut durch die Katastrophe, in deren Verlauf Schur durch vorzeitige Emeritierung 1935 die Wirkungsstätte verlor, an der seine Vorlesungen drei Jahrzehnte lang Studenten für die Mathematik begeistert hatten ... Möge dieser Band an Schurs Gesamtwerk erinnern und von seiner Fruchtbarkeit zeugen."

Den nachstehend abgedruckten Abhandlungen stellen wir zur Würdigung von I. Schur als Forscher, Hochschullehrer und Mensch die Ansprache voran, die der erste der beiden Herausgeber 1960 bei der 150-Jahrfeier der Berliner Universität auf deren Einladung hin Schur gewidmet hat. Diese Würdigung macht insbesondere deutlich, wie sehr die politischen Verhältnisse der dreißiger Jahre in Deutschland die letzten Lebensjahre von Schur überschatteten und wie stark seine Schaffenskraft durch Druck und Verfolgung beeinträchtigt wurde. Erst 1939, nach seiner Ankunft in Israel, war er wieder imstande, wissenschaftlich zu arbeiten, doch hat er bis zu seinem Tode (Januar 1941) nichts mehr veröffentlicht.

In seinem Nachlaß sowie in dem seines Sohnes Georg Schur fanden sich mehrere fast fertige Manuskripte. Von diesen sind drei durch M. Fekete und M. Schiffer dem American Journal of Mathematics zur Veröffentlichung eingereicht worden und 1945 bzw. 1947 dort erschienen. Drei weitere Manuskripte bilden den Hauptteil des Anhangs, den die beiden Herausgeber diesen Gesammelten Abhandlungen angefügt haben. Dieser Anhang enthält außerdem die von Schur publizierten Aufgaben sowie Ergebnisse von Schur in Arbeiten anderer Mathematiker.

Bei der Überarbeitung der im Anhang abgedruckten nachgelassenen Untersuchungen von Schur haben uns die Herren Richard H. Hudson (University of South Carolina,

Columbia, S.C.), RUDOLF KOCHENDÖRFFER (Universität Dortmund) und ALFRED STÖHR (Freie Universität Berlin) wesentlich unterstützt. Ihnen hierfür auch an dieser Stelle unseren Dank auszusprechen, ist uns ein Bedürfnis. Ebenso danken wir dem Springer-Verlag für die gute Planung, Durchführung und Ausstattung des Gesamtwerks.

Chapel Hill, N.C. und Mainz, Februar 1973 ALFRED BRAUER HANS ROHRBACH

Hinweis

Nicht aufgenommen sind die beiden von FROBENIUS mit SCHUR verfaßten Abhandlungen. Sie sind abgedruckt in F. G. FROBENIUS, Gesammelte Abhandlungen. III, 355–386. Berlin–Heidelberg–New York: Springer 1968.

Die Paginierung am oberen Rand jeder Seite entspricht der Originalpaginierung. Die dem Inhaltsverzeichnis dieser Gesammelten Abhandlungen entsprechende fortlaufende Paginierung befindet sich am unteren Rand jeder Seite.

Gedenkrede auf Issai Schur[1]

Alfred Brauer

Magnifizenz Professor Schröder!
Professor Reichardt!
Meine Damen und Herren!

Den Veranstaltern dieser Tagung möchte ich meinen herzlichsten Dank sagen, daß Sie mich eingeladen haben, hier meines verehrten Lehrers, Issai Schur, zu gedenken. Ferner möchte ich seiner Magnifizenz, dem Herrn Rektor, für seine mich ehrenden Worte in seiner gestrigen Ansprache bestens danken.

Es ist für mich eine große Freude, an die Stätte zurückzukehren, der ich fast meine ganze wissenschaftliche Ausbildung verdanke und mit der ich fast 20 Jahre als Student, Assistent und Dozent verbunden war.

Es scheint mir eine schöne Idee zu sein, bei einem Jubiläum einer Universität derer zu gedenken, die segensreich an ihr gewirkt haben. Ich persönlich denke heute in Dankbarkeit an alle, die hier als meine Lehrer, als meine Kollegen oder als meine Kommilitonen mir wissenschaftlich und menschlich so viel gegeben haben.

Ich bin stolz darauf, aus dieser Universität hervorgegangen zu sein. Im Frühjahr 1925, noch bevor ich an meiner Dissertation zu arbeiten begonnen hatte, bot Schur mir eine Assistentenstelle bei Felix Klein in Göttingen an. Ich lehnte dieses Angebot ab. Ich zog es vor, als gewöhnlicher Student hier zu bleiben. Allerdings wußte ich genau, was Berlin und insbesondere Schur mir geben konnte. Ich habe diesen Entschluß nie bereut. Alle diejenigen unter den Anwesenden, die damals hier waren, werden mir beipflichten.

Issai Schur wurde am 10. Januar 1875 als Sohn des Großkaufmanns Moses Schur und seiner Ehefrau Golde, geb. Landau, zu Mohilew am Dnjepr in Rußland geboren. Seit seinem dreizehnten Lebensjahre lebte er im Hause seiner Schwester und seines Schwagers in Libau, um dort das ausgezeichnete Nicolai-Gymnasium zu besuchen. Das Abitur bestand er als bester Schüler, und er wurde durch Verleihung einer Goldmedaille ausgezeichnet. Ungefähr zu dieser Zeit starb sein Vater, während seine Mutter ein hohes Alter erreichte. Einen ihrer letzten Geburtstage feierte Schur durch Widmung einer seiner Arbeiten.

Im Herbst 1894 bezog Schur die Universität Berlin. Dort studierte er zunächst Physik, bald aber wandte er sich ganz der Mathematik zu. An der Berliner Universität bestand er am 27. November 1901 die Doktorprüfung summa cum laude. Die Dissertation wurde mit dem Prädikat „egregium" angenommen. Im Lebenslauf seiner Dissertation nennt Schur insbesondere Frobenius, Fuchs, Hensel und Schwarz als seine Lehrer. Wie sich später zeigte, war es Frobenius, der auf Schurs Arbeitsweise und mathematisches Interesse den größten Einfluß hatte. Wie damals üblich, hatte er bei der

[1] Rede gehalten am 8. November 1960 auf Einladung der Humboldt-Universität in Berlin anläßlich der Schur-Gedenkfeier im Rahmen der 150-Jahrfeier der Universität. (Leicht abgeändert 1971.)

Für Überlassung von Material bin ich der inzwischen verstorbenen Gattin von Schur, Frau Regina Schur, seiner Tochter, Frau Hilde Abelin, Professor M. Schiffer und meinem Bruder, Richard Brauer, dankbar, ebenso meiner Frau, Hilde Brauer, für technische Hilfe.

Doktorprüfung einige von ihm gewählte Thesen zu verteidigen, die in seiner Dissertation abgedruckt sind, ebenso wie die Namen seiner Opponenten. Im Jahre 1903 habilitierte sich SCHUR in Berlin als Privatdozent.

Am 2. September 1906 heiratete Schur Dr. med. REGINA FRUMKIN. Diese Ehe war überaus glücklich. Seine Frau verstand es meisterhaft ihm vieles abzunehmen, damit er sich ganz der Mathematik widmen konnte.

Aus dieser Ehe sind zwei Kinder hervorgegangen, ein Sohn, dem er zu Ehren von FROBENIUS den Vornamen GEORG gab, und eine Tochter HILDE. SCHUR hätte es gern gesehen, wenn sein Sohn, der für Mathematik sehr begabt war, dieses Fach studiert hätte. Dieser aber zog vor, Physik zu studieren, um mit seinem Vater nicht konkurrieren zu müssen. Er bestand noch das Staatsexamen, mußte aber wegen seiner Auswanderung sein Studium aufgeben. In späteren Jahren war er als Versicherungsmathematiker in Israel tätig. Auf seinen Berechnungen beruht die sogenannte National-Versicherung Israels. Sein Interesse für die reine Mathematik kam immer wieder zum Durchbruch. In zwei der in SCHURS Nachlaß gefundenen Arbeiten (als Nr. 81 und 82 der Gesammelten Abhandlungen erstmals veröffentlicht), findet sich ein Beweis seines Sohnes. SCHURS Tochter ist mit einem Arzt, Dr. ABELIN, in Bern verheiratet. Von ihren vier Kindern hat SCHUR die Geburt der ältesten drei noch erlebt. Er hing an diesen Enkelkindern mit großer Liebe.

Im Jahre 1911 wurde SCHUR auf Vorschlag von HAUSDORFF als dessen Nachfolger als planmäßiger außerordentlicher Professor nach Bonn berufen. 1916 kehrte er in der gleichen Stellung nach Berlin zurück. Hier wurde er 1919 ordentlicher Professor. Im Jahre 1922 wählte ihn die Preußische Akademie der Wissenschaft in Berlin zum Mitglied. Ich glaube die Einstellung SCHURS zur Mathematik und zu seinen Arbeiten nicht besser charakterisieren zu können, als wenn ich hier seine Antrittsrede in der Akademie in der öffentlichen Sitzung am Leibniztage 1922 und die Erwiderung von PLANCK als Sekretär der physikalisch-mathematischen Klasse verlese[2]. Ich erinnere mich, daß diese Reden einen großen Eindruck auf die Zuhörer machten.

Auf die Mitgliedschaft in der Akademie ist SCHUR immer besonders stolz gewesen. Er besuchte regelmäßig ihre Sitzungen, und viele seiner Arbeiten sind in ihren Sitzungsberichten erschienen. Später wurde SCHUR noch Korrespondierendes Mitglied der Akademien in Leningrad, Leipzig, Halle und Göttingen.

Die Jahre von 1915–1933 waren in wissenschaftlicher Beziehung äußerst erfolgreich für ihn. Da war es ein entsetzlicher Schlag, als es Ende April 1933 gerüchtweise bekannt wurde, daß SCHUR von seinem Amt beurlaubt werden sollte. Am 1. Mai wurde das Gerücht zur Tatsache. Am Nachmittag dieses Tages suchten ROHRBACH und ich SCHUR auf, um die Hoffnung auszusprechen, daß diese Beurlaubung nur vorübergehend sein würde. Äußerlich war SCHUR völlig ruhig und gefaßt, aber innerlich wurde seine Arbeitskraft durch dieses Ereignis aufs stärkste vermindert. Zwar gelang es den Bemühungen von ERHARD SCHMIDT, die Beurlaubung vom Wintersemester 1933/34 an rückgängig zu machen, da sie auch nach den damaligen Gesetzen ungesetzlich war, weil SCHUR schon vor Ende des ersten Weltkrieges preußischer Beamter gewesen war. Kaum war die Beurlaubung bekannt geworden, als SCHUR ein Angebot von der Universität von Wisconsin in Madison erhielt. Aber er lehnte dieses Angebot ab, da er sich nicht mehr kräftig genug fühlte, in einer anderen Sprache Vorlesungen zu halten.

Nach seiner Wiedereinsetzung durfte SCHUR nur noch ausgewählte Spezialvorlesungen halten. Während der nächsten zwei Jahre wurden ihm immer wieder neue Schwierigkeiten bereitet, bis er sich dem Druck fügte und sich bereit erklärte, sich zum 31. August 1935 emeritieren zu lassen. Hätte er diesen Schritt nicht unternommen, so wäre er bald darauf

[2] Vgl. diese Gesammelten Abhandlungen. II, 413-415.

seines Amtes ohnehin enthoben worden. Denn noch vor Beginn des Wintersemesters 1935/36 wurden die letzten wenigen jüdischen Mitglieder des Lehrkörpers aus ihren Ämtern entfernt.

Für Schur ergab sich noch einmal die Möglichkeit einer kurzen Lehrtätigkeit. Im Frühjahr 1936 wurde er von der Eidgenössischen Technischen Hochschule in Zürich eingeladen, eine Reihe von Vorlesungen über die Darstellungstheorie endlicher Gruppen zu halten. Diese Vorlesung wurde von Stiefel ausgearbeitet und ist im Druck erschienen, aber seit vielen Jahren vergriffen. Sie ist auch heute noch vielleicht die beste Einführung in dieses Gebiet.

Das zwangsweise Ende seiner Lehrtätigkeit im Alter von 61 Jahren bedeutete einen schweren Schlag für Schur. Während der kurzen Zeit, in der Rohrbach dann noch Assistent am Mathematischen Seminar der Berliner Universität war, war es noch möglich, indirekt Bände aus der Bibliothek des Seminars einzusehen. Aber als Rohrbach diese Stellung verlor und als Assistent nach Göttingen ging, waren wir von der mathematischen Welt mehr und mehr abgeschlossen. Ein Beispiel soll das illustrieren. Als Landau im Februar 1938 starb, sollte Schur am Grabe eine Gedenkrede halten. Dazu brauchte er einige mathematische Tatsachen, die ihm entfallen waren. Er bat mich zu versuchen, diese aus der Literatur festzustellen. Selbstverständlich war es mir verwehrt, die Bibliothek des Mathematischen Seminars, für deren Aufbau ich jahrelang gearbeitet hatte, zu benutzen. Ich wandte mich mit einem Gesuch an die Preußische Staatsbibliothek. Es wurde mir gestattet, gegen Bezahlung einer Gebühr den Lesesaal dieser Bibliothek für eine Woche zu benutzen. Bücher aber entleihen durfte ich nicht. So konnte ich Schur wenigstens einige seiner Fragen beantworten.

In diesen Jahren habe ich Schur oft besucht. Die ständigen neuen Bestimmungen, die das Leben aller deutschen Juden mehr und mehr erschweren sollten, führten bei Schur zu schweren Depressionen. Er befolgte alle diese Gesetze aufs genaueste. Aber trotzdem geschah es einige Male, daß er, als er mir auf mein Klingeln die Wohnungstür öffnete, erleichtert ausrief: „Ach, Sie sind es und nicht die Gestapo." Häufig war es unmöglich, mit ihm über Mathematik zu sprechen. Gelegentlich diskutierten wir das folgende, auf Frobenius zurückgehende Problem, das Schur in seiner letzten Berliner Vorlesung etwas behandelt hatte. „Gegeben sind n positive ganze Zahlen $a_1, a_2, \ldots, a_n$. Eine Schranke $F(a_1, a_2, \ldots, a_n)$ ist zu bestimmen, so daß die Diophantische Gleichung $a_1x_1 + a_2x_2 + \ldots + a_nx_n = N$ immer Lösungen in positiven ganzen Zahlen für alle $N > F(a_1, a_2, \ldots, a_n)$ hat.

Schur stellte sich auf den Standpunkt, daß er nicht mehr das Recht habe, die Resultate dieser gemeinsamen Überlegungen, weder in Deutschland, noch im Ausland, zu veröffentlichen. Auch nachdem wir beide ausgewandert waren, beharrte er auf diesem Standpunkte. Nach langem Hin und Her bat er mich, die Arbeit allein zu publizieren. Er billigte meine Fassung. Fast zwei Jahre nach Schurs Auswanderung, aber noch wenige Wochen vor seinem Tode, wurde diese Arbeit im November 1940 beim American Journal of Mathematics eingereicht.

Eines Sonntags Morgen im Sommer 1938 erschien Frau Schur unerwartet in unserer Wohnung. Sie wollte mich in einer dringenden Angelegenheit um Rat fragen. Sie hatte einen Brief abgefangen, in dem Schur in zwei Wochen zu einem Termin bei der Gestapo bestellt wurde. Nun hatte Schur mehrmals erklärt, daß er eher Selbstmord begehen würde, als einer Vorladung der Gestapo Folge zu leisten. Frau Schur hatte nun den Plan, Schur auf Grund eines ärztlichen Attestes sofort in ein Sanatorium zu schicken, da er ja tatsächlich krank war. Ich konnte diesen Plan als einzigen Ausweg nur billigen. Schur verließ Berlin und ging für einige Wochen in ein Sanatorium. Frau Schur ging mit dem ärztlichen Attest am festgesetzten Termin zur Gestapo. Dort wurde sie nur gefragt, warum sie noch nicht ausgewandert seien. Natürlich wollte die Regierung SCHURS Pension einsparen. Frau SCHUR erklärte, daß sie an ihrer Auswanderung arbeiteten, daß es ihnen aber noch nicht gelungen sei, alle Schwierigkeiten aus dem Weg zu räumen.

Die Hauptschwierigkeit bestand in Folgendem. SCHURS planten, nach Israel auszuwandern und hatten das erforderliche Geld. Aber unglücklicherweise hatte Frau SCHUR eine größere Hypothek auf ein Haus in Litauen geerbt. Auf Grund der litauischen Devisenbestimmungen konnte diese Hypothek nicht zurückgezahlt werden. Es war SCHUR verboten, auf diese Hypothek zu verzichten oder sie an das Deutsche Reich abzutreten. Sie mußte zu seinem sonstigen Vermögen zugerechnet werden, und von der Gesamtsumme war die 25prozentige Reichsfluchtsteuer zu zahlen. Dazu reichte SCHURS Geld nicht aus. Nach einigen Monaten gelang es einen Wohltäter zu finden, der sich bereit erklärte, die notwendige Geldsumme zur Verfügung zu stellen. Natürlich war es für SCHUR sehr schmerzlich, gezwungen zu sein, dieses Geschenk anzunehmen.

Endlich waren alle Schwierigkeiten überwunden, und der Paß wurde erteilt. Eines Tages im Januar 1939 rief Frau SCHUR uns an, um uns mitzuteilen, daß SCHUR am selben Abend in Begleitung einer Krankenschwester nach der Schweiz zu seiner Tochter abreisen würde, da sie selbst erst in einigen Tagen folgen könnte. SCHUR würde meine Frau und mich gern noch einmal sehen. Wenige Stunden später standen wir in seinem Arbeitszimmer, um Abschied von ihm für immer zu nehmen. SCHUR selbst glaubte nicht, daß die Auswanderung glücken würde, obgleich alle amtlichen Bestimmungen aufs genaueste befolgt waren. Aber am nächsten Morgen rief mich Frau SCHUR an, um mir mitzuteilen, daß SCHUR bei seiner Tochter in Bern angekommen sei. Dort blieb er einige Wochen, um dann mit seiner Frau nach Israel auszuwandern.

Es konnte gehofft werden, daß SCHURS Zustand sich in Israel bessern würde. Aber keine wesentliche Besserung trat ein. Als SCHIFFER, der SCHUR von Berlin her kannte, ihn zum ersten Male wiedersah, war er erschüttert. SCHUR war kaum zu bewegen, über Mathematik zu sprechen. Auch weiterhin bestand er darauf, daß er nicht mehr das Recht habe, etwas zu veröffentlichen. Zwar hat er anscheinend im Geheimen etwas gearbeitet, denn in seinem Nachlaß sind einige Arbeiten gefunden worden, die mindestens zum Teil in Tel Aviv entstanden sind. Drei von diesen wurden später von FEKETE und SCHIFFER überarbeitet und unter SCHURS Namen im American Journal of Mathematics veröffentlicht.

Nur einmal gelang es, SCHUR zu bewegen, im Mathematischen Seminar der Universität in Jerusalem zu sprechen. Er begann, einen ausgezeichneten Vortrag zu halten wie in seinen besten Zeiten, so daß die Anwesenden, unter denen TOEPLITZ und SCHIFFER waren, über diese plötzliche Besserung beglückt waren. Er erwähnte in seinem Vortrage Resultate von GRUNSKY und getreu seiner Einstellung, über Menschen Gutes zu sagen, benutzte er diese Gelegenheit zu bemerken, wie sehr er GRUNSKY mathematisch und menschlich schätze. Aber plötzlich bat er um Entschuldigung und setzte sich auf einen Stuhl am Vortragstisch, den Kopf vornüber gelegt, als ob er schwer nachdenken müßte. Nach einigen Minuten stand er auf und beendete seinen Vortrag in der selben klaren und eleganten Weise, als ob nichts gewesen wäre. Später stellte es sich heraus, daß er während des Vortrags einen leichten Herzanfall gehabt hatte. Wenige Monate später, am 10. Januar 1941, seinem 66. Geburtstage, bereitete ein neuer Herzanfall seinem Leben ein Ende.

Lassen Sie mich nun das wissenschaftliche Werk SCHURS betrachten. Es ist im Rahmen eines kurzen Vortrags unmöglich, auf alle seine Arbeiten, wenn auch nur kurz, einzugehen. Es sind weit über 70, ohne die zahlreichen Aufgaben mitzuzählen. Hier sind natürlich die Arbeiten im Journal für die reine und angewandte Mathematik eingeschlossen, als deren Verfasser J. SCHUR genannt ist. Bei den ersten dieser Arbeiten war der Vorname nämlich falsch abgekürzt, und SCHUR hielt es für richtig, dies bei den späteren Arbeiten in dieser Zeitschrift nicht zu ändern. Aber tatsächlich legte er großen Wert darauf, stets als I. SCHUR zitiert zu werden. Trotzdem wird auch heute noch gelegentlich sein Vorname falsch abgekürzt.

Das bloße Verlesen der Titel würde mehr als 20 Minuten beanspruchen, und der bloße Titel besagt häufig wenig. Die meisten der SCHURschen Arbeiten sind bedeutungsvoll und sehr inhaltsreich. In der Besprechung der Arbeit „Bemerkungen zur Theorie der beschränkten Linearformen mit unendlich vielen Veränderlichen", deren bescheidener Titel nicht vermuten läßt, daß sie viele wichtige Resultate enthält, sagt O. TOEPLITZ als Referent im Jahrbuch für die Fortschritte der Mathematik: „Aus der Fülle der Resultate und Methoden, die der Praktiker aus dieser Arbeit zu lernen hat, kann hier nur einiges Wenige hervorgehoben werden." Trotzdem ist die Besprechung eine volle Seite lang.

Die Hauptbedeutung SCHURS liegt in seinen Arbeiten zur Gruppentheorie. Hier setzt er das Werk seines Lehrers FROBENIUS fort, dem neben MOLIEN die Darstellungstheorie der endlichen Gruppen durch Gruppen linearer Substitutionen zu verdanken ist. SCHUR beschränkt sich nicht auf endliche Gruppen.

In seiner Dissertation betrachtet er die Darstellung der vollen linearen Gruppe. Es ist dies eine grundlegende Arbeit, die erst später gebührende Beachtung gefunden hat, z.B. im Buch WEYL, Classical Groups, das SCHUR gewidmet ist. Vorher hatte SCHUR seine Theorie auf die Orthogonale Gruppe ausgedehnt. Diese Arbeit ist übrigens auch in einer anderen Richtung von Bedeutung. Durch SCHUR wurde die Aufmerksamkeit der Mathematiker auf den Hurwitzschen Ansatz der Integration über kompakte Lie-Gruppen gelenkt. Etwas später führte dann HAAR sein Maß für kompakte topologische Gruppen ein, das ja heute für die Analysis von großer Wichtigkeit ist. Es sei auch auf die Bedeutung für die Quantenmechanik hingewiesen.

In einer seiner frühesten gruppentheoretischen Arbeiten gab SCHUR einen elementaren Beweis von Sätzen von BURNSIDE und FROBENIUS. Von besonderem Interesse ist hierbei, daß sich dort zum ersten Male der Begriff findet, den man jetzt Verlagerung nennt. Zwischen 1904 und 1907 dehnte SCHUR die FROBENIUS'sche Idee von Darstellungen von endlichen Gruppen durch lineare Transformationen auf die von Darstellungen durch Kollineationen aus. Wie in den eben erwähnten Arbeiten ist SCHUR hier wieder Vorläufer von modernen Entwicklungen. Hier ist vielleicht die erste Stelle, wo sich Ansätze aus der homologischen Algebra finden. Der spezielle Fall der symmetrischen und alternierenden Gruppe erledigte Fragen, wie sie von KLEIN in anderer Sprache aufgeworfen waren.

In anderen Arbeiten zur Darstellungstheorie ersetzt SCHUR den Körper der komplexen Zahlen durch beliebige Körper der Charakteristik Null. Seine Resultate stehen in engem Zusammenhang zur Theorie der Algebren, und man kann sagen, daß SCHUR vieles aus dieser Theorie in anderer Sprache gekannt hat. Auch hier kann man ihn als einen Vorläufer ansehen. In diesem Zusammenhange sind auch zwei gemeinsame Arbeiten von FROBENIUS und SCHUR zu nennen.

Am bekanntesten ist SCHURS Arbeit „Neue Begründung der Theorie der Gruppencharaktere" geworden. Diese ist auch deswegen wichtig, weil sich in dieser Form die Theorie auf die kompakten Lie-Gruppen ausdehnen läßt. Auf die STIEFEL'sche Ausarbeitung der SCHUR-Vorlesung ist bereits hingewiesen worden.

Neben der Gruppentheorie sind es fast alle Zweige der klassischen Algebra und der Zahlentheorie, die Schur bedeutende neue Resultate oder besonders schöne neue Beweise verdanken, die Theorie der algebraischen Gleichungen, Matrizentheorie und Determinantentheorie, Invariantentheorie, elementare Zahlentheorie, additive Zahlentheorie, analytische Zahlentheorie, Theorie der algebraischen Zahlen, Geometrie der Zahlen, Theorie der Kettenbrüche. Aus der Analysis sind insbesondere die Theorie der Integralgleichungen und die Theorie der Unendlichen Reihen zu nennen.

Für die charakteristischen Wurzeln der Matrizen hat sich SCHUR immer sehr interessiert. In einer seiner ersten Arbeiten gibt er einen einfachen Beweis eines Satzes von FROBENIUS über die charakteristischen Wurzeln vertauschbarer Matrizen. In einer anderen Arbeit, die für die Theorie der Integralgleichungen von Wichtigkeit ist, zeigt SCHUR, daß man zu jeder quadratischen Matrix A mit reellen oder komplexen Elementen eine unitär orthogonale Matrix P so bestimmen kann, daß $\bar{P}' A P$ eine Dreiecksmatrix ist, deren Hauptdiagonale von den charakteristischen Wurzeln gebildet ist. Dieses Resultat wird auch heute noch oft gebraucht.

In einer Reihe von Arbeiten studierte SCHUR die Lage der Wurzeln algebraischer Gleichungen und andere Eigenschaften der Polynome. Insbesondere ist hier die Arbeit „Über das Maximum des absoluten Betrags eines Polynoms in einem gegebenen Intervall" und seine Arbeit „Über algebraische Gleichungen, die nur Wurzeln mit negativem Realteil besitzen" zu nennen. Diese letztere ist in der Zeitschrift für angewandte Mathematik und Mechanik erschienen; in ihr gibt SCHUR einen einfachen Beweis des Kriteriums von HURWITZ. Die bekannte Arbeit seines Doktoranden A. COHN, „Über die Anzahl der Wurzeln einer algebraischen Gleichung in einem Kreise", Mathematische Zeitschrift **14** (1922), 110–148, ist von SCHUR angeregt worden.

Schon früh interessierte sich SCHUR für die Frage der Irreduzibilität und der Galoisschen Gruppe einer algebraischen Gleichung, wie einige seiner Aufgaben zeigen. Später zeigte er unter Benutzung einer Methode von BAUER, daß es leicht ist, Gleichungen ohne Affekt vom Grade n zu finden, falls man eine Primzahl im Intervall $\{\frac{1}{2}n \ldots n\}$ kennt. In berühmt gewordenen Arbeiten bewies SCHUR mit Hilfe eines von ihm wieder gefundenen Satzes von SYLVESTER über die Verteilung der Primzahlen, daß alle Polynome der Form

$$1 + g_1 \frac{x}{1!} + g_2 \frac{x^2}{2!} + \ldots + g_{n-1} \frac{x^{n-1}}{(n-1)!} + \frac{x^n}{n!}$$

mit ganzzahligen g_ν im Körper der rationalen Zahlen irreduzibel sind. Hieraus folgt, daß die Abschnitte der Reihen für e^x und $\cos x$, sowie die Laguerreschen Polynome irreduzibel sind. Die Galoissche Gruppe der Laguerreschen Polynome ist die symmetrische Gruppe, die der Abschnitte der Reihe für e^x, wenn n durch 4 teilbar ist, die alternierende, anderenfalls die symmetrische Gruppe. Für jedes ungerade n erhält Schur Gleichungen, deren Gruppe die alternierende ist.

Es kann hier nicht meine Aufgabe sein, auf alle Arbeiten SCHURS einzugehen. Fast alle von ihnen sind auch heute noch von großer Wichtigkeit und viele waren der Ausgangspunkt von Veröffentlichungen anderer Mathematiker.

Im Jahre 1918 gründete SCHUR zusammen mit LICHTENSTEIN, KNOPP und E. SCHMIDT die Mathematische Zeitschrift, die schnell ein hohes Ansehen gewann. Einige von SCHURS eigenen Arbeiten sind hier erschienen.

Die Verleihung des Doktortitels der Universität Berlin konnte erst dann erfolgen, wenn der Kandidat 200 gedruckte Exemplare der Dissertation eingereicht hatte. Kurz nach dem ersten Weltkrieg erschienen die meisten Dissertationen in Zeitschriften. Aber bald weigerten sich die mathematischen Zeitschriften, Dissertationen zu drucken, und der Kandidat mußte die erheblichen Kosten für einen privaten Druck allein aufbringen. Um hier zu helfen, gründeten SCHUR, E. SCHMIDT, BIEBERBACH und v. MISES die „Schriften des

Mathematischen Seminars und des Instituts für Angewandte Mathematik der Universität Berlin" für die Veröffentlichung von Dissertationen. Die Arbeiten erschienen in einzelnen Heften, die zu Bänden vereinigt wurden. Die Universität kaufte einen Teil der Auflage und verwandte sie zum Tausch mit ausländischen Zeitschriften. Dadurch wurden die Kosten für den Kandidaten erheblich vermindert.

Aber wir feiern heute nicht nur den großen Gelehrten, sondern auch den hervorragenden Hochschullehrer der Berliner Universität.

Als ordentlicher Professor war SCHUR vertraglich verpflichtet, in jedem Semester zwei vierstündige Vorlesungen und ein zweistündiges Seminar zu halten. In den Jahren seiner Hauptwirkungszeit, etwa von 1920–1932, baute er langsam zwei Vorlesungszyklen von je vier Vorlesungen auf, einen in Zahlentheorie und einen in Algebra. Der erste bestand aus Zahlentheorie, Theorie der algebraischen Zahlen, Analytische Zahlentheorie I und II, der zweite aus Determinantentheorie, Algebra, Galoissche Theorie, Invariantentheorie. Gelegentlich wurden die höheren Vorlesungen durch andere ersetzt. Zahlentheorie hat SCHUR im Wintersemester 1920 und dann in jedem zweiten Winter gelesen, zum letzten Male im Wintersemester 1932/33. Algebra las SCHUR in den anderen Wintersemestern. Die elementarere der beiden Vorlesungen fand montags, dienstags, donnerstags und freitags von 10–11, die andere an denselben Tagen von 11–12 statt. Das SCHURsche Seminar war dienstags 5–7 vor dem Mathematischen Kolloquium. Außerdem hielt SCHUR Übungen zur Zahlentheorie, zur Determinantentheorie und zur Algebra donnerstags 6–8 nach der Sitzung der Akademie ab in den Semestern, in denen diese Vorlesung gehalten wurde.

Als Dozent war SCHUR hervorragend. Seine Vorlesungen waren äußerst klar, aber nicht immer leicht und erforderten Mitarbeit. SCHUR verstand es meisterhaft, seine Hörer für den Stoff zu interessieren und ihr Interesse wach zu halten. Es galt damals als selbstverständlich, daß jeder Student, der sich nur irgendwie für Mathematik interessierte, wenigstens eine der SCHUR'schen Vorlesungen hörte, auch wenn sein Hauptinteresse auf anderen Gebieten lag. SCHURS Wirken trug wesentlich dazu bei, daß die Zahl der Studenten der Mathematik in Berlin damals so anwuchs. In seiner elementaren Vorlesung waren oft über 400 Hörer. Im Wintersemester 1930 war die Zahl der Studenten, die SCHURS Zahlentheorie belegen wollten, so groß, daß der zweitgrößte Hörsaal der Universität mit etwas über 500 Sitzen zu klein war. Auf SCHURS Wunsch mußte ich eine Parallelvorlesung für etwa 40 Hörer halten.

SCHUR bereitete jede seiner Vorlesungen aufs sorgfältigste vor. Die Berliner Tradition verbot es einem Dozenten der Mathematik, ein Buch in den Hörsaal mitzubringen. Darüber hinaus erwarteten die Studenten, daß eine Vorlesung nicht ein Abklatsch eines Buches sei. Lange vor Beginn des Semesters arbeitete SCHUR jede Vorlesung schriftlich auf losen Blättern aus. Jede Vorlesung bestand aus einigen Abschnitten, jeder Abschnitt aus einer Reihe von Paragraphen, die alle eine Überschrift hatten. Während der Vorlesung hatte SCHUR die betreffenden Seiten seiner Ausarbeitung in seiner Brusttasche. Er nahm sie aber nur selten heraus, z.B. wenn es sich um eine schwierige Abschätzung in der analytischen Zahlentheorie handelte. Es ist wohl nie vorgekommen, daß SCHUR in einer Vorlesung stecken blieb. Gelegentlich hat es sich ereignet, daß SCHUR ein gewisses Resultat als bewiesen benutzte, bis die Hörer ihn darauf aufmerksam machten, daß es noch nicht bewiesen war, und SCHUR feststellen mußte, daß er einen ganzen Paragraphen übersprungen hatte.

Dank der guten Vorbereitung war SCHUR in der Lage, ziemlich viel Stoff in einer Stunde zu erledigen. Aber auf der anderen Seite setzte er seinen Stolz nicht darin, möglichst viel zu schaffen. Er war mehr daran interessiert, daß seine Hörer ihn verstanden und daß sie durch seine Vorlesung für den Stoff interessiert wurden. Ein gewisses Bild seiner Vorlesungen geben die schon erwähnte Ausarbeitung seiner Züricher Vorlesung durch STIEFEL und die kürzlich erschienene Ausarbeitung seiner Vorlesung über Invariantentheorie durch H. GRUNSKY.

SCHUR sprach ruhig und deutlich in ausgezeichnetem Deutsch ohne jeden Akzent. Niemand konnte auf den Gedanken kommen, daß Deutsch nicht SCHURS Muttersprache war.

In seiner Bescheidenheit hat SCHUR oft erklärt, daß seine Vorlesungen nicht sein Werk seien, sondern zu großen Teilen das seiner Vorgänger, insbesondere das von FROBENIUS. Aber sicher enthielten seine Vorlesungen auch manches, was neu war und vielleicht auch heute noch nicht in der Literatur gefunden werden kann. Von historischem Interesse ist z.B. SCHURS Beweis des Determinantensatzes von MINKOWSKI, den er in seinen Vorlesungen gab. Siehe die Arbeit von H. ROHRBACH „Bemerkungen zu einem Determinantensatz von Minkowski" Jahresbericht D.M.V. **40** (1931), 49–53 (eingegangen Januar 1930). SCHUR benutzt in diesem Beweise die Kreise, die heute die Kreise von GERSHGORIN genannt werden, obgleich dessen Arbeit erst 1931 erschienen ist.

SCHURS Übungen schlossen sich eng an seine Vorlesung an. In der ersten Stunde der Doppelstunde stellte SCHUR etwa 8 Aufgaben zur schriftlichen Bearbeitung. Die eingegangenen Lösungen wurden jeweils in der nächsten Woche in der zweiten Stunde der Doppelstunde von SCHURS Assistenten besprochen. Die Assistenten waren H. RADEMACHER (bis zu seinem Fortgang nach Hamburg), K. LÖWNER (bis zu seinem Fortgang nach Prag) und ich selbst von 1928–1935.

Die ersten ein oder zwei Aufgaben in jeder Aufgabenreihe waren reine Zahlenbeispiele; dann folgten theoretische Aufgaben, von leichteren zu schwereren aufsteigend. Oft handelte es sich um den Beweis spezieller Resultate, für die SCHUR sich immer sehr interessierte. Diese Übungen waren für die Ausbildung vieler der Hörer von großem Einfluß. Ich kann das nicht besser als durch folgende Beispiele zeigen.

Im Wintersemester 1921/22 nahmen H. HOPF, mein Bruder RICHARD und ich selbst an den Übungen zur Algebra teil. Die folgende Aufgabe wurde unter anderen gegeben: Es seien $a_1, a_2, \ldots, a_n$ verschiedene ganze rationale Zahlen. Dann sind die Polynome $P(x) = \{(x-a_1)(x-a_2)\ldots(x-a_n)\}^k + 1$ für $k=2$ und $k=4$ im Körper der rationalen Zahlen irreduzibel. Diese Aufgabe hatte SCHUR schon früher im Archiv der Mathematik und Physik gestellt, ohne daß eine Lösung eingegangen war. SCHUR bemerkte, daß der Fall $k=2$ leicht sei, daß er aber noch nie eine Lösung für den Fall $k=4$ erhalten habe, obgleich er diese Aufgabe immer wieder gestellt habe. Das war natürlich ein ungeheurer Ansporn für die Hörer. Ich erinnere mich noch genau, daß mein Bruder und ich während der nächsten Tage in verschiedenen Zimmern mit Hochdruck an der Lösung arbeiteten. Von Zeit zu Zeit verglichen wir unsere Resultate und vereinigten sie. Vor Ende der Frist von 5 Tagen zur Einreichung der Aufgaben hatten wir nicht nur eine Lösung der eigentlichen Aufgabe, sondern auch einige Verallgemeinerungen. Unsere Resultate wurden später in die Aufgabensammlung von PÓLYA-SZEGÖ aufgenommen. Eine andere Lösung der Aufgabe hatte HOPF eingereicht. Durch Vereinigung der beiden Lösungen gelang es uns, die Irreduzibilität auch für $k=8$ zu beweisen (Jahresbericht D.M.V. **35** (1926), 99–113). Die Vermutung, daß diese Polynome für alle $k=2^s$ mit $s>0$ im Körper der rationalen Zahlen irreduzibel sind, wurde erst kürzlich von I. SERES (Acta Math. Acad. Sc. Hungaricae **7** (1956), 151–157) bewiesen. Diese Arbeit ist dem Andenken SCHURS gewidmet.

Auch eine Reihe meiner anderen Arbeiten haben ihren Ursprung direkt oder indirekt in den SCHUR'schen Übungen oder in dem SCHUR'schen Seminar. Für das Seminar wählte

Schur zu Beginn jedes Semesters immer eine Reihe kürzlich erschienener Arbeiten, die zum Vortrag unter die Teilnehmer verteilt wurden. Aufgabe des Assistenten war es, den Studenten bei der Vorbereitung ihres Vortrags zu helfen. R. Remak war für viele Jahre ein ständiger Gast im Schur'schen Seminar, ebenso v. Neumann während der Jahre, die er in Berlin war.

Außerhalb der Zeiten seiner Vorlesungen war Schur nur selten in der Universität. Zwar war er mit Schmidt und Bieberbach einer der drei Direktoren des Mathematischen Seminars. Aber die gesamte Verwaltungsarbeit, insbesondere die Verwaltung der Seminarbibliothek und die Zusammenarbeit mit den Studenten, lag in den Händen der drei Assistenten. Nur einmal in jedem Semester kamen der gesamte Lehrkörper der reinen und angewandten Mathematik und zwei Vertreter der Studenten zusammen, um den Vorlesungsplan für das nächste Semester aufzustellen. Es gab keinerlei Komitees. Die einzige weitere Verpflichtung, die Schur hatte, war, gelegentlich einen Doktoranden oder Staatsexamenskandidaten zu prüfen.

So hatte Schur reichlich Zeit, wissenschaftlich zu arbeiten, und das tat er in größtem Maße. Wer spät abends vom Roseneck kommend den Hohenzollerndamm heruntergíng, der konnte in Schurs Arbeitszimmer in der ersten Etage Ruhlaer Str. 14 die Schreibtischlampe noch brennen sehen. Wenn Schur nachts nicht schlafen konnte, dann las er im Jahrbuch für die Fortschritte der Mathematik. Als er später von Israel seine Bibliothek notgedrungen zum Verkauf anbieten mußte, und das Institute for Advanced Study in Princeton sich für das Jahrbuch interessierte, sandte Schur noch wenige Wochen vor seinem Tode ein Telegramm, daß das Jahrbuch nicht verkauft werden sollte. Erst nach Schurs Tode erwarb das Institut sein Exemplar.

Schurs hervorstechendste menschliche Eigenschaften waren wohl seine große Bescheidenheit, seine Hilfsbereitschaft und sein menschliches Interesse an seinen Studenten. Er legte großen Wert darauf, daß ihm keine Anerkennung für ein Resultat gegeben wurde, das nicht voll und ganz sein Werk war. Vielleicht würde er manches, was heute ihm zugeschrieben wird, nicht billigen.

Seit E. Jacobsthals Resultaten über die Verteilung der quadratischen Reste und Nichtreste interessierte sich Schur sehr dafür, insbesondere für Sequenzen von solchen. Er vermutete, daß für alle k und alle hinreichend großen Primzahlen Sequenzen von k quadratischen Resten und k quadratischen Nichtresten existierten. Um dieses Resultat zu beweisen, stellte Schur die folgende Vermutung auf. Verteilt man die ganzen rationalen Zahlen 1, 2, ..., N irgendwie auf zwei Klassen, so enthält für jedes k und alle hinreichend großen N mindestens eine der beiden Klassen eine arithmetische Progression der Länge k. Aber jahrelang war es weder Schur noch einem der vielen Mathematiker, die von dieser Schur'schen Vermutung hörten, gelungen, sie zu beweisen.

An einem Septembertage 1927 besuchten mein Bruder und ich Schur, als unerwartet auch v. Neumann, der gerade von der D. M. V.-Tagung zurückgekommen war, zu Schur kam, um ihm zu erzählen, daß auf der Tagung van der Waerden unter Benutzung eines Vorschlags von Artin einen Beweis der kombinatorischen Vermutung vorgetragen habe und unter dem Titel „Beweis einer Baudetschen Vermutung" veröffentlichen würde. Schur war höchst erfreut, aber nach wenigen Minuten enttäuscht, da er sah, daß durch dieses Resultat seine Vermutung über Sequenzen noch nicht bewiesen war, da es sich nur ergeben würde, daß eine der beiden Klassen, aber nicht welche, für eine gegebene große Primzahl eine Sequenz der Länge k enthalten würde.

Baudet war damals ein unbekannter Göttinger Student, der auch später nie etwas Mathematisches veröffentlicht hat. Auf der anderen Seite war damals Schurs Freund Landau Professor in Göttingen, der natürlich die Vermutung kannte, und Landau pflegte jedem Mathematiker, den er traf, unbewiesene Vermutungen als Aufgabe vorzuschlagen. So ist es höchst wahrscheinlich, daß BAUDET direkt oder indirekt von der Vermutung gehört hatte. Es wäre daher verständlich gewesen, wenn SCHUR vorgeschlagen hätte, daß bei der Veröffentlichung von VAN DER WAERDENS Arbeit der Titel geändert würde oder daß in einer Fußnote darauf hingewiesen würde, daß es sich um eine alte Vermutung von SCHUR handele. Aber dazu war SCHUR viel zu bescheiden.

Wenige Tage nach dem Besuch bei SCHUR gelang es mir mit Hilfe das Satzes von VAN DER WAERDEN, die SCHUR'sche Vermutung für die quadratischen Reste zu beweisen. SCHUR wies darauf hin, daß meine Beweismethode auch für Sequenzen von k-ten Potenzresten anwendbar sein müsse. Bald darauf teilte er mir mit, daß er den Satz von VAN DER WAERDEN so mittels meiner Beweismethode erweitern könne, daß es für hinreichend große N immer mindestens eine Klasse geben müsse, die eine Progression der Länge k und zugleich deren Differenz enthält. SCHUR wollte, daß ich dieses Resultat in meine Arbeit aufnehme. Ich muß gestehen, daß ich nie auf den Gedanken gekommen war, dieses Resultat auszusprechen oder nur zu vermuten. SCHUR aber stellte sich auf den Standpunkt, daß sein Beweis nur eine Anwendung meiner Methode wäre und ich ihn daher allein veröffentlichen müsse. Selbstverständlich habe ich diesen Satz immer einen Satz von SCHUR genannt.

Wenige Wochen später gelang es mir, auch die SCHUR'sche Vermutung für die quadratischen Nichtreste zu beweisen. Nun erklärte SCHUR, daß er meine Arbeit in der Berliner Akademie vorlegen würde. Aber einige Tage später teilte SCHUR mir mit, daß sich eine Schwierigkeit ergeben hätte. Es bestand seit Jahrzehnten die Regel, daß, wenn Mitglieder der Akademie in den Sitzungsberichten Arbeiten veröffentlichten, vor ihren Namen keine Titel angeführt wurden. Dagegen wurden bei Arbeiten von Nichtmitgliedern die Autoren mit ihren Titeln genannt. Ich selbst stand noch vor dem Doktorexamen, hatte daher keinen Titel. Es gelang aber SCHUR durchzusetzen, daß meine Arbeit zur Veröffentlichung in den Sitzungsberichten ohne einen Titel vor meinem Namen angenommen wurde, obgleich dadurch der Eindruck entstehen konnte, daß ich ein Mitglied der Akademie sein könnte.

Um die Arbeit vorzulegen, hatte SCHUR eine Inhaltsangabe zu machen, die in den Sitzungsberichten abgedruckt wurde. Auf diese hatte ich keinen Einfluß. Es war typisch für SCHUR, daß er in ihr die von ihm stammende Verallgemeinerung des Satzes von VAN DER WAERDEN in keiner Weise erwähnte. Dies alles zeigt SCHURS Bescheidenheit und sein Bestreben seine Studenten zu fördern.

Ich hoffe gezeigt zu haben, daß SCHUR nicht nur ein großer Mathematiker gewesen ist, sondern auch ein Mensch, den alle, die ihn kannten, hoch verehrten. Nicht nur seine Doktoranden, sondern alle, die je bei ihm eine Vorlesung gehört haben, werden seiner stets in Dankbarkeit gedenken.

Inhaltsverzeichnis Band III

54.

Einige Bemerkungen zur Determinantentheorie

Sitzungsberichte der Preussischen Akademie der Wissenschaften 1925, Physikalisch-Mathematische Klasse, 454 - 463

Ist

$$f(x) = f(x_1, x_2, \cdots, x_n)$$

eine (relative) Invariante einer gegebenen Gruppe $\mathfrak{G}$ linearer homogener Substitutionen[1]

$$(1) \qquad y_\alpha = \sum_{\beta=1}^{n} a_{\alpha\beta}\, x_\beta, \qquad (\alpha = 1, 2, \cdots, n)$$

so kann es eintreten, daß außerhalb der Gruppe $\mathfrak{G}$ keine lineare Substitution existiert, die $f(x)$, abgesehen von einem konstanten Faktor, ungeändert läßt. In diesem Fall nenne ich $f(x)$ eine *charakteristische Invariante* der Gruppe. Allgemeiner verstehe man unter einem *Eigensystem* der Gruppe $\mathfrak{G}$ ein System linear unabhängiger Funktionen

$$(2) \qquad f_1(x), f_2(x), \cdots, f_k(x),$$

denen die Eigenschaft zukommt, daß für jede Substitution (1) von $\mathfrak{G}$ die Ausdrücke

$$f_1(y), f_2(y), \cdots, f_k(y)$$

sich als lineare homogene Verbindungen der Funktionen (2) mit konstanten Koeffizienten darstellen lassen[2]. Von einem *charakteristischen Eigensystem* der Gruppe spreche ich wieder, wenn die Substitutionen von $\mathfrak{G}$ die einzigen sind, bei denen die $f_\varkappa(x)$ eine lineare homogene Transformation erfahren.

Im allgemeinen ist es schwierig zu entscheiden, ob eine gegebene Invariante oder ein gegebenes Eigensystem der zu untersuchenden Gruppe als charakteristisch zu bezeichnen ist. In der eigentlichen Invariantentheorie sind erst in neuerer Zeit Probleme dieser Art in Angriff genommen und erledigt worden[3].

---

[1] Im folgenden soll von einer linearen Substitution oder Transformation nur dann gesprochen werden, wenn die Koeffizientendeterminante von Null verschieden ist.

[2] Ein solches Funktionensystem $f_\varkappa(x)$ wird in der Literatur vielfach als ein »transformables System« bezeichnet.

[3] Vgl. A. Ostrowski, Über eine neue Eigenschaft der Diskriminanten und Resultanten binärer Formen, Math. Annalen, Bd. 79 (1919), S. 360—387, A. Ostrowski und I. Schur, Über eine fundamentale Eigenschaft der Invarianten einer allgemeinen binären Form, Math. Zeitschrift, Bd. 15 (1922), S. 81—105, und A. Ostrowski, Über eine neue Frage in der algebraischen Invariantentheorie, Jahresber. der Deutschen Mathematiker-Vereinigung, Bd. 33 (1924), S. 174—184.

Aber schon viel früher haben S. KANTOR und G. FROBENIUS[1] einen hierher gehörenden Satz aufgestellt:

I. *Sind die Elemente der Matrix*

$$X = (x_{\alpha\beta}) \qquad (\alpha, \beta = 1, 2, \cdots, n)$$

unabhängige Variable und die der Matrix $Y = (y_{\alpha\beta})$ *ganze lineare Funktionen dieser Variabeln, und unterscheidet sich die Determinante der Matrix Y von der Matrix X nur um einen konstanten von Null verschiedenen Faktor, so ist entweder* $Y = AXB$ *oder* $Y = AX'B$, *wo A und B konstante Matrizen sind und X' die zu X konjugierte Matrix* $(x_{\beta\alpha})$ *bedeutet.*

Der Satz besagt insbesondere, daß die Determinante von X eine charakteristische Invariante der durch die Substitutionen der Form

$$y_{\alpha\beta} = \sum_{\gamma,\delta}^{n} a_{\alpha\gamma} x_{\gamma\delta} b_{\delta\beta} \quad \text{oder} \quad y_{\alpha\beta} = \sum_{\gamma,\delta}^{n} a_{\alpha\gamma} x_{\delta\gamma} b_{\delta\beta}$$

gebildeten Gruppe $\mathfrak{G}_n$ (in n^2 Veränderlichen) darstellt. Im folgenden will ich auf einen allgemeinen Satz aufmerksam machen, aus dem insbesondere hervorgeht, daß für jedes r aus der Reihe der Zahlen $2, 3, \cdots, n$ die $\binom{n}{r}^2$ Unterdeterminanten r-ten Grades von X ein charakteristisches Eigensystem der Gruppe $\mathfrak{G}_n$ liefern:

II. *Es sei*

$$X = (x_{\alpha\varkappa}) \qquad (\alpha = 1, 2, \cdots, m, \ \varkappa = 1, 2, \cdots, n)$$

eine Matrix mit m Zeilen und n Spalten, deren mn Elemente unabhängige Variable sind. Ferner sei $Y = (y_{\alpha\varkappa})$ *eine Matrix vom gleichen Typus, deren mn Elemente lineare homogene Funktionen der* $x_{\alpha\varkappa}$ *sind. Weiß man, daß für ein festes r, das den Bedingungen*

$$2 \leqq r \leqq m, \quad 2 \leqq r \leqq n$$

genügt, die $N = \binom{m}{r}\binom{n}{r}$ *Unterdeterminanten r-ten Grades der Matrix Y linear unabhängige lineare homogene Verbindungen der N Unterdeterminanten r-ten Grades der Matrix X sind, so ist für* $m \neq n$ *die Matrix Y von der Form AXB, wo A und B konstante quadratische Matrizen der Grade m und n mit nicht verschwindenden Determinanten bedeuten. Ist aber* $m = n$, *so ist entweder* $Y = AXB$ *oder* $Y = AX'B$.

Beim Beweis dieses Satzes setze ich den Satz I nicht als bekannt voraus. Von Wichtigkeit ist bei diesem Beweis, daß die nm Elemente $y_{\alpha\varkappa}$ von Y sich von selbst als linear unabhängig ergeben. Dies ist in unserem Fall direkt leicht zu zeigen, läßt sich aber auch aus einer allgemeinen Eigenschaft der Eigensysteme folgern (§ 2).

---

[1] S. KANTOR, Theorie der Äquivalenz von linearen ∞^λ-Scharen bilinearer Formen, Sitzungsber. der Münchener Akademie 1897, S. 367—381 (§ 2), und G. FROBENIUS, Über die Darstellung der endlichen Gruppen durch lineare Substitutionen, Sitzungsber. der Berliner Akademie, S. 994—1015 (§ 7). Bei KANTOR wird der Satz ohne Beweis mitgeteilt. — Vgl. auch E. STEINITZ, Über die linearen Transformationen, welche eine Determinante in sich überführen, Sitzungsber. der Berliner Math. Gesellschaft 1903, S. 47—52.

§ 1.

Beweis des Satzes II.

Man bezeichne die N Unterdeterminanten r-ten Grades von X mit

$$D_1, D_2, \cdots, D_N$$

und die entsprechenden Unterdeterminanten der Matrix Y mit

$$\Delta_1, \Delta_2, \cdots, \Delta_N.$$

Nach Voraussetzung bestehen also Gleichungen der Form

$$\Delta_\rho = \sum_{\sigma=1}^{N} c_{\rho\sigma} D_\sigma, \tag{3}$$

$$(\rho = 1, 2, \cdots, N)$$

$$D_\rho = \sum_{\sigma=1}^{N} c'_{\rho\sigma} \Delta_\sigma. \tag{3'}$$

Differenziert man D_ρ nach den mn Variabeln $x_{\alpha\varkappa}$, so folgt aus (3′), daß die Nmn Ableitungen

$$\frac{\partial D_\rho}{\partial x_{\alpha\varkappa}} \tag{4}$$

sich als lineare homogene Verbindungen der Ableitungen

$$\frac{\partial \Delta_\rho}{\partial y_{\alpha\varkappa}}$$

darstellen lassen. Unter den Ausdrücken (4) kommen aber, wenn von den Vorzeichen abgesehen wird, alle Unterdeterminanten

$$D'_1, D'_2, \cdots, D'_P \qquad \left(P = \binom{m}{r-1}\binom{n}{r-1}\right) \tag{5}$$

des Grades $r-1$ von X vor. Hieraus folgt, daß diese Determinanten sich linear und homogen durch die entsprechenden Unterdeterminanten

$$\Delta'_1, \Delta'_2, \cdots, \Delta'_P \tag{6}$$

von Y ausdrücken lassen. Da die Ausdrücke (5) linear unabhängig sind, muß dasselbe auch für die Ausdrücke (6) gelten, also sind umgekehrt die Δ'_τ durch die D'_τ linear ausdrückbar[1].

Was also über die Unterdeterminanten r-ten Grades von X und Y vorausgesetzt war, ist auch für die Unterdeterminanten des Grades $r-1$ richtig. Indem man diese Schlußweise fortsetzt, erkennt man, daß *es genügt, unseren Satz für den Fall $r = 2$ zu beweisen.*

Zugleich ergibt sich, daß die $x_{\alpha\varkappa}$ sich als lineare Verbindungen der $y_{\alpha\varkappa}$ darstellen lassen. Folglich müssen die mn Funktionen $y_{\alpha\varkappa}$ linear unabhängig sein. Als lineare Funktionen sind sie daher ebenso wie die $x_{\alpha\varkappa}$ unabhängige Variable.

---

[1] Eine ähnliche Schlußweise benutzt schon E. Steinitz, a. a. O.

Ersetzt man Y durch eine äquivalente Matrix AYB, so kommt das dem gleich, daß man die m Zeilen und n Spalten von Y zwei linearen Transformationen von nicht verschwindenden Determinanten unterwirft. Eine solche Transformation von Y möge als eine *elementare Transformation* (A, B) bezeichnet werden. Wir haben zu zeigen: Sind die Unterdeterminanten zweiten Grades von X und Y durcheinander linear ausdrückbar, so kann Y durch fortgesetzte Anwendung elementarer Transformationen für $m \neq n$ in X und für $m = n$ entweder in X oder in X' übergeführt werden. Hierbei kann $m \leqq n$ angenommen werden, da wir sonst nur in der ganzen Untersuchung Zeilen und Spalten zu vertauschen brauchten.

Der Beweis soll in einer Reihe von Einzelschritten erbracht werden.

1. Schreibt man Y in der Form

$$Y = \sum M_{\alpha\varkappa} x_{\alpha\varkappa},$$

so muß jede der Matrizen $M_{\alpha\varkappa}$ vom Range $r_{\alpha\varkappa} = 1$ sein. Denn wäre $r_{\alpha\varkappa} > 1$, so ließe sich in Y eine Unterdeterminante zweiten Grades Δ angeben, die in bezug auf $x_{\alpha\varkappa}$ ein Polynom zweiten Grades wäre, was auszuschließen ist, da Δ eine lineare Verbindung der Unterdeterminanten zweiten Grades von X sein soll. Der Fall $r_{\alpha\varkappa} = 0$ kommt aber nicht in Betracht, weil sonst die mn Elemente von Y nicht linear unabhängig sein könnten.

2. Wir können nun insbesondere die Matrix M_{11} durch eine elementare Transformation (A, B) in die Matrix

$$AM_{11}B = \begin{pmatrix} 1 & 0 & 0 & \cdots & 0 \\ 0 & 0 & 0 & \cdots & 0 \\ \cdot & \cdot & \cdot & \cdots & \cdot \\ 0 & 0 & 0 & \cdots & 0 \end{pmatrix}$$

überführen. Die Matrix $AYB = (z_{\alpha\varkappa})$ hat dann die Eigenschaft, daß die Variable x_{11} nur in dem Element z_{11}, und zwar mit dem Koeffizienten 1 vorkommt. Der Einfachheit wegen nehmen wir an, die Matrix Y genüge schon dieser Bedingung.

Setzt man nun

$$X_{11} = \begin{pmatrix} x_{22} & x_{23} & \cdots & x_{2n} \\ x_{32} & x_{33} & \cdots & x_{3n} \\ \cdot & \cdot & \cdots & \cdot \\ x_{m2} & x_{m3} & \cdots & x_{mn} \end{pmatrix}, \quad Y_{11} = \begin{pmatrix} y_{22} & y_{23} & \cdots & y_{2n} \\ y_{32} & y_{33} & \cdots & y_{3n} \\ \cdot & \cdot & \cdots & \cdot \\ y_{m2} & y_{m3} & \cdots & y_{mn} \end{pmatrix},$$

so hängen die Elemente von Y_{11} nur noch von den Elementen von X_{11} ab. Dies ergibt sich unmittelbar, indem man jede Determinante

$$\begin{vmatrix} y_{11} & y_{12} \\ y_{\alpha 1} & y_{\alpha\varkappa} \end{vmatrix} \qquad (\alpha = 2, 3, \cdots m, \quad \varkappa = 2, 3, \cdots n)$$

als lineare Verbindung der Unterdeterminanten zweiten Grades von X darstellt und die Koeffizienten von x_{11} vergleicht. Ist ferner $2 \leqq m - 1$, so ist es klar, daß die Unterdeterminanten zweiten Grades

(7) $$\Delta_1'', \Delta_2'', \ldots \Delta_Q'' \qquad \left(Q = \binom{m-1}{2}\binom{n-1}{2}\right)$$

von Y_{11} sich allein durch die Unterdeterminanten zweiten Grades von X_{11} linear und homogen ausdrücken lassen. Außerdem sind die Ausdrücke, weil die Elemente von Y_{11} als unabhängige Variable aufzufassen sind, voneinander linear unabhängig. Für $m \geqq 3$ besteht folglich zwischen den Matrizen X_{11} und Y_{11} dieselbe Beziehung wie zwischen X und Y.

Was hier über x_{11} und y_{11} ausgesagt worden ist, gilt natürlich auch entsprechend abgeändert für $x_{\alpha\varkappa}$ und $y_{\alpha\varkappa}$, wenn nur bekannt ist, daß die Variable $x_{\alpha\varkappa}$ nur in dem Element $y_{\alpha\varkappa}$ von Y (mit dem Koeffizienten 1) vorkommt. Ich sage in diesem Fall, die Matrix Y sei in bezug auf die Variable $x_{\alpha\varkappa}$ *normiert*. Streicht man dann in Y die α-te Zeile und die $\varkappa$-te Zeile, so hat die so entstehende Teilmatrix $Y_{\alpha\varkappa}$, das *Komplement* von $y_{\alpha\varkappa}$, insbesondere die Eigenschaft, daß ihre Elemente nur noch von den Elementen der analog gebildeten Teilmatrix $X_{\alpha\varkappa}$ von X abhängen.

3. Ich beweise unseren Satz zunächst für den Fall einer Matrix Y, die in bezug auf x_{11} normiert ist und außerdem der Bedingung $Y_{11} = X_{11}$ genügt, also die Gestalt

(8) $$Y = \begin{pmatrix} y_{11} & y_{12} & \cdots & y_{1n} \\ y_{21} & x_{22} & \cdots & x_{2n} \\ \cdots & \cdots & \cdots & \cdots \\ y_{m1} & x_{m2} & \cdots & x_{mn} \end{pmatrix}$$

hat. Es soll gezeigt werden, daß in diesem Fall Y durch eine elementare Transformation in X übergeführt werden kann. Nur für $m = n = 2$ kann Y auch mit X' äquivalent sein.

Wir können nämlich von der ersten Zeile eine lineare Verbindung der $m-1$ letzten Zeilen und von der ersten Spalte eine lineare Verbindung der $n-1$ letzten Spalten abziehen, so daß das an Stelle von y_{1n} tretende Element die Variabeln

(9) $$x_{2n}, x_{3n}, \cdots, x_{mn}$$

und das an Stelle von y_{m1} tretende Element die Variabeln

(10) $$x_{m2}, x_{m3}, \cdots, x_{mn}$$

nicht mehr enthält. Dies ist eine elementare Transformation, durch die die Gestalt von (8) sonst nicht geändert wird. Es mögen schon in der Matrix (8) die Elemente y_{1n} und y_{m1} diesen Bedingungen genügen.

Ich behaupte, daß alsdann von selbst

(11) $$y_{11} = x_{11}, \; y_{1\varkappa} = a_\varkappa x_{1\varkappa}, \; y_{\alpha 1} = b_\alpha x_{\alpha 1} \qquad (\alpha = 2, 3, \cdots m, \; \varkappa = 2, 3, \cdots n)$$

werden muß. Eine Ausnahme bildet nur der Fall $m = n = 2$, in dem noch

(12) $$y_{11} = x_{11}, \; y_{12} = a_2' x_{21}, \; y_{21} = b_2' x_{12}$$

sein kann.

Um dies einzusehen, schließe man folgendermaßen. Die Matrix (8) ist in bezug auf x_{mn} normiert. Denn käme x_{mn} irgendwo außerhalb der letzten Zeile und letzten Spalte vor, so wäre der Rang von M_{mn} größer als 1. Daher enthalten die Elemente des Komplements Y_{mn} von y_{mn} keine der Variabeln

$$x_{1n},\ x_{2n},\ \cdots,\ x_{mn},\ x_{m1},\ x_{m2},\ \cdots,\ x_{m,n-1}.$$

Es muß dann Y von selbst auch in bezug auf die übrigen Variabeln (9) und (10) normiert sein. Denn ein $x_{\alpha n}\,(\alpha > 1)$ könnte nur noch in y_{m1} und ein $x_{m\varkappa}\,(\varkappa > 1)$ nur noch in y_{1n} vorkommen. Dann wäre aber der Rang von $M_{\alpha n}$ oder $M_{m\varkappa}$ größer als 1.

Würde nun für $\varkappa < n$ das Element $y_{1\varkappa}$ eine Variable $x_{\alpha\lambda} \neq x_{1\varkappa}$ enthalten, so kann nicht $\alpha > 1$ sein, weil $y_{1\varkappa}$ zum Komplement von $y_{\alpha n}$ gehört, und es kann nicht $\lambda > 1$, $\lambda \neq \varkappa$ sein, weil $y_{1\varkappa}$ zum Komplement von $y_{m\lambda}$ gehört. Für $\varkappa > 1$ kommt auch $\lambda = 1$ nicht in Betracht, weil Y in bezug auf x_{11} normiert sein soll. Ebenso gestaltet sich die Betrachtung für das Element $y_{\alpha 1}$ für $\alpha < m$.

Ist ferner $n > 2$, so gehört y_{1n} zu den Komplementen $Y_{m2}, \cdots, Y_{m,n-1}$ und ist außerdem von den Variabeln (9) unabhängig. Daher kann y_{1n} nur noch die Variabeln x_{1n} und

$$x_{21},\ x_{31},\ \cdots,\ x_{m-1,1} \tag{13}$$

enthalten. Die Variabeln (13) kommen aber nicht in Betracht, weil sonst wegen der für $\alpha \neq m$ schon bewiesenen Relationen (11) eine der Matrizen $M_{\alpha 1}$ vom Range 2 wäre. Für $n > 2$ ist daher auch $y_{1n} = a_n x_{1n}$. Ist aber $n = 2$, so liefert diese Schlußweise nur

$$y_{1n} = a_n x_{1n} + a'_n x_{m1}.$$

Ebenso ergibt sich, daß für $m > 2$ auch $y_{m1} = b_m x_{m1}$ und für $m = 2$

$$y_{m1} = b_m x_{m1} + b'_m x_{1n}$$

sein muß. Damit die Rangzahlen von M_{1n} und M_{m1} gleich 1 werden, muß noch in den Ausnahmefällen $n = 2$ oder $m = 2$

$$a_n b'_m = a'_n b_m = 0$$

werden. Hieraus folgt also die Richtigkeit der Formeln (11) bzw. (12).

Ist nun nicht $m = n = 2$, so kommt noch hinzu, daß jede Unterdeterminante

$$\Delta_{\alpha\varkappa} = \begin{vmatrix} y_{11} & y_{1\varkappa} \\ y_{\alpha 1} & y_{\alpha\varkappa} \end{vmatrix} = \begin{vmatrix} x_{11} & a_\varkappa x_{1\varkappa} \\ b_\alpha x_{\alpha 1} & x_{\alpha\varkappa} \end{vmatrix}$$

eine lineare Verbindung der Unterdeterminanten zweiten Grades von X sein soll. Es kann offenbar nur

$$\Delta_{\alpha\varkappa} = \begin{vmatrix} x_{11} & x_{1\varkappa} \\ x_{\alpha 1} & x_{\alpha\varkappa} \end{vmatrix}$$

sein. Das liefert $a_\varkappa b_\alpha = 1$. Multipliziert man nun alle Zeilen von Y mit Ausnahme der ersten mit a_2 und alle Spalten mit Ausnahme der ersten mit b_2, so geht Y in X über.

Im Falle $m = n = 2$ kommt noch die Möglichkeit

$$Y = \begin{pmatrix} x_{11} & a' x_{21} \\ b' x_{12} & x_{22} \end{pmatrix}$$

in Betracht. Hier müssen wieder die Determinanten von X und Y übereinstimmen, was $a'b' = 1$ liefert. Man zeigt nun wie vorhin, daß in diesem Fall Y mit X' äquivalent ist.

4. Um nun den Satz II (für $r = 2$) zu beweisen, haben wir nur noch zu zeigen, daß für $m \neq n$ die Matrix Y und für $m = n$ entweder Y oder Y' durch eine elementare Transformation auf die Gestalt (8) gebracht werden kann.

Hierzu nehme man an, Y sei bereits in bezug auf x_{11} normiert. Ist $m = 2$, so sind nach dem früheren $y_{22}, y_{23}, \cdots, y_{2n}$ linear unabhängige Linearformen von $x_{22}, x_{23}, \cdots, x_{2n}$. Folglich kann durch eine lineare Transformation der $n - 1$ letzten Spalten erreicht werden, daß Y die Gestalt (8) erhält. Für $m = 2$ ist der Satz also richtig.

Ist aber $m > 2$, so steht das Komplement Y_{11} von y_{11} zur Matrix X_{11} in derselben Beziehung von Y zu X. Nimmt man den Satz für Matrizen mit weniger als m Zeilen als bewiesen an, so kann für $m \neq n$ die Matrix Y_{11} und für $m = n$ entweder Y_{11} oder Y'_{11} durch eine elementare Transformation in X_{11} übergeführt werden. Wendet man diese Transformation auf die letzten $m - 1$ Zeilen und die letzten $n - 1$ Spalten von Y oder Y' an, so erhält man eine Matrix der Form (8).

Damit ist der Satz II vollständig bewiesen.

§ 2.

Ein Satz über die Eigensysteme einer irreduziblen Gruppe.

III. *Es sei* $\mathfrak{G}$ *eine irreduzible Gruppe linearer homogener Substitutionen*

$$y_\alpha = \sum_{\beta=1}^{n} a_{\alpha\beta} x_\beta. \qquad (\alpha = 1, 2, \cdots, n) \tag{14}$$

Bilden die k Funktionen

$$f_1(x), f_2(x), \cdots, f_k(x) \tag{15}$$

ein Eigensystem von $\mathfrak{G}$, *so muß das System vom »linearen Range« n sein, d. h. es ist nicht möglich, alle k Funktionen durch weniger als n Linearformen*

$$z_\mu = \sum_{\nu=1}^{n} b_{\mu\nu} x_\nu \qquad (\mu = 1, 2, \cdots, m,\ m < n)$$

auszudrücken. Eine Ausnahme bildet nur der Fall $k = 1$, $f_1(x) =$ *konst.*

Wäre nämlich für $\varkappa = 1, 2, \cdots, k$

$$f_\varkappa(x_1, x_2, \cdots, x_n) = g_\varkappa(z_1, z_2, \cdots, z_m),$$

so würde sich ergeben[1]

$$\frac{\partial f_\varkappa}{\partial x_\nu} = \sum_{\mu=1}^{m} \frac{\partial g_\varkappa}{\partial z_\mu} b_{\mu\nu}.$$

Wegen $m < n$ ließen sich n Konstanten $c_1, c_2, \cdots, c_n$ bestimmen, die den m Gleichungen

$$\sum_{\nu=1}^{n} b_{\mu\nu} c_\nu = 0 \qquad (\mu = 1, 2, \cdots, m)$$

genügen und nicht sämtlich Null sind. Der Differentialausdruck

$$A(f) = \sum_{\nu=1}^{n} c_\nu \frac{\partial f}{\partial x_\nu}$$

würde dann für $f = f_1, f_2, \cdots, f_k$ verschwinden.

Man denke sich nun die Gesamtheit $\mathfrak{D}$ von Differentialausdrücken dieser Art ins Auge gefaßt. In $\mathfrak{D}$ wird es eine Basis von gewissen l linear unabhängigen Ausdrücken

$$A_\lambda(f) = \sum_{\nu=1}^{n} c_{\lambda\nu} \frac{\partial f}{\partial x_\nu} \qquad (\lambda = 1, 2, \cdots, l)$$

geben, durch die sich alle übrigen linear und homogen darstellen lassen. Es muß dann $l < n$ sein, da sonst alle $\frac{\partial f_\varkappa}{\partial x_\nu}$ gleich Null, die $f_\varkappa(x)$ also Konstanten wären. Für $k > 1$ kommt dieser Fall nicht in Betracht, weil die $f_\varkappa(x)$ als Funktionen eines Eigensystems linear unabhängig sein müssen, und für $k = 1$ haben wir diesen Fall ausgeschlossen.

Geht nun die Gruppe $\mathfrak{G}$ durch die Ähnlichkeitstransformation

$$\xi_\alpha = \sum_{\beta=1}^{n} p_{\beta\alpha} x_\beta \qquad (\alpha = 1, 2, \cdots, n)$$

in die Gruppe $\mathfrak{G}_1$ über, so bilden die Funktionen

$$h_\varkappa(\xi) = f_\varkappa(x)$$

ein Eigensystem von $\mathfrak{G}_1$. Ferner wird

$$\frac{\partial f_\varkappa}{\partial x_\nu} = \sum_{\varrho=1}^{n} p_{\nu\varrho} \frac{\partial h_\varkappa}{\partial \xi_\varrho},$$

also

$$A_\lambda(f_\varkappa) = \sum_{\varrho=1}^{n} \frac{\partial h_\varkappa}{\partial \xi_\varrho} \left(\sum_{\nu=1}^{n} c_{\lambda\nu} p_{\nu\varrho} \right) = B_\lambda(h_\varkappa).$$

Da die Matrix $(c_{\lambda\nu})$ vom Range l sein muß, lassen sich die n^2 Größen $p_{\nu\varrho}$ so bestimmen, daß die Determinante $|p_{\nu\varrho}|$ von Null verschieden ausfällt und die Matrix der Größen $\sum_\nu c_{\lambda\nu} p_{\nu\varrho}$ die Gestalt

---

[1] Es wird hierbei stillschweigend vorausgesetzt, daß es sich um stetig differenzierbare Funktionen handle. Für Polynome $f_\varkappa(x)$ läßt sich der Beweis noch einfacher erbringen.

$$\begin{pmatrix} 1 & 0 \cdots 0 & 0 \cdots 0 \\ 0 & 1 \cdots 0 & 0 \cdots 0 \\ \cdot & \cdot \cdots \cdot & \cdot \cdots \cdot \\ 0 & 0 \cdots 1 & 0 \cdots 0 \end{pmatrix}$$

erhält. Dann wird $B_\lambda(h) = \frac{\partial h}{\partial \xi_\lambda}$. Wir dürfen annehmen, daß bereits

$$A_\lambda(f) = \frac{\partial f}{\partial x_\lambda} \tag{16}$$

sei. Die k Funktionen $f_\varkappa(x)$ hängen dann von $x_1, x_2, \cdots, x_l$ nicht ab.

Ist nun für die Substitution (14) unserer Gruppe

$$f_\varkappa(y) = \sum_{\mu=1}^{k} q_{\varkappa\mu} f_\mu(x), \qquad (\varkappa = 1, 2, \cdots, k)$$

so erhalten wir für $\lambda = 1, 2, \cdots, l$

$$\frac{\partial f_\varkappa(y)}{\partial x_\lambda} = \sum_{\nu=1}^{n} \frac{\partial f_\varkappa(y)}{\partial y_\nu} a_{\nu\lambda} = 0.$$

Da aber die n Linearformen $y_1, y_2, \cdots, y_n$ wegen $|a_{\alpha\beta}| \neq 0$ unabhängige Variable sind, wird auch

$$\sum_{\nu=1}^{n} \frac{\partial f_\varkappa(x)}{\partial x_\nu} a_{\nu\lambda} = 0.$$

Der Differentialausdruck

$$\sum_{\nu=1}^{n} \frac{\partial f}{\partial x_\nu} a_{\nu\lambda}$$

gehört also zu $\mathfrak{D}$ und muß eine lineare Verbindung der l Ausdrücke (16) sein. Das liefert für jede Substitution von $\mathfrak{G}$

$$a_{l+1,\lambda} = a_{l+2,\lambda} = \cdots = a_{n\lambda} = 0,$$

für $\lambda = 1, 2, \cdots l$, was der vorausgesetzten Irreduzibilität der Gruppe $\mathfrak{G}$ widerspricht.

Aus III folgt unmittelbar:

III*. *Bilden die Funktionen* (15) *ein Eigensystem der irreduziblen Gruppe* $\mathfrak{G}$ *und weiß man, daß für*

$$z_\alpha = \sum_{\beta=1}^{n} b_{\alpha\beta} x_\beta \qquad (\alpha = 1, 2, \cdots, n)$$

die k Ausdrücke $f_\varkappa(z)$ als lineare homogene Verbindungen der $f_\varkappa(x)$ mit nicht verschwindender Determinante darstellbar sind, so muß die Determinante $|b_{\alpha\beta}|$ von Null verschieden sein. Eine Ausnahme bildet nur der Fall $k = 1$, $f_1(x) = $ konst.

Denn aus den Voraussetzungen des Satzes folgt, daß umgekehrt die $f_\varkappa(x)$ als lineare Verbindungen der $f_\varkappa(z)$ darstellbar sind. Dies erfordert aber, daß $|b_{\alpha\beta}| \neq 0$ wird, da sich sonst alle $f_\varkappa(x)$ durch weniger als n lineare Funktionen der x_ν ausdrücken ließen.

Daß nun unter den Voraussetzungen des Satzes II die mn Elemente der Matrix Y linear unabhängige Funktionen der $x_{\alpha\varkappa}$ sein müssen, folgt auf Grund des Satzes III* aus der Tatsache, daß die Unterdeterminanten r-ten Grades von X ein Eigensystem der irreduziblen Gruppe der elementaren Transformationen

$$y_{\alpha\varkappa} = \sum a_{\alpha\beta}\, x_{\beta\lambda}\, b_{\lambda\varkappa} \quad (\alpha, \beta = 1, 2, \cdots, m, \ \varkappa, \lambda = 1, 2, \cdots, n)$$

von X bilden.

55.

Elementarer Beweis einiger asymptotischer Formeln der additiven Zahlentheorie (mit K. Knopp)

Mathematische Zeitschrift 24, 559 - 574 (1926)

Die Herren G. H. **Hardy** und S. **Ramanujan**[1]) haben zum ersten Male die Frage nach dem asymptotischen Verhalten der in den Elementen der additiven Zahlentheorie auftretenden Funktionen aufgeworfen. Die interessantesten dieser Funktionen sind mit den Entwicklungskoeffizienten gewisser elliptischer Modulfunktionen identisch oder stehen in sehr naher Beziehung zu solchen. So liefert die Entwicklung

$$(1) \qquad P(x) = \frac{1}{(1-x)(1-x^2)(1-x^3)\ldots} = \sum_{n=0}^{\infty} p_n x^n$$

in den Koeffizienten p_n für $n > 0$ die Anzahl der verschiedenen Zerlegungen von n in gleiche oder ungleiche positive ganzzahlige Summanden, die Entwicklung

$$(2) \qquad \overline{P}(x) = (1+x)(1+x^2)(1+x^3)\ldots = \sum_{n=0}^{\infty} \overline{p}_n x^n$$

in den Koeffizienten $\overline{p}_n$ für $n > 0$ die Anzahl der verschiedenen Zerlegungen von n in lauter *ungleiche* ganzzahlige positive Summanden, usw.

Die von den genannten Autoren gewonnenen Ergebnisse sind von einer staunenswerten Reichweite: In erster Annäherung ergab sich — wir verfolgen zunächst nur die Zerlegungszahlen p_n — die Formel

$$(3) \qquad \log p_n \simeq 2\sqrt{\alpha n} \qquad \left(\alpha = \frac{\pi^2}{6}\right)$$

oder

$$p_n = e^{2\sqrt{\alpha n}(1+o(1))}.$$

---

[1]) G. H. **Hardy** and S. **Ramanujan**, *Asymptotic formulae for the distribution of integers of various types*, Proceedings of the London Mathematical Society 16 (1916), S. 112—132. — G. H. **Hardy** and S. **Ramanujan**, *Asymptotic formulae in combinatory analysis*, ebenda 17 (1917), S. 75—115.

Doch gehen sie in den genannten Arbeiten sehr erheblich über dies Ergebnis hinaus. Sie zeigen, als zweiten Schritt, daß

$$(4) \qquad p_n \cong \frac{1}{4n\sqrt{3}}\, e^{2\sqrt{an}}$$

ist, und geben damit eine erste, im eigentlichen Sinne asymptotische Formel für p_n selbst. Endlich aber geben sie eine asymptotische *Entwicklung* für p_n, bei der das Fehlerglied die Größenordnung $O\left(\frac{1}{\sqrt[4]{n}}\right)$ hat, die also für alle hinreichend großen Werte von n den *genauen* Wert von p_n liefert!

Die Beweise aller dieser Formeln sind von großer Schönheit, aber recht schwierig. Die zuletzt genannten Entwicklungen erfordern zu ihren Beweisen den ganzen gewaltigen analytischen Apparat, mit dessen Hilfe seitdem in der analytischen Behandlung der Probleme der additiven Zahlentheorie so bedeutende Fortschritte gemacht worden sind[2]). Der Beweis von (4) ist im Prinzip nicht wesentlich einfacher; aber selbst der Beweis von (3), der in der ersten der beiden unter [1]) genannten Arbeiten geliefert wird und auf ganz anderen Gedanken beruht, setzt die Kenntnis eines Mittelungs-Umkehrsatzes („Tauberian theorem") für den Funktionentyp

$$e^{\frac{\gamma}{1-x}}$$

voraus. Sind die Umkehrsätze bei den Funktionentypen

$$\frac{\gamma}{1-x} \quad \text{und} \quad \frac{\gamma}{(1-x)^{\varrho}}$$

schon „difficult and delicate", so gilt dies von den hier erforderlichen Sätzen in noch höherem Maße. Die einzigen bisher bekannten Beweise der Formel (3) müssen daher als recht kompliziert bezeichnet werden.

In Anbetracht der Schönheit dieser Formel wird es daher von Interesse sein, wenn wir im folgenden einen im guten Sinne elementaren Beweis dafür mitteilen (§ 1). Er läßt sich kurz dahin charakterisieren, daß es auf Grund eines sehr leicht zu beweisenden Satzes über Majoranten gewisser Potenzreihen (Hilfssatz 1) nicht nötig ist, die nicht ganz einfachen Umkehrsätze für den genannten Funktionentyp heranzuziehen, sondern lediglich das Verhalten der Entwicklungskoeffizienten der speziellen Funktion

$$e^{\gamma\frac{x}{1-x}} = \sum_{n=0}^{\infty} c_n x^n$$

---

[2]) Vgl. etwa E. **Landau**, *Über die Hardy-Littlewoodschen Arbeiten zur additiven Zahlentheorie,* Jahresberichte der Deutschen Mathematiker-Vereinigung **30** (1922), S. 179–185, besonders S. 184–185.

selbst asymptotisch abzuschätzen. Das ist bereits von Herrn O. Perron[3]) mit Hilfe des Residuensatzes durchgeführt worden. Die von uns zu benutzende Abschätzungsformel läßt sich aber auch auf ganz elementarem Wege ableiten (Hilfssatz 2).

Die damit eingeschlagene Methode erweist sich dann auch als stark genug, eine ganze Reihe ähnlicher Formeln zu beweisen (§ 2), die sich auf die Anzahl der additiven Zerlegungen von n in andere Klassen von Summanden — etwa in *verschiedene* positive, gleiche oder ungleiche *ungerade* Summanden usw. — beziehen[3a]).

§ 1.

Satz 1. *Wird*

$$(1) \qquad P(x) = \prod_{\lambda=1}^{\infty} \frac{1}{1-x^\lambda} = \sum_{n=0}^{\infty} p_n x^n$$

gesetzt, so daß p_n *für* $n > 0$ *die Anzahl der verschiedenen Zerlegungen von* n *in gleiche oder ungleiche positive ganzzahlige Summanden angibt, so ist*

$$(3) \qquad \log p_n \cong 2\sqrt{\frac{\pi^2}{6} n}.$$

Es ist zunächst

$$(5) \qquad \frac{x P'(x)}{P(x)} = \sum_{\lambda=1}^{\infty} \frac{\lambda x^\lambda}{1-x^\lambda} = \sum_{\lambda=1}^{\infty} \sigma_\lambda x^\lambda = (1-x) \sum_{n=1}^{\infty} s_n x^n,$$

wenn σ_λ die Summe aller Teiler von λ bedeutet,

$$\sigma_\lambda = \sum_{d/\lambda} d,$$

und

$$s_n = \sigma_1 + \sigma_2 + \ldots + \sigma_n$$

gesetzt wird. Mit

$$\sum_{n=1}^{\infty} s_n x^{n-1} = S(x)$$

---

3) O. Perron, *Über das infinitäre Verhalten der Koeffizienten einer gewissen Potenzreihe*, Archiv der Mathematik und Physik 22 (1914), S. 329–340.

3a) Ein weiterer Ausbau der Methode findet sich in der Arbeit: Konrad Knopp, *Asymptotische Formeln der additiven Zahlentheorie*, Schriften der Königsberger Gelehrten Gesellschaft, Naturwissenschaftliche Klasse, 2. Jahr, Heft 3 (1925). Es werden hier additive Zerlegungen von n in Summanden betrachtet, die einer beliebig vorgeschriebenen Folge von natürlichen Zahlen $\lambda_1 < \lambda_2 < \ldots < \lambda_\nu < \ldots$ angehören, wofern diese Folge nur die Eigenschaft hat, daß die *Anzahl* $L(n)$ der unterhalb n gelegenen Zahlen λ_ν eine Bedingung der Form

$$L(n) \cong \beta n^\varrho, \qquad (\beta > 0,\ \varrho > 0),$$

erfüllt.

ist also

$$(6)\qquad P(x) = \exp\int_0^x (1-x)\, S(x)\, dx.$$ [4]

Aus dieser Formel läßt sich nun die Behauptung (3) fast unmittelbar ablesen, wenn man erstlich das bekannte asymptotische Verhalten der Koeffizienten s_n in Betracht zieht:

$$(7)\qquad s_n = \frac{1}{2}\sum_{k=1}^{n}\left(\left[\frac{n}{k}\right]^2 + \left[\frac{n}{k}\right]\right) \cong \frac{\pi^2}{12}\, n^2,$$ [5]

sodann den Einfluß einer geringen Änderung der s_n untersucht und schließlich die Koeffizienten der Entwicklung der Funktion

$$e^{\gamma\frac{x}{1-x}}$$

abzuschätzen sucht. Das soll in den folgenden Hilfssätzen geschehen.

Hilfssatz 1. *Es sei*

$$f(x) = \sum_{n=1}^{\infty} a_n x^{n-1}$$

eine für $|x| < 1$ *konvergente Potenzreihe mit reellen Koeffizienten, und es sei, wenn*

$$(8)\qquad \exp\int_0^x (1-x)\, f(x)\, dx = F(x) = \sum_{n=0}^{\infty} A_n x^n,$$

insbesondere also $A_0 = 1$ *gesetzt wird, für* $n = 0, 1, 2, \ldots$ *stets*

$$(9)\qquad A_n \leqq A_{n+1}.$$

Hat dann

$$g(x) = \sum_{n=1}^{\infty} b_n x^{n-1}$$

positive, monoton wachsende Koeffizienten, die nicht kleiner sind als die entsprechenden von $f(x)$,

$$(10)\qquad a_n \leqq b_n \qquad (n = 1, 2, \ldots),$$

so hat auch

$$(11)\qquad \exp\int_0^x (1-x)\, g(x)\, dx = G(x) = \sum_{n=0}^{\infty} B_n x^n$$

nicht kleinere Koeffizienten als $F(x)$:

$$(12)\qquad A_n \leqq B_n, \qquad (n = 0, 1, \ldots).$$

---

[4]) Wir schreiben gelegentlich $\exp w$ statt e^w.

[5]) Vgl. Dirichlet, Werke 2, S. 59.

Ist bei sonst gleichen Voraussetzungen stets

(10′) $$a_n \geqq b_n,$$

so ist auch stets

(12′) $$A_n \geqq B_n.$$

Beweis. Nach (8) ist

$$F'(x) = [(1-x)f(x)] \cdot F(x) = f(x) \cdot [(1-x)F(x)]$$

oder

$$= \sum_{n=1}^{\infty}(a_n - a_{n-1})x^{n-1} \cdot \sum_{n=0}^{\infty} A_n x^n = \sum_{n=1}^{\infty} a_n x^{n-1} \cdot \sum_{n=0}^{\infty}(A_n - A_{n-1})x^n,$$

wenn $a_0 = A_{-1} = 0$ gesetzt wird.

Hiernach ist für $n \geqq 1$ einerseits

(13) $$nA_n = (a_n - a_{n-1})A_0 + \ldots + (a_2 - a_1)A_{n-2} + a_1 A_{n-1},$$

andererseits

(14) $$nA_n = a_n A_0 + a_{n-1}(A_1 - A_0) + \ldots + a_1(A_{n-1} - A_{n-2}).$$

Die rechte Seite von (13) setzen wir zur Abkürzung $= (a, A)$, die rechte Seite von (14) gleich $[a, A]$, so daß

$$nA_n = (a, A) = [a, A].$$

Ganz analog ist dann

$$nB_n = (b, B) = [b, B].$$

Ist nun stets $a_n \leqq b_n$, so ist zunächst

$$A_0 = 1 = B_0 \quad \text{und} \quad A_1 = a_1 \leqq b_1 = B_1,$$

und damit die Behauptung (12) für $n = 0$ und 1 als richtig erkannt. Nimmt man $A_\nu \leqq B_\nu$ schon für $\nu = 0, \ldots, n-1$ als bewiesen an, so folgt, da die Koeffizienten der a_ν in (14) sämtlich $\geqq 0$ sind,

$$nA_n = [a, A] \leqq [b, A] = (b, A).$$

Und da nun, wenn in (13) die a_ν durch die b_ν ersetzt werden, die Koeffizienten der A_ν dort wieder alle $\geqq 0$ sind, so ist weiter

$$nA_n \leqq (b, B) = nB_n.$$

Es ist also auch $A_n \leqq B_n$ und damit (12) allgemein bewiesen. — Genau ebenso ergibt sich (12′) unter der Voraussetzung (10′).

Hilfssatz 2. *Ist $\gamma > 0$ und wird*

(15) $$e^{\gamma\frac{x}{1-x}} = \sum_{n=0}^{\infty} c_n x^n$$

gesetzt, so ist

(16) $$\log c_n \simeq 2\sqrt{\gamma n}.$$

Beweis. Es ist

$$\sum_{n=0}^{\infty} c_n x^n = 1 + \sum_{m=1}^{\infty} \frac{\gamma^m}{m!}\left(\frac{x}{1-x}\right)^m = 1 + \sum_{m=1}^{\infty}\sum_{\nu=0}^{\infty} \frac{\gamma^m}{m!}\binom{m+\nu-1}{\nu} x^{m+\nu}$$

$$= 1 + \sum_{n=1}^{\infty}\left\{\sum_{k=1}^{n}\binom{n-1}{k-1}\frac{\gamma^k}{k!}\right\} x^n,$$

also $c_0 = 1$, und für $n \geqq 1$

(17) $$c_n = \sum_{k=1}^{n}\binom{n-1}{k-1}\frac{\gamma^k}{k!}.$$

Die Glieder dieser Summe wachsen, solange

$$\binom{n-1}{k-1}\frac{\gamma^k}{k!} \leqq \binom{n-1}{k}\frac{\gamma^{k+1}}{(k+1)!},$$

d. h.

$$k(k+1) \leqq (n-k)\gamma$$

oder

$$k^2 + (\gamma+1)k - \gamma n \leqq 0$$

ist. Die positive Wurzel dieser quadratischen Funktion von k ist

$$\xi = -\frac{\gamma+1}{2} + \sqrt{\left(\frac{\gamma+1}{2}\right)^2 + \gamma n},$$

und das größte Glied der Summe (17) wird für $k = [\xi]$ oder $[\xi + 1]$ erhalten. Bezeichnen wir dieses mit μ_n, und mit p den Wert von k, für den es erhalten wird, so ist einerseits

$$\mu_n \leqq c_n \leqq n\,\mu_n$$

und also

(18) $$\log c_n = \log \mu_n + O(\log n),$$

andererseits

(19) $$p = \sqrt{\gamma n} + O(1).$$

Nun ist

$$\log \mu_n = \log \frac{(n-1)!}{(p-1)!\,(n-p)!}\frac{\gamma^p}{p!},$$

also, wenn wir das Anfangsglied der Stirlingschen Formel

$$\log q! = q\log q - q + O(\log q)$$

benutzen[6]),

---

[6]) Dieses erhält man bekanntlich unmittelbar, wenn man die Beziehungen

$$\left(1+\frac{1}{\nu}\right)^{\nu} < e < \left(1+\frac{1}{\nu+1}\right)^{\nu+1} \quad \text{für} \quad \nu = 1, 2, \ldots, q$$

miteinander multipliziert.

$$\begin{aligned}\log c_n &= \log \mu_n + O(\log n)\\ &= n\log n - n - p\log p + p - (n-p)\log(n-p) + n - p\\ &\qquad + p\log\gamma - p\log p + p + O(\log n)\\ &= n\log n - p\log\frac{p^2}{\gamma} + p - (n-p)\left[\log n + \log\left(1-\frac{p}{n}\right)\right]\\ &\qquad + O(\log n).\end{aligned}$$

Berücksichtigt man nun (19), so erhält man

$$\log c_n = 2p + O(\log n) = 2\sqrt{\gamma n} + O(\log n).$$

Damit ist (16) bewiesen.

Hilfssatz 3. *Es seien $\alpha_1, \alpha_2, \ldots$ reelle Größen, die alle größer als 2 sind und gegen 2 konvergieren. Setzt man dann*

$$(20)\qquad \begin{cases}\gamma_0 = 0, \quad \gamma_1 = 1,\\ \gamma_{n+1} + \gamma_{n-1} = \alpha_n\gamma_n \quad \textit{für } n \geqq 1,\end{cases}$$

so wird

$$(21)\qquad \begin{cases}\gamma_0 < \gamma_1 < \gamma_2 < \ldots \quad \textit{und}\\ \lim\limits_{n\to\infty}\frac{\gamma_{n+1}}{\gamma_n} = 1.\text{[7]}\end{cases}$$

Beweis. Daß die γ_n monoton wachsen, folgt wegen $\alpha_n > 2$, $\gamma_0 < \gamma_1$ durch den Schluß von n auf $n+1$ aus

$$(\gamma_{n+1} - \gamma_n) = (\gamma_n - \gamma_{n-1}) + (\alpha_n - 2)\gamma_n.$$

Ferner liefert (20)

$$\gamma_{n+1} \leqq \alpha_n\gamma_n, \qquad \text{also auch} \qquad \frac{\gamma_n}{\alpha_{n-1}} \leqq \gamma_{n-1};$$

(20) liefert daher weiter

$$\gamma_{n+1} + \frac{\gamma_n}{\alpha_{n-1}} \leqq \alpha_n\gamma_n \qquad \text{oder} \qquad \gamma_{n+1} \leqq \left(\alpha_n - \frac{1}{\alpha_{n-1}}\right)\gamma_n$$

und also auch

$$\frac{\gamma_n}{\alpha_{n-1} - \frac{1}{\alpha_{n-2}}} \leqq \gamma_{n-1}.$$

Daher folgt jetzt weiter aus (20)

$$\gamma_{n+1} \leqq \left(\alpha_n - \frac{1}{\alpha_{n-1} - \frac{1}{\alpha_{n-2}}}\right)\gamma_n$$

[7]) Dieser Satz ist als Spezialfall in einem allgemeineren Satze enthalten, den Herr O. Perron im § 4 seiner Arbeit: *Über lineare Differenzengleichungen zweiter Ordnung, deren charakteristische Gleichung zwei gleiche Wurzeln hat*, Sitzungsberichte der Heidelberger Akademie der Wissenschaften 1917, bewiesen hat. Unser Beweis, der auch auf den allgemeinen Fall anwendbar ist, weist an einer Stelle eine nicht ganz unwesentliche Abweichung von der Perronschen Schlußweise auf.

usw. Nach m Schritten ergibt sich, wenn der Kettenbruch

$$\alpha_n - \frac{1\,|}{|\,\alpha_{n-1}} - \frac{1\,|}{|\,\alpha_{n-2}} - \cdots - \frac{1\,|}{|\,\alpha_{n-m}}$$

mit $(\alpha_n, \alpha_{n-1}, \ldots, \alpha_{n-m})$ bezeichnet wird, für $n > m$

$$\frac{\gamma_{n+1}}{\gamma_n} \leqq (\alpha_n, \alpha_{n-1}, \ldots, \alpha_{n-m}).$$

Hält man hier m fest und läßt n über alle Grenzen wachsen, so erhält man wegen $\alpha_\nu \to 2$

$$\overline{\lim} \frac{\gamma_{n+1}}{\gamma_n} \leqq (2, 2, \ldots, 2) = \frac{m+2}{m+1},$$

also auch, da m beliebig,

$$\overline{\lim} \frac{\gamma_{n+1}}{\gamma_n} \leqq 1.$$

Da die γ_n monoton wachsen und also notwendig

$$\underline{\lim} \frac{\gamma_{n+1}}{\gamma_n} \geqq 1$$

ist, so folgt aus beiden die zweite der Behauptungen (21).

Hilfssatz 4. *Ist wieder*

$$f(x) = e^{\gamma \frac{x}{1-x}} = \sum_{n=0}^{\infty} c_n x^n,$$

so strebt

$$\frac{c_{n+1}}{c_n} \to 1.$$

Beweis. Aus $(1-x)^2 f'(x) = \gamma f(x)$ folgt, wenn

$$\frac{n\, c_n}{\gamma} = \gamma_n$$

gesetzt wird, $\gamma_0 = 0$, $\gamma_1 = 1$, und für $n \geqq 1$

$$\gamma_{n+1} + \gamma_{n-1} = \left(2 + \frac{\gamma}{n}\right) \gamma_n.$$

Daher ist nach Hilfssatz 3

$$\lim \frac{\gamma_{n+1}}{\gamma_n} = \lim \frac{c_{n+1}}{c_n} = 1,$$

w. z. b. w.

Hilfssatz 5. *Ist $Q(x)$ irgendein Polynom, ist $\gamma > 0$ und wird*

$$e^{\gamma \frac{x}{1-x} + Q(x)} = \sum_{n=0}^{\infty} C_n x^n$$

gesetzt, so ist

$$\log C_n \simeq 2\sqrt{\gamma n}.$$

Beweis. Es gilt allgemein der auf ganz elementarem Wege zu beweisende Satz: Ist $F(x) = \sum_{n=0}^{\infty} a_n x^n$ eine Potenzreihe mit dem Konvergenzradius $r > 0$, ist

$$\lim_{n\to\infty} \frac{b_n}{b_{n+1}} = \beta \quad \text{und} \quad |\beta| < r,$$

so wird

$$\lim_{n\to\infty} \frac{a_0 b_n + a_1 b_{n-1} + \ldots + a_n b_0}{b_n} = F(\beta).\ ^{8})$$

In unserem Falle setze man $F(x) = e^{Q(x)}$ und $b_n = c_n$, letztere in derselben Bedeutung wie im Hilfssatz 2 und 4. Dann wird $r = \infty$ und nach dem vorigen Hilfssatze $\beta = 1$. Also ist

$$\lim \frac{C_n}{c_n} = F(1) = e^{Q(1)}$$

und demnach

$$\log C_n \simeq \log c_n \simeq 2\sqrt{\gamma n}.$$

Beweis des Satzes 1. Wir greifen nun auf (6) zurück. Die hier auftretenden Funktionen $S(x)$ und $P(x)$ erfüllen offenbar die Voraussetzungen der Funktionen $f(x)$ und $F(x)$ des Hilfssatzes 2. Eine passende Majorante bzw. Minorante zu $S(x)$ liefert uns die Beziehung (7) oder

$$s_n \simeq \frac{\pi^2}{6}\binom{n+1}{2}.$$

Wir setzen $\frac{\pi^2}{6} = \alpha$, wählen ein ε in $0 < \varepsilon < \alpha$ und bestimmen ein m so, daß für $n > m$ stets

$$(\alpha - \varepsilon)\binom{n+1}{2} < s_n < (\alpha + \varepsilon)\binom{n+1}{2}$$

ist. Nunmehr wählen wir

$$(22) \qquad t_n = \begin{cases} s_n & \text{für } 1 \leqq n \leqq m, \\ (\alpha + \varepsilon)\binom{n+1}{2} & \text{für } n > m, \end{cases}$$

so daß die t_n monoton wachsen und stets $\geqq 0$ sowie $\geqq s_n$ bleiben. Setzen wir also

$$T(x) = \sum_{n=1}^{\infty} t_n x^{n-1}$$

und

$$\exp \int_0^x (1-x)\,T(x)\,dx = \sum_{n=0}^{\infty} q_n x^n,$$

[8]) Vgl. die von I. Schur im Archiv der Mathematik und Physik 27 (1918), S. 162, gestellte Aufgabe und den Beweis bei O. Szász, *Ein Grenzwertsatz über Potenzreihen*, Sitzungsberichte der Berliner Mathematischen Gesellschaft, Jahrgang XXI (1922), S. 25–29.

so ist nach Hilfssatz 1 für alle n

(23) $$p_n \leqq q_n'.$$

Wählen wir dagegen

(24) $$t_n = \begin{cases} 0 & \text{für} \quad 1 \leqq n \leqq m, \\ (\alpha - \varepsilon)\binom{n+1}{2} & \text{für} \quad n > m, \end{cases}$$

so wird stets

(25) $$p_n \geqq q_n.$$

Über die q_n gibt uns aber der Hilfssatz 5 Auskunft, denn es ist in den beiden Fällen

$$T(x) = (\alpha \pm \varepsilon) \sum_{n=1}^{\infty} \binom{n+1}{2} x^{n-1} + Q_1(x) = \frac{\alpha \pm \varepsilon}{(1-x)^3} + Q_1(x),$$

wenn mit $Q_1(x)$ ebenso wie nachher mit $Q_2(x)$ je ein geeignetes Polynom bezeichnet wird. Daher ist

$$\int_0^x (1-x) T(x) \, dx = (\alpha \pm \varepsilon) \frac{x}{1-x} + Q_2(x)$$

und also

$$\sum_{n=0}^{\infty} q_n x^n = e^{(\alpha \pm \varepsilon) \frac{x}{1-x} + Q_2(x)}.$$

Nach Hilfssatz 5 strebt nun

$$\frac{\log q_n}{\sqrt{n}} \to 2\sqrt{\alpha \pm \varepsilon},$$

je nachdem die t_n gemäß (22) oder (24) festgelegt sind. Da im ersten Falle (23) gilt, so folgt, daß

$$\overline{\lim} \frac{\log p_n}{\sqrt{n}} \leqq 2\sqrt{\alpha + \varepsilon}$$

ist; und da im zweiten Falle (25) gilt, so ist

$$\underline{\lim} \frac{\log p_n}{\sqrt{n}} \geqq 2\sqrt{\alpha - \varepsilon}.$$

Da nun $\varepsilon > 0$ beliebig war, so ist notwendig

(26) $$\lim \frac{\log p_n}{\sqrt{n}} = 2\sqrt{\alpha},$$

was die Behauptung (3) beweist.

§ 2.

Man wird bemerkt haben, daß die Beziehung (26) des vorigen Paragraphen aus (6) lediglich auf Grund der Voraussetzung erschlossen worden ist, daß die Entwicklungskoeffizienten p_n und s_n von $P(x)$ und $S(x)$ den Bedingungen

$$1 \leqq p_n \leqq p_{n+1} \qquad (n = 1, 2, \ldots)$$

bzw.

$$s_n \simeq \alpha \binom{n+1}{2} \simeq \frac{\alpha}{2} n^2$$

genügen. Man kann also den folgenden allgemeineren Satz aussprechen:

Satz 2. *Hat* $P(x) = \sum_{n=0}^{\infty} p_n x^n$ *positive monoton wachsende Koeffizienten, ist*

$$P(x) = \exp \int_0^x (1 - x) S(x)\, dx$$

und gilt hierin für die Koeffizienten von $S(x) = \sum_{n=1}^{\infty} s_n x^{n-1}$ *eine Abschätzung der Form*

$$s_n \simeq \frac{\alpha}{2} n^2 \qquad (\alpha > 0), \tag{27}$$

so ist

$$\log p_n \simeq 2\sqrt{\alpha n}.$$

Auf Grund dieses Satzes wird man in ganz ähnlicher Weise, wie soeben die Entwicklungskoeffizienten p_n des Produktes (1), auch die Koeffizienten $\bar{p}_n$ des Produktes (2) und ähnlich auch die Entwicklungskoeffizienten aller derjenigen Produkte abschätzen können, die aus (1) oder (2) entstehen, wenn man dort nur solche Faktoren $(1 \pm x^\lambda)$ auftreten läßt, bei denen λ einer bestimmten Zahlklasse — z. B. der Klasse der ungeraden Zahlen oder der zu einer festen Zahl m teilerfremden Zahlen — angehört. Doch wird das bisherige Verfahren nur dann zum Ziele führen, falls die Entwicklungskoeffizienten des betreffenden Produktes *monoton* wachsen und falls das bei der Entwicklung der logarithmischen Ableitung des Produktes auftretende Teilerproblem (vgl. (5) und (7)) auf eine Abschätzung der Form (27) führt. Im einzelnen lassen sich so die folgenden Sätze beweisen.

Satz 3. *Wird*

$$\bar{P}(x) = \prod_{\lambda=1}^{\infty} (1 + x^\lambda) = \prod_{\lambda=1}^{\infty} \frac{1}{(1-x)^{2\lambda-1}} = \sum_{n=0}^{\infty} \bar{p}_n x^n \tag{2}$$

gesetzt, so daß $\bar{p}_n$ *für* $n > 0$ *die Anzahl der verschiedenen Zerlegungen von n in* ***ungleiche*** *positive Summanden oder — was nach (2) dasselbe ist — in gleiche oder ungleiche* ***ungerade*** *Summanden angibt, so ist*

(3a) $$\log \bar{p}_n \cong 2\sqrt{\frac{\pi^2}{12}n}.$$

Beweis. Jetzt ist

$$\frac{x\bar{P}'(x)}{\bar{P}(x)} = \sum_{\lambda=1}^{\infty} \frac{(2\lambda-1)x^{2\lambda-1}}{1-x^{2\lambda-1}} = \sum_{\lambda=1}^{\infty} \bar{\sigma}_\lambda x^\lambda = (1-x)\sum_{n=1}^{\infty} \bar{s}_n x^n,$$

wenn $\bar{\sigma}_\lambda$ die Summe der ungeraden Teiler von λ bedeutet und

$$\bar{s}_n = \bar{\sigma}_1 + \bar{\sigma}_2 + \ldots + \bar{\sigma}_n$$

gesetzt wird. Mit

$$\sum_{n=1}^{\infty} \bar{s}_n x^{n-1} = \bar{S}(x)$$

ist also

(6a) $$\bar{P}(x) = \exp\int_0^x (1-x)\bar{S}(x)\,dx.$$

Für $\bar{s}_n$ gilt nun entsprechend (7) die Formel

(7a) $$\bar{s}_n \cong \frac{\pi^2}{24}n^2.$$

Zu ihrem Beweise hat man nur zu beachten, daß, wenn σ_ϱ für nicht ganzzahliges ϱ gleich 0 gesetzt wird,

$$\sigma_n = \bar{\sigma}_n + 2\sigma_{\frac{n}{2}}$$

ist. Dies liefert aber

$$s_n = \bar{s}_n + 2s_{\left[\frac{n}{2}\right]},$$

woraus (7a) unmittelbar auf Grund von (7) folgt.

Nunmehr ist Satz 3 lediglich eine Anwendung von Satz 2; denn die $\bar{p}_n$ wachsen, wie sich aus ihrer an zweiter Stelle genannten Bedeutung ergibt, monoton, und die $\bar{s}_n$ gestatten eine Abschätzung der Form (27) mit $\alpha = \frac{\pi^2}{12}$. Also gilt (3a).

Einer späteren Anwendung zuliebe fügen wir noch den folgenden Satz an, obwohl die in ihm auftretenden Koeffizienten keine so einfache arithmetische Bedeutung haben:

Satz 4. *Wird für ein ganzzahliges* $r > 0$

$$(\bar{P}(x))^r = \prod_{\lambda=1}^{\infty}(1+x^\lambda)^r = \sum_{n=0}^{\infty} p_n^{(r)} x^n$$

gesetzt, so ist

$$\log p_n^{(r)} \cong 2\sqrt{\frac{\pi^2}{12}rn}.$$

Der Beweis ist unmittelbar, denn die $\bar{\sigma}_\lambda$ und $\bar{s}_n$ und folglich auch das α im vorigen Beweise multiplizieren sich nur alle mit dem Faktor r. — Aus diesem Satze ergibt sich noch sofort der folgende

Zusatz. *Bei festen ganzzahligen $r > 0$, $r' > r$ und festem ganzzahligem $q \geqq 0$ strebt*

$$\frac{p_{n-q}^{(r)}}{p_n^{(r')}} \to 0.$$

In der Tat strebt ja dann

$$\sqrt{r(n-q)} - \sqrt{r'n} \to -\infty.$$

Eine fast ebenso unmittelbare Anwendung von Satz 2 ist die folgende Erweiterung von Satz 3:

Satz 5. *Wird für eine gegebene ganze Zahl $m \geqq 2$*

$$\text{(1b)} \qquad \bar{P}(x) = \prod_{(\lambda, m) = 1} \frac{1}{1 - x^\lambda} = \sum_{n=0}^{\infty} \bar{p}_n x^n$$

gesetzt, so daß $\bar{p}_n$ für $n > 0$ die Anzahl der verschiedenen Zerlegungen von n in gleiche oder ungleiche zu der gegebenen Zahl m teilerfremde Summanden angibt, so ist

$$\text{(3b)} \qquad \log \bar{p}_n \cong 2\sqrt{\frac{\varphi(m)}{m} \frac{\pi^2}{6} n}.$$

Da auch hier die $\bar{p}_n$ monoton wachsen, so haben wir nur zu zeigen, daß jetzt — entsprechend (7) —

$$\text{(7b)} \qquad \bar{s}_n \cong \frac{1}{2} \frac{\varphi(m)}{m} \frac{\pi^2}{6} n^2$$

ist. Hierbei ist wieder $\bar{s}_n = \bar{\sigma}_1 + \bar{\sigma}_2 + \ldots + \bar{\sigma}_n$, und $\bar{\sigma}_n$ bedeutet die Summe der zu m teilerfremden Teiler von n.

Enthält nun m zunächst nur eine Primzahl π_1, so ist, genau wie beim Beweise von (7a) für $\pi_1 = 2$,

$$\sigma_n = \bar{\sigma}_n + \pi_1 \sigma_{\frac{n}{\pi_1}},$$

also

$$s_n = \bar{s}_n + \pi_1 s_{\left[\frac{n}{\pi_1}\right]}.$$

Wegen (7) ist also

$$\bar{s}_n \cong \left(1 - \frac{1}{\pi_1}\right) \frac{\pi^2}{12} n^2.$$

Ein zweiter Schritt dieser Art lehrt, daß, wenn m zwei verschiedene Primzahlen π_1 und π_2 enthält,

$$\bar{s}_n \cong \left(1 - \frac{1}{\pi_1}\right)\left(1 - \frac{1}{\pi_2}\right) \frac{\pi^2}{12} n^2$$

ist. Bei beliebigem m ergibt sich so die behauptete Formel (7b). — Damit ist auch (3b) auf Grund des Satzes 2 vollständig bewiesen.

Will man auch die Anzahl der Zerlegungen von n in *ungleiche* ungerade Summanden abschätzen, so muß man etwas anders vorgehen. Doch gilt auch hier der zu Satz 3 bzw. 5 ganz analoge

Satz 6. *Wird*

$$(1c) \qquad p(x) = \prod_{\lambda=1}^{\infty}(1 + x^{2\lambda-1}) = \sum_{n=1}^{\infty} p'_n x^n$$

gesetzt, so daß p'_n *für* $n \geqq 1$ *die Anzahl der Zerlegungen von* n *in ungleiche ungerade Summanden angibt, so ist*

$$(3c) \qquad \log p'_n \simeq 2\sqrt{\frac{\pi^2}{24}\, n}\,.$$

Beweis. Eine unmittelbare Anwendung von Satz 2 ist hier nicht möglich, weil die p'_n nicht durchweg monoton wachsen; denn es ist $p'_0 = p'_1 = 1$, $p'_2 = 0$. Dagegen hat natürlich

$$\frac{1}{1-x}\, p(x) = \sum_{n=0}^{\infty} (p'_0 + p'_1 + \ldots + p'_n) x^n$$

monoton wachsende Koeffizienten. Machen wir bei *dieser* Funktion den gleichen Ansatz wie bisher, so erhalten wir

$$\frac{x}{1-x} + \frac{x\,p'(x)}{p(x)} = \frac{x}{1-x} + \sum_{\lambda=1}^{\infty} \frac{(2\lambda-1)\,x^{2\lambda-1}}{1+x^{2\lambda-1}}$$

$$= \sum_{\nu=1}^{\infty} (1+\sigma'_\nu)\, x^\nu = (1-x) \sum_{n=1}^{\infty} (n + s'_n)\, x^n$$

und somit

$$(6c) \qquad \frac{1}{1-x}\, p(x) = \exp \int_0^x (1-x)\, s(x)\, dx\,.$$

Hierbei bedeutet σ'_ν die Summe der *ungeraden* Teiler d von ν, ein jeder mit positivem oder negativem Zeichen versehen, je nachdem der komplementäre Teiler ungerade oder gerade ist, also

$$\sigma'_\nu = \sum_{d \mid \nu} (-1)^{\frac{\nu}{d}-1}\, d \qquad (d \text{ ungerade}),$$

und es ist dann

$$s'_n = \sigma'_1 + \sigma'_2 + \ldots + \sigma'_n$$

und

$$s(x) = \sum_{n=1}^{\infty} (n + s'_n)\, x^{n-1}$$

gesetzt. Sammelt man, um zu einer Abschätzung der Form (7) bzw. (27) zu gelangen, in

$$s_n' = \sum_{\nu=1}^{n} \sum_{d \mid \nu} (-1)^{\frac{\nu}{d}-1} d \qquad (d \text{ ungerade})$$

die Glieder d mit gleichem Komplementärteiler $\frac{\nu}{d} = k$, so findet man

$$s_n' = \sum_{k=1}^{n} (-1)^{k-1} \sum u,$$

wenn in der letzten Summe u die ungeraden Zahlen $\leqq \frac{n}{k}$ durchläuft. Daher ist

$$s_n' = \sum_{n=1}^{n} (-1)^{k-1} \left[\frac{1}{2}\left(\frac{n}{k}+1\right)\right]^2 \cong \frac{n^2}{4} \sum_{k=1}^{\infty} \frac{(-1)^{k-1}}{k^2} = \frac{1}{2} \frac{\pi^2}{24} n^2.$$

Dann ist aber auch entsprechend (7)

$$(7\text{c}) \qquad n + s_n' \cong \frac{1}{2} \frac{\pi^2}{24} n^2.$$

Auf Grund dieser Abschätzung liefert uns Satz 2 nun wenigstens

$$\log(p_0' + p_1' + \dots + p_n') \cong 2\sqrt{\frac{\pi^2}{24} n}.$$

Jetzt überzeugt man sich aber leicht, daß die p_n' wenigstens für $n \geqq 3$ monoton wachsen. Aus jeder Zerlegung Z von $n \geqq 3$ in ungleiche ungerade Summanden erhält man nämlich sofort eine solche für $n+1$. Denn wenn Z den Summanden 1 nicht enthält, so braucht man nur eine 1 als Summanden hinzuzufügen; enthält aber Z eine 1, so streiche man diese und erhöhe den größten Summanden in Z um 2. Da sich auf diese Weise aus je zwei verschiedenen Zerlegungen von n auch zwei verschiedene Zerlegungen von $n+1$ ergeben, so muß p_n' mit n monoton wachsen. Daher ist für $n \geqq 3$

$$p_n' \geqq \frac{p_0' + p_1' + \dots + p_n'}{n};$$

und da selbstverständlich

$$p_n' \leqq p_0' + p_1' + \dots + p_n'$$

ist, so ist, wie behauptet,

$$\log p_n' \cong \log(p_0' + p_1' + \dots + p_n') \cong 2\sqrt{\frac{\pi^2}{24} n}.$$

Wir schließen mit der Behandlung der Entwicklungskoeffizienten der klassischen Modulfunktion

$$J(\tau) = \frac{g_2^3}{g_2^3 - 27 g_3^2}.$$

Ihre Entwicklung nach Potenzen von

$$x = h^2 = e^{2\pi i \tau} \qquad \left(\tau = \frac{\omega_2}{\omega_1}, \quad \Re\left(\frac{\tau}{i}\right) > 0\right)$$

lautet (vgl. z. B. C. Jordan, Cours d'Analyse 2 (1894), S. 427):

$$J(\tau) = \frac{1}{12^3 \cdot x}\left[\prod_{\nu=1}^{\infty}(1 - x^{2\nu-1})^8 + 256\, x \prod_{\nu=1}^{\infty}(1 + x^\nu)^{16}\right]^3$$

oder

$$\begin{aligned} 12^3 \cdot x \cdot J(\tau) &= \prod_{\nu=1}^{\infty}(1 - x^{2\nu-1})^{24} + 3 \cdot 256 \cdot x + 3 \cdot 256^2 \cdot x^2 \prod_{\nu=1}^{\infty}(1 + x^\nu)^{24} \\ &\quad + 256^3 \cdot x^3 \prod_{\nu=1}^{\infty}(1 + x^\nu)^{48} \\ &= \sum_{n=0}^{\infty} a_n x^n + x^2 \sum_{n=0}^{\infty} b_n x^n + x^3 \sum_{n=0}^{\infty} c_n x^n + 3 \cdot 256 \cdot x \\ &= \sum_{n=0}^{\infty} C_n x^n \end{aligned}$$

mit

$$C_n = a_n + b_{n-2} + c_{n-3} \quad \text{für } n \geqq 3.$$

Da nun offenbar $|a_n| \leqq b_n$, so liefert uns Satz 4 und sein Zusatz, daß

$$C_n \cong c_{n-3},$$

also

$$\log C_n \cong 2\sqrt{\frac{\pi^2}{12} \cdot 48(n-3)}$$

oder

$$\log C_n \cong 4\pi\sqrt{n}$$

ist.

Berlin und Königsberg, April 1925.

(Eingegangen am 8. April 1925.)

56.

Über die Abschnitte einer im Einheitskreise beschränkten Potenzreihe (mit G. Szegö)

Sitzungsberichte der Preussischen Akademie der Wissenschaften 1925,
Physikalisch-Mathematische Klasse, 545 - 560

Ist
$$f(z) = a_0 + a_1 z + a_2 z^2 + \cdots + a_n z^n + \cdots$$
eine für $|z| < 1$ konvergente Potenzreihe, die der Bedingung

$$(1) \qquad |f(z)| \leqq 1 \qquad (|z| < 1)$$

genügt, so brauchen bekanntlich die Abschnitte
$$s_n(z) = a_0 + a_1 z + a_2 z^2 + \cdots + a_n z^n \qquad (n = 0, 1, 2, \cdots)$$
keineswegs im ganzen Einheitskreis beschränkt zu sein[1]. Um so bemerkenswerter ist die vor kurzem von Hrn. L. Fejér[2] hervorgehobene Tatsache, daß die $s_n(z)$ bei jeder Potenzreihe der betrachteten Art im Kreise $|z| \leqq \frac{1}{2}$ der Bedingung

$$(2) \qquad |s_\nu(z)| \leqq 1$$

für alle ν genügen. Man überlegt sich auch leicht, daß die Zahl $\frac{1}{2}$ hier durch keine größere Zahl ersetzt werden kann.

Es liegt nun nahe, folgende Frage weiter zu verfolgen. Welches ist der größte Kreis $|z| \leqq \rho_n$, in dem für jede Potenzreihe vom Typus (1) sämtliche Abschnitte
$$s_n(z),\ s_{n+1}(z),\ s_{n+2}(z),\ \cdots$$
dem absoluten Betrage nach den Wert 1 nicht übertreffen[3].

---

[1] L. Fejér, Über gewisse Potenzreihen an der Konvergenzgrenze, Sitzungsber. d. math.-phys. Klasse d. Bayer. Akad. d. Wiss. 1910, Nr. 3. Vgl. auch E. Landau, Abschätzung der Koeffizientensumme einer Potenzreihe, Archiv der Mathematik und Physik, Serie 3, Bd. 21 (1913), S. 42—50, S. 250—255; Serie 3, Bd. 24 (1916), S. 250—260 (vgl. S. 255).

[2] Über die Positivität von Summen, die nach trigonometrischen oder Legendreschen Funktionen fortschreiten (Erste Mitteilung), Acta litterarum ac scientiarum regiae universitatis hungaricae Francisco-Josephinae, sectio scientiarum mathematicarum, Bd. 2 (1925), S. 75—86. Ferner: E. Landau, Über einen Fejérschen Satz, Nachrichten der Gesellschaft der Wiss. zu Göttingen, math.-phys. Klasse 1925. Vgl. hierzu W. Rogosinski, Über Bildschranken bei Potenzreihen und ihren Abschnitten, Mathematische Zeitschrift, Bd. 17 (1923), S. 260—276 (vgl. § 3).

[3] Man erkennt ohne Mühe, daß eine solche Maximalzahl $\rho_n \geqq 0$ existiert und daß sie nicht größer als 1 sein kann.

In § 1 zeigen wir mit elementaren Hilfsmitteln, daß die Zahlen ρ_n mit wachsendem n (monoton) gegen 1 konvergieren. Die genaue Bestimmung der ρ_n beruht auf dem Studium der bereits von ROGOSINSKI und FEJÉR herangezogenen Ausdrücke

$$T_n(r, \phi) = \frac{1}{2} + r\cos\phi + r^2\cos 2\phi + \cdots + r^n \cos n\phi. \tag{3}$$

Man verstehe unter r_n die größte Zahl r, für die $T_n(r, \phi)$ als Funktion der reellen Winkelgröße ϕ niemals negativ wird. Die Existenz einer solchen Zahl r_n liegt auf der Hand. Unser Hauptsatz lautet:

I. *Für jedes n ist $\rho_n = r_n$.*

Der Beweis ergibt sich auf Grund der folgenden beiden Sätze:

II. *Damit eine lineare Verbindung*

$$L_n = a_0 + \lambda_1 a_1 + \lambda_2 a_2 + \cdots + \lambda_n a_n \tag{4}$$

mit reellen λ_ν für alle Potenzreihen vom Typus (1) der Bedingung

$$|L_n| \leqq 1 \tag{5}$$

genüge, ist notwendig und hinreichend, daß das Kosinuspolynom

$$T(\phi) = \frac{1}{2} + \lambda_1 \cos\phi + \lambda_2 \cos 2\phi + \cdots + \lambda_n \cos n\phi \tag{6}$$

niemals negativ wird.

III. *Die Zahlen*

$$r_1, r_2, r_3, \ldots, r_n, \ldots$$

nehmen monoton zu.

Der Satz II wird in § 2 in einer etwas verallgemeinerten Fassung bewiesen. Für Satz III werden in § 3 zwei Beweise angegeben. Die §§ 4 und 5 behandeln das asymptotische Verhalten der $\rho_n = r_n$ für große Werte von n und die zahlenmäßige Berechnung dieser Größen. Insbesondere ist

$$\lim_{n\to\infty} \frac{n}{\log n}(1 - \rho_n) = 1.$$

Vom Interesse ist noch die für alle n geltende Ungleichung

$$\rho_n > 1 - \frac{\log 2n}{n}.$$

Im Schlußparagraphen werden einige Fragen besprochen, die in ähnlicher Richtung liegen wie unsere Hauptaufgabe.

§ 1. Elementare Vorbemerkungen. Der Fall $n = 2$.

1. Daß ein Ausdruck der Form (4), wenn $f(z)$ vom Typus (1) ist, der Bedingung (5) genügt, sobald das Kosinuspolynom (6) niemals negativ ist, ist bekannt und folgt unmittelbar aus der Integraldarstellung

$$L_n = \lim_{\rho\to 1} \frac{1}{\pi}\int_0^{2\pi} f(\rho e^{i\phi})\, T(\phi)\, d\phi.$$

Indem man hier $T(\phi) = T_n(r, \phi)$ setzt, erkennt man (vgl. die auf S. 545 zitierte zweite Arbeit von L. FEJÉR), daß bei festem n für $|z| \leqq r$ jedenfalls $|s_n(z)| \leqq 1$, wenn nur für diesen Wert von n das Kosinuspolynom $T_n(r, \phi)$ niemals negativ ausfällt, d. h. $r \leqq r_n$ ist. Die von uns eingeführte Größe ρ_n ist demnach nicht kleiner als die untere Grenze der Zahlen

$$r_n, r_{n+1}, r_{n+2}, \cdots .$$

Gleichzeitig mit $T_n(r, \phi)$ ist auch der Ausdruck

$$(7) \quad F_n(r, \phi) = 2(1 - 2r\cos\phi + r^2)\, T_n(r, \phi) = 1 - r^2 + 2r^{n+2}\cos n\phi - 2r^{n+1}\cos(n+1)\phi$$

nicht negativ. Ferner ist

$$(8) \qquad F_n(r, \phi) \geqq 1 - r^2 - 2r^{n+2} - 2r^{n+1} = (1+r)(1 - r - 2r^{n+1}).$$

Versteht man nun unter R_n die positive Wurzel der Gleichung

$$(9) \qquad G_n(r) = 1 - r - 2r^{n+1} = 0,$$

so ist offenbar

$$(10) \qquad R_1 < R_2 < R_3 < \cdots < R_n < \cdots$$

und

$$(11) \qquad \lim_{n \to \infty} R_n = 1.$$

Aus (8) folgt

$$(12) \qquad r_n \geqq R_n,$$

also nach (10): $r_{n+p} \geqq R_{n+p} > R_n \; (p > 0)$. Das liefert aber

$$(13) \qquad \rho_n \geqq R_n$$

und also auch

$$(14) \qquad \lim_{n \to \infty} \rho_n = 1.$$

Bei ungeradem n geht die Ungleichung (8) für $\phi = \pi$ in eine Gleichung über (vgl. W. ROGOSINSKI, a. a. O. S. 270). Hieraus folgt, daß bei ungeradem n stets $r_n = R_n$ gilt. Aus (10) und (12) schließt man ferner, daß die untere Grenze der Zahlen $r_n, r_{n+1}, r_{n+2}, \cdots$ für ungerades n gleich R_n, für gerades n entweder gleich r_n oder gleich $r_{n+1} = R_{n+1}$ ist, je nachdem nämlich $r_n \leqq r_{n+1}$ oder $r_{n+1} \leqq r_n$ ist.

2. Das FEJÉRsche Resultat kann in der Form

$$\rho_1 = r_1 = \frac{1}{2}$$

ausgesprochen werden. In ähnlich einfacher Weise läßt sich auch zeigen, daß

$$(15) \qquad \rho_2 = r_2 = \sqrt{\frac{3}{8}}$$

ist.

Aus

$$T_2(r,\phi) = \frac{1}{2} + r\cos\phi + r^2(2\cos^2\phi - 1)$$
$$= 2\left(r\cos\phi + \frac{1}{4}\right)^2 + \frac{3}{8} - r^2$$

folgt zunächst

$$r_2 = \sqrt{\frac{3}{8}} = 0.6123\cdots.$$

Ferner ist

$$G_3\left(\sqrt{\frac{3}{8}}\right) = 1 - \sqrt{\frac{3}{8}} - 2\left(\frac{3}{8}\right)^2 > 0, \text{ also}$$

$$R_3 > \sqrt{\frac{3}{8}} = r_2 \text{ und folglich für } n \geqq 3$$

$$R_n \geqq R_3 > r_2,$$

also nach dem früheren

$$\rho_2 \geqq \mathrm{Min}(r_2, r_3, r_4, \cdots) = r_2.$$

Um zu erhalten, daß $\rho_2 = r_2$ ist, genügt es zu zeigen, daß man für jede Zahl

$$\rho = \frac{r_2}{1-\varepsilon} > r_2 \qquad (0 < \varepsilon < 1)$$

eine Funktion vom Typus (1) mit $|s_2(\rho)| > 1$ angeben kann. Zu diesem Zwecke betrachte man die rationale Funktion

$$f(z) = \frac{\gamma_0 + \gamma_1(1+\gamma_0)z + z^2}{1 + \gamma_1(1+\gamma_0)z + \gamma_0 z^2},$$

wobei

$$\gamma_0 = 1 - \varepsilon, \quad \gamma_1 = \frac{1}{2\rho(1+\gamma_0)}$$

zu setzen ist. Hier ist

$$0 < \gamma_0 < 1, \quad 0 < \gamma_1 < 1$$

und daher $f(z)$ vom Typus (1)[1]. Ferner liefert eine einfache Rechnung für dieses Beispiel $s_2(\rho) > 1$.

Die Existenz eines solchen Beispiels folgt auch aus dem im nächsten Paragraphen behandelten allgemeinen Kriterium.

---

[1] In der Schreibweise der Arbeit von I. Schur, Über Potenzreihen, die im Innern des Einheitskreises beschränkt sind, Journal für die reine und angewandte Mathematik, Bd. 147 (1917), S. 205—232, Bd. 148 (1918), S. 122—145 (vgl. § 1), ist $f(z) = [z; \gamma_0, \gamma_1, 1]$.

§ 2. Beweis des Kriteriums II.

Den für uns so wichtigen Satz II beweisen wir in der verallgemeinerten Form

II*. *Es sei* $p(\phi)$ *eine reelle, stetige Funktion von* ϕ *mit der Periode* 2π, *die der Bedingung*

$$J = \frac{1}{2\pi}\int_0^{2\pi} p(\phi)\,d\phi > 0$$

genügt. Damit für jede Funktion $f(z)$ *vom Typus* (1) *und für alle* $0 < \rho < 1$

$$\left|\frac{1}{2\pi}\int_0^{2\pi} f(\rho e^{i\phi})\,p(\phi)\,d\phi\right| \leqq J \tag{16}$$

gelte, ist notwendig und hinreichend, daß $p(\phi)$ *niemals negativ wird.*

Daß diese Bedingung hinreichend ist, liegt auf der Hand. Die Umkehrung ergibt sich folgendermaßen. Ist etwa $p(\phi_0) < 0$, so kann zunächst $\phi_0 = 0$ angenommen werden, da wir sonst mit der Funktion $p(\phi_0 + \phi)$ operieren könnten. Dann ist aber bekanntlich

$$\lim_{r\to 1}\frac{1}{2\pi}\int_0^{2\pi}\frac{1-r^2}{1-2r\cos\phi + r^2}\,p(\phi)\,d\phi = p(0) < 0$$

Daher läßt sich ein festes $r < 1$ so wählen, daß

$$\frac{1}{2\pi}\int_0^{2\pi}\frac{1-r^2}{1-2r\cos\phi+r^2}\,p(\phi)\,d\phi < 0$$

ausfällt. Man setze dann

$$f(z) = 1 - \varepsilon\,\frac{1+rz}{1-rz}, \tag{17}$$

wobei die positive Größe ε so klein zu wählen ist, daß

$$1 - 2\varepsilon\,\frac{1-r}{1+r} + \varepsilon^2\left(\frac{1+r}{1-r}\right)^2 < 1$$

wird. Hierdurch wird erreicht, daß für $z = e^{i\phi}$

$$\begin{aligned}|f(z)|^2 &= 1 - 2\varepsilon\,\Re\,\frac{1+rz}{1-rz} + \varepsilon^2\left|\frac{1+rz}{1-rz}\right|^2\\ &= 1 - 2\varepsilon\,\frac{1-r^2}{1-2r\cos\phi+r^2} + \varepsilon^2\,\frac{1+2r\cos\phi+r^2}{1-2r\cos\phi+r^2}\\ &\leqq 1 - 2\varepsilon\,\frac{1-r}{1+r} + \varepsilon^2\left(\frac{1+r}{1-r}\right)^2 < 1.\end{aligned}$$

Folglich gehört $f(z)$ zu dem von uns betrachteten Funktionentypus. Für diese Funktion wird aber

$$\lim_{\rho\to 1}\left|\frac{1}{2\pi}\int_0^{2\pi} f(\rho e^{i\phi})p(\phi)d\phi\right| = \left|\frac{1}{2\pi}\int_0^{2\pi} f(e^{i\phi})p(\phi)d(\phi)\right|$$

$$\geqq \Re\left(\frac{1}{2\pi}\int_0^{2\pi} f(e^{i\phi})p(\phi)d\phi\right) =$$

$$= J - \frac{\varepsilon}{2\pi}\int_0^{2\pi}\frac{1-r^2}{1-2r\cos\phi+r^2}p(\phi)d\phi > J.$$

Die spezielle Funktion (17) genügt also *nicht* der Bedingung (16).

§ 3. Beweis der Sätze I und III.

Aus dem nun bewiesenen Kriterium II folgt unmittelbar, daß

(18) $$\rho_n = \mathrm{Min}\,(r_n, r_{n+1}, r_{n+2}, \cdots).$$

Um also zu unserem Satze $\rho_n = r_n$ zu gelangen, genügt es nachzuweisen, daß die r_n mit wachsendem n beständig wachsen.

Die im folgenden angegebenen zwei Beweise stützen sich zunächst auf die Tatsache, daß bei ungeradem n stets $r_n = R_n$ gilt (vgl. § 1, 1). Es ist nur zu zeigen, daß bei ungeradem n, $n \geqq 3$,

(19) $$r_{n-1} < r_n$$

ist. Denn für ungerades n gilt von selbst

$$r_n = R_n < R_{n+1} \leqq r_{n+1}.$$

Erster Beweis. Es ist zunächst für $n \geqq 2$

(20) $$R_n < 1 - \frac{1}{m+1}, \text{ wo } m = \frac{n}{\log 2n - \log\log 2n}.$$

Denn soll $R_n < \frac{m}{m+1}$ sein, so braucht nur

$$G_n\left(\frac{m}{m+1}\right) = \frac{1}{m+1} - 2\left(\frac{m}{m+1}\right)^{n+1} < 0$$

oder

$$n \log\frac{m+1}{m} < \log 2m$$

zu gelten. Das ist wegen $\log x \leqq x - 1$ $(x > 0)$ für $m > 0$ jedenfalls richtig, wenn schon

$$\frac{n}{m} < \log 2m.$$

Das ist aber für den von uns gewählten Wert von m sicher der Fall, da dies mit der Ungleichung

$$\log 2n - \log\log 2n < \log 2n$$

gleichbedeutend ist.

Um nun bei ungeradem $n = 2k+1$ die Ungleichung (19) zu beweisen, genügt es einen speziellen Wert von ϕ anzugeben, für den

$$F_{n-1}(R_n, \phi) < 0$$

wird. Dies gilt schon für $\phi = \frac{2\pi k}{n}$. Denn es wird zunächst

$$F_{n-1}\left(R_n, \frac{2\pi k}{n}\right) = 1 - R_n^2 - 2R_n^{n+1}\cos\frac{\pi}{n} - 2R_n^n.$$

Andererseits ist

$$1 - R_n = 2R_n^{n+1},$$

also

$$R_n F_{n-1}\left(R_n, \frac{2\pi k}{n}\right) = R_n - R_n^3 - R_n(1-R_n)\cos\frac{\pi}{n} - (1-R_n).$$

Dies ist negativ, wenn

$$R_n + R_n^2 - R_n\cos\frac{\pi}{n} < 1$$

oder

$$R_n^2 + 2R_n\sin^2\frac{\pi}{2n} < 1. \tag{21}$$

Wegen

$$\sin^2\frac{\pi}{2n} < \frac{\pi^2}{4n^2} < \frac{10}{4n^2}$$

gilt (21) jedenfalls, sobald

$$R_n^2 + \frac{5R_n}{n^2} < 1$$

erfüllt ist. Wegen (20) genügt es nun

$$\left(1 - \frac{1}{m+1}\right)^2 + \frac{5}{n^2}\left(1 - \frac{1}{m+1}\right) < 1$$

zu beweisen. Dies liefert aber die Ungleichung

$$\frac{5}{n^2} < \frac{1}{m+1} + \frac{1}{m},$$

die gewiß erfüllt ist, wenn

$$5m < n^2, \qquad 5 < n(\log 2n - \log\log 2n),$$

was, wie man leicht sieht, für $n \geqq 5$ gilt. Für den noch fehlenden Wert $n = 3$ ist die Ungleichung (19) bereits in § 1 bewiesen worden.

Zweiter Beweis. Ähnlich wie beim ersten Beweis, handelt es sich um die Angabe eines Winkels ϕ, für den

$$(22)\quad F_{n-1}(R_n, \phi) = 1 - R_n^2 + 2R_n^{n+1} \cos(n-1)\phi - 2R_n^n \cos n\phi < 0$$

ausfällt (n ungerade). Man setze

$$n\phi = (n+1)\pi + \psi,$$

also

$$(n-1)\phi = n\pi + \psi - \frac{\pi+\psi}{n}.$$

Das liefert

$$F_{n-1}(R_n, \phi) = 1 - R_n^2 - 2R_n^{n+1} \cos\left(\psi - \frac{\pi+\psi}{n}\right) - 2R_n^n \cos\psi.$$

Nun werde ψ so gewählt, daß $\cos\psi = R_n$ wird, $0 < \psi < \frac{\pi}{2}$. Dann ist (22) wegen $2R_n^{n+1} = 1 - R_n$ identisch mit

$$R_n = \cos\psi < \cos\left(\psi - \frac{\pi+\psi}{n}\right).$$

Dies ist gewiß richtig, sobald

$$\psi - \frac{\pi+\psi}{n} > -\psi$$

ist, d. h. $\psi > \frac{\pi}{2n-1}$, oder

$$(23)\quad R_n = \cos\psi < \cos\frac{\pi}{2n-1}.$$

Man folgert dies am schnellsten aus einem Satze von Fejér[1], der besagt, daß für ein nichtnegatives Kosinuspolynom

$$\frac{1}{2} + \lambda_1 \cos\phi + \lambda_2 \cos 2\phi + \cdots + \lambda_n \cos n\phi$$

die Abschätzung

$$|\lambda_1| \leqq \cos\frac{\pi}{n+2}$$

gilt. Auf unser Polynom $T_n(R_n, \phi)$ angewandt, ergibt das

$$R_n \leqq \cos\frac{\pi}{n+2},$$

was wegen $n+2 \leqq 2n-1$ noch genauer ist als (23).

---

[1] Über trigonometrische Polynome, Journal für die reine und angewandte Mathematik, Bd. 146 (1916), S. 53—82 (vgl. S. 79).

§ 4. Asymptotisches Verhalten der Zahlen $\rho_n = r_n$.

Wir werden zunächst die asymptotische Formel

$$R_n = 1 - \frac{\log 2n - \log\log 2n + \varepsilon_n}{n}, \quad \lim_{n\to\infty} \varepsilon_n = 0 \tag{24}$$

beweisen. Hieraus folgt leicht wegen

$$R_n \leqq r_n < R_{n+1},$$

daß auch die r_n demselben asymptotischen Gesetz unterliegen.

Wir haben bereits in § 3 die Tatsache benutzt, daß für $n \geqq 2$

$$R_n < 1 - \frac{\log 2n - \log\log 2n}{n + \log 2n - \log\log 2n} \tag{20'}$$

gilt. Setzt man nun $r = 1 - \frac{1}{\mu}$ $(\mu > 1)$ und verlangt, daß dies kleiner als R_n sei, so ist nur zu erreichen, daß

$$G_n\left(1 - \frac{1}{\mu}\right) = \frac{1}{\mu} - 2\left(1 - \frac{1}{\mu}\right)^{n+1} > 0$$

wird. Dies gilt, wenn

$$\log 2\mu + (n+1)\log\left(1 - \frac{1}{\mu}\right) < 0,$$

also wegen $\log(1-x) \leqq -x$ $(0 \leqq x < 1)$ erst recht, wenn

$$\log 2\mu - \frac{n+1}{\mu} < 0$$

oder schon

$$\mu \log 2\mu < n \tag{25}$$

besteht. Wählt man hier

$$\mu = \frac{n}{\log 2n - \log\log 2n + p},$$

so ist für jedes feste positive p die Ungleichung (25) bei genügend großem n erfüllt; denn dies besagt nur, daß

$$p > \log \frac{\log 2n}{\log 2n - \log\log 2n + p}$$

wird, was für genügend große n gewiß richtig ist, weil die rechte Seite mit wachsendem n gegen 0 konvergiert.

Es ist also für jedes positive p bei genügend großem n

$$1 - \frac{\log 2n - \log\log 2n + p}{n} < R_n, \tag{26}$$

was zusammen mit (20′) die Formel (24) liefert.

Man sieht ferner, daß (25) auch bei dem Ansatz

$$\mu = \frac{n}{\log 2n} \qquad (n \geqq 2)$$

erfüllt ist. (Es ist wegen $\frac{\log x}{x} \leqq \frac{1}{e} < \frac{1}{2}$, $x > 0$, sicher $\frac{n}{\log 2n} > 1$.) Hieraus folgt die (auch für $n = 1$ richtige) Ungleichung

$$(27) \qquad 1 - \frac{\log 2n}{n} < R_n,$$

die zwar weniger scharf ist als (26), dafür aber für alle $n \geqq 1$ gilt. Wegen (13) schließt man hieraus den Satz:

Für alle Potenzreihen vom Typus (1) *ist*

$$|a_0 + a_1 z + a_2 z^2 + \cdots + a_n z^n| \leqq 1,$$

wenn nur

$$|z| \leqq 1 - \frac{\log 2n}{n}; \quad n = 1, 2, 3, \cdots.$$

§ 5. Einiges über die numerische Bestimmung der Zahlen ρ_n.

Für ungerades n ist $\rho_n = R_n$ ohne weiteres festgelegt als die positive Wurzel der algebraischen Gleichung

$$1 - r - 2r^{n+1} = 0.$$

Man findet z. B. ohne Mühe

$$\rho_3 = R_3 = 0.6478 \cdots, \quad \rho_5 = R_5 = 0.7204 \cdots.$$

Daß auch für gerades n die Größen $\rho_n = r_n$ algebraische Zahlen sind, die sich nach einem explizit angebbaren Verfahren berechnen lassen, sieht man folgendermaßen ein. Man hat nur zu berücksichtigen, daß für den Maximalwert $r = r_n$ das (nichtnegative) Kosinuspolynom $T_n(r, \phi)$ das genaue Minimum 0 hat, während für $r < r_n$ dieses Minimum positiv ist[1]. Zu beachten ist ferner, daß

$$T_n(r, 0) > 0, \quad T_n(r, \pi) > 0$$

wird. Die erste Ungleichung folgt aus (3), die zweite (für gerades n) aus (7). Daher gelten für jede Stelle $r = r_n$, $\phi = \phi_0$, an der $T_n(r_n, \phi)$ bei variablem ϕ sein Minimum erreicht, die Gleichungen

$$T_n(r, \phi) = 0, \quad \frac{1}{\sin \phi} \frac{\partial}{\partial \phi} T_n(r, \phi) = 0.$$

Stellt man demnach $T_n(r, \phi)$ als ganze rationale Funktion $H_n(r, \cos \phi)$ der beiden Argumente r und $\cos \phi$ dar, so muß $r = r_n$ der Gleichung

$$(28) \qquad D_n(r) = 0$$

[1] Dies beruht auf einer bekannten allgemeinen Eigenschaft der harmonischen Funktionen.

genügen, die aus

$$(29) \qquad H_n(r, t) = 0, \quad \frac{\partial}{\partial t} H_n(r, t) = 0$$

durch Elimination von t entsteht; $D_n(r)$ ist also die *Diskriminante* des Polynoms $H_n(r, t)$ von t.

Es ist aber genauer $r = r_n$ die *kleinste positive Wurzel* der Gleichung (28). Hierzu hat man nur einzusehen, daß für $0 < r < r_n$ die beiden Gleichungen keine gemeinsame Lösung t besitzen können. Eine gemeinsame Lösung t zwischen -1 und 1 ist von vornherein ausgeschlossen, weil für solche Werte von t schon der erste Ausdruck in (29) nicht verschwindet. Ein anderer Wert $t = \cos \phi_0$ mit imaginärem ϕ_0 kommt aber aus folgendem Grunde nicht in Frage. Aus (7) folgt, daß dann $\phi = \phi_0$ auch eine mehrfache Wurzel von

$$1 - r^2 + 2r^{n+2} \cos n\phi - 2r^{n+1} \cos (n+1)\phi = 0$$

sein, also auch der durch Differentiation nach ϕ entstehenden Gleichung

$$K(\phi) = rn \frac{\sin n\phi}{\sin \phi} - (n+1) \frac{\sin (n+1)\phi}{\sin \phi} = 0$$

genügen müßte. Diese Gleichung kann als eine Gleichung n-ten Grades in $\cos \phi = t$ aufgefaßt werden und hat als solche lauter reelle, voneinander verschiedene, im Intervall $-1 < t < 1$ gelegene Wurzeln. In der Tat ist

$$\operatorname{sign} K\left(\frac{\nu\pi}{n+1}\right) = (-1)^{\nu+1} \qquad (\nu = 0, 1, 2, \cdots, n)\,[1].$$

Auf diese Weise findet man z. B. wieder das schon in § 1 angegebene Resultat

$$\rho_2 = r_2 = \sqrt{\frac{3}{8}} = 0.6123 \cdots$$

wegen

$$D_2(r) = 4r^2(8r^2 - 3).$$

Wir fanden weiter

$$\rho_4 = r_4 = 0.694 \cdots,$$

während

$$R_2 = 0{,}5897 \cdots, \quad R_4 = 0.6890 \cdots,$$

also doch merklich kleiner als die zugehörigen r_n sind.

§ 6. Bemerkungen über verwandte Aufgaben.

Das in der Einleitung erwähnte FEJÉRsche Resultat sowie die hier hinzugefügten Betrachtungen lassen sich in verschiedener Richtung weiterführen. In diesem Schlußparagraphen sollen einige hierher gehörige Fragen kurz gestreift werden.

[1] Für $\nu = 0$ folgt dies aus $K(0) = rn^2 - (n+1)^2 < 0$ wegen $r < 1$.

1. Alle Ergebnisse der bisherigen Untersuchungen können auf die Potenzreihen $f(z)$ übertragen werden, die im Innern des Einheitskreises $|z| < 1$ konvergieren und daselbst einen positiven Realteil besitzen. Fragt man nämlich nach dem größten Kreis $|z| \leqq \rho'_n$, in dem die Realteile der Abschnitte

$$s_n(z)\,,\quad s_{n+1}(z)\,,\quad s_{n+2}(z)\,,\;\cdots$$

von $f(z)$ sämtlich positiv ausfallen, so findet man

$$(30)\qquad \rho'_n = r_n = \rho_n\,.$$

Dies beruht auch hier auf einem dem Satz II analogen Kriterium, dessen Beweis sich jedoch wesentlich einfacher gestaltet. Es genügt nur zu berücksichtigen, daß die Potenzreihe

$$\frac{1}{2} + z + z^2 + \cdots + z^n + \cdots = \frac{1}{2}\,\frac{1+z}{1-z}$$

für $|z| < 1$ einen positiven Realteil besitzt.

2. Bekanntlich bleiben die ersten arithmetischen Mittel der Abschnitte einer Potenzreihe vom Typus (1) im ganzen Einheitskreise $|z| < 1$ sämtlich dem Betrage nach kleiner als 1[1]. Führt man nun die k-ten arithmetischen Mittel

$$(31)\quad s_\nu^{(k)}(z) = \frac{C_\nu^{(k)} a_0 + C_{\nu-1}^{(k)} a_1 z + C_{\nu-2}^{(k)} a_2 z^2 + \cdots + C_0^{(k)} a_\nu z^\nu}{C_\nu^{(k)}}\,;\; C_\nu^{(k)} = \binom{\nu+k}{\nu},\; k > -1\,,$$

ein, so kann in Verallgemeinerung des Vorhergehenden nach dem größten Kreis $|z| \leqq \rho_n^{(k)}$ gefragt werden, in dem für alle Potenzreihen vom Typus (1) die arithmetischen Mittel

$$s_n^{(k)}(z),\; s_{n+1}^{(k)}(z),\; s_{n+2}^{(k)}(z),\;\cdots$$

sämtlich dem Betrage nach kleiner als 1 ausfallen. Die Folge

$$\rho_1^{(k)},\; \rho_2^{(k)},\; \rho_3^{(k)},\;\cdots,\; \rho_n^{(k)},\;\cdots$$

ist offenbar monoton wachsend; sie geht für $k = 0$ in

$$\rho_1,\; \rho_2,\; \rho_3,\;\cdots,\; \rho_n,\;\cdots,$$

dagegen für $k = 1$ in

$$1,\; 1,\; 1,\;\cdots,\; 1,\;\cdots$$

über. Versteht man ferner unter $r_n^{(k)}$ die größte Zahl r, für welche das Kosinuspolynom

$$(32)\quad C_n^{(k)}\, T_n^{(k)}(r,\phi) = \frac{1}{2}\, C_n^{(k)} + C_{n-1}^{(k)}\, r\cos\phi + C_{n-2}^{(k)}\, r^2 \cos 2\phi + \cdots + C_0^{(k)}\, r^n \cos n\phi$$

niemals negativ ausfällt, so kann auch in diesem Falle (wegen des Kriteriums II)

$$(33)\qquad \rho_n^{(k)} = \text{Untere Grenze von } r_n^{(k)},\; r_{n+1}^{(k)},\; r_{n+2}^{(k)},\;\cdots$$

[1] L. Fejér, Über gewisse durch die Fouriersche und Laplacesche Reihe definierten Mittelkurven und Mittelflächen, Rendiconti del Circolo Matematico di Palermo, Bd. 38 (1914), S. 79—97 (vgl. S. 95).

gesetzt werden. Die Monotonie der Folge $r_n^{(k)}$, die also $\rho_n^{(k)} = r_n^{(k)}$ nach sich ziehen würde, haben wir nicht weiter untersucht[1].

Wir beschränken uns hier auf den Nachweis der Gleichung

$$(34) \qquad \rho_1^{(k)} = r_1^{(k)} = \frac{k+1}{2} \qquad (-1 < k < 1),$$

woraus übrigens folgt, daß für alle Potenzreihen vom Typus (1)

$$(35) \qquad |s_n^{(k)}(z)| \leqq 1 \text{ gilt, wenn } |z| \leqq \frac{k+1}{2};\ n = 1, 2, 3, \cdots.$$

Die Zahl $\frac{k+1}{2}$ kann hier durch keine kleinere ersetzt werden.

Hr. FEJÉR stützt sich in seiner auf S. 545 angeführten Arbeit auf den Satz, daß das Kosinuspolynom

$$(36) \qquad \frac{\lambda_0}{2} + \lambda_1 \cos\phi + \lambda_2 \cos 2\phi + \cdots + \lambda_n \cos n\phi$$

stets nichtnegativ ist, wenn die Ungleichungen

$$\lambda_\nu - 2\lambda_{\nu+1} + \lambda_{\nu+2} \geqq 0 \qquad (\nu = 0, 1, 2, \cdots, n-2),$$
$$\lambda_{n-1} \geqq 2\lambda_n,\ \lambda_n \geqq 0$$

gelten. Wendet man diesen Satz auf das Kosinuspolynom (32) an, so folgt, daß r sicher nicht größer als $r_n^{(k)}$ ist, sobald die Ungleichungen

$$C_\nu^{(k)} r^2 - 2 C_{\nu+1}^{(k)} r + C_{\nu+2}^{(k)} \geqq 0 \qquad (\nu = 0, 1, 2, \cdots, n-2)$$
$$C_1^{(k)} \geqq 2 C_0^{(k)} r$$

erfüllt sind. Für $r = \frac{k+1}{2}$ geht nun die letzte Ungleichung in eine Gleichung über, während die vorhergehenden ebenfalls richtig sind; sie lauten nämlich

$$\left(\frac{k+1}{2}\right)^2 - 2\frac{k+\nu+1}{\nu+1}\,\frac{k+1}{2} + \frac{(k+\nu+1)(k+\nu+2)}{(\nu+1)(\nu+2)} \geqq 0$$

oder

$$\left(\frac{k+1}{2}\right)^2 - \frac{k+\nu+1}{\nu+1}\left(k+1-\frac{k+\nu+2}{\nu+2}\right) = \frac{(k+1)^2}{4} - \frac{k(k+\nu+1)}{\nu+2}$$
$$= \frac{(k-1)^2}{4} - \frac{k(k-1)}{\nu+2} \geqq 0,$$

d. h.

$$\frac{1-k}{4} + \frac{k}{\nu+2} \geqq 0,$$

eine Ungleichung, die offenbar für alle $\nu \geqq 0$ gilt. Es ist also $r_1^{(k)} \geqq \frac{k+1}{2}$.

[1] Auch die Aufgabe, das monotone Wachsen der Zahlen $r_n^{(k)}$ mit k nachzuweisen, dürfte nicht uninteressant sein.

Die Betrachtung des speziellen Kosinuspolynoms

$$T_1^{(k)}(r,\phi) = 1 + \frac{2}{k+1} r\cos\phi$$

zeigt ferner, daß $r_1^{(k)} = \frac{k+1}{2}$ ist, folglich ist

$$\rho_1^{(k)} = \mathrm{Min}\,(r_1^{(k)}, r_2^{(k)}, r_3^{(k)}, \cdots) = r_1^{(k)} = \frac{k+1}{2}.$$

3. Ein anderer Fall, der dadurch bemerkenswert ist, daß die Bestimmung der den Zahlen ρ_n analogen Größen im wesentlichen vollständig durchgeführt werden kann, ist der folgende. Man betrachte für eine Funktion $f(z)$ vom Typus (1) die Verbindungen

$$(37) \qquad \alpha s_0(z) + \beta s_n(z) = \alpha a_0 + \beta s_n(z),$$

wo $\alpha < 0$, $\beta > 0$ feste Konstanten mit der Summe 1 sind, $\alpha + \beta = 1$. Das in den §§ 1 bis 4 behandelte Problem entspricht offenbar dem Grenzfall $\alpha \to 0$, $\beta \to 1$. Doch liegen für $\alpha < 0$, $\beta > 0$ die Verhältnisse wesentlich anders.

Um hier wieder die größten Kreise $|z| \leqq \rho_n$ zu bestimmen, in denen

$$|\alpha a_0 + \beta s_\nu(z)| \leqq 1$$

für $\nu = n, n+1, n+2, \cdots$ gilt, hat man nur die Kosinuspolynome

$$(38) \qquad T_n(r,\phi) = \frac{\alpha}{2} + \beta\left(\frac{1}{2} + r\cos\phi + r^2\cos 2\phi + \cdots + r^n\cos n\phi\right)$$

zu betrachten. Es wird

$$(39) \qquad F_n(r,\phi) = 2(1 - 2r\cos\phi + r^2)\,T_n(r,\phi) = \alpha(1 - 2r\cos\phi + r^2) + \\ + \beta(1 - r^2 + 2r^{n+2}\cos n\phi - 2r^{n+1}\cos(n+1)\phi).$$

Eine triviale untere Schranke für $F_n(r,\phi)$ ist wieder

$$1 + (\alpha - \beta)r^2 + 2\alpha r - 2\beta r^{n+2} - 2\beta r^{n+1} = (1+r)\,G_n(r)$$
$$\text{mit } G_n(r) = 1 + (\alpha - \beta)r - 2\beta r^{n+1}.$$

Die positive Wurzel der Gleichung $G_n(r) = 0$ sei auch hier mit R_n bezeichnet. Man erkennt dann leicht, daß die R_n beständig wachsend gegen die positive Wurzel $\rho = \frac{1}{\beta - \alpha}$ der Gleichung

$$1 + (\alpha - \beta)r = 0$$

konvergieren; es ist offenbar $\rho < 1$. Ferner gilt für die Maximalzahlen r_n der Werte r, für die $T_n(r,\phi)$ oder was dasselbe ist $F_n(r,\phi)$ niemals negativ ausfällt, stets

$$r_n \geqq R_n$$

und für ungerade n

$$r_n = R_n.$$

Hieraus folgt schon, daß für ungerade n

$$\rho_n = \mathrm{Min}\,(r_n, r_{n+1}, r_{n+2}, \cdots) = r_n = R_n,$$

für ein gerades n dagegen, wie früher,

$$\rho_n = \text{Min}(r_n, r_{n+1}, r_{n+2}, \ldots),$$

also gleich r_n oder $r_{n+1} = R_{n+1}$ ist, je nachdem $r_n \leqq r_{n+1}$ oder $r_{n+1} \leqq r_n$ ausfällt.

Es zeigt sich nun im Gegensatz zu unserem Satz III, daß hier für genügend große gerade n

$$r_{n+1} < r_n \tag{40}$$

ist, woraus also $\rho_n = r_{n+1} = R_{n+1}$ folgt.

Man erhält nämlich für $r = R_{n+1}$

$$\begin{aligned} F_n(r, \phi) &= F_n(r, \phi) - (1 + r)\,G_{n+1}(r) \\ &= -2\alpha r(1 + \cos\phi) + 2\beta r^{n+3} + 2\beta r^{n+2} + 2\beta r^{n+2}\cos n\phi - 2\beta r^{n+1}\cos(n+1)\phi \\ &= -2\alpha r(1 + \cos\phi) + \delta_n(r, \phi). \end{aligned}$$

Wir wollen zeigen, daß dieser Ausdruck bei genügend großem n für alle ϕ positiv ist. Es genügt hierzu $0 \leqq \phi \leqq \pi$ anzunehmen. Ist nun $0 \leqq \phi \leqq \pi - \frac{\pi}{2(n+1)}$, so wird einerseits wegen $\alpha < 0$

$$-2\alpha r(1 + \cos\phi) = -4\alpha r\cos^2\frac{\phi}{2} \geqq -4\alpha r\sin^2\frac{\pi}{4(n+1)} \geqq -4\alpha r\left(\frac{2}{\pi}\,\frac{\pi}{4(n+1)}\right)^2,$$

andererseits $|\delta_n(r, \phi)| < 8\beta r^n < 8\beta\rho^n$, also $F_n(r, \phi) > 0$, wenn n genügend groß ist. Für $\pi - \frac{\pi}{2(n+1)} \leqq \phi \leqq \pi$ sind aber alle Glieder von $F_n(r, \phi)$ nicht negativ.

Im Gegensatz zu dem Grenzfall $\alpha \to 0$, $\beta \to 1$ kann also hier die Bestimmung von ρ_n sowohl für ungerade wie auch für genügend große gerade n auf die Bestimmung der Zahlen R_n (sogar nur der R_n mit ungeradem n), also auf die Bestimmung der einzigen positiven Wurzel von gewissen explizit angegebenen algebraischen Gleichungen zurückgeführt werden.

Wir haben damit folgendes gezeigt:

Es sei $\alpha < 0$, $\beta > 0$, $\alpha + \beta = 1$. *Für die Abschnitte* $s_n(z)$ *aller Potenzreihen* $f(z)$ *vom Typus* (1) *gilt*

$$|\alpha s_0(z) + \beta s_\nu(z)| \leqq 1 \qquad (\nu = n, n+1, n+2, \ldots),$$

wenn nur $|z| \leqq \rho_n$. *Hierbei genügt* ρ_n *für ungerade* n *der algebraischen Gleichung*

$$1 + (\alpha - \beta)\, r - 2\beta r^{n+1} = 0,$$

dagegen für genügend große gerade n *der Gleichung*

$$1 + (\alpha - \beta)\, r - 2\beta r^{n+2} = 0.$$

Es ist

$$\lim_{n \to \infty} \rho_n = \frac{1}{\beta - \alpha}.$$

Die Zahlen ρ_n *können durch keine größeren ersetzt werden.*

4. Will man endlich für die Unterklasse der im Einheitskreise $|z| < 1$ beschränkten Funktionen $f(z)$ vom Typus (1), welche an der Stelle $z = 0$ verschwinden, das Verhalten der Ableitung $f'(z)$ und ihrer Abschnitte

$$s_n'(z),\ s_{n+1}'(z),\ s_{n+2}'(z), \cdots$$

studieren, so kommt das nach dem Schwarzschen Lemma darauf hinaus, daß man für alle Funktionen $f(z)$ vom Typus (1) die Reihe

$$\frac{d(zf(z))}{dz} = a_0 + 2a_1 z + 3a_2 z^2 + \cdots + (n+1)a_n z^n + \cdots$$

und ihre Abschnitte untersucht. Hier führt die Ermittlung der Kreise $|z| \leqq \rho_n$, in denen

$$|a_0 + 2a_1 z + 3a_2 z^2 + \cdots + (\nu+1)a_\nu z^\nu| \leqq 1$$

für $\nu = n, n+1, n+2, \cdots$ gilt, auf die Diskussion der Kosinuspolynome

$$T_n(r, \phi) = \frac{1}{2} + 2r\cos\phi + 3r^2\cos 2\phi + \cdots + (n+1)r^n\cos n\phi.$$

Multipliziert man das mit $2(1 - 2r\cos\phi + r^2)^2$, so kann ähnlich wie in 3. geschlossen werden An Stelle des dort betrachteten Polynoms $G_n(r)$ tritt hier

$$G_n(r) = 1 - 2r - r^2 - (2n+4)r^{n+1} - (2n+2)r^{n+2}.$$

Ist R_n die positive Wurzel von $G_n(r) = 0$, so wachsen die R_n wieder monoton und streben gegen die positive Wurzel $\rho = \sqrt{2} - 1 = 0.41 \cdots$ der Gleichung

$$1 - 2r - r^2 = 0.$$

Es ist ferner $\rho_n = R_n$ oder R_{n+1}, je nachdem n ungerade oder gerade ist. (Letzteres erst für genügend große n.) Es gilt dementsprechend der folgende Satz:

Es sei $f(z)$ eine Funktion vom Typus (1), für welche überdies $f(0) = 0$ gilt. Dann ist

$$|s_{\nu+1}'(z)| \leqq 1$$

für $\nu = n, n+1, n+2, \cdots$, wenn nur $|z| \leqq \rho_n$. Hierbei genügt ρ_n für ungerade n der algebraischen Gleichung

$$1 - 2r - r^2 - (2n+4)r^{n+1} - (2n+2)r^{n+2} = 0,$$

dagegen für genügend große gerade n der Gleichung

$$1 - 2r - r^2 - (2n+6)r^{n+2} - (2n+4)r^{n+3} = 0.$$

Es ist

$$\lim_{n\to\infty} \rho_n = \sqrt{2} - 1.$$

Die Zahlen ρ_n können durch keine größeren ersetzt werden.

Ausgegeben am 8. Dezember.

57.

Zur additiven Zahlentheorie

Sitzungsberichte der Preussischen Akademie der Wissenschaften 1926,
Physikalisch-Mathematische Klasse, 488 - 495

Jeder unendlichen Folge positiver ganzer Zahlen

$$(1) \qquad \alpha_1 < \alpha_2 < \alpha_3 < \cdots$$

läßt sich eine Zerlegungsfunktion $A(n)$ zuordnen, nämlich die Anzahl der Zerlegungen

$$n = a_1 + a_2 + a_3 + \cdots \qquad (a_1 \geqq a_2 \geqq a_3 \geqq \cdots)$$

in gleiche oder verschiedene Summanden aus der Zahlenfolge (1). Man kann $A(n)$ auch durch die Gleichung

$$(2) \qquad \prod_{\nu=1}^{\infty} \frac{1}{1-x^{\alpha_\nu}} = \sum_{n=0}^{\infty} A(n) x^n \qquad (|x| < 1, \quad A(0) = 1)$$

definieren.

Durch Umformung dieses unendlichen Produktes oder auch auf rein arithmetischem Wege gelingt es vielfach nachzuweisen, daß $A(n)$ sich für jedes n noch anders deuten läßt, insbesondere mit der Anzahl $B(n)$ anders gearteter Zerlegungen

$$(3) \qquad n = b_1 + b_2 + b_3 + \cdots \qquad (b_1 \geqq b_2 \geqq b_3 \geqq \cdots)$$

identisch ist. Von besonderem Interesse wird ein solcher Satz, wenn die Zerlegungen (3) dadurch entstehen, daß nur die Paare $b_\varkappa$, $b_{\varkappa+1}$ gewissen Bedingungen unterworfen werden. Von diesem Charakter sind die folgenden Sätze:

I. *Für die Folge*

$$1, 3, 5, 7, \cdots$$

der ungeraden Zahlen wird die Anzahl $A(n)$ *gleich der Anzahl* $B(n)$ *der Zerlegungen* (3), *bei denen stets* $b_\varkappa - b_{\varkappa+1} \geqq 1$ *ist.*

II. *Für die Folge*

$$1, 4, 6, 9, \cdots$$

der Zahlen von der Form $5x \pm 1$ *wird die Anzahl* $A(n)$ *gleich der Anzahl* $B(n)$ *der Zerlegungen* (3), *bei denen stets* $b_\varkappa - b_{\varkappa+1} \geqq 2$ *ist.*

II′. *Für die Folge*

$$2, 3, 7, 8, \cdots$$

der Zahlen von der Form $5x \pm 2$ *wird die Anzahl* $A(n)$ *gleich der Anzahl* $B(n)$ *der Zerlegungen* (3), *bei denen wieder stets* $b_\varkappa - b_{\varkappa+1} \geqq 2$ *ist und außerdem der Summand* 1 *nicht vorkommt.*

Den Satz I hat Euler aus der Identität

$$\prod_{\lambda=1}^{\infty} \frac{1}{1 - x^{2\lambda-1}} = \prod_{\mu=1}^{\infty} (1 + x^\mu) \tag{4}$$

gefolgert. Die Sätze II und II′ habe ich erhalten, indem ich die zugehörigen unendlichen Produkte in Form unendlicher Determinanten darstellte[1].

Im folgenden will ich auf einen weiteren Satz von ganz ähnlichem Inhalt aufmerksam machen:

III. *Für die Folge*

$$1, 5, 7, 11, \cdots$$

der Zahlen von der Form $6x \pm 1$ *ist die Anzahl* $A(n)$ *gleich der Anzahl* $B(n)$ *der Zerlegungen* (3), *bei denen stets* $b_\varkappa - b_{\varkappa+1} \geqq 3$ *und, wenn* $b_\varkappa$ *und* $b_{\varkappa+1}$ *durch* 3 *teilbar sind,* $b_\varkappa - b_{\varkappa+1} \geqq 6$ *wird*[2].

Auch der Beweis dieses Satzes beruht in der Hauptsache darauf, daß das zugehörige Produkt (2) als unendliche Determinante dargestellt wird. Diese Darstellung ergibt sich aus einem allgemeineren Satze:

IV. *Für* $|t| < 1$ *und beliebiges* α *wird*

$$\begin{vmatrix} 1+\alpha t, & t^3 - t^4, & 0, & 0 & \cdots \\ -1 & 1+\alpha t^2, & t^4 - t^6 & 0 & \cdots \\ 0 & -1, & 1+\alpha t^3, & t^5 - t^8, & \cdots \\ \cdot & \cdot & \cdot & \cdot & \cdot \end{vmatrix} = \prod_{\nu=1}^{\infty} (1 + \alpha t^\nu + t^{2\nu+1}). \tag{5}$$

§ 1. Beweis des Satzes IV.

Man setze

$$P_0 = 1, \quad P_n = \prod_{\nu=1}^{n} (1 + \alpha t^\nu + t^{2\nu+1})$$

und bezeichne mit D_n den n-ten Abschnitt der unendlichen Determinante (5). Diese endlichen Determinanten sind durch die Formeln

$$D_0 = 1, \quad D_1 = 1 + \alpha t,$$

$$D_n = (1 + \alpha t^n) D_{n-1} + (t^{n+1} - t^{2n}) D_{n-2} \qquad (n = 2, 3, \cdots) \tag{6}$$

---

[1] *Ein Beitrag zur additiven Zahlentheorie und zur Theorie der Kettenbrüche,* Sitzungsberichte der Berliner Akademie 1917, S. 302—321. — Die aus den Sätzen II und II′ folgende Kettenbruchformel

$$1 + \frac{x|}{|1} + \frac{x^2|}{|1} + \cdots = \prod_{\nu=1}^{\infty} \frac{(1 - x^{5\nu-3})(1 - x^{5\nu-2})}{(1 - x^{5\nu-4})(1 - x^{5\nu-1})}$$

findet sich schon bei L. J. Rogers, *On the expansion of some infinite products,* Proceedings of the London Mathematical Society, Bd. 25 (1894), S. 318—343. Vgl. auch L. J. Rogers and S. Ramanujan, *Proof of certain identities in combinatory analysis,* Proceedings of the Cambridge Philosophical Society, Bd. 19 (1919), S. 211—216.

[2] Es ist jedoch zu beachten, daß bei der Bestimmung der Anzahl $B(n)$ die Zerlegung $n = n$ mitzuzählen ist. Das gilt auch für die Sätze I, II und II′.

eindeutig bestimmt. Man führe nun die Gaussschen Ausdrücke

$$\begin{bmatrix} n \\ \nu \end{bmatrix} = \frac{(t^n - 1)(t^{n-1} - 1) \cdots (t^{n-\nu+1} - 1)}{(t^\nu - 1)(t^{\nu-1} - 1) \cdots (t - 1)}$$

ein und setze

$$S_n = \sum_{\nu=0}^{n} (-1)^\nu t^{\nu(n+2) - \binom{\nu}{2}} \begin{bmatrix} n \\ \nu \end{bmatrix} P_{n-\nu}. \qquad \left(\begin{bmatrix} n \\ 0 \end{bmatrix} = 1, S_0 = 1\right)$$

Ich behaupte, daß für jedes n

$$S_n = D_n$$

wird. Da $S_0 = 1$ sein soll und

$$S_1 = P_1 - t^3 P_0 = 1 + \alpha t = D_1$$

ist, genügt es zu zeigen, daß die Summen S_n die Rekursionsformel (6) befriedigen.

Dies ergibt sich folgendermaßen. Es ist

$$\begin{bmatrix} n \\ \nu \end{bmatrix} = \begin{bmatrix} n-1 \\ \nu \end{bmatrix} + t^{n-\nu} \begin{bmatrix} n-1 \\ \nu-1 \end{bmatrix},$$

wobei

$$\begin{bmatrix} n-1 \\ -1 \end{bmatrix} = \begin{bmatrix} n-1 \\ n \end{bmatrix} = 0$$

zu setzen ist. Daher kann S_n in der Form

$$S_n = S_n' + S_n''$$

geschrieben werden, wobei

$$S_n' = \sum_{\nu=0}^{n-1} (-1)^\nu t^{\nu(n+2) - \binom{\nu}{2}} \begin{bmatrix} n-1 \\ \nu \end{bmatrix} P_{n-\nu},$$

$$S_n'' = \sum_{\nu=1}^{n} (-1)^\nu t^{\nu(n+1) + n - \binom{\nu}{2}} \begin{bmatrix} n-1 \\ \nu-1 \end{bmatrix} P_{n-\nu}$$

wird.

In S_n' ersetze ich $P_{n-\nu}$ durch

$$P_{n-\nu} = (1 + \alpha t^{n-\nu} + t^{2n-2\nu+1}) P_{n-\nu-1}.$$

Dann wird

$$S_n' = \alpha t^n S_{n-1} + \sum_{\nu=0}^{n-1} (-1)^\nu t^{\nu(n+1) - \binom{\nu}{2}} \begin{bmatrix} n-1 \\ \nu \end{bmatrix} (t^\nu + t^{2n-\nu+1}) P_{n-\nu-1}.$$

In S_n'' setze ich $\nu = \mu + 1$ und erhalte

$$S_n'' = -\sum_{\mu=0}^{n-1} (-1)^\mu t^{\mu(n+1) + 2n + 1 - \binom{\mu+1}{2}} \begin{bmatrix} n-1 \\ \mu \end{bmatrix} P_{n-\mu-1}$$

$$= -\sum_{\mu=0}^{n-1} (-1)^\mu t^{\mu(n+1) - \binom{\mu}{2}} \begin{bmatrix} n-1 \\ \mu \end{bmatrix} t^{2n-\mu+1} P_{n-\mu+1}.$$

Daher wird

$$S_n = \alpha t^n S_{n-1} + \sum_{\nu=0}^{n-1} (-1)^\nu t^{\nu(n+1)-\binom{\nu}{2}} \begin{bmatrix} n-1 \\ \nu \end{bmatrix} t^\nu P_{n-\nu+1}$$
$$= (1+\alpha t^n) S_{n-1} + S_n''',$$

wobei

$$S_n''' = \sum_{\nu=0}^{n-1} (-1)^\nu t^{\nu(n+1)-\binom{\nu}{2}} \begin{bmatrix} n-1 \\ \nu \end{bmatrix} (t^\nu - 1) P_{n-\nu-1}$$

ist. Wegen $t^0 - 1 = 0$ und

$$\begin{bmatrix} n-1 \\ \nu \end{bmatrix} (t^\nu - 1) = \begin{bmatrix} n-2 \\ \nu-1 \end{bmatrix} (t^{n-1} - 1)$$

kann auch

$$S_n''' = (t^{n-1}-1) \sum_{\nu=1}^{n-1} (-1)^\nu t^{\nu(n+1)-\binom{\nu}{2}} \begin{bmatrix} n-2 \\ \nu-1 \end{bmatrix} P_{n-1-\nu}$$

geschrieben werden. Ersetzt man hierin ν durch $\nu+1$, so erhält man, wie zu beweisen ist,

$$S_n''' = -(t^{n-1}-1) t^{n+1} S_{n-2} = (t^{n+1} - t^{2n}) S_{n-2}.$$

Um von der nun gewonnenen Formel

$$D_n = \sum_{\nu=0}^{n} (-1)^\nu t^{\nu(n+2)-\binom{\nu}{2}} \begin{bmatrix} n \\ \nu \end{bmatrix} P_{n-\nu} \tag{7}$$

zu dem Satze IV, d. h. zu der Gleichung

$$D = \lim_{n\to\infty} D_n = \lim_{n\to\infty} P_n = P$$

zu gelangen, schließt man folgendermaßen. Für $|t| < 1$ sind D und P jedenfalls als Potenzreihen

$$D = 1 + a_1 t + a_2 t^2 + \cdots$$
$$P = 1 + b_1 t + b_2 t^2 + \cdots$$

darstellbar[1], und hierbei stimmen sowohl die Entwicklungen von D und D_n als auch die von P und P_n in den Koeffizienten von $1, t, \cdots, t^n$ überein. Nun lehrt aber die Formel (7) unter Berücksichtigung der Tatsache, daß die Ausdrücke $\begin{bmatrix} n \\ \nu \end{bmatrix}$ Polynome sind, daß die Entwicklung von $D_n - P_n$ mit einem Gliede const. t^{n+2} beginnt. Hieraus folgt, daß die Koeffizienten a_ν und b_ν für jedes ν einander gleich sind.

Es verdient hervorgehoben zu werden, daß das unendliche Produkt $P = P(\alpha, t)$ in enger Beziehung zu den Jacobischen Thetafunktionen steht. Setzt man nämlich

$$\vartheta(v, \tau) = \sum_{\lambda=-\infty}^{\infty} e^{(2\lambda v + \lambda^2 \tau)\pi i}, \qquad \left(\Re\left(\frac{\tau}{i}\right) > 0\right)$$

[1] Für die unendliche Determinante folgt dies in bekannter Weise aus der Rekursionsformel (6) für die D_n.

so wird für $h = e^{\pi i \tau}, z = e^{\pi i v}$

$$\vartheta(v, \tau) = \prod_{\nu=1}^{\infty} (1 - h^{2\nu})(1 + h^{2\nu-1} z^2)(1 + h^{2\nu-1} z^{-2}).$$

Dies kann, wenn

$$\alpha = h(z^2 + z^{-2}), \quad t = h^2$$

gesetzt wird, in der Form

$$\vartheta(v, \tau) = \prod_{\nu=1}^{\infty} (1 - h^{2\nu}) \cdot (1 + \alpha + t) P(\alpha, t)$$

geschrieben werden.

Wählt man speziell in der Formel (5), wenn $|x| < 1$ ist,

$$\alpha = 0, \quad t = x \quad \text{oder} \quad \alpha = 2x, \quad t = x^2,$$

so ergeben sich die bemerkenswerten Relationen

$$\prod_{\nu=1}^{\infty} (1 + x^{2\nu+1}) = \begin{vmatrix} 1, & x^3 - x^4, & 0, & 0, \cdots \\ -1, & 1, & x^4 - x^6, & 0, \cdots \\ 0, & -1, & 1, & x^5 - x^8, \cdots \\ \cdot & \cdot & \cdot & \cdot \end{vmatrix}$$

und

$$\prod_{\nu=1}^{\infty} (1 + x^{2\nu+1})^2 = \begin{vmatrix} 1 + 2x^3, & x^6 - x^8, & 0, & 0, \cdots \\ -1, & 1 + 2x^5, & x^8 - x^{12}, & 0, \cdots \\ 0, & -1, & 1 + 2x^7, & x^{10} - x^{16}, \cdots \\ \cdot & \cdot & \cdot & \cdot \end{vmatrix}.$$

§ 2. Eine Reihenentwicklung für die unendliche Determinante D.

Man setze, was jedenfalls zulässig ist,

$$\alpha = x + y, \quad t = xy$$

und definiere die Ausdrücke $\phi_\nu, \phi'_\nu, \phi''_\nu$ durch folgende Festsetzungen: Es soll

$$\phi_0 = 1 + x, \quad \phi'_0 = y, \quad \phi''_0 = xy = t,$$
$$\phi_1 = tx(1 + x), \quad \phi'_1 = ty(1 + x + y), \quad \phi''_1 = t^2(1 + x + y)$$

sein und allgemein

$$(8) \quad \begin{cases} \phi_n = t^n x\,(\phi_0 + \phi'_0 + \phi''_0 + \cdots + \phi_{n-2} + \phi'_{n-2} + \phi''_{n-2} + \phi_{n-1}), \\ \phi'_n = t^n y\,(\phi_0 + \phi'_0 + \phi''_0 + \cdots + \phi_{n-2} + \phi'_{n-2} + \phi''_{n-2} + \phi_{n-1} + \phi'_{n-1}), \\ \phi''_n = t^{n+1}(\phi_0 + \phi'_0 + \phi''_0 + \cdots + \phi_{n-2} + \phi'_{n-2} + \phi''_{n-2} + \phi_{n-1} + \phi'_{n-1}) \end{cases}$$

gesetzt werden.

Ich behaupte, daß für $|xy| < 1$

$$(9) \qquad (1 + x)(1 + y) D = \sum_{\nu=0}^{\infty} (\phi_\nu + \phi'_\nu + \phi''_\nu)$$

wird.

Dies ist jedenfalls richtig, wenn ich zeigen kann, daß

$$T_n = \sum_{\nu=0}^{n} (\phi_\nu + \phi'_\nu + \phi''_\nu) = (1+x)(1+y)D_n$$

wird. Da ferner diese Gleichung für $n=0$ und $n=1$ leicht zu bestätigen ist, habe ich nur zu beweisen, daß die Ausdrücke T_n der Rekursionsformel (6) genügen, daß also

$$\Delta_n = T_n - (1+t^n x + t^n y)\,T_{n-1} = (t^{n+1} - t^{2n})\,T_{n-2}$$

ist.

Der Beweis stützt sich auf die aus (8) folgenden Relationen

$$\phi_n = t^n x (T_{n-2} + \phi_{n-1}) \tag{10}$$

$$\phi'_n = \frac{y}{x}\phi_n + t^n y \phi_{n-1} \tag{11}$$

$$\phi''_n = x\phi'_n = y\phi_n + t^{n+1}\phi'_{n-1}. \tag{12}$$

Ferner ist

$$\phi_n = t^n x (T_{n-1} - \phi'_{n-1} - \phi''_{n-1}),$$

also

$$\phi_n = t^n x (T_{n-1} - (1+x)\phi'_{n-1}), \tag{13}$$

und dazu tritt

$$\phi'_n = t^n y (T_{n-1} - \phi''_{n-1}) = t^n y (T_{n-1} - x\phi'_{n-1}).$$

Das liefert

$$\phi_n + \phi'_n = T_n - T_{n-1} - \phi''_n = (t^n x + t^n y)\,T_{n-1} - t^n (x + x^2 + xy)\,\phi'_{n-1},$$

also

$$\Delta_n = \phi''_n - t^n x (1+x)\phi'_{n-1} - t^{n+1}\phi'_{n-1}$$

oder wegen (12)

$$\Delta_n = y\phi_n - t^n x(1+x)\phi'_{n-1}.$$

Aus (10) und (11) folgt nun weiter

$$\begin{aligned}\Delta_n &= t^{n+1} T_{n-2} + t^{n+1}\phi_{n-1} - t^n (1+x)(y\phi_{n-1} + t^n \phi'_{n-2}) \\ &= t^{n+1} T_{n-2} - t^n y \phi_{n-1} - t^{2n}(1+x)\phi'_{n-2}.\end{aligned}$$

Auf Grund der Formel (13) wird aber

$$y\phi_{n-1} + t^n (1+x)\phi'_{n-2} = y \cdot t^{n-1} x (T_{n-2} - (1+x)\phi'_{n-2}) + t^n (1+x)\phi'_{n-2}.$$

Das ist einfach $t^n T_{n-2}$ und daher wird in der Tat $\Delta_n = (t^{n+1} - t^{2n})\,T_{n-2}$.

§ 3. Beweis des Satzes III.

Wir betrachten zunächst die Zerlegungsfunktion $B(n)$. Um diese Anzahl zu erhalten, denke man sich alle Summen

$$b_1 + b_2 + \cdots + b_r \tag{14}$$

positiver ganzer Zahlen aufgestellt, die der Bedingung genügen, daß für $r > 1$ jede Differenz $b_\varkappa - b_{\varkappa+1}$ mindestens gleich 3 und, falls $b_\varkappa$ und $b_{\varkappa+1}$ durch 3 teilbar sind, mindestens gleich 6 sein soll. Die Zahl $B(n)$ ist dann gleich der Anzahl derjenigen Summen (14), die den Wert n haben.

Man fasse nun alle Summen (14) ins Auge, bei denen der größte Summand b_1 einen vorgeschriebenen Wert m hat. Es gibt nur endlich viele solche Summen. Ihre Werte seien

$$n_1, \quad n_2, \quad n_3, \cdots, n_M. \qquad (n_\mu \leqq n_{\mu+1})$$

Ist z eine Veränderliche, so bilde man die Polynome

$$\psi_1 = 1 + z, \quad \psi_m = z^{n_1} + z^{n_2} + \cdots + z^{n_M}. \qquad (m > 1)$$

Es wird insbesondere

$$\psi_2 = z^2, \quad \psi_3 = z^3, \quad \psi_4 = z^4 + z^{4+1}, \quad \psi_5 = z^5 + z^{5+1} + z^{5+2},$$
$$\psi_6 = z^6 + z^{6+1} + z^{6+2}.$$

Man überlegt sich leicht, daß

$$\psi_{3\nu+1} = z^{3\nu+1}(\psi_1 + \psi_2 + \psi_3 + \cdots + \psi_{3\nu-2}),$$
$$\psi_{3\nu+2} = z^{3\nu+2}(\psi_1 + \psi_2 + \psi_3 + \cdots + \psi_{3\nu-1}),$$
$$\psi_{3\nu+3} = z^{3\nu+3}(\psi_1 + \psi_2 + \psi_3 + \cdots + \psi_{3\nu-1})$$

wird.

Führt man nun die Bezeichnungen

$$\psi_{3\nu+1} = \phi_\nu, \quad \psi_{3\nu+2} = \phi'_\nu, \quad \psi_{3\nu+3} = \phi''_\nu$$

ein, so erkennt man, daß diese Ausdrücke genau nach den Vorschriften des vorigen Paragraphen zu berechnen sind, wenn

$$x = z, \quad y = z^2$$

gesetzt wird. Ist außerdem

$$T_n = \psi_1 + \psi_2 + \psi_3 + \cdots + \psi_{3n+3} = 1 + C(1)z + \cdots + C(\nu)z^\nu + \cdots,$$

so wird offenbar für $\nu \leqq 3n + 3$ der Koeffizient $C(\nu)$ nichts anderes als unsere Anzahl $B(\nu)$. Aus der Entwicklungsformel (9) geht also hervor, daß für

$$\alpha = z + z^2, \quad t = z^3 \qquad (|z| < 1)$$

die Gleichung

$$(15) \qquad (1+z)(1+z^2)D = \sum_{n=0}^{\infty} B(n)z^n$$

gilt.

Andererseits ist

$$(1+z)(1+z^2)P = (1+z)(1+z^2)\prod_{\nu=1}^{\infty}\left(1 + z^{3\nu}(z+z^2) + z^{6\nu+3}\right)$$
$$= \prod_{\nu=0}^{\infty}(1+z^{3\nu+1})(1+z^{3\nu+2}).$$

Dieses unendliche Produkt P_1 ist aber gleich der zu der Zerlegungsanzahl $A(n)$ gehörenden erzeugenden Funktion

$$\prod_{\nu=0}^{\infty} \frac{1}{(1-z^{6\nu+1})(1-z^{6\nu+5})} = \sum_{n=0}^{\infty} A(n) z^n. \tag{16}$$

Denn schreibt man den links stehenden Ausdruck in der Form

$$\frac{\prod (1-z^{6\nu+2})(1-z^{6\nu+4})}{\prod (1-z^{6\nu+1})(1-z^{6\nu+2})(1-z^{6\nu+4})(1-z^{6\nu+5})},$$

so treten im Nenner alle zu 3 teilerfremde Exponenten auf, er kann daher auch in der Form

$$\prod_{\nu=0}^{\infty} (1-z^{3\nu+1})(1-z^{3\nu+2})$$

geschrieben werden. Folglich wird der Quotient gleich unserem Produkte P_1[1].

Die Gleichungen (15) und (16) liefern nun wegen $D = P$ den zu beweisenden Satz $A(n) = B(n)$.

Man erkennt leicht, daß unsere Betrachtung eine Verallgemeinerung zuläßt. Setzt man, wenn $|z| < 1$ ist, und $\alpha < \beta$ zwei positive ganze Zahlen mit der Summe $\alpha + \beta = k$ bedeuten, im vorigen Paragraphen

$$x = z^{\alpha}, \quad y = z^{\beta}, \quad t = xy = z^k,$$

so liefert die Formel (9) in Verbindung mit der Gleichung $D = P$ den Satz:

V. *Ist $k \geqq 3$ eine positive ganze Zahl, α eine positive ganze Zahl unterhalb $\frac{k}{2}$ und versteht man unter β die Differenz $k - \alpha$, so wird die Anzahl der Zerlegungen einer beliebigen positiven ganzen Zahl n in voneinander verschiedene Summanden der Form $k\nu + \alpha$ oder $k\nu + \beta$ gleich der Anzahl der Zerlegungen*

$$n = b_1 + b_2 + \cdots + b_r \qquad (r = 1, 2, \cdots)$$

in Summanden der Form $k\nu + \alpha$, $k\nu + \beta$ oder $k\nu$, wenn noch verlangt wird, daß für $r > 1$ jede Differenz $b_\varrho - b_{\varrho+1}$ mindestens gleich k, und, falls b_ϱ und $b_{\varrho+1}$ durch k teilbar sind, mindestens gleich $2k$ sein soll.

---

[1] Diese Überlegung ist dem bekannten Beweis der Eulerschen Identität (4) nachgebildet. Vgl. hierzu P. Bachmann, Additive Zahlentheorie, Leipzig 1910, S. 109.

Ausgegeben am 25. Januar 1927.

58.

Über die reellen Kollineationsgruppen, die der symmetrischen oder der alternierenden Gruppe isomorph sind

Journal für die reine und angewandte Mathematik 158, 63 - 79 (1927)

Die symmetrische Gruppe mit n Vertauschungsziffern wird im folgenden mit $\mathfrak{S}_n$, die alternierende mit $\mathfrak{A}_n$ bezeichnet. Die sämtlichen Darstellungen von $\mathfrak{S}_n$ und $\mathfrak{A}_n$ durch homogene lineare Substitutionen hat *Frobenius*[1]) bestimmt. Die Darstellungen von $\mathfrak{S}_n$ führen auf ganzzahlige Substitutionsgruppen, die sich nach einem relativ einfachen Verfahren rechnerisch herstellen lassen[2]); die Darstellungen von $\mathfrak{A}_n$ lassen sich mit Hilfe der von $\mathfrak{S}_n$ ohne Mühe ableiten. Komplizierter verhalten sich die Darstellungen von $\mathfrak{S}_n$ und $\mathfrak{A}_n$ als (eigentliche) Kollineationsgruppen. Eine vollständige Übersicht über diese Gruppen habe ich in einer früheren Arbeit[3]) gewonnen. Mein Hauptresultat über $\mathfrak{S}_n$ lautet: Jeder Zerlegung

$$n = \nu_1 + \nu_2 + \cdots + \nu_m \qquad (\nu_1 > \nu_2 > \cdots > \nu_m > 0)$$

in positive ganzzahlige Summanden entspricht eine mit $\mathfrak{S}_n$ isomorphe irreduzible Kollineationsgruppe $\mathfrak{K}_{\nu_1, \nu_2, \ldots, \nu_m}$ des Grades

$$f_{\nu_1, \nu_2, \ldots, \nu_m} = 2^{\left[\frac{n-m}{2}\right]} \frac{n!}{\nu_1!\, \nu_2! \cdots \nu_m!} \prod_{\alpha<\beta} \frac{\nu_\alpha - \nu_\beta}{\nu_\alpha + \nu_\beta},$$

die sich für $n > 3$ nicht als Gruppe von $n!$ linearen homogenen Substitutionen schreiben läßt. Jede andere mit $\mathfrak{S}_n$ isomorphe Kollineationsgruppe läßt sich durch eine lineare Transformation der Variabeln in gewisse unter den Gruppen $\mathfrak{K}_{\nu_1, \nu_2, \ldots, \nu_m}$ zerfällen.

Die Frage nach dem einfachsten Rationalitätsbereich, in dem die Gruppe $\mathfrak{K}_{\nu_1, \nu_2, \ldots, \nu_m}$ dargestellt werden kann, scheint schwierig zu sein. Dagegen läßt sich die Realitätsfrage vollständig erledigen. Im folgenden werde ich beweisen:

---

[1]) „Über die Charaktere der symmetrischen Gruppe", Sitzungsberichte der Berliner Akademie, 1900, S. 516—534, und „Über die Charaktere der alternierenden Gruppe", ebenda, 1901, S. 303—315.

[2]) Vgl. meine Arbeit, „Über die Darstellung der symmetrischen Gruppe durch lineare Substitutionen", ebenda, 1908, S. 664—678.

[3]) „Über die Darstellung der symmetrischen und der alternierenden Gruppe durch gebrochene lineare Substitutionen", dieses Journal Bd. 139 (1911), S. 155—250. — Im folgenden wird diese Arbeit kurz mit D. zitiert.

I. *Die Gruppe* $\mathfrak{K}_{\nu_1, \nu_2, \ldots, \nu_m}$ *läßt sich für*

$$n - m \equiv 0,\ 1,\ 2,\ 6,\ 7 \pmod 8$$

und nur in diesen Fällen reell wählen.

Ein ähnlich einfaches Resultat ergibt sich auch für die mit $\mathfrak{A}_n$ isomorphen irreduziblen Kollineationsgruppen (§ 7).

Aus I ergibt sich insbesondere die bemerkenswerte Tatsache, daß nur in den Fällen

$$n = 1,\ 2,\ 3,\ 9,\ 10,\ 11,\ 19$$

jede mit $\mathfrak{S}_n$ isomorphe Kollineationsgruppe durch eine lineare Transformation der Veränderlichen in eine reelle Gruppe übergeführt werden kann.

Der Beweis des Satzes I beruht auf dem von *Frobenius* und mir angegebenen Kriterium: Ist $\mathfrak{H}$ eine endliche irreduzible Gruppe linearer homogener Substitutionen der Ordnung h mit dem Charakter $\chi(R)$, so wird

$$\text{(1)} \qquad \frac{1}{h} \sum_R \chi(R^2) = 0,\ 1 \text{ oder } -1.$$

Der Wert 0 ergibt sich, wenn nicht alle h Zahlen $\chi(R)$ reell sind; sind sie alle reell, so läßt sich $\mathfrak{H}$ dann und nur dann durch eine lineare Transformation der Variabeln in eine reelle Gruppe überführen, wenn die Summe (1) den Wert 1 hat [1]).

Den Ausdruck (1) nenne ich im folgenden die *Signatur* des Charakters $\chi(R)$ und bezeichne ihn mit sign χ.

§ 1. Umformung der Ausdrücke für die Signaturen.

Entspricht in einer Darstellung der Gruppe $\mathfrak{S}_n$ durch reelle Kollineationen f-ten Grades der Permutation P die Kollineation

$$x'_\varkappa = \frac{a_{\varkappa 1} x_1 + \cdots + a_{\varkappa, f-1} x_{f-1} + a_{\varkappa f}}{a_{f1} x_1 + \cdots + a_{f, f-1} x_{f-1} + a_{ff}} \qquad (\varkappa = 1, 2, \ldots, f-1)$$

und bezeichnet man die Matrix $(a_{\varkappa\lambda})$ mit (P), so erzeugen die Kommutatorelemente

$$\text{(2)} \qquad (P)(Q)(P)^{-1}(Q)^{-1}$$

eine mit der Darstellungsgruppe $\mathfrak{B}_n$ von $\mathfrak{A}_n$ isomorphe Gruppe. Ist ferner T die Transposition (1, 2), so läßt sich der bei (T) zur Verfügung stehende Proportionalitätsfaktor reell so wählen, daß $(T)^2$ entweder $-E$ oder $+E$ wird. Im ersten Fall erzeugen die Matrizen (2) zusammengenommen mit (T) eine mit $\mathfrak{T}_n$, im zweiten Fall eine mit $\mathfrak{T}'_n$ homomorphe Gruppe. Hierbei bedeuten $\mathfrak{T}_n$ und $\mathfrak{T}'_n$ die beiden Darstellungsgruppen von $\mathfrak{S}_n$ (vgl. D., Abschnitt I).

Um daher alle reellen Darstellungen von $\mathfrak{S}_n$ durch Kollineationen zu erhalten, hat man nur die reellen Darstellungen der Gruppen $\mathfrak{T}_n$ und $\mathfrak{T}'_n$ durch lineare homogene Substitutionen zu untersuchen. Es handelt sich für uns also nur darum, die Signaturen der in D. bestimmten einfachen Charaktere $\chi(R)$ und $\chi'(R)$ der Gruppen

[1]) *G. Frobenius* und *J. Schur*, „Über die reellen Darstellungen der endlichen Gruppen", Sitzungsberichte der Berliner Akademie, 1906, S. 186—208.

$\mathfrak{T}_n$ und $\mathfrak{T}_n'$ zu berechnen. Hierbei haben wir uns auf das Studium der Charaktere zweiter Art zu beschränken, bei denen, wenn J das invariante Element (der Ordnung 2) bedeutet,

$$\chi(J) = -\chi(E), \quad \text{bzw.} \quad \chi'(J) = -\chi'(E)$$

wird.

Eine Hauptrolle spielt hier wie in D. der Hauptcharakter zweiter Art (des Grades $2^{\left[\frac{n-1}{2}\right]}$). Er wird im folgenden mit $\zeta(R)$ bzw. $\zeta'(R)$ bezeichnet.

Einer Permutation P von $\mathfrak{S}_n$ entsprechen in $\mathfrak{T}_n$ zwei Elemente P' und JP'. Für jeden Charakter zweiter Art $\chi(R)$ wird $\chi(JP') = -\chi(P')$. Für gerade Permutationen P werden diese Zahlen gleich 0, sobald P einen Zyklus gerader Ordnung enthält. Die übrigen geraden Permutationen, die also nur Zykeln ungerader Ordnung enthalten, mögen als *Hauptpermutationen* bezeichnet werden. *Wir denken uns nun die Elemente P' so gewählt, daß insbesondere für jede Hauptpermutation $\zeta(P') > 0$ wird.* Sind dann P und Q zwei in $\mathfrak{S}_n$ ähnliche Hauptpermutationen, so sind auch P' und Q' in $\mathfrak{T}_n$ ähnliche Elemente. Für jeden Charakter $\chi(R)$ von $\mathfrak{T}_n$ schreibe ich kurz $\chi(P') = \chi(P)$.

Ist nun $\chi(R)$ ein einfacher Charakter zweiter Art von $\mathfrak{T}_n$, so wird

$$\operatorname{sign}\chi = \frac{1}{2\,n!}\sum_R \chi(R^2) = \frac{1}{n!}\sum_P \chi(P'^2),$$

wo R alle Elemente von $\mathfrak{T}_n$ und P alle Permutationen von $\mathfrak{S}_n$ durchläuft. In der zweiten Summe sind nur diejenigen Permutationen P zu berücksichtigen, für die P^2 eine Hauptpermutation wird. Das ist nur dann der Fall, wenn P keinen Zyklus enthält, dessen Ordnung durch 4 teilbar ist. Die Gesamtheit dieser Permutationen bezeichne ich mit $\mathfrak{Z}$.

Ist nun $P^2 = Q$, so wird $P'^2 = F_P Q'$, wobei F_P entweder E oder J ist. Versteht man unter $\varrho(P)$ den Wert 1 oder -1, je nachdem $F_P = E$ oder $F_P = J$ ist, so wird

$$\operatorname{sign}\chi = \frac{1}{n!}\sum_P{}' \varrho(P)\chi(P^2),$$

wo P alle Permutationen des Komplexes $\mathfrak{Z}$ durchläuft.

Analoges gilt für die Gruppe $\mathfrak{T}_n'$. Die den $\varrho(P)$ entsprechenden Vorzeichen mögen bei $\mathfrak{T}_n'$ mit $\varrho'(P)$ bezeichnet werden.

Zu beachten ist, daß für je zwei ähnliche Permutationen P und P_1 von $\mathfrak{Z}$ offenbar

$$\varrho(P) = \varrho(P_1), \qquad \varrho'(P) = \varrho'(P_1) \tag{3}$$

wird.

§ 2. Berechnung der Vorzeichen $\varrho(P)$ und $\varrho'(P)$.

Zerfällt die Permutation P in a_1 Zykeln der Ordnung 1, ferner a_2 Zykeln der Ordnung 2 usw., so will ich sagen, P sei vom Typus

$$(a_1, a_2, \ldots, a_n). \tag{4}$$

Zwei Permutationen von gleichem Typus sind in $\mathfrak{S}_n$ einander ähnlich. Ich setze noch

$$a = \sum (a_{8\lambda+1} + a_{8\lambda+7}), \quad b = \sum (a_{8\lambda+3} + a_{8\lambda+5}),$$
$$d = \sum (a_{8\lambda+2} - a_{8\lambda+6}).$$

Es gilt dann der Satz:

II. *Gehört P zum Komplex* $\mathfrak{Z}$, *d. h. sind die Zahlen* $a_{i\lambda}$ *sämtlich gleich Null, so wird*

$$(5) \qquad \varrho(P) = (-1)^{b+\frac{d^2+d}{2}} = \sigma(P),$$

$$(6) \qquad \varrho'(P) = (-1)^{b+\frac{d^2-d}{2}} = \sigma'(P).$$

Der Beweis soll in einer Reihe von Einzelschritten erbracht werden.

1. Wegen (3) genügt es, allein den Fall zu behandeln, daß P^2 in lauter Zykeln der Form

$$(k, k+1, k+2, \ldots k+\lambda-1) \qquad (\lambda \text{ ungerade})$$

zerfällt. Ist nun P kein Zyklus der Ordnung n, so denke man sich $P = P_1P_2$ gesetzt, wo P_1 die k letzten Ziffern, P_2 die $n-k$ ersten Ziffern ungeändert läßt. In $\mathfrak{S}_n$ sind dann P_1 und P_2 vertauschbare Permutationen. In $\mathfrak{T}_n$ sei

$$P_2'P_1' = K \cdot P_1'P_2'.$$

Hierbei ist (vgl. D., Abschnitt II) im allgemeinen $K = E$ und nur dann $K = J$, wenn P_1 und P_2 ungerade Permutationen sind. Setzt man ferner

$$P_1^2 = Q_1, \quad P_2^2 = Q_2, \quad P^2 = P_1^2P_2^2 = Q_1Q_2 = Q,$$

so wird auch $Q' = Q_1'Q_2'$ (vgl. D., S. 202). Es wird nun

$$P'^2 = P_1'P_2'P_1'P_2' = K \cdot P_1'^2P_2'^2 = KF_{P_1}F_{P_2} \cdot Q_1'Q_2'.$$

Das liefert

$$\varrho(P_1P_2) = \pm\, \varrho(P_1)\,\varrho(P_2),$$

wobei das Minuszeichen nur dann auftritt, wenn P_1 und P_2 beide ungerade sind. Man überzeugt sich leicht, daß das Vorzeichen $\sigma(P)$ dieselbe Eigenschaft besitzt.

Hieraus folgt, daß es genügt, die Formel (5) allein für den Fall eines Zyklus P zu beweisen. Für $n = 1$ und $n = 2$ ist die Formel direkt leicht zu bestätigen. Nehmen wir daher an, sie sei für die Gruppe $\mathfrak{S}_{n-1}$ bereits bewiesen, so haben wir nur noch den Fall zu behandeln, daß P ein Zyklus der Ordnung n ist. Da P außerdem zum Komplex $\mathfrak{Z}$ gehören soll, kann n als nicht durch 4 teilbar angenommen werden.

Genau dasselbe gilt auch für die Vorzeichen $\varrho'(P)$ und $\sigma'(P)$.

2. Wir betrachten nun die Hauptcharaktere zweiter Art $\zeta(R)$ und $\zeta'(R)$ der Gruppen $\mathfrak{T}_n$ und $\mathfrak{T}_n'$. Versteht man unter ε die Zahl 0 oder 1, je nachdem $n-1$ gerade oder ungerade ist, so wird für eine Hauptpermutation P vom Typus (4)

$$\zeta(P) = \zeta'(P) = 2^{\frac{a+b-1-\varepsilon}{2}}.$$

Setzt man für $\nu = 0, 1, 2, 3$

$$S_\nu = \frac{1}{n!} \sum (-1)^b \zeta(P_\nu^2),$$

wo P_ν alle Permutationen des Komplexes $\mathfrak{Z}$ durchläuft, für die $d \equiv \nu \pmod 4$ wird, so ist

$$(7) \qquad \frac{1}{n!} \sum{}' \sigma(P) \zeta(P^2) = S_0 - S_1 - S_2 + S_3,$$

$$(8) \qquad \frac{1}{n!} \sum{}' \sigma'(P) \zeta'(P^2) = S_0 + S_1 - S_2 - S_3.$$

Die Summe S_ν lautet ausführlicher geschrieben

$$S_\nu = \sum \frac{(-1)^{a_3 + a_5 + a_{11} + a_{13} + \cdots} \, 2^{\frac{a_1 + 2a_2 + a_3 + 2a_4 + \cdots - 1 - \varepsilon}{2}}}{a_1! \, 1^{a_1} \, a_2! \, 2^{a_2} \cdots a_n! \, n^{a_n}},$$

wobei die Addition über alle Zerlegungen

$$a_1 + 2a_2 + 3a_3 + \cdots + n a_n = n$$

zu erstrecken ist, bei denen alle $a_{4\lambda}$ gleich 0 sind und

$$a_2 - a_6 + a_{10} - a_{14} + \cdots \equiv \nu \pmod 4)$$

ist.

Die Ausdrücke $S_0 - S_2$ und $S_1 - S_3$ lassen sich berechnen. Ist nämlich τ die achte Einheitswurzel $\frac{1+i}{\sqrt{2}}$, so wird, wenn $\tau^\nu - \tau^{3\nu} = t_\nu$ gesetzt wird, für $|x| < 1$

$$\frac{1 - \tau^3 x}{1 - \tau x} = 1 + (1 - i) \sum_{n=1}^{\infty} \tau^n x^n, \quad \log \frac{1 - \tau^3 x}{1 - \tau x} = \sum_{n=1}^{\infty} \frac{t_n x^n}{n},$$

also

$$1 + (1 - i) \sum_{n=1}^{\infty} \tau^n x^n = \sum_{m=0}^{\infty} \frac{1}{m!} \left(\frac{t_1 x}{1} + \frac{t_2 x^2}{2} + \cdots \right)^m.$$

Das liefert für $n > 0$

$$(9) \qquad (1 - i) \tau^n = \sum \frac{t_1^{a_1} t_2^{a_2} \cdots t_n^{a_n}}{a_1! \, 1^{a_1} \, a_2! \, 2^{a_2} \cdots a_n! \, n^{a_n}} \qquad (a_1 + 2a_2 + \cdots + n a_n = n).$$

Nun ist aber

$$t_{4\lambda} = 0, \quad t_{8\lambda \pm 1} = \sqrt{2}, \quad t_{8\lambda \pm 3} = -\sqrt{2}, \quad t_{8\lambda+2} = 2i, \quad t_{8\lambda-2} = -2i.$$

Hieraus folgt leicht, daß (9) in der Form

$$(10) \qquad \frac{1 - i}{2^{\frac{1+\varepsilon}{2}}} \tau^n = S_0 - S_2 + i(S_1 - S_3)$$

geschrieben werden kann. Für $n \equiv 0, 1, \ldots, 7 \pmod 8$ erhalten wir die Werte

$$\frac{1 - i}{2}, \quad 1, \quad \frac{1 + i}{2}, \quad i, \quad \frac{-1 + i}{2}, \quad -1, \quad \frac{-1 - i}{2}, \quad -i.$$

Insbesondere werden die Ausdrücke (7) und (8) gleich 0, 1 oder -1.

3. Um nun die Formeln (5) und (6), wenn $n > 2$ eine nicht durch 4 teilbare Zahl ist, auch für die $(n-1)!$ Zykeln der Ordnung n als richtig zu erkennen,

schließe man folgendermaßen: Für einen solchen Zyklus $P = C$ wird $\zeta(C^2) = 1$. Die beiden Ausdrücke

$$\operatorname{sign} \zeta = \frac{1}{n!} \sum{}' \varrho(P) \zeta(P^2), \quad S_0 - S_1 - S_2 + S_3 = \frac{1}{n!} \sum{}' \sigma(P) \zeta(P^2)$$

sind ganze rationale Zahlen. Wegen $\varrho(P) = \pm 1$, $\sigma(P) = \pm 1$ kann ihre Differenz

$$\frac{1}{n!} \sum_C [\varrho(C) - \sigma(C)] \zeta(C^2) = \frac{1}{n} [\varrho(C) - \sigma(C)]$$

nur dann eine ganze Zahl werden, wenn $\varrho(C) = \sigma(C)$ wird.

In derselben Weise ergibt sich auch $\varrho'(C) = \sigma'(C)$.

§ 3. Der Hauptsatz über die Signaturen.

Zu jeder Zerlegung

$$n = \nu_1 + \nu_2 + \cdots + \nu_m \quad (\nu_1 > \nu_2 > \cdots > \nu_m > 0) \tag{11}$$

gehört bei geradem $n - m$ ein einfacher (zweiseitiger) Charakter zweiter Art der Gruppe $\mathfrak{T}_n$ (bzw. $\mathfrak{T}'_n$), bei ungeradem $n - m$ ein Paar zueinander assoziierter Charaktere (vgl. D., S. 235). Da zwei assoziierte Charaktere offenbar dieselbe Signatur besitzen, entspricht jeder Zerlegung (11) eine wohlbestimmte Signatur s, bzw. s'.

Es gilt nun der Satz:

III. *Versteht man unter r den kleinsten positiven Rest von $n - m$ nach dem Modul 8, so bestimmen sich die Signaturen s und s' aus folgender Tabelle*

r	0	1	2	3	4	5	6	7
s	1	0	-1	-1	-1	0	1	1
s	1	1	1	0	-1	-1	-1	0

Der in der Einleitung formulierte Satz I ist nur eine spezielle Folgerung aus diesem Satze. Bemerkenswert ist vor Allem, daß s und s' nur von der Anzahl der Summanden ν_μ, nicht von ihren Werten abhängen.

Ehe wir den Beweis des Satzes III in Angriff nehmen, wollen wir ihn auf eine einfachere Gestalt bringen. Man verstehe unter $\chi(R)$ bei geradem $n - m$ den zur Zerlegung (11) gehörenden einfachen Charakter zweiter Art von $\mathfrak{T}$, bei ungeradem $n - m$ einen der beiden zugehörigen Charaktere und definiere $\chi'(R)$ für die Gruppe $\mathfrak{T}'_n$ in analoger Weise. Setzt man ebenso wie im vorigen Paragraphen für die speziellen Charaktere $\zeta(R)$ und $\zeta'(R)$

$$S_\nu = \frac{1}{n!} \sum (-1)^b \chi(P_\nu^2) = \frac{1}{n!} \sum (-1)^b \chi'(P_\nu^2),$$

so wird nach Satz II

$$\sigma = S_0 - S_1 - S_2 + S_3, \quad \sigma' = S_0 + S_1 - S_2 - S_3.$$

Unser Satz III besagt alsdann nur folgendes:

III'. *Ist μ gleich 0 oder 1, je nachdem $n - m$ gerade oder ungerade ist, und bedeutet τ wie früher die achte Einheitswurzel $\dfrac{1+i}{\sqrt{2}}$, so wird*

(12) $$S_0 - S_2 + i(S_1 - S_3) = \frac{\tau^{n-m}}{2^{\frac{\mu}{2}}} = \frac{\tau^n(1-i)^m}{2^{\frac{m+\mu}{2}}}.$$

Um die Summen S_n einfacher zu kennzeichnen, führen wir (wie in D., Abschnitt VIII) die der Zerlegung (11) entsprechende Charakteristik Φ ein. Setzt man, wenn P eine Hauptpermutation der Gruppe $\mathfrak{S}_n$ vom Typus $(a_1, 0, a_3, 0, \ldots)$ ist,

$$\chi(P) = \chi'(P) = \chi_{a_1, a_3, a_5, \ldots}$$

und bedeuten $x_1, x_3, x_5, \ldots$ unabhängige Variable, so kann Φ in der Form

$$\Phi = \sum \frac{2^{\frac{a_1+a_3+\cdots}{2}}}{a_1!\, a_3! \ldots} \chi_{a_1, a_3, \ldots} x_1^{a_1} x_3^{a_3} \cdots \qquad (a_1 + 3a_3 + \cdots = n)$$

geschrieben werden [1]).

Ist nun allgemein

(13) $$u = \sum \frac{c_{a_1, a_3, \ldots}}{a_1!\, a_3! \ldots} x_1^{a_1} x_3^{a_3} \cdots \qquad (a_1 + 3a_3 + \cdots = n)$$

ein Polynom in den Variabeln $x_1, x_3, \ldots$, so führe man neue Variable $x_2, x_6, x_{10}, \ldots$ ein und verstehe unter u' das Polynom

$$u' = \sum \frac{c_{a_1+2a_2,\, a_3+2a_6, \ldots}}{a_1!\, a_2!\, a_3!\, a_5! \ldots} x_1^{a_1} x_2^{a_2} x_3^{a_3} x_5^{a_5} \cdots.$$

Die Summe erstreckt über alle Indizes $a_\nu \geqq 0$, die der Bedingung

$$\sum_{\nu=1}^{n} \nu a_\nu = n \qquad (a_4 = a_8 = \cdots = 0)$$

genügen [2]). Spezialisiert man die x_ν, indem man

(14) $$x_\nu = \frac{\tau^\nu}{1 - i^{-\nu}} \cdot \frac{1}{\nu} \qquad (\nu = 1, 2, 3, 5\ 6, \ldots)$$

oder deutlicher

$$x_1 = \frac{1}{\sqrt{2}}, \quad 2x_2 = \frac{i}{2}, \quad 3x_3 = -\frac{1}{\sqrt{2}}, \quad 5x_5 = -\frac{1}{\sqrt{2}}, \quad 6x_6 = -\frac{i}{2}$$

$$7x_7 = \frac{1}{\sqrt{2}}, \ldots$$

setzt, so gehe u' in $\bar{u}$ über. Beachtet man, daß in der Gruppe $\mathfrak{S}_n$ die Anzahl der Permutationen vom Typus $(a_1, a_2, a_3, \ldots, a_n)$ gleich

$$\frac{n!}{a_1!\, 1^{a_1} a_2!\, 2^{a_2} \cdots a_n!\, n^{a_n}}$$

---

[1]) In der mit D. zitierten Arbeit schrieb ich $\frac{s_\nu}{\nu}$ für x_ν.

[2]) Den Übergang von u zu u' kann man als Polarisierungsprozeß deuten. Es ist nämlich

$$u' = \sum \frac{x_2^{\beta_2} x_6^{\beta_6} \cdots}{\beta_2!\, \beta_6! \cdots} \frac{\partial^{2\beta_2 + 2\beta_6 + \cdots} u}{\partial x_1^{2\beta_2} \partial x_3^{2\beta_6} \cdots} \qquad (2\beta_2 + 6\beta_6 + \cdots \leqq n).$$

ist, so erkennt man leicht, daß der Ausdruck $S_0 - S_2 + i(S_1 - S_3)$ nichts anderes ist als $\overline{\Phi}$.

Um die Charakteristik Φ zu berechnen, hat man folgendermaßen zu verfahren: Man setze $q_0 = 1$,

$$q_n = \sum \frac{2^{a_1+a_3+\cdots}}{a_1!\, a_3! \cdots} x_1^{a_1} x_3^{a_3} \cdots \qquad (a_1 + 3a_3 + \cdots = n)$$

und führe die für $|x_\nu| \leqq \frac{1}{\nu}$, $|z| < 1$ konvergente Potenzreihe

$$f(z) = q_0 + q_1 z + q_2 z^2 + \cdots$$

ein [1]). Dann wird $f(z) f(-z) = 1$ (vgl. D., S. 224). Hieraus folgt, daß der alternierende Ausdruck

$$f(z_1, z_2) = (f(z_1) f(z_2) - 1) \frac{z_1 - z_2}{z_1 + z_2}$$

sich für $|z_1| < 1$, $|z_2| < 1$ in der Form

$$f(z_1, z_2) = \sum_{\alpha, \beta}{}_0^\infty Q_{\alpha\beta} z_1^\alpha z_2^\beta$$

entwickeln läßt. Hierbei wird $Q_{\alpha\beta} = -Q_{\beta\alpha}$ und $Q_{\nu 0} = q_\nu$ für $\nu > 0$.

Ist nun k eine gerade Zahl und bildet man für k Variable $z_1, z_2, \ldots, z_k (|z_\varkappa| < 1)$ den *Pfaff*schen Ausdruck $f(z_1, z_2, \ldots, z_k)$ des alternierenden Systems $f(z_\varkappa, z_\lambda)$, so sei

$$f(z_1, z_2, \ldots, z_k) = \sum_{\alpha_1, \alpha_2, \ldots, \alpha_k}{}_0^\infty Q_{\alpha_1 \alpha_2, \ldots, \alpha_k} z_1^{\alpha_1} z_2^{\alpha_2} \cdots z_k^{\alpha_k}.$$

Es wird dann (vgl. D., Abschnitt IX) für ein gerades m

$$\Phi = \frac{1}{2^{\frac{m+\mu}{2}}} Q_{\nu_1, \nu_2, \ldots, \nu_m}$$

und für ein ungerades m

$$\Phi = \frac{1}{2^{\frac{m+\mu}{2}}} Q_{\nu_1, \nu_2, \ldots, \nu_m, 0} \;{}^{2)}.$$

Für eine unendliche Reihe

$$u = u_1 + u_2 + \cdots,$$

deren Glieder Polynome der Form (13) sind, setze man

$$u' = u_1' + u_2' + \cdots,$$
$$\overline{u} = \overline{u}_1 + \overline{u}_2 + \cdots.$$

---

[1]) Hier treten also unendlich viele Veränderliche $x_1, x_3, x_5, \ldots$ auf. Ebenso hat man im folgenden auch unendlich viele Veränderliche $x_2, x_6, x_{10}, \ldots$ zu benutzen.

[2]) In D. sind die Ausdrücke $Q_{\nu_1, \nu_2, \ldots, \nu_m}$ etwas anders eingeführt worden. Die hier benutzte Definition ist die einfachere.

Hierbei wird angenommen, daß die Reihen etwa für $|x_\nu| \leqq \frac{1}{\nu}$ absolut konvergent sind [1]).

Der Satz III′ besagt nun, wie man sich leicht überlegt, daß

$$\overline{f(z_1, z_2, \ldots, z_k)} = \sum_{\alpha_1, \alpha_2, \ldots, \alpha_k}{}_0^\infty \overline{Q}_{\alpha_1, \alpha_2, \ldots, \alpha_k} z_1^{\alpha_1} z_2^{\alpha_2} \cdots z_k^{\alpha_k}$$

in der Form

$$(15) \qquad (1-i)^{k-1}\Big\{\sum\nolimits_0^\infty [\alpha_1, \alpha_2, \ldots, \alpha_k]\, u_1^{\alpha_1} u_2^{\alpha_2} \cdots \alpha_k^{\alpha_k} - i \cdot \sum\nolimits_1^\infty [\alpha_1, \alpha_2, \ldots, \alpha_k]\, u_1^{\alpha_1} u_2^{\alpha_2} \cdots u_k^{\alpha_k}\Big\}$$

geschrieben werden kann. Hierbei ist $u_\varkappa = \tau z_\varkappa$ zu setzen, ferner hat man unter dem Zeichen $[\alpha_1, \alpha_2, \ldots, \alpha_k]$ den Wert 0 zu verstehen, wenn zwei Indizes übereinstimmen und bei k voneinander verschiedenen Indizes den Wert 1 oder -1, je nachdem eine gerade oder eine ungerade Permutation erforderlich ist, um die k Indizes nach abnehmender Größe zu ordnen. Für (15) kann man offenbar auch

$$(1-i)^{k-1}(1 - i\, u_1 u_2 \cdots u_k) \sum\nolimits_1^\infty [\alpha_1, \alpha_2, \ldots, \alpha_k]\, u_1^{\alpha_1} u_2^{\alpha_2} \cdots u_k^{\alpha_k}$$

schreiben. Die hier auftretende Summe ist aber, wie man leicht erkennt, gleich

$$\sum_\lambda \pm \Big(\sum_{\alpha_1 > \alpha_2 > \cdots > \alpha_k}{}_0^\infty u_{\lambda_1}^{\alpha_1} u_{\lambda_2}^{\alpha_2} \cdots u_{\lambda_k}^{\alpha_k}\Big) = \sum_\lambda \pm \Big(\sum_{\alpha_1 \geqq \alpha_2 \geqq \cdots \geqq \alpha_k}{}_0^\infty u_{\lambda_1}^{\alpha_1} u_{\lambda_2}^{\alpha_2} \cdots u_{\lambda_k}^{\alpha_k}\Big),$$

wobei die erste Summation über alle $k!$ Permutationen $\lambda_1, \lambda_2, \ldots, \lambda$ der Indizes $1, 2, \ldots, k$ zu erstrecken und für eine gerade Permutation das Pluszeichen, für eine ungerade das Minuszeichen zu wählen ist.

Es ist aber für $|v_\varkappa| < 1$

$$\sum_{\alpha_1 \geqq \alpha_2 \geqq \cdots \geqq \alpha_k}{}_0^\infty v_1^{\alpha_1} v_2^{\alpha_2} \cdots v_k^{\alpha_k} = \frac{1}{(1-v_1)(1-v_1 v_2) \cdots (1 - v_1 v_2 \cdots v_k)}.$$

Wir haben also zu beweisen:

III″. *Setzt man* $u_\varkappa = \tau z_\varkappa$, *so wird*

$$\overline{f(z_1, z_2, \ldots, z_k)}$$
$$= (1-i)^{k-1}(1 - i\, u_1 u_2 \cdots u_k) \sum_\lambda \pm \frac{1}{(1-u_{\lambda_1})(1 - u_{\lambda_1} u_{\lambda_2}) \cdots (1 - u_{\lambda_1} u_{\lambda_2} \cdots u_{\lambda_k})}.$$

§ 4. Einige Hilfssätze.

A. *Sind u und v zwei Polynome der Form* (13) *oder auch zwei unendliche Reihen, deren Glieder solche Polynome sind, so wird*

$$(16) \qquad (uv)' = \sum_{\lambda_1, \lambda_3, \ldots}{}_0^\infty \frac{(2x_2)^{\lambda_1}(2x_6)^{\lambda_3} \cdots}{\lambda_1!\, \lambda_3! \cdots} \Big(\frac{\partial^{\lambda_1+\lambda_3+\cdots} u}{\partial x_1^{\lambda_1} \partial x_3^{\lambda_3} \cdots}\Big)' \Big(\frac{\partial^{\lambda_1+\lambda_3+\cdots} v}{\partial x_1^{\lambda_1} \partial x_3^{\lambda_3} \cdots}\Big)'.$$

Hierbei soll jedes Glied der Summe nur endlich viele Indizes $\lambda_1, \lambda_3, \ldots$ enthalten [2]).

[1]) Hierdurch ist insbesondere das Zeichen u' für beliebige Polynome in $x_1, x_3, x_5 \ldots$ definiert.

[2]) Ist eine der Funktionen u und v ein Polynom, so bricht die Reihe ab. Im anderen Falle hat man etwa anzunehmen, daß die hier vorkommenden Reihen für $|x_\nu| \leqq \frac{1}{\nu}$ absolut konvergent sind.

Der Beweis kann folgendermaßen erbracht werden. Da der Übergang von einer Funktion w zu w' offenbar eine distributive Operation ist, genügt es, die Formel allein für den Fall zu beweisen, daß u und v Potenzprodukte in $x_1, x_3, \ldots$ sind. Für Potenzprodukte ist die Formel aber gewiß richtig, wenn sie für zwei beliebige Exponentialfunktionen der Form

$$w = e^{\xi_1 x_1 + \xi_3 x_3 + \cdots + \xi_{2m-1} x_{2m-1}}$$

gilt. In diesem Fall ist aber die Richtigkeit der Formel (16) leicht zu bestätigen, indem man die ebenso leicht zu beweisende Formel

$$w' = e^{\xi_1 x_1 + \xi_1^2 x_2 + \xi_3 x_3 + \xi_3^2 x_6 + \cdots + \xi_{2m-1} x_{2m-1} + \xi_{2m-1}^2 x_{4m-2}}$$

benutzt [1]).

B. *In den Bezeichnungen des vorigen Paragraphen wird*

$$\overline{f(z)} = \frac{1 - i u}{1 - u} \qquad (u = \tau z), \tag{17}$$

$$\overline{f(z_1) f(z_2) \cdots f(z_r)} = \prod_{\varkappa=1}^{r} \frac{1 - i u_\varkappa}{1 - u_\varkappa} \cdot \prod_{\varkappa<\lambda}^{r} \frac{1 + u_\varkappa u_\lambda}{1 - u_\varkappa u_\lambda} \qquad (u_\varkappa = \tau z_\varkappa). \tag{18}$$

Um die Formel (17) zu beweisen, hat man nur zu beachten, daß die Gleichung (12) für den Fall $\chi(R) = \zeta(R)$, $\chi'(R) = \zeta'(R)$ schon in § 2 bewiesen worden ist (vgl. Formel (10)). Da die zugehörige Charakteristik nichts anderes als der Ausdruck q_n ist, wird $\overline{q_n} = (1 - i)\tau^n$, und das liefert

$$\overline{f(z)} = 1 + (1 - i) \sum_{n=1}^{\infty} (\tau z)^n = \frac{1 - i u}{1 - u}.$$

Beim Beweis der Formel (18) hat man zu benutzen, daß

$$\frac{\partial q_n}{\partial x_1} = 2 q_{n-1}, \quad \frac{\partial q_n}{\partial x_3} = 2 q_{n-3}, \ldots,$$

also

$$\frac{\partial f(z)}{\partial x_1} = 2 z f(z), \quad \frac{\partial f(z)}{\partial x_3} = 2 z^3 f(z), \ldots$$

wird. Ferner hat man davon Gebrauch zu machen, daß, wenn

$$\frac{(1 + \xi_1 t)(1 + \xi_2 t) \cdots (1 + \xi_m t)}{(1 - \xi_1 t)(1 - \xi_2 t) \cdots (1 - \xi_m t)} = \sum_{n=0}^{\infty} Q_n t^n \tag{19}$$

und

$$\frac{1}{\nu} (\xi_1^\nu + \xi_2^\nu + \cdots + \xi_m^\nu) = p_\nu$$

gesetzt wird,

$$Q_n = \sum \frac{(2 p_1)^{\lambda_1} (2 p_3)^{\lambda_3} \cdots}{\lambda_1! \, \lambda_3! \cdots} \qquad (\lambda_1 + 3 \lambda_3 + \cdots = n) \tag{20}$$

ist (vgl. D., S. 206).

---

[1]) Beim Beweis dieser Formel macht man am besten von der in der Fußnote 2) auf S. 69 gemachten Bemerkung Gebrauch.

Setzt man nun in (16)

$$u = f(z_1), \qquad v = f(z_2),$$

so erhält man

$$(f(z_1)f(z_2))' = (f(z_1))'(f(z_2))' \sum_{\lambda_1, \lambda_3, \ldots}^{\infty} \frac{(2x_2)^{\lambda_1}(2x_6)^{\lambda_3}\cdots}{\lambda_1!\,\lambda_3!\ldots} 4^{\lambda_1+\lambda_3+\cdots}(z_1 z_2)^{\lambda_1+3\lambda_3+\cdots}.$$

Für die speziellen Werte (14) ergibt sich wegen (19) und (20)

$$\overline{f(z_1)f(z_2)} = \overline{f(z_1)}\,\overline{f(z_2)} \sum_{\lambda_1, \lambda_3, \ldots}^{\infty} \frac{(\tau^2 z_1 z_2)^{\lambda_1+3\lambda_3+\cdots}}{\lambda_1!\,\lambda_3!\ldots}\left(\frac{2}{1}\right)^{\lambda_1}\left(\frac{2}{3}\right)^{\lambda_3}\cdots$$

$$= \overline{f(z_1)}\,\overline{f(z_2)}\frac{1+u_1u_2}{1-u_1u_2}.$$

Das liefert in Verbindung mit (17) die Formel (18) für $r = 2$. In ähnlicher Weise ergibt sich die Formel für $r > 2$, indem man sie für $r-1$ Variable z_ϱ als schon bewiesen annimmt und in (16)

$$u = f(z_1)f(z_2)\cdots f(z_{r-1}), \qquad v = f(z_r)$$

setzt.

C. *Für k Variable* $u_1, u_2, \ldots, u_k$ *setze man*

$$F_\varkappa = (1-u_\varkappa)(1-u_\varkappa u_1)\cdots(1-u_\varkappa u_{\varkappa-1})(1-u_\varkappa u_{\varkappa+1})\cdots(1-u_\varkappa u_k)$$

und stelle $F_\varkappa$, *was jedenfalls möglich ist, in der Form*

$$F_\varkappa = G_0 + G_1 u_\varkappa + G_2 u_\varkappa^2 + \cdots + G_{k-1}u_\varkappa^{k-1} \tag{21}$$

dar, wo $G_0, G_1, \ldots, G_{k-1}$ *ganze rationale symmetrische Funktionen von* $u_1, u_2, \ldots, u_k$ *sind* [1]). *Dann wird insbesondere*

$$G_{k-1} = (-1)^{k-1}(1-u_1u_2\cdots u_k). \tag{22}$$

Es wird nämlich, wenn $c_1, c_2, \ldots, c_k$ die elementar-symmetrischen Funktionen von $u_1, u_2, \ldots, u_k$ bedeuten,

$$(1+u_\varkappa)F_\varkappa = \prod_{\lambda=1}^{k}(1-u_\varkappa u_\lambda) = 1 - c_1u_\varkappa + c_2u_\varkappa^2 - \cdots + (-1)^k c_k u_\varkappa^k.$$

Ersetzt man hier $F_\varkappa$ durch den Ausdruck (21), führt links die Multiplikation aus und schreibt für $u_\varkappa^k$ auf beiden Seiten

$$c_1u_\varkappa^{k-1} - c_2u_\varkappa^{k-1} + \cdots - (-1)^k c_k,$$

so entsteht eine Gleichung, die in bezug auf $u_\varkappa$ vom Grade $k-1$ ist und die für $\varkappa = 1, 2, \ldots, k$ gilt. Daher ist sie eine Identität in $u_\varkappa$. Setzt man nun $u_\varkappa = -1$, so erhält man links

$$(-1)^{k-1}G_{k-1}(1+c_1+c_2+\cdots+c_k)$$

und rechts

$$1 + c_1 + \cdots + c_{k-1} - c_k(c_1+c_2+\cdots+c_k)$$
$$= (1+c_1+c_2+\cdots+c_k)(1-c_k).$$

Das liefert wegen $c_k = u_1u_2\cdots u_k$ die zu beweisende Formel (22).

[1]) Vgl. z. B. *H. Weber*, Lehrbuch der Algebra, zweite Auflage (1898), Bd. 1, § 48.

D. *Setzt man*

$$\Delta(u_1, u_2, \ldots, u_k) = \prod_{\varkappa<\lambda} {}_1^k (u_\varkappa - u_\lambda),$$

so wird

$$(23)\qquad A = \sum_\lambda \pm \frac{1}{(1-u_{\lambda_1})(1-u_{\lambda_1}u_{\lambda_2})\cdots(1-u_{\lambda_1}u_{\lambda_2}\cdots u_{\lambda_k})}$$

$$= \frac{\Delta(u_1, u_2, \ldots, u_k)}{\prod_{\varkappa=1}^{k}(1-u_\varkappa)\cdot\prod_{\varkappa<\lambda}(1-u_\varkappa u_\lambda)}.$$

Für $k = 2$ ist die Formel leicht zu bestätigen. Man nehme sie für $k-1$ Variable als schon bewiesen an. Faßt man in der Summe A die $(k-1)!$ Glieder zusammen, bei denen λ_k einen festen Wert hat, so entstehen k Teilsummen, die sich auf Grund der über $k-1$ Variable gemachten Voraussetzung in geschlossener Form darstellen lassen. In den vorhin eingeführten Bezeichnungen wird

$$A\cdot\prod_{\varkappa=1}^{k}(1-u)\cdot\prod_{\varkappa<\lambda}(1-u_\varkappa u_\lambda)\cdot(1-u_1u_2\cdots u_k)$$

$$= (-1)^{k-1}\sum_{\varkappa=1}^{k}(-1)^{k-1}F_\varkappa\Delta(u_1,\ldots,u_{\varkappa-1},u_{\varkappa+1},\ldots,u_k).$$

Die rechts stehende Summe ist aber nichts anderes als die Determinante

$$\begin{vmatrix} F_1, & F_2, & \ldots, & F_k \\ u_1^{k-2}, & u_2^{k-2}, & \ldots, & u_k^{k-2} \\ \cdot & \cdot & \cdot & \cdot \\ 1, & 1, & \ldots, & 1 \end{vmatrix}.$$

Auf Grund des Hilfssatzes C wird das gleich

$$(-1)^{k-1}G_{k-1}\begin{vmatrix} u_1^{k-1}, & u_2^{k-1}, & \ldots, & u_k^{k-1} \\ u_1^{k-2}, & u_2^{k-2}, & \ldots, & u_k^{k-2} \\ \cdot & \cdot & \cdot & \cdot \\ 1, & 1, & \ldots, & 1 \end{vmatrix} = (-1)^{k-1}G_{k-1}\Delta(u_1, u_2, \ldots, u_k).$$

In Verbindung mit (22) ergibt sich für A die Darstellung (23).

§ 5. Über einige spezielle *Pfaff*sche Ausdrücke.

Bilden für ein gerades k die k^2 Größen $a_{\varkappa\lambda}$ ein alternierendes System, so bezeichne ich den zugehörigen *Pfaff*schen Ausdruck entweder wie üblich mit $(1, 2, \ldots, k)$ oder auch mit $Pf[a_{\varkappa\lambda}]$. Zur Berechnung des Ausdrucks dient neben der Gleichung $(1, 2) = a_{12}$ die Rekursionsformel

$$(24)\qquad (1, 2, \ldots, k) = a_{12}\,(3, 4, \ldots, k) - a_{13}\,(2, 4, \ldots k) + \cdots.$$

Man kann den *Pfaff*schen Ausdruck auch als die Summe der $1\cdot3\cdot5\cdots(k-1)$ wesentlich verschiedenen Produkte deuten, die aus $a_{12}a_{34}\cdots a_{k-1,k}$ bei Anwendung aller geraden Permutationen der Indizes $1, 2, \ldots, k$ hervorgehen. Dafür schreibe ich kurz

$$(25)\qquad Pf[a_{12}] = \sum a_{12} a_{34} \cdots a_{k-1,\,k}\,.$$

Es sei auch noch die triviale Formel

$$(26)\qquad Pf[a_1 a_2 a_{12}] = a_1 a_2 \cdots a_k \, Pf[a_{12}]$$

erwähnt.

Im folgenden werden wir eine Reihe von speziellen *Pfaffschen* Ausdrücken zu benutzen haben.

E. *Sind $u_1, u_2, \ldots, u_k$ unabhängige Variable, so wird*

$$(27)\qquad Pf\left[\frac{u_1 - u_2}{u_1 + u_2}\right] = \prod_{\varkappa<\lambda} \frac{u_\varkappa - u_\lambda}{u_\varkappa + u_\lambda}.$$

$$(28)\qquad Pf\left[\frac{u_1 - u_2}{1 - u_1 u_2}\right] = \prod_{\varkappa<\lambda} \frac{u_\varkappa - u_\lambda}{1 - u_\varkappa u_\lambda},$$

$$(29)\qquad Pf\left[\frac{1 + u_1 u_2}{1 - u_1 u_2} \cdot \frac{u_1 - u_2}{u_1 + u_2}\right] = \prod_{\varkappa<\lambda} \frac{1 + u_\varkappa u_\lambda}{1 - u_\varkappa u_\lambda} \cdot \frac{u_\varkappa - u_\lambda}{u_\varkappa + u_\lambda}.$$

Den Beweis der Gleichung (27) habe ich in D., S. 225—226 angegeben, die beiden anderen Gleichungen ergeben sich auf ganz ähnlichem Wege.

Etwas weniger einfach ist der Beweis des Hilfssatzes:

F. *Sind $x, u_1, u_2, \ldots, u_k$ unabhängige Variable, so wird*

$$(30)\qquad Pf\left[\frac{1 + x u_1 u_2}{1 - u_1 u_2}(u_1 - u_2)\right] = (1 + x)^{\frac{k-2}{2}} (1 + x u_1 u_2 \cdots u_k) \prod_{\varkappa<\lambda} \frac{u_\varkappa - u_\lambda}{1 - u_\varkappa u_\lambda}.$$

Bezeichnet man den links stehenden Ausdruck, der in bezug auf x ein Polynom vom Grade $\frac{k}{2}$ ist, mit $F(x)$, so ist nur zu zeigen, daß $F(x)$ die Form

$$F(x) = (1 + x)^{\frac{k-2}{2}} (A + Bx)$$

hat. Denn dann wird A das konstante Glied, B der höchste Koeffizient von $F(x)$, also wegen (26) und (28)

$$A = Pf\left[\frac{u_1 - u_2}{1 - u_1 u_2}\right] = P$$

$$B = Pf\left[\frac{u_1 u_2 (u_1 - u_2)}{1 - u_1 u_2}\right] = u_1 u_2 \cdots u_k \cdot P\,.$$

Hier ist zur Abkürzung

$$(31)\qquad \prod_{\varkappa<\lambda} \frac{u_\varkappa - u_\lambda}{1 - u_\varkappa u_\lambda} = P$$

gesetzt worden.

Daß nun $F(x)$ durch $(1 + x)^{\frac{k-4}{2}}$ teilbar ist, folgt unmittelbar aus der Rekursionsformel (24), wenn wir die Gleichung (30) für $k - 2$ Variable $u_\varkappa$ als schon bewiesen annehmen. Setzt man

$$F(x) = (1 + x)^{\frac{k-4}{2}} G(x),$$

so ist nur noch zu zeigen, daß $G(-1) = 0$ ist. Dies ergibt sich aber folgendermaßen: Bezeichnet man das Produkt (31) deutlicher mit $P_{12\ldots k}$, so liefert die Rekursionsformel (24) in leicht verständlichen Bezeichnungen

$$G(-1) = (u_1 - u_2)(1 - u_3 u_4 \cdots u_k) P_{34\ldots k} - (u_1 - u_3)(1 - u_2 u_4 \cdots u_k) P_{24\ldots k} + \cdots$$
$$= (u_1 + u_2 u_3 \cdots u_k) R - S - u_1 u_2 \cdots u_k T,$$

wobei

$$R = P_{34\ldots k} - P_{24\ldots k} + \cdots,$$
$$S = u_2 P_{34\ldots k} - u_3 P_{24\ldots k} + \cdots,$$
$$T = \frac{1}{u_2} P_{34\ldots k} - \frac{1}{u_3} P_{24\ldots k} + \cdots$$

wird.

Nun folgt aber aus (28)

$$P_{12\ldots k} = \frac{u_1 - u_2}{1 - u_1 u_2} P_{34\ldots k} - \frac{u_1 - u_3}{1 - u_1 u_3} P_{24\ldots k} + \cdots.$$

Hieraus ergibt sich für $u_1 = 1$

$$R = P_{23\ldots k},$$

für $u_1 = 0$

$$S = u_2 u_3 \cdots u_k \cdot P_{23\ldots k}$$

und für $u_1 \to \infty$

$$T = \frac{1}{u_2 u_3 \cdots u_k} \cdot P_{23\ldots k}.$$

Dies liefert aber in der Tat $G(-1) = 0$.

§ 6. Beweis des Hauptsatzes.

Um unseren Hauptsatz III oder, was dasselbe ist, den Satz III' zu beweisen, haben wir auf Grund des Hilfssatzes D nur zu zeigen, daß

$$(32) \qquad H = \overline{f(z_1, z_2, \ldots, z_k)} = (1 - i)^{k-1} \frac{1 - i u_1 u_2 \cdots u_k}{\prod_\varkappa (1 - u_k)} \cdot \prod_{\varkappa < \lambda} \frac{u_\varkappa - u_\lambda}{1 - u_\varkappa u_\lambda}$$

wird.

Das ergibt sich folgendermaßen: Setzt man zur Abkürzung

$$\prod_{\varkappa=1}^{k} \frac{1 - i u_\varkappa}{1 - u_\varkappa} \cdot \prod_{\varkappa<\lambda}^{k} {}_1 \frac{1 + u_\varkappa u_\lambda}{1 - u_\varkappa u_\lambda} = F_{12\ldots k},$$

so besagt der Hilfssatz B, daß für jedes r

$$(33) \qquad \overline{f(z_1) f(z_2) \cdots f(z_2)} = F_{12\ldots r}$$

wird. Den *Pfaff*schen Ausdruck des alternierenden Systems

$$f(z_\varkappa, z_\lambda) = (f(z_\varkappa) f(z_\lambda) - 1) \frac{z_\varkappa - z_\lambda}{z_\varkappa + z_\lambda} = (f(z_\varkappa) f(z_\lambda) - 1) \frac{u_\varkappa - u_\lambda}{u_\varkappa + u_\lambda}$$

schreiben wir (vgl. Formel (25)) als Summe von $1 \cdot 3 \cdot 5 \cdots (k - 1)$ Gliedern

$$f(z_1, \ldots, z_k) = \sum f(z_1, z_2)\, f(z_3, z_4) \cdots f(z_{k-1}, z_k).$$

In den hier auftretenden Produkten

$$(f(z_1)\, f(z_2) - 1)\,(f(z_3)\, f(z_4) - 1) \cdots (f(z_{k-1})\, f(z_k) - 1)$$

führen wir die Multiplikation aus. Dann ergibt sich wegen (33) in leicht verständlichen Bezeichnungen

$$(34) \qquad H = \sum (F_{12\ldots k} - F_{12\ldots k-3,\,k-2} - \cdots + 1)\,\frac{u_1 - u_2}{u_1 + u_2} \cdots \frac{u_{k-1} - u_k}{u_{k-1} + u_k},$$

wobei der Ausdruck in der Klammer $2^{\frac{k}{2}}$ Glieder enthält. Es kann also

$$H = H_1 + H_2 + \cdots + H_{2^{\frac{k}{2}}}$$

gesetzt werden, wo

$$H_1 = \sum F_{12\ldots k}\,\frac{u_1 - u_2}{u_1 + u_2} \cdot \frac{u_3 - u_4}{u_3 + u_4} \cdots \frac{u_{k-1} - u_k}{u_{k-1} + u_k},$$

$$H_2 = -\sum F_{12\ldots k-3,\,k-2}\,\frac{u_1 - u_2}{u_1 + u_2} \cdot \frac{u_3 - u_4}{u_3 + u_4} \cdots \frac{u_{k-1} - u_k}{u_{k-1} + u_k} \quad \text{usw.}$$

wird.

Nun folgt aber aus (26) und (29)

$$(35) \qquad Pf\left[F_{12}\,\frac{u_1 - u_2}{u_1 + u_2}\right] = F_{12\ldots k} \cdot Pf\left[\frac{u_1 - u_2}{u_1 + u_2}\right].$$

Daher kann H_1 auch in der Form

$$H_1 = \sum F_{12} F_{34} \cdots F_{k-1,\,k-2}\,\frac{u_1 - u_2}{u_1 + u_2} \cdot \frac{u_3 - u_4}{u_3 + u_4} \cdots \frac{u_{k-1} - u_k}{u_{k-1} - u_k}$$

geschrieben werden. Faßt man ferner in H_2 diejenigen $1 \cdot 3 \cdots (k-3)$ Glieder zusammen, in denen der Faktor $\frac{u_\nu - u_k}{u_\nu + u_k}$ auftritt, so erhält man $k-1$ Teilsummen, die sich wieder mit Hilfe der Formel (35) so umformen lassen, daß

$$H_2 = \sum F_{12} \cdots F_{k-3,\,k-2}\,\frac{u_1 - u_2}{u_1 + u_2} \cdot \frac{u_3 - u_2}{u_3 + u_4} \cdots \frac{u_{k-1} - u_k}{u_{k-1} + u_k}$$

wird. Fährt man in dieser Weise fort, so erkennt man, daß in (34) jeder hier auftretende Ausdruck $F_{\varkappa\lambda\mu\nu\ldots}$ durch $F_{\varkappa\lambda} F_{\mu\nu} \cdots$ ersetzt werden darf.

Das liefert aber

$$H = Pf\left[(F_{12} - 1)\,\frac{u_1 - u_2}{u_1 + u_2}\right].$$

Hierin ist

$$F_{12} - 1 = \frac{1 - i u_1}{1 - u_1} \cdot \frac{1 - i u_2}{1 - u_2} \cdot \frac{1 + u_1 u_2}{1 - u_1 u_2} = \frac{(1 - i)(u_1 + u_2)(1 - i u_1 u_2)}{(1 - u_1)(1 - u_2)(1 - u_1 u_2)}.$$

Daher wird

$$H = \frac{(1 - i)^{\frac{k}{2}}}{\prod_\varkappa (1 - u_\varkappa)}\, Pf\left[\frac{1 - i u_1 u_2}{1 - u_1 u_2}\,(u_1 - u_2)\right].$$

Wendet man nun den Hilfssatz F (für $x = -i$) an, so ergibt sich die zu beweisende Gleichung (32).

§ 7. Die alternierende Gruppe $\mathfrak{A}_n$.

IV. *Eine irreduzible Darstellung von $\mathfrak{A}_n$ durch lineare homogene Substitutionen (Matrizen) läßt sich dann und nur dann reell wählen, wenn der Charakter der Darstellung reell ist.*

Der Beweis ist leicht zu erbringen. Die irreduziblen Darstellungen von $\mathfrak{A}_n$ werden mit Hilfe der von $\mathfrak{S}_n$ folgendermaßen gewonnen. Ist $\mathfrak{D}$ eine irreduzible Darstellung von $\mathfrak{S}_n$ mit dem Charakter $\chi(R)$, bei der der Permutation R die Matrix (R) entspricht, so kann $\chi(R)$ von dem assoziierten Charakter $\chi_1(R)$ verschieden sein oder mit ihm übereinstimmen. Im ersten Fall bilden, wenn G die geraden, U die ungeraden Permutationen von $\mathfrak{S}_n$ durchläuft, die Matrizen (G) eine irreduzible Darstellung $\mathfrak{D}'$ von $\mathfrak{A}_n$ mit dem reellen Charakter $\chi(G)$ [1]). Da wir die Darstellung $\mathfrak{D}$ von $\mathfrak{S}_n$ von vorneherein als reell voraussetzen dürfen, ist auch die Darstellung $\mathfrak{D}'$ von $\mathfrak{A}_n$ reell.

Ist aber $\chi(R) = \chi_1(R)$, so zerfällt die Darstellung von $\mathfrak{A}_n$ durch die Matrizen (G) in zwei irreduzible Darstellungen $\mathfrak{D}_1$ und $\mathfrak{D}_2$ mit den Charakteren $\psi_1(G)$ und $\psi_2(G)$ [1]). Um diese Zerfällung zu erhalten, bestimme man, was hier möglich ist, eine reelle Matrix C, so daß

$$C^{-1}(G)C = (G), \qquad C^{-1}(U)C = -(U)$$

wird. Da C^2 mit allen (R) vertauschbar ist, wird $C^2 = aE$. Bestimmt man nun eine Ähnlichkeitstransformation T, die C in eine Diagonalmatrix mit den Elementen $\pm\sqrt{a}$ in der Hauptdiagonale überführt, so zerfällt $T^{-1}(G)T$ in der gewünschten Weise. Daher wird jedenfalls die Spur $\varphi(G)$ von $C(G)$ nichts anderes als $\sqrt{a}\,(\psi_1(G) - \psi_2(G))$. Da die Zahlen $\varphi(G)$ jedenfalls reell sind, sind die Charaktere $\psi_1(G)$ und $\psi_2(G)$ reell für $a > 0$ und (konjugiert) imaginär für $a < 0$. Ist aber $a > 0$, so läßt sich die Ähnlichkeitstransformation T reell wählen. Dies zeigt, daß, wenn die Charaktere $\psi_1(G)$ und $\psi_2(G)$ reell sind, auch die zugehörigen Darstellungen $\mathfrak{D}_1$ und $\mathfrak{D}_2$ reell gewählt werden können.

Auch für die Darstellungen von $\mathfrak{A}_n$ als eigentliche Kollineationsgruppen läßt sich die Realitätsfrage einfach erledigen. Sieht man von den beiden Ausnahmefällen $n = 6$ und $n = 7$ ab, so erhält man (für $n > 3$) alle mit $\mathfrak{A}_n$ isomorphen irreduziblen Kollineationsgruppen, indem man für jede Zerlegung

$$n = \nu_1 + \nu_2 + \cdots + \nu_m \qquad (\nu_1 > \nu_2 > \cdots > \nu_m > 0) \tag{36}$$

bei ungeradem $n - m$ eine solche Gruppe $\mathfrak{L}$, bei geradem $n - m$ zwei (algebraisch konjugierte) Gruppen $\mathfrak{L}'$ und $\mathfrak{L}''$ bestimmt (vgl. D., S. 236).

Es gilt der Satz:

V. *Nur in den Fällen*

$$n - m \equiv 0,\ 1,\ 7 \pmod 8$$

läßt sich bei den Kollineationsgruppen $\mathfrak{L}$, $\mathfrak{L}'$ und $\mathfrak{L}''$ Realität erzielen.

---

[1]) Vgl. die in der Einleitung zitierten Arbeiten von *Frobenius*.

Um diesen Satz zu beweisen, bestimmen wir die Signaturen der einfachen Charaktere (zweiter Art) der Darstellungsgruppe $\mathfrak{B}_n$ von $\mathfrak{A}_n$. Der Zerlegung (36) entspricht bei ungeradem $n-m$ ein solcher Charakter $\psi(R)$, bei geradem $n-m$ ein Paar von Charakteren $\psi_1(R)$ und $\psi_2(R)$. Im zweiten Fall besitzen $\psi_1(R)$ und $\psi_2(R)$ als algebraisch konjugierte Charaktere dieselbe Signatur. Für jede Zerlegung (36) haben wir also nur eine Signatur s'' zu berechnen. Hierzu dient die Tabelle

r	0	1	2	3	4	5	6	7
s''	1	1	0	-1	-1	-1	0	1

$(n-m \equiv r \pmod 8)$

Sind nämlich (wie in § 3) $\chi(R)$ und $\chi'(R)$ die zur Zerlegung (36) gehörenden einfachen Charaktere von $\mathfrak{T}_n$ und $\mathfrak{T}'_n$, so schreibe man ihre Signaturen s und s' in der einfachsten Form

$$s = \frac{1}{2n!}\sum \chi(R^2), \quad s' = \frac{1}{2n!}\sum \chi'(R_1^2),$$

wo R alle Elemente von $\mathfrak{T}_n$ und R_1 alle Elemente von $\mathfrak{T}'_n$ durchläuft. Nun erhält man aus einer zu $\chi(R)$ gehörenden Darstellung von $\mathfrak{T}_n$ durch Matrizen (R) die zugehörige Darstellung von $\mathfrak{T}'_n$, indem man (R) ungeändert läßt oder mit i multipliziert, je nachdem R in der Untergruppe $\mathfrak{B}_n$ von $\mathfrak{T}_n$ enthalten ist oder nicht (vgl. D., Abschnitt I). Hieraus folgt unmittelbar

$$s + s' = \frac{1}{n!}\sum \chi(S^2),$$

wo S alle Elemente von $\mathfrak{B}_n$ durchläuft. Für ein ungerades $n-m$ wird $\chi(S) = \psi(S)$, für ein gerades $n-m$ aber $\chi(S) = \psi_1(S) + \psi_2(S)$. Daher wird im ersten Fall $s + s' = s''$, im zweiten Fall $s + s' = 2s''$.

Die Tabelle für die Zahlen s'' ergibt sich nun aus der auf S. 68 angegebenen Tabelle für die Zahlen s und s'. Zugleich erkennen wir die Richtigkeit des Satzes V.

Die in den Ausnahmefällen $n = 6$ und $n = 7$ noch hinzukommenden irreduzibeln Darstellungen der Gruppe $\mathfrak{A}_n$ durch Kollineationen lassen sich jedenfalls nicht reell wählen. Dies geht schon aus der Rolle hervor, die bei diesen Darstellungen die Zahl $\varrho = e^{\frac{2\pi i}{3}}$ spielt (vgl. D., Abschnitt IX).

59.
Über die rationalen Darstellungen der allgemeinen linearen Gruppe

Sitzungsberichte der Preussischen Akademie der Wissenschaften 1927,
Physikalisch-Mathematische Klasse, 58 - 75

Die Gruppe aller linearen homogenen Substitutionen in n Veränderlichen mit nicht verschwindenden Determinanten wird im folgenden mit $\mathfrak{G}_n$ bezeichnet. Ordnet man jeder Substitution $A = (a_{\varkappa\lambda})$ von $\mathfrak{G}_n$ eine lineare homogene Substitution

$$T(A) = (c_{\varrho\sigma}) \qquad (\varrho, \sigma = 1, 2, \cdots, N)$$

in N Veränderlichen zu und wird hierbei für je zwei Substitutionen A und B von $\mathfrak{G}_n$

$$T(A)\,T(B) = T(AB),$$

so entsteht eine *Darstellung* oder ein *Homomorphismus* N-ten *Grades* der Gruppe $\mathfrak{G}_n$. Die Darstellung heiße *rational*, wenn die N^2 Koeffizienten $c_{\varrho\sigma}$ ganze rationale Funktionen der n^2 Veränderlichen $a_{\varkappa\lambda}$ sind[1]. Insbesondere nenne man die Darstellung *homogen von der Ordnung m*, wenn jedes $c_{\varrho\sigma}$ entweder Null oder eine homogene ganze rationale Funktion m-ter Ordnung in den $a_{\varkappa\lambda}$ ist. Die Spur

$$\Phi = c_{11} + c_{22} + \cdots + c_{NN}$$

von $T(A)$ heißt die *Charakteristik* der Darstellung $T(A)$. Die Begriffe *Ähnlichkeit* (*Äquivalenz*), *Irreduzibilität* und *vollständige Reduzibilität* werden im üblichen Sinne gebraucht[2].

Die Theorie der rationalen Darstellung der Gruppe $\mathfrak{G}_n$ habe ich in meiner Dissertation[3] ausführlich entwickelt. Die Hauptergebnisse dieser Untersuchung lassen sich folgendermaßen formulieren.

I. *Jede rationale Darstellung von $\mathfrak{G}_n$ ist vollständig reduzibel.*

---

[1] Handelt es sich um gebrochene rationale Funktionen $c_{\varrho\sigma}$ der $a_{\varkappa\lambda}$, so beweist man leicht, daß der Hauptnenner der N^2 Funktionen $c_{\varrho\sigma}$, abgesehen von einem konstanten Faktor, eine Potenz D^k der Determinante D der $a_{\varkappa\lambda}$ sein muß. Nach Multiplikation mit D^k entsteht eine Darstellung von $\mathfrak{G}_n$ mit ganzen rationalen Koeffizienten. Die Zulassung gebrochener rationaler Funktionen liefert daher nichts Neues.

[2] Vgl. etwa G. Frobenius und I. Schur, *Über die Äquivalenz der Gruppen linearer Substitutionen*, Sitzungsberichte der Berliner Akademie, 1906, S. 209—217.

[3] *Über eine Klasse von Matrizen, die sich einer gegebenen Matrix zuordnen lassen*, Berlin 1901. — Im folgenden wird diese Arbeit kurz mit *D.* zitiert.

I'. *Zwei Darstellungen desselben Grades sind dann und nur dann einander ähnlich, wenn ihre Charakteristiken übereinstimmen.*

II. *Eine nicht homogene (rationale) Darstellung ist stets reduzibel. Ist $T(A)$ eine homogene Darstellung der Ordnung m und bezeichnet man mit $s_\varkappa$ die Spur der $\varkappa$-ten Potenz $A^\varkappa$ der Matrix A, so läßt sich die Charakteristik Φ von $T(A)$ in der Form*

$$\Phi = \sum \frac{\chi_{\alpha_1, \alpha_2, \ldots, \alpha_m}}{\alpha_1!\, \alpha_2! \cdots \alpha_m!} \left(\frac{s_1}{1}\right)^{\alpha_1} \left(\frac{s_2}{2}\right)^{\alpha_2} \cdots \left(\frac{s_m}{m}\right)^{\alpha_m}$$

schreiben, wo $\alpha_1, \alpha_2, \cdots, \alpha_m$ alle nicht negativen ganzen Zahlen durchlaufen, die der Gleichung

$$\alpha_1 + 2\alpha_2 + \cdots + m\alpha_m = m$$

genügen. Hierbei stellen die Zahlen $\chi_{\alpha_1, \alpha_2, \ldots, \alpha_m}$ einen Charakter der symmetrischen Gruppe $\mathfrak{S}_m$ in m Vertauschungssymbolen dar, bei dem $\chi_{\alpha_1, \alpha_2, \ldots, \alpha_m}$ derjenigen Klasse von $\mathfrak{S}_m$ entspricht, deren Permutationen in α_1 Zykeln der Ordnuny 1, ferner α_2 Zykeln der Ordnung 2 usw. zerfallen.

III. *Bei vorgeschriebener Ordnungszahl $m > 0$ ist die Anzahl der einander nicht ähnlichen irreduziblen Darstellungen gleich der Anzahl k der Zerlegungen*

$$(1) \qquad m = \mu_1 + \mu_2 + \cdots + \mu_r \qquad (\mu_1 \geqq \mu_2 \geqq \cdots \geqq \mu_r,\ r \leqq n)$$

in höchstens n positive ganzzahlige Summanden. Setzt man für $m = 1, 2, \cdots$

$$(2) \qquad p_m = \sum \frac{1}{\alpha_1!\, \alpha_2! \cdots \alpha_m!} \left(\frac{s_1}{1}\right)^{\alpha_1} \left(\frac{s_2}{2}\right)^{\alpha_2} \cdots \left(\frac{s_m}{m}\right)^{\alpha_m} \qquad (\alpha_1 + 2\alpha_2 + \cdots + m\alpha_m = m)$$

und $p_0 = 1,\ p_{-1} = p_{-2} = \cdots = 0$, so wird die Charakteristik Φ der zur Zerlegung (1) gehörenden irreduziblen Darstellung gleich der Determinante

$$\Phi = \left| p_{\mu_\alpha - \alpha + \beta} \right|. \qquad (\alpha, \beta = 1, 2, \cdots, r)$$

Der Grad $N_{\mu_1, \mu_2, \ldots, \mu_r}$ dieser Darstellung ist gleich dem Produkt

$$N_{\mu_1, \mu_2, \ldots, \mu_r} = \prod_{\varkappa < \lambda}^{n} \frac{\mu_\varkappa - \mu_\lambda + \lambda - \varkappa}{\lambda - \varkappa},$$

wobei für $r < n$ die Zahlen $\mu_{r+1}, \mu_{r+2}, \cdots, \mu_n$ durch Nullen zu ersetzen sind.

Der Beweis dieser Sätze ergab sich in meiner Dissertation, indem ich eine homogene Darstellung $T(A)$ der Ordnung m in der Gestalt

$$T(A) = \sum \begin{bmatrix} \varkappa_1\ \varkappa_2 \cdots \varkappa_m \\ \lambda_1\ \lambda_2 \cdots \lambda_m \end{bmatrix} a_{\varkappa_1 \lambda_1} a_{\varkappa_2 \lambda_2} \cdots a_{\varkappa_m \lambda_m} \qquad (\varkappa_\mu, \lambda_\mu = 1, 2, \cdots, n)$$

schrieb und die Tatsache benutzte, daß insbesondere für $m \leqq n$ die $m!$ Matrizen

$$(3) \qquad \begin{bmatrix} 1\ 2 \cdots m \\ \lambda_1\ \lambda_2 \cdots \lambda_m \end{bmatrix},$$

die den $m!$ Permutationen $\lambda_1, \lambda_2, \cdots, \lambda_m$ der Indizes 1, 2, $\cdots$, m entsprechen, eine Darstellung der symmetrischen Gruppe $\mathfrak{S}_m$ bilden. Auf diesem Wege tritt der eigentümliche Zusammenhang zwischen den (rationalen) Darstellungen der unendlichen Gruppe $\mathfrak{G}_n$ und den Darstellungen der endlichen Gruppen $\mathfrak{S}_1, \mathfrak{S}_2, \mathfrak{S}_3, \cdots$ am deutlichsten hervor. Der Aufbau der Darstellung $T(A)$ von $\mathfrak{G}_n$ mit Hilfe der Darstellung (3) von $\mathfrak{S}_m$ gestaltet sich aber etwas umständlich, auch erscheint die Bevorzugung des Falles $m \leqq n$ als störend.

Die spätere Entwicklung der allgemeinen Theorie der Gruppen linearer Substitutionen hat als wesentliches Moment ergeben, daß die Sätze I und I′ genau dasselbe besagen[1], so daß nur einer der beiden Sätze bewiesen zu werden braucht.

In neuerer Zeit ist Hr. H. WEYL im Rahmen seiner weittragenden Untersuchungen über kontinuierliche halb-einfache Gruppen zu neuen, eleganten Beweisen für die Sätze I—III gelangt[2]. Die von ihm benutzte Beweismethode, bei der eine Modifikation des HURWITZschen Integralkalkuls eine wesentliche Rolle spielt, ergab zugleich eine wichtige Ergänzung der Resultate meiner Dissertation. Hr. WEYL zeigt nämlich, daß es für die Untergruppe $\mathfrak{U}_n$ von $\mathfrak{G}_n$, die aus allen Substitutionen von der Determinante 1 besteht, keine anderen Darstellungen durch lineare Transformationen als die von mir bestimmten gibt[3]. Die hierbei zu machenden Voraussetzungen über die Art der Abhängigkeit der Koeffizienten $c_{\varrho\sigma}$ von den $a_{\varkappa\lambda}$ lassen sich, wie Hr. J. v. NEUMANN in der nachstehenden Arbeit zeigt, noch wesentlich reduzieren. Es genügt insbesondere, die $c_{\varrho\sigma}$ als stetige Funktionen der $a_{\varkappa\lambda}$ anzunehmen.

Im folgenden beschränke ich mich wieder auf das Studium der für die Anwendungen vor allem wichtigen rationalen Darstellungen der Gruppe $\mathfrak{G}_n$. Ich leite auf rein algebraischem Wege einen neuen, kürzeren Beweis für die Sätze I und II ab (§§ 1—3). Der Übergang von unserem Problem zu der Frage nach den Darstellungen der symmetrischen Gruppe wird hierbei auf ganz andere Weise als in meiner Dissertation oder in der Arbeit von Hrn. WEYL (a. a. O., § 7) gewonnen. Im § 4 teile ich einen zweiten, sehr einfachen Beweis für den Satz I mit. Hierbei mache ich wie Hr. WEYL von der Integralrechnung Gebrauch, mein Verfahren weicht aber von dem WEYLschen nicht unwesentlich ab.

Auf Grund der Sätze I und II kann der Beweis des Satzes III ohne Mühe erbracht werden, wenn man die von FROBENIUS[4] bestimmten Charaktere der symmetrischen Gruppe $\mathfrak{S}_m$ als bekannt annimmt. Es ist aber einfacher, einen direkten Weg einzuschlagen, der zugleich die Charaktere von $\mathfrak{S}_m$ liefert. Das ist bereits in meiner Dissertation und auch in der Arbeit von Hrn. WEYL geschehen. Der hier entwickelte Beweis (§ 5) ist dem in D., § 27 angegebenen nahe verwandt.

---

[1] Vgl. G. FROBENIUS und I. SCHUR, a. a. O., Satz IV.

[2] Vgl. insbesondere H. WEYL, *Theorie der Darstellung kontinuierlicher halb-einfacher Gruppen durch lineare Transformationen.* I., Math. Zeitschrift, Bd. 23 (1925), S 271—309.

[3] Für die Gruppe $\mathfrak{G}_n$ gilt ein solcher Satz nicht (vgl. H. WEYL, a. a. O., § 8).

[4] G. FROBENIUS, *Über die Charaktere der symmetrischen Gruppe,* Sitzungsberichte der Berliner Akademie 1900, S. 516—534.

§ 1. Die Operation $\Pi_m A$ und die zugehörige Darstellung der Gruppe $\mathfrak{S}_m$.

Bedeutet E_n die Einheitsmatrix des Grades n, so wird für jede Darstellung $T(A)$ der Gruppe $\mathfrak{G}_n$

$$T(xE_n)T(A) = T(A)T(xE_n) = T(xA) \tag{4}$$

und insbesondere

$$T(xE_n)T(yE_n) = T(xyE_n). \tag{5}$$

Damit $T(A)$ homogen von der Ordnung m sei und eine nicht verschwindende Determinante aufweise, ist das Bestehen der Gleichung

$$T(xE_n) = x^m E_N$$

notwendig und hinreichend. Hierbei bezeichnet wieder N den Grad von $T(A)$.

Die Zurückführung des allgemeinen Falles auf den Fall der homogenen Darstellungen ist leicht zu erzielen (vgl. D., § 1). Aus (5) folgt nämlich (für eine rationale Darstellung), daß eine Ähnlichkeitstransformation M so bestimmt werden kann, daß $M^{-1}T(xE_n)M$ eine Diagonalmatrix wird, die in der Hauptdiagonale nur Elemente der Form x^μ oder Nullen enthält. Wegen (4) zerfällt dann $M^{-1}T(A)M$ *vollständig* in lauter homogene Darstellungen mit nicht verschwindenden Determinanten, wozu noch eine Darstellung durch Nullmatrizen hinzukommen kann.

Beim Studium der homogenen Darstellungen von $\mathfrak{G}_n$ spielt die Kronecker-Hurwitzsche Produkttransformation eine Hauptrolle. Je zwei linearen Transformationen

$$x_\varkappa = \sum_{\lambda=1}^{n} a_{\varkappa\lambda} x'_\lambda, \qquad (\varkappa = 1, 2, \ldots, n) \tag{A}$$

$$y_\mu = \sum_{\nu=1}^{n'} b_{\mu\nu} y'_\nu \qquad (\mu = 1, 2, \ldots, n') \tag{B}$$

ordnet man die lineare Transformation

$$x_\varkappa y_\mu = \sum_{\lambda,\nu} a_{\varkappa\lambda} b_{\mu\nu} x'_\lambda y'_\nu \tag{6}$$

in nn' Veränderlichen zu. Denkt man sich die Produkte $x_\varkappa y_\mu$ (und ebenso $x'_\lambda y'_\nu$) in der Reihenfolge

$$x_1 y_1,\; x_1 y_2,\; \ldots,\; x_1 y_{n'},\; x_2 y_1,\; x_2 y_2,\; \ldots,\; x_2 y_{n'},\; \ldots$$

angeordnet, so wird nach A. Hurwitz[1] die lineare Transformation (6) und auch ihre Matrix mit $A \times B$ bezeichnet. Die Spur von $A \times B$ ist gleich dem Produkt aus den Spuren der Matrizen A und B. Für ein zweites Paar linearer Transformationen A_1 und B_1 in n, bzw. n' Veränderlichen wird

$$(A \times B)(A_1 \times B_1) = AA_1 \times BB_1. \tag{7}$$

---

[1] *Zur Invariantentheorie*, Math. Annalen Bd. 45, S. 381—404.

Analoges gilt für mehr als zwei lineare Transformationen $A, B, C, \cdots$ und die zugehörige Operation

$$A \times B \times C \times \cdots.$$

Insbesondere setze ich (vgl. D. § 7)

$$\Pi_m A = A \times A \times \cdots \times A. \qquad (m \text{ Faktoren})$$

Diese Operation liefert wegen (7) eine homogene Darstellung m-ter Ordnung der Gruppe $\mathfrak{G}_n$; ihr Grad ist gleich n^m.

Denkt man sich die n^m Indizeskombinationen

(8) $$(\varkappa_1, \varkappa_2, \cdots, \varkappa_m) \qquad (\varkappa_\mu = 1, 2, \cdots, n)$$

so angeordnet, daß $(\varkappa_1, \varkappa_2, \cdots, \varkappa_m)$ vor $(\lambda_1, \lambda_2, \cdots, \lambda_m)$ steht, wenn die erste unter den Differenzen

$$\lambda_1 - \varkappa_1, \quad \lambda_2 - \varkappa_2, \cdots, \quad \lambda_m - \varkappa_m,$$

die nicht Null ist, positiv ausfällt, so kann die Matrix $\Pi_m A$ in der Form

$$\Pi_m A = (a_{\varkappa_1 \lambda_1} a_{\varkappa_2 \lambda_2} \cdots a_{\varkappa_m \lambda_m})$$

geschrieben werden. Hierbei wird also jedes Element der Matrix durch zwei Kombinationen aus dem System (8) charakterisiert.

Ich betrachte nun eine Permutation

$$S = \begin{pmatrix} 1 & 2 & \cdots & m \\ \sigma_1 & \sigma_2 & \cdots & \sigma_m \end{pmatrix}$$

der Indizes $1, 2, \cdots, m$ und bilde die Matrix des Grades n^m

(9) $$\Pi_S A = \left(a_{\varkappa_1 \lambda_{\sigma_1}} a_{\varkappa_2 \lambda_{\sigma_2}} \cdots a_{\varkappa_m \lambda_{\sigma_m}}\right).$$

Für die identische Permutation $S = E$ wird $\Pi_E A = \Pi_m A$ und hieraus geht die Matrix (9) durch eine gewisse Vertauschung der Kolonnen hervor.

Ist

$$R = \begin{pmatrix} 1 & 2 & \cdots & m \\ \rho_1 & \rho_2 & \cdots & \rho_m \end{pmatrix}$$

eine zweite Permutation der Indizes $1, 2, \cdots, m$, so überlegt man sich leicht, daß

$$\left(a_{\varkappa_{\rho_1} \lambda_{\sigma_1}} a_{\varkappa_{\rho_2} \lambda_{\sigma_2}} \cdots a_{\varkappa_{\rho_m} \lambda_{\sigma_m}}\right) = \Pi_{R^{-1} S} A$$

wird. Auf Grund dieser Gleichung beweist man ohne Mühe den

Hilfssatz I. *Sind A und B zwei Matrizen n-ten Grades, ferner R und S zwei Permutationen der Indizes $1, 2, \cdots m$, so wird*

(10) $$(\Pi_R A)(\Pi_S B) = \Pi_{RS}(AB).$$

Hieraus folgt insbesondere

(11) $$(\Pi_R E_n)(\Pi_S E_n) = \Pi_{RS} E_n,$$

(12) $$(\Pi_E A)(\Pi_S E_n) = (\Pi_S E_n)(\Pi_E A) = \Pi_S A.$$

Aus

$$\Pi_E E_n = \Pi_m E_n = E_{n^m}$$

ergibt sich zugleich, daß die Determinante von $\Pi_S E_n$ nicht verschwindet. Dies liefert den

Hilfssatz II. *Die m! Matrizen $\Pi_S E_n$ bilden eine mit der symmetrischen Gruppe $\mathfrak{S}_m$ isomorphe Gruppe $\mathfrak{T}_m$. Jedes Element dieser Gruppe ist mit der Matrix $\Pi_m A$ vertauschbar.*

Es liegt nun nahe, eine Zerfällung der Darstellung $\Pi_m A$ von $\mathfrak{G}_n$ zu erzielen, indem man die endliche Gruppe $\mathfrak{T}_m$ in ihre irreduziblen Bestandteile zerlegt. Hierzu müssen wir den Charakter $\zeta(S)$ der Gruppe $\mathfrak{T}_m$ kennen. Wir berechnen allgemeiner die Spur Φ_S der Matrix (9).

Da wegen (10) und (11) für je zwei Permutationen R und S

$$\Pi_{R^{-1}SR} A = (\Pi_R E_n)^{-1} (\Pi_S A) (\Pi_R E_n)$$

wird, ist für je zwei ähnliche Permutationen S und S_1

$$\Phi_S = \Phi_{S_1}.$$

Es genügt daher, nur solche Permutationen S zu betrachten, deren Zerlegung in Zykeln die Gestalt

$$S = (1, 2, \cdots, p)\ (p+1, p+2, \cdots, p+q) \cdots$$

hat. Es wird dann

$$\Phi_S = \sum \left(a_{\varkappa_1\varkappa_2} a_{\varkappa_2\varkappa_3} \cdots a_{\varkappa_p\varkappa_1}\right) \left(a_{\varkappa_{p+1}\varkappa_{p+2}} a_{\varkappa_{p+2}\varkappa_{p+3}} \cdots a_{\varkappa_{p+q}\varkappa_{p+1}}\right) \cdots$$

Hieraus folgt ohne weiteres:

Hilfssatz III. *Zerfällt die Permutation S in v Zykeln der Ordnungen $p, q, r, \cdots$ und bedeutet (wie in der Einleitung) $s_\varkappa$ die Spur der Matrix $A^\varkappa$, so wird*

$$\Phi_S = s_p s_q s_r \cdots.$$

Speziell ist die Spur $\zeta(S)$ der Matrix $\Pi_S E_n$ gleich n^v.

Es empfiehlt sich, dieses Resultat noch etwas anders auszusprechen: Ist die Permutation S vom Typus

(13) $$[\alpha_1, \alpha_2, \cdots, \alpha_m],$$

d. h. zerfällt S in α_1 Zykeln der Ordnung 1, ferner α_2 Zykeln der Ordnung 2 usw., so wird

(14) $$\Phi_S = s_1^{\alpha_1} s_2^{\alpha_2} \cdots s_m^{\alpha_m}$$

und

(15) $$\zeta(S) = n^{\alpha_1 + \alpha_2 + \cdots + \alpha_m}.$$

Hilfssatz IV. *Durchläuft S alle m! Permutationen von $\mathfrak{S}_m$, so wird*

$$q = \frac{1}{m!} \sum_S \zeta^2(S) = \binom{n^2 + m - 1}{m}.$$

Da nämlich nach einer bekannten Regel die Anzahl h_α der Permutationen vom Typus (13) in $\mathfrak{S}_m$ gleich

$$h_\alpha = \frac{m!}{\alpha_1!\, 1^{\alpha_1} \cdot \alpha_2!\, 2^{\alpha_2} \cdots \alpha_m!\, m^{\alpha_m}} \tag{16}$$

ist, kann q in der Form

$$q = \sum \frac{n^{2(\alpha_1+\alpha_2+\cdots+\alpha_m)}}{\alpha_1!\, 1^{\alpha_1} \cdot \alpha_2!\, 2^{\alpha_2} \cdots \alpha_m!\, m^{\alpha_m}} \qquad (\alpha_1 + 2\alpha_2 + \cdots + m\alpha_m = m)$$

geschrieben werden. Diese Summe geht aus dem Ausdruck (2) hervor, indem man

$$s_1 = s_2 = \cdots = s_m = n^2 \tag{17}$$

setzt. Nun besteht aber für die Ausdrücke p_m die leicht zu beweisende Rekursionsformel

$$m p_m = s_1 p_{m-1} + s_2 p_{m-2} + \cdots + s_{m-1} p_1 + s_m p_0 . \qquad (p_0 = 1) \tag{18}$$

Weiß man schon, daß p_μ für $\mu < m$ in $\binom{n^2+\mu-1}{\mu}$ übergeht, wenn (17) gilt, so folgt aus (18) leicht, daß dies auch für $\mu = m$ richtig ist.

§ 2. Zerlegung der Darstellung $\Pi_m A$. Beweis des Satzes II.

Der Charakter $\zeta(S)$ der mit $\mathfrak{S}_m$ isomorphen Gruppe $\mathfrak{T}_n$ möge sich aus l einfachen Charakteren

$$\chi^{(1)}(S),\quad \chi^{(2)}(S), \cdots, \chi^{(l)}(S)$$

von $\mathfrak{S}_m$ zusammensetzen und es sei

$$\zeta(S) = \sum_{\lambda=1}^{l} g_\lambda \chi^{(\lambda)}(S), \tag{19}$$

wo $g_1, g_2, \cdots, g_l$ also positive ganze Zahlen bedeuten. Bezeichnet man den Grad $\chi^{(\lambda)}(E)$ von $\chi^{(\lambda)}(S)$ mit f_λ, so läßt sich eine irreduzible Darstellung $\mathfrak{D}_\lambda$ der Gruppe $\mathfrak{S}_m$ angeben, die vom Grade f_λ ist, und in der der Permutation S eine Matrix $S^{(\lambda)}$ mit der Spur $\chi^{(\lambda)}(S)$ entspricht.

Wir können nun eine Ähnlichkeitstransformation P in n^m Variabeln bestimmen, so daß $P^{-1}\mathfrak{T}_m P$ vollständig zerfällt und den irreduziblen Bestandteil $\mathfrak{D}_\lambda$ genau g_λ Mal enthält. Dafür können wir auch sagen: Für jede Permutation S von $\mathfrak{S}_m$ zerfällt die Matrix

$$P^{-1}(\Pi_S E_n) P$$

vollständig in die l Bestandteile

$$E_{g_\lambda} \times S^{(\lambda)} . \qquad (\lambda = 1, 2, \cdots, l)$$

Auf Grund des Hilfssatzes II zerfällt dann, wie in bekannter Weise geschlossen wird[1], die Matrix

$$P^{-1}(\Pi_m A)P = \Pi'_m A$$

vollständig in l Bestandteile von der Form

$$T^{(\lambda)}(A)\times E_{f_\lambda}. \qquad (\lambda = 1, 2, \cdots, l) \tag{20}$$

Hierbei liefert für jedes λ der Matrix $T^{(\lambda)}(A)$ eine homogene Darstellung m-ter Ordnung von $\mathfrak{G}_n$, deren Grad gleich g_λ ist.

Ich behaupte nun, daß folgender Satz gilt:

Hilfssatz V. *Die l Darstellungen*

$$T^{(1)}(A),\ T^{(2)}(A),\ \cdots,\ T^{(l)}(A) \tag{21}$$

der Gruppe $\mathfrak{G}_n$ sind irreduzibel. Je zwei unter ihnen sind nicht einander ähnlich und jede irreduzible Darstellung von $\mathfrak{G}_n$, die homogen von der Ordnung m ist, muß einer unter diesen l Darstellungen ähnlich sein.

Aus (19) folgt nämlich auf Grund der bekannten Orthogonalitätseigenschaften der einfachen Charaktere einer endlichen Gruppe

$$\sum_{\lambda=1}^{l} g_\lambda^2 = \frac{1}{m!}\sum_S \zeta^2(S) = q.$$

Nach Hilfssatz IV ist also

$$q = \sum_{\lambda=1}^{l} g_\lambda^2 = \binom{n^2+m-1}{m} \tag{22}$$

Links steht die Gesamtanzahl der in den l Matrizen (21) auftretenden Koeffizienten, die wir etwa in beliebiger Anordnung mit

$$c_1,\ c_2,\ \cdots,\ c_q \tag{23}$$

bezeichnen können. Der in (22) rechts stehende Binomialquotient ist nichts anderes als die Anzahl aller Produkte

$$a_{11}^{\alpha_{11}} a_{12}^{\alpha_{12}} \cdots a_{nn}^{\alpha_{nn}} \tag{24}$$

m-ter Ordnung in den n^2 Variabeln $a_{\varkappa\lambda}$. Nun lassen sich aber die n^{2m} Koeffizienten von $\Pi'_m A$ und folglich auch die von $\Pi_m A$ als linear homogene Verbindungen der q Koeffizienten (23) darstellen. Da unter den Koeffizienten von $\Pi_m A$ alle q Produkte (24) vorkommen, müssen die q Ausdrücke (23) linear unabhängig sein. Dies könnte aber nicht der Fall sein, wenn eine unter den l Darstellungen (21) reduzibel ausfiele oder wenn zwei unter ihnen einander ähnlich wären. Ist ferner $T(A)$ eine beliebige irreduzible Darstellung N-ten Grades von $\mathfrak{G}_n$, die homogen von der Ordnung m ist, so würde die Annahme, daß $T(A)$ keiner der irreduziblen Darstellungen $T^{(\lambda)}(A)$ ähnlich ist,

[1] Vgl. die analoge Schlußweise in meiner Arbeit *Neue Begründung der Theorie der Gruppencharaktere*, Sitzungsberichte der Berliner Akademie, 1905, S. 406—432 (§ 3).

nach einem Hauptsatz der Theorie der irreduziblen Gruppen linearer Substitutionen[1] zur Folge haben, daß die N^2 Koeffizienten von $T(A)$ zusammengenommen mit den q Koeffizienten (23) ein System von N^2+q linear unabhängigen Ausdrücken bilden. Da es sich um homogene Funktionen m-ter Ordnung in den $a_{\varkappa\lambda}$ handelt, widerspricht das unserer Gleichung (22).

Wir kommen nun zum Beweis des Satzes II.

Aus den Formeln (7) und (12) folgt, daß die Matrix $P^{-1}(\Pi_S A)\, P$ in die l Matrizen

$$T^{(\lambda)}(A) \times S^{(\lambda)} \qquad (\lambda = 1, 2, \cdots, l)$$

vollständig zerfällt. Dies lehrt uns, daß die Spur Φ_S von $\Pi_S A$ in der Form

$$\Phi_S = \sum_{\lambda=1}^{l} \chi^{(\lambda)}(S)\, \Phi^{(\lambda)} \tag{25}$$

darstellbar ist, wobei $\Phi^{(\lambda)}$ die Spur von $T^{(\lambda)}(A)$ bedeutet. Hieraus folgt aber

$$\frac{1}{m!} \sum_S \chi^{(\lambda)}(S^{-1})\, \Phi_S = \Phi^{(\lambda)}. \tag{26}$$

Setzt man, wenn S (also auch S^{-1}) vom Typus $[\alpha_1, \alpha_2, \cdots, \alpha_m]$ ist,

$$\chi^{(\lambda)}(S) = \chi^{(\lambda)}(S^{-1}) = \chi^{(\lambda)}_{\alpha_1, \alpha_2, \cdots, \alpha_m},$$

so läßt sich die Gleichung (26) auf Grund der Formeln (14) und (16) in der Form

$$\Phi^{(\lambda)} = \sum_{\alpha_1 + 2\alpha_2 + \cdots = m} \frac{\chi^{(\lambda)}_{\alpha_1, \alpha_2, \cdots, \alpha_m}}{\alpha_1!\, \alpha_2! \cdots \alpha_m!} \left(\frac{s_1}{1}\right)^{\alpha_1} \left(\frac{s_2}{2}\right)^{\alpha_2} \cdots \left(\frac{s_m}{m}\right)^{\alpha_m} \tag{27}$$

schreiben.

Bedeutet nun $T(A)$ eine beliebige Darstellung von $\mathfrak{G}_n$, die homogen von der Ordnung m ist, so lehrt die Zerlegung von $T(A)$ in ireduzible Bestandteile, daß die Spur Φ von $T(A)$ auf Grund des Hilfssatzes V die Gestalt

$$\Phi = \sum_{\lambda=1}^{l} r_\lambda \Phi^{(\lambda)}$$

haben muß, wobei die r_λ nicht negative ganze Zahlen bedeuten. Setzt man

$$\chi(S) = \sum_{\lambda=1}^{l} r_\lambda \chi^{(\lambda)}(S) \tag{28}$$

und

$$\chi(S) = \chi_{\alpha_1, \alpha_2, \cdots, \alpha_m},$$

wenn S vom Typus $[\alpha_1, \alpha_2, \cdots, \alpha_m]$ ist, so ergibt sich für Φ die Schreibweise

$$\Phi = \sum \frac{\chi_{\alpha_1, \alpha_2, \cdots, \alpha_m}}{\alpha_1!\, \alpha_2! \cdots \alpha_m!} \left(\frac{s_1}{1}\right)^{\alpha_1} \left(\frac{s_2}{2}\right)^{\alpha_2} \cdots \left(\frac{s_m}{m}\right)^{\alpha_m}.$$

[1] Vgl. G. Frobenius und I. Schur, a. a. O., Satz I.

Da hierbei die Zahlen (28) einen (eigentlichen) Charakter der Gruppe $\mathfrak{S}_m$ liefern, ist der Satz II als bewiesen anzusehen.

Beachtet man noch, daß die Darstellung (20) der Gruppe $\mathfrak{G}_n$ für jedes λ durch eine Ähnlichkeitstransformation (eine Permutation) in die Darstellung

$$E_{f_\lambda} \times T^{(\lambda)}(A)$$

übergeht, so erhält man den

Hilfssatz VI. *Die Darstellung $\Pi_m A$ der Gruppe $\mathfrak{G}_n$ ist vollständig reduzibel. Sie enthält den dem einfachen Charakter $\chi_\lambda^{(\lambda)}(S)$ des Grades f_λ von $\mathfrak{S}_m$ entsprechenden irreduziblen Bestandteil $T^{(\lambda)}(A)$ des Grades g_λ genau f_λ-mal.*

§ 3. Algebraischer Beweis des Satzes I.

Aus den Ausführungen des § 1 geht hervor, daß es genügt, die vollständige Reduzibilität allein für die homogenen Darstellungen der Gruppe $\mathfrak{G}_n$ zu beweisen. Unsere Ergebnisse über die spezielle Darstellung $\Pi_m A$ setzen uns in Stand, den zu beweisenden Satz auf die allgemeinen Prinzipien der Theorie der hyperkomplexen Größen zurückzuführen.

Eine homogene Darstellung $T(A)$ von $\mathfrak{G}_n$, die von der Ordnung m und vom Grade N ist, denke ich mir wie in meiner Dissertation in der Form

$$T(A) = \sum \begin{bmatrix} \varkappa_1 & \varkappa_2 & \cdots & \varkappa_m \\ \lambda_1 & \lambda_2 & \cdots & \lambda_m \end{bmatrix} a_{\varkappa_1\lambda_1} a_{\varkappa_2\lambda_2} \cdots a_{\varkappa_m\lambda_m}$$

geschrieben, wobei die Summe über alle

$$q = \binom{n^2+m-1}{m}$$

voneinander verschiedenen Produkte von je m der n^2 Variabeln $a_{\varkappa\lambda}$ zu erstrecken ist. Bezeichnet man die q konstanten Matrizen N-ten Grades

$$\begin{bmatrix} \varkappa_1 & \varkappa_2 & \cdots & \varkappa_m \\ \lambda_1 & \lambda_2 & \cdots & \lambda_m \end{bmatrix} \tag{29}$$

in irgendeiner festgewählten Reihenfolge mit

$$M_1, \quad M_2, \quad \cdots, \quad M_q,$$

so ist die Forderung, daß für je zwei Matrizen n-ten Grades A und B

$$T(A)\,T(B) = T(AB) \tag{30}$$

wird, identisch mit der Forderung, daß gewisse Gleichungen der Form

$$M_\alpha M_\beta = \sum_{\gamma=1}^{q} c_{\gamma\alpha\beta} M_\gamma \qquad (\alpha, \beta = 1, 2, \cdots, q) \tag{31}$$

bestehen sollen, wobei die q^3 Größen $c_{\gamma\alpha\beta}$ Konstanten bedeuten.

Man wird also auf das Studium eines wohlbestimmten Systems $\mathfrak{H}$ von hyperkomplexen Größen mit q Einheiten geführt. Jede Lösung der Gleichungen (31) durch Matrizen, also jede Darstellung von $\mathfrak{H}$ durch Matrizen, liefert eine homogene Darstellung m-ter Ordnung von $\mathfrak{G}_n$ und umgekehrt. Um unseren Satz I zu beweisen, genügt es, zu zeigen, daß das System $\mathfrak{H}$ in der FROBENIUSschen Terminologie[1] ein DEDEKINDsches ist, d. h. eine nicht verschwindende Diskriminante

$$D = \left| \sum_{\varrho,\sigma}{}_{1}^{q} c_{\varrho\alpha\beta} c_{\sigma\varrho\sigma} \right| \qquad (\alpha, \beta = 1, 2, \cdots, q)$$

besitzt. Denn ein DEDEKINDsches System (und nur ein solches) läßt nur vollständig reduzible Darstellungen durch Matrizen zu[2].

Daß aber in unserem Fall $D \neq 0$ ist, geht unmittelbar aus dem Hilfssatz VI hervor. Für die Darstellung $\Pi_m A$ von $\mathfrak{G}_n$ sind nämlich die q Matrizen (29) offenbar linear unabhängig. Die durch sie gebildete Darstellung des Systems $\mathfrak{H}$ ist aber, wie der Hilfssatz VI lehrt, vollständig reduzibel. Dies besagt, daß $\mathfrak{H}$ in lauter Teilsysteme zerfällt werden kann, die nach MOLIEU als *ursprünglich*, nach FROBENIUS als einfach zu bezeichnen sind. Ein System $\mathfrak{H}$, das diese Eigenschaft besitzt, ist aber ein DEDEKINDsches[3].

§ 4. Beweis des Satzes I mit Hilfe der Integralrechnung.

Um den Satz I zu beweisen, genügt es, folgendes zu zeigen: Ist $T(A)$ eine homogene Darstellung m-ter Ordnung von $\mathfrak{G}_n$, ist die Determinante von $T(A)$ nicht identisch Null, und hat $T(A)$ in den üblichen Bezeichnungen die Gestalt

$$T(A) = \begin{pmatrix} K(A) & 0 \\ L(A) & M(A) \end{pmatrix},$$

wobei $K(A)$ und $M(A)$ quadratische Matrizen bedeuten, so läßt sich eine konstante Ähnlichkeitstransformation der Form

$$P = \begin{pmatrix} E_1 & 0 \\ F & E_2 \end{pmatrix}$$

bestimmen, so daß

$$P^{-1} T(A) P = \begin{pmatrix} K(A) & 0 \\ 0 & M(A) \end{pmatrix} \tag{32}$$

---

[1] Vgl. G. FROBENIUS, Theorie der hyperkomplexen Größen, Sitzungsberichte der Berliner Akademie 1903, S. 504—537 (§ 7).

[2] Ein einfacher, direkter Beweis für diesen wichtigen Satz, der im wesentlichen auf MOLIEU (*Über Systeme höherer complexer Größen*, Math. Annalen, Bd. 41 [1892], S. 83—156) zurückgeht, findet sich in der Dissertation von M. HERZBERGER, *Über Systeme hyperkomplexer Größen*, Berlin 1923.

[3] Vgl. hierzu H. TABER, *Sur les groupes réductibles de transformations linéares et homogènes*, Comptes Rendus, Bd. 142, (1906), S. 948—951.

wird. Hierbei sollen E_1 und E_2 Einheitsmatrizen sein, deren Grade mit den Graden von $K(A)$ und $M(A)$ übereinstimmen. Damit (32) gelte, ist nur erforderlich, daß für jedes A

$$L(A) + M(A) \cdot F = F \cdot K(A) \tag{33}$$

sei.

Eine solche Matrix F läßt sich mit Hilfe der Integralrechnung herstellen[1].

Man verstehe, wenn $\phi(B)$ eine Funktion der n^2 Koeffizienten

$$b_{\varkappa\lambda} = b'_{\varkappa\lambda} + i b''_{\varkappa\lambda}$$

der Matrix $B = (b_{\varkappa\lambda})$ ist, ferner $|B|$ und $|\overline{B}|$ die Determinanten

$$|B| = |b'_{\varkappa\lambda} + i b''_{\varkappa\lambda}|, \quad |\overline{B}| = |b'_{\varkappa\lambda} - i b''_{\varkappa\lambda}|$$

bedeuten, unter dem Zeichen[2]

$$\int \phi(B)\, |B|^m\, |\overline{B}|^m\, dB$$

das $2n^2$-fache Integral

$$\iint \cdots \int \phi(B)\, |B|^m\, |\overline{B}|^m\, db'_{11}\, db'_{12} \cdots db''_{nn},$$

erstreckt über die Einheitskugel im $2n^2$-dimensionalen Raume

$$\sum_{\varkappa,\lambda}{}_1^n (b'^2_{\varkappa\lambda} + b''^2_{\varkappa\lambda}) \leqq 1 .$$

Dieses Integral hat die Eigenschaft, daß für jede unitäre Matrix U

$$\int \phi(UB)\, |B|^m\, |\overline{B}|^m\, dB = \int \phi(B)\, |B|^m\, |\overline{B}|^m\, dB \tag{34}$$

wird. Ist $\Phi(B)$ eine (nicht notwendig quadratische) Matrix, deren Elemente $\phi_{\alpha\beta}$ Funktionen der n^2 Variabeln $b_{\varkappa\lambda}$ sind, so soll das Zeichen

$$\int \Phi(B)\, |B|^m\, |\overline{B}|^m\, dB$$

die Matrix der mit Hilfe der $\phi_{\alpha\beta}$ gebildeten Integrale bedeuten. Das Integral

$$h = \int |B|^m\, |\overline{B}|^m\, dB$$

ist offenbar eine von Null verschiedene (positive) Zahl.

Ich behaupte nun, daß die Matrix

$$F = \frac{1}{h} \int L(B)\, K(B^{-1})\, |B|^m\, |\overline{B}|^m\, dB \tag{35}$$

der Gleichung (33) *genügt*[3].

---

[1] Vgl. meine im § 2 zitierte Arbeit *Neue Begründung usw.* (§ 3).

[2] Vgl. meine Arbeit *Neue Anwendungen der Integralrechnung auf Probleme der Invariantentheorie,* Sitzungsberichte der Berliner Akademie, 1924 S. 189—208 (erster Teil, § 2).

[3] Das Integral hat einen Sinn, weil die Elemente von $K(B)$ ganze rationale homogene Funktionen m-ter Ordnung in den $b_{\varkappa\lambda}$ und daher die Elemente von $K(B)^{-1}\, |B|^m$ ganze rationale Funktionen der $b_{\varkappa\lambda}$ sind.

Aus der für $T(A)$ nach Voraussetzung bestehenden Gleichung (30) folgt nämlich insbesondere

$$K(A)K(B) = K(AB), \quad L(A)K(B) + M(A)L(B) = L(AB).$$

Aus der zweiten Gleichung ergibt sich wegen $K(B)K(B^{-1}) = E$,

$$L(A) + M(A)L(B)K(B^{-1}) = L(AB)K(B^{-1}).$$

Hier denke man sich die Elemente von A als Konstanten, die von B als Variable. Multipliziert man nun mit $\frac{1}{h}|B|^m|\overline{B}|^m$ und integriert, so erhält man

$$L(A) + M(A)\cdot F = \frac{1}{h}\int L(AB)K(B^{-1})|B|^m|\overline{B}|^m dB.$$

Dies läßt sich, wenn die Determinante von A nicht verschwindet, in der Form $F_1 K(A)$ schreiben, wo

$$F_1 = \frac{1}{h}\int L(AB)K((AB)^{-1})|\overline{B}|^m|B|^m dB$$

zu setzen ist. Ist nun aber A insbesondere eine unitäre Matrix, so wird wegen (34) offenbar $F_1 = F$.

Die für die Matrix (35) zu beweisende Gleichung (33) ist also jedenfalls richtig, wenn A eine beliebige unitäre Matrix bedeutet. Nun sind aber alle Elemente von $K(A)$, $L(A)$ und $M(A)$ ganze rationale homogene Funktionen m-ter Ordnung der n^2 Koeffizienten $a_{\varkappa\lambda}$ von A. Die Gleichung (33) vertritt daher nur ein System von homogenen Beziehungen zwischen den $a_{\varkappa\lambda}$. Wenn aber eine solche Beziehung für jede unitäre Matrix A gilt, so muß sie eine Identität sein[1].

§ 5. Die Charakteristiken der irreduziblen Darstellungen.

Ist

$$(A) \qquad x_\varkappa = \sum_{\lambda=1}^{n} a_{\varkappa\lambda}x'_\lambda \qquad (\varkappa = 1, 2, \ldots, n)$$

eine lineare Transformation in n Veränderlichen, so drücken sich für jede positive ganze Zahl m die $\binom{n+m-1}{m}$ Potenzprodukte m-ter Ordnung der n Variabeln $x_\varkappa$ als lineare homogene Verbindungen der mit Hilfe der x'_λ gebildeten Potenzprodukte aus. Hierbei hat man in beiden Fällen für die Potenzprodukte dieselbe Reihenfolge (am besten in lexikographischer Anordnung) zu wählen. Die sich so ergebende neue lineare Transformation in

[1] Vgl. A. HURWITZ, *Über die Erzeugung der Invarianten durch Integration*, Göttinger Nachrichten 1897, S. 71, und meine zuletzt zitierte Arbeit, erster Teil, § 1.

$\binom{n+m-1}{m}$ Veränderlichen bezeichnet man nach A. Hurwitz als die m-te *Potenztransformation* $P_m(A)$. Diese Operation liefert für jedes m eine homogene Darstellung m-ter Ordnung der Gruppe $\mathfrak{G}_n$. Ihre Charakteristik ist, wie man leicht zeigt, der durch die Gleichung (2) definierte Ausdruck p_m (vgl. D., § 5). Sind $\nu_1, \nu_2, \cdots \nu_r$ positive ganze Zahlen, so erhält man auch in dem Ausdruck

$$P_{\nu_1}(A)\times P_{\nu_2}(A)\times\cdots\times P_{\nu_r}(A)$$

eine Darstellung von $\mathfrak{G}_n$ (vgl. § 1). Sie ist homogen von der Ordnung $\Sigma\nu_\varrho$ und ihre Charakteristik ist gleich dem Produkt

$$p_{\nu_1}p_{\nu_2}\cdots p_{\nu_r}. \tag{36}$$

Die sämtlichen zu einer gegebenen Ordnungszahl m gehörenden einfachen Charakteristiken

$$\Phi^{(1)},\quad \Phi^{(2)},\cdots,\Phi^{(l)}$$

haben wir schon in § 2 näher gekennzeichnet. Wir haben zu zeigen:

Die Zahl l ist gleich der Anzahl k der Zerlegungen

$$m=\mu_1+\mu_2+\cdots+\mu_n \qquad (\mu_1\geq\mu_2\geq\cdots\geq\mu_n) \tag{μ}$$

in n nicht negative ganzzahlige Summanden. In passend gewählter Reihenfolge stimmen die $\Phi^{(\lambda)}$ mit den k Determinanten

$$\Psi^{(\mu)}=|p_{\mu_\alpha-\alpha+\beta}| \qquad (\alpha,\beta=1,2,\cdots,n) \tag{37}$$

überein[1].

Der Beweis soll so durchgeführt werden, daß wohl von der allgemeinen Theorie der Charaktere einer endlichen Gruppe, aber nicht von den speziellen Werten der Charaktere der symmetrischen Gruppe $\mathfrak{S}_m$ Gebrauch gemacht wird. Er stützt sich auf einige bekannte Formeln aus der Theorie der symmetrischen Funktionen.

Sind $w_1, w_2, \cdots, w_n$ die charakteristischen Wurzeln der Matrix A, so wird

$$s_\nu=w_1^\nu+w_2^\nu+\cdots+w_n^\nu$$

und

$$\prod_{\nu=1}^{n}\frac{1}{1-w_\nu z}=p_0+p_1z+p_2z^2+\cdots.$$

[1] In der Einleitung sind bei der Formulierung des Satzes III etwas andere Bezeichnungen gewählt. Man hat zu beachten, daß die Determinante $\Psi^{(\mu)}$, wenn nur die r ersten unter den μ_ν positiv ausfallen, wegen $p_0=1$, $p_{-1}=p_{-2}=\cdots=0$ auch als die Determinante r-ten Grades $|p_{\mu_\varrho-\varrho+\sigma}|$ geschrieben werden kann.

Hieraus ergibt sich auf Grund der CAUCHYschen Determinantenformel[1]

$$(38)\qquad \left|\frac{1}{1-x_\alpha y_\beta}\right| = \prod_{\alpha,\beta}\frac{1}{1-x_\alpha y_\beta}\cdot\prod_{\alpha<\beta}(x_\alpha - x_\beta)(y_\alpha - y_\beta)$$

die Darstellung

$$(39)\qquad \Psi^{(\mu)} = |p_{\mu_\alpha-\alpha+\beta}| = \frac{|w_\beta^{\mu_\alpha+n-\alpha}|}{|w_\beta^{n-\alpha}|}. \qquad (\alpha,\beta=1,2,\cdots,n)$$

Sind ferner $w_1', w_2', \cdots, w_n'$ von den w_α unabhängige Größen, gehen s_ν und p_ν in s_ν' und p_ν' über, wenn die w_α durch die w_α' ersetzt werden, so folgert man aus (38) und (39) ohne Mühe auch, daß

$$(40)\qquad \sum_\mu |p_{\mu_\alpha-\alpha+\beta}|\cdot|p'_{\mu_\alpha-\alpha+\beta}| = \sum\frac{1}{\alpha_1!\,\alpha_2!\cdots\alpha_m!}\left(\frac{s_1 s_1'}{1}\right)^{\alpha_1}\cdots\left(\frac{s_m s_m'}{m}\right)^{\alpha_m}$$

wird (vgl. D. § 28). Hierbei ist links über alle k Zerlegungen (μ), rechts über alle Zerlegungen

$$(41)\qquad m = \alpha_1 + 2\alpha_2 + \cdots + m\alpha_m \qquad (\alpha_\varkappa \geqq 0)$$

zu summieren.

Die Determinante $\Psi^{(\mu)}$ läßt sich jedenfalls in der Form

$$\Psi^{(\mu)} = \sum \pm p_{\nu_1} p_{\nu_2}\cdots p_{\nu_r}$$

schreiben, wobei in jedem Glied die Summe der Indizes gleich m ist. Auf Grund der über die Produkte (36) gemachten Bemerkung kann also jedenfalls behauptet werden, daß $\Psi^{(\mu)}$ sich als lineare Verbindung

$$\Psi^{(\mu)} = \sum_{\lambda=1}^{l} r_\lambda^{(\mu)}\,\Phi^{(\lambda)}$$

der l zu m gehörenden einfachen Charakteristiken $\Phi^{(\lambda)}$ darstellen läßt. Die Koeffizienten $r_\lambda^{(\mu)}$ sind hierbei ganze Zahlen, unter denen zunächst auch negative Werte vorkommen könnten. Ist $\chi^{(\lambda)}(S)$ wie in § 2 der zur Charakteristik $\Phi^{(\lambda)}$ gehörende einfache Charakter der symmetrischen Gruppe, so wird, wenn

$$(42)\qquad \eta^{(\mu)}(S) = \sum_{\lambda=1}^{l} r_\lambda^{(\mu)}\chi^{(\lambda)}(S), \qquad \eta^{(\mu)}_{\alpha_1,\alpha_2,\ldots,\alpha_m} = \sum_{\lambda=1}^{l} r_\lambda^{(\mu)}\chi^{(\lambda)}_{\alpha_1,\alpha_2,\ldots,\alpha_m}$$

gesetzt wird,

$$(43)\qquad \Psi^{(\mu)} = \sum\frac{\eta^{(\mu)}_{\alpha_1,\alpha_2,\ldots,\alpha_m}}{\alpha_1!\,\alpha_2!\cdots\alpha_m!}\left(\frac{s_1}{1}\right)^{\alpha_1}\left(\frac{s_2}{2}\right)^{\alpha_2}\cdots\left(\frac{s_m}{m}\right)^{\alpha_m}.$$

Es sei nun insbesondere $m \leqq n$. Dann können die in (40) auftretenden $2m$ Größen

$$s_1,\ s_2,\ \cdots,\ s_m,\ s_1',\ s_2',\ \cdots,\ s_m'$$

---

[1] Diese Formel spielt auch in der (in der Einleitung zitierten) Arbeit von FROBENIUS über die Charaktere der symmetrischen Gruppe und ebenso auch bei H. WEYL (a. a. O., S. 299) eine wichtige Rolle.

als voneinander unabhängige Veränderliche aufgefaßt werden. Aus dieser Formel folgen daher in Verbindung mit (43) die Orthogonalitätsbeziehungen

$$(44)\quad \begin{cases} \sum\limits_{\mu} (\eta^{(\mu)}_{\alpha_1, \alpha_2, \ldots, \alpha_m})^2 = \alpha_1!\, 1^{\alpha_1} \cdot \alpha_2!\, 2^{\alpha_2} \cdots \alpha_m!\, m^{\alpha_m} = \dfrac{m!}{h_\alpha} \\ \sum\limits_{\mu} \eta^{(\mu)}_{\alpha_1, \alpha_2, \ldots, \alpha_m} \eta^{(\mu)}_{\beta_1, \beta_2, \ldots, \beta_m} = 0, \end{cases}$$

wenn die $\beta_\varkappa$ eine von den $\alpha_\varkappa$ verschiedene Lösung der Gleichung (41) bedeuten. Für $m \leqq n$ ist aber offenbar die Anzahl k der Zerlegungen (μ) gleich der Anzahl der zu betrachtenden Lösungen $\alpha_\varkappa$ der Gleichung (41). Aus (44) folgt daher in bekannter Weise auch

$$\sum_\alpha h_\alpha (\eta^{(\mu)}_{\alpha_1, \alpha_2, \ldots, \alpha_m})^2 = m!\,, \quad \sum_\alpha h_\alpha \eta^{(\mu)}_{\alpha_1, \alpha_2, \ldots, \alpha_m} \eta^{(\mu')}_{\alpha_1, \alpha_2, \ldots, \alpha_m} = 0.$$

Die analogen Beziehungen bestehen auch zwischen den l einfachen Charakteren von der Gruppe $\mathfrak{S}_m$. Aus (42) folgt daher für jedes μ

$$(r_1^{(\mu)})^2 + (r_2^{(\mu)})^2 + \cdots + (r_l^{(\mu)})^2 = 1.$$

Da die $r_\lambda^{(\mu)}$ ganze Zahlen sind, erkennt man, daß bei passender Zuordnung der Indizes λ und μ

$$\Phi^{(\lambda)} = \pm \Psi^{(\mu)}$$

wird. Daß hier die Pluszeichen zu wählen sind, beweist man etwa, indem man den Koeffizienten

$$\eta^{(\mu)}(E) = \eta^{(\mu)}_{m, 0, 0, \ldots, 0} = m! \left| \frac{1}{(\mu_\alpha - \alpha + \beta)!} \right|$$

berechnet[1]. Für diese Determinante erhält man (vgl. D., § 24) leicht den Wert

$$(45)\quad m! \prod_{\alpha=1}^{n} \frac{1}{(\mu_\alpha + n - \alpha)!} \cdot \prod_{\alpha < \beta}^{n} (\mu_\alpha - \mu_\beta + \beta - \alpha).$$

Da diese Zahl positiv ist, muß $\Phi^{(\lambda)} = \Psi^{(\mu)}$ sein.

Für $m = n$ erhält man auf diese Weise zugleich eine einfache Methode zur Bestimmung der einfachen Charaktere der symmetrischen Gruppe $\mathfrak{S}_n$. *Ihre Anzahl ist gleich der Anzahl k der Zerlegungen*

$$n = \mu_1 + \mu_2 + \cdots + \mu_n. \qquad (\mu_1 \geqq \mu_2 \geqq \cdots \mu_n \geqq 0)$$

Den der Zerlegung (μ) entsprechenden Charakter $\eta^{(\mu)}(S)$ erhält man, indem man die Determinante $\Psi^{(\mu)}$ in der Form (43) darstellt und

$$\eta^{(\mu)}(S) = \eta^{(\mu)}_{\alpha_1, \alpha_2 \cdots \alpha_n}$$

---

[1] Einfacher ist folgende Schlußweise. Die charakteristischen Wurzeln der zu der Charakteristik $\Psi^{(\lambda)}$ gehörenden Darstellung $T^{(\lambda)}(A)$ von $\mathfrak{G}_n$ sind, wie man leicht zeigt, Potenzprodukte m-ter Ordnung der charakteristischen Wurzeln $w_1, w_2, \cdots, w_n$ von A (vgl. D., § 2). Daher ist $\Psi^{(\lambda)}$ eine Summe solcher Potenzprodukte. Andererseits enthält $\Psi^{(\mu)}$, wie aus der Formel (39) hervorgeht, das Glied (Leitglied) $w_1^{\mu_1} w_2^{\mu_2} \cdots w_n^{\mu_n}$. Es kann daher nicht $\Phi^{(\lambda)} = -\Psi^{(\mu)}$ sein.

setzt, wenn die Permutation S vom Typus $[\alpha_1, \alpha_2, \cdots, \alpha_n]$ *ist. Insbesondere gibt der Ausdruck* (45) (*für* $m = n$) *den Grad des Charakters* $\eta^{(\mu)}(S)$ *an.*

Der Fall $m > n$ läßt sich nun folgendermaßen erledigen. Führt man m Veränderliche $w_1, w_2, \cdots, w_m$ ein und versteht in den bisherigen Formeln unter s_ν die Potenzsumme

$$s_\nu = w_1^\nu + w_2^\nu + \cdots + w_m^\nu,$$

so wird unsere einfache Charakteristik $\Phi^{(\lambda)}$, als Summe

$$\Phi^{(\lambda)} = \sum \frac{\chi^{(\lambda)}_{\alpha_1, \alpha_2, \cdots, \alpha_m}}{\alpha_1!\, \alpha_2! \cdots \alpha_m!} \left(\frac{s_1}{1}\right)^{\alpha_1} \left(\frac{s_2}{2}\right)^{\alpha_2} \cdots \left(\frac{s_m}{m}\right)^{\alpha_m}$$

geschrieben, nach dem, was wir nunmehr über die einfachen Charaktere der Gruppe $\mathfrak{S}_m$ wissen, jedenfalls mit Hilfe einer gewissen Zerlegung

$$m = \mu_1 + \mu_2 + \cdots + \mu_m \qquad (\mu_1 \geqq \mu_2 \geqq \cdots \geqq \mu_m \geqq 0)$$

in der Form der Determinante m-ten Grades

$$(46) \qquad \Phi^{(\lambda)} = |p_{\mu_\gamma - \gamma + \delta}| \qquad (\gamma, \delta = 1, 2, \cdots, m)$$

darstellbar sein. Hierbei müssen aber die $m - n$ letzten unter den Indizes $\mu_\varkappa$ Null sein. Denn sonst würde die Determinante (46) für

$$w_{n+1} = w_{n+2} = \cdots = w_m = 0$$

als Funktion der n Veränderlichen $w_1, w_2, \cdots, w_n$ identisch verschwinden[1], was für unseren Ausdruck $\Phi^{(\lambda)}$ gewiß nicht zutrifft. Ist aber $\mu_\varkappa = 0$ für $\varkappa > n$, so haben wir es mit einer unserer k Zerlegungen (μ) zu tun und können die Determinante (46) auch in der Form (37) schreiben. Zugleich ergibt sich, daß $l \leqq k$ ist, und es ist nur noch zu beweisen, daß nicht $l < k$ sein kann.

Dies erkennt man am einfachsten auf Grund der Ergebnisse der §§ 1 und 2. Aus den Formeln (14) und (25) folgt nämlich, daß für $m > n$ alle Produkte

$$(47) \qquad s_1^{\alpha_1} s_2^{\alpha_2} \cdots s_n^{\alpha_n}$$

vom Gewichte $\Sigma \nu \alpha_\nu = m$ als lineare homogene Verbindungen der l Charakteristiken $\Phi^{(\lambda)}$ darstellbar sind. Die Anzahl dieser Produkte ist aber, wie in der Theorie der symmetrischen Funktionen von n Veränderlichen $w_1, w_2, \cdots, w_n$ gelehrt wird, gleich der Anzahl der zulässigen Leitglieder $w_1^{\mu_1} w_2^{\mu_2} \cdots w_n^{\mu_n}$ der Ordnung m. Diese Anzahl ist nichts anderes als unsere Zahl k. Außerdem können $s_1, s_2, \cdots, s_n$ bei n Veränderlichen w_ν als unabhängige Größen aufgefaßt werden. Die k Produkte (47) sind daher linear unabhängig. Folglich muß $k \leqq l$ sein.

[1] Dies ergibt sich am einfachsten auf Grund der Tatsache, daß unter dieser Voraussetzung zwischen den p_ν und den elementarsymmetrischen Funktionen $c_1, c_2, \cdots, c_n$ der Veränderlichen $w_1, w_2, \cdots, w_n$ die Beziehungen

$$p_\nu - c_1 p_{\nu-1} + c_2 p_{\nu-2} - \cdots + (-1)^n c_n p_{\nu-n} = 0 \qquad (\nu = 1, 2, 3, \cdots)$$

bestehen.

Damit sind unsere Behauptungen über die l Charakteristiken $\Phi^{(\lambda)}$ für alle Werte von m bewiesen.

Der in der Einleitung angegebene Ausdruck für den Grad $N_{\mu_1, \mu_2, \cdots, \mu_n}$ der zur Zerlegung (μ) gehörenden irreduziblen Darstellung m-ter Ordnung von $\mathfrak{G}_n$ ergibt sich leicht, indem man in der Determinante $\Psi^{(\mu)}$ (dem Falle $A = E_n$ entsprechend)

$$s_1 = s_2 = \cdots = s_m = n,$$

also $p_\nu = \binom{n+m-1}{m}$ setzt[1].

[1] Vgl. D., § 25. Ein anderer Beweis, der sich auf die durch die Formel (39) gegebene Darstellung von $\Psi^{(\mu)}$ als Quotient zweier Determinanten stützt, findet sich bei Hrn. H. Weyl, a. a. O., S. 299.

Ausgegeben am 5. Mai.

60.

Zur Irreduzibilität der Kreisteilungsgleichung

Mathematische Zeitschrift 29, 463 (1928)

Es genügt bekanntlich zu beweisen:

Ist

$$f(x) = x^k + a_1 x^{k-1} + a_2 x^{k-2} + \ldots + a_k$$

ein ganzzahliges Polynom, das in $x^n - 1$ *aufgeht, so ist für jede zu* n *teilerfremde Primzahl* p *zugleich mit* ξ *auch* ξ^p *eine Wurzel der Gleichung* $f(x) = 0$.

Der schöne Mertenssche Beweis aus dem Jahre 1908 (Wiener Berichte **117**, S. 689–690) beruht auf der Überlegung, daß der Satz für jedes p richtig ist, wenn er für alle genügend großen Primzahlen gilt. Diese Beweismethode ist von Herrn E. Landau in der vorstehenden Note auf die denkbar einfachste Form gebracht worden. Will man den Umweg über große Primzahlen vermeiden und sich an die gegebene Primzahl halten, so kann man kaum elementarer und eleganter schließen, als dies Mertens in seiner Note aus dem Jahre 1905 (Wiener Berichte **114**, S. 1293–1296) tut.

Die Betrachtung läßt sich aber, wie mir scheint, noch ein wenig durchsichtiger gestalten, wenn man den Begriff der ganzen algebraischen Zahl als bekannt voraussetzt und außerdem noch weiß, daß die Diskriminante der Gleichung $x^n - 1 = 0$ den Wert $\pm n^n$ hat. Man schließt dann einfach so: Ist

$$f(x) = (x - \xi)(x - \xi') \ldots (x - \xi^{(k-1)})$$

und nimmt man an, $f(\xi^p)$ sei nicht Null, so erscheint

$$f(\xi^p) = (\xi^p - \xi)(\xi^p - \xi') \ldots (\xi^p - \xi^{(k-1)})$$

als Produkt gewisser Differenzen von Wurzeln der Gleichung $x^n - 1 = 0$ also als ganzer algebraischer Teiler der Diskriminante $\pm n^n$ dieser Gleichung. Es ist aber

$$f(x^p) \equiv [f(x)]^p \pmod{p},$$

also $f(\xi^p) \equiv 0 \pmod{p}$. Es würde sich demnach p als Teiler von n^n ergeben, was der Voraussetzung widerspricht, daß p zu n teilerfremd sein soll.

(Eingegangen am 29. Juli 1928.)

61.

Elementarer Beweis eines Satzes von L. Stickelberger

Mathematische Zeitschrift 29, 464 - 465 (1928)

Man verdankt Herrn Stickelberger[1]) folgende ebenso einfache wie wichtige Regel:

Die Diskriminante D eines algebraischen Zahlkörpers ist stets kongruent 0 *oder* 1 *nach dem Modul* 4.

Die bis jetzt bekannt gewordenen Beweise operieren mit Hilfsmitteln, die den Satz als nicht ganz auf der Hand liegend erscheinen lassen. Der folgende überraschend einfache Beweis scheint in der Literatur noch nirgends angegeben zu sein.

Es handle sich um einen Körper n-ten Grades $P(\vartheta)$. Die zu ϑ konjugierten Zahlen seien $\vartheta^{(0)} = \vartheta,\ \vartheta', \ldots, \vartheta^{(n-1)}$. Bilden die ganzen algebraischen Zahlen $\omega_1, \omega_2, \ldots, \omega_n$ eine Minimalbasis von $P(\vartheta)$, so wird $D = \Delta^2$ mit

$$\Delta = \begin{vmatrix} \omega_1 & , \omega_2 & , \ldots, \omega_n \\ \omega_1' & , \omega_2' & , \ldots, \omega_n' \\ \cdot & \cdot & \cdot \\ \omega_1^{(n-1)} & , \omega_2^{(n-1)} & , \ldots, \omega_n^{(n-1)} \end{vmatrix}.$$

Man schreibe nun Δ in der Form $\Delta = A - B$,

$$A = \sum \omega_1^{(\alpha_0)}\, \omega_2^{(\alpha_1)} \ldots \omega_n^{(\alpha_{n-1})}, \qquad B = \sum \omega_1^{(\beta_0)}\, \omega_2^{(\beta_1)} \ldots \omega_n^{(\beta_{n-1})},$$

wo $\alpha_0, \alpha_1, \ldots, \alpha_{n-1}$ alle geraden und $\beta_0, \beta_1, \ldots, \beta_{n-1}$ alle ungeraden Permutationen der Indizes $0, 1, \ldots, n-1$ durchlaufen. Die Ausdrücke $A + B$ und AB erscheinen nun offenbar als symmetrische Funktionen von $\vartheta^{(0)}, \vartheta^{(1)}, \ldots, \vartheta^{(n-1)}$, sie sind also rationale ganze algebraische Zahlen, d. h. ganze rationale Zahlen. Folglich hat

$$D = (A - B)^2 = (A + B)^2 - 4AB$$

[1]) *Über eine neue Eigenschaft der Diskriminanten algebraischer Zahlkörper*, Verhandlungen des ersten intern. Math.-Kongresses in Zürich 1897, S. 182—193. — Vgl. auch K. Hensel, *Über die zu einem algebraischen Körper gehörigen Invarianten*, Journal für die r. u. a. Mathematik **129** (1905), S. 68—85.

die Gestalt $b^2 - 4c$ mit ganzen rationalen Werten b und c. Eine solche Zahl ist aber von der Form $4x$ oder $4x+1$.

Von einigem Interesse ist auch eine ganz analoge Bemerkung über Gleichungsdiskriminanten. Sei

$$f(x) = x^n - c_1 x^{n-1} + c_2 x^{n-2} - \ldots \pm c_n = \prod_{\nu=1}^{n} (x - x_\nu)$$

ein beliebiges Polynom. Man fasse $x_1, x_2, \ldots, x_n$ als Variable und $c_1, c_2, \ldots, c_n$ als die zugehörigen elementarsymmetrischen Funktionen auf. Setzt man

$$D = \prod_{\alpha<\beta}{}_1^n (x_\alpha - x_\beta)^2 = \Phi(c_1, c_2, \ldots, c_n),$$

so wird Φ ein wohlbestimmtes ganzzahliges Polynom in den c_ν. Diesen Ausdruck kann man auf zwei verschiedene Arten mod 4 durch einfachere Ausdrücke ersetzen.

Schreibt man überall $(x_\alpha - x_\beta)^2 = (x_\alpha + x_\beta)^2 - 4x_\alpha x_\beta$, so wird

$$D \equiv \prod_{\alpha<\beta}{}_1^n (x_\alpha + \alpha_\beta)^2 \pmod 4.$$

Hieraus folgt: Ist

$$\prod_{\alpha<\beta}{}_1^n (x_\alpha + x_\beta) = \Psi(c_1, c_2, \ldots, c_n)$$

die sog. „Geminante" von $f(x)$ [2], so wird $\Phi \equiv \Psi^2 \pmod 4$. Schreibt man aber das Differenzenprodukt $\prod (x_\alpha - x_\beta)$ als Vandermondesche Determinante und wendet auf sie die analoge Betrachtung an wie oben auf die Determinante Δ, so ergibt sich: Ist

$$S = \sum x_1^{a_0} x_2^{a_1} \ldots x_n^{a_{n-1}}$$

die Summe aller $n!$ Produkte mit den Exponenten $0, 1, \ldots, n-1$ (in beliebiger Reihenfolge), so wird, wenn $S = \mathrm{X}(c_1, c_2, \ldots, c_n)$ gesetzt wird, $\Phi \equiv \mathrm{X}^2 \pmod 4$.

Zugleich ergibt sich, daß

$$\prod_{\alpha<\beta}{}_1^n (x_\alpha + x_\beta) \equiv S \pmod 2$$

wird. Diese Tatsache ist ohne den Umweg über die Diskriminante nicht ganz leicht zu beweisen.

---

[2]) Der Ausdruck Ψ läßt sich viel einfacher berechnen als der Ausdruck Φ. Vgl. L. Orlando, *Sul problema di Hurwitz relativo alle parti reali delle radici di un' equazione algebraica*, Math. Annalen 71 (1912), S. 233–245.

(Eingegangen am 29. Juli 1928.)

62.

Über die stetigen Darstellungen der allgemeinen linearen Gruppe

Sitzungsberichte der Preussischen Akademie der Wissenschaften 1928,
Physikalisch-Mathematische Klasse, 100 - 124

Eine Gruppe $\mathfrak{G}$ linearer homogener Substitutionen (Matrizen) soll im folgenden als *unzerfällbar* bezeichnet werden, wenn es nicht möglich ist, $\mathfrak{G}$ durch eine Ähnlichkeitstransformation P auf die Form

$$P\mathfrak{G}P^{-1} = \begin{pmatrix} \mathfrak{G}_1 & 0 \\ 0 & \mathfrak{G}_2 \end{pmatrix}$$

zu bringen. Man erkennt leicht, daß $\mathfrak{G}$ dann und nur dann unzerfällbar ist, wenn jede mit allen Substitutionen von $\mathfrak{G}$ vertauschbare Substitution nur eine charakteristische Wurzel besitzt. Ist insbesondere $\mathfrak{G}$ kommutativ, so ist notwendig (aber nicht hinreichend), daß keine Substitution von $\mathfrak{G}$ zwei verschiedene charakteristische Wurzeln aufweise.

Irreduzibel heißt die Gruppe $\mathfrak{G}$ wie üblich, wenn es auch keine Ähnlichkeitstransformation Q gibt, durch die $\mathfrak{G}$ auf die Form

$$Q\mathfrak{G}Q^{-1} = \begin{pmatrix} \mathfrak{G}_1 & 0 \\ \mathfrak{G}_3 & \mathfrak{G}_2 \end{pmatrix}$$

gebracht werden kann. Eine irreduzible Gruppe ist also stets unzerfällbar, das Umgekehrte ist bekanntlich nicht immer der Fall.

Handelt es sich darum, alle Darstellungen einer gegebenen Gruppe $\mathfrak{H}$ durch lineare Substitutionen, d. h. alle mit $\mathfrak{H}$ homomorphen Gruppen $\mathfrak{G}$ linearer homogener Substitutionen zu bestimmen, so genügt es offenbar, alle unzerfällbaren Darstellungen $\mathfrak{G}$ zu kennen. Das gilt auch dann, wenn diese Darstellungen einer weiteren Forderung unterworfen werden, die bei Ähnlichkeitstransformationen ihr Wesen nicht ändert; also insbesondere dann, wenn Stetigkeit in bezug auf in $\mathfrak{H}$ vorkommende Parameter verlangt wird.

In dieser Arbeit soll für folgende Gruppen die Gesamtheit aller stetigen Darstellungen untersucht und genau gekennzeichnet werden:

1. Die Gruppe $\mathfrak{K}_n$ aller linearen homogenen Substitutionen $A = (a_{\varkappa\lambda})$ in n Veränderlichen mit beliebigen komplexen Koeffizienten $a_{\varkappa\lambda}$ und nicht verschwindenden Determinanten.

2. Die Untergruppe $\mathfrak{R}_n$ von $\mathfrak{K}_n$, die aus allen *reellen* Substitutionen A besteht.

3. Die Untergruppe $\mathfrak{U}_n$ von $\mathfrak{K}_n$, die alle *unimodularen* Substitutionen, d. h. alle Substitutionen von der Determinante 1 mit beliebigen komplexen Koeffizienten $a_{\varkappa\lambda}$ umfaßt.

4. Die durch alle reellen unimodularen Substitutionen gebildete Untergruppe $\mathfrak{V}_n$ von $\mathfrak{U}_n$.

Ist $\mathfrak{H}$ eine dieser vier Gruppen und $\mathfrak{S}$ eine stetige Darstellung in N Veränderlichen, so wird jeder Substitution A von $\mathfrak{H}$ eine Substitution $T(A) = (c_{\varrho\sigma})$ zugeordnet. Hierbei wird verlangt, daß die N^2 Koeffizienten $c_{\varrho\sigma}$ stetige Funktionen aller komplexen oder aller reellen Variabeln $a_{\varkappa\lambda}$ (unter der Nebenbedingung $|a_{\varkappa\lambda}| \neq 0$, bzw. $|a_{\varkappa\lambda}| = 1$) seien, und daß für je zwei Elemente A, B von $\mathfrak{H}$

$$T(A)\,T(B) = T(AB)$$

wird. Die Aufgabe wird in der Weise gelöst werden, daß in allen vier Fällen eine genaue Übersicht über alle stetigen *unzerfällbaren* Darstellungen gewonnen wird.

In der Literatur finden sich nur Teilergebnisse. Die sämtlichen ganzen rationalen Darstellungen der Gruppe $\mathfrak{K}_n$ habe ich in meiner Dissertation[1] bestimmt. Sie werden im folgenden als bekannt vorausgesetzt; von Wichtigkeit ist für uns insbesondere die Tatsache, daß jede solche Darstellung von $\mathfrak{K}_u$ *vollständig reduzibel* ist, was für eine beliebige stetige Darstellung bekanntlich nicht mehr zutrifft[2]. Das hier gewonnene Ergebnis über die Gruppe $\mathfrak{V}_n$ (Satz XIII) stimmt mit dem von Hrn. Weyl auf anderem Wege und auf Grund weitergehender Voraussetzungen[3] bewiesenen Satze. Schon bei der Gruppe $\mathfrak{U}_n$ kommen zu den rationalen Darstellungen noch die *semirationalen* hinzu, bei denen die $c_{\varrho\sigma}$ nur rationale Funktionen der Real- und Imaginärteile der der $a_{\varkappa\lambda}$ sind (vgl. Satz XIV). Die Darstellungen der Gruppe $\mathfrak{R}_n$ hat unter der speziellen Annahme $N = n$ Hr. Weinstein a. a. O. untersucht; die von ihm gefundenen »logarithmischen« Darstellungen, in denen der Logarithmus des absoluten Betrages der Determinante von A auftritt, spielen auch im folgenden eine wichtige Rolle.

§ 1.

Eine Hilfsbetrachtung.

Um die sämtlichen semirationalen Darstellungen der Gruppen $\mathfrak{K}_n$ und $\mathfrak{U}_n$ zu erhalten, machen wir von einem Satz Gebrauch, den ich schon in meiner Dissertation (D., S. 61 ff.) bewiesen habe:

I. *Es seien* $A = (a_{\varkappa\lambda})$ *und* $B = (b_{\varkappa\lambda})$ *zwei Matrizen n-ten Grades mit beliebigen Koeffizienten. Ist* $T(A, B) = (c_{\varrho\sigma})$ *eine Matrix des Grades N von nicht*

---

[1] *Über eine Klasse von Matrizen, die sich einer gegebenen Matrix zuordnen lassen,* Berlin 1901. Im folgenden wird diese Arbeit kurz mit D. zitiert. Vgl. auch H. Weyl, *Theorie der Darstellung kontinuierlicher halb-einfacher Gruppen durch lineare Transformationen,* I., Math. Zeitschrift Bd. 23 (1925), S. 271—309, und meine Arbeit *Über die rationalen Darstellungen der allgemeinen linearen Gruppe,* Sitzungsberichte der Berliner Akademie 1927, S. 58—75.

[2] Vgl. A. Weinstein, *Fundamentalsatz der Tensorrechnung,* Math. Zeitschrift, Bd. 16 (1923); S. 78—91, und H. Weyl, a. a. O. § 8.

[3] Vgl. hierzu J. v. Neumann, *Zur Theorie der Darstellungen kontinuierlicher Gruppen,* Sitzungsberichte der Berliner Akademie, 1927, S. 76—90.

identisch verschwindender Determinante, deren Koeffizienten $c_{\varrho\sigma}$ ganze rationale Funktionen der $2n^2$ Variabeln $a_{\varkappa\lambda}$, $b_{\varkappa\lambda}$ sind, und besteht für je vier Matrizen n-ten Grades A, A_1, B, B_1 die Gleichung

$$(1) \qquad T(A,B)\,T(A_1,B_1) = T(AA_1, BB_1),$$

so läßt sich $T(A,B)$ mit Hilfe einer konstanten Ähnlichkeitstransformation in irreduzible Bestandteile der Form

$$T_1(A)\times T_2(B)$$

vollständig zerfällen[1]. *Hierbei bedeuten $T_1(A)$ und $T_2(B)$ zwei ganze rationale irreduzible Darstellungen der Gruppe $\mathfrak{K}_n$.*

Man beweist nun leicht:

II. *Sind die Koeffizienten $c_{\varrho\sigma}$ der Matrix $T(A,B)$ gebrochene rationale Funktionen der Variabeln $a_{\varkappa\lambda}$, $b_{\varkappa\lambda}$ und besteht wieder*[2] *die Gleichung* (1), *so ist der Hauptnenner der N^2 Funktionen $c_{\varrho\sigma}$ von der Form* const. $a^k b^l$, *wo a und b die Determinanten der Matrizen A und B bedeuten.*

Es sei nämlich $\phi(A,B)$ der Hauptnenner der $c_{\varrho\varsigma}$. Man setze

$$T(A,B) = \frac{1}{\phi(A,B)}\cdot S(A,B),$$

so daß also alle Koeffizienten $c'_{\varrho\sigma}$ der Matrix $S(A,B)$ ganze rationale Funktionen sind und kein irreduzibler Faktor von $\phi(A,B)$ in allen $c'_{\varrho\sigma}$ als Faktor enthalten ist. Aus (1) folgt dann

$$\frac{\phi(AA_1, BB_1)}{\phi(A,B)}\cdot S(A,B) = \phi(A_1,B_1)\cdot S(AA_1,BB_1)\cdot[S(A_1,B_1)]^{-1}.$$

Daher sind die Koeffizienten der linksstehenden Matrix ganze rationale Fraktionen der $a_{\varkappa\lambda}$, $b_{\varkappa\lambda}$. Dies erfordert aber, daß der Quotient

$$(2) \qquad \frac{\phi(AA_1, BB_1)}{\phi(A,B)} = \psi$$

eine ganze rationale Funktion der $a_{\varkappa\lambda}$, $b_{\varkappa\lambda}$ wird. Da Zähler und Nenner in bezug auf diese Veränderlichen von gleichem Grade sind, hängt ψ nur von A_1 und B_1 ab. Läßt man nun A und B mit der Einheitsmatrix E zusammenfallen, so ergibt sich

$$\psi = \psi(A_1,B_1) = c\,\phi(A_1,B_1),$$

wo c eine Konstante ist[3]. Zugleich folgt aus (2)

$$\psi(A,B)\,\psi(A_1,B_1) = \psi(AA_1,BB_1).$$

[1] Für zwei Matrizen M_1 und M_2 beliebiger Grade hat man unter $M_1\times M_2$ überall im folgenden die KRONECKER-HURWITZsche Produktmatrix zu verstehen. Vgl. A. HURWITZ, *Zur Invariantentheorie,* Math. Ann. Bd. 45, S. 381—404.

[2] Die Gleichung (1) soll rein formal gelten, als System von N^2 Identituten zwischen den links und rechts auftretenden Ausdrücken in den $4n^2$ Koeffizienten von A, A_1, B, B_1.

[3] Hieraus folgt zugleich, daß $\phi(E,E)$ nicht Null sein kann.

Aus I ergibt sich nun, da die Potenzen der Determinante von A die einzigen Darstellungen ersten Grades der Gruppe $\mathfrak{K}_n$ sind, daß $\psi(A, B)$ die Gestalt $a^k b^l$ haben muß.

III. *Sind die Koeffizienten* $c_{\varrho\sigma}$ *der Matrix* $T(A, B)$ *ganze oder gebrochene Funktionen der* $a_{\varkappa\lambda}$ $b_{\varkappa\lambda}$ *und weiß man, daß die Gleichung* (1) *für je vier unimodulare Matrizen* A, A_1, B, B_1, *d. h. unter der Annahme*

$$|A| = |A_1| = |B| = |B_1| = 1$$

besteht, so läßt sich eine Matrix $S(A, B)$ *mit* *ganzen* *rationalen Koeffizienten angeben, so daß die Gleichung*

$$S(A, B)\, S(A_1, B_1) = S(A A_1, B B_1)$$

für beliebige vier Matrizen A, A_1, B, B_1 *gilt und im Spezialfall* $|A| = |B| = 1$

$$T(A, B) = S(A, B)$$

wird[1].

Bedeuten nämlich $F = (f_{\varkappa\lambda})$ und $G = (g_{\varkappa\lambda})$ zwei Matrizen n-ten Grades mit voneinander unabhängigen Koeffizienten und den Determinanten f und g, so setze man

$$\alpha = \frac{1}{\sqrt[n]{f}}, \quad \beta = \frac{1}{\sqrt[n]{g}},$$

wobei die n-ten Wurzeln so fixiert werden, daß für $f = g = 1$ auch $\alpha = \beta = 1$ wird. Dann sind

$$A = \alpha F, \quad B = \beta G$$

unimodular. Werden die Koeffizienten von $T(A, B)$ irgendwie auf den gemeinsamen Nenner $\phi(A, B)$ gebracht, so kann man die Koeffizienten von $T(\alpha F, \beta G)$ als Brüche mit dem gemeinsamen (nicht notwendig ganzen rationalen) Nenner

$$\prod_{\mu,\nu}{}_0^{n-1} \phi(\rho^\mu \alpha F, \rho^\nu \beta G) \qquad \left(\rho = e^{\frac{2\pi i}{n}}\right)$$

schreiben, der eine rationale Funktion der $2n^2$ Variabeln $f_{\varkappa\lambda}$, $g_{\varkappa\lambda}$ ist. Die Matrix erscheint dann in der Form

$$T(\alpha F, \beta G) = \sum_{\mu,\nu}{}_0^{n-1} R_{\mu,\nu}(F, G)\, \alpha^\mu \beta^\nu, \tag{3}$$

wobei die Koeffizienten aller n^2 Matrizen $R_{\mu,\nu}(F, G)$ rationale Funktionen der Variabeln $f_{\varkappa\lambda}$ und $g_{\varkappa\lambda}$ sind.

---

[1] Es ist hierbei zu beachten, daß $S(A, B)$ durch die Forderungen unseres Satzes nicht eindeutig bestimmt ist. Ist z. B. $T(A, B)$ für je zwei unimodulare Matrizen A, B gleich 1, so kann für $S(A, B)$ jedes Potenzprodukt $a^k b^l$ gewählt werden.

Führt man nun zwei weitere beliebige Matrizen n-ten Grades F_1 und G_1 mit den Determinanten f_1 und g_1 ein und setzt analog dem früheren

$$\alpha_1 = \frac{1}{\sqrt[n]{f_1}}, \quad \beta_1 = \frac{1}{\sqrt[n]{g_1}},$$

so gilt nach Voraussetzung die Gleichung

$$(4) \qquad \begin{aligned} &\left(\sum_{\mu,\nu}^{n-1}{}_0 R_{\mu\nu}(F, G)\alpha^\mu \beta^\nu\right)\left(\sum_{\mu,\nu}^{n-1}{}_0 R_{\mu\nu}(F_1, G_1)\alpha_1^\mu \beta_1^\nu\right) \\ &= \sum_{\mu,\nu}^{n-1}{}_0 R_{\mu\nu}(FF_1, GG_1)(\alpha\alpha_1)^\mu(\beta\beta_1)^\nu. \end{aligned}$$

Da nun die n-te Wurzel aus der Determinante einer Matrix mit unabhängigen Koeffizienten eine algebraische Funktion n-ten Grades ist, kann die Gleichung (4) nur richtig sein, wenn stets

$$(5) \qquad R_{\mu\nu}(F, G) R_{\mu\nu}(F_1, G_1) = R_{\mu\nu}(FF_1, GG_1)$$

ist und

$$(6) \qquad R_{\mu\nu}(F, G) R_{\mu'\nu'}(F_1, G_1) = 0$$

wird, sobald die Indizespaare μ, ν und μ', ν' nicht übereinstimmen.

Aus (5) und (6) folgt aber, daß die rationale Operation

$$(7) \qquad R(F, G) = \sum_{\mu,\nu} R_{\mu\nu}(F, G)$$

wieder die Bedingung

$$R(F, G) R(F_1, G_1) = R(FF_1, GG_1)$$

genügt. Für unimodulare $F = A$, $G = B$ wird hierbei $R(A, B) = T(A, B)$. Dasselbe gilt, wenn $f^k g^l$ der Hauptnenner der Koeffizienten von $R(F, G)$ ist, und

$$R(F, G) = \frac{1}{f^k g^l} S(F, G)$$

gesetzt wird, auch für die ganze rationale Operation $S(F, G)$. Unser Satz ist damit bewiesen.

Aus (3) und (7) folgt auch unmittelbar, daß, wenn $T(A, B)$ zerfällbar ist, es auch $R(F, G)$ und also auch $S(F, G)$ sein muß. Das Umgekehrte liegt auf der Hand. Da für die Operation $S(F, G)$ nach Satz I Unzerfällbarkeit und Irreduzibilität identische Begriffe sind, erhalten wir den wichtigen Zusatz:

III'. *Jede Operation $T(A, B)$, die den Bedingungen des Satzes III genügt, ist vollständig reduzibel.*

§ 2.

Die rationalen und semirationalen Darstellungen der Gruppen $\mathfrak{K}_n$ und $\mathfrak{U}_n$.

Es sei $\mathfrak{H}$ eine der Gruppen $\mathfrak{K}_n$ oder $\mathfrak{U}_n$ (vgl. Einleitung). Von einer semirationalen Darstellung sprechen wir, wenn jeder Substitution (Matrix)

$$A = (a_{\varkappa\lambda}) = (a'_{\varkappa\lambda} + i a''_{\varkappa\lambda}) \qquad (\varkappa, \lambda = 1, 2 \cdots, n)$$

der Gruppe $\mathfrak{H}$ eine Matrix $T(A) = (c_{\varrho\sigma})$ des Grades N zugeordnet wird, deren Koeffizienten $c_{\varrho\sigma}$ rationale Funktionen der $a'_{\varkappa\lambda}$ und $a''_{\varkappa\lambda}$ sind, so daß für je zwei Elemente A, B von $\mathfrak{H}$

$$T(A)\,T(B) = T(AB) \tag{8}$$

wird.

Setzt man wie üblich

$$\bar{a}_{\varkappa\lambda} = a'_{\varkappa\lambda} - i\,a''_{\varkappa\lambda}, \quad \bar{A} = (\bar{a}_{\varkappa\lambda}),$$

so können wir auch sagen, daß die $c_{\varrho\sigma}$ rationale Funktionen der $a_{\varkappa\lambda}$ und $\bar{a}_{\varkappa\lambda}$ sein sollen. Schreibt man deutlicher

$$T(A) = T(A, \bar{A}), \tag{9}$$

so erfordert die Gleichung (7), daß für jede zweite Matrix

$$B = (b_{\varkappa\lambda}) = (b'_{\varkappa\lambda} + i\,b''_{\varkappa\lambda})$$

von $\mathfrak{H}$

$$T(A, \bar{A})\,T(B, \bar{B}) = T(AB, \bar{A}\bar{B}) \tag{10}$$

wird. Wenn diese Gleichung aber für reelle $a'_{\varkappa\lambda}$, $a''_{\varkappa\lambda}$, $b'_{\varkappa\lambda}$, $b''_{\varkappa\lambda}$ gilt, so ist sie auch, da es sich um Relationen zwischen rationalen Funktionen handelt, für komplexe Größen $a'_{\varkappa\lambda}, \cdots$ richtig. Das trifft offenbar auch zu, wenn man sich für $\mathfrak{H} = \mathfrak{K}_n$ auf Matrizen A, B mit nicht verschwindenden Determinanten oder für $\mathfrak{H} = \mathfrak{U}_n$ auf unimodulare Matrizen beschränkt. Im ersten Fall gilt (10) für je vier reelle oder komplexe Matrizen A, $\bar{A}$, B, $\bar{B}$, im zweiten Fall für je vier unimodulare Matrizen.

Wir haben es also in $T(A, \bar{A})$ mit einer Operation zu tun, wie wir sie im vorigen Paragraphen behandelt haben, nur daß die Schreibweise etwas geändert ist. Auf Grund der Sätze I—III′ ergibt sich daher unmittelbar:

IV. *Jede semirationale Darstellung der Gruppe $\mathfrak{K}_n$ ist vollständig reduzibel. Die sämtlichen irreduziblen Darstellungen dieser Art erhält man (abgesehen von Ähnlichkeitstransformationen), indem man zwei beliebige ganze rationale irreduzible Darstellungen $S_1(A)$ und $S_2(A)$ der Gruppe $\mathfrak{K}_n$ und zwei beliebige Potenzen a^k und a^l $(k, l = 0, 1, 2, \cdots)$ der Determinante a von A wählt und mit Hilfe von*

$$T_1(A) = \frac{1}{a^k}\,S_1(A), \quad T_2(A) = \frac{1}{a^l}\,S_2(A)$$

die Kronecker-Hurwitz*sche Produktmatrix*

$$T_1(A) \times T_2(\bar{A})$$

bildet.

V. *Jede semirationale Darstellung der Gruppe $\mathfrak{U}_n$ ist vollständig reduzibel. Man erhält die Gesamtheit dieser Darstellungen von $\mathfrak{U}_n$, indem man die sämtlichen ganzen semirationalen Darstellungen $T(A)$ der Gruppe $\mathfrak{K}_n$ nur für unimodulare A in Betracht zieht.*

Die rationalen Darstellungen von $\mathfrak{K}_n$ und $\mathfrak{U}_n$ sind nur als Spezialfall der semirationalen aufzufassen. Es sind das diejenigen unter den Darstellungen (9), die von $\bar{A}$ unabhängig sind.

Was die rationalen Darstellungen der reellen Untergruppen $\mathfrak{R}_n$ und $\mathfrak{B}_n$ von $\mathfrak{K}_n$ und $\mathfrak{U}_n$ anbetrifft, so ist nur zu beachten, daß jede solche Darstellung offenbar ins Komplexe fortgesetzt werden darf, also zugleich auch eine Darstellung der Gruppe $\mathfrak{K}_n$ bzw. $\mathfrak{U}_n$ liefert. Insbesondere folgt hieraus wegen V der für uns wichtige Satz

VI. *Jede rationale Darstellung $T(A) = (c_{\varrho\sigma})$ der Gruppe $\mathfrak{B}_n$ kann so geschrieben werden, daß die $c_{\varrho\sigma}$ als ganze rationale Funktionen der Koeffizienten $a_{\varkappa\lambda}$ der Matrix A erscheinen.*

§ 3.

Ein spezielles Darstellungsproblem.

Von entscheidender Bedeutung ist für uns die Lösung folgender Aufgabe: Es sollen alle Matrizen $F(t) = (f_{\varkappa\lambda}(t))$ bestimmt werden, deren Koeffizienten $f_{\varkappa\lambda}(t)$ für alle reellen Werte von t definierte, überall stetige reelle oder komplexe Funktionen sind, und die für je zwei reelle Werte t, u der Gleichung

$$F(t)\,F(u) = F(t+u) \tag{11}$$

genügen.

Es handelt sich mit anderen Worten darum, alle stetigen Darstellungen der durch die Gesamtheit der Funktionswerte von e^t für reelles t gebildeten Gruppe $\mathfrak{E}$ zu finden. Wie bei jedem Darstellungsproblem kann man sich auf die Bestimmung aller unzerfällbaren Darstellungen $F(t)$ mit nicht verschwindender Determinante[1] beschränken.

VII. *Jede unzerfällbare stetige Lösung $F(t)$ der Gleichung* (11) *(von nicht verschwindender Determinante) läßt sich durch eine (von t unabhängige) Ähnlichkeitstransformation auf die Form*

$$F(t) = e^{\alpha t} P_m(t) \tag{12}$$

bringen, wo α eine reelle oder komplexe Zahl und $P_m(t)$ die Matrix

$$P_m(t) = \begin{pmatrix} 1, & 0, & 0 \cdots & 0, 0 \\ t, & 1, & 0 \cdots & 0, 0 \\ t^2, & 2t, & 1 \cdots & 0, 0 \\ \cdot & \cdot & \cdot & \cdot \\ t^m, & \binom{m}{1} t^{m-1}, & \binom{m}{2} t^{m-2} \cdots & \binom{m}{m-1} t, 1 \end{pmatrix} \quad (m = 0, 1, 2 \cdots) \tag{13}$$

bedeutet. Insbesondere hat man hierbei $P_0(t) = 1$ zu setzen.

---

[1] Läßt man diese Annahme fallen, so kommt nur noch die Darstellung durch lauter Nullen hinzu.

Daß für jedes m die Matrix $P_m(t)$ und folglich auch $e^{\alpha t} P_m(t)$ der Gleichung (11) genügt, folgt einfach daraus, daß

$$P_1(t) = \begin{pmatrix} 1 & 0 \\ t & 1 \end{pmatrix}$$

offenbar eine Lösung darstellt, und $P_m(t)$ nichts anderes als die m-te Potenztransformation[1] von $P_1(t)$ ist. Wir haben also nur zu zeigen, daß die Lösungen (12) und die aus ihnen durch Ähnlichkeitstransformationen hervorgehenden die einzigen unzerfällbaren sind. Dies ergibt sich wohl am einfachsten auf folgendem Wege:

Da $\mathfrak{G}$ eine Abelsche Gruppe ist, muß (vgl. Einleitung) eine unzerfällbare $(m+1)$-reihige Lösung $F(t)$ der Gleichung (11) für jedes t nur eine charakteristische Wurzel $f(t)$ besitzen. Diese Funktion ist wegen

$$\sum_{\varkappa} f_{nn}(t) = (m+1) f(t)$$

stetig und wegen $|F(t)| \neq 0$ von Null verschieden. Außerdem genügt sie, weil nach einem bekannten Satze[2] die charakteristischen Wurzeln eines Produktes zweier vertauschbarer Matrizen $F(t)$ und $F(u)$ sich als Produkte charakteristischer Wurzeln der beiden Faktoren darstellen lassen, der Gleichung

$$f(t) f(u) = f(t+u).$$

Hieraus schließt man in bekannter Weise, daß $f(t)$ die Form $e^{\alpha t}$ (mit konstantem α) haben muß[3].

Setzt man nun $F(t) = e^{\alpha t} G(t)$, so wird $G(t)$ eine stetige Lösung der Gleichung (11), deren charakterische Wurzeln sämtlich gleich 1 sind. Ist wieder der Grad unserer Matrix $m+1$ und setzt man

$$G(1) = E + A,$$

so wird (Cayleysche Relation)

$$A^{m+1} = 0.$$

---

[1] Vgl. A. Hurwitz a. a. O.

[2] Vgl. G. Frobenius, *Über vertauschbare Matrizen*, Sitzungsber. d. Berl. Akad. 1896, S. 601 bis 614.

[3] Vgl. hierzu die vorangehende Note des Hrn. G. Pólya. Der Vollständigkeit wegen soll hier noch ein anderer Beweis skizziert werden. Ist $f(1) = e^{\beta}$ und $f(t) = e^{\beta t} g(t)$, so genügt auch $g(t)$ der Funktionalgleichung, wobei $g(1) = 1$ wird. Setzt man $g\left(\frac{1}{2^\nu}\right) = g_\nu \; (\nu = 1, 2, \cdots)$, so wird $g_\nu{}^{\nu} = 1$, also $g_\nu = e^{\frac{2\pi i \alpha_\nu}{2^\nu}}$, wo α_ν eine der Zahlen $0, 1, \cdots 2^\nu - 1$ bedeutet. Außerdem ist $g_{\nu+1} = \pm \sqrt{g_\nu}$ und $\lim_{\nu \to \infty} g_\nu = 1$. Dies ist aber nur möglich, wenn die α_ν von einer gewissen Stelle μ an konstant sind. Setzt man $g(t) = e^{2\pi i \alpha_\mu t} h(t)$, so wird auch $h(t)$ eine stetige Lösung der Funktionalgleichung, für die alle $h\left(\frac{1}{2^\nu}\right) = 1$ sind. Dann ist aber offenbar auch für alle dyadischen Brüche und folglich für alle reellen t stets $h(t) = 1$. Das liefert $f(t) = e^{(\beta + 2\pi i \alpha_\mu) t}$.

Ich behaupte nun, daß $G(t)$ für alle reellen Werte von t mit

$$(14) \qquad H(t) = E + \binom{t}{1} A + \binom{t}{2} A^2 + \cdots + \binom{t}{m} A^m$$

übereinstimmen muß.

Zunächst genügt $H(t)$ wieder der Gleichung (11). Denn offenbar wird für $t = 0, 1, 2, \cdots$

$$H(t) = (E + A)^t.$$

Daher ist die Gleichung

$$(15) \qquad H(t)\,H(u) = H(t+u)$$

für je zwei positive ganze rationale Zahlen t und u richtig. Da diese Gleichung aber in unserem Falle nur ein System von $(m+1)^2$ Relationen zwischen ganzen rationalen Funktionen von t und u vertritt, so gilt (15) für alle Wertpaare t, u.

Wegen

$$G(t)\,G(-t) = G(0) = E, \quad H(t)\,H(-t) = H(0) = E$$

genügt es, die Gleichung $G(t) = H(t)$ nur für positive t und wegen der Stetigkeit von $G(t)$ nur für positive rationale Werte $t = \frac{k}{l}$ zu beweisen. Da

$$G(k) = [G(1)]^k = (E + A)^k = H(k)$$

und

$$G\left(\frac{k}{l}\right) = \left[G\left(\frac{1}{l}\right)\right]^k$$

ist, haben wir nur zu zeigen, daß für jede positive ganze Zahl l

$$G\left(\frac{1}{l}\right) = Q \quad \text{und} \quad H\left(\frac{1}{l}\right) = R$$

übereinstimmen. Das ergibt sich aber so. Es ist doch

$$Q^l = R^l = G(1) = H(1) = E + A,$$

ferner ist $A = Q^l - E$ mit Q vertauschbar. Daher ist auch R als ganze rationale Funktion von A mit Q vertauschbar. Das liefert

$$(16) \qquad (QR^{-1})^l = Q^l R^{-l} = E.$$

Die Matrix $QR^{-1} = S$ hat aber ebenso wie Q und R nur die eine charakteristische Wurzel 1. Setzt man $S = E + B$, so wird also $B^{m+1} = 0$, außerdem ist wegen (16)

$$(17) \qquad \binom{l}{1} B + \binom{l}{2} B^2 + \cdots + \binom{l}{m} B^m = 0.$$

Ist nun $B^{m'+1}$ die erste Potenz von B, die die Nullmatrix liefert, so würde für $m' > 0$ aus (16) durch Erheben der linken Seite in die m'-te Potenz

$$l^{m'} B^{m'} = 0, \text{ d. h. } B^{m'} = 0$$

folgen, was auszuschließen ist. Folglich ist $m' = 0$, also $S = E$, d. h. $Q = R$.

Verlangt man noch, daß $G(t) = H(t)$ eine unzerfällbare Lösung der Gleichung (11) sein soll, so ist wegen (14) notwendig und hinreichend, daß die Matrix A durch keine Ähnlichkeitstransformation auf die Form

$$\begin{pmatrix} A_1 & 0 \\ 0 & A_2 \end{pmatrix}$$

gebracht werden kann. Das bedeutet aber bekanntlich nur, daß die charakteristische Funktion von A und folglich auch von $G(1) = E + A$ nur einen von 1 verschiedenen Elementarteiler besitzen darf. Dann ist aber $G(1)$ insbesondere der Matrix $P_m(1)$ ähnlich. Ist schon $G(1) = P_m(1)$, so wird auch für jedes t

$$G(t) = P_m(t).$$

Denn das gilt, weil für positive ganze rationalen t

$$G(t) = [G(1)]^t = [P_m(1)]^t = P_m(t)$$

ist, wieder für alle t, da wir schon wissen, daß die Koeffizienten der beiden Matrizen ganze rationale Funktionen von t sind.

Aus dem nunmehr bewiesenen Satz VII ergibt sich insbesondere:

VIII. *In jeder stetigen Lösung $F(t) = (f_{\varkappa\lambda}(t))$ der Gleichung* (11) *haben alle Koeffizienten $f_{\varkappa\lambda}(t)$ die Form*

$$\sum_{\nu=1}^{r} p_\nu(t)\, e^{\alpha_\nu t}, \tag{18}$$

wo die α_ν reelle oder komplexe Zahlen und die $p_\nu(t)$ Polynome bedeuten.

Auf diesen Satz hat mich Hr. G. Pólya schon vor längerer Zeit aufmerksam gemacht. Sein eleganter direkter Beweis bildet den Inhalt der vorangehenden Note.

§ 4.

Folgerungen aus dem Satze VII.

Wird noch verlangt, daß die Lösung $F(t)$ der Gleichung (11) nicht nur stetig, sondern auch periodisch mit der Periode 2π sein soll, so lehrt der Satz VII, daß im Falle der Unzerfällbarkeit $m = 0$, also $F(t) = e^{\alpha t}$ sein muß, wobei noch zu verlangen ist, daß α ein ganzzahliges Vielfaches von i wird. Das liefert den Satz:

IX. *Jede in bezug auf die reelle Variable t stetige Matrix $F(t)$, die der Gleichung* (11) *genügt, und die Periode 2π besitzt, ist vollständig reduzibel. Die irreduziblen Bestandteile haben die Form $e^{\nu i t}$ $(\nu = 0, \pm 1, \pm 2, \cdots)$*[1].

[1] Es wird wieder vorausgesetzt, daß die Determinante von $F(t)$ nicht verschwindet, sonst kann noch der irreduzible Bestandteil 0 einmal oder mehrfach auftreten. Der Satz ist übrigens

Sei nun $z=x+iy$ eine komplexe Veränderliche. Sind die Koeffizienten der Matrix $F(z)$ überall definierte stetige Funktionen von z, so kann wieder verlangt werden, daß für je zwei komplexe Größen z und u

$$F(z)F(u)=F(z+u) \tag{19}$$

sein soll. Die Aufgabe, alle solchen Matrizen $F(z)$ zu bestimmen, kann auf die für reelle Argumente erledigte zurückgeführt werden. Setzt man nämlich y oder x gleich Null, so erhält man in

$$F(x)=F_1(x),\quad F(iy)=F_2(y)$$

zwei stetige Lösungen (gleichen Grades) für reelle Argumente. Es wird dann

$$F(z)=F(x)F(iy)=F_1(x)F_2(y)=F_2(y)F_1(x).$$

Hierbei können $F_1(x)$ und $F_2(y)$ zwei beliebige stetige Lösungen der Gleichung (11) sein, von denen nur noch zu verlangen ist, daß für zwei beliebige reelle Größen x und y $F_1(x)$ mit $F_2(y)$ vertauschbar sei. Jedenfalls folgt aus VIII.

X. *Jede stetige Lösung $F(z)=(f_{\varkappa\lambda}(z))$ der Gleichung (19) weist nur Koeffizienten der Form*

$$f_{\varkappa\lambda}(t)=\sum_{\nu=1}^{r}p_\nu(x,y)\,e^{\alpha_\nu x+\beta_\nu y}$$

auf, wo die α_ν und β_ν reelle oder komplexe Zahlen und die $p_\nu(x,y)$ Polynome bedeuten.

Will man die Aufgabe noch weiter verfolgen[1] und insbesondere alle unzerfällbaren Lösungen $F(z)$ näher charakterisieren, so kann man wie früher schließen, daß in diesem Falle

$$F(z)=e^{\alpha x+\beta y}\,G(z)$$

werden muß, wobei die sämtlichen charakteristischen Wurzeln von $G(z)$ gleich 1 sind. Ist der Grad der Matrix $G(z)$ gleich $m+1$ und setzt man

$$G(1)=E+A,\quad G(i)=E+B,$$

so müssen A und B zwei vertauschbare Lösungen der Matrizengleichung

$$X^{m+1}=0 \tag{20}$$

sein. Die Matrix

$$G(z)=G(x)\,G(iy)$$

erhält dann wegen (14) die Gestalt

$$G(z)=\sum_{\varkappa,\lambda}^{n}{}_{0}\binom{x}{\varkappa}\binom{y}{\lambda}A^{\varkappa}B^{\lambda}.$$

---

nicht neu. Er enthält nur ein bekanntes Resultat über die stetigen Darstellungen der Gruppe der reellen Drehungen

$$\begin{pmatrix}\cos t, & \sin t\\ -\sin t, & \cos t\end{pmatrix}.$$

[1] Für das Ziel unserer Untersuchung ist das ohne Bedeutung

Umgekehrt liefert dieser Ausdruck für jedes Paar vertauschbarer Matrizen A, B des Grades $m+1$, die der Gleichung (20) genügen, eine Lösung von (19) mit nur einer charakteristischen Wurzel 1.

Damit $G(z)$ aber unzerfällbar sei, ist notwendig und hinreichend, daß sich keine Ähnlichkeitsformation angeben lasse, durch die A und B simultan auf die Form

$$\begin{pmatrix} A_1 & 0 \\ 0 & A_2 \end{pmatrix} \text{ und } \begin{pmatrix} B_1 & 0 \\ 0 & B_2 \end{pmatrix}$$

gebracht werden, wobei $A_\varkappa$ und $B_\varkappa$ $(\varkappa = 1, 2)$ von gleichem Grade sind. Es ist aber hier nicht einfach, die Gesamtheit dieser Matrizenpaare mit Hilfe gewisser Normalformen zu kennzeichnen.

Auf Grund des Satzes VII ergibt sich unmittelbar ebenso wie für die entsprechende Funktionalgleichung in der Theorie der gewöhnlichen Funktionen:

XI. *Sind die Koeffizienten der Matrix $K(r)$ für alle positiven reellen Werte von r definierte, stetige Funktionen, und besteht für je zwei positive Zahlen r und s die Gleichung*

$$K(r)\,K(s) = K(rs), \tag{21}$$

so läßt sich $K(r)$ mit Hilfe einer von r unabhängigen Ähnlichkeitstransformation in lauter unzerfällbare Bestandteile der Form

$$r^\alpha P_m(\log r) \qquad (r^\alpha = e^{\alpha \log r})$$

vollständig zerlegen. Hierbei bedeutet α eine beliebige komplexe Zahl, und $P_m(t)$ ist die durch (13) *definierte Matrix.*

In Verbindung mit Satz IX folgt hieraus:

XII. *Sind die Koeffizienten der Matrix $L(v)$ für alle von Null verschiedenen Werte der komplexen Veränderlichen*

$$v = r e^{i\varphi}$$

definierte, an jeder von Null verschiedenen Stelle stetige Funktionen, und besteht für je zwei von Null verschiedene komplexe Werte v und w die Gleichung

$$L(v)\,L(w) = L(vw),$$

so läßt sich $L(v)$ mit Hilfe einer von v unabhängigen Ähnlichkeitstransformation in lauter unzerfällbare Bestandteile der Form

$$r^\alpha e^{\nu i \varphi} P_m(\log r)$$

vollständig zerlegen. Hierbei kann α eine beliebige komplexe Zahl und ν eine beliebige ganze rationale Zahl sein[1].

Man hat bei dem Beweis nur zu beachten, daß

$$L(v) = L(r)\,L(e^{i\varphi})$$

[1] Die Determinanten der Matrizen $K(r)$ und $L(v)$ werden hierbei als von Null verschieden vorausgesetzt. Sonst kommt in beiden Fällen nur noch der Bestandteil 0 hinzu.

wird und daß hierbei $L(r)$ als eine stetige Lösung von (21) und $L(e^{i\phi}) = F(\phi)$ als eine stetige periodische Lösung von (11) erscheint, wobei sich noch wegen Satz IX der Faktor $L(e^{i\phi})$ im Falle der Unzerfällbarkeit auf eine Matrix der Form $e^{\nu i\phi}E$ reduzieren muß.

§ 5.

Die erzeugenden Substitutionen der Gruppe $\mathfrak{U}_n$.

Sind μ und ν zwei voneinander verschiedene Indizes aus der Reihe der Zahlen $1, 2, \cdots, n$, so verstehe man für jeden Wert von t unter $U_{\mu\nu}(t)$ die Substitution

$$x'_\kappa = x_\kappa, \quad x'_\mu = x_\mu + t x_\nu \qquad (\kappa = 1, 2, \cdots, n, \ \kappa \neq \mu)$$

Insbesondere wird

$$[U_{\mu\nu}(t)]^{-1} = U_{\mu\nu}(-t). \tag{22}$$

Es ist bekannt, daß die Substitutionen $U_{\mu\nu}(t)$ die ganze Gruppe $\mathfrak{U}_n$ aller unimodularen Substitutionen in n Veränderlichen erzeugen. Wir haben den Aufbau einer beliebigen unimodularen Substitution mit Hilfe der $U_{\mu\nu}$ noch genauer zu untersuchen.

Ist insbesondere die Unterdeterminante

$$d = \begin{vmatrix} a_{11} & a_{12} & \cdots & a_{1,n-1} \\ a_{21} & a_{22} & \cdots & a_{2,n-1} \\ \cdots & \cdots & \cdots & \cdots \\ a_{n-1,1} & a_{n-1,2} & \cdots & a_{n-1,n-1} \end{vmatrix} \tag{23}$$

von Null verschieden, so bestimme man $s_1, s_2, \cdots, s_n$ und $t_1, t_2, \cdots, t_n$ mit Hilfe der linearen Gleichungen

$$\sum_{\kappa=1}^{n-1} a_{\kappa\lambda} s_\kappa + a_{n\lambda} = 0 \qquad (\lambda = 1, 2, \cdots, n-1)$$

$$\sum_{\lambda=1}^{n-1} a_{\kappa\lambda} t_\lambda + a_{\kappa n} = 0. \qquad (\kappa = 1, 2, \cdots, n-1)$$

Die s_κ und t_λ erscheinen in der Gestalt rationaler Funktionen der $a_{\kappa\lambda}$ mit dem gemeinsamen Nenner d. Setzt man nun

$$K = \begin{pmatrix} 1 & 0 & \cdots & 0 & 0 \\ 0 & 1 & \cdots & 0 & 0 \\ \cdots & \cdots & \cdots & \cdots & \cdots \\ 0 & 0 & \cdots & 1 & 0 \\ s_1 & s_2 & \cdots & s_{n-1} & 1 \end{pmatrix} = U_{n1}(s_1)\, U_{n2}(s_2) \cdots U_{n,n-1}(s_{n-1})$$

und

$$L = \begin{pmatrix} 1 & 0 & \cdots & 0 & t_1 \\ 0 & 1 & \cdots & 0 & t_2 \\ \cdots & \cdots & \cdots & \cdots & \cdots \\ 0 & 0 & \cdots & 1 & t_{n-1} \\ 0 & 0 & \cdots & 0 & 1 \end{pmatrix} = U_{1n}(t_1)\, U_{2n}(t_2) \cdots U_{n-1,n}(t_{n-1}),$$

so wird, wie eine leichte Rechnung zeigt,

$$KAL = \begin{pmatrix} a_{11} & \cdots & a_{1,n-1} & 0 \\ a_{21} & \cdots & a_{2,n-1} & 0 \\ \cdot & \cdot & \cdot & \cdot \\ a_{n-1,1} & \cdots & a_{n-1,n-1} & 0 \\ 0 & \cdots & 0 & \frac{1}{d} \end{pmatrix}$$

Ferner wird, wenn α, β, γ, δ die Ausdrücke

$$\alpha = d-1, \; \beta = 1, \; \gamma = \frac{1-d}{d}, \; \delta = -d$$

bedeuten,

$$\begin{pmatrix} 1 & 0 \\ \alpha & 1 \end{pmatrix} \begin{pmatrix} 1 & \beta \\ 0 & 1 \end{pmatrix} \begin{pmatrix} 1 & 0 \\ \gamma & 1 \end{pmatrix} \begin{pmatrix} 1 & \delta \\ 0 & 1 \end{pmatrix} = \begin{pmatrix} d^{-1} & 0 \\ 0 & d \end{pmatrix},$$

also auch

$$M = U_{n1}(\alpha)\, U_{1n}(\beta)\, U_{n1}(\gamma)\, U_{1n}(\delta) = \begin{pmatrix} d^{-1} & 0 & \cdots & 0 & 0 \\ 0 & 1 & \cdots & 0 & 0 \\ \cdot & \cdot & \cdot & \cdot & \cdot \\ 0 & 0 & \cdots & 1 & 0 \\ 0 & 0 & \cdots & 0 & d \end{pmatrix}.$$

Das liefert

(24) $$MKAL = B = \begin{pmatrix} A_1 & 0 \\ 0 & 1 \end{pmatrix},$$

wo A_1 die Matrix

(25) $$A_1 = \begin{pmatrix} \frac{a_{11}}{d} & \frac{a_{12}}{d} & \cdots & \frac{a_{1,n-1}}{d} \\ a_{21} & a_{22} & \cdots & a_{2,n-1} \\ \cdot & \cdot & \cdot & \cdot \\ a_{n-1,1} & a_{n-1,2} & \cdots & a_{n-1,n-1} \end{pmatrix}$$

bedeutet, also eine unimodulare Substitution in $n-1$ Veränderlichen.

Folglich wird

(26) $$A = PBQ,$$

und hierbei wird wegen (22)

(27) $$P = K^{-1}M^{-1} = U_{n,n-1}(-s_{n-1}) \cdots U_{n1}(-s_1)\, U_{1n}(-\delta) \cdots U_{n1}(-\alpha)$$

(28) $$Q = L^{-1} = U_{n-1,n}(-t_{n-1}) \cdots U_{1n}(-t_1)$$

Produkte gewisser $U_{\mu\nu}(t_{\mu\nu})$ mit Argumenten $t_{\mu\nu}$, die wohlbestimmte Ausdrücke der Form

(29) $$t_{\mu\nu} = \frac{1}{d} G_{\mu\nu}(a_{11}, a_{12}, \cdots a_{nn})$$

mit ganzen rationalen $G_{\mu\nu}$.

Die Formeln gelten unverändert auch für die Gruppe $\mathfrak{B}_n$ aller reellen unimodularen Substitutionen.

§ 6.

Die stetigen Darstellungen der Gruppen $\mathfrak{U}_n$ und $\mathfrak{B}_n$.

XIII. *(Der Weyl-v. Neumannsche Satz.) Jede stetige Darstellung der Gruppe $\mathfrak{B}_n$ aller reellen unimodularen Substitutionen in n Veränderlichen ist rational und demnach vollständig reduzibel.*

Der Beweis ergibt sich auf Grund unserer bisherigen Ergebnisse recht einfach auf folgendem Wege.

Es sei irgendeine stetige Darstellung von $\mathfrak{B}_n$ gegeben, bei der jeder Substitution $A = (a_{\varkappa\lambda})$ von $\mathfrak{B}_n$ die Substitution $T(A) = (c_{\varrho\sigma})$ in N Veränderlichen zugeordnet wird. Wir dürfen wie bei jedem Darstellungsproblem annehmen, daß die Determinanten der $T(A)$ von Null verschieden sind.

Für jedes feste Indizespaar $\mu, \nu\, (\mu \neq \nu)$ setze man

$$T(U_{\mu\nu}(t)) = F_{\mu\nu}(t). \qquad (t \text{ reell}) \tag{30}$$

Da offenbar für je zwei Größen t und u

$$U_{\mu\nu}(t)\, U_{\mu\nu}(u) = U_{\mu\nu}(t+u)$$

wird und für je zwei Substitutionen A und B von $\mathfrak{B}_n$

$$T(A)\, T(B) = T(AB) \tag{31}$$

sein soll, so wird auch

$$F_{\mu\nu}(t)\, F_{\mu\nu}(u) = F_{\mu\nu}(t+u). \tag{32}$$

Nach Voraussetzung sind die Koeffizienten $f_{\varrho\sigma}(t)$ von $F_{\mu\nu}(t)$ stetige Funktionen der reellen Variabeln t. Aus Satz VIII folgt daher, daß alle $f_{\varrho\sigma}(t)$ die Form

$$f_{\varrho\sigma}(t) = \sum_{\varkappa=1}^{r} p_\varkappa(t)\, e^{\alpha_\varkappa t}$$

haben, wobei die $\alpha_\varkappa$ reelle oder komplexe Zahlen um die $p_\varkappa(t)$ Polynome sind[1]. Dafür können wir auch sagen, daß $F_{\mu\nu}(t)$ die Gestalt

$$F_{\mu\nu}(t) = \sum_{\varkappa=1}^{r} R_\varkappa(t)\, e^{\alpha_\varkappa t} \tag{33}$$

hat, wobei die Koeffizienten der Matrizen $R_\varkappa(t)$ ganze rationale Funktionen von t sind. Wir dürfen annehmen, daß die $\alpha_\varkappa$ voneinander verschieden sind und daß keine der Matrizen $R_\varkappa(t)$ sich auf die Nullmatrix reduziert.

Nun ist aber für jedes (reelle) von Null verschiedene β

$$\begin{pmatrix} \beta & 0 \\ 0 & \beta^{-1} \end{pmatrix} \begin{pmatrix} 1 & t \\ 0 & 1 \end{pmatrix} \begin{pmatrix} \beta^{-1} & 0 \\ 0 & \beta \end{pmatrix} = \begin{pmatrix} 1 & \beta^2 t \\ 0 & 1 \end{pmatrix}$$

[1] Es ist bemerkenswert, daß man hier den präziseren Satz VII nicht heranzuziehen braucht. Dieser Satz spielt erst bei der Diskussion der Gruppen $\mathfrak{K}_n$ und $\mathfrak{N}_n$ eine wichtige Rolle.

und daher auch

$$(34) \qquad V_{\mu\nu} U_{\mu\nu}(t) V_{\mu\nu}^{-1} = U_{\mu\nu}(\beta^2 t),$$

wenn unter $V_{\mu\nu}$ die unimodulare Substitution

$$x'_\varkappa = x_\varkappa, \quad x'_\mu = \beta x_\mu, \quad x'_\nu = \beta^{-1} x_\nu \qquad (\varkappa = 1, 2, \cdots n, \varkappa \neq \mu, \varkappa \neq \nu)$$

verstanden wird. Bedeutet H die Substitution $T(V_{\mu\nu})$, so folgt aus (34)

$$H F_{\mu\nu}(t) H^{-1} = F_{\mu\nu}(\beta^2 t),$$

also wegen (33)

$$(35) \qquad \sum_{\varkappa=1}^{r} H R_\varkappa(t) H^{-1} \cdot e^{\alpha_\varkappa t} = \sum_{\varkappa=1}^{r} R_\varkappa(\beta^2 t) e^{\beta^2 \alpha_\varkappa t}.$$

Da nun aber Exponentialfunktionen der Form $e^{\alpha t}$ im Gebiete der ganzen rationalen Funktionen von t linearer unabhängig sind, erfordert dies, daß $r = 1$ und $\alpha_1 = 0$ wird. Denn sonst könnte $\beta \neq 0$ so gewählt werden, daß die r Größen $\beta^2 \alpha_\varkappa$ nicht mit den r Größen $\alpha_\varkappa$ übereinstimmen, was eine unmögliche Beziehung ergeben würde.

Folglich sind für jedes Indizespaar μ, ν die Koeffizienten $f_{\varrho\sigma}(t)$ der Matrix (30) wohlbestimmte ganze rationale Funktionen von t.

Sei nun $A = (a_{\varkappa\lambda})$ eine beliebige Substitution der Gruppe $\mathfrak{B}_n$, von der wir nur annehmen, daß die durch (23) gekennzeichnete Unterdeterminante d von Null verschieden ist. Es gilt dann die Formel (26), aus der wegen (31)

$$T(A) = T(P)\, T(B)\, T(Q)$$

folgt. Hier erscheinen $T(P)$ und $T(Q)$ wegen (37) und (38) als Produkte gewisser unter den Matrizen (30) mit Argumenten $t_{\mu\nu}$, die nach dem Früheren rationale Funktionen der $a_{\varkappa\lambda}$ von der Form (29) sind. Daher sind die Koeffizienten von $T(P)$ und $T(Q)$ wohlbestimmte rationale Funktionen der $a_{\varkappa\lambda}$ mit Nennern, die Potenzen von d sind.

Läßt man ferner in (24) A_1 alle reellen unimodularen Substitutionen in $n-1$ Veränderlichen durchlaufen, so liefern offenbar die Matrizen $T(B)$ eine stetige Darstellung der Gruppe $\mathfrak{B}_{n-1}$. Nehmen wir unseren Satz, der für $n = 1$ gewiß richtig ist, für $\mathfrak{B}_{n-1}$ schon als bewiesen an, so können wir schließen, daß die Koeffizienten von $T(B)$ rationale, und zwar (vgl. Satz VI) *ganze* rationale Funktionen der Koeffizienten der Matrix (25) sind.

Dies zeigt aber, daß sich eine wohlbestimmte Matrix

$$T_1(A) = (c'_{\varrho\sigma}) \qquad (\varrho, \sigma = 1, 2, \cdots, N)$$

angeben läßt, deren Koeffizienten rationale Funktionen der $a_{\varkappa\lambda}$ mit Nennern der Form d^k sind, so daß für jede Substitution A von $\mathfrak{B}_n$, für die $d \neq 0$ ist,

$$T(A) = T_1(A)$$

wird.

Nun soll doch aber für je zwei Substitutionen von $\mathfrak{B}_n$ die Gleichung (31) bestehen. Wählen wir A und B so, daß für A, B und AB die mit

Hilfe der $n-1$ ersten Zeilen und Spalten gebildeten Unterdeterminanten d, d' und d'' von Null verschieden ausfallen, so geht (31) in

$$T_1(A)\,T_1(B) = T_1(AB)$$

über. Dies liefert nur N^2 Relationen zwischen rationalen Funktionen der $a_{\varkappa\lambda}$ und $b_{\varkappa\lambda}$. Bestehen sie stets, wenn $dd'd'' \neq 0$ ist, so müssen sie rein formal gelten, d. h. nach Fortschaffen der Nenner Identitäten liefern. Dies gilt offenbar auch, wenn die $a_{\varkappa\lambda}$ und $b_{\varkappa\lambda}$ der Bedingung unterworfen werden, daß die Determinanten $|a_{\varkappa\lambda}|$ und $|b_{\varkappa\lambda}|$ gleich 1 sein sollen.

Dies besagt aber nur, daß $T_1(A)$ eine rationale Darstellung der Gruppe $\mathfrak{B}_n$ liefert. Nach Satz VI kann daher eine Matrix

$$S(A) = (c''_{\varrho\sigma})$$

mit *ganzen* rationalen Funktionen $c''_{\varrho\sigma}$ der $a_{\varkappa\lambda}$ bestimmt werden, die für alle unimodularen Substitutionen A mit $T_1(A)$ übereinstimmt.

Die stetigen Funktionen $c_{\varrho\sigma}$ der $a_{\varkappa\lambda}$ stimmen also mit den ganzen rationalen Funktionen $c''_{\varrho\sigma}$ für jede reelle unimodulare Substitution A mit nicht verschwindendem d überein. Aus der Stetigkeit der Funktionen $c_{\varrho\sigma}$ und $c''_{\varrho\sigma}$ folgt hieraus offenbar, daß sie auch dann übereinstimmen, wenn $d = 0$ wird. Die Darstellung $T(A)$ ist also identisch mit der ganzen rationalen Darstellung $S(A)$, w. z. b. w.

Genau dieselbe Betrachtung gilt auch für die Gruppe $\mathfrak{U}_n$. Der Unterschied ist nur der, daß wir bei der »Funktionalgleichung« (32) auch komplexe t, u zulassen müssen. Auf Grund des Satzes X tritt daher, wenn $t = x + iy$ ist, an Stelle von (33) eine Gleichung der Form

$$F_{\mu\nu}(t) = \sum_{\varkappa=1}^{r} R_\varkappa(x, y)\, e^{\alpha_\varkappa x + \beta_\varkappa y},$$

wobei die Koeffizienten von $R_\varkappa(x, y)$ ganze rationale Funktionen von x und y sind. Ferner erhalten wir bei reellem β an Stelle von (35) eine Gleichung der Form

$$\sum_{\varkappa=1}^{r} H R_\varkappa(x, y) H^{-1} \cdot e^{\alpha_\varkappa x + \beta_\varkappa y} = \sum_{\varkappa=1}^{r} R_\varkappa(\beta^2 x, \beta^2 y) \cdot e^{\beta^2(\alpha_\varkappa x + \beta_\varkappa y)}.$$

Für beliebiges $\beta \neq 0$ kann aber eine solche Gleichung wieder nur gelten, wenn $r = 1$, $\alpha_1 = \beta_1 = 0$ ist, also alle Koeffizienten von $F_{\mu\nu}(t)$ ganze rationale Funktionen von x und y sind. Im weiteren Verlauf der Betrachtung hat man anstatt der rationalen Funktionen der $a_{\varkappa\lambda}$ »semirationale« Funktionen heranzuziehen, ohne daß sich das Wesen der Untersuchung ändert.

So gelangen wir zu dem Satz

XIV. *Jede stetige Darstellung der Gruppe $\mathfrak{U}_n$ aller komplexen unimodularen Substitutionen in n Veränderlichen ist semirational und daher vollständig reduzibel.*

§ 7.

Eine Ergänzung zum Satze XIII.

XV. *Jede stetige Darstellung der Gruppe $\mathfrak{W}_n$ aller reellen Substitutionen in n Veränderlichen mit den Determinanten ± 1 ist rational und vollständig reduzibel.*

Die Gruppe $\mathfrak{W}_n$ enthält die Gruppe $\mathfrak{V}_n$ als invariante Untergruppe. Versteht man unter J die Substitution

$$x'_1 = -x_1\,,\quad x'_2 = x_2\,, \cdots,\quad x'_n = x_n\,,$$

so wird

$$\mathfrak{W}_n = \mathfrak{V}_n + J\mathfrak{V}_n.$$

Die Substitutionen von $\mathfrak{V}_n$ bezeichnen wir im folgenden mit A, die Substitutionen JA der Nebengruppe mit B. Insbesondere wird

$$J^2 = E_n\,,\quad JAJ^{-1} = A^*, \tag{36}$$

wobei A^* wieder zu $\mathfrak{V}_n$ gehört und einen wohlbestimmten Automorphismus dieser Gruppe kennzeichnet[1].

Unser Satz braucht offenbar nur für unzerfällbare stetige Darstellungen von $\mathfrak{W}_n$ (mit nicht verschwindenden Determinanten) bewiesen zu werden. Wird hierbei der Substitution W von $\mathfrak{W}_n$ die Substitution $T(W)$ in N Veränderlichen zugeordnet, so liefern insbesondere die $T(A)$ eine stetige Darstellung der Gruppe $\mathfrak{V}_n$. Setzt man $T(J) = H$, so muß wegen (36)

$$H^2 = E_N\,,\quad HT(A)H^{-1} = T(A^*)$$

werden, außerdem muß

$$T(B) = T(JA) = HT(A) \tag{37}$$

sein.

Die Darstellung $T(A)$ von $\mathfrak{V}_n$ ist, wie wir schon wissen, vollständig reduzibel, und es darf ohne Beschränkung der Allgemeinheit vorausgesetzt werden, daß schon

$$T(A) = \begin{pmatrix} T_1(A) & 0 & \cdots & 0 \\ 0 & T_2(A) & \cdots & 0 \\ \cdot & \cdot & \cdots & \cdot \\ 0 & 0 & \cdots & T_m(A) \end{pmatrix}$$

in die irreduziblen Darstellungen $T_\varkappa(A)$ vollständig zerfällt. Wird entsprechend

$$H = \begin{pmatrix} H_{11} & H_{12} & \cdots & H_{1m} \\ H_{21} & H_{22} & \cdots & H_{2m} \\ \cdot & \cdot & \cdots & \cdot \\ H_{m1} & H_{m2} & \cdots & H_{mm} \end{pmatrix}$$

gesetzt, so folgt aus der zweiten der Gleichungen (36)

$$H_{\varkappa\lambda} T_\lambda(A) = T_\varkappa(A^*) H_{\varkappa\lambda}. \qquad (\varkappa, \lambda = 1, 2, \cdots, m) \tag{38}$$

---

[1] Mit E_ν wird im folgenden für jedes ν die Einheitsmatrix ν-ten Grades bezeichnet. Ist n ungerade, so kann man statt mit J das invariante Element $-E_n$ von $\mathfrak{W}_n$ benutzen. Die Beweisführung wird hierdurch aber nur unwesentlich vereinfacht.

Der irreduziblen stetigen Darstellung $T_\varkappa(A)$ von $\mathfrak{B}_n$ kann aber (nach Satz V und Satz XIII) eine ganze rationale (irreduzible) Darstellung $S_\varkappa(K)$ der Gruppe $\mathfrak{K}_n$ zugeordnet werden, die speziell für die Substitutionen $K = A$ von $\mathfrak{B}_n$ mit $T_\varkappa(A)$ zusammenfällt. Dann wird auch wegen (36)

$$S_\varkappa(J) S_\varkappa(A) [S_\varkappa(J)]^{-1} = S_\varkappa(A^*). \tag{39}$$

Dies zeigt, daß $T_\varkappa(A^*)$ und $T_\varkappa(A)$ einander ähnliche Darstellungen von $\mathfrak{B}_n$ sind. Sind daher $T_\varkappa(A)$ und $T_\lambda(A)$ nicht einander ähnliche Darstellungen, so folgt nach einem bekannten Satze[1], daß $H_{\varkappa\lambda} = 0$ werden muß, und es ergibt sich nun leicht, daß, wenn $T(W)$ unzerfällbar sein soll, alle m Darstellungen $T_\varkappa(A)$ einander ähnlich sein müssen. Wir dürfen folglich annehmen, daß

$$T_1(A) = T_2(A) = \cdots = T_m(A) \tag{40}$$

wird.

Durch die Gleichung (38) ist für jedes Indizespaar $H_{\varkappa\lambda}$ bis auf einen konstanten Faktor eindeutig bestimmt (vgl. Fußnote 1). Da wegen (39) und (40) stets $S_1(J)$ eine Lösung ist, muß

$$H_{\varkappa\lambda} = c_{\varkappa\lambda} S_1(J) \qquad (c_{\varkappa\lambda} \text{ konstant})$$

sein. Bezeichnet man nun die Matrix $(c_{\varkappa\lambda})$ des Grades k mit C, so kann mit Hilfe der KRONECKER-HURWITZschen Produktbildung

$$T(A) = E_m \times T_1(A), \quad H = C \times S_1(J)$$

gesetzt werden. Hierbei muß $C^2 = E_m$ werden, weil sowohl H als auch $S_1(J)$ periodisch mit der Periode 2 sind.

Ersetzt man C durch eine ähnliche Matriz C_1, so bedeutet das nur den Übergang von $T(W)$ zu einer ähnlichen Darstellung. Wegen $C^2 = E_m$ kann aber

$$C_1 = \begin{pmatrix} \pm 1 & 0 & \ldots & 0 \\ 0 & \pm 1 & \ldots & 0 \\ \ldots & \ldots & \ldots & \ldots \\ 0 & 0 & \ldots & \pm 1 \end{pmatrix}$$

gewählt werden. Dies zeigt, daß $m = 1$ sein muß, da sonst $T(W)$ nicht unzerfällbar wäre. Beachtet man, daß

$$T_1(A) = S_1(A), \quad S_1(JA) = S_1(J)\, S_1(A)$$

ist, so können wir sagen, daß

$$T(A) = S_1(A), \quad T(B) = \pm S_1(B)$$

wird.

---

[1] Vgl. meine Arbeit *Neue Begründung der Theorie der Gruppencharaktere*, Sitzungsberichte der Berliner Akademie 1905, S. 406—432, § 2.

Steht hier das Pluszeichen, so wird für jede Substitution W von $\mathfrak{W}_n$

$$T(W) = S_1(W).$$

Im Falle des Minuszeichens darf aber

$$T(W) = |W|.\ S_1(W)$$

gesetzt werden. In beiden Fällen ergibt sich, daß $T(W)$ von den Koeffizienten der Substitution W rational abhängt, und zwar noch genauer aus einer ganzen rationalen Darstellung der Gruppe $\mathfrak{K}_n$ hervorgeht. Das gilt dann auch für zerfällbare stetige Darstellungen von $\mathfrak{W}_n$. Zugleich hat sich vollständige Reduzibilität ergeben.

§ 8.

Die stetigen Darstellungen der Gruppen $\mathfrak{R}_n$ und $\mathfrak{K}_n$.

XVI. *Jede unzerfällbare stetige Darstellung $T(A)$ der Gruppe $\mathfrak{R}_n$ aller reellen Substitutionen A in n Veränderlichen mit nicht verschwindenden Determinanten D läßt sich durch eine (konstante) Ähnlichkeitsformation auf die Form*

$$T(A) = |D|^{\alpha}\ P_m(\log|D|) \times S(A) \tag{41}$$

bringen. Hierbei bedeutet α eine reelle oder komplexe Zahl, unter $P_m(t)$ ist für jedes t die durch die Gleichung (13) definierte Matrix und unter $S(A)$ eine irreduzible g a n z e *rationale Darstellung der Gruppe $\mathfrak{R}_n$ zu verstehen.*

Der Beweis läßt sich sehr einfach erbringen. Die Gruppe $\mathfrak{R}_n$ kann als das direkte Produkt der durch alle reellen Substitutionen W mit den Determinanten ± 1 gebildeten Gruppe $\mathfrak{W}$ und der Gruppe $\mathfrak{Q}$ aller Substitutionen $Q = rE_n$ mit positivem r aufgefaßt werden. Für jede beliebige Substitution $A = (a_{\varkappa\lambda})$ von $\mathfrak{R}_n$ hat man

$$Q = |D|^{\frac{1}{n}}.\ E_n,\ W = \left(\frac{a_{\varkappa\lambda}}{|D|^{\frac{1}{n}}}\right)$$

zu setzen, um A in der Form $QW = WQ$ darzustellen.

Ist nun $T(A)$ eine unzerfällbare stetige Darstellung von $\mathfrak{R}_n$, so liefern die $T(W)$ eine stetige Darstellung der Gruppe $\mathfrak{W}$, die nach Satz XV vollständig reduzibel ist. Man darf schon annehmen, daß $T(W)$ in die irreduziblen Bestandteile $T_1(W)$, $T_2(W)$, ... $T_m(W)$ vollständig zerfällt. Da nun jedes $T(Q)$ mit allen $T(W)$ vertauschbar sein muß, so schließt man ganz ähnlich wie im vorigen Paragraphen, daß

$$T_1(W) = T_2(W) = \ldots = T_m(W)$$

gewählt werden darf, und daß dann

$$T(W) = E_m \times T_1(W),\ T(Q) = C \times E_k$$

wird, wenn k den Grad der Matrix $T_1(W)$ bedeutet.

Nun ist aber, wenn $Q = rE_n$ und $C = K(r)$ gesetzt wird, für je zwei positive Zahlen r und s offenbar

$$K(r)\ K(s) = K(rs),$$

wobei die Koeffizienten der Matrix $K(r)$ stetige Funktionen der Veränderlichen r sein müssen. Aus dem Satze XI folgt, daß $T(A)$ nur dann unzerfällbar sein kann, wenn $C = K(r)$ durch eine konstante Ähnlichkeitstransformation auf die Form $r^{\beta}\ P_m(\log r)$ gebracht werden kann. An Stelle von $P_m(\log r)$ darf hier aber auch $P_m(n \log r)$ gesetzt werden. Denn aus

$$\begin{pmatrix} \alpha^{-1} & 0 \\ 0 & \alpha \end{pmatrix} \begin{pmatrix} 1 & 0 \\ t & 1 \end{pmatrix} \begin{pmatrix} \alpha & 0 \\ 0 & \alpha^{-1} \end{pmatrix} = \begin{pmatrix} 1 & 0 \\ \alpha^2 t & 0 \end{pmatrix}$$

folgt durch Anwendung der m-ten Potenztransformation, daß $P_m(t)$ für jedes $\gamma \neq 0$ durch eine konstante Ähnlichkeitsformation in $P_m(\gamma t)$ übergeführt werden kann.

Wir dürfen daher annehmen, daß bereits

$$C = r^{\alpha' n} \cdot P_m(n \log r)$$

ist. Dann wird aber

$$T(r\,W) = r^{\alpha' n} \cdot P_m(n \log r) \times T_1(W),$$

also für $A = |D|^{\frac{1}{n}} W$

$$T(A) = |D|^{\alpha'} \cdot P_m(\log |D|) \times T_1(W).$$

Der irreduziblen Darstellung $T_1(W)$ läßt sich aber nach der am Schluß des vorigen Paragraphen gemachten Bemerkung eine irreduzible ganze rationale Darstellung $S(A)$ von $\mathfrak{R}_n$ (oder, was hier dasselbe ist, von $\mathfrak{K}_n$) zuordnen, die für alle W mit $T_1(W)$ übereinstimmt. Eine solche Darstellung $S(A)$ ist aber homogen von einem gewissen Grade l (vgl. D., Abschnitt I). Da $W = |D|^{-\frac{1}{n}} \cdot A$ ist, wird

$$T_1(W) = S(W) = |D|^{-\frac{l}{n}} \cdot S(A).$$

Setzt man $\alpha = \alpha' - \dfrac{l}{n}$, so erhält $T(A)$ die verlangte Form (41).

Man überzeugt sich auch leicht, daß umgekehrt jeder Ausdruck der Form (41) eine unzerfällbare stetige Darstellung der Gruppe $\mathfrak{R}_n$ liefert, sobald die ganze rationale Darstellung $S(A)$ nur irreduzibel ist. Dies erkennt man auf Grund des in der Einleitung erwähnten Kriteriums, indem man zeigt, daß jede Matrix, die mit allen $T(A)$ vertauschbar ist, von der Form $M \times E_k$ sein muß, wo M mit allen $P_m(t)$ vertauschbar, also eine ganze rationale Funktion von $P_m(1)$ ist (vgl. § 3). Eine solche Matrix M hat aber nur eine charakteristische Wurzel, dasselbe gilt daher auch für $M \times E_k$.

Man hat noch zu beachten, daß $S(A)$ durch $T(A)$ nicht eindeutig bestimmt ist. Für jede positive gerade ganze Zahl p kann vielmehr $T(A)$ auch in der Form

$$T(A) = |D|^{\alpha-p} \cdot P_m(\log|D|) \times S'(A)$$

geschrieben werden, wobei $S'(A) = D^p \cdot S(A)$ zu setzen ist. Dagegen ist $|D|^\alpha\ S(A)$ als der einzige irreduzible Bestandteil von $T(A)$ eindeutig charakterisiert. Hieraus folgt zugleich, daß eine zweite unzerfällbare Darstellung

$$T'(A) = |D|^{\alpha_1} \cdot P_{m_1}(\log|D|) \times S_1(A)$$

nur dann mit $T(A)$ ähnlich ist, wenn $m = m_1$, und $|D|^{\alpha_1}\ S_1(A)$ der Darstellung $|D|^\alpha\ S(A)$ ähnlich ist, was offenbar erfordert, daß $\alpha_1 - \alpha$ eine gerade ganze Zahl wird.

XVII. *Jede unzerfällbare stetige Darstellung der Gruppe $\mathfrak{R}_n$ aller komplexen Substitutionen A in n Veränderlichen mit nicht verschwindenden Determinanten*

$$D = |D| e^{i\phi} \qquad (0 \leqq \phi < 2\pi)$$

läßt sich durch eine konstante Ähnlichkeitstransformation auf die Form

$$T(A) = |D|^\alpha e^{i\nu\phi}\ P_m(\log|D|) \times S'(A) \times S''(\bar{A}) \tag{42}$$

bringen. Hierbei bedeutet α eine komplexe und ν eine ganze rationale Zahl, die Matrix $P_m(t)$ hat die frühere Bedeutung, unter $S'(A)$ und $S''(A)$ sind zwei ganze rationale irreduzible Darstellungen der Gruppe $\mathfrak{R}_n$ und unter $\bar{A}$ die zu A konjugiert komplexe Matrix zu verstehen (vgl. hierzu die Bemerkung auf S. 122).

Der Beweis verläuft ganz ähnlich wie beim Satze XVI. Die Gruppe $\mathfrak{R}_n$ denken wir uns mit Hilfe der Gruppe $\mathfrak{U}_n$ aller unimodularen Substitutionen U und der Gruppe $\mathfrak{Q}$ aller Multiplikationen $Q = v E_n$ erzeugt. Setzt man

$$D^{\frac{1}{n}} = |D|^{\frac{1}{n}} e^{\frac{i\phi}{n}}, \quad A = D^{\frac{1}{n}}\, U, \tag{43}$$

so ist die unimodulare Substitution U durch A eindeutig bestimmt.

Ist nun $T(A)$ eine unzerfällbare stetige Darstellung von $\mathfrak{R}_n$, so kann man wieder, da die Darstellung $T(U)$ von $\mathfrak{U}_n$ nach Satz XIV vollständig reduzibel ist, durch eine auf $T(A)$ angewandte Ähnlichkeitstransformation erreichen, daß

$$T(U) = E_m \times T_1(U), \quad T(Q) = C \times E_k$$

wird, wo $T_1(U)$ eine irreduzible Darstellung von $\mathfrak{U}_n$ bedeutet. Hierbei muß, wenn wieder $Q = v E_n$ ist, $C = L(v)$ eine stetige Lösung der Gleichung

$$L(v)\,L(w) = L(vw) \qquad (vw \neq 0)$$

sein. Nach Satz XII kann daher angenommen werden, daß C die Form

$$C = r^\beta e^{i\lambda\phi} P_m(n \log r) \qquad (v = re^{i\phi}, \lambda = 0, \pm 1, \pm 2, \cdots)$$

hat. Das liefert (vgl. die Formeln (43))

$$T(A) = |D|^{\frac{\beta}{n}} e^{\frac{i\lambda\phi}{n}} P_m(\log|D|) \times T_1(U)$$

Nun läßt sich aber nach den Sätzen IV und XIV zu $T_1(U)$ eine irreduzible ganze semirationale Darstellung $S_1(A)$ der Gruppe $\mathfrak{K}_n$ angeben, die für alle U von $\mathfrak{U}_n$ mit $T_1(U)$ übereinstimmt und in der Form

$$S_1(A) = S'(A) \times S''(\bar{A})$$

gewählt werden darf, wo $S'(A)$ und $S''(A)$ zwei ganze rationale irreduzible Darstellungen von $\mathfrak{K}_n$ sind. Da $S'(A)$ und $S''(A)$ wieder homogen etwa von den Graden l' und l'' sind, wird

$$T_1(U) = |D|^{-\frac{l'+l''}{n}} e^{\frac{l''-l'}{n} i\phi} S'(A) \times S''(\bar{A}).$$

Das liefert $T(A)$ in der Form (42), nur daß ν noch nicht als ganze rational, sondern in Form eines Bruches $\frac{\mu}{n}$ erscheint.

Soll nun aber (42) eine Darstellung der Gruppe $\mathfrak{K}_n$ liefern, so muß das auch für

$$f(A) = e^{i\nu\phi}$$

der Fall sein, d. h. sind ϕ, ϕ' und ϕ'' die im Intervall $0 \leq \phi < 2\pi$ gelegenen Amplituden der Determinanten der Substitutionen A, B und AB, so soll

$$e^{i\nu(\phi+\phi')} = e^{i\nu\phi''}$$

sein. Wählt man z. B. A und B so, daß $\phi = \phi' = \pi$ wird, so ist $\phi'' = 0$ zu setzen. Das liefert $e^{2\pi i\nu} = 1$, folglich muß ν ganzzahlig sein.

Man erkennt wieder wie auf S. 120, daß jede Darstellung der Form (42) unzerfällbar ist, sobald $S'(A)$ und $S''(A)$ irreduzible ganze rationale Darstellungen sind. Ferner übersieht man auch leicht, wann zwei unzerfällbare Darstellungen dieser Art einander ähnlich sind.

Es sei noch bemerkt, daß man wegen

$$e^{i\phi} = \frac{D}{|D|}, \quad e^{-i\phi} = \frac{\bar{D}}{|D|}$$

den in (42) auftretenden Faktor $e^{i\nu\phi}$ auch fortlassen kann, ohne daß für $S'(A)$ und $S''(A)$ auch gebrochene rationale Darstellungen von $\mathfrak{K}_n$ zugelassen werden.

Da wir die irreduziblen ganzen rationalen Darstellungen der Gruppe $\mathfrak{K}_n$ auf Grund der Ergebnisse meiner Dissertation vollkommen beherrschen, werden durch die Sätze XVI und XVII sämtliche stetige Darstellungen der Gruppen $\mathfrak{R}_n$ und $\mathfrak{K}_n$ genau bestimmt.

§ 9.

Die uneigentlichen Gruppen $\mathfrak{G}_n$ und $\mathfrak{H}_n$.

Die Darstellungstheorie erfordert nicht, daß die gegebene Gruppe $\mathfrak{G}$, deren Darstellungen durch lineare homogene Substitutionen bestimmt werden sollen, eine »eigentliche« Gruppe mit Einheitselement und inversen Elementen sei. Sie umfaßt auch den Fall einer »uneigentlichen« Gruppe $\mathfrak{G}$, von der nur vorausgesetzt wird, daß je zwei Elementen A und B von $\mathfrak{G}$ ein eindeutig bestimmtes »Produkt« AB mit assoziativem Kompositionsgesetz zugeordnet wird.

Derartige uneigentliche Gruppen sind insbesondere die Gesamtheit $\mathfrak{G}_n$ aller linearen homogenen Substitutionen G in n Veränderlichen und die Gruppe $\mathfrak{H}_n$ aller reellen Substitutionen von $\mathfrak{G}_n$. Man kann sich auch hier die Aufgabe stellen, alle stetigen Darstellungen $T(G)$ von $\mathfrak{G}_n$ (bzw. $\mathfrak{H}_n$) näher zu kennzeichnen.

Man setze

$$\mathfrak{G}_n = \mathfrak{K}_n + \mathfrak{L}_n,$$

wo $\mathfrak{K}_n$ (wie früher) alle Substitutionen A von nicht verschwindender Determinante D und $\mathfrak{L}_n$ alle Substitutionen B mit der Determinante o umfaßt. Jedes B läßt sich dann als Limes von Substitutionen $A_1, A_2, \cdots$ aus $\mathfrak{K}_n$ auffassen. Wird jeder Substitution G von $\mathfrak{G}_n$ eine Matrix $T(G)$ des Grades N zugeordnet, so haben wir es offenbar dann und nur dann mit einer stetigen Darstellung von $\mathfrak{G}_n$ zu tun, wenn die $T(A)$ eine stetige Darstellung von $\mathfrak{K}_n$ bilden und außerdem stets aus

$$\lim_{\nu \to \infty} A_\nu = B$$

auch

$$\lim_{\nu \to \infty} T(A_\nu) = T(B) \tag{44}$$

folgt. Hierzu ist nur erforderlich, daß dasselbe bei irgendeiner vollständigen Zerlegung von $T(A)$ in unzerfällbare Bestandteile für jeden dieser Bestandteile der Fall sei. Wir können uns daher wieder von vornherein auf das Studium der unzerfällbaren Darstellungen beschränken.

Es ist nun folgendes zu beachten: Geht man von einer beliebigen Darstellung $T(A)$ von $\mathfrak{K}_n$ in N Variabeln aus, so erhält man eine (nicht notwendig stetige) Darstellung $T(G)$ von $\mathfrak{G}_n$, indem man für jedes B aus L_n für $T(B)$ die Nullmatrix des Grades N vorschreibt. Eine solche Darstellung von $\mathfrak{G}_n$ heiße kurz *trivial*.

Wir haben uns nur zu fragen, wann für eine unzerfällbare Darstellung der Gruppe $\mathfrak{K}_n$, die schon auf die Form (42) gebracht sei, die Stetigkeitsforderung (44) erfüllt ist, und wann hierbei insbesondere eine nicht triviale Darstellung von $\mathfrak{G}_n$ entsteht.

Offenbar darf man sich dabei auf den Fall beschränken, daß für keine der beiden in (42) auftretenden ganzen rationalen Darstellungen $S'(A)$ und $S''(A)$ alle Koeffizienten durch D teilbar sind[1]. Dann liefert, wie man sich leicht überlegt, der Faktor $S'(A) \times S''(\bar{A})$ die ganze rationale *nicht triviale* Darstellung $S'(G) \times S''(\bar{G})$ von $\mathfrak{G}_n$[2]. Es kommt dann nur noch auf das Verhalten des Faktors

$$T'(A) = |D|^{\alpha} e^{i\nu\phi} P_m(\log|D|)$$

an.

[1] Hierzu ist nach den Ergebnissen meiner Dissertation notwendig und hinreichend, daß die Charakteristiken von $S'(A)$ und $S''(A)$ nicht durch D teilbar seien.

[2] Dies lehrt schon (vgl. D., Abschnitt I) die Betrachtung der Substitionen der Form

$$x'_1 = w_1 x_1, \quad x'_2 = w_2 x_2, \cdots, \quad x'_n = w_n x_n.$$

Soll $T'(A)$ eine stetige Darstellung $T'(G)$ von $\mathfrak{G}_n$ liefern, so muß offenbar α entweder einen positiven Realteil a besitzen oder gleich 0 sein. Ist $a > 0$, so entsteht, wie auch ν und m gewählt werden, eine triviale Darstellung $T'(G)$. Soll also diese Darstellung nicht trivial sein, so muß $\alpha = 0$ sein. In diesem Fall wird aber, wie man unmittelbar einsieht, $T'(G)$ nur dann stetig, wenn $\nu = 0$ und $m = 0$, d. h.

$$T'(A) = 1\,, \quad T(A) = S'(A) \times S''(\bar{A})$$

wird.

Das Analoge ergibt sich auf Grund des Satzes XVI noch etwas einfacher für die Gruppe $\mathfrak{H}_n$.

Wir gelangen auf diese Weise zu dem Satz

XVIII. *Soll eine stetige unzerfällbare Darstellung der uneigentlichen Gruppe $\mathfrak{G}_n$ nicht trivial sein, so muß sie eine irreduzible ganze semirationale Darstellung sein. Handelt es sich um die Gruppe $\mathfrak{H}_n$, so kommt nur eine irreduzible ganze rationale Darstellung in Betracht.*

Zu beachten ist noch folgendes. Für die Gruppe $\mathfrak{H}_n$ liefert z. B. die Darstellung

$$T(A) = |D|^{\frac{1}{2}} P_m(\log |D|)$$

von $\mathfrak{R}_n$ für jedes $m \geqq 0$ eine (triviale) stetige Darstellung von $\mathfrak{H}_n$. Diese Darstellung ist aber nicht differenzierbar. Denn z. B. ist für die Substitution

$$(A) \qquad x'_1 = a x_1\,, \quad x'_2 = x_2\,, \cdots, \quad x'_n = x_n \qquad (a > 0)$$

der in $T(A)$ auftretende Koeffizient $a^{\frac{1}{2}} \log a$ an der Stelle $a = 0$ nicht nach a differenzierbar. Dies liefert ein einfaches Beispiel für die Tatsache, daß die schönen Ergebnisse von v. NEUMANN (vgl. S. 101; Fußnote 3) über die Darstellungen einer eigentlichen Gruppe für uneigentliche Gruppen nicht mehr gelten.

Ausgegeben am 5. Mai.

63.

Über die Minkowskische Reduktionstheorie der positiven quadratischen Formen (mit L. Bieberbach)

Sitzungsberichte der Preussischen Akademie der Wissenschaften 1928, Physikalisch-Mathematische Klasse, 510 - 535

Am 31. Juli d. J. waren acht Dezennien verflossen seit dem Tag, da DIRICHLET in einem Vortrag vor der Preußischen Akademie der Wissenschaften seine Theorie der Reduktion der binären und ternären quadratischen Formen bekanntgab. Sie ist auf die geometrische Deutung gegründet, die GAUSS 1831 herangezogen hat. Hiernach bedeutet eine definite quadratische Form das Quadrat der Entfernung in einem kartesischen Koordinatensystem und gehören äquivalente Formen zu Koordinatensystemen, die durch unimodulare ganzzahlige Transformationen auseinander hervorgehen, d. h. zu den verschiedenen Arten, das Gitter der Punkte ganzzahliger Koordinaten nach kongruenten Parallelepipeda zu zerlegen. Die Auswahl einer — oder doch endlich vieler — Formen in jeder Klasse äquivalenter Formen ist das Problem der Reduktion. DIRICHLET gab in jenem, CRELLE 40 und Ges. Abh. Bd. II abgedruckten Vortrag die folgende Reduktionsvorschrift an: Man wähle unter allen Gitterpunkten einen, der am nächsten beim Ursprung der Koordinaten liegt. Der Vektor vom Ursprung zu ihm hin liefert den ersten Einheitsvektor des Koordinatensystems, das der reduzierten Form entspricht. Alsdann wähle man unter allen Gitterpunkten, die nicht auf der Verbindungslinie des erstgewählten mit dem Ursprung liegen, einen derjenigen, der am nächsten am Ursprung liegt. Der Vektor vom Ursprung zu ihm hin ist der zweite Einheitsvektor des Koordinatensystems, das der reduzierten Form entspricht. Alsdann betrachte man die Gitterpunkte enthaltenden Ebenen, welche diesen beiden ersten Einheitsvektoren parallel sind, und wähle unter diesen eine, welche von der Parallelebene durch den Ursprung die kleinste von Null verschiedene Entfernung hat, und auf ihr einen derjenigen Gitterpunkte, welcher die kleinste darauf mögliche Entfernung vom Ursprung hat. Der Vektor vom Ursprung zu diesem Punkte hin ist der dritte Einheitsvektor des Koordinatensystems, welches der reduzierten Form entspricht. Es ist klar, daß man analoger Vorschrift entsprechend auch bei Formen von beliebig vielen (n) Veränderlichen reduzierte Formen definieren kann. Gleichwohl ist bisher erst nur für $n = 2$ und $n = 3$ die analytische Durchführung der Theorie vorgenommen worden[1]. Dies liegt daran, daß der Fall $n = 3$ einem glück-

[1] Dies gilt auch von der folgenden Modifikation der DIRICHLETschen Theorie, die sich durch ihre größere Symmetrie zu empfehlen scheint. Man bestimmt den ersten Einheitsvektor wieder als einen der kürzesten, sucht dann aber eine der Gitterpunkte tragenden ihm parallelen

lichen Zufall entsprechend eine sehr einfache Charakterisierung der Reduktionsbedingungen durch lineare Ungleichungen zwischen den Koeffizienten der Form gestattet, während für $n \geqq 4$ die nach Dirichlet reduzierten Formen durch wesentlich kompliziertere Ungleichungen bestimmt zu sein scheinen. Dieser glückliche Zufall liegt darin, daß nicht nur der zweite Einheitsvektor ein kürzester vom ersten linear unabhängiger nach einem Gitterpunkt führender ist, sondern daß auch der dritte Einheitsvektor zugleich ein kürzester nach einem Gitterpunkt führender Vektor ist, der von den beiden ersten linear unabhängig ist. Für $n \geqq 4$ dagegen ist ein nach dieser Vorschrift bestimmtes Parallelepipedon manchmal kein *primitives* des Gitters, d. h. das mit ihm aufgebaute liefert nicht immer alle Eckpunkte des gegebenen[1].

Geraden, die möglichst dicht bei der Parallelen durch den Ursprung liegt und auf ihr einen der dem Ursprung am nächsten gelegenen Gitterpunkte. Seine Verbindung mit dem Ursprung ist der zweite Einheitsvektor. Den dritten bestimmt man wieder wie bei Dirichlet. Schon für $n = 3$ ist diese Reduktionsvorschrift inhaltsverschieden von der Dirichletschen. Denn nach Dirichlet sind z. B. die beiden äquivalenten Formen

$$x_1^2 + x_2^2 + x_3^2 + x_1 x_2 \text{ und } x_1^2 + x_2^2 + x_3^2 + x_1 x_3$$

reduziert, während nach der eben gegebenen Definition nur die erste derselben reduziert ist. Ferner ist nach der modifizierten Bedingung z. B.

$$x_1^2 + \frac{9}{8} x_2^2 + x_3^2 + x_1 x_2$$

reduziert, während diese Form nach Dirichlet nicht reduziert ist. Es ist nämlich hier der Abstand der zweiten Gittergeraden von der ersten $\sqrt{\frac{7}{8}}$, während bei Dirichlet der dritte Einheitsvektor nicht kürzer als der zweite sein kann.

[1] Man betrachte das Gitter, das von fünf Einheitsvektoren bestimmt ist, deren Koordinaten in einem rechtwinkligen Koordinatensystem die folgenden sind:

$$\begin{aligned} \mathfrak{e}_1 &= (1 \quad 0 \quad 0 \quad 0 \quad 0) \\ \mathfrak{e}_2 &= (0 \quad 1 \quad 0 \quad 0 \quad 0) \\ \mathfrak{e}_3 &= (0 \quad 0 \quad 1 \quad 0 \quad 0) \\ \mathfrak{e}_4 &= (0 \quad 0 \quad 0 \quad 1 \quad 0) \\ \mathfrak{e}_5 &= \left(\frac{1}{2} \quad \frac{1}{2} \quad \frac{1}{2} \quad \frac{1}{2} \quad \frac{1}{2}\right). \end{aligned}$$

Der Vektor

$$\mathfrak{E}_5 = 2\,\mathfrak{e}_5 - \mathfrak{e}_1 - \mathfrak{e}_2 - \mathfrak{e}_3 - \mathfrak{e}_4$$

hat in dem rechtwinkligen Koordinatensystem die Koordinaten (0, 0, 0, 0 1). Seine Länge ist also eins, während $\mathfrak{e}_5$ die Länge $\sqrt{\frac{5}{4}}$ hat. Nach Dirichlet bestimmen $\mathfrak{e}_1\, \mathfrak{e}_2\, \mathfrak{e}_3\, \mathfrak{e}_4\, \mathfrak{e}_5$ eine reduzierte Form, während das durch $\mathfrak{e}_1\, \mathfrak{e}_2\, \mathfrak{e}_3\, \mathfrak{e}_4\, \mathfrak{E}_5$ bestimmte Parallelepipedon kein primitives ist. Denn sein Volumen ist 1, während das Volumen des durch $(\mathfrak{e}_1\, \mathfrak{e}_2\, \mathfrak{e}_3\, \mathfrak{e}_4\, \mathfrak{e}_5)$ bestimmten primitiven Parallelepipedons $\frac{1}{2}$ ist. Und doch ist $\mathfrak{E}_5$ kürzer als $\mathfrak{e}_5$. Dazu sind $\pm\mathfrak{e}_1, \pm\mathfrak{e}_2, \pm\mathfrak{e}_3, \pm\mathfrak{e}_4, \pm\mathfrak{E}_5$ die einzigen Gittervektoren der Länge 1 und ist 1 das Minimum der zugehörigen Form

$$x_1^2 + x_2^2 + x_3^2 + x_4^2 + \frac{5}{4} x_5^2 + x_1 x_5 + x_2 x_5 + x_3 x_5 + x_4 x_5.$$

Bei ihr ist also eine Reduktion nach sukzessiven Minima unmöglich.

Für $n = 4$ ist nach Julia (Comptes rendus, Paris, Bd. 162) ein durch sukzessive Minima bestimmtes Parallelepipedon noch primitiv. Eine Ausnahme macht allein die durch

$$x_1^2 + x_2^2 + x_3^2 + x_4^2 + x_1 x_4 + x_2 x_4 + x_3 x_4$$

Sind $\mathfrak{e}_1, \mathfrak{e}_2, \cdots, \mathfrak{e}_n$ die Einheitsvektoren des Gitters und ist $\phi = x_1\mathfrak{e}_1 + x_2\mathfrak{e}_2 + \cdots + x_n\mathfrak{e}_n$ der Vektor vom Ursprung nach einem beliebigen Punkt, so ist das Quadrat der Entfernung

$$\phi^2 = \sum x_i x_k \mathfrak{e}_i \mathfrak{e}_k = \sum g_{ik} x_i x_k = f(x_1, x_2, \cdots, x_n),$$

wo $g_{ik} = \mathfrak{e}_i \mathfrak{e}_k$ gesetzt ist. Ist $n = 3$ und ist dies eine nach DIRICHLET reduzierte Form, so lauten wegen des erwähnten Zufalls die Reduktionsbedingungen

$$f(a_1, a_2, a_3) \geqq g_{11}$$

für jedes Tripel von Zahlen a_1, a_2, a_3,

$$f(a_1, a_2, a_3) \geqq g_{22}$$

für jedes Tripel von Zahlen, in dem a_2 und a_3 nicht beide Null sind und

$$f(a_1, a_2, a_3) \geqq g_{33}$$

für jedes Tripel von Zahlen, in dem $a_3 \neq 0$ ist.

Die angegebenen Bedingungen des Nichtverschwindens entsprechen den vorhin aufgezählten Forderungen der linearen Unabhängigkeit.

Einen Gedanken, wie man die DIRICHLETsche Theorie auf n Variable verallgemeinern kann, hat HERMITE (CRELLE 40, Œuvres I S. 149) in seinen Briefen an JACOBI angegeben. Es ist ja klar, daß wegen jenes Zufalles für $n = 3$ die DIRICHLETschen Reduzierten auch folgende Eigenschaft haben: Unter allen Gitterpunkten wähle man einen dem Ursprung nächstgelegenen. Er liefert den ersten Einheitsvektor des der reduzierten Form entsprechenden Tripels von Einheitsvektoren. Unter allen äquivalenten Formen entsprechenden Tripeln von Einheitsvektoren, welche diesen ersten Einheitsvektor enthalten, wähle man eines, in dem der zweite Einheitsvektor möglichst kurz ist. Diesen zweiten Vektor nehme man als zweiten Einheitsvektor der reduzierten Form. Dann wähle man unter allen den äquivalenten Vektortripeln, welche diese beiden ersten Einheitsvektoren enthalten, eines derjenigen, bei denen der dritte Einheitsvektor möglichst kurz ist. In dieser Form ist die Vorschrift auf n Dimensionen übertragbar. Und dies ist der HERMITEsche Gedanke. Die nach HERMITE reduzierten Formen nennt man treffend auch *niedrigste* Formen der Klasse. Die analytische Charakterisierung einer niedrigsten Form wird

---

bestimmte Formenklasse. Hier gibt es eine Wahl der sukzessiven Minima, die keinem primitiven Parallelepipedon entspricht. Das Minimum ist Eins. Die angeschriebene Form gehört zu einem durch sukzessive Minima bestimmten primitiven Parallelepipedon. Indessen bestimmen auch die Gitterpunkte

$$\begin{matrix} 1 & 0 & 0 & 0 \\ 0 & 1 & 0 & 0 \\ 0 & 0 & 1 & 0 \\ -1 & -1 & -1 & 2 \end{matrix}$$

vier sukzessive Minima. Ihr Parallelepipedon hat aber das doppelte Volumen des primitiven.

Für $n = 4$ stimmt natürlich die Reduktion nach sukzessiven Minima (von Randformen abgesehen) mit der HERMITEschen und daher auch mit der MINKOWSKIschen überein. Ihre Stellung zur DIRICHLETschen Reduktion bleibe dahingestellt.

freilich etwas komplizierter, als sie jener glückliche Umstand ermöglicht haben würde. Sie lautet jetzt so: Es sei (a_{ik}) eine Matrix mit ganzzahligen Elementen und der Determinante ± 1. Es sei (für ihre $l-1$ ersten Kolonnen)

$$f(a_{1k} \cdots a_{nk}) = g_{kk} \text{ für } k = 1, 2, \cdots, l-1,$$

dann ist $f(a_{1l} \cdots a_{nl}) \geqq g_{ll}$. Für $l = 1$ bedeutet dies, daß für die erste Kolonne der Matrix, also für je n teilerfremde ganze Zahlen

$$f(a_{11} \cdots a_{n1}) \geqq g_{11}$$

ist.

Minkowski hat nun bemerkt (Crelle 129, Ges. Abh. Bd. II), daß man im wesentlichen dieselben reduzierten Formen erhält, wenn man fordert

$$f(s_1 \cdots s_n) \geqq g_{ll},$$

sobald $s_l \cdots s_n$ teilerfremd sind. Jedes solche System von ganzen Zahlen kann man ja als l-te Kolonne einer unimodularen Matrix der vorhin angegebenen Art wählen. Man braucht ja nur die ersten Kolonnen denen der Einheitsmatrix gleich zu wählen; die $n-l$ letzten kann man dann passend zufügen. Also ist, wie diese Überlegung zeigt, jede nach Hermite reduzierte Form auch nach Minkowski reduziert, so daß beide Ansätze, von gewissen Randformen abgesehen, wie wir noch näher sehen werden, das gleiche leisten. Da aber die Minkowskischen Bedingungen sich so viel einfacher angeben lassen — man muß nicht schwer zu übersehende unimodulare Matrizen verwenden —, so verdient die Minkowskische Definition vor der Hermiteschen den Vorzug.

Gegenstand der nachfolgenden Zeilen ist es, die Minkowskische Theorie in einer gegenüber Crelle 129 vereinfachten und vor allem durchsichtigeren Gestalt zu entwickeln. Außerdem werden Abschätzungen gegeben werden, die bei Minkowski fehlen. Die Darlegungen gehen auf Unterhaltungen und Briefe zurück, die die beiden Verfasser vor vollen 16 Jahren gewechselt haben und die von einer ähnlich betitelten Arbeit des ersten der beiden Verfasser in den Göttinger Nachrichten 1912 ihren Ausgang nahmen.

I. Vorbereitung.

Die oben angegebenen Minkowskischen Reduktionsbedingungen heben noch nicht aus jeder Formenklasse nur eine Form heraus, vielmehr sind alle Formen, die durch Vorzeichenwechsel einiger Variablen aus einer reduzierten hervorgehen, wieder reduziert. Analoges gilt auch bei den anderen Reduktionstheorien. Daher fügen wir zu den bisher aufgezählten Reduktionsbedingungen als letzte noch hinzu $g_{k,k+1} \geqq 0$ $(k = 1, 2 \cdots n-1)$.

Wir nennen dann weiterhin eine den Bedingungen

$$(1, \text{a}) \qquad f(s_1, s_2 \cdots s_n) \geqq g_{kk}, \; (s_k, s_{k+1} \cdots s_n) = 1 \qquad (k = 1, 2 \cdots n)$$

$$(1, \text{b}) \qquad g_{i,i+1} \geqq 0 \qquad (i = 1, 2 \cdots n-1)$$

genügende Form $f(x_1, x_2, \cdots x_n) = \sum_1^n g_{ik} x_i x_k$ mit $g_{ik} = g_{ki}$ kurz eine reduzierte Form.

Wir gehen zur Ableitung einiger Eigenschaften der reduzierten Formen über und stellen dabei der Vollständigkeit wegen auch das Wenige wieder mit dar, was wir unverändert von MINKOWSKI übernehmen könnten.

Jede reduzierte Form ist eine nichtnegative Form.

In die eben gegebene Definition der reduzierten Formen war ja nicht die Voraussetzung aufgenommen, daß es sich um eine positive Form handeln soll. In der Tat folgt dies auch schon aus den Reduktionsbedingungen. Denn wäre $f(\alpha_1, \alpha_2 \cdots \alpha_n) < 0$ für irgendeine Zahlenfolge $(\alpha_1, \alpha_2 \cdots \alpha_n)$, so gäbe es wegen Stetigkeit auch eine Folge rationaler Zahlen $(\alpha_1, \alpha_2 \cdots \alpha_n)$, für die $f(\alpha_1, \alpha_2 \cdots \alpha_n) < 0$ ist, und daher bei Multiplikation der Form mit dem Quadrat des Generalnenners auch eine Folge teilerfremder ganzer Zahlen dieser Art. Daher wäre $g_{11} < 0$, da g_{11} Minimum der Form für solche Werte der Variablen ist. Daher ist auch

$$f(\alpha_1, \alpha_2, \cdots \alpha_n) \geqq g_{11}.$$

Andererseits aber wäre

$$f(k, 1, 0 \cdots 0) = g_{11} k^2 + 2 g_{12} k + g_{22}$$

für große k beliebig groß negativ, während nach den Reduktionsbedingungen

$$f(k, 1, 0 \cdots 0) \geqq g_{22} \geqq g_{11}$$

sein muß[1].

In einer reduzierten Form ist also

$$g_{nn} \geqq g_{n-1,n-1} \geqq \cdots \geqq g_{11} \geqq 0.$$

Hieraus folgt:

Ist eine reduzierte Form nicht positiv, so erscheint sie bei passend gewähltem $h > 0$ als reduzierte positive Form der Veränderlichen $x_{h+1}, x_{h+2} \cdots x_n$. In einer positiven Form sind natürlich alle $g_{kk} > 0$.

Man kann eine solche auf die Form

$$q_1 \zeta_1^2 + q_2 \zeta_2^2 + \cdots + q_n \zeta_n^2, \tag{2}$$

wo $\zeta_k = x_k + \beta_{k,k+1} x_{k+1} + \cdots + \beta_{kn} x_n$, bringen, wobei alle $q_k > 0$ sind. Diese Darstellung gilt auch noch für die positiven Formen, wenn man

$$q_1 = q_2 = \cdots = q_h = 0$$

nimmt.

Es gibt nur endlich viele n-upel ganzer Zahlen, für die eine positive Form einer Zahl $< M$ gleich wird.

Aus der Darstellung (2) liest man nämlich, mit x_n beginnend, sofort Schranken für die möglichen Werte der x_i ab.

Daher besitzt jede nichtnegative reduzierte Form ein nichtnegatives Minimum.

Unter Minimum wird dabei natürlich der kleinste Wert verstanden, den die Form für ganzzahlige Werte der Variablen mit positiver Quadratsumme annehmen kann.

[1] Es ist ja klar, daß stets $g_{k+1,k+1} \geqq g_{kk}$ ist. Denn die Zahlenfolgen, deren $n-k$ letzte teilerfremd sind, kommen unter den Zahlenfolgen vor, deren $n-k+1$ letzte teilerfremd sind.

In jeder Klasse positiver Formen gibt es niedrigste Formen.

Niedrigste Formen mit den Nebenbedingungen $g_{k,k+1} \geqq 0$ *sind aber stets reduziert, so daß es in jeder Klasse positiver Formen reduzierte gibt.*

Zwei reduzierte Formen, in denen für keine nichttriviale[1] *der Relationen* (1) *das Gleichheitszeichen steht, sind nur dann äquivalent, wenn sie identisch sind.*

Daß es solche reduzierte Formen gibt, wird nachher gezeigt. Hier wollen wir nur im Vorbeigehen das angeführte Ergebnis beweisen.

Die beiden Formen seien $f = \sum g_{ik} x_i x_k$ und $F = \sum G_{ik} x_i x_k$. Ihre Matrizen seien g und G und S sei eine unimodulare Matrix, für die $S'gS = G$ ist. Ist $(s_{k1} \cdots s_{kn})$ die k-te Kolonne von S, so ist $G_{kk} = f(s_{k1} \cdots s_{kn})$. Man nehme $k = 1$. Ist die erste Kolonne von $(\pm 1, 0 \cdots 0)$ verschieden, so ist $G_{11} > g_{11}$. Den Fall $g_{11} = G_{11}$ betrachten wir weiter. Dann ist die erste Kolonne $(\pm 1, 0 \ldots 0)$. In der zweiten Kolonne von S ist dann $(s_{k2} \cdots s_{kn}) = 1$. Ist daher die zweite Kolonne von $(0, \pm 1, 0 \cdots 0)$ verschieden, so ist $G_{22} > g_{22}$. Den Fall $G_{22} = g_{22}$ betrachte man weiter. Dann ist die zweite Kolonne $(0, \pm 1, 0 \cdots 0)$. In der dritten ist daher $(s_{k3} \cdots s_{kn}) = 1$. Ist daher die dritte Kolonne von $(0, 0, \pm 1, 0 \cdots 0)$ verschieden, so ist $G_{33} > g_{33}$. Schließt man so weiter, so erkennt man folgendes: Ist k die erste Nummer, für die nicht $G_{ii} = g_{ii}$ ist, so ist $G_{kk} > g_{kk}$. Vertauscht man g und G, so ergäbe sich ebenso $g_{kk} > G_{kk}$.

Nach dem vorgetragenen Schluß ist daher S eine Diagonalmatrix, deren Diagonalelemente alle $+1$ oder -1 sind. Da aber $g_{k,k+1} > 0$ und $G_{k,k+1} > 0$ ist, so sind entweder alle Diagonalelemente $+1$ oder alle Diagonalelemente -1.

Ist f reduziert, und a eine Konstante, so ist auch af reduziert, wie sofort einleuchtet.

Sind f und F reduziert, so ist auch $t \cdot f + (1-t) F$ reduziert für alle $0 \leqq t \leqq 1$. Die reduzierten Formen bilden also eine konvexe Menge. Aus $f(s_1, s_2 \cdots s_n) \geqq g_{kk}$ und $F(s_1, s_2 \cdots s_n) \geqq G_{kk}$ folgt nämlich

$$tf(s_1 \cdots s_n) + (1-t)\, F(s_1 \cdots s_n) \geqq t g_{kk} + (1-t)\, G_{kk},$$

und aus $g_{k,k+1} \geqq 0$ und $G_{k,k+1} \geqq 0$ folgt

$$t g_{k,k+1} + (1-t)\, G_{k,k+1} \leqq 0.$$

II. Die Existenz der λ_k.

Sind $f_1, f_2 \cdots$ reduzierte Formen, und existiert $\lim\limits_{\varrho \to \infty} f_\varrho = f$, *so ist auch f reduziert.*

Aus $f_\varrho(s_1 \cdots s_n) \geqq g_{kk}^{(\varrho)}$ folgt nämlich $f(s_1 \cdots s_n) \geqq g_{kk}$, wenn $f_\varrho = \sum g_{ik}^{(\varrho)} x_i x_k$, $f = \sum g_{ik} x_i x_k$ gesetzt wird.

[1] Trivial nennen wir die Relationen (1a), bei denen immer »gleich« steht. In ihrem Zahlensystem ist nur eine der Zahlen, etwa die k-te, von Null verschieden. Dann ist $s_k = \pm 1$, und es ist für ein solches Zahlensystem $f(s_1 \cdots s_n) = g_{kk}$.

Sind

$$f_\nu = \sum_{ik}^{1\ldots n} g_{ik}^{(\nu)} x_i x_k = \sum q_k^{(\nu)} (\xi_k^{(\nu)})^2, \qquad g_{nn}^{(\nu)} = 1$$

$$\zeta_k^{(\nu)} = x_k + \beta_{k\,k+1}^{(\nu)} x_{k+1} \cdots + \beta_{kn}^{(\nu)} x_n$$

reduzierte Formen, die gegen

$$f = \sum_{h+1}^{n} g_{ik} x_i x_k, \qquad g_{h+1,\,h+1} > 0$$

konvergieren, so haben die $q_{h+1}^{(\nu)} \cdots q_n^{(\nu)}$ *eine positive untere Grenze.*

Wäre nämlich die untere Grenze der $q_l^{(\nu)}$ $(l > h)$ Null, so könnte man für ein passend gewähltes $\varepsilon = \frac{1}{m^2}$, m ganz, das N so bestimmen, daß für $\nu > N$

$$g_{11}^{(\nu)} < \varepsilon, \ \cdots, \ g_{hh}^{(\nu)} < \varepsilon, \ g_{h+1,\,h+1}^{(\nu)} > n\varepsilon$$

wäre[1]. Unter diesen ν gibt es dann unendlich viele, derart, daß für dasselbe $l = L > h$ noch $q_L^{(\nu)} < \varepsilon^{n-h}$ bleibt. Man wähle ein festes dieser ν und bestimme[2] dann die teilerfremden ganzen Zahlen $\bar{x}_{h+1} \cdots \bar{x}_n$ so, daß für sie

$$(\zeta_{h+1}^{(\nu)})^2 \leqq \varepsilon, \ \cdots, \ (\zeta_{L-1}^{(\nu)})^2 \leqq \varepsilon, \ (\zeta_L^{(\nu)})^2 \leqq \frac{1}{\varepsilon^{n-h-1}}, \ (\zeta_{L+1}^{(\nu)})^2 \leqq \varepsilon, \ \cdots, \ (\zeta_n^{(\nu)})^2 \leqq \varepsilon$$

---

[1] Es bedarf keiner Erläuterung, wie dies für $h = 0$ gemeint ist.

[2] Daß man die x so wählen kann, folgt unmittelbar aus dem bekannten MINKOWSKIschen Satz über Linearformen. Man beweist ihn in dem hier vorliegenden speziellen Fall nach MINKOWSKI sehr einfach so: Wir setzen der Reihe nach versuchsweise

$$x_L = 0, 1 \cdots m^{n-h-1}.$$

Zu jedem Versuch wählen wir die ganzen $x_{h+1} \cdots x_{L-1}$ so, daß*

$$(\zeta_{h+1}^{(\nu)})^2 < 1, \ \cdots, \ (\zeta_{L-1}^{(\nu)})^2 < 1.$$

Außerdem bestimmen wir die ganzen $x_{L+1} \cdots x_n$ (unabhängig von x_L) so, daß

$$(\zeta_{L+1}^{(\nu)})^2 < 1, \cdots, (\zeta_n^{(\nu)})^2 < 1$$

ausfallen. Zerlegen wir dann für $k = h+1, \cdots, L-1, L+1, \cdots n$ das Intervall $0 \leqq \zeta_k^{(\nu)} < 1$ jedesmal in m Teilintervalle

$$0 \leqq \zeta_k^{(\nu)} < \frac{1}{m}, \frac{1}{m} \leqq \zeta_k^{(\nu)} < \frac{2}{m}, \cdots, \frac{m-1}{m} \leqq \zeta_k^{(\nu)} < 1,$$

so ist der n-h-1-dimensionale Würfel $0 \leqq \zeta_k^{(\nu)} < 1$ in m^{n-h-1} Teilwürfel zerlegt. Da wir den $m^{n-h-1}+1$ Werten von x_L entsprechend $m^{n-h-1}+1$ Punkte in dem Würfel $0 \leqq \zeta_k^{(\nu)} < 1$ haben, so fallen in mindestens einen der Teilwürfel mindestens zwei der Punkte. Subtrahieren wir die zugehörigen Linearformen von einander, so haben wir die Werte der Linearformen für die Differenzen $\bar{x}$ der zugehörigen x und es gilt für diese Differenzformen

$$|\zeta_{h+1}^{(\nu)}| < \frac{1}{m}, \cdots, |\zeta_{L-1}^{(\nu)}| < \frac{1}{m}, |\zeta_{L+1}^{(\nu)}| < \frac{1}{m}, \cdots, |\zeta_n^{(\nu)}| < \frac{1}{m}, |\zeta_L^{(\nu)}| \leqq m^{n-h-1}.$$

Haben dann die x-Differenzen $\bar{x}$ einen gemeinsamen Teiler, so lasse man ihn weg und gehe so zu neuen x-Werten über. Für sie bleiben die zuletzt angegebenen Ungleichungen richtig.

* Für $L = 1$ fällt diese Wahl weg.

und dazu $\bar{x}_1 \cdots \bar{x}_h$ so, daß

$$(\zeta_1^{(\nu)})^2 < 1, \cdots, (\zeta_h^{(\nu)})^2 < 1$$

ist. Dann müßte wegen

$$q_k^{(\nu)} \leqq g_{kk}^{(\nu)} \leqq 1$$

doch

$$g_{h+1,h+1}^{(\nu)} \leqq f(\bar{x}_1 \cdots x_n) < (n-1)\varepsilon + \frac{\varepsilon^{n-h}}{\varepsilon^{n-h-1}} = n\varepsilon$$

sein, was der Annahme $g_{h+1,h+1}^{(\nu)} > n\varepsilon$ widerspricht.

Insbesondere gibt es also ein μ_n mit $0 < \mu_n \leqq 1$, so daß für alle reduzierten Formen mit $g_{nn} = 1$ stets $q_n \geqq \mu_n$ ausfällt.

Für jede reduzierte Form ist also $q_n \geqq \mu_n g_{nn}$.

Es gibt ein λ_n *mit* $0 < \lambda_n \leqq 1$ *derart, daß für jede reduzierte Form*[1]

$$D_n \geqq \lambda_n g_{11} \cdots g_{nn}.$$

Ist ein $g_{ii} = 0$, so ist dies klar. Wir nehmen also alle $g_{ii} \neq 0$ an.

Setzt man in einer reduzierten Form $x_{h+1} = x_{h+2} = \cdots = x_n = 0$, so ist die Form $f(x_1 \cdots x_h, 0 \cdots 0)$ gleichfalls reduziert, wie sofort einleuchtet. Bezeichnet man die Determinante ihrer Matrix mit D_h, so ist $D_h = q_1 q_2 \cdots q_h$. Also ist

$$\frac{D_n}{D_{n-1}} = q_n.$$

Daher ist für alle reduzierten Formen

$$D_n \geqq \mu_n D_{n-1} g_{nn}.$$

Insbesondere ist also wegen $D_1 = g_{11}$

$$D_2 \geqq \mu_2 g_{11} g_{22}.$$

Der zu beweisende Satz ist also für $n = 2$ richtig. Wir erhalten ihn durch vollständige Induktion für beliebiges n. Es sei also bereits

$$D_{n-1} \geqq \lambda_{n-1} g_{11} \cdots g_{n-1,n-1}$$

bewiesen. Aus $D_n \geqq \mu_n D_{n-1} g_{nn}$ folgt dann

$$D_n \geqq \mu_n \lambda_{n-1} g_{11} \cdots g_{nn},$$

womit die Behauptung bewiesen ist. Es ist $\lambda_n \geqq \mu_n \lambda_{n-1}$. Daß $\lambda_n \leqq 1$ ist, folgt wegen $g_{ii} \geqq q_i$ aus $D_n = q_1 \cdots q_n \leqq g_{11} \cdots g_{nn}$.

Für jede reduzierte Form ist $q_n \geqq \lambda_n g_{nn}$.

Es ist nämlich

$$q_n = \frac{D_n}{D_{n-1}}.$$

---

[1] D_n ist die Determinante $\| g_{ik} \|$ der Form. Mit λ_n sei die größtmögliche solche Zahl bezeichnet.

Ferner ist

$$D_n = q_1 \cdots q_n \geqq \lambda_n g_{11} \cdots g_{nn}$$
$$D_{n-1} = q_1 \cdots q_{n-1} \leqq g_{11} \cdots g_{n-1,\,n-1},$$

also

$$q_n = \frac{D_n}{D_{n-1}} \geqq \lambda_n g_{nn}.$$

Welche der beiden Abschätzungen $q_n \geqq \lambda_n g_{nn}$ und $q_n \geqq \mu_n g_{nn}$ die bessere ist, bleibt hier offen.

Wir benötigen weiter noch eine *Abschätzung* der in der Darstellung (2) S. 514 einer *positiven* reduzierten Form vorkommenden β_{ij}. Bekanntlich gilt (vgl. z. B. NETTO, Algebra Bd. I S. 190)

$$q_\nu = \frac{D_\nu}{D_{\nu-1}}, \quad \beta_{ij} = \frac{D(i-1, i, j)}{D_i}, \quad i < j \leqq n.$$

Dabei ist

$$D_\nu = \begin{vmatrix} g_{11} \cdots g_{1\nu} \\ \cdots\cdots \\ g_{\nu 1} \cdots g_{\nu n} \end{vmatrix}, \text{ und } D(i-1, i, j) = \begin{vmatrix} g_{11} & \cdots g_{1,i-1}, & g_{1j} \\ \cdots & \cdots & \cdots \\ g_{i-1,1} & \cdots g_{i-1,i-1} & g_{i-1,j} \\ g_{i1} & \cdots g_{i,i-1} & g_{i,j} \end{vmatrix}.$$

$$D_0 = 1, \qquad D(0, 1, j) = g_{1j}.$$

Nun besteht die Determinante $D(i-1, i, j)$ aus $i!$ Gliedern, deren jedes wegen[1] $|2 g_{lm}| \leqq g_{ll}$, $l < m$ einen Betrag von höchstens $\frac{1}{2} g_{11} \cdots g_{ii}$ hat. Also ist

$$|\beta_{ij}| \leqq \frac{1}{2} \frac{i!}{\lambda_i}.$$

III. Diskontinuitätsbereich.

Betrachten wir den $\frac{n(n+1)}{2}$ — dimensionalen Raum, in dem die Koeffizienten g_{ik} der Formen kartesische Koordinaten sind. In ihm machen die reduzierten Formen eine Punktmenge aus, die wir den *Diskontinuitätsbereich für arithmetische Äquivalenz* nennen. Er ist nämlich der Diskontinuitätsbereich[2] der Gruppe, die im Koeffizientenraum durch die unimodulare Gruppe der Variablen induziert wird.

---

[1] Nach (1) ist für jede reduzierte Form bei $x_1 = 0, \cdots, x_{l-1} = 0, x_l = \pm 1, x_{l+1} = 0, \cdots, x_{m-1} = 0, x_m = \pm 1, x_{m+1} = 0, \cdots, x_n = 0$

$$g_{ll} \pm 2 g_{lm} + g_{mm} \geqq g_{mm}.$$

Also ist

$$2|g_{lm}| \leqq g_{ll}.$$

[2] Der Diskontinuitätsbereich einer Gruppe enthält aus jeder Klasse äquivalenter Formen genau eine.

Der Diskontinuitätsbereich für arithmetische Äquivalenz ist ein konvexer Bereich, dessen innere Punkte von denjenigen Formen gebildet worden, für die in jeder nichttrivialen[1] *Ungleichung (1) ein $>$ steht.*

Wir haben schon S. 515 festgestellt, daß die reduzierten Formen eine konvexe und daher also eine zusammenhängende Menge bilden. Es bleibt zu zeigen, daß sie innere Punkte besitzt, welche genau von den angegebenen Formen geliefert werden, sowie, daß es in jeder Umgebung einer reduzierten Form, solche inneren Formen gibt.

a) Es gibt (für $n > 1$) innere Formen. Z. B. ist

$$f = \left(x_1 + \frac{x_2}{n+1}\right)^2 + 2\left(x_2 + \frac{x_3}{n+1}\right)^2 + \cdots + (n-1)\left(x_{n-1} + \frac{x_n}{n+1}\right)^2 + n x_n^2$$

eine innere reduzierte Form. Denn soll für $(s_k, \cdots s_n) = 1$

$$f(s_1, \cdots s_n) \leqq g_{kk} = k + \frac{k-1}{(n+1)^2}$$

sein, so muß (für $k < n$) wegen $g_{kk} < g_{k+1,\,k+1}$

$$x_n = x_{n-1} = \cdots = x_{k+1} = 0,\; x_k = \pm 1$$

sein. Dann müssen aber auch $x_{k-1} = \cdots = x_1 = 0$ sein, weil schon $\left| x_{k-1} \pm \frac{1}{n+1} \right| > \frac{1}{n+1}$ wird, sobald $x_{k-1} \neq 0$ ist. Für $k = n$ gilt die letzte Schlußweise in derselben Weise. Dazu sind alle $g_{k,k+1} > 0$.

b) Es gibt in beliebiger Nähe einer reduzierten Form innere Formen. Es sei f die eben konstruierte innere Form und F eine beliebige reduzierte Form. Dann ist nach S. 515 für jede Form $tf + (1-t)F$ reduziert und, wie wir jetzt hinzufügen, sind dies für $0 < t < 1$ selbst alles innere Formen. Denn aus $f(s_1, \cdots s_n) > g_{kk}$ und $F(s_1, \cdots s_n) \geqq G_{kk}$ folgt

$$tf(s_1 \cdots s_n) + (1-t)\,F(s_1 \cdots s_n) > t g_{kk} + (1-t)\,G_{kk},$$

und aus $g_{k,k+1} > 0$ und $G_{k,k+1} \geqq 0$ folgt

$$t g_{k,k+1} + (1-t)\,G_{k,k+1} > 0.$$

c) Der Diskontinuitätsbereich wird näher durch den wichtigsten Satz der Reduktionstheorie beschrieben. Dieser lautet:

Unter den die reduzierten Formen definierenden Ungleichungen gibt es endlich viele, aus denen alle übrigen folgen. Auf sie wird man geführt, wenn man diejenigen der Ungleichungen betrachtet, in denen für passende reduzierte Formen das Gleichheitszeichen stehen kann.

Dieser Satz sagt aus, daß der Diskontinuitätsbereich ein kegelartiges Gebilde ist, dessen Spitze im Koordinatenursprung liegt, und das von endlich vielen Hyperebenen begrenzt wird. Er sagt aber weiter aus, daß jede innere Form eine Umgebung von inneren Formen besitzt, daß also wirklich ein Bereich vorliegt.

Wir beweisen zunächst: *Zu jeder Zahl k aus der Reihe $1, 2, \cdots, n$ gehören nur endlich viele ganzzahlige Wertsysteme $x_1, \cdots, x_n$, die folgenden beiden Bedingungen genügen:*

---

[1] Vgl. die Erklärung in Fußnote 1 auf S. 515.

1. *$x_k, x_{k+1}, \cdots, x_n$ sind teilerfremd,*
2. *es gibt eine positive reduzierte Form f, für die $f(x_1, \cdots, x_n) = g_{kk}$ ist.*

Wir verwenden die Darstellung (2) von S. 514 und die S. 518 gegebene Abschätzung der β_{ij}. Soll nun

$$\sum q_\nu \zeta_\nu^2 = g_{kk}$$

sein, so ist für $l \geqq k$

$$g_{kk} \geqq q_l \zeta_l^2 \geqq \lambda_l g_{ll} \zeta_l^2 \geqq \lambda_l g_{kk} \zeta_l^2,$$

also ist für $l \geqq k$ wegen $g_{kk} \neq 0$ (positive Form vorausgesetzt)

$$\zeta_l^2 \leqq \frac{1}{\lambda_l}.$$

Daraus folgen wegen der S. 518 gegebenen Abschätzung der β_{ij} obere Schranken für $x_k, x_{k+1} \cdots x_n$, denn die λ_i sind für alle reduzierten Formen dieselben. Nun heißt es auch Schranken für die $x_1 \cdots x_{k-1}$ zu finden. Wir greifen eine der Zahlen $m = 1, 2 \cdots k-1$ heraus. Man wähle dann unter den Wertsystemen $x_1 \cdots x_n$, für die $f(x_1 \cdots x_n) = g_{kk}$ ist, eines und betrachte daneben ein zweites $\bar{x}_1 \cdots \bar{x}_n$, das aus ihm dadurch hervorgeht, daß man $\bar{x}_{m+1} = x_{m+1}, \cdots, \bar{x}_n = x_n$ setzt und die $\bar{x}_1 \cdots \bar{x}_m$ so wählt, daß

$$\bar{\zeta}_1^2 \leqq \frac{1}{4}, \cdots, \bar{\zeta}_m^2 \leqq \frac{1}{4}$$

werden. Durch Überstreichen sind dabei die Werte der ζ bezeichnet, die entstehen, wenn man die x durch die $\bar{x}$ ersetzt. Es ist also $\bar{\zeta}_\nu = \zeta_\nu \, (\nu \geqq m+1)$, da ja $\bar{x}_\nu = x_\nu \, (\nu \geqq m+1)$ gesetzt wurde. Da in dem Zahlensystem $\bar{x}_1 \cdots \bar{x}^n$ wieder $\bar{x}_k = x_k, \cdots, \bar{x}_n = x_n$ teilerfremd sind, so ist

$$\begin{aligned} g_{kk} &\leqq f(\bar{x}_1 \cdots \bar{x}_m, x_{m+1} \cdots x_n) \\ &\leqq \frac{q_1 + q_2 + \cdots q_m}{4} + q_{m+1} \zeta_{m+1}^2 + \cdots + q_n \zeta_n^2. \end{aligned}$$

Wegen

$$g_{kk} = q_1 \zeta_1^2 + q_2 \zeta_2^2 + \cdots + q_m \zeta_m^2 + q_{m+1} \zeta_{m+1}^2 + \cdots + q_n \zeta_n^2$$

ist daher

$$q_1 \zeta_1^2 + q_2 \zeta_2^2 + \cdots + q_m \zeta_m^2 \leqq \frac{q_1 + q_2 + \cdots q_m}{4}.$$

Da nun $q_j \leqq g_{jj} \leqq g_{mm}$ ist für $j \leqq m$, so folgt nach S. 517

$$\lambda_m g_{mm} \zeta_m^2 \leqq q_m \zeta_m^2 \leqq \frac{m g_{mm}}{4}$$

und wegen $g_{mm} \neq 0$ (positive Form vorausgesetzt)

$$\zeta_m^2 \leqq \frac{m}{4 \lambda_m}.$$

Es wird also im ganzen

$$(3) \qquad \zeta_1^2 \leqq \frac{1}{4\lambda_1}, \ldots, \zeta_{k-1}^2 \leqq \frac{k-1}{4\lambda_{k-1}}, \zeta_k^2 \leqq \frac{1}{\lambda_k}, \ldots, \zeta_n^2 \leqq \frac{1}{\lambda_n}.$$

Wegen der Abschätzung der β_{ij} auf S. 518 folgen hieraus wohlbestimmte Ungleichungen der Form $|x_k| \leqq \frac{c_k}{\lambda_k \lambda_{k+1} \cdots \lambda_n}$ mit gewissen Konstanten c_k. Unter L_k verstehe man die Gesamtheit der ganzzahligen Lösungen dieser Ungleichungen (3) mit $(x_k \cdots x_n) = 1$, zu denen man noch alle die Wertsysteme hinzufügt, bei denen alle x mit einer Ausnahme verschwinden, dies letztere x aber ± 1 ist[1]. Ihre Anzahl und ihre Werte sind wesentlich durch $\lambda_1 \cdots \lambda_n$ bestimmt. Wir nennen die $L_1 \cdots L_n$ daher die *zu* $\lambda_1 \cdots \lambda_n$ *gehörigen Wertsysteme* und bemerken, daß der wirklichen Ermittlung der λ_i für den quantitativen Teil der Theorie eine durchschlagende Bedeutung zukommt. Bisher haben wir ja erst nur die Existenz der λ_i nachgewiesen. Auf Abschätzungen für dieselben werden wir später eingehen.

Nun werden wir zeigen, daß *aus den zu den* λ_i *gehörigen Ungleichungen zusammen mit* $g_{k,k+1} \geqq 0$ *folgt, daß alle anderen die reduzierten Formen definierenden gleichfalls erfüllt sind, daß also jede Form, die den Ungleichungen genügt, welche zu den* λ_i *gehören, reduziert ist*[2].

Dabei heißt eine Ungleichung

$$f(x_1 \cdots x_n) \geqq g_{kk}$$

eine zu $\lambda_1 \cdots \lambda_n$ gehörige, wenn $x_1 \cdots x_n$ ein zu $\lambda_1 \cdots \lambda_n$ gehöriges Wertsystem ist, zusammen mit den $g_{k,k+1} \geqq 0$. Die Gesamtheit aller dieser zu $\lambda_1 \cdots \lambda_n$ gehörigen Ungleichungen werde mit $L(\lambda_1 \cdots \lambda_n)$ bezeichnet.

Wir zeigen zunächst, *daß alle die Formen reduziert sind, für die*

$$q_i \geqq \lambda_i g_{ii} \qquad (i = 1 \cdots n)$$

und für die die endlich vielen Bedingungen $L(\lambda_1 \cdots \lambda_n)$ *gelten.*

Ist nämlich $x_1 \cdots x_n$ ein Zahlensystem mit $(x_k \cdots x_n) = 1$, das nicht zu $\lambda_1 \cdots \lambda_n$ gehört, so ist eine der Ungleichungen (3) nicht erfüllt. Ist z. B. $\zeta_m^2 > \frac{1}{\lambda_m}$, $m \geqq k$, dann ist wegen[3] $q_m \geqq \lambda_m g_{mm} \geqq \lambda_m g_{kk}$

$$f(x_1 \cdots x_n) \geqq q_m \zeta_m^2 \geqq g_{kk}.$$

[1] Diese zugefügten Wertsysteme werden benötigt, um hernach auf $g_{mm} \geqq g_{kk}$ für $m \geqq k$ schließen zu können.

[2] Dies Ergebnis geht auch insofern über Minkowski hinaus, als dieser noch weitere Ungleichungen (1) nötig hat und dazu die Gesamtheit der von ihm benötigten Ungleichungen nicht so einfach charakterisiert.

[3] Daß $g_{mm} \geqq g_{kk}$ für $m \geqq k$ ist, folgt so. Man setze $x_m = \pm 1$, die anderen x alle gleich Null. Dann sind $x_k \cdots x_n$ teilerfremd, also ist $f(0 \cdots \pm 1 \cdots 0) = g_{mm} \geqq g_{kk}$.

Ist aber z. B. $\zeta_h^2 > \frac{h}{4\lambda_h}$ für eines der $h = 1, \cdots k-1$, so sei h der *größte* Index dieser Art. Dann ist wegen $q_h \geqq \lambda_h g_{hh}$ und $hg_{hh} \geqq g_{11} + g_{22} + \cdots + g_{hh}$, sowie $g_{ii} \geqq q_i$

$$
(4) \qquad \begin{aligned} f(x_1 \cdots x_n) &\geqq \frac{1}{4}(g_{11} + \cdots + g_{hh}) + q_{h+1}\zeta_{h+1}^2 + \cdots + q_n \zeta_n^2 \\ &\geqq \frac{1}{4}(q_1 + \cdots + q_h) + q_{h+1}\zeta_{h+1}^2 + \cdots + q_n \zeta_n^2 . \end{aligned}
$$

Nehmen wir nun ein neues Zahlensystem $\bar{x}_1 \cdots \bar{x}_h$, $x_{h+1} \cdots x_n$, für das $\zeta_1^2 \leqq \frac{1}{4} \cdots \zeta_h^2 \leqq \frac{1}{4}$ ist. Dies ist wegen $0 < \lambda_i \leqq 1$, $h < k$, $(x_k \cdots x_n) = 1$, und weil h die größte Zahl ihrer Art war, ein zu $\lambda_1 \cdots \lambda_n$ gehöriges Zahlensystem. Also ist

$$
(5) \qquad f(\bar{x}_1 \cdots \bar{x}_h, \; x_{h+1} \cdots x_n) \geqq g_{kk} .
$$

Andererseits aber ist

$$
f(\bar{x}_1 \cdots \bar{x}_h, \; x_{h+1} \cdots x_n) \leqq \frac{1}{4}(q_1 + \cdots + q_h) + q_{h+1}\zeta_{h+1}^2 + \cdots + q_n \zeta_n^2 .
$$

Also ist nach (4) und (5)

$$
f(x_1 \cdots x_n) \geqq f(\bar{x}_1 \cdots \bar{x}_h, \; x_{h+1} \cdots x_n) \geqq g_{kk} .
$$

Die $L(\lambda_1 \cdots \lambda_n)$ zusammen mit den $q_h \geqq \lambda_h g_{hh}$ bewirken also die Reduktion. Es bleibt nun zu zeigen, daß die $q_h \geqq \lambda_h g_{hh}$ entbehrlich sind. Zunächst bemerke man, daß man die eben durchgeführten Überlegungen mit dem anologen Ergebnis für irgendwelche zwischen 0 und 1 gelegenen Zahlen $\bar{\lambda}_1 \cdots \bar{\lambda}_n$ anstellen kann. Wir nehmen insbesondere an: $\bar{\lambda}_1 = \lambda_1$, $\bar{\lambda}_2 < \lambda_2$, $\cdots$, $\bar{\lambda}_n < \lambda_n$ und betrachten die zugehörigen linearen Ungleichungen $L(\bar{\lambda}_1 \cdots \bar{\lambda}_n)$, die zusammen mit $q_h \geqq \bar{\lambda}_h g_{hh}$ wieder Reduktion nach sich ziehen[1]. Die Reduktion aber hat zur Folge, daß $q_h \geqq \lambda_h g_{hh}$ ist. Hieraus wieder folgt, daß $q_n > \bar{\lambda}_h g_{hh}$ ist $(h = 2, 3, \cdots n)$.

Wir zeigen nun, daß für keine Form, die den $L(\bar{\lambda}_1 \cdots \bar{\lambda}_n)$ genügt, $q_h < \bar{\lambda}_h g_{hh}$ sein kann. Daraus folgt nämlich, daß für alle Formen, die den $L(\bar{\lambda}_1 \cdots \bar{\lambda}_n)$ genügen, auch $q_h \geqq \bar{\lambda}_h g_{hh}$ ist, daß also diese Formen reduziert sind.

Sei im Gegenteil $f(x_1 \cdots x_n)$ eine Form, für die alle $L(\bar{\lambda}_1 \cdots \bar{\lambda}_n)$ gelten, und für die doch eine der Ungleichungen $q_h < \bar{\lambda}_h g_{hh}$ gilt. Dann sei $F(x_1 \cdots x_n)$ eine reduzierte Form, für die wegen $\bar{\lambda}_h < \lambda_h$ $(h = 2)$ stets $q_h > \bar{\lambda}_h g_{hh}$ $(h \geqq 2)$ ist. Dann betrachte man

$$
f(t, x_1 \cdots x_n) = tf(x_1 \cdots x_n) + (1-t)\, F(x_1 \cdots x_n) \quad \text{für } 0 \leqq t \leqq 1 .
$$

t_1 sei so gewählt, daß für $t < t_1$ immer $q_h > \bar{\lambda}_h g_{hh}$ $(h \geqq 2)$ ist, daß aber für $t = t_1$ für eines oder mehrere dieser $q_h \geqq \bar{\lambda}_h g_{hh}$ mit $h \geqq 2$ das Gleichheits-

[1] Umgekehrt sind wegen $\bar{\lambda}_i < \lambda_i$ für alle reduzierten Formen diese Bedingungen erfüllt. Unter den linearen Bedingungen $L(\bar{\lambda}_1 \cdots \bar{\lambda})$ kommen auch alle $L(\lambda_1 \cdots \lambda_n)$ vor.

zeichen gilt. Dann erfüllt $f(t_1, x_1 \cdots x_n)$ alle $L(\bar\lambda_1 \cdots \bar\lambda_n)$, genügt weiter allen $q_h \geqq \bar\lambda_h g_{hh}$, wobei aber in mindestens einem derselben mit $h \geqq 2$ das Gleichheitszeichen gilt. Daher ist diese Form reduziert, und folglich müßte, wie wir schon feststellten, $q_h > \bar\lambda_h g_{hh}$ sein für alle $h \geqq 2$. Daher gibt es keine Formen, für die alle $L(\bar\lambda_1 \cdots \bar\lambda_n)$ gelten und ein oder mehrere $q_h < \bar\lambda_h g_{hh}$ sind. Alle Formen, für die alle $L(\bar\lambda_1 \cdots \bar\lambda_n)$ gelten, sind also reduziert.

Durch diese Betrachtungen ist nun gezeigt, daß endlich viele der die Reduktion definierenden Ungleichungen, nämlich die $L(\bar\lambda_1 \cdots \bar\lambda_n)$ alle anderen zur Folge haben. Es ist nur noch ein etwas genaueres Resultat, wenn wir noch zeigen, daß auch die $L(\lambda_1 \cdots \lambda_n)$ alle anderen nach sich ziehen. Denn dies sind noch weniger Ungleichungen.

Dies folgt daraus, daß die $L(\lambda_1 \cdots \lambda_n)$ mit den $L(\bar\lambda_1 \cdots \bar\lambda_n)$ identisch sind, falls die $\bar\lambda_i$ zwar kleiner als die λ_i sind, von ihnen aber doch hinreichend wenig abweichen. Dies sieht man sofort ein, wenn man daran denkt, daß die zu den $(\lambda_1 \cdots \lambda_n)$ gehörigen Wertesysteme, welche die $L(\lambda_1 \cdots \lambda_n)$ liefern, aus den Ungleichungen (3) zu ermitteln sind. Verkleinert man also λ_n hinreichend wenig, so kommen zu den für x_n brauchbaren Werten keine neuen hinzu. Verkleinert man dann auch λ_{n-1} hinreichend wenig, so kommen auch keine neuen Werte für x_{n-1} in Frage usw.

IV. Endliche Gruppen.

Der Begriff der arithmetischen Äquivalenz bringt es mit sich, daß der Koeffizientenraum der Formen in Bereiche eingeteilt erscheint, die dem vorhin konstruierten Diskontinuitätsbereich äquivalent sind. Es ist mit den vorausgegangenen Ergebnissen durchaus verträglich, daß an den Bereich der reduzierten Formen unendlich viele äquivalente Bereiche angrenzen. Um so merkwürdiger ist es, daß längs *positiven* reduzierten Formen nur endlich viele Nachbarkammern angrenzen. Dies ist der Sinn des jetzt zu beweisenden Satzes:

Es gibt nur endlich viele unimodulare ganzzahlige Transformationen, die geeignet sind, positive reduzierte Formen wieder in reduzierte Formen überzuführen.

Da zu jeder endlichen Gruppe unimodularer ganzzahliger linearer Transformationen eine positive Form gehört, die durch die Gruppe nicht geändert wird, so folgt aus diesem Satze insbesondere, daß alle diese Gruppen zu endlich vielen unimodular ähnlich sind.

Wir geben für diesen Satz in diesem Abschnitt einen Beweis, der gedanklich einfacher ist als der Minkowskische. Dieser letztere verdient aber jedenfalls dann den Vorzug, wenn man Abschätzungen anstrebt. Denn diese ermöglicht der Minkowskische Beweis zusammen mit der im Abschnitt V unserer Arbeit gegebenen Abschätzung der λ_n. In Abschnitt VI werden wir den Minkowskischen Beweis so umgestalten, daß diese Abschätzungen klar hervortreten. Unser jetzt darzulegender Beweis für den eben aufgestellten Satz bietet keine Handhabe zu solchen Abschätzungen.

Zum Beweis des Satzes nehmen wir im Gegenteil an, es gebe unendlich viele solche Transformationen S_ν, durch die jeweils f_ν in g_ν übergehe.

Durch F_ν und G_ν mögen die Matrizen dieser positiven reduzierten Formen bezeichnet werden, so daß also

$$S'_\nu F_\nu S_\nu = G_\nu$$

ist. Es sei

$$f_\nu = \sum a_{ik}^{(\nu)} x_i x_k$$
$$g_\nu = \sum b_{ik}^{(\nu)} x_i x_k.$$

Ist dann $(s_{1k}^{(\nu)} \cdots s_{nk}^{(\nu)})$ die k-te Vertikalreihe von S_ν, so ist

$$f_\nu(s_{1k}^{(\nu)} \cdots s_{nk}^{(\nu)}) = b_{kk}^{(\nu)}.$$

Ist dabei $s_{hk}^{(\nu)} \neq 0$, aber $s_{h+1,k}^{(\nu)} = s_{h+2,k}^{(\nu)} = \cdots = s_{nk}^{(\nu)} = 0$, so wird

$$b_{kk}^{(\nu)} \geqq q_h^{(\nu)} \geqq \lambda_h a_{hh}^{(\nu)} \geqq \lambda_n a_{hh}^{(\nu)},$$

da nach S. 517 $\lambda_h \geqq \lambda_n$ ist.

Wir zeigen nun, daß für jedes $l = 1, 2 \cdots n$

$$b_{ll}^{(\nu)} \geqq \lambda_n a_{ll}^{(\nu)}$$

ist. Denn wäre für ein festes l

$$b_{ll}^{(\nu)} < \lambda_n a_{ll}^{(\nu)},$$

so wäre weiter

$$b_{11}^{(\nu)} \leqq b_{22}^{(\nu)} \leqq \cdots \leqq b_{ll}^{(\nu)} < \lambda_n a_{ll}^{(\nu)} \leqq \lambda_n a_{l+1,l+1}^{(\nu)} \leqq \cdots \leqq \lambda_n a_{nn}^{(\nu)}.$$

Daher wäre keine der Zahlen $s_{hk}^{(\nu)}$ für $\begin{matrix} h = l, l+1 \cdots n \\ k = 1, 2 \cdots l \end{matrix}$ in ihrer Vertikalreihe die letzte von Null verschiedene. Es wären alle Null. Das sind aber gerade die Elemente, die zugleich l Vertikalreihen und $n-l+1$ Horizontalreihen angehören. Daher wäre die Determinante Null und nicht ± 1. Ebenso ist

$$a_{ll}^{(\nu)} \geqq \lambda_n b_{ll}^{(\nu)}$$

für alle $l = 1, 2 \cdots n$.

Nimmt man nun an, daß die Formen f_ν durch $a_{nn}^{(\nu)} = 1$ normiert sind, so ist $a_{ll}^{(\nu)} \leqq 1$; also $b_{ll}^{(\nu)} \leqq \frac{1}{\lambda_n}$ $(l = 1, 2 \cdots n)$. Man greife dann unter den Formen f_ν und g_ν Teilfolgen derart heraus, daß $\lim\limits_{\nu \to \infty} f_\nu = f$ und $\lim\limits_{\nu \to \infty} g_\nu = g$ existieren. Dann ist jedenfalls f nicht identisch Null. Wir betrachten nun verschiedene Fälle.

1. Es sei f eine positive Form. Dann kommen für die S_ν nur endlich viele Möglichkeiten in Betracht. Denn denkt man sich die f_ν in der Form (2) dargestellt, so existieren die Grenzwerte der $q_i^{(\nu)}$. (Man denke an die Darstellung derselben, die S. 518 angegeben wurde.) Diese Grenzwerte sind positiv, weil f eine positive Form ist. Daher sind die $q_i^{(\nu)}$ zwischen positiven Schranken gelegen. Die $\beta_{ik}^{(\nu)}$ sind ein für allemal beschränkt. Für die Kolonnen von S_ν nimmt f_ν Werte $b_{kk}^{(\nu)} \leqq \frac{1}{\lambda_n}$ an, die also unter festen Schranken liegen.

Daher erhält man Schranken für die Werte, welche die $(\zeta_k^{(\nu)})^2$ für die einzelnen Kolonnen von S_ν annehmen können. Und dies zeigt, daß für dieselben nur endlich viele Möglichkeiten in Frage kommen.

2. Es sei f nicht positiv, da $a_{nn} = 1$ ist, wenn man $f = \Sigma a_{ik} x_i x_k$ setzt, so gibt es ein $h < n$, so daß

$$a_{11} = a_{22} = \cdots = a_{hh} = 0, \quad a_{h+1, h+1} \neq 0$$

ist. Dann ist offenbar auch

$$a_{\lambda\mu} = 0 \text{ für } \lambda = 1, 2 \cdots h; \ \mu = 1, 2 \cdots n.$$

Wegen

$$b_{11}^{(\nu)} \leqq \frac{a_{11}^{(\nu)}}{\lambda_n}$$

ist dann auch für die Grenzform g

$$b_{11} = b_{22} = \cdots = b_{hh} = 0$$

und auch

$$b_{h+1, h+1} \neq 0.$$

Denn es ist ja auch

$$a_{h+1, h+1}^{(\nu)} \leqq \frac{b_{h+1, h+1}^{(\nu)}}{\lambda_n}.$$

Dementsprechend ist sowohl bei den f_ν wie bei den g_ν

$$q_i^{(\nu)} \to 0, \quad i = 1, 2 \cdots h.$$

Aber es sind nach S. 516 alle $q_i^{(\nu)} \geqq q > 0$ für $i = h+1, \cdots n$.
Daraus folgt

$$s_{ik}^{(\nu)} = 0 \text{ für } i = 1, 2 \cdots h; \quad k = h+1, \cdots n.$$

Andernfalls müßte es ein $i \leqq h$ geben, so daß

$$f_\nu(s_{i1}^{(\nu)} \cdots s_{in}^{(\nu)}) \geqq q_\lambda^{(n)} \geqq q$$

wäre für ein $\lambda > h$, während doch

$$f_\nu(s_{i1}^{(\nu)} \cdots s_{in}^{(\nu)}) = b_{ii}^{(\nu)}$$

ist und man wegen $b_{ii}^{(\nu)} \to 0$ das ν so groß nehmen kann, daß $b_{ii}^{(\nu)} < q$ ist. Daher ist für genügend große ν

$$S_\nu = \begin{pmatrix} A_\nu, & B_\nu \\ O, & D_\nu \end{pmatrix},$$

wo A_ν eine Matrix von h Zeilen und h Kolonnen, O eine Nullmatrix bedeutet. Schreibt man die Matrizen F_ν und G_ν so:

$$F_\nu = \begin{pmatrix} F_{1\nu} & F_{2\nu} \\ F_{3\nu} & F_{4\nu} \end{pmatrix}$$

$$G_\nu = \begin{pmatrix} G_{1\nu} & G_{2\nu} \\ G_{3\nu} & G_{4\nu} \end{pmatrix},$$

wo $F_{1\nu}$ und $G_{1\nu}$ quadratische Matrizen von h Zeilen sind, so sind die $F_{1\nu}$ und $G_{1\nu}$ Matrizen von positiven Formen. Es kommen für die A_ν nur endlich viele Möglichkeiten in Betracht, wenn man unseren Satz für Formen von weniger als n Variablen als bewiesen ansieht. Es ist ja

$$G_{1\nu} = A'_\nu F_{1\nu} A_\nu.$$

Für $n = 2$ aber ist der Satz durch die vorstehenden Betrachtungen bewiesen.

Daß die D_ν beschränkt sind, folgt sehr einfach aus $q_k^{(\nu)} \geqq q$ für $k > h$. Denn es ist für $k > h$

$$f_\nu(s_{1k}^{(\nu)} \cdots s_{nk}^{(\nu)}) = b_{kk}^{(\nu)} \geqq q_{h+1}^{(\nu)} (\zeta_{h+1}^{(\nu)})^2 + \cdots + q_n^{(\nu)} (\zeta_n^{(\nu)})^2 \geqq q\,(\zeta_l^{(\nu)})^2$$

für jedes $l = h+1, \cdots n$. Also ist $(\zeta_l^{(\nu)})^2 < \dfrac{1}{q\lambda_n}$.

Es gilt nun noch, die Beschränktheit der B_ν nachzuweisen. Aus

$$\begin{pmatrix} A'_\nu & O \\ B'_\nu & D'_\nu \end{pmatrix} \begin{pmatrix} F_{1\nu} & F_{2\nu} \\ F_{3\nu} & F_{4\nu} \end{pmatrix} \begin{pmatrix} A_\nu & B_\nu \\ O & D_\nu \end{pmatrix} = \begin{pmatrix} G_{1\nu} & G_{2\nu} \\ G_{3\nu} & G_{4\nu} \end{pmatrix}$$

folgt weiter

$$A'_\nu F_{1\nu} B_\nu + A'_\nu F_{2\nu} D_\nu = G_{2\nu}.$$

Also

$$\begin{aligned} B_\nu + F_{1\nu}^{-1} F_{2\nu} D_\nu &= (A'_\nu F_{1\nu})^{-1} G_{2\nu} \\ &= (G_{1\nu} A_\nu^{-1})^{-1} G_{2\nu} \\ &= A_\nu G_{1\nu}^{-1} G_{2\nu}. \end{aligned}$$

Kann man also zeigen, daß $F_{1\nu}^{-1} F_{2\nu}$ und $G_{1\nu}^{-1} G_{2\nu}$ beschränkt sind, so ist der Beweis fertig. Da F_ν und G_ν zwei reduzierte positive Formen sind, aus deren Matrizen $F_{1\nu}$, $F_{2\nu}$ bzw. $G_{1\nu}$, $G_{2\nu}$ entnommen sind, so haben wir folgendes zu zeigen:

Es sei

$$C = ((c_{ik})) = \begin{pmatrix} C_1 & C_2 \\ C_3 & C_4 \end{pmatrix},$$

wo C_1 h Reihen und Kolonnen hat, die Matrix einer reduzierten positiven Form; dann ist die Matrix $C_1^{-1} C_2$ beschränkt, d. h. ihre Elemente liegen für alle reduzierten Formen C unter denselben Schranken. In der Tat hat jedes Element von $C_1^{-1} C_2$ die Form

$$\frac{\begin{vmatrix} c_{11} \cdots c_{1k} \cdots c_{1h} \\ \cdot\ \ \cdot\ \ \cdot\ \ \cdot\ \ \cdot\ \ \cdot \\ \cdot\ \ \cdot\ \ \cdot\ \ \cdot\ \ \cdot\ \ \cdot \\ c_{h1} \cdots c_{hk} \cdots c_{hh} \end{vmatrix}}{\begin{vmatrix} c_{11} \cdots c_{1h} \\ \cdot\ \ \cdot\ \ \cdot\ \ \cdot \\ \cdot\ \ \cdot\ \ \cdot\ \ \cdot \\ c_{h1} \quad c_{hh} \end{vmatrix}}, \quad k > h$$

Die Zählerdeterminante geht dabei aus der Nennerdeterminante hervor, indem man eine Kolonne der Nennerdeterminante durch eine Kolonne von C_2 ersetzt. Wegen der Reduziertheit von C ist jeder der $h!$ Posten des Zählers absolut nicht größer als $c_{11} \cdots c_{hh}$. Der Nenner ist nicht kleiner als $\lambda_h c_{11} \cdots c_{hh}$.

Daher ist jedes Element von $C_1^{-1} C_2$ absolut nicht größer als

$$\frac{h!\, c_{11} \cdots c_{hh}}{\lambda_h c_{11} \cdots c_{hh}} = \frac{h!}{\lambda_h},$$

womit die Beschränktheit von $C_1^{-1} C_2$ bewiesen ist.

V. Abschätzungen.

Will man wirklich endlich viele lineare Ungleichungen angeben, welche den Diskontinuitätsbereich bestimmen, so ist es erforderlich, eine Abschätzung von λ_n nach unten zu haben. Für $n = 2$ und $n = 3$ sind zunächst $\lambda_2 = \frac{3}{4}$ und $\lambda_3 = \frac{1}{2}$ aus der Dirichletschen Theorie bekannt. Wir stellten schon S. 512 fest, daß jede Dirichletsche Reduzierte auch eine Minkowskische Reduzierte ist. Zwei innere (im Minkowskischen Sinn) reduzierte Formen, sind weiter niemals äquivalent. Daher ist jede innere im Minkowskischen Sinne reduzierte Form auch im Dirichletschen Sinne reduziert. Da aber die Randformen alle Grenzformen von inneren Formen des Diskontinuitätsbereiches sind, so stimmen die λ_2 und λ_3 der Minkowskischen Theorie mit denen der Dirichletschen Theorie überein[1].

Man kann die Kenntnis von λ_2 und λ_3 benutzen, um λ_n für die übrigen n nach oben abzuschätzen. Dazu führt folgende Bemerkung:

Sind $f(x) = \sum_1^m g_{ik} x_i x_k$ *und* $g(x) = \sum_{m+1}^n g_{ik} x_i x_k$ *positive reduzierte Formen von m bzw. n — m Veränderlichen, so ist für genügend große positive Werte der Zahl* c

$$\phi = f + cg$$

eine reduzierte Form von n Variablen.

Ist zunächst $l \leqq m$, und $(x_l \cdots x_m) = 1$, so ist

$$f(x_1 \cdots x_m) \geqq g_{ll}.$$

Also ist

$$\phi(x_1 \cdots x_n) \geqq g_{ll},$$

falls $(x_l \cdots x_n) = 1$ *und* $(x_l \cdots x_m) = 1$.

---

[1] Daß die genauen Werte $\lambda_2 = \frac{3}{4}$, $\lambda_3 = \frac{1}{2}$ lauten, kann man auch direkt beweisen.

Ist aber zwar $(x_l \cdots x_n) = 1$, aber $(x_l \cdots x_m) \neq 1$, so kann man nur schließen

$$\phi(x_1 \cdots x_n) \geqq c g_{m+1,m+1} \geqq g_{ll}$$

für $c \geqq \dfrac{g_{ll}}{g_{m+1,m+1}}$.

Ist aber $l \geqq m$, und $(x_l \cdots x_n) = 1$, so ist

$$\phi(x_1 \cdots x_n) \geqq c g_{ll}.$$

Ferner sind alle $g_{k,k+1} \geqq 0$. Also ist $f + cg$ für genügend große c reduziert. c muß nämlich nur größer als $\dfrac{g_{mm}}{g_{m+1,m+1}}$ sein, damit alle ihm auferlegten Bedingungen zugleich erfüllt sind.

Es sei nun schon $\phi = f + g$ reduziert. Ferner wähle man f und g so, daß die Quotienten $\dfrac{D(f)}{g_{11} \cdots g_{mm}}$ und $\dfrac{D(g)}{g_{m+1,m+1} \cdots g_{nn}}$ sich von den genauen Werten λ_m und λ_{n-m} beliebig wenig unterscheiden.

Dann ist für die Determinanten der drei Formen ϕ, f, g

$$D(\phi) = D(f)\,D(g) \quad \text{von} \quad \lambda_m \lambda_{n-m} g_{11} \cdots g_{nn}$$

beliebig verschieden.

Also ist $\lambda_n \leqq \lambda_m \lambda_{n-m}$, woraus z. B. folgt, daß $\lambda_n \leqq \lambda_{n-1}$ und $\lambda_n \leqq \frac{3}{4} \lambda_{n-2}$, also auch $\lambda_n \to 0$ für $n \to \infty$. Durch Betrachtung von Formen der Art kann man auch sehen, daß $\lambda_n < \lambda_m \lambda_{n-m}$ ist[1].

Aber für die vorhin bezeichneten Zwecke der Reduktionstheorie ist eine Abschätzung der λ_n *nach unten* nötig.

Es wäre möglich ohne Heranziehung neuer Hilfsmittel im Rahmen der bisherigen Betrachtungen eine solche Abschätzung zu finden[2]. Doch gelangt

---

[1] Durch Betrachtung spezieller reduzierter Formen, z. B. der von KORKINE und ZOLOTAREFF studierten extremen Formen, kann man noch eine ganze Reihe solcher Abschätzungen nach oben angeben.

[2] Der hierzu führende Gedankengang ist dieser:

Wir wollen für die S. 517 eingeführte Zahl μ_n eine untere Grenze ermitteln und betrachten wieder reduzierte Formen mit $g_{nn} = 1$. Dann ist $q_i \leqq g_{ii} \leqq 1$ für $i = 1, \cdots n$. Aber es können nicht alle $q_i < \frac{1}{n}$ sein. Es ist nämlich $q_1 + q_2 + \cdots + q_n \geqq 1$. Wäre $q_1 + q_2 + \cdots + q_n < 1$, so nehme man $x_n = 1$ und bestimme dann die $x_{n-1} \cdots x_1$, so daß $\zeta_{n-1}^2 < 1, \cdots, \zeta_1^2 < 1$ ausfallen. Dann wäre $f(x_1 \cdots x_n) < 1$, während nach den Reduktionsbedingungen bei $x_n = 1$ dort $f(x_1 \cdots x_n) \geqq g_{nn} = 1$ sein muß. Es sei also z. B. $q_{h+1} \geqq \frac{1}{n}$. *Entweder ist also* $q_n \geqq \frac{1}{n}$, *oder es ist* $q_i \geqq \frac{1}{n}$ *für ein* $i = h + 1 \leqq n - 1$. Dann sei $h + 1$ die größte Zahl ihrer Art, also $q_{h+2} < \frac{1}{n}, \cdots, q_n < \frac{1}{n}$. Wir zeigen nun, daß nicht $q_1 \cdots q_h, q_n$ alle miteinander kleiner als $\frac{1}{n^2(n-h)}$ ausfallen können. Wie auf S. 516, wählen wir die teilerfremden ganzen Zahlen $x_{h+1} \cdots x_n$ so, daß für sie

$$\zeta_{h+1}^2 < \frac{1}{n^2}, \cdots, \zeta_{n-1}^2 < \frac{1}{n^2}, \quad \zeta_n^2 < n^{2(n-h-1)}$$

man zu besseren Ergebnissen, wenn man die schon bekannten Abschätzungen für das Minimum einer Form benutzt. Seit HERMITE kennt man ja mannigfache Abschätzungen für die Zahl γ_k des Satzes

$$D_k \geq \gamma_k g_{11}^k \tag{6}$$

über reduzierte Formen von k Variablen. Man kennt diese Zahl bis zu $k = 5$ genau. Es ist $\gamma_2 = \frac{3}{4}$, $\gamma_3 = \frac{1}{2}$, $\gamma_4 = \frac{1}{4}$, $\gamma_5 = \frac{1}{8}$. Allgemein gilt die Abschätzung (5) mit dem HERMITEschen Wert

$$\gamma_k = \left(\frac{3}{4}\right)^{\frac{k(k-1)}{2}}. \tag{7}$$

Das beste bisher bekannte Ergebnis rührt von BLICHFELDT (Am. Trans. 15) her und wurde von REMAK (Math. Zeitschr. 26) neu hergeleitet:

$$\gamma_k \doteq \left(\frac{\pi}{2}\right)^k \left(\frac{1}{\Gamma\left(2+\frac{k}{2}\right)}\right)^2.$$

Wir denken uns die γ_k so gewählt, daß

$$1 = \gamma_1 > \gamma_2 > \gamma_3 > \cdots,$$

wie das z. B. bei den HERMITEschen Werten zutrifft, und schicken dem Beweis zunächst eine Vorbetrachtung voraus: Es seien $\alpha_1 \cdots \alpha_\nu$, $\nu \leqq n$ positive Zahlen. Es sei weiter gesetzt $\beta_\nu = \alpha_\nu$, falls $\nu = 1$ ist, $\beta_\nu = \alpha_\nu - \frac{\alpha_1}{4} \cdots - \frac{\alpha_{\nu-1}}{4}$, falls $\nu > 1$, und es sei $\beta_\nu > 0$. In der reduzierten Form

---

werden und bestimmen dazu $x_1 \cdots x_h$ so, daß $\zeta_1^2 < 1, \cdots, \zeta_h^2 < 1$ ausfallen. Dann wäre

$$f(x_1 \cdots x_n) < \frac{h}{n^2(n-h)} + \frac{n-h-1}{n^2} + \frac{n^2(n-h-1)}{n^2(n-h)}$$
$$< \frac{h}{n^2} + \frac{n-h-1}{n^2} + \frac{1}{n^2} = \frac{1}{n},$$

während doch für teilerfremde $x_{h+1} \cdots x_n$

$$f(x_1 \cdots x_n) \geqq g_{h+1,\, h+1} \geqq q_{h+1} \geqq \frac{1}{n}$$

sein muß.

Wir wissen nun: Entweder ist $q_n \geqq \frac{1}{n}$, oder es ist entweder $q_n \geqq \frac{1}{n^{2n}}$ oder ein $q_i \geqq \frac{1}{n^{2n}}$, wo $i \leqq n-2$.

Wir wissen also auch: *Entweder ist* $q_n \geqq \frac{1}{n^{2n}}$, *oder es ist ein* $q_i \geqq \frac{1}{n^{2n}}$, *wo* $i \leqq n-2$.

Der Fortschritt gegen die vorige kursiv gedruckte Feststellung liegt darin, daß die Nummer i kleiner geworden ist. Es bedarf keiner weiteren Erörterung, wie man durch Wiederholung solcher Schlüsse nach endlich vielen Schritten zu einer Abschätzung für q_n kommt. Man findet $q_n \geqq n^{-(2n)^{n-1}}$.

$$(7) \qquad \sum_1^n g_{ij} x_i x_j, \quad g_{nn} = 1$$

sei $g_{11} < \alpha_1, g_{22} < \alpha_2 \cdots g_{\nu-1,\nu-1} < \alpha_{\nu-1}, g_{\nu\nu} \geqq \alpha_\nu$.

Zu beliebigen teilerfremden Zahlen $x_\nu \cdots x_n$ denke man sich die $x_1, \cdots x_{\nu-1}$ so gewählt, daß in der Darstellung (2) von S. 514 für die Form (7)

$$\zeta_1^2 < \frac{1}{4}, \cdots, \zeta_{\nu-1}^2 < \frac{1}{4}$$

wird. Dann ist

$$\alpha_\nu \leqq g_{\nu\nu} \leqq q_1 \zeta_1^2 + \cdots + q_n \zeta_n^2$$

$$< \frac{\alpha_1}{4} \cdots + \frac{\alpha_{\nu-1}}{4} + q_\nu \zeta_\nu^2 + \cdots + q_n \zeta_n^2.$$

Also

$$q_\nu \zeta_\nu^2 + \cdots + q_n \zeta_n^2 \geqq \beta_\nu.$$

Daher ist das Minimum der Form $q_\nu \zeta_\nu^2 + \cdots + q_n \zeta_n^2$, deren Determinante gleich $q_\nu \cdots q_n$ ist, nicht kleiner als β_ν. Da wegen $g_{nn} = 1$ die $q_i \leqq 1$ sind, so ist

$$(8) \qquad q_n \geqq q_\nu \cdots q_n \geqq \gamma_{n-\nu+1} \left(\alpha_\nu - \frac{\alpha_1}{4} \cdots \frac{\alpha_{\nu-1}}{4}\right)^{n-\nu+1}.$$

Nach dieser Vorbetrachtung wähle man n positive Zahlen

$$\alpha_1, \cdots \alpha_{n-1}, \alpha_n = 1$$

so, daß für $\nu = 2, 3 \cdots n-1$

$$1. \quad \alpha_\nu - \frac{\alpha_1}{4} \cdots - \frac{\alpha_{\nu-1}}{4} > 0,$$

$$2. \quad \left(\alpha_\nu - \frac{\alpha_1}{4} \cdots - \frac{\alpha_{\nu-1}}{4}\right)^{n-\nu+1} \geqq \frac{\gamma_n}{\gamma_{n-\nu+1}} \alpha_1^n,$$

$$3. \quad 1 - \frac{\alpha_1}{4} \cdots - \frac{\alpha_{n-1}}{4} \geqq \gamma_n \alpha_1^n.$$

Dies ist für genügend kleine Werte von α_1 sicher möglich. Dann ist

$$q_n \geqq \gamma_n \alpha_1^n.$$

Wäre nämlich

$$q_n < \gamma_n \alpha_1^n,$$

so wäre wegen $q_n \geqq \gamma_n g_{11}^n$

$$\gamma_n g_{11}^n < \gamma_n \alpha_1^n,$$

also $g_{11} < \alpha_1$. Nehmen wir an, es sei schon $g_{11} < \alpha_1, \cdots, g_{\nu-1,\nu-1} < \alpha_{\nu-1}$. Es wäre aber

$$g_{\nu\nu} \geqq \alpha_\nu, \quad \nu \leqq n-1.$$

Dann wäre nach der Vorbetrachtung

$$q_n \geqq \gamma_{n-\nu+1}\left(\alpha_\nu - \frac{\alpha_1}{4} \cdots - \frac{\alpha_{\nu-1}}{4}\right)^{n-\nu+1}$$
$$\geqq \gamma_{n-\nu+1}\frac{\gamma_n}{\gamma_{n-\nu+1}}\alpha_1^n = \gamma_n \alpha_1^n,$$

was unserer Annahme widerspricht. Also ist

$$g_{11} < \alpha_1, \cdots, g_{n-1,n-1} < \alpha_{n-1}.$$

Dann folgt (wegen $g_{nn} = 1 = \alpha_n$) aber aus (8) für $\nu = n$

$$q_n \geqq 1 - \frac{\alpha_1}{4} \cdots - \frac{\alpha_{n-1}}{4} \geqq \gamma_n \alpha_1^n.$$

Bisher war in der reduzierten Form $g_{nn} = 1$. Ist g_{nn} beliebig, so lautet das Ergebnis

$$q_n \geqq \gamma_n \alpha_1^n g_{nn}.$$

Da dies für alle n gilt, und da $D = q_1 \cdots q_n$ ist, so folgt

$$D \geqq \gamma_1 \cdots \gamma_n \alpha_1^{\frac{n(n+1)}{2}} g_{11} \cdots g_{nn}. \tag{9}$$

Allen Anforderungen wird genügt, wenn man

$$\gamma_n = \left(\frac{3}{4}\right)^{\frac{n(n-1)}{2}}, \alpha_1 = \left(\frac{4}{5}\right)^{n-1}, \alpha_2 = \left(\frac{4}{5}\right)^{n-2}, \cdots, \alpha_{n-1} = \frac{4}{5}$$

setzt. Dann wird nämlich

$$\alpha_\nu - \frac{\alpha_1}{4} \cdots - \frac{\alpha_{\nu-1}}{4} = \left(\frac{4}{5}\right)^{n-\nu} - \frac{5}{4}\left(1 - \left(\frac{4}{5}\right)^{\nu-1}\right)\left(\frac{4}{5}\right)^{n-\nu+1} = \left(\frac{4}{5}\right)^{n-1}.$$

Ferner

$$\left(\alpha_\nu - \frac{\alpha_1}{4} \cdots - \frac{\alpha_{\nu-1}}{4}\right)^{n-\nu+1} = \left(\frac{4}{5}\right)^{n^2-n-(\nu-1)(n-1)} \geqq \left(\frac{4}{5}\right)^{n^2-n} \geqq \frac{\gamma_n}{\gamma_{n-\nu+1}}\alpha_1^n.$$

Endlich

$$1 - \frac{\alpha_1}{4} \cdots - \frac{\alpha_{n-1}}{4} = \left(\frac{4}{5}\right)^{n-1} \geqq \gamma_n \left(\frac{4}{5}\right)^{n^2-n} = \gamma_n \alpha_1^n.$$

Somit wird schließlich, wenn man die gefundenen Werte in (9) einsetzt,

$$D_n \geqq \left(\frac{48}{125}\right)^{\frac{n^3-n}{6}} g_{11} \cdots g_{nn},$$

so daß

$$\lambda_n \geqq \left(\frac{48}{125}\right)^{\frac{n^3-n}{6}}$$

ist.

VI. Charakteristische Wurzeln. Zweiter Beweis des Satzes über endliche Gruppen.

Der Satz von der Existenz nur endlich vieler unimodularer Substitutionen $S = (s_{ik})$, die geeignet sind, positive reduzierte Formen in ebensolche überzuführen, ist von uns in Abschnitt IV bereits auf einfachem Wege bewiesen worden. Dieser Beweis liefert aber, wie schon erwähnt, im Gegensatz zum MINKOWSKIschen keine Methode zur wirklichen Berechnung aller zulässigen Substitutionen S. Im folgenden soll der MINKOWSKIsche Beweis so umgestaltet werden, daß sich übersichtlichere Abschätzungen für die ganzzahligen Koeffizienten s_{ik} ergeben.

Wir leiten zunächst eine an und für sich interessante Eigenschaft der im MINKOWSKIschen Sinne reduzierten Formen ab.

Es sei

$$f(x_1, x_2, \cdots, x_n) = \sum a_{ik} x_i x_k \qquad (a_{ik} = a_{ki})$$

eine positive reduzierte Form. Ihre (reellen, positiven) charakteristischen Wurzeln seien $w_1, w_2, \cdots, w_n$. *Ist*

$$w_1 \leqq w_2 \leqq \cdots \leqq w_n,$$

so gelten die Ungleichungen

$$\frac{\lambda_{n+1-h}}{n+1-h} a_{hh} \leqq w_h \leqq h a_{hh}. \qquad (h = 1, 2, \cdots, n) \tag{10}$$

Aus

$$\sum_k a_{kk} = \sum_k w_k$$

folgt nämlich zunächst wegen $a_{11} \leqq a_{22} \leqq \cdots \leqq a_{nn}$

$$w_n \leqq n a_{nn}. \tag{11}$$

Ist ferner D die Determinante von f und D_{kk} die zum Element a_{kk} gehörende Unterdeterminante, so wird bekanntlich

$$\sum_k \frac{D_{kk}}{D} = \sum_k \frac{1}{w_k}.$$

Da nun

$$D_{kk} \leqq \frac{a_{11} a_{22} \cdots a_{nn}}{a_{kk}}, \quad D \geqq \lambda_n a_{11} a_{22} \cdots a_{nn}$$

ist, so ergibt sich

$$\frac{1}{\lambda_n} \sum_k \frac{1}{a_{kk}} \geqq \sum_k \frac{1}{w_k},$$

also insbesondere

$$\frac{n}{\lambda_n} \cdot \frac{1}{a_{11}} \geqq \frac{1}{w_1}, \text{ d. h.}$$

$$w_1 \geqq \frac{\lambda_n}{n} a_{11}. \tag{12}$$

Wir machen nun von ſolgendem bekannten Satz Gebrauch: Setzt man in einer quadratischen Form $f(x_1, x_2, \cdots x_n)$ mit den charakteristischen Wurzeln $w_1 \leqq w_2 \leqq \cdots \leqq w_n$ die Veränderliche x_k gleich Null und bezeichnet die charakteristischen Wurzeln der so entstehenden Form f_k mit $w'_1 \leqq w'_2 \leqq \cdots \leqq w'_{n-1}$, so wird

$$w_1 \leqq w'_1 \leqq w_2 \leqq w'_2 \leqq \cdots \quad \leqq w_{n-1} \leqq w'_{n-1} \leqq w_n .$$

In unserem Fall werden auch die f_k reduzierte positive Formen. Nimmt man die Ungleichungen (10), die für $n = 1$ gewiß richtig sind, für $n-1$ Veränderliche als schon bewiesen an, so ergibt sich, indem man $k = n$ wählt.

$$w_h \leqq w'_h \leqq h a_{hh} . \qquad (h = 1, 2, \cdots, n-1)$$

Für $k = 1$ erhält man aber

$$w_h \geqq w'_{h-1} \geqq \frac{n-1-(h-1)+1}{\lambda_{n-1-(h-1)+1}} a_{hh} \qquad (h = 2, 3, \cdots, n)$$

In Verbindung mit (11) und (12) ergeben sich alle Formeln (10).

Es sei nun $S = (s_{ik})$ eine unimodulare Substitution, durch die die positive reduzierte Form $f = \sum a_{ik} x_i x_k$ in die reduzierte Form $g = \sum b_{ik} x_i x_k$ übergeführt wird. Wir haben schon früher gesehen, daß

$$b_{kk} \geqq \lambda_n a_{kk} , \quad a_{kk} \geqq \lambda_n b_{kk}$$

wird. Genauer hat sich ergeben: Ist in der k-ten Kolonne von S der Koeffizient s_{hk} der letzte von Null verschiedene, so ist

$$b_{kk} \geqq \lambda_n a_{hh} .$$

Wir unterscheiden nun zwei Fälle:

Erster Fall. Die Substitution S sei nicht »zerlegbar«, d. h. ihre Matrix lasse sich nicht in der Form

$$S = \begin{pmatrix} A & B \\ 0 & D \end{pmatrix} \qquad (A \text{ und } D \text{ quadratische Matrizen})$$

schreiben. *Wir behaupten, daß in diesem Falle*

$$\sigma_k = \sum_{i=1}^{n} s_{ik}^2 \leqq \frac{n}{\lambda_n^{2k}} \qquad (k = 1, 2, \cdots, n)$$

wird, was unmittelbar zeigt, daß nur endlich viele derartige S in Betracht kommen.

Der Beweis ergibt sich auf Grund der Ungleichung (12) ohne weiteres, wenn wir zeigen können, daß bei unzerlegbaren S

(13) $$a_{11} \geqq \lambda_n^{2k-2} a_{kk}$$

sein muß. Denn dann wird, weil bekanntlich allgemein

$$f(x_1, x_2, \cdots, x_n) \geqq w_1 (x_1^2 + x_2^2 + \cdots + x_n^2)$$

ist,

$$\frac{a_{kk}}{\lambda_n} \geqq b_{kk} = f(s_{1k}, s_{2k}, \cdots, s_{nk}) \geqq w_1 \sigma_k \geqq \frac{\lambda_n}{n} a_{11} \sigma_k \geqq \frac{\lambda_n^{2k-1}}{n} a_{kk} \sigma_k ,$$

was die zu beweisende Formel für σ_k liefert.

Um nun (13) zu erhalten, schließen wir so[1]:

Für $k=1$ ist die Formel (13) richtig. Sie sei schon für $k=h$ bewiesen und $h<n$. Wir haben zu zeigen, daß (13) auch für $k=h+1$ gilt.

Ist zunächst eine der Zahlen $s_{h+1,1}, \cdots s_{n,1}$ von Null verschieden, so wird für ein gewisses $l>h$

$$b_{11} \geqq \lambda_n a_{ll} \geqq \lambda_n a_{h+1,h+1}, \text{ also } a_{11} \geqq \lambda_n^2 a_{h+1,h+1}.$$

Das liefert a fortiori die für $k=h+1$ zu beweisende Ungleichung. Sind aber alle s_{l1} für $l>h$ gleich Null[2], so dürfen nicht alle h ersten Kolonnen von S in den $n-h$ letzten Zeilen lauter Nullen enthalten, da sonst S zerlegbar zu nennen wäre. Es gibt also einen Index m $(1<m\leqq h)$ derart, daß beim letzten von Null verschiedenen Koeffizienten s_{lm} der m-ten Kolonne $l>h$ ausfällt. Dann wird aber

$$b_{hh} \geqq b_{mm} \geqq \lambda_n a_{ll} \geqq \lambda_n a_{h+1,h+1},$$

also ist $a_{hh} \geqq \lambda_n^2 a_{h+1,h+1}$ und demnach

$$a_{11} \geqq \lambda_n^{2h-2} a_{hh} \geqq \lambda_n^{2h} a_{h+1,h+1}.$$

Zweiter Fall. Die Substitution S sei zerlegbar, habe also die Gestalt

$$S = \begin{pmatrix} A & B \\ 0 & D \end{pmatrix},$$

wobei A eine r-reihige quadratische Matrix bedeute. In diesem Fall können wir wie bei unserem ersten Beweis zum Ziele gelangen, wenn wir nur imstande sind, Schranken für die Koeffizienten

$$s_{r+\alpha, r+\beta} \qquad (\alpha, \beta = 1, 2, \cdots, n-r)$$

der unimodularen Substitution D anzugeben. Hierbei kann angenommen werden, daß D unzerlegbar sei, da sonst S eine weitere Zerfällung mit vergrößerter Zeilenanzahl r zuließe.

Wir behaupten nun: *Ist die Substitution D nicht zerlegbar, so genügen ihre Koeffizienten den Ungleichungen*

$$\sum_{\alpha=1}^{n-r} s_{r+\alpha, r+\beta}^2 \leqq c_\beta \qquad (\beta = 1, 2, \cdots, n-r)$$

für

$$c_\beta = \frac{n(n-1)\cdots(n-r)}{\lambda_n \lambda_{n-1} \cdots \lambda_{n-r}} \cdot \lambda \frac{1}{\lambda_n^{r+2\beta-1}}.$$

Zunächst lehrt nämlich die im ersten Fall durchgeführte Betrachtung, auf die letzten $n-r$ Kolonnen von S angewandt, daß bei nicht zerlegbarem D

$$(14) \qquad a_{r+1,r+1} \geqq \lambda_n^{2\beta-2} a_{r+\beta, r+\beta}$$

sein muß.

Sind nun F und G die Koeffizientenmatrizen der Formen f und g, so wende man auf beiden Seiten der Gleichung

$$S'FS = G$$

[1] Eine ähnliche Schlußweise findet sich bei MINKOWSKI.

[2] Für $h=1$ kann dieser Fall nicht eintreten, da sonst S zerlegbar wäre.

die $(r+1)$-te »Determinantentransformation« an. Es entsteht eine Gleichung der Form

$$S'_{r+1} F_{r+1} S_{r+1} = G_{r+1},$$

wobei für jede n-reihige Matrix M das Zeichen M_{r+1} die $\binom{n}{r+1}$-reihige Matrix bedeutet, deren Elemente die Unterdeterminanten $(r+1)$-ten Grades von M sind. Die charakteristischen Wurzeln von F_{r+1} sind bekanntlich die sämtlichen Produkte $w_\varkappa w_\lambda w_\mu \cdots$ mit $r+1$ voneinander verschiedenen Indizes. Die kleinste unter diesen Zahlen ist

$$(15) \qquad w_1 w_2 \cdots w_{r+1} \geqq \frac{\lambda_n}{n} \cdot \frac{\lambda_{n-1}}{n-1} \cdots \frac{\lambda_{n-r}}{n-r} \, a_{11} a_{22} \cdots a_{rr} a_{r+1,r+1}{}^{1}.$$

Bezeichnet man daher die Koeffizienten von S_{r+1} und G_{r+1} mit $t_{\mu,\nu}$ und $h_{\mu,\nu}$, so wird analog dem früheren

$$(16) \qquad h_{\nu\nu} \geqq w_1 w_2 \cdots w_{r+1} \sum_\mu t^2_{\mu\nu}, \qquad \left(\mu, \nu = 1, 2, \cdots \binom{n}{r+1}\right).$$

Man wähle nun ν so, daß

$$h_{\nu\nu} = \begin{vmatrix} b_{11} & \cdots & b_{1r} & b_{1,r+\beta} \\ \cdot & \cdot & \cdot & \cdot \\ b_{r1} & \cdots & b_{rr} & b_{r,r+\beta} \\ b_{r+\beta,1} & \cdots & b_{r+\beta,r} & b_{r+\beta,r+\beta} \end{vmatrix}$$

wird. Dann wird

$$h_{\nu\nu} \leqq b_{11} \cdots b_{rr} b_{r+\beta,r+\beta} \leqq \frac{1}{\lambda_n^{r+1}} a_{11} \cdots a_{rr} a_{r+\beta,r+\beta}.$$

Hieraus folgt in Verbindung mit (14), (15) und (16)

$$(17) \qquad \sum_\mu t^2_{\mu\nu} \leqq c_\beta,$$

wo c_β die frühere Bedeutung hat.

Nun sind aber die hier auftretenden Elemente $t_{\mu\nu}$ nichts anderes als die $\binom{n}{r+1}$ Unterdeterminanten $(r+1)$-ten Grades der Matrix S, die mit Hilfe der r ersten Kolonnen und der $(r+\beta)$-ten zu bilden sind. Aus dem Zerfallen von S und der Tatsache, daß die Determinante von A gleich ± 1 ist, folgt aber, daß die nicht von selbst verschwindenden unter den Größen $t_{\mu\nu}$, abgesehen von den Vorzeichen, mit den Zahlen

$$s_{r+1,r+\beta},\ s_{r+2,r+\beta},\ \cdots,\ s_{n,r+\beta}$$

übereinstimmen. Die Ungleichung (17) ist also identisch mit der zu beweisenden Ungleichung.

---

[1] Die hier auftretende Konstante kann, wie sich ohne Mühe zeigen läßt, durch die größere Zahl $\lambda_n \binom{n}{r+1}^{-1}$ ersetzt werden, was für die c_β entsprechend kleinere Werte liefert.

Ausgegeben am 13. Februar 1929.

64.

Einige Sätze über Primzahlen mit Anwendungen auf Irreduzibilitätsfragen. I.

Sitzungsberichte der Preussischen Akademie der Wissenschaften 1929, Physikalisch-Mathematische Klasse, 125 - 136

Im folgenden werde ich den Satz beweisen:

I. *Jedes Polynom der Form*

$$f(x) = 1 + g_1 \frac{x}{1!} + g_2 \frac{x^2}{2!} + \cdots + g_{n-1} \frac{x^{n-1}}{(n-1)!} \pm \frac{x^n}{n!}$$

mit beliebigen ganzen rationalen Koeffizienten $g_1, g_2, \cdots, g_{n-1}$ *ist im Gebiete der rationalen Zahlen irreduzibel.*

Diese Klasse von Polynomen umfaßt neben den sämtlichen Abschnitten der Exponentialreihe und der Kosinusreihe auch die Laguerreschen Polynome

$$\frac{e^x}{n!} \frac{d^n (x^n e^{-x})}{dx^n} = \sum_{\nu=0}^{n} (-1)^\nu \binom{n}{\nu} \frac{x^\nu}{\nu!}.$$

Der Beweis des Satzes I läßt sich mit Hilfe eines an und für sich bemerkenswerten Satzes über Primzahlen führen:

II. *Für jedes* $k \geqq 1$ *gibt es unter je* k *aufeinanderfolgenden Zahlen*

$$h+1, \ h+2, \ \ldots, \ h+k \qquad (h \geqq k) \tag{1}$$

oberhalb k *mindestens eine Zahl, die durch eine oberhalb* k *liegende Primzahl teilbar ist.*

Dieser Satz läßt sich als eine Verallgemeinerung des bekannten Satzes von Tschebyscheff über die Existenz einer Primzahl zwischen k und $2k$ auffassen. Denn für $h = k$ muß eine Zahl der Sequenz (1), die durch eine Primzahl $p > k$ teilbar ist, offenbar selbst eine Primzahl sein. Daß bei gegebenem k nur endlich viele Systeme (1) eine Ausnahme bilden könnten, folgt aus einem Satze von C. Störmer[1], der besagt, daß unter den positiven ganzen Zahlen, die nur durch unterhalb k gelegene Primzahlen teilbar sind, nur endlich viele Paare $h+1, h+2$ vorkommen. Hieraus folgt unser Satz aber noch keineswegs.

---

[1] *Quelques théorèmes sur l'équation de Pell* $x^2 - Dy^2 = \pm 1$ *et leurs applications*, Christiania Videnskabsselskabs Skrifter 1897. Vgl. auch G. Pólya, *Zur arithmetischen Untersuchung der Polynome*, Math. Zeitschrift, Bd. 1 (1918), S. 143—148, und C. Siegel, *Approximation algebraischer Zahlen*, Math. Zeitschrift, Bd. 10 (1921), S. 173—213.

Daß er für alle genügend großen Werte von k richtig ist, ergibt sich ohne Mühe aus dem Primzahlsatz. Die Erledigung *aller* Werte von k gelingt mit Hilfe der älteren Methoden von TSCHEBYSCHEFF. Das erforderte stellenweise etwas mühsame Rechnungen, insbesondere auch genauere Abzählungen in der Reihe der Primzahlen unterhalb $e^{12} = 162754, \cdots$. Ich benutzte hierbei die Tafel der Primzahlen unterhalb 300000, die in dem Buche *Recherches sur la théorie des nombres* von M. KRAITCHIK (Paris 1924) abgedruckt ist.

In einer demnächst erscheinenden Fortsetzung dieser Arbeit werde ich einen etwas weitergehenden Satz über die Primteiler von Sequenzen ungerader Zahlen beweisen, aus dem sich eine genaue Übersicht über die irreduziblen Faktoren der HERMITEschen Polynome und einer mit ihnen verwandten allgemeineren Klasse von Polynomen ergeben wird.

§ 1.

Zurückführung des Satzes I auf den Satz II.

Nehmen wir das Polynom $f(x)$ als reduzibel an, so besitzt es einen irreduziblen Teiler $A(x)$, dessen Grad k höchstens gleich $\frac{n}{2}$ ist. Da $f(x)$ nach Multiplikation mit $n!$ ein ganzzahliges Polynom mit dem höchsten Koeffizienten ± 1 wird, darf $A(x)$ in der Form

$$A(x) = x^k + a_1 x^{k-1} + \cdots a_{k-1} x + a_k \qquad \left(k \leqq \frac{n}{2}\right)$$

angesetzt werden, wobei die $a_\varkappa$ ganze rationale Zahlen sind. Zu der Erkenntnis, daß es ein solches Polynom nicht geben kann, gelangen wir in zwei Schritten.

1. Ich behaupte, daß *jeder Primteiler p von a_k der Bedingung $p \leqq k$ genügen müßte.* Ist nämlich α eine Nullstelle von $A(x)$, so können in dem durch α erzeugten algebraischen Zahlkörper des Grades k die Hauptideale (α) und (p) wegen

$$N(\alpha) = \pm a_k \equiv 0 \ (\text{mod.}\ p)$$

nicht teilerfremd sein. Es sei $\mathfrak{p}$ ein in beiden Idealen aufgehendes Primideal und

$$(\alpha) = \mathfrak{p}^r \mathfrak{m}, \quad (p) = \mathfrak{p}^s \mathfrak{n},$$

wobei $\mathfrak{m}$ und $\mathfrak{n}$ nicht mehr durch $\mathfrak{p}$ teilbar sind. Dann wird

$$1 \leqq r, \ 1 \leqq s \leqq k. \tag{2}$$

Nun ist auch $f(\alpha) = 0$, also

$$n! + n!\, g_1 \frac{\alpha}{1!} + \cdots + n!\, g_{n-1} \frac{\alpha^{n-1}}{(n-1)!} \pm n! \frac{\alpha^n}{n!} = 0. \tag{3}$$

Hierin ist das erste Glied genau durch p^{h_n} teilbar, wobei

$$h_n = \left[\frac{n}{p}\right] + \left[\frac{n}{p^2}\right] + \cdots \tag{4}$$

zu setzen ist. Die höchste Potenz des Primideals $\mathfrak{p}$, die in dem ersten Glied aufgeht, ist also $\mathfrak{p}^{sh_n}$. Es dürfen offenbar nicht alle übrigen Glieder von (3) durch höhere Potenzen von $\mathfrak{p}$ teilbar sein. Da jedes Glied

$$n!\,g_\nu \frac{\alpha^\nu}{\nu!} \qquad (\nu = 1, 2, \cdots, n,\ g_n = \pm 1)$$

mindestens durch

$$\mathfrak{p}^{sh_n + \nu r - sh_\nu}$$

teilbar ist, muß für wenigstens ein $\nu \geqq 1$

$$(5) \qquad \nu r \leqq s h_\nu$$

werden[1]. Es ist aber

$$h_\nu = \left[\frac{\nu}{p}\right] + \left[\frac{\nu}{p^2}\right] + \cdots < \sum_{\lambda=1}^{\infty} \frac{\nu}{p^\lambda} = \frac{\nu}{p-1}.$$

Aus (2) und (5) folgt daher

$$\nu \leqq \nu r \leqq s h_\nu < \frac{s\nu}{p-1} \leqq \frac{k\nu}{p-1},$$

also $p - 1 < k$ oder $p \leqq k$.

2. Das Polynom $A(x)$ ist auch ein Teiler von

$$F(x) = \pm n!\, f(x) = x^n \pm g_1 n x^{n-1} \pm g_2 n(n-1) x^{n-2} \cdots.$$

In diesem Ausdruck sind alle Koeffizienten vom zweiten angefangen durch n, vom dritten angefangen durch $n(n-1)$ teilbar usw. Ist daher q eine in

$$n(n-1)\cdots(n-l+1) \qquad (l = 1, 2, \cdots, n)$$

aufgehende Primzahl, so erscheint $F(x)$ als ein ganzzahliges Polynom, das mod. q durch x^{n-l+1} teilbar ist. Setzt man $F(x) = A(x)\,B(x)$, so wird auch

$$F(x) \equiv A(x)\,B(x) \pmod{q}.$$

Da die Zerlegung von $F(x)$ in irreduzible Faktoren mod. q eindeutig ist, muß das Produkt der höchsten Potenzen von x, die mod. q in $A(x)$ und $B(x)$ aufgehen, mindestens x^{n-l+1} sein. Für $l = k$ ergibt sich insbesondere, da $B(x)$ genau vom Grade $n - k$ ist, daß $A(x)$ mod. q mindestens einmal durch x teilbar sein muß, was nur bedeutet, daß q ein Teiler von a_k wird. Eine solche Primzahl ist aber nach dem Früheren höchstens gleich k.

Es würde sich also ergeben, daß die k aufeinanderfolgenden Zahlen

$$n-k+1, \quad n-k+2, \cdots, n$$

nur durch Primzahlen $q \leqq k$ teilbar sein dürften. Da hier $k \leqq \frac{n}{2}$, also $n - k \geqq k$ ist, so widerspricht das dem Satze II.

---

[1] Vgl. O. PERRON, *Über eine Anwendung der Idealtheorie auf die Frage nach der Irreduzibilität algebraischer Gleichungen*, Math. Annalen, Bd. 60 (1905), S. 448—458.

§ 2.

Einige Hilfssätze.

Im folgenden bedeute $\pi(x)$ wie üblich die Anzahl der Primzahlen $p \leqq x$ und $\vartheta(x)$ die Summe

$$\vartheta(x) = \sum_{p \leqq x} \log p .$$

Die elementaren Methoden von TSCHEBYSCHEFF[1] gestatten bekanntlich, $\vartheta(x)$ für jedes $x \geqq 1$ in zwei Schranken einzuschließen. Es ist nach LANDAU, *Handbuch der Lehre von der Verteilung der Primzahlen*, Bd. I, S. 91, für $x \geqq 1$

$$\vartheta(x) < \frac{6}{5} ax + 3 \log^2 x + 8 \log x + 5 , \tag{6}$$

$$\vartheta(x) > ax - \frac{12}{5} a \sqrt{x} - \frac{3}{2} \log^2 x - 13 \log x - 15 , \tag{7}$$

wobei

$$a = \log \frac{2^{\frac{1}{2}} \cdot 3^{\frac{1}{3}} \cdot 5^{\frac{1}{5}}}{30^{\frac{1}{30}}} = 0.92129 \ldots$$

zu setzen ist. Da für $y > 10$

$$3y^2 + 8y + 5 < 4y^2, \quad \frac{3}{2} y^2 + 13y + 15 < 3y^2$$

ist, darf für $x > e^{10}$

$$\vartheta(x) < \frac{6}{5} ax + 4 \log^2 x, \quad \vartheta(x) > ax - \frac{12}{5} a \sqrt{x} - 3 \log^2 x \tag{8}$$

gesetzt werden.

Hieraus läßt sich bekanntlich folgern, daß für jedes $\varepsilon > \frac{1}{5}$ eine Schranke $M(\varepsilon)$ existiert, von der behauptet werden kann, daß für $x > M(\varepsilon)$ das Intervall $x < p < (1 + \varepsilon) x$ mindestens eine Primzahl enthält. Ich brauche im folgenden die präzise Aussage:

Hilfssatz I. *Für $x \geqq 29$ gibt es mindestens eine Primzahl p, die der Bedingung $x < p \leqq \frac{5x}{4}$ genügt.*

Aus (8) ergibt sich nämlich für $x > e^{10}$

$$\vartheta\left(\frac{5x}{4}\right) - \vartheta(x) > \frac{1}{20} ax - \frac{12}{5} a \sqrt{\frac{5x}{4}} - 3 \log^2 \frac{5x}{4} - 4 \log^2 x .$$

---

[1] Mémoire sur les nombres premiers, Œuvres, Bd. I, S. 51—70.

Beachtet man, daß

$$\log\left(1+\frac{1}{4}\right)<\frac{1}{4},\quad \frac{12}{5}\sqrt{\frac{5}{4}}<\frac{14}{5}$$

ist, so erhält man

$$\vartheta\left(\frac{5x}{4}\right)-\vartheta(x)>\frac{1}{20}g(x), \qquad (x>e^{10})$$

wobei

$$g(x)=ax-56a\sqrt{x}-140\log^2 x-30\log x-4$$

zu setzen ist. Wird nun für $x>X>e^{10}$ der Ausdruck $g(x)$ positiv, so enthält unser Intervall für $x>X$ gewiß mindestens eine Primzahl. Da aber $\frac{1}{x}g(x)$ schon für $x>e^2$ monoton wächst, genügt es, irgendeine Zahl $X>e^{10}$ anzugeben, für die $g(X)>0$ wird. Eine einfache Rechnung zeigt, daß

$$X=e^{12}=162754,\cdots$$

dieser Bedingung genügt. Für $x>e^{12}$ gibt es also jedenfalls Primzahlen zwischen x und $\frac{5x}{4}$.

Die Werte x zwischen 29 und $162754,\cdots$ lassen sich mit Hilfe der Primzahlentafel erledigen. Die Rechnungen lassen sich auf Grund folgender Überlegung sehr vereinfachen. Es ist offenbar nur zu zeigen, daß, wenn $\Delta p=p'-p$ den Abstand der Primzahl p von der nächstfolgenden Primzahl p' bedeutet, für $29\leqq p<162754$

$$\Delta p<\frac{p}{4} \tag{9}$$

wird. Man überzeugt sich sehr leicht, daß in der Primzahltafel für $p<162754$ jedenfalls $\Delta p<1000$ ist. Sollte also einmal (9) nicht richtig sein, so müßte $p<4000$ sein. Für solche Primzahlen ist aber, wie man schnell überblickt, $\Delta p<100$. Für $p>400$ ist also bei uns (9) gewiß richtig. Unterhalb 400 ist aber $\Delta p\leqq 14$. Das reduziert schon die Diskussion auf $29\leqq p<56$. Für die 7 Primzahlen dieses Intervalls ist (9) leicht zu bestätigen.

Schwierigere Rechnungen erfordert der Beweis der folgenden Regel: Hilfssatz II. *Für* $x\geqq 2$ *ist*

$$\pi(x)<\frac{3}{2}\cdot\frac{x}{\log x}. \tag{10}$$

Wir gelangen in mehreren Schritten zum Ziel.

1. *Für* $x\geqq 37$ *ist* $\pi(x)<\frac{x}{3}$.

Dies erkennt man nach einer bekannten elementaren Methode (vgl. LANDAU, *Handbuch*, Bd. I, S. 70). Für $x>5$ ist

$$\pi(x) < 3 + \sum_{d\,|\,30} \mu(d)\left[\frac{x}{d}\right]$$

$$= 3 + \sum_{d\,|\,30} \mu(d)\left\{\frac{x}{d} - \rho_d\right\} \qquad (0 \leqq \rho_d < 1)$$

$$< 3 + x\cdot\frac{\psi(30)}{30} + \sum{}'|\mu(d)|,$$

wo d in $\sum'$ nur noch die 4 Teiler d von 30 durchläuft, die $\mu(d) = -1$ liefern. Das gibt

$$\pi(x) < 3 + \frac{4x}{15} + 4 \leqq \frac{x}{3} \quad \text{für} \quad x \geqq 105\,.$$

Für $37 \leqq x < 105$ ist unsere Behauptung leicht zu verifizieren.

2. Aus (6) folgt, weil

$$\frac{6}{5}a < \frac{6}{5}\cdot 0.9213 < 1.106$$

und für $y \geqq 2$

$$3y^2 + 8y + 5 < 9y^2$$

ist, für $x > e^2 = 7.3\cdots$

(11) $$\vartheta(x) < 1.106x + 9\log^2 x\,.$$

Ist nun x eine positive ganze Zahl und ξ eine beliebige positive ganze Zahl unterhalb x, so wird für $\xi > e^2$ nach einer oft benutzten Schlußweise

$$\pi(x) = \pi(\xi) + \sum_{\nu=\xi+1}^{x} \frac{\vartheta(\nu) - \vartheta(\nu-1)}{\log\nu}$$

$$< \pi(\xi) + \sum_{\nu=\xi+1}^{x-1} \vartheta(\nu)\frac{\log(\nu+1) - \log\nu}{\log\nu\,\log(\nu+1)} + \frac{\vartheta(x)}{\log x}$$

$$< \pi(\xi) + \sum_{\nu=\xi+1}^{x-1} \frac{\vartheta(\nu)}{\nu\log^2\nu} + \frac{\vartheta(x)}{\log x}$$

$$< \pi(\xi) + \sum_{\nu=\xi+1}^{x-1} \left(\frac{1.106}{\log^2\nu} + \frac{9}{\nu}\right) + \frac{1.106\,x}{\log x} + 9\log x\,.$$

Das liefert, indem man beachtet, daß

$$\frac{1}{\log^2\nu} \leqq \frac{1}{\log^2(\xi+1)}\,, \qquad \sum_{\nu=\xi+1}^{x-1} \frac{1}{\nu} < 1 + \log x$$

ist,

(12) $$\pi(x) < \pi(\xi) + \frac{1.106\,x}{\log^2(\xi+1)} + \frac{1.106\,x}{\log x} + 9 + 18\log x\,.$$

3. *Es soll zunächst gezeigt werden, daß für* $x \geqq 2$

$$\pi(x) < \frac{2x}{\log x} \tag{13}$$

ist.

Man setze in (12) die Hilfsgröße ξ gleich $\left[x^{\frac{3}{4}}\right]$. Um neben (12) auch $\pi(\xi) < \frac{\xi}{3}$ anwenden zu dürfen, genügt es,

$$x > 37^{\frac{4}{3}} = 123, \cdots$$

anzunehmen. Die Ungleichung (13) ist gewiß richtig, wenn

$$\frac{1}{3} x^{\frac{3}{4}} + \frac{16}{9} \cdot \frac{1.106 x}{\log^2 x} + \frac{1.106 x}{\log x} + 9 + 18 \log x < \frac{2x}{\log x},$$

d. h.

$$\frac{\log x}{3 x^{\frac{1}{4}}} + \frac{16}{9} \cdot \frac{1.106}{\log x} + \frac{9 \log x}{x} + \frac{18 \log^2 x}{x} < 0.894 \tag{14}$$

wird. Der links stehende Ausdruck ist für $x > e^4$ monoton abnehmend. Für

$$x = e^9 = 8103, \cdots, \quad x^{\frac{1}{4}} = e^{\frac{9}{4}} = 9, \cdots$$

ist (14), wie eine einfache Rechnung zeigt, richtig. Daher gilt (13) jedenfalls für $x > e^9$. Für $2 \leqq x \leqq e^9$ wäre diese Ungleichung ohne große Mühe direkt zu verifizieren. Da ich später für diese Werte die weitergehende Ungleichung (10) genauer behandeln werde, soll hierauf an dieser Stelle nicht eingegangen werden.

4. Man setze nun in (12), wenn $x > 40(e^2 + 1)$ ist,

$$\xi = \left[\frac{x}{40}\right].$$

Dann darf für $x > 1680$

$$\pi(\xi) < \frac{2\xi}{\log \xi} \leqq \frac{2x}{40} \cdot \frac{1}{\log\left(\frac{x}{40} - 1\right)} < \frac{1}{10} \cdot \frac{x}{\log x}$$

gesetzt werden[1]. Ferner ist für $x > 40^3 = 64000$

$$\frac{1}{\log(\xi + 1)} < \frac{1}{\log x - \log 40} < \frac{3}{2} \cdot \frac{1}{\log x}.$$

Ist also $x > 64000$, so besteht die Ungleichung

$$\pi(x) < \frac{1}{10} \cdot \frac{x}{\log x} + \frac{9}{4} \cdot \frac{1.106 x}{\log^2 x} + \frac{1.106 x}{\log x} + 9 + 18 \log x.$$

---

[1] Hierbei wird benutzt, daß für $x > 1680$

$$40^2 x < (x - 40)^2$$

wird.

Der rechts stehende Ausdruck wird kleiner $\frac{3}{2}\cdot\frac{x}{\log x}$, wenn

$$\frac{9}{4}\cdot\frac{1.106}{\log x}+\frac{9\log x}{x}+\frac{18\log^2 x}{x}<0.294$$

ist. Man überzeugt sich leicht, das dies für $x = e^{11} = 59874, \cdots$ und also auch für $x > e^{11}$ richtig ist.

5. Damit haben wir erkannt, daß die zu beweisende Ungleichung

$$\pi(x) < \frac{3}{2}\cdot\frac{x}{\log x}$$

jedenfalls für $x > 64000$ gilt. Um mit Hilfe der Primzahltafel auch die kleineren Werte zu erledigen, hätte man für die Primzahlen[1]

$$p_1 = 2,\ p_2 = 3,\ p_3 = 5,\ \cdots\ p_{6413} = 63997$$

unterhalb 64000 die Formeln

$$(15)\qquad \frac{3}{2}\cdot\frac{p_\lambda}{\log p_\lambda} > \lambda \qquad (\lambda = 1, 2, 3 \cdots 6413$$

nachzuprüfen. Die Rechnungen vereinfachen sich außerordentlich, wenn man benutzt, daß $\frac{x}{\log x}$ für $x \geqq 3$ monoton wächst. Hieraus folgt, daß, wenn für einen Index μ

$$(16)\qquad \frac{3}{2}\,\frac{p_\mu}{\log p_\mu} > \nu \geqq \mu$$

wird, die Formel (15) jedenfalls für $\lambda = \mu, \mu + 1, \cdots, \nu$ gilt. Den Gang der zum Ziele führenden Rechnungen veranschaulicht folgende Tabelle, in der die Indizes μ und ν jedesmal der Ungleichung (16) genügen:

μ	p_μ	ν	μ	p_μ	ν	μ	p_μ	ν
1	2	4	35	149	44	394	2707	511
2	3	4	45	197	55	512	3671	668
5	11	6	56	263	70	669	4999	878
7	17	8	71	353	89	879	6829	1155
9	23	10	90	463	112	1156	9341	1525
11	31	13	113	617	143	1526	12799	2024
14	43	17	144	827	184	2025	17609	2693
18	61	22	185	1103	235	2694	24203	3583
23	83	27	236	1487	303	3584	33479	4803
28	107	34	304	2003	393	4804	46477	6413

[1] Da für alle positiven x der Ausdruck $\frac{3x}{2\log x} \geqq \frac{3e}{2} > 4$ ist, könnte man mit $p_5 = 11$ anfangen.

§ 3.

Beweis des Satzes II.

Man erkennt ohne weiteres, daß es genügt, den Satz allein für Primzahlen $k=p$ zu beweisen. Es soll also gezeigt werden, daß es für $p = 2, 3, 5, \cdots$ und $h \geqq p$ keine Folge

$$h+1,\ h+2,\ \cdots,\ h+p \tag{17}$$

geben kann, deren Zahl nur Primteiler $q \leqq p$ aufweisen.

Für $p = 2$ ist die Behauptung trivial; sie besagt nur, daß zwei aufeinanderfolgende Zahlen nicht beide gerade sein können. Auch für $p = 3$ und $p = 5$ ist der Beweis leicht zu erbringen. Unter drei aufeinanderfolgenden Zahlen der Form $2^\alpha 3^\beta$ ist nur eine durch 3 teilbar, die beiden anderen müßten Potenzen von 2 sein. Da bei uns diese Zahlen größer als 3 sein sollen, müßte ihre Differenz mindestens $8-4=4$ sein, was nicht angeht. Ebenso gibt es unter 5 aufeinanderfolgenden Zahlen der Form $2^\alpha 3^\beta 5^\gamma$ nur eine durch 5 teilbare Zahl und höchstens zwei durch 3 teilbare Zahlen. Es bleiben mindestens zwei Zahlen übrig, die nur durch 2 teilbar sind, also Potenzen von 2 sein müßten. Da beide größer als 5 sein sollten, müßte ihre Differenz mindestens gleich $16-8=8$ sein, was wieder nicht möglich ist.

Im folgenden dürfen wir uns also auf den Fall $p \geqq 7$ beschränken.

Nehmen wir an, keine der Zahlen (17) sei durch eine Primzahl oberhalb p teilbar, so würde dasselbe auch für den Binomialkoeffizienten

$$\binom{h+p}{p} = \frac{(h+1)(h+2)\cdots(h+p)}{1.2.\cdots p} = \frac{(h+p)!}{h!\,p!}$$

gelten. Es wäre also

$$\frac{(h+p)!}{h!\,p!} = \prod_q q^{\mu_q}, \tag{18}$$

wo q alle Primzahlen $q \leqq p$ durchläuft. Dabei wird (vgl. Formel [4])

$$\mu_q = \sum_\lambda \left\{\left[\frac{h+p}{q^\lambda}\right] - \left[\frac{h}{q^\lambda}\right] - \left[\frac{p}{q^\lambda}\right]\right\}, \tag{19}$$

wo λ die Werte

$$1,\ 2,\ 3,\ \cdots,\ \left[\frac{\log(h+p)}{\log q}\right]$$

zu durchlaufen hat. Nun ist aber bekanntlich für je drei positive ganze Zahlen a, b, c

$$\left[\frac{a+b}{c}\right] - \left[\frac{a}{c}\right] - \left[\frac{b}{c}\right] = 0 \text{ oder } 1.$$

Aus (19) folgt daher

$$\mu_q \leqq \frac{\log(h+p)}{\log q}.$$

Geht man nun in (18) zu den Logarithmen über und setzt

$$T(n) = \log n! = \log 2 + \log 3 + \cdots + \log n,$$

so ergibt sich

$$(20) \qquad \Delta = T(h+p) - T(h) - T(p) = \sum_q \mu_q \log q \leq m \log(h+p),$$

wenn p die m-te Primzahl, d. h.

$$m = \pi(p)$$

ist.

Nun ist aber nach der Stirlingschen Formel

$$\sqrt{2\pi}\, e^{-n} n^{n+\frac{1}{2}} < n! < \sqrt{2\pi}\, e^{-n} n^{n+\frac{1}{2}} e^{\frac{1}{12n}},$$

also

$$T(n) = \left(n + \frac{1}{2}\right) \log n - n + \log \sqrt{2\pi} + R_n$$

mit

$$0 < R_n < \frac{1}{12}.$$

Das liefert wegen $\log \sqrt{2\pi} < 1$

$$\Delta = \left(h+p+\frac{1}{2}\right) \log(h+p) - \left(h+\frac{1}{2}\right) \log h - \left(p+\frac{1}{2}\right) \log p - R',$$

wobei

$$R' = \log\sqrt{2\pi} - R_{h+p} + R_h + R_p < 1 + \frac{1}{12} + \frac{1}{12} = \frac{7}{6}$$

wird. Aus (20) folgt daher

$$(21) \quad \left(h+p+\frac{1}{2}\right) \log(h+p) - \left(h+\frac{1}{2}\right) \log h - \left(p+\frac{1}{2}\right) \log p - m \log(h+p) < \frac{7}{6}.$$

Im folgenden setze ich überall

$$h = Qp.$$

Die Formel läßt sich dann so schreiben:

$$(22) \quad (p-m) \log(Q+1) + \left(p-m-p-\frac{1}{2}\right) \log p + \left(h+\frac{1}{2}\right) \log\left(1+\frac{1}{Q}\right) < \frac{7}{6}.$$

Da bei uns $h \geqq p$, also $Q \geqq 1$ sein soll, wird

$$\log\left(1+\frac{1}{Q}\right) = \frac{1}{Q} - \frac{1}{2Q^2} + \frac{1}{3Q^3} - \cdots > \frac{1}{Q} - \frac{1}{2Q^2},$$

also

$$\left(h+\frac{1}{2}\right) \log\left(1+\frac{1}{Q}\right) > p + \frac{1}{2Q} - \frac{p}{2Q} - \frac{1}{4Q^2} > p - \frac{p}{2Q}.$$

Aus (22) folgt demnach

$$(23)\qquad (p-m)\log(Q+1)<\frac{7}{6}+\frac{p}{2Q}+\frac{\log p}{2}+m\log p-p.$$

Diese Ungleichung spielt beim Beweis des Satzes II eine entscheidende Rolle. Zunächst folgt aus ihr auf Grund des Primzahlsatzes

$$\lim_{p\to\infty}\frac{m\log p}{p}=1,$$

daß der Satz jedenfalls für alle genügend großen Werte von p richtig ist. Sobald nämlich für eine Primzahl p eine »Ausnahmefolge« existiert, folgt aus (23) wegen $Q\geqq 1$

$$(24)\qquad \left(1-\frac{m}{p}\right)\log 2<\frac{7}{6p}+\frac{\log p}{2p}+\frac{1}{2}+\frac{m\log p}{p}-1.$$

Läßt man hier p über alle Grenzen wachsen, so konvergiert die linke Seite gegen $\log 2$, die rechte Seite gegen $\frac{1}{2}$. Da aber $\log 2>\frac{1}{2}$ ist, kann (24) für alle p, die eine gewisse Schrankeffübertre en, nicht gelten.

Diese Schlußweise läßt aber noch keineswegs erkennen, daß der Satz II für *alle* Werte von p und $h\geqq p$ richtig ist. Der vollständige Beweis gelingt auf Grund der beiden Hilfssätze des vorigen Paragraphen.

1. Ich behaupte zunächst, *daß unser Satz für* $p\geqq 29$ *richtig ist.* Denn ist für eine solche Primzahl $h\leqq 4p$, also $Q\leqq 4$, so wird

$$\frac{h+p}{h}=1+\frac{1}{Q}\geqq\frac{5}{4},\quad h\geqq p\geqq 29.$$

Aus dem Hilfssatz I folgt, daß das Intervall $h<P\leqq\frac{5h}{4}$ mindestens eine Primzahl P enthält. Diese Primzahl wäre eine der Zahlen (17) und gewiß größer als p. Das widerspricht aber der Annahme, daß keine Zahl der Folge einen solchen Primteiler aufweisen soll.

Ist aber $Q>4$, so wird in der Ungleichung (23)

$$\log(Q+1)>\log 5>\frac{8}{5},\quad \frac{p}{2Q}<\frac{p}{8}.$$

Außerdem darf nach Hilfssatz II

$$m\log p-p<\frac{3}{2}p-p=\frac{p}{2}$$

gesetzt werden. Aus (23) würde daher folgen

$$\frac{8}{5}(p-m)<\frac{7}{6}+\frac{\log p}{2}+\frac{p}{8}+\frac{p}{2}$$

oder

$$\frac{39}{40}<\frac{7}{6p}+\frac{\log p}{2p}+\frac{8m}{5p}<\frac{7}{6p}+\frac{\log p}{2p}+\frac{8}{5}\cdot\frac{3}{2}\cdot\frac{1}{\log p}.$$

Da der rechts stehende Ausdruck für $p \geqq 29$ abnimmt, müßte auch

$$\frac{39}{40} < \frac{7}{6.29} + \frac{\log 29}{2.29} + \frac{12}{5 \log 29}$$

sein. Diese Ungleichung ist aber falsch[1].

2. Um noch die übrigbleibenden Primzahlen $p = 7, 11, 13, 17, 19, 23$ zu erledigen, setze man die Ungleichung (23) mit dem zugehörigen genauen Wert von m an, wobei rechts Q durch 1 ersetzt werde. Das liefert für jede der 6 Primzahlen eine Formel, aus der sich ohne Mühe eine obere Schranke K_p für $Q+1$ berechnen läßt. Eine einfache Rechnung liefert

$$K_7 = 10, K_{11} = 5, K_{13} = 6, K_{17} = K_{19} = K_{23} = 5.$$

Dies zeigt, daß wir nur noch Zahlenfolgen (17) mit $h+p \leqq 5 \cdot 23 = 115$ zu betrachten haben. Unter den Zahlen $8, 9, \cdots, 115$ enthält aber jedes System von mehr als 7 aufeinanderfolgenden Zahlen mindestens eine Primzahl, was schon die Fälle $p = 11, 13, 17, 19, 23$ ausschließt.

Daß auch $p = 7$ keine Ausnahme bildet, folgt daraus, daß wir für $p = 7$ allein den Fall $h + 7 \leqq 7 \cdot 10$ zu betrachten haben. Unterhalb 71 enthält aber schon jedes System von 6 aufeinanderfolgenden Zahlen mindestens eine Primzahl.

Damit ist der Satz II vollständig bewiesen.

[1] Um dies zu erkennen, hat man nur die rohe Abschätzung $3 < \log 29 < 4$ zu benutzen. Es würde sich ergeben

$$\frac{39}{40} < \frac{7}{6.29} + \frac{4}{2.29} + \frac{12}{5.3} \text{ oder } \frac{7}{40} < \frac{19}{6.29} < \frac{1}{6}.$$

Ausgegeben am 23. April.

65.

Einige Sätze über Primzahlen mit Anwendungen auf Irreduzibilitätsfragen. II.

Sitzungsberichte der Preussischen Akademie der Wissenschaften 1929,
Physikalisch-Mathematische Klasse, 370 - 391

Die vorliegende Arbeit bringt eine Fortsetzung der Untersuchungen, die ich unter dem gleichen Titel in den Sitzungsberichten der Berliner Akademie 1929, S. 125—136, veröffentlicht habe. Im folgenden wird diese Arbeit kurz mit P. I zitiert werden.

Der in P. I bewiesene Satz II über die Primteiler einer Sequenz ganzer Zahlen findet sich schon bei J. J. Sylvester (On arithmetical Series, Messenger of Mathematics XXI (1892), S. 1—19, 87—120 und Collected mathematical papers, Bd. IV, S. 687—731). Den Hinweis auf diese Stelle bei Sylvester verdanke ich einer freundlichen Mitteilung von Hrn. E. Landau. Der Sylvestersche Beweis beruht auf ähnlichen Überlegungen wie der von mir angegebene, erfordert aber etwas längere Rechnungen.

Um die Irreduzibilität der Hermiteschen Polynome und ähnlich gebildeter Ausdrücke untersuchen zu können, muß man von folgendem weitergehenden Satz über Primzahlen Gebrauch machen:

I. *Für jedes* $k > 2$ *gibt es unter je* k *aufeinanderfolgenden ungeraden Zahlen*

$$(1) \qquad 2h+1, \quad 2h+3, \cdots, \quad 2h+2k-1 \qquad (h > k)$$

oberhalb $2k+1$ *mindestens eine Zahl, die durch eine oberhalb* $2k+1$ *liegende Primzahl teilbar ist. Für* $k = 2$ *bildet nur das Paar* 25, 27 *eine Ausnahme. Im Falle* $k = 1$ *erhält man unendlich viele Ausnahmen in den Potenzen* $3^2, 3^3, 3^4, \cdots$.[1]

Hieraus folgt leicht eine direkte Erweiterung des Sylvesterschen Satzes:

II. *Für* $k > 2$ *gibt es unter je* k *aufeinanderfolgenden Zahlen*

$$h+1, \quad h+2, \cdots, \quad h+k \qquad (h > k)$$

oberhalb $k+1$ *mindestens eine Zahl, die durch eine oberhalb* $k+1$ *liegende Primzahl teilbar ist. Für* $k = 2$ *bildet nur das Paar* 8, 9 *eine Ausnahme. Für* $k = 1$ *erhält man unendlich viele Ausnahmen in den Potenzen* $2^2, 2^3, 2^4, \cdots$.

---

[1] Auch Sylvester beschäftigt sich a. a. O. mit Sequenzen (1) von k ungeraden Zahlen. Er beweist aber nur, daß für $2h+1 > k+1$ in wenigstens einer der Zahlen ein Primteiler $p > k$ enthalten sein muß.

Aus dem Satz I werden sich die folgenden zwei Irreduzibilitätssätze ergeben:

III. *Setzt man*

$$u_{2\nu} = 1 \cdot 3 \cdot 5 \cdots (2\nu - 1),$$

so ist für $n > 1$ *jedes Polynom der Form*

$$f(x) = 1 + g_1 \frac{x^2}{u_2} + g_2 \frac{x^4}{u_4} + \cdots + g_{n-1} \frac{x^{2n-2}}{u_{2n-2}} \pm \frac{x^{2n}}{u_{2n}}$$

mit beliebigen ganzen rationalen Koeffizienten g_ν *im Gebiete* P *der rationalen Zahlen irreduzibel.*

III*. *Ebenso ist im allgemeinen auch jedes Polynom der Form*

$$g(x) = 1 + g_1 \frac{x^2}{u_4} + g_2 \frac{x^4}{u_6} + \cdots + g_{n-1} \frac{x^{2n-2}}{u_{2n}} \pm \frac{x^{2n}}{u_{2n+2}}$$

mit ganzen rationalen g_ν *in* P *irreduzibel. Eine Ausnahme kann nur eintreten, wenn* $2n$ *von der Form* $3^r - 1$ $(r \geqq 2)$ *ist. Auch in diesem Ausnahmefall kann sich von* $g(x)$ *nur ein einziger Faktor* $x^2 \pm 3$ *abspalten.*

Diese beiden Sätze haben insbesondere zur Folge, daß das m-te Hermitesche Polynom

$$H_m(x) = (-1)^m e^{\frac{x^2}{2}} \cdot \frac{d^m e^{-\frac{x^2}{2}}}{dx^m}$$

für ein gerades $m > 2$ in P irreduzibel ist und für ein ungerades m nach Forthebung des Faktors x irreduzibel wird.

Auch der Satz II zieht einen Irreduzibilitätssatz nach sich:

IV. *Im allgemeinen ist jedes Polynom der Form*

$$h(x) = 1 + g_1 \frac{x}{2!} + g_2 \frac{x^2}{3!} + \cdots + g_{n-1} \frac{x^{n-1}}{n!} \pm \frac{x^n}{(n+1)!}$$

mit ganzen rationalen g_ν *in* P *irreduzibel. Hier sind folgende Ausnahmen möglich: 1. Ist* n *von der Form* $2^r - 1$ $(r \geqq 2)$, *so kann* $h(x)$ *erst nach Forthebung des Faktors* $x + 2$ *oder* $x - 2$ *irreduzibel werden. 2. Für* $n = 8$ *kann* $h(x)$ *das Produkt zweier irreduzibler Funktionen der Grade* 2 *und* 6 *sein.*

Insbesondere läßt sich hieraus schließen, daß die Potenzreihen

$$\frac{\sin x}{x} = 1 - \frac{x^2}{3!} + \frac{x^4}{5!} - \cdots, \qquad \frac{e^x - 1}{x} = 1 + \frac{x}{2!} + \frac{x^2}{3!} + \cdots$$

dieselbe Eigenschaft haben wie (nach P. I) die Reihen für e^x und $\cos x$: Alle Abschnitte dieser Reihe sind in P irreduzibel.

Der Beweis des Satzes I wird wieder mit Hilfe der Tschebyscheffschen Methoden geführt. Die Erledigung der kleineren Werte von k erfordert recht mühsame Rechnungen. Gute Dienste leistet auch hier die in P. I bewiesene Ungleichung

$$\pi(x) < \frac{3}{2} \frac{x}{\log x}. \qquad (x \geqq 2)$$

Hr. E. LANDAU hat mich darauf aufmerksam gemacht, daß der dort entwickelte Beweis viel zu umständlich ist. Den wesentlich kürzeren Beweis, den er mir mitgeteilt hat, gebe ich im Schlußparagraphen der vorliegenden Arbeit an.

§ 1.

Beweis des Satzes I für große Werte von k.

1. Aus

$$u_{2n} = 1 \cdot 3 \cdot 5 \cdots (2n-1) = \frac{(2n)!}{2^n n!}$$

folgt, daß, wenn q^{λ_n} die höchste Potenz der (ungeraden) Primzahl q ist, die in u_{2n} aufgeht,

$$(2) \qquad \lambda_n = \sum_{\mu} \left\{ \left[\frac{2n}{q^\mu}\right] - \left[\frac{n}{q^\mu}\right] \right\} \qquad \left(1 \leqq \mu \leqq \frac{\log 2n}{\log q}\right)$$

gesetzt werden darf. Da aber für jedes reelle x

$$[x] + [x + \tfrac{1}{2}] = [2x]$$

ist, so kann (2) in der Form

$$(2') \qquad \lambda_n = \sum_{\mu} \left[\frac{2n + q^\mu}{2q^\mu}\right] \qquad \left(1 \leqq \mu \leqq \frac{\log 2n}{\log q}\right)$$

geschrieben werden.

2. Der Satz I braucht offenbar nur für den Fall bewiesen zu werden, daß $p = 2k + 1$ eine Primzahl ist. Liegt eine Folge (1) vor, deren Zahlen nur Primteiler $q \leqq p$ aufweisen, so spreche ich von einer *Ausnahmefolge* $\mathfrak{A}_{h,p}$. Für eine solche Ausnahmefolge würde

$$(3) \qquad A = \frac{(2h+1)(2h+3)\cdots(2h+2k-1)}{1 \cdot 3 \cdot 5 \cdots (2k-1)} = \frac{u_{2h+2k}}{u_{2h} u_{2k}} = \prod_{3 \leqq q \leqq p} q^{\nu_q}$$

werden mit

$$(4) \qquad \nu_q = \sum_{\mu} \left\{ \left[\frac{2h + 2k + q^\mu}{2q^\mu}\right] - \left[\frac{2h + q^\mu}{2q^\mu}\right] - \left[\frac{2k + q^\mu}{2q^\mu}\right] \right\},$$

wobei μ nur die Werte

$$\mu = 1, 2, \cdots \left[\frac{\log(2h + 2k)}{\log q}\right]$$

zu durchlaufen braucht[1].

Nun ist aber, wie man sich leicht überlegt, für je zwei reelle Zahlen x und y

$$[x + y + \tfrac{1}{2}] - [x + \tfrac{1}{2}] - [y + \tfrac{1}{2}] = -1, 0 \text{ oder } 1.$$

[1] Es ist hierbei zu beachten, daß A keine ganze Zahl zu sein braucht.

Daher ist in ν_q jeder Summand höchstens gleich 1 und also

$$\nu_q \leqq \frac{\log(2h+2k)}{\log q}. \tag{5}$$

Das liefert, wenn $m = \pi(p)$ die Anzahl aller Primzahlen $q \leqq p$ (mit Einschluß von $q = 2$) bedeutet,

$$\log A \leqq (m-1)\log(2h+2k).$$

Andererseits wird aber wegen

$$A = \frac{(2h+2k)!\, h!\, k!}{(h+k)!\,(2h)!\,(2k)!}$$

und

$$\log n! = (n+\tfrac{1}{2})\log n - n + \log\sqrt{2\pi} + R_n, \qquad \left(0 < R_n < \frac{1}{12}\right)$$

wie eine einfache Rechnung zeigt,

$$\log A = (h+k)\log(h+k) - h\log h - k\log k - \tfrac{1}{2}\log 2 + S$$

mit $|S| < \frac{1}{4}$. Setzt man

$$h = Qk,$$

so wird $Q > 1$ und

$$\log A = k\log(Q+1) + kQ\log\left(1+\frac{1}{Q}\right) - \frac{1}{2}\log 2 + S$$

$$> k\log(Q+1) + k - \frac{k}{2Q} - \frac{1}{2}\log 2 - \frac{1}{4},$$

ferner ist

$$(m-1)\log(2h+2k) = (m-1)\log(Q+1) + (m-1)\log 2k$$

$$< (m-1)\log(Q+1) + m\log p - \log\frac{p-1}{2}.$$

Das liefert

$$(k-m+1)\log(Q+1)$$

$$< -\frac{p}{2} + \frac{p}{4Q} + m\log p + \frac{1}{2}\log 2 + \frac{1}{4} + \frac{1}{2} - \log\frac{p-1}{2}.$$

Da für $p > 7$

$$\frac{p-1}{2} \geqq 5 > e^{\frac{1}{2}\log 2 + \frac{1}{4} + \frac{1}{2}}$$

ist, erhalten wir für $p \geqq 11$

$$\left(\frac{p+1}{2} - m\right)\log(Q+1) < -\frac{p}{2} + \frac{p}{4Q} + m\log p. \tag{6}$$

3. Ist $Q \leqq 4$, so wird

$$\frac{2h+2k}{2h} = \frac{Q+1}{Q} \geqq \frac{5}{4}.$$

Die ungeraden Zahlen des Intervalls

$$2h < x \leqq \frac{5}{4} \cdot 2h \tag{7}$$

gehören also unserer Folge (1) an. Für $p \geqq 29$ wird $2h \geqq 2k + 2 > 29$ und das Intervall (7) enthält mindestens eine Primzahl $P > 2h > p$ (vgl. P. I, § 2). Bei einer Ausnahmefolge kann das nicht eintreten.

Für $p \geqq 29$ dürfen wir also

$$Q \geqq 4$$

annehmen.

4. Ist bei einer Ausnahmefolge

$$Q + 1 \geqq K \geqq 5, \qquad \log(Q+1) \geqq \log K \geqq a > 0,$$

so folgt aus (6) in Verbindung mit

$$m = \pi(p) < \frac{3}{2} \frac{p}{\log p}$$

die Ungleichung

$$\left(\frac{p}{2} - \frac{3}{2} \frac{p}{\log p}\right) a < -\frac{p}{2} + \frac{p}{4(K-1)} + \frac{3}{2} p,$$

also

$$\left(a - 2 - \frac{1}{2K-2}\right) \log p < 3a.$$

Ist insbesondere $a \geqq 3$, so wird der Koeffizient von $\log p$ positiv und wir erhalten, wenn

$$\frac{3a}{a - 2 - \frac{1}{2K-2}} = b$$

gesetzt wird, $p < e^b$.

Wählt man insbesondere $K = 21$, so wird $\log K > 3$. Für $a = 3$ wird

$$b = \frac{9}{1 - \frac{1}{40}} = 9 + \frac{3}{13} < 9 + \frac{1}{4},$$

also

$$p < e^{9 + \frac{1}{4}} = 10404, \cdots$$

5. Nehmen wir an, es sei

$$p \geqq \left[\frac{300000}{21}\right] = 14285,$$

so müßte $Q + 1 \leqq 21$ sein. Dann wird

$$2h + 2k = (Q+1) \cdot 2k < 21p.$$

Für eine Primzahl $q > \sqrt{21p}$ wird also $q^2 > 2h + 2k$. In der Summe (4) für ν_q kommt dann nur $\mu = 1$ in Betracht, also wird $\nu_q \leqq 1$. Daher kann der Logarithmus des Produktes $A = \Pi q^{\nu_q}$ so abgeschätzt werden:

$$\log A \leqq \sum_{3 \leqq q \leqq \sqrt{21p}} \nu_q \log q + \sum_{\sqrt{21p} < q \leqq p} \log q .$$

Das liefert, wenn $\vartheta(x)$ wie üblich die Summe der Logarithmen aller Primzahlen $\leqq x$ bedeutet und $m' = \pi(\sqrt{21p})$ ist,

$$\log A \leqq (m' - 1) \log (2h + 2k) + \vartheta(p) - \vartheta(\sqrt{21p}) .$$

Die frühere Rechnung liefert nun an Stelle der Ungleichung (6)

$$\left(\frac{p+1}{2} - m'\right) \log (Q+1) < -\frac{p}{2} + \frac{p}{4Q} + m' \log p + \vartheta(p) - \vartheta(\sqrt{21p}) .$$

Wegen

$$Q \geqq 4 , \qquad \log 5 > \frac{8}{5} , \qquad m' < \frac{3}{2} \frac{\sqrt{21p}}{\log \sqrt{21p}} < \frac{3\sqrt{21p}}{\log p}$$

folgt hieraus

$$\left(\frac{4}{5} + \frac{1}{2} - \frac{1}{16}\right) p < \frac{24}{5} \frac{\sqrt{21p}}{\log p} + 3\sqrt{21p} + \vartheta(p) - \vartheta(\sqrt{21p}) . \tag{8}$$

Setzt man in üblicher Weise

$$\psi(x) = \vartheta(x) + \vartheta(\sqrt{x}) + \vartheta(\sqrt[3]{x}) + \cdots$$

so wird, weil $\psi(x) - \vartheta(x)$ eine nicht abnehmende Funktion ist und bei uns $p > \sqrt{21p}$ wird,

$$\vartheta(p) - \vartheta(\sqrt{21p}) \leqq \psi(p) - \psi(\sqrt{21p}) .$$

Nun ist aber (vgl. E. Landau, Handbuch der Lehre von der Verteilung der Primzahlen, Bd. I, S. 90) für $a = 0.92129 \cdots$

$$\psi(p) < \frac{6}{5} ap + 3 \log^2 p + 8 \log p + 5 ,$$

$$\psi(\sqrt{21p}) \geqq a\sqrt{21p} - 5 \log \sqrt{21p} - 5 .$$

Das liefert

$$\vartheta(p) - \vartheta(\sqrt{21p}) < 1.106\, p - 0.92 \cdot \sqrt{21p} + 3 \log^2 p + 13 \log p + 10 .$$

Aus (8) folgt nun nach Division durch p

$$\frac{4}{5} + \frac{1}{2} - \frac{1}{16} - 1.106 = 0.1315$$

$$< \frac{24}{5} \frac{\sqrt{21}}{\sqrt{p} \cdot \log p} + \frac{2.08 \cdot \sqrt{21}}{\sqrt{p}} + \frac{3 \log^2 p + 13 \log p + 10}{p} .$$

Diese Ungleichung müßte, da die rechts stehende Funktion für $p > e$ monoton abnimmt, auch für $p = 14285$ ein richtiges Resultat ergeben. Das ist aber, wie eine einfache Rechnung zeigt, nicht der Fall[1].

Damit haben wir den Satz I für alle Primzahlen

$$p = 2k + 1 > 14285$$

bewiesen.

§ 2.

Beweis des Satzes I für $p < 14285$.

1. Kennt man für eine gegebene Primzahl $p = 2k + 1$ eine Ausnahmefolge

$$(9) \qquad 2h+1, \quad 2h+3, \cdots, \quad 2h+2k-1,$$

so sind die p aufeinanderfolgenden Zahlen

$$2h, \quad 2h+1, \quad 2h+2, \cdots, \quad 2h+2k$$

keine Primzahlen. Ist wieder $h = Qk$ und

$$Q+1 < K, \quad Kp \leqq n,$$

so muß also, wenn $L(n)$ die größte Anzahl aufeinanderfolgender zusammengesetzter Zahlen in der Reihe $1, 2, \cdots, n$ bedeutet, $L(n) \geqq p$ sein.

Ich benutze im folgenden nur, daß

$$L(300000) < 2000, \quad L(100000) < 1000, \quad L(50000) < 100, \quad L(5000) < 47$$

ist. Dies ist mit Hilfe einer Tafel für die Primzahlen unterhalb 300000 ohne große Mühe nachzuprüfen.

Wie in § 1, Nr. 4 schließe ich: Ist für eine Ausnahmefolge

$$Q+1 \geqq K, \quad \log K > a \geqq 3, \quad b = \frac{3a}{a - 2 - \frac{1}{2K-2}} < \beta, \quad e^{\beta} < M,$$

so muß $p < M$ sein. Die von mir benutzten Werte von K, a, β, M enthält folgende Tabelle:

K	a	β	M
21	3	9.25	10405
28	3.3	7.8	2450
40	3.6	6.9	1000
50	3.9	6.2	500
100	4.6	5.35	215
230	5.43	4.76	117
400	5.9	4.6	100

[1] Man hat hierbei nur zu benutzen, daß

$$9.5 < \log 14285 < 9.6, \quad \sqrt{14285} > 119, \quad \sqrt{21} < 4.6$$

ist.

Daß nun für

$$100 < p < 14285$$

keine Ausnahmefolge existiert, ergibt sich folgendermaßen. Ist zunächst $10405 < p < 14285$, so muß $Q+1 < 21$ sein. Es ist aber $21 . 14285 < 300000$ und $L(300000) < 10405$, was diese Primzahlen ausschließt. Ist ferner $2450 < p < 10405$, so muß nach der Tabelle $Q+1 < 28$ sein. Es ist aber $28 . 10405 < 300000$ und $L(300000) < 2450$, was auch diese Primzahlen als nicht zulässig erscheinen läßt. Dies zeigt schon, wie sich mit Hilfe der Tabelle hintereinander auch die Intervalle

$$1000 < p < 2450, \quad 500 < p < 1000, \cdots, \quad 100 < p < 117$$

erledigen lassen.

2. Wir dürfen also schon annehmen, daß $p < 100$ ist. Liegt eine der Primzahlen

$$(10) \qquad 47, 53, 59, \cdots, 89, 97$$

vor, so genügt es, zu zeigen, daß in einer Ausnahmefolge (9) $Q+1 < 50$ sein müßte. Denn dann wird $2h+2k-1 < 50 \cdot 97 < 5000$, und es ist $L(5000) < 47$.

Wäre nun $Q+1 \geqq 50$, so darf $\log(Q+1) > 3,9$ gesetzt werden. Die Ungleichung (6) würde liefern

$$3,9\left(\frac{p+1}{2}-m\right) < -\frac{p-1}{2}-\frac{1}{2}+\frac{p}{4 \cdot 49}+m \log p, \qquad (m=\pi(p))$$

also (wegen $97 < 2 \cdot 49$)

$$4,9\,p+2,9 < 2m(3,9+\log p).$$

Eine einfache Rechnung zeigt aber, daß diese Ungleichung für keine der Primzahlen (10) gilt.

3. Um die noch übrigbleibenden Fälle $p < 47$ zu erledigen, mache ich von einem elementaren Hilfssatz Gebrauch:

Unter den Zahlen der Form $3^\alpha 5^\beta$ *gibt es nur folgende Paare* $a < b$ *mit einer Differenz* $b-a \leqq 20$

1, 3; 1, 5; 3, 5; 5, 9; 25, 27; 1, 9; 1, 15; 3, 9; 3, 15; 5, 15; 5, 25; 9, 15; 9, 25; 9, 27; 15, 25; 15, 27; 25, 45; 27, 45; 75, 81; 125, 135; 225, 243.

Der Beweis kann wohl nur mit Hilfe der von C. Störmer[1] herrührenden Methode, die von der Pellschen Gleichung Gebrauch macht, erbracht werden.

Sei zunächst $b-a=2$ oder 4. Ist D' der größte quadratfreie Teiler von ab und $ab = D'u^2$, so wird für $b-a=2$

$$t^2-4D'u^2 = 4 \text{ mit } t = 2a+2$$

---

[1] *Quelques théorèmes sur l'équation de* Pell $x^2-Dy^2 = \pm 1$ *et leurs applications*, Christiania Videnskabsselskabs Skrifter 1897. — Nach der Störmerschen Methode läßt sich für jede gegebene Primzahl $p > 5$ der Nachweis führen, daß Ausnahmefolgen $\mathfrak{A}_{h,p}$ nicht existieren. Für etwas größere Werte von p würden sich aber die Rechnungen außerordentlich mühsam gestalten.

und für $b-a=4$

$$t^2-D'u^2=4 \text{ mit } t=a+2.$$

Hierbei hat man nur die Fälle $D'=3, 5, 15$ zu berücksichtigen[1]. Es sind also diejenigen Lösungen der PELLschen Gleichungen

$$t^2-Du^2=4 \text{ für } D=3, 5, 15, 12, 20, 60$$

zu untersuchen, bei denen u von der Form $3^\alpha 5^\beta$ ist. In den Fällen $D=3$, 15, 20 ist in jeder Lösung u gerade, es bleiben also nur die drei Möglichkeiten $D=5, 12, 60$ übrig.

Ist nun für ein gegebenes $D>0$, das kein Quadrat ist, T, U die Fundamentallösung der Gleichung $t^2-Du^2=4$ und setzt man

$$\left(\frac{T+U\sqrt{D}}{2}\right)^\nu = \frac{T_\nu+U_\nu\sqrt{D}}{2}, \qquad (\nu=1,2,\dots)$$

so hat man nur folgende leicht zu beweisende Eigenschaft der Zahlen U_ν zu benutzen: Ist U_n die erste unter den Zahlen U_ν, die durch einen gegebenen Modul m teilbar ist, so sind nur die Zahlen U_n, U_{2n}, U_{3n}, ... durch m teilbar. Diese Zahlen enthalten aber sogar U_n als Faktor.

Die Paare a, b mit $a=1$ können wir ohne weiteres angeben. Ist aber $a>1$, so muß (bei $b-a=2$ oder 4) eine der Zahlen eine Potenz 3^α, die andere eine Potenz 5^β sein.

Für $D=5$ (also $b-a=4$) ist nun die erste der Zahlen U_ν, die durch 5 teilbar ist, gleich 55, also durch 11 teilbar. Daher darf u nicht durch 5 teilbar sein. Die Potenz 5^β muß danach gleich 5 sein, was nur (neben 1, 5) das Paar 5, 9 liefert.

Ist $D=12$, also $b-a=2$, so wird die erste durch 9 teilbare Zahl U_ν auch durch 17 teilbar. Daher darf hier u nicht durch 9 teilbar sein. Für 3^α kommen also nur die Werte 3 und 27 in Betracht. Das führt (neben 1, 3) nur auf das Paar 25, 27.

Ist endlich $D=60$, also wieder $b-a=2$, so wird das kleinste U_ν, das durch 3 teilbar ist, auch durch 7 teilbar. Man schließt hieraus, wie vorhin, daß $3^\alpha=3$ sein muß, und erhält nur das Paar 3, 5.

Damit ist gezeigt, daß nur die fünf ersten unter den auf S. 377 angegebenen Paaren der Bedingung $b-a\leqq 4$ genügen.

Um nun die Paare $a<b$ mit $4<b-a\leqq 20$ aufzustellen, kann man sich auf den Fall beschränken, daß a und b teilerfremd sind. Aus ihnen gehen die übrigen durch Multiplikation mit 3, 5 oder 9 hervor. Sind aber a und b teilerfremd, und sieht man von dem Fall $a=1$ ab, der ja direkt zu erledigen ist, so muß

$$a=3^\alpha, \quad b=5^\beta \quad \text{oder} \quad a=5^\beta, \quad b=3^\alpha \qquad (\alpha\geqq 1, \beta\geqq 1)$$

sein. Als Differenz $b-a$ kommt nur eine der Zahlen 8, 14, 16 in Betracht. Der Fall $b-a=14$ ist nicht möglich. Denn es müßte $3^\alpha\equiv\pm 1 \pmod{5}$, also α gerade sein. Dann ist aber $3^\alpha-5^\beta\equiv 0 \pmod{4}$. In den beiden

[1] Der Fall $D'=1$ kommt offenbar nicht in Betracht.

anderen Fällen wird $3^\alpha \equiv 5^\beta$ (mod. 8). Das ist aber nur möglich, wenn α und β gerade Zahlen, also a und b Quadratzahlen sind. Das einzige Paar von Quadratzahlen mit der Differenz 8 oder 16 ist aber 9, 25.

Man überzeugt sich nun leicht, daß nur die 21 oben angegebenen Paare in Betracht kommen.

4. Der Beweis des Satzes I läßt sich jetzt ohne Mühe zu Ende führen. Zunächst geht aus dem Hilfssatz unmittelbar hervor, daß für $p = 5$ das Paar 25, 27 die einzige Ausnahmefolge liefert.

Für die Primzahlen

(11) $$7, 11, 13, \cdots, 41, 43$$

schließe ich so. Unter k aufeinanderfolgenden ungeraden Zahlen sind, wie man leicht sieht, höchstens $\left[\frac{k+q-1}{q}\right]$ Zahlen durch die ungerade Primzahl q teilbar. Liegt nun für eine der Primzahlen p der Reihe (11) eine Ausnahmefolge (9) vor, so bilde ich

$$\Delta_p = k - \sum_{7 \leqq q \leqq p} \left[\frac{k+q-1}{q}\right]. \qquad \left(k = \frac{p-1}{2}\right)$$

Ist diese Zahl noch positiv, so müssen mindestens Δ_p der Zahlen (9) von der Form $3^\alpha . 5^\beta$ sein.

Die Rechnung liefert

$$\Delta_7 = 2, \quad \Delta_{11} \geqq 3, \quad \Delta_{13} \geqq 3, \cdots, \quad \Delta_{43} \geqq 3.$$

Es kommen also jedenfalls in (9) Paare $a < b$ von Zahlen der Form $3^\alpha . 5^\beta$ vor, wobei $p < a$, $b - a \leqq 2k - 2 = p - 3$ wird. Man überzeugt sich nun leicht, daß sich kein solches Paar aus dem Schema der 21 Paare auf S. 377 zu einer Ausnahmefolge für eine der Primzahlen (11) ergänzen läßt. Das erledigt schon die Fälle $p - 3 \leqq 20$, d. h. $p \leqq 23$. Für die übrigen Primzahlen 29, 31, 37, 41, 43 benutze man, daß $\Delta_p \geqq 3$ ist. Die Folge (9) würde also mindestens drei Zahlen $a < b < c$ der Form $3^\alpha . 5^\beta$ enthalten und hierbei müßten $b - a$ und $c - b$ mindestens gleich 22 sein. Das würde aber auf $2 . 22 \leqq c - a \leqq p - 3$ führen, was $p > 43$ ergäbe.

§ 3.

Beweis des Satzes II.

Auch hier darf, wie man sich leicht überlegt, $k + 1 = p$ als Primzahl angenommen werden[1]. Es handelt sich also darum, die Folgen

(12) $$h+1, h+2, \cdots, h+p-1$$

von $p - 1$ Zahlen oberhalb p zu untersuchen, bei denen die Primteiler q aller Zahlen höchstens gleich p sind.

[1] Es ist nur zu beachten, daß es sich für $k = 3$ um drei aufeinanderfolgende Zahlen oberhalb 4 handeln würde, die alle von der Form $2^\alpha\, 3^\beta$ sind. Daß es ein solches Tripel nicht gibt, ist ziemlich trivial (vgl. P. I, § 3).

Ist hier $p = 2$, so kommen nur die Potenzen 2^α $(\alpha > 1)$ in Betracht. Für $p = 3$ würde ein Paar $h+1$, $h+2$ von Zahlen der Form $2^\alpha 3^\beta$ mit $h+1 > 4$ vorliegen. Dieser Fall erledigt sich ohne Mühe mit Hilfe der Störmerschen Methode (vgl. § 2) und führt nur auf das eine Ausnahmepaar 8, 9[1].

Ist aber $p > 3$, so schließt man folgendermaßen: Unter den $p-1$ Zahlen (12) kämen genau $\frac{p-1}{2}$ aufeinanderfolgende ungerade Zahlen oberhalb p vor, die wieder nur Primteiler $q \leqq p$ aufweisen. Für $p \geqq 7$ gibt es eine solche Folge nach Satz I nicht. Für $p = 5$ müßte es sich um die beiden ungeraden Zahlen 25, 27 handeln. Die dazwischenliegende Zahl 26 besitzt aber einen Primteiler oberhalb 5.

§ 4.

Die Sätze III und III*.

1. Es soll zunächst bewiesen werden: Ist p^{λ_n} die höchste Potenz der (ungeraden) Primzahl p, die in

$$u_{2n} = 1 \cdot 3 \cdot 5 \cdot \cdots (2n-1)$$

aufgeht, so ist für $n \geqq 1$

$$\lambda_n < \frac{2n}{p}. \tag{13}$$

Das ist für $2n < p$ gewiß richtig, weil $\lambda_n = 0$ wird. Ist aber $p < 2n$, so darf (vgl. § 1, Formel (2'))

$$\lambda_n = \sum_{\mu=1}^{m} \left[\frac{2n+p^\mu}{2p^\mu}\right] \tag{14}$$

gesetzt werden, wobei m den größten Exponenten angibt, für den noch $p^m < 2n$ ist. Es wird für $m = 1$

$$\lambda_n < \frac{2n+p}{2p} = \frac{n}{p} + \frac{1}{2} < \frac{2n}{p},$$

weil $p < 2n$, also $\frac{1}{2} < \frac{n}{p}$ ist. Ist $m = 2$, so folgt aus (14) wegen $p \geqq 3$

$$\lambda_n \leqq \frac{2n+p}{2p} + \frac{2n+p^2}{2p^2} = \frac{n}{p} + \frac{n}{p^2} + 1 \leqq \frac{n}{p} + \frac{n}{3p} + 1.$$

Das ist für $p^2 < 2n$ kleiner als $\frac{2n}{p}$, weil

$$\frac{2n}{p} - \frac{n}{p} - \frac{n}{3p} - 1 = \frac{2n}{3p} - 1 \geqq \frac{2n}{p^2} - 1 > 0$$

[1] Bei C. Störmer findet sich sogar a. a. O. eine Zusammenstellung aller Paare $h+1$, $h+2$ von Zahlen der Form $2^\alpha \cdot 3^\beta \cdot 5^\gamma$.

wird. Sei also $m \geqq 3$. Dann liefert (14)

$$\lambda_n \leqq \frac{m}{2} + \frac{n}{p} + \frac{n}{p^2} + \cdots + \frac{n}{p^m}$$
$$< \frac{m}{2} + \frac{n}{p} + \frac{n}{p}\left(\frac{1}{3} + \frac{1}{3^2} + \cdots\right) = \frac{m}{2} + \frac{n}{p} + \frac{n}{2p}.$$

Das wird kleiner als $\frac{2n}{p}$, wenn $mp < n$ ist. Da bei uns $2n > p^m$ ist, hat man nur $p^m > 2mp$ oder $p^{m-1} > 2m$ zu verifizieren. Es ist aber in der Tat für $m \geqq 3$

$$p^{m-1} \geqq 3^{m-1} \geqq 1 + 2(m-1) + 4\binom{m-1}{2} > 2m.$$

2. Es sei nun $f(x)$ ein Polynom der Form

$$f(x) = 1 + g_1\frac{x^2}{u_2} + g_2\frac{x^4}{u_4} + \cdots + g_{n-1}\frac{x^{2n-2}}{u_{2n-2}} \pm \frac{x^{2n}}{u_{2n}}$$

mit ganzen rationalen g_ν. Setzt man $u_{2n}f(x) = F(x)$, so wird

$$F(x) = u_{2n} + g_1 u_{2n}\frac{x^2}{u_2} + \cdots + g_{n-1}u_{2n}\frac{x^{2n-2}}{u_{2n-2}} \pm x^{2n}$$

ein ganzzahliges Polynom mit dem höchsten Koeffizienten ± 1. Für $2n = 2$ wird $F(x) = 1 \pm x^2$ in P reduzibel, wenn hier das Minuszeichen steht. Es sei also $2n > 2$. Ist $F(x)$ in P reduzibel, so sei

$$F(x) = A(x)B(x), \quad A(x) = x^k + a_1x^{k-1} + \cdots + a_k.$$

Hierbei dürfen $A(x)$ und $B(x)$ als ganzzahlige Polynome angenommen werden, wobei $A(x)$ irreduzibel und $2n \geqq 2k$, d. h. $n \geqq k$ ist. Die ganze Zahl a_k ist ein Teiler von u_{2n}, also ungerade.

Ist $p \geqq 3$ eine in a_k aufgehende Primzahl und α eine Wurzel von $A(x) = 0$, so gibt es (vgl. P. I, § 1) in dem durch α erzeugten Körper $P(\alpha)$ ein Primideal $\mathfrak{p}$, das in den Hauptidealen (α) und (p) aufgeht. Die höchsten Potenzen von $\mathfrak{p}$, durch die (α) und (p) teilbar sind, seien $\mathfrak{p}^r$ und $\mathfrak{p}^s$. In

$$u_{2n} + g_1 u_{2n}\frac{\alpha^2}{u_2} + \cdots + g_{n-1}u_{2n}\frac{\alpha^{2n-2}}{u_{2n-2}} \pm u_{2n}\cdot\frac{\alpha^{2n}}{u_{2n}} = 0$$

ist das erste Glied genau durch $\mathfrak{p}^{\lambda_n s}$, das Glied $g_\nu u_{2n}\frac{\alpha^{2\nu}}{u_{2\nu}}$ mindestens durch $\mathfrak{p}^{\lambda_n s + 2\nu r - \lambda_\nu s}$ teilbar. Es muß daher für wenigstens ein $\nu \geqq 1$

$$2\nu r \leqq \lambda_\nu s$$

werden. Da $r \geqq 1$, $s \leqq k$ ist, liefert das

$$2\nu \leqq \lambda_\nu k. \tag{15}$$

Wegen (13) folgt hieraus $p < k$. Für $k \leqq 3$ müßte also a_k durch keine Primzahl teilbar, also gleich ± 1 sein.

Man schreibe nun $F(x)$ in der Form[1]

$$F(x) = \pm x^{2n} + g_{n-1}(2n-1)x^{2n-2} + g_{n-2}(2n-1)(2n-3)x^{2n-4} + \cdots.$$

Dies zeigt, daß, wenn q eine Primzahl ist, die in einer der l Zahlen

$$(16) \qquad 2n-2l+1, \quad 2n-2l+3, \cdots, \quad 2n-1 \qquad (l \geqq 1)$$

aufgeht, $F(x)$ mod. q mindestens durch $x^{2n-2l+2}$ teilbar ist. Das Polynom $B(x)$ ist aber mod. q höchstens durch x^{2n-k} teilbar. Ist also

$$2n-2l+2 > 2n-k, \text{ d. h. } 2l < k+2,$$

so muß q in a_k aufgehen, folglich kleiner als k sein.

Jedenfalls muß a_k durch jeden Primteiler von $2n-1 \geqq 3$ teilbar sein, darf also nicht ± 1 sein. Das schließt schon die Fälle $k \leqq 3$ aus. Für $k > 3$ setze man

$$k = 2\varkappa + 2 + \varepsilon, \quad \varepsilon = 0 \text{ oder } 1.$$

Die größte Zahl l, die der Forderung $2l < k+2$ genügt, wird

$$l = \varkappa + 1 + \varepsilon.$$

Außerdem wird

$$2n-2l+1 \geqq 2k-2l+1 = 2\varkappa+3 > 2\varkappa+1$$

und die Forderung $q < k$ bedeutet, daß

$$q \leqq k-1-\varepsilon = 2\varkappa+1$$

sein soll.

Wir hätten also in den Zahlen (16) eine Sequenz von mindestens $\varkappa+1$ ungeraden Zahlen oberhalb $2\varkappa+1$, die nur Primteiler $q \leqq 2\varkappa+1$ aufweisen. Für $\varkappa > 2$ folgt aus Satz I unmittelbar, daß dies nicht möglich ist. Aber auch die Fälle $\varkappa = 1$ und $\varkappa = 2$ kommen nicht in Betracht. Denn für $\varkappa = 1$ würden mindestens zwei aufeinanderfolgende Zahlen der Form 3^α oberhalb 3 und für $\varkappa = 2$ mindestens drei aufeinanderfolgende Zahlen der Form $3^\alpha 5^\beta$ oberhalb 5 vorliegen. Beides ist nicht möglich.

Daher ist $f(x)$ für $2n > 2$ stets in P irreduzibel.

3. In ganz analoger Weise läßt sich auch ein Polynom $g(x)$ der Form

$$g(x) = 1 + g_1 \frac{x^2}{u_4} + g_2 \frac{x^4}{u_6} + \cdots + g_{n-1} \frac{x^{2n-2}}{u_{2n}} \pm \frac{x^{2n}}{u_{2n+2}}$$

mit ganzzahligen g_ν behandeln. Hier hat man

$$G(x) = u_{2n+2} + g_1 u_{2n+2} \frac{x^2}{u_4} + \cdots \pm x^{2n}$$

zu betrachten. Nimmt man $g(x)$ als in P reduzibel an, so sei wieder

$$G(x) = A(x)B(x), \quad A(x) = x^k + a_1 x^{k-1} + \cdots + a_k,$$

[1] Die entsprechende Formel P. I, §. 1, Nr. 2 enthält einen Druckfehler. Es ist dort g_1 durch g_{n-1} und g_2 durch g_{n-2} zu ersetzen.

wobei $A(x)$ irreduzibel und $k \leqq n$ ist. Für jede in a_k aufgehende (ungerade) Primzahl p ergibt sich hier für mindestens ein $\nu \geqq 1$ an Stelle von (15)

$$(17) \qquad 2\nu \leqq \lambda_{\nu+1} k,$$

also wegen (13)

$$(18) \qquad 2\nu < \frac{2\nu+2}{p} k.$$

Hieraus folgt, wie ich behaupte,

$$p \leqq k+1.$$

Denn zunächst kann (17) nur gelten, wenn $\lambda_{\nu+1} > 0$, also $2\nu+2 > p$ ist. Wäre nun $p > k+1$, so müßte $k \leqq p-2$ sein. Aus (18) würde folgen

$$2\nu p < (2\nu+2)(p-2) = 2\nu p + 2p - 4\nu - 4,$$

d. h. $p > 2\nu+2$, was nicht zutrifft.

Der zweite Teil der vorhin durchgeführten Betrachtung führt an Stelle der Zahlen (16) auf die l Zahlen

$$(19) \qquad 2n-2l+3, \quad 2n-2l+5, \cdots, \quad 2n+1$$

und lehrt uns, daß, sobald wieder $2l < k+2$ wird, jede Primzahl q, die in einer der Zahlen (19) aufgeht, ein Teiler von a_k, also der Bedingung $q \leqq k+1$ genügen müßte. Dies zeigt insbesondere, daß a_k durch jede in $2n+1$ aufgehende Primzahl teilbar sein muß, also nicht gleich ± 1 sein kann. Das schließt schon den Fall $k = 1$ aus.

Ist $k \geqq 2$, so setze man hier

$$k = 2\varkappa + \varepsilon, \quad \varepsilon = 0 \text{ oder } 1.$$

Die größte Zahl l, für die $2l < k+2$ wird, ist hier $l = \varkappa + \varepsilon$. Außerdem wird auch hier für die erste unter den Zahlen (19)

$$2n-2l+3 \geqq 2k-2l+3 = 2\varkappa+3 > 2\varkappa+1,$$

und $q \leqq k+1 = 2\varkappa+1+\varepsilon$ liefert wieder $q \leqq 2\varkappa+1$.

Wir würden also in (19) eine Sequenz von $\varkappa+\varepsilon$ ungeraden Zahlen oberhalb $2\varkappa+1$ erhalten, die nur Primteiler $q \leqq 2\varkappa+1$ aufweisen. Für $\varkappa > 2$ ist dies nach Satz I nicht möglich. Ist $\varkappa = 1$ und $\varepsilon = 1$, so würden 2 aufeinanderfolgende Potenzen von 3 oberhalb 3 vorliegen, was auszuschließen ist. Dagegen ist der Fall $\varkappa = 1$, $\varepsilon = 0$ möglich, wenn $2n+1 = 3^r > 3$ ist. Für ein solches n könnte also noch ein irreduzibler quadratischer Teiler $A(x)$ auftreten.

Ist endlich $\varkappa = 2$, so hätten wir in (19) eine Sequenz von $2+\varepsilon$ Zahlen der Form $3^\alpha . 5^\beta$ oberhalb 5. Der Fall $\varepsilon = 1$ ist wieder auszuschließen und für $\varepsilon = 0$ käme nach Satz I nur noch der Fall $2n+1 = 27$ in Betracht. Hier könnte noch ein irreduzibler Teiler $A(x)$ des Grades 4 auftreten.

4. Wir haben noch zu untersuchen, ob bei den Polynomen $g(x)$ die vorhin erwähnten Ausnahmefälle wirklich auftreten können.

Sei zunächst

$$2n = 3^r - 1 \geqq 3^2 - 1 = 8$$

und $A(x) = x^2 + a_1 x + a_2$ ein irreduzibler Teiler von $G(x)$. Wir wissen schon, daß $a_2 = \pm 3^\rho$ mit $\rho \geqq 1$ sein müßte. Es ist leicht zu sehen, daß $a_1 = 0$ sein muß. Sonst müßte, da $G(x)$ eine gerade Funktion ist, auch $A(x)A(-x)$ ein Teiler von $G(x)$ sein. Es sei $G(x) = A(x)A(-x)C(x)$. Ist q ein Primteiler von $2n-1$, so müßte, da $G(x)$ mod. q mindestens durch x^{2n-2} und $C(x)$ nach diesem Modul höchstens durch x^{2n-4} teilbar ist, q ein Teiler des konstanten Gliedes $a_2^2 = 3^{2\rho}$ von $A(x)A(-x)$ sein, was wegen $2n-1 = 3^r - 2$, $q \geqq 5$ nicht möglich ist[1].

Also ist $A(x) = x^2 \pm 3^\rho$ zu setzen. Wir haben nur noch zu entscheiden, für welche Werte von ρ sich ganze rationale Zahlen $h_1, h_2, \cdots h_{n-1}$ $(h_\nu = \pm g_\nu)$ so bestimmen lassen, daß

$$u_{2n+2} + h_1\, u_{2n+2}\frac{3^\rho}{u_4} + \cdots + h_{n-1}\, u_{2n+2}\frac{3^{(n-1)\rho}}{u_{2n}} \pm 3^{\rho n} = 0$$

wird. Das ist aber dann und nur dann möglich, wenn der größte gemeinsame Teiler d der ganzen Zahlen

$$(20) \qquad \frac{3^\rho u_{2n+2}}{u_4}, \quad \frac{3^{2\rho} u_{2n+2}}{u_6}, \ldots, \quad \frac{3^{(n-1)\rho} u_{2n+2}}{u_{2n}}$$

in $u_{2n+2} \pm 3^{\rho n}$ aufgeht. Nun ist die letzte der Zahlen (20) gleich

$$(2n+1)\cdot 3^{(n-1)\rho} = 3^{(n-1)\rho + r}$$

Daher darf $d = 3^\delta$ gesetzt werden, und hierbei ist offenbar δ die kleinste unter den Zahlen[2]

$$\nu\rho - \lambda_{\nu+1} + \lambda_{n+1}. \qquad (\nu = 1, 2, \cdots n-1)$$

Aus (13) folgt aber für $\nu \geqq 2$

$$\nu\rho - \lambda_{\nu+1} + \lambda_{n+1} > \rho - \lambda_2 + \lambda_{n+1} = \rho - 1 + \lambda_{n+1}.$$

Denn es ist für $\nu \geqq 2$, $\rho \geqq 1$

$$\lambda_{\nu+1} < \frac{2\nu+2}{3} \leqq \nu \leqq \rho(\nu-1) + 1.$$

Folglich ist $\delta = \rho - 1 + \lambda_{n+1}$.

Andererseits ist aber wegen

$$\lambda_{n+1} < \frac{2n+2}{3} < n \leqq \rho n$$

die Zahl $u_{2n+2} \pm 3^{\rho n}$ genau durch $3^{\lambda_{n+1}}$ teilbar. Es ist also nur noch zu verlangen, daß

$$\rho - 1 + \lambda_{n+1} \leqq \lambda_{n+1}$$

wird, was auf $\rho = 1$ führt.

Dies zeigt, daß für jedes $2n = 3^r - 1 \geqq 8$ ein Polynom der Form $g(x)$ in der Tat einen quadratischen Teiler haben kann. Dieser Teiler muß aber

---

[1] Diese Betrachtung lehrt genauer, daß $G(x)$ jedenfalls nicht zwei quadratische ganzzahlige Faktoren aufweisen kann.

[2] Hier bedeutet natürlich $\lambda_\varkappa$ den Exponenten der höchsten Potenz von 3, die in $u_{2\varkappa}$ aufgeht.

von der Gestalt $x^2 \pm 3$ sein. Mehr als einen quadratischen Faktor kann $g(x)$ nicht aufweisen. In den Ausnahmefällen wird also $g(x) = (x^2 \pm 3) g_1(x)$ mit in P irreduziblem $g_1(x)$.

5. In dem Falle $2n = 26$ wäre es nach der allgemeinen Überlegung noch denkbar, daß $G(x)$ einen ganzzahligen irreduziblen Teiler $A(x)$ des Grades 4 besitzt. *Es soll gezeigt werden, daß dies nicht möglich ist.*

Da $G(x)$ nach dem Modul $2n - 3 = 23$ mindestens durch x^{26-4} teilbar ist, schließt man ähnlich wie in Nr. 4, daß $A(x)$ eine gerade Funktion sein müßte. Indem man $x^2 = y$ setzt, würde man auf ein ganzzahliges Polynom

$$K(y) = u_{28} + g_1 u_{28} \frac{y}{u_4} + \cdots + g_{12} u_{28} \frac{y^{12}}{u_{26}} \pm y^{13}$$

geführt werden, das durch ein irreduzibles ganzzahliges Polynom

$$D(y) = y^2 + b_1 y + b_2$$

teilbar ist. Da

$$K(y) \equiv \pm y^{13} \pmod{3}$$

ist, müßten b_1 und b_2 durch 3 teilbar sein.

Ich behaupte, daß b_2 nicht durch 9 teilbar sein darf. Denn setzt man $y = 3z$, so würde

$$D(3z) = 9E(z) = 9(z^2 + c_1 z + c_2)$$

mit ganzzahligen c_1 und c_2. Ferner ist für die Primzahl 3

$$(21) \begin{cases} \lambda_2 = \lambda_3 = \lambda_4 = 1, \quad \lambda_5 = \lambda_6 = \lambda_7 = 3, \quad \lambda_8 = \lambda_9 = \lambda_{10} = 4, \\ \qquad \lambda_{11} = \lambda_{12} = \lambda_{13} = 5, \quad \lambda_{14} = 8. \end{cases}$$

Hieraus folgt leicht, daß

$$K(3z) = 3^8 L(z)$$

wird, wobei $L(z)$ die Form

$$L(z) = l_0 + l_1 z + 3 l_2 z^2 + 3 l_3 z^3 + \cdots + 3 l_{13} z^{13}$$

erhält mit ganzzahligen l_ν und einem zu 3 teilerfremden l_0. Dieses Polynom $L(z)$ müßte durch $E(z)$ teilbar sein, wobei der Quotient wieder ganzzahlig wird, weil der höchste Koeffizient von $E(z)$ gleich 1 ist. Das geht aber nicht. Denn $L(z)$ ist mod. 3 höchstens vom Grade 1, ohne kongruent 0 zu sein, dagegen hat $E(z)$ auch mod. 3 den Grad 2.

Sei nun β eine Wurzel der Gleichung $D(y) = 0$ und $\mathfrak{p}$ ein Primideal des Körpers $\mathrm{P}(\beta)$, das in (β) und (3) aufgeht. Die höchsten Potenzen von $\mathfrak{p}$, die in diesen Hauptidealen aufgehen, seien $\mathfrak{p}^r$ und $\mathfrak{p}^s$. In

$$\beta^2 + b_1 \beta + b_2 = 0$$

ist das erste Glied genau durch $\mathfrak{p}^{2r}$, das letzte genau durch $\mathfrak{p}^s$ und das mittlere mindestens durch $\mathfrak{p}^{r+s}$ teilbar. Hieraus folgt offenbar $s = 2r$, also wegen $s \leqq 2$

$$r = 1, \quad s = 2.$$

In dem Ausdruck

$$K(\beta) = u_{28} + g_1 u_{28} \frac{\beta}{u_4} + \cdots \pm \beta^{13}$$

wird nun das letzte Glied genau durch $\mathfrak{p}^{13}$ teilbar. Dagegen sind, wie man unter Berücksichtigung der Formeln (21) erkennt, alle übrigen Glieder durch höhere Potenzen von $\mathfrak{p}$ teilbar. Der Ausdruck $K(\beta)$ kann daher nicht verschwinden.

§ 5.

Die Hermiteschen Polynome.

Für die Polynome

$$H_m(x) = (-1)^m e^{\frac{x^2}{2}} \frac{d^m\left(e^{-\frac{x^2}{2}}\right)}{dx^m}$$

besteht die Rekursionsformel

$$H_{m+1} = xH_m - mH_{m-1},$$

aus der man in bekannter Weise schließt, daß

$$(22)\qquad H_m(x) = \sum_{\mu=0}^{\left[\frac{m}{2}\right]} (-1)^\mu \binom{m}{2\mu} 1 \cdot 3 \cdot 5 \cdots (2\mu - 1) x^{m-2\mu}$$

wird. Setzt man wieder

$$u_{2\nu} = 1 \cdot 3 \cdot 5 \cdots (2\nu - 1), \quad u_0 = 1,$$

so ergibt sich ohne Mühe

$$f_{2n} = \frac{(-1)^n H_{2n}(x)}{u_{2n}} = \sum_{\nu=0}^{n} (-1)^\nu \binom{n}{\nu} \frac{x^{2\nu}}{u_{2\nu}},$$

$$g_{2n} = \frac{(-1)^n H_{2n+1}(x)}{u_{2n+2} \cdot x} = \sum_{\nu=0}^{n} (-1)^\nu \binom{n}{\nu} \frac{x^{2\nu}}{u_{2\nu+2}}.$$

Das sind aber Polynome, wie wir sie im § 4 untersucht haben. Aus unserem Satz III folgt unmittelbar, daß $H_4, H_6, H_8, \cdots$ sämtlich in P irreduzibel sind[1]. Um mit Hilfe des Satzes III* zu zeigen, daß bei ungeradem m das Polynom H_m nach Forthebung des Faktors x irreduzibel wird, haben wir nur noch zu beweisen, daß sich auch in dem Ausnahmefall $m = 3^r \geqq 9$ von H_m nicht der Faktor $x^2 - 3$ abtrennen läßt[2]. Das ergibt sich folgendermaßen.

Für $m = 9$ überzeugt man sich auf direktem Wege, daß $H_9(x)$ für $x = \pm\sqrt{3}$ von Null verschieden ist. Ist aber $m = 3^r > 9$, so ist $m - 1$

[1] Der Fall $H_2 = x^2 - 1$ bildet eine Ausnahme.

[2] Der Faktor $x^2 + 3$ kommt nicht in Betracht, weil die Nullstellen von $H_m(x)$ bekanntlich reell sind. Es genügt auch schon zu beachten, daß $H_m(x)$ eine ungerade Funktion mit alternierenden Vorzeichen ist.

jedenfalls keine Potenz von 2 (vgl. § 3). Ist nun $p \geqq 5$ eine in $m-1$ aufgehende Primzahl, so wird

(23) $$H_m(x) \equiv x^m \pmod{p}.$$

Denn in (22) ist der Koeffizient

$$\binom{m}{2\mu} \cdot 1 \cdot 3 \cdot 5 \cdot \cdots (2\mu - 1)$$

für $2\mu \geqq p+1$ gewiß durch p teilbar, weil einer der Faktoren $3, 5, \cdots 2\mu - 1$ gleich p wird. Ist aber $0 < 2\mu \leqq p-1$, so wird

$$\binom{m}{2\mu} = \frac{m(m-1)\cdots(m-2\mu+1)}{1 \cdot 2 \cdots 2\mu}$$

durch p teilbar.

Aus (23) folgt aber, daß in jeder Zerlegung von $H_m(x)$ in zwei ganzzahlige Faktoren die konstanten Glieder durch p teilbar sein müssen. Der Faktor $x^2 - 3$ kommt also nicht in Betracht.

§ 6.

Beweis des Satzes IV.

1. Bezeichnet man mit p^{μ_n} die höchste Potenz der Primzahl $p \geqq 2$, die in $n!$ aufgeht, so ist bekanntlich

(24) $$\mu_n = \left[\frac{n}{p}\right] + \left[\frac{n}{p^2}\right] + \cdots < \frac{n}{p-1}.$$

Es sei nun

$$h(x) = 1 + g_1 \frac{x}{2!} + g_2 \frac{x^2}{3!} + \cdots + g_{n-1} \frac{x^{n-1}}{n!} \pm \frac{x^n}{(n+1)!},$$

wobei die g_ν ganze rationale Zahlen sind. Der Ausdruck

$$H(x) = (n+1)! + g_1 (n+1)! \frac{x}{2!} + \cdots + g_{n-1} (n+1)! \frac{x^{n-1}}{n!} \pm x^n$$

hat dann ganzzahlige Koeffizienten.

Ist $h(x)$ in P reduzibel, so sei

$$H(x) = \mathrm{A}(x)\mathrm{B}(x), \quad \mathrm{A}(x) = x^k + a_1 x^{k-1} + \cdots + a_k.$$

Hierbei sollen $A(x)$ und $B(x)$ ganzzahlige Polynome sein, außerdem nehmen wir $A(x)$ als in P irreduzibel und $n \geqq 2k$ an. Die in § 4, Nr. 2 durchgeführte Betrachtung lehrt hier, daß für jede in a_k aufgehende Primzahl $p \geqq 2$ ein Index $\nu \geqq 1$ existieren muß, so daß

(25) $$\nu \leqq \mu_{\nu+1} k$$

wird. Hieraus folgt aber $p \leqq k+1$. Denn sonst wäre $k \leqq p-2$, also wegen (24) und (25)

$$\nu(p-1) < (\nu+1)(p-2) = \nu p + p - 2\nu - 2,$$

d. h. $p > \nu + 2$. Dann wäre aber $(\nu+1)!$ nicht durch p teilbar, also $\mu_{\nu+1} = 0$, was der Formel (25) widerspricht.

Schreibt man $H(x)$ in der Form

$$H(x) = \pm x^n + (n+1) g_{n-1} x^{n-1} + (n+1) n g_{n-2} x^{n-2} + \cdots,$$

so ergibt sich: Ist q eine Primzahl, die in einer der k Zahlen

$$(26) \qquad n+2-k, \quad n+3-k, \cdots, \quad n+1$$

aufgeht, so ist $H(x)$ mod. q mindestens durch x^{n-k+1} teilbar. Da $B(x)$ mod. q höchstens durch x^{n-k} teilbar ist, muß q in a_k aufgehen, also der Bedingung $q \leqq k+1$ genügen. Hierbei ist

$$n+2-k \geqq 2k+2-k > k+1.$$

Wir hätten also in den Zahlen (26) eine Sequenz von k ganzen Zahlen oberhalb $k+1$, die keinen Primteiler oberhalb $k+1$ aufweisen.

Dies ist nach Satz II für $k > 2$ nicht möglich. Für $k = 1$ kommt nur der Fall $n+1 = 2^r > 2$ in Betracht, wobei aber der lineare Teiler $A(x)$ die Form $x \pm 2^\rho$ mit $\rho \geqq 1$ haben müßte. Im Falle $k = 2$ müßte (wieder nach Satz II) $n = 8$ sein. Das konstante Glied a_2 von $A(x)$ hat dann jedenfalls die Form $\pm 2^\alpha \cdot 3^\beta$.

Es ist wieder zu untersuchen, ob diese Ausnahmefälle wirklich vorkommen können.

2. Ist zunächst $n = 2^r - 1 \geqq 3$ und soll $A(x) = x \pm 2^\rho$ ein Teiler von $g(x)$ sein, so handelt es sich ähnlich wie in § 4, Nr. 4 nur darum, zu entscheiden, für welche Werte von $\rho \geqq 1$ der größte gemeinsame Teiler d der Zahlen

$$(n+1)!\frac{2^\rho}{2!}, \quad (n+1)!\frac{2^{2\rho}}{3!}, \cdots, \quad (n+1)!\frac{2^{(n-1)\rho}}{n!}$$

in $(n+1)! \pm 2^{\rho n}$ aufgeht.

Da die letzte unter den zu untersuchenden Zahlen gleich $2^{r+(n-1)\rho}$ ist, muß $d = 2^\delta$ sein, und hierbei wird δ, wenn $2^{\mu_\varkappa}$ die höchste in $\varkappa!$ enthaltene Potenz von 2 bedeutet, die kleinste unter den Zahlen

$$\alpha_\nu = \nu\rho - \mu_{\nu+1} + \mu_{n+1}. \qquad (\nu = 1, 2, \ldots, n-1)$$

Hier ist

$$\mu_{\nu+1} < \frac{\nu+1}{2-1} = \nu + 1, \text{ also } \mu_{\nu+1} \leqq \nu.$$

Daher wird

$$\alpha_\nu \geqq \nu\rho - \nu + \mu_{n+1} \geqq \rho - 1 + \mu_{n+1} = \alpha_1.$$

Folglich ist $\delta = \rho - 1 + \mu_{n+1}$.

Ferner ist wegen $\mu_{n+1} \leqq n < 2n$ die Zahl $(n+1)! \pm 2^{\rho n}$ für $\rho > 1$ genau durch 2^{μ_n+1} und für $\rho = 1$ mindestens durch 2^{μ_n+1} teilbar. Daher ist $d = 2^\delta$ dann und nur dann ein Teiler von $(n+1)! \pm 2^{\rho n}$, wenn $\rho = 1$ ist.

Es hat sich also ergeben, daß für jede Gradzahl $n = 2^r - 1 \geqq 3$ reduzible Polynome $h(x)$ existieren. Es kommt aber nur ein Teiler $x \pm 2$ in Betracht und eine ähnliche Überlegung, wie wir sie in § 4, Nr. 4 durchgeführt haben, lehrt uns, daß $h(x)$ nach Forthebung dieses Faktors irreduzibel wird.

3. Es bleibt noch der Fall $n = 8$ zu diskutieren. *Daß ein Polynom achten Grades von der Form $h(x)$ sehr wohl einen in* P *irreduziblen quadratischen Teiler besitzen kann, zeigt das Beispiel*

$$1 + 2\cdot\frac{x}{2!} + 2\cdot\frac{x^2}{3!} + 2\cdot\frac{x^3}{4!} + \frac{x^4}{5!} + 12\cdot\frac{x^5}{6!} + 24\cdot\frac{x^6}{7!} + 61\cdot\frac{x^7}{8!} + \frac{x^8}{9!}$$

$$= \left(1 + \frac{x}{2!} + \frac{x^2}{3!}\right)\left(1 + \frac{x}{2!} - \frac{1}{2}\cdot\frac{x^2}{3!} + \frac{x^3}{4!} + \frac{x^4}{6!} + \frac{13}{2}\cdot\frac{x^5}{6!} + \frac{1}{12}\cdot\frac{x^6}{7!}\right).$$

In jedem Ausnahmefall muß aber $h(x)$ das Produkt zweier irreduzibler Funktionen der Grade 2 und 6 sein. Dies ergibt sich schon daraus, daß das zugehörige ganzzahlige Polynom $H(x)$ mod. 7 durch x^6 teilbar ist (vgl. wieder § 4, Nr. 4).

§ 7.

Die Abschnitte der Potenzreihen für sin x und $e^x - 1$.

Jeder Abschnitt der Sinusreihe erhält nach Forthebung des Faktors x die Gestalt

$$h_{2m}(x) = 1 - \frac{x^2}{3!} + \frac{x^4}{5!} - \cdots + (-1)^m \frac{x^{2m}}{(2m+1)!},$$

gehört also der in § 6 behandelten Klasse von Polynomen an. Daß jedes dieser Polynome in P irreduzibel ist, ergibt sich folgendermaßen. Da hier $n = 2m$ gerade ist, kommt der Ausnahmefall $n = 2^r - 1$ nicht in Betracht. Ist ferner $2m = 8$, so bilde man $H(x) = 9!\,h_8(x)$. Besäße $H(x)$ einen (ganzzahligen) quadratischen Teiler $A(x) = x^2 + a_1 x + a_2$, so müßte, weil $H(x)$ eine gerade Funktion ist, die keinen zweiten quadratischen Teiler aufweisen kann, auch $A(x)$ eine gerade Funktion, also $A(x) = x^2 + a_2$ sein. Hierbei wäre $a_2 = \pm 2^\alpha \cdot 3^\beta$. Nun ist aber

$$H(x) \equiv x^4(x^4 - 2x^2 - 1) \pmod{5}.$$

Es müßte daher, weil a_2 jedenfalls zu 5 teilerfremd ist, $-a_2$ der Kongruenz

$$y^2 - 2y - 1 = (y-1)^2 - 2 \equiv 0 \pmod{5}$$

genügen. Das geht aber nicht, weil 2 quadratischer Nichtrest mod. 5 ist.

In ähnlicher Weise beweist man auch, daß die Abschnitte

$$h_n^*(x) = 1 + \frac{x}{2!} + \frac{x^2}{3!} + \cdots + \frac{x^n}{(n+1)!}$$

der Potenzreihe für $\frac{1}{x}(e^x - 1)$ sämtlich in P irreduzibel sind. Denn auch sie sind von der in § 6 betrachteten Art. Liegt zunächst der Ausnahmefall $n = 2^r - 1$

vor, so käme nur ein linearer Teiler $x \pm 2$ in Betracht. Für $x = 2$ verschwindet $h_n^*(x)$ gewiß nicht. Es ist aber auch

$$h_n^*(-2) = \frac{2^2}{3!} - \frac{2^3}{4!} + \frac{2^4}{5!} - \cdots + \frac{2^{n-1}}{n!} - \frac{2^n}{(n+1)!}$$

von Null verschieden, weil hier eine alternierende Summe mit einer geraden Anzahl monoton abnehmender Glieder vorliegt.

Ist aber $n = 8$, so wird

$$H(x) = 9!\, h_8^*(x) \equiv x^4(x^4 - x^3 + 2x^2 - x - 1) \equiv x^4(x-1)(x^3 + 2x + 1) \pmod{5}.$$

Der Ausdruck $x^3 + 2x + 1$ ist hierbei mod. 5 irreduzibel, weil er für keine der Zahlen $0, 1, 2, 3, 4$ durch 5 teilbar wird. Wäre $H(x) = A(x) B(x)$, wobei A und B ganzzahlige Polynome der Grade 2 und 6 sind, so wäre $A(0)$ nach dem früheren zu 5 teilerfremd. Es müßte also mod. 5 der Faktor $B(x)$ durch das Produkt $x^4(x^3 + 2x + 1)$ teilbar sein, was nicht möglich ist.

§ 8.

Abschätzungen für $\pi(x)$.

Die in den §§ 1—2 so oft benutzte Ungleichung

$$\pi(x) < \frac{3}{2} \cdot \frac{x}{\log x} \qquad (27) \qquad x \geqq 2$$

beweist Hr. LANDAU in einem an mich gerichteten Brief vom 24. Mai 1929 folgendermaßen.

Die Ungleichung braucht nur für ganzzahlige x (sogar nur für Primzahlen) bewiesen zu werden. Sie sei für

$$2 \leqq x \leqq 6^5 = 7776$$

schon bestätigt. Man hat dann (27) nur schrittweise für

$$x = 6^5 + 1, \quad 6^5 + 2, \cdots$$

zu beweisen und darf hierbei, wenn x eine dieser Zahlen ist, die Ungleichung für ganzzahlige $\xi < x$, also insbesondere für $\xi = \left[\frac{x}{6}\right]$ als richtig ansehen[1]. Nun wird

$$\pi(x) - \pi\left(\frac{x}{6}\right) = \sum_{\frac{x}{6} < p \leqq x} \frac{\log p}{\log p} \leqq \frac{1}{\log \frac{x}{6}} \sum_{\frac{x}{6} < p \leqq x} \log p$$

$$= \frac{1}{\log \frac{x}{6}} \left(\vartheta(x) - \vartheta\left(\frac{x}{6}\right)\right) \leqq \frac{1}{\log \frac{x}{6}} \left(\psi(x) - \psi\left(\frac{x}{6}\right)\right).$$

[1] Unter Benutzung dieses Induktionsschlusses gestaltet sich auch der von mir P. I, § 2 angegebene Beweis wesentlich kürzer.

Nach Tschebyscheff ist aber[1] für $a = 0.92129\cdots$

$$\psi(x) - \psi\left(\frac{x}{6}\right) < ax + 5\log x + 5.$$

Es wird also

$$\pi(x) < \frac{1}{\log \frac{x}{6}}\left(\frac{3}{2}\cdot\frac{x}{6} + 0.93x + 5\log x + 5\right)$$

$$= \frac{1}{\log x - \log 6}(1.18x + 5\log x + 5).$$

Dies wird kleiner als $\frac{3}{2}\cdot\frac{x}{\log x}$, wenn

$$\frac{3}{2} - 1.18 = 0.32 > \frac{3}{2}\frac{\log 6}{\log x} + \frac{5\log x}{x} + \frac{5}{x}$$

ist. Diese Ungleichung ist aber schon für $x = 6^5$ richtig. Denn wegen $\log 6 < 2$ ist sogar

$$\frac{3}{2}\cdot\frac{1}{5} + \frac{25\log 6 + 5}{7776} < 0.3 + \frac{55}{7776} < 0.31.$$

Das Nachprüfen der Ungleichung (27) für $x \leqq 7776$ geschieht wieder nach der P. I, § 2 angewandten Methode, erfordert aber von den dort vorgenommenen 30 Einzelproben nur die 24 ersten.

Es sei noch bemerkt, daß man auf diesem Wege auch beweisen kann, daß für $x \geqq 2$

$$\pi(x) < 1.4\cdot\frac{x}{\log x} \tag{28}$$

ist. Denn rechnet man mit 1.4 an Stelle von 1.5, so wird man auf die Ungleichung

$$1.4 - \frac{1.4}{6} - 0.93 > 1.4\cdot\frac{\log 6}{\log x} + \frac{5\log x}{x} + \frac{5}{x}$$

geführt. Sie gilt schon für $x = 6^6 = 46656$. Für kleinere Werte verifiziert man aber (28) nach der vorhin erwähnten Methode ohne allzu große Mühe[2].

Mit Hilfe der schärferen Ungleichung (28) lassen sich die mühsamen Rechnungen des § 2 ein wenig vereinfachen. Das Durchdiskutieren der Primzahlen unterhalb 100 scheint sich aber auch auf diesem Wege nicht umgehen zu lassen, ohne daß allzu umständliche Abzählungen in der Primzahltafel erforderlich werden.

[1] Vgl. das auf S. 375 zitierte Landausche Handbuch Bd. I, S. 90. Tschebyscheff operiert sogar mit $\psi(x) - \psi\left(\frac{x}{6}\right) < ax + \frac{5}{2}\log x$, was aber für unseren Zweck nichts wesentlich Besseres liefert.

[2] Es genügen bei ziemlich rohem Abschätzen 45 Einzelproben.

Ausgegeben am 19. Oktober.

66.

Zur Theorie der Cesàroschen und Hölderschen Mittelwerte

Mathematische Zeitschrift 31, 391 - 407 (1929)

Jeder unendlichen Folge

$$(1) \qquad x_1, x_2, x_3, \ldots$$

reeller oder komplexer Zahlen lassen sich für $k = 1, 2, \ldots$ die Hölderschen Mittelwerte $h_n^{(k)}$ und die Cesàroschen Mittelwerte $c_n^{(k)}$ zuordnen. Man berechnet sie mit Hilfe der Rekursionsformeln

$$h_n^{(1)} = \frac{x_1 + x_2 + \ldots + x_n}{n}, \quad h_n^{(k)} = \frac{h_1^{(k-1)} + h_2^{(k-1)} + \ldots + h_n^{(k-1)}}{n}$$

und

$$s_n^{(1)} = x_1 + x_2 + \ldots + x_n, \quad s_n^{(k)} = s_1^{(k-1)} + s_2^{(k-1)} + \ldots + s_n^{(k-1)},$$

$$c_n^{(k)} = \frac{s_n^{(k)}}{\binom{n+k-1}{k}}.$$

Für diese Mittelbildungen gilt bekanntlich der Knopp-Schneesche Äquivalenzsatz[1]): Für jeden Wert von k sind die Folgen $h_n^{(k)}$ und $c_n^{(k)}$ entweder beide konvergent oder beide divergent. Im Falle der Konvergenz ist

$$\lim_{n\to\infty} h_n^{(k)} = \lim_{n\to\infty} c_n^{(k)}.$$

Man kann sich eine weitergehende Frage vorlegen: Es sei

$$(2) \qquad p_1, p_2, p_3, \ldots$$

eine gegebene Folge von Null verschiedener reeller oder komplexer Größen Wie müssen diese Zahlen beschaffen sein, damit für jede Zahlenfolge (1)

---

[1]) K. Knopp, Grenzwerte von Reihen bei der Annäherung an die Konvergenzgrenze, Inauguraldissertation, Berlin 1907. W. Schnee, Die Identität des Cesàroschen und Hölderschen Grenzwertsatzes, Math. Annalen 67 (1909), S. 110–125.

und für jeden Wert von k aus der Existenz des Grenzwertes

$$\lim_{n\to\infty} \frac{h_n^{(k)}}{p_n} = l_k$$

auch die Existenz von

$$\lim_{n\to\infty} \frac{c_n^{(k)}}{p_n} = l'_k$$

folgt und umgekehrt?

Im folgenden werde ich beweisen:

I. *Dann und nur dann besitzt die Folge* (2) *die verlangte Eigenschaft, wenn sie den beiden Bedingungen genügt:*

1. *Es existiert der Grenzwert*

$$\lim_{n\to\infty} \frac{p_1 + p_2 + \dots + p_n}{n\, p_n} = a.$$

2. *Die Quotienten*

$$\frac{|p_1| + |p_2| + \dots + |p_n|}{n\,|p_n|} \qquad (n = 1, 2, \dots)$$

liegen unterhalb einer endlichen Schranke.

Die Grenzwerte l_k und l'_k stehen zueinander in der Beziehung

$$(3) \qquad l_k = \frac{(1+a)(1+2a)\dots(1+(k-1)a)}{k!} \cdot l'_k.$$ [2])

Eine Zahlenfolge p_n, die unseren beiden Forderungen genügt, nenne ich im folgenden eine *Mittelfolge*, die Größe a den zugehörigen *Quotientenlimes.*

Daß der in (3) auftretende Faktor nicht Null sein kann, beruht auf folgender Regel:

II. *Der Quotientenlimes einer Mittelfolge ist entweder Null oder eine Größe mit positivem Realteil.*

Bemerkenswerte Spezialfälle liefern die Beispiele:

1. $p_n = n^\alpha, \quad \Re(\alpha) > -1, \quad a = \frac{1}{\alpha+1}$.
2. $p_n = \log^\alpha(n+1), \quad \alpha$ beliebig, $\quad a = 1$.
3. $p_n = c^n, \ |c| \geqq 1$; für $c = 1$ wird $a = 1$, für $c \neq 1$ dagegen $a = 0$.
4. $p_n = n!, \quad a = 0$.

Diese Beispiele zeigen insbesondere, daß die Hölderschen und Cesàroschen Mittelwerte in bezug auf ihr infinitäres Verhalten in enger Weise voneinander abhängen.

Aus dem Satze I läßt sich ein Satz über Potenzreihen ableiten, der sich als eine Ergänzung zu bekannten Sätzen von Abel, Frobenius, O. Hölder und Cesàro auffassen läßt.

---

[2]) Für $k = 1$ ist der hier auftretende Faktor durch 1 zu ersetzen.

III. *Es sei* (2) *eine Mittelfolge, die aus reellen positiven Zahlen besteht und deren Quotientenlimes a von Null verschieden ist. Die Reihe*

$$p(x) = p_1 + (p_2 - p_1)x + (p_3 - p_2)x^2 + \dots$$

ist dann für $|x| < 1$ *konvergent. Betrachtet man irgendeine Potenzreihe*

$$f(x) = a_1 + a_2 x + a_3 x^2 + \dots$$

und genügen die mit Hilfe der Partialsummen

$$s_n = a_1 + a_2 + \dots + a_n$$

gebildeten Hölderschen Mittelwerte $h_n^{(k)}$ *für irgendeinen Wert von k der Bedingung*

$$\lim_{n \to \infty} \frac{h_n^{(k)}}{p_n} = s,$$

so ist auch $f(x)$ *für* $|x| < 1$ *konvergent, und es wird bei radialer Annäherung an den Punkt* $x = 1$

$$\lim_{x \to 1} \frac{f(x)}{p(x)} = \frac{s}{a^k}.$$

Der Beweis des Satzes I gelingt mit Hilfe der Methode, die ich beim Beweis des Knopp-Schneeschen Äquivalenzsatzes benutzt habe[3]). Er erfordert aber ein eingehendes Studium der Folgen, die hier als Mittelfolgen bezeichnet werden[3a]). Von Wichtigkeit ist hierbei insbesondere der Satz:

IV. *Sind* p_n *und* q_n *zwei Mittelfolgen mit den Quotientenlimites a und b, so bilden, sobald nicht beide Zahlen a und b gleich Null sind, auch die Größen* $n\, p_n\, q_n$ *eine Mittelfolge. Der zugehörige Quotientenlimes ist* $\frac{ab}{a+b}$. [4])

Im folgenden mache ich mehrfach von dem bekannten Satze über Reihentransformationen Gebrauch, den man (abgesehen von einer naheliegenden Verallgemeinerung) Herrn O. Toeplitz[5]) verdankt:

[3]) Über die Äquivalenz der Cesàroschen und Hölderschen Mittelwerte, Math. Annalen **74** (1913), S. 447–458.

[3a]) Einen kürzeren Beweis werde ich demnächst in den Sitzungsberichten der Berliner Mathematischen Gesellschaft veröffentlichen.

[4]) Für reelle positive Zahlen p_n und q_n findet sich dieser Satz als eine (von mir herrührende) Aufgabe schon bei G. Pólya und G. Szegö, Aufgaben und Lehrsätze aus der Analysis I, S. 12. — Der einfache Beweis, den die Verfasser auf S. 166 angeben, scheint sich auf beliebige Werte von p_n und q_n nicht ohne weiteres übertragen zu lassen.

[5]) O. Toeplitz, Über allgemeine lineare Mittelbildungen, Prace matematyczno-fisyczne 22 (1911), S. 113–119. — Vgl. auch T. Kojima, On generalized Toeplitz's theorem on limit and their applications, Tôhoku Math. Journal **12** (1917), S. 291–326, und I. Schur, Über lineare Transformationen in der Theorie der unendlichen Reihen, Journal für die r. u. a. Mathematik **151** (1921), S. 79–111.

V. *Eine lineare Transformation*

$$v_n = a_{n1} u_1 + a_{n2} u_2 + \dots + a_{nn} u_n \qquad (n = 1, 2, \dots)$$

ist dann und nur dann konvergenzerhaltend, wenn

1. *der Grenzwert*

$$\lim_{n \to \infty} (a_{n1} + a_{n2} + \dots + a_{nn}) = a$$

existiert;

2. *die „Zeilennormen"*

$$|a_{n1}| + |a_{n2}| + \dots + |a_{nn}|$$

beschränkt sind;

3. *die „Kolonnenlimites"*

$$a_\nu = \lim_{n \to \infty} a_{n\nu} \qquad (\nu = 1, 2, \dots)$$

existieren.

Sind insbesondere die Zahlen a_ν *sämtlich gleich Null, so folgt aus* $\lim\limits_{n \to \infty} u_n = u$ *stets* $\lim\limits_{n \to \infty} v_n = a u$.

Weiß man nur, daß die $a_{n\nu}$ *den Bedingungen* 2. *und* 3. *genügen, so konvergiert die Folge* v_n *für jede Nullfolge* u_n. *Sind insbesondere alle Zahlen* a_ν *gleich Null, so ist auch* v_n *eine Nullfolge.*

§ 1.

Einige Eigenschaften der Mittelfolgen.

1. *Für jede Mittelfolge* p_n *ist* $\sum\limits_{n=1}^{\infty} |p_n|$ *divergent und*

$$\lim_{n \to \infty} n |p_n| = \infty. \tag{4}$$

Ist nämlich

$$\frac{|p_1| + |p_2| + \dots + |p_n|}{n |p_n|} < M,$$

so wird

$$|p_n| > \frac{|p_1|}{M} \cdot \frac{1}{n}, \qquad n |p_n| > \frac{1}{M} (|p_1| + |p_2| + \dots + |p_n|).$$

Die erste Ungleichung zeigt, daß $\sum |p_n|$ divergent sein muß, und hieraus folgt auf Grund der zweiten Ungleichung, daß (4) gilt.

2. *Sind* $p_1, p_2, \dots$ *von Null verschiedene Größen, so stellt die lineare Transformation*

$$v_n = \frac{p_1 u_1 + p_2 u_2 + \dots + p_n u_n}{n p_n} \qquad (n = 1, 2, \dots)$$

dann und nur dann eine konvergenzerhaltende Operation dar, wenn die p_n *eine Mittelfolge bilden. Ist a der Quotientenlimes der Mittelfolge, so folgt aus* $\lim u_n = u$ *stets* $\lim v_n = a u$.

Dies folgt unmittelbar aus dem Satze V in Verbindung mit dem in Nr. 1 Gesagten.

3. Zwei Zahlenfolgen x_n und $y_n = c_n x_n$ mögen einander *äquivalent* heißen, wenn die Faktoren c_n von Null verschieden sind und gegen einen von Null verschiedenen Grenzwert konvergieren. Wir schreiben dann $y_n \sim x_n$.

Ist nun p_n eine Mittelfolge mit dem Quotientenlimes a, so gilt dasselbe auch für jede äquivalente Folge $q_n \sim p_n$.

Denn wegen Nr. 2 folgt aus

$$\lim_{n\to\infty} \frac{p_1+p_2+\ldots+p_n}{n\,p_n} = a \quad \text{auch} \quad \lim_{n\to\infty} \frac{q_1+q_2+\ldots+q_n}{n\,q_n} = a.$$

Außerdem sind offenbar die Quotienten

$$\frac{|q_1|+|q_2|+\ldots+|q_n|}{n\,|q_n|}$$

beschränkt, wenn die mit Hilfe der p_n gebildeten Quotienten diese Eigenschaft haben.

4. *Jede Mittelfolge p_n ist einer Mittelfolge q_n äquivalent, in der alle Summen $q_1 + q_2 + \ldots + q_n$ von Null verschieden sind.*

Dies ist völlig trivial. Denn wählt man eine beliebige Größe ε, die von den abzählbar vielen Zahlen

$$(5) \qquad p_1 + p_2 + \ldots + p_n \qquad (n = 1, 2, \ldots)$$

verschieden ist, so genügt es

$$q_1 = p_1 - \varepsilon, \quad q_2 = p_2, \quad q_3 = p_3, \ldots$$

zu setzen.

5. Nehmen wir an, es sei p_n eine Mittelfolge mit lauter von Null verschiedenen Summen (5), so sind auch die Ausdrücke

$$a_n' = \frac{p_1+p_2+\ldots+p_n}{n\,p_n}$$

sämtlich von Null verschieden. Es wird dann $a_1' = 1$ und für $n > 1$

$$n\,p_n a_n' - (n-1)\,p_{n-1} a_{n-1}' = p_n,$$

also

$$(6) \qquad (n a_n' - 1)\,p_n = (n-1)\,a_{n-1}' p_{n-1}.$$

Hierbei wird wegen $a_{n-1}' \neq 0$ auch $n a_n' - 1 \neq 0$. Die Formel (6) liefert, wie man leicht erkennt,

$$p_2 = \frac{p_1}{2a_2'-1}, \quad p_n = \frac{p_1 \cdot 2a_2' \cdot 3a_3' \ldots (n-1)\,a_{n-1}'}{(2a_2'-1)(3a_3'-1)\ldots(n a_n'-1)} \qquad (n > 2).$$

Setzt man $\frac{1}{a'_n} = a_n$, so läßt sich das einfacher in der Form

$$p_n = p_1 \cdot \frac{a_n}{n} \prod_{\nu=2}^{n} \frac{1}{1 - \frac{a_\nu}{\nu}} \qquad (n > 1)$$

schreiben.

Wir können also sagen: *Jede Mittelfolge p_n mit dem Quotientenlimes a ist einer Mittelfolge*

$$p'_1 = 1, \quad p'_n = \frac{a_n}{n} \prod_{\nu=2}^{n} \frac{1}{1 - \frac{a_\nu}{\nu}} \qquad (n > 1)$$

äquivalent, wobei die a_n $(n > 1)$ Zahlen sind, die den Bedingungen

(7) $$a_n \neq 0, \quad a_n \neq n, \quad \lim_{n \to \infty} \frac{1}{a_n} = a$$

genügen.

6. *Für jede Mittelfolge p_n mit von Null verschiedenem Quotientenlimes a ist*

(8) $$\lim_{n \to \infty} \frac{p_n}{p_{n-1}} = 1.$$

Denn dies gilt offenbar für die Ausdrücke p'_n, also wegen $p_n \sim p'_n$ auch für die p_n.

Daß die Formel (8) für $a = 0$ nicht immer zu gelten braucht, zeigen die Beispiele

$$p_n = c^n, \quad |c| > 1, \quad p_n = n!.$$

7. Ist wieder $a \neq 0$, so bilden die in Nr. 5 eingeführten Größen a_n eine konvergente Zahlenfolge. Hieraus folgt insbesondere, daß die Ausdrücke

$$e^{\frac{a_2}{2} + \frac{a_3}{3} + \cdots + \frac{a_n}{n}} \cdot \prod_{\nu=2}^{n} \left(1 - \frac{a_\nu}{\nu}\right)$$

mit wachsendem n einem von Null verschiedenem Grenzwert zustreben. Die Zahlenfolge p_n ist dann der Folge

$$p''_1 = 1, \quad p''_n = \frac{1}{n} e^{\frac{a_2}{2} + \frac{a_3}{3} + \cdots + \frac{a_n}{n}}$$

äquivalent, weil dies offenbar für die Ausdrücke p'_n gilt.

Sind nun aber die p_n, also auch die p''_n eine Mittelfolge, so läßt sich eine Schranke M angeben, für die

$$\frac{|p''_1| + |p''_2| + \cdots + |p''_n|}{n\,|p''_n|} < M$$

wird. Dies liefert

$$|p''_1| + |p''_2| + \cdots + |p''_{n-1}| < (nM - 1)\,|p''_n|$$

und hieraus folgt wegen $p_1'' = 1$

$$|p_2''| > \frac{1}{2M-1}, \qquad |p_3''| > \frac{|p_1''| + |p_2''|}{3M-1} > \frac{2M}{(2M-1)(3M-1)}$$

usw. Allgemein ergibt sich

$$|p_n''| > \frac{2M \cdot 3M \cdot \ldots \cdot (n-1)M}{(2M-1)(3M-1)\ldots(nM-1)}.$$

Setzt man $\frac{1}{M} = m$, so läßt sich das in der Form

$$|p_n''| > \frac{m}{n} \prod_{\nu=2}^{n} \frac{1}{1 - \frac{m}{\nu}} \sim \frac{1}{n} e^{m\left(\frac{1}{2} + \frac{1}{3} + \ldots + \frac{1}{n}\right)}$$

schreiben. Folglich kann eine positive Konstante K angegeben werden, für die

$$(9) \qquad |p_n''| > \frac{K}{n} e^{m\left(\frac{1}{2} + \frac{1}{3} + \ldots + \frac{1}{n}\right)}$$

wird.

Hieraus folgt leicht, daß bei uns $\Re(a) > 0$ *sein muß.* Denn andernfalls wäre, wenn $\Re(a_\nu) = \alpha_\nu$ gesetzt wird, auch

$$\lim_{\nu \to \infty} \alpha_\nu = \Re\left(\frac{1}{a}\right) \leqq 0.$$

Es ließe sich daher insbesondere eine ganze Zahl $h \geqq 2$ bestimmen, so daß für $\nu > h$

$$\alpha_\nu < \frac{m}{2}$$

wird. Dann wäre für $n > h$

$$|p_n''| = \frac{1}{n} e^{\frac{\alpha_2}{2} + \frac{\alpha_3}{3} + \ldots + \frac{\alpha_n}{n}} < \frac{1}{n} e^{\frac{\alpha_2}{2} + \frac{\alpha_3}{3} + \ldots + \frac{\alpha_h}{h}} \cdot e^{\frac{m}{2}\left(\frac{1}{h+1} + \ldots + \frac{1}{n}\right)}.$$

Aus (9) würde nun

$$e^{\frac{\alpha_2}{2} + \frac{\alpha_3}{3} + \ldots + \frac{\alpha_h}{h}} > K \cdot e^{m\left(\frac{1}{2} + \frac{1}{3} + \ldots + \frac{1}{h}\right)} \cdot e^{\frac{m}{2}\left(\frac{1}{h+1} + \ldots + \frac{1}{n}\right)}$$

folgen. Das ist aber nicht möglich, weil der rechts stehende Ausdruck mit wachsendem n über alle Grenzen wächst.

Daß unsere Zahl a jeden Wert mit positivem Realteil annehmen kann, zeigt schon das Beispiel

$$p_n = n^\alpha, \quad \Re(\alpha) > -1, \quad a = \frac{1}{\alpha + 1}.$$

In § 4 werden wir ein einfaches Verfahren zur Herleitung aller Mittelfolgen mit von Null verschiedenem Quotientenlimes kennenlernen.

8. Wir kommen nun zum Beweis des Satzes IV (vgl. Einleitung). Die gegebenen Mittelfolgen dürfen hierbei offenbar durch beliebige

äquivalente Folgen ersetzt werden (vgl. Nr. 3). Insbesondere darf angenommen werden, es sei schon

(10) $$p_1 = q_1 = 1, \quad p_1 + p_2 + \ldots + p_n \neq 0, \quad q_1 + q_2 + \ldots + q_n \neq 0.$$

Daß nun die Quotienten

(11) $$F_n = \frac{|p_1 q_1| + 2\,|p_2 q_2| + \ldots + n\,|p_n q_n|}{n \cdot n\,|p_n q_n|}$$

jedenfalls nach oben beschränkt sind, ist leicht zu erkennen (vgl. Pólya-Szegö, a. a. O., S. 106). Ist nämlich etwa $a \neq 0$, so läßt sich eine positive Zahl K angeben, so daß für alle n

$$\left|\frac{p_1 + p_2 + \ldots + p_n}{n\,p_n}\right| > K$$

wird. Dann ist insbesondere für $\nu = 1, 2, \ldots, n$

$$\nu\,|p_\nu| < \frac{1}{K}\,|p_1 + p_2 + \ldots + p_\nu| \leqq \frac{1}{K}(|p_1| + |p_2| + \ldots + |p_n|).$$

Hieraus folgt

$$F_n < \frac{1}{K} \cdot \frac{|p_1| + |p_2| + \ldots + |p_n|}{n\,|p_n|} \cdot \frac{|q_1| + |q_2| + \ldots + |q_n|}{n\,|q_n|}.$$

Der rechts stehende Ausdruck ist aber nach oben beschränkt, weil das für die hier auftretenden Faktoren der Fall sein soll.

Um noch zu beweisen, daß

$$\lim_{n \to \infty} \frac{p_1 q_1 + 2\,p_2 q_2 + \ldots + n\,p_n q_n}{n \cdot n\,p_n q_n} = \frac{ab}{a+b}$$

wird, stelle man, was nach Nr. 5 wegen (10) möglich ist, p_n und q_n in der Form

$$p_n = \frac{a_n}{n} \prod_{\nu=2}^{n} \frac{1}{1 - \frac{a_\nu}{\nu}}, \qquad q_n = \frac{b_n}{n} \prod_{\nu=2}^{n} \frac{1}{1 - \frac{b_\nu}{\nu}} \qquad (n > 1)$$

dar, wobei

$$a_n \neq 0, \quad a_n \neq n, \quad \lim_{n \to \infty} \frac{1}{a_n} = a; \qquad b_n \neq 0, \quad b_n \neq n, \quad \lim_{n \to \infty} \frac{1}{b_n} = b$$

sein soll. Es wird dann, wenn

$$\left(1 - \frac{a_\nu}{\nu}\right)\left(1 - \frac{b_\nu}{\nu}\right) = 1 - \frac{c_\nu}{\nu}$$

gesetzt wird,

$$c_\nu = a_\nu + b_\nu - \frac{a_\nu b_\nu}{\nu}$$

und

(12) $$n\,p_n q_n = \frac{a_n b_n}{n} \prod_{\nu=2}^{n} \frac{1}{1 - \frac{c_\nu}{\nu}}.$$

Da nun

$$\lim_{n\to\infty} \frac{c_n}{a_n b_n} = \lim_{n\to\infty} \left(\frac{1}{b_n} + \frac{1}{a_n} - \frac{1}{n}\right) = a + b$$

wird und (vgl. Nr. 7)

$$\Re(a+b) = \Re(a) + \Re(b) > 0$$

ist, so läßt sich eine ganze Zahl h angeben, so daß $c_n \neq 0$ für $n > h$ wird. Es darf also

$$\lim_{n\to\infty} \frac{1}{c_n} = \lim_{n\to\infty} \frac{\frac{1}{a_n}\cdot\frac{1}{b_n}}{\frac{1}{b_n} + \frac{1}{a_n} - \frac{1}{n}} = \frac{ab}{a+b} \tag{13}$$

geschrieben werden. Setzt man nun

$$r_1 = 1, \qquad r_n = \frac{c_n}{n} \prod_{\nu=2}^{n} \frac{1}{1 - \frac{c_\nu}{\nu}},$$

so wird für $n > h$

$$r_1 + r_2 + \ldots + r_n = \prod_{\nu=2}^{n} \frac{1}{1 - \frac{c_\nu}{\nu}} = \frac{n r_n}{c_n},$$

also wegen (13)

$$\lim_{n\to\infty} \frac{r_1 + r_2 + \ldots + r_n}{n r_n} = \frac{ab}{a+b}. \tag{14}$$

Die Formel (12) liefert aber

$$r_n = \frac{c_n}{a_n b_n} \cdot n p_n q_n,$$

und die Faktoren $\frac{c_n}{a_n b_n}$ sind für $n > h$ von Null verschieden und streben dem von Null verschiedenen Limes $a + b$ zu. Aus der Beschränktheit der Ausdrücke (11) folgt daher auch die der Ausdrücke

$$\frac{|r_1| + |r_2| + \ldots + |r_n|}{n\,|r_n|}.$$

Kommen nun unter den Zahlen $r_1, r_2, \ldots, r_h$ Nullen vor, so ersetze man sie durch beliebige von Null verschiedene Werte, ohne die Größen $r_{h+1}, r_{h+2}, \ldots$ zu ändern. Man erhält dann eine Zahlenfolge, die wegen (14) als eine Mittelfolge mit dem Quotientenlimes $\frac{ab}{a+b}$ zu bezeichnen ist. Dasselbe gilt für die hierzu äquivalente Folge $n p_n q_n$.

Damit ist unser Satz bewiesen. Es ist aber zu beachten, daß wenn beide Zahlen a und b gleich Null sind, die Zahlen $n p_n q_n$ durchaus nicht immer eine Mittelfolge zu bilden brauchen. Das erkennt man, indem man für p_n die Folge

$$1, 2, -1, -2, 1, 2, -1, -2, \ldots$$

wählt und $q_n = p_n$ setzt.

§ 2.

Beweis des Satzes I.

Es sei

$$p_1, p_2, \ldots$$

eine gegebene Folge von Null verschiedener Zahlen. Jeder linearen Transformation

$$\text{(A)} \qquad v_n = a_{n1} u_1 + a_{n2} u_2 + \ldots + a_{nn} u_n \qquad (n = 1, 2, \ldots)$$

ordne man die lineare Transformation

$$\text{(A*)} \qquad v_n = \frac{1}{p_n} [a_{n1} p_1 u_1 + a_{n2} p_2 u_2 + \ldots + a_{nn} p_n u_n]$$

zu. Es handelt sich offenbar um den Übergang von A zu der ähnlichen Transformation $A^* = P^{-1} A P$, wobei P die Substitution $v_n = p_n u_n$ bedeutet. Daher ist für je zwei Transformationen A und B

$$(AB)^* = A^* B^*$$

und, wenn A^{-1} existiert, d. h. alle a_{nn} von Null verschieden sind,

$$(A^{-1})^* = (A^*)^{-1}.$$

Sind nun $h_n^{(k)}$ und $c_n^{(k)}$ die Hölderschen bzw. Cesàroschen Mittelwerte, die zu der Folge x_n gehören, so sei A_k die lineare Transformation, welche die $c_n^{(k)}$ in die $h_n^{(k)}$ überführt, also

$$(h_n^{(k)}) = A_k (c_n^{(k)}).$$

Dann wird

$$(15) \qquad \left(\frac{h_n^{(k)}}{p_n}\right) = A_k^* \left(\frac{c_n^{(k)}}{p_n}\right).$$

Unsere Aufgabe ist nun offenbar so zu formulieren: Für welche Folgen p_n sind die Transformationen A_k^* und $(A_k^{-1})^*$ bei beliebigem k konvergenzerhaltende Operationen?

Die Beantwortung dieser Frage wird wesentlich erleichtert durch die Tatsache, daß, wenn M die Mittelbildung

$$v_n = \frac{u_1 + u_2 + \ldots + u_n}{n},$$

E die Identität bedeuten und

$$S_h = \frac{1}{h} E + \frac{h-1}{h} M \qquad (h = 2, 3, \ldots)$$

gesetzt wird, A_k die Form

$$A_k = S_2 S_3 \ldots S_k$$

hat (vgl. meine Arbeit Math. Annalen **74**, S. 452). Das liefert

$$A_k^* = S_2^* S_3^* \ldots S_k^*. \tag{16}$$

Hierbei wird S_h^* die lineare Transformation

$$v_n^{(h)} = \frac{1}{h} u_n + \frac{h-1}{h} \cdot \frac{p_1 u_1 + p_2 u_2 + \ldots + p_n u_n}{n p_n}. \tag{17}$$

Insbesondere muß $A_2^* = S_2^*$ eine konvergenzerhaltende Operation sein. Dies erfordert aber (vgl. § 1, Nr. 2), daß die zu betrachtenden Zahlen p_n eine Mittelfolge bilden.

Ist diese Bedingung aber erfüllt, so sind alle Operationen S_h^* konvergenzerhaltend, folglich besitzt auch A_k^* diese Eigenschaft. Damit ist schon bewiesen, daß aus der Existenz des Grenzwertes

$$\lim_{n\to\infty} \frac{c_n^{(k)}}{p_n} = l_k' \tag{18}$$

auch die von

$$\lim_{n\to\infty} \frac{h_n^{(k)}}{p_n} = l_k \tag{19}$$

folgt. Da sich ferner für S_h^* in (17) aus $\lim\limits_{n\to\infty} u_n = u$

$$\lim_{n\to\infty} v_n^{(h)} = \frac{1}{h} u + \frac{h-1}{h} \cdot a u$$

ergibt, so liefern (15) und (16), wie zu beweisen ist,

$$l_k = \frac{1+a}{2} \cdot \frac{1+2a}{3} \cdots \frac{1+(k-1)a}{k} \cdot l_k'.$$

Hier bedeutet die Zahl a wie immer den Quotientenlimes der Mittelfolge p_n.

Um zu beweisen, daß umgekehrt aus (19) auch (18) folgt, genügt es zu zeigen, daß $(S_h^{-1})^*$ für jedes $h \geqq 2$ eine konvergenzerhaltende Operation ist. Dies folgt aus dem allgemeineren Satze:

VI. *Ist α eine beliebige komplexe Größe, die im Innern des um den Punkt $\frac{1}{2}$ mit dem Radius $\frac{1}{2}$ beschriebenen Kreises liegt, und setzt man*

$$S = \alpha E + (1-\alpha) M,$$

so wird $(S^{-1})^*$ für jede Mittelfolge p_n eine konvergenzerhaltende Operation.

Der Beweis beruht auf den Formeln, die ich in meiner Arbeit Math. Annalen **74**, S. 454 angegeben habe. Dort wird gezeigt, daß die lineare Transformation S^{-1} in der Form

$$v_n = a_{n1} u_1 + a_{n2} u_2 + \ldots + a_{nn} u_n$$

geschrieben werden kann, wobei für

$$\beta = \frac{1}{\alpha}, \qquad G_m(\beta) = \frac{(m-1)!\, m^\beta}{\beta(\beta+1)\ldots(\beta+m-1)}$$

die Koeffizienten $a_{n\nu}$ aus den Formeln

$$a_{n1} = (\beta - \beta^2)\frac{G_n(\beta)}{n^\beta}, \qquad a_{nn} = \frac{n}{1+\alpha(n-1)},$$

$$a_{n\nu} = (\beta - \beta^2)\frac{(\nu-1)^{\beta-1} G_n(\beta)}{n^\beta G_{\nu-1}(\beta)} \qquad (\nu = 2, 3, \ldots, n-1)$$

zu berechnen sind.

Setzt man nun

$$u_1' = u_1, \quad u_2' = \frac{1}{2^{\beta-1}} \cdot \frac{u_2}{G_1(\beta)}, \quad u_3' = \frac{2^{\beta-1}}{3^{\beta-1}} \frac{u_3}{G_2(\beta)}, \ldots$$

und

$$\text{(T)} \qquad v_n' = \frac{1}{n^\beta p_n} \sum_{\nu=1}^{n} \nu^{\beta-1} p_\nu u_\nu',$$

so wird, wie man leicht sieht, $(S^{-1})^*$ die lineare Transformation

$$v_n = (\beta - \beta^2) G_n(\beta) \left[v_n' - \frac{u_n}{n}\right] + \frac{n}{1+\alpha(n-1)} \cdot u_n.$$

Da nun aus

$$\lim_{n\to\infty} G_n(\beta) = \Gamma(\beta) \neq 0, \qquad \lim_{n\to\infty} \frac{(n-1)^{\beta-1}}{n^{\beta-1}} = 1$$

folgt, daß die Folgen u_n und u_n' gleichzeitig konvergent oder divergent sind, so ist offenbar die Operation $(S^{-1})^*$ dann und nur dann konvergenzerhaltend, wenn das für T (als eine auf die u_n' anzuwendende Transformation) der Fall ist. Damit aber T konvergenzerhaltend sei, ist notwendig und hinreichend, daß die Zahlen

$$p_n' = n^{\beta-1} p_n$$

eine Mittelfolge bilden (vgl. wieder § 1, Nr. 2). Unter der über α gemachten Voraussetzung ist diese Bedingung jedenfalls erfüllt. Denn es wird dann

$$\Re(\beta) = \Re\left(\frac{1}{\alpha}\right) > 1, \qquad \text{also} \quad \Re(\beta - 2) > -1.$$

Folglich wird $q_n = n^{\beta-2}$ eine Mittelfolge mit dem von Null verschiedenen Quotientenlimes $\frac{1}{\beta-1}$. Nach Satz IV ist daher auch $p_n' = n\, p_n q_n$ eine Mittelfolge.

§ 3.

Beweis des Satzes III.

Ist p_n eine Mittelfolge mit dem Quotientenlimes a, so ist

$$M(p_n) = \frac{p_1 + p_2 + \ldots + p_n}{n} = a\, p_n + p_n \varepsilon_n, \qquad \lim_{n\to\infty} \varepsilon_n = 0.$$

Hieraus folgt schrittweise, weil nach § 1, Nr. 2

$$\lim_{n\to\infty} \frac{M(p_n \varepsilon_n)}{p_n} = 0$$

ist,

$$M^2(p_n) = a\,M(p_n) + M(p_n \varepsilon_n)$$
$$= a^2 p_n + p_n \varepsilon_n^{(2)}, \qquad \lim_{n\to\infty} \varepsilon_n^{(2)} = 0$$

usw., allgemein

$$M^k(p_n) = a^k p_n + p_n \varepsilon_n^{(k)}, \qquad \lim_{n\to\infty} \varepsilon_n^{(k)} = 0\,.$$

Das liefert

$$\lim_{n\to\infty} \frac{M^k(p_n)}{p_n} = a^k$$

und hieraus folgt, wenn $\gamma_n^{(k)}$ den zu der Folge p_n gehörenden Cesàroschen Mittelwert bedeutet, nach Satz I

$$(20) \qquad \lim_{n\to\infty} \frac{\gamma_n^{(k)}}{p_n} = \frac{a^k}{\delta_k}, \quad \delta_k = \frac{(1+a)(1+2a)\dots(1+(k-1)a)}{k!}, \quad \delta_1 = 1\,.$$

Setzt man nun

$$p(x) = p_1 + (p_2 - p_1)x + (p_3 - p_2)x^2 + \dots,$$

so wird bekanntlich

$$(21) \qquad \sum_{n=1}^{\infty} \binom{n+k-1}{k} \gamma_n^{(k)} x^{n-1} = (1-x)^{-k-1} p(x).$$

Ist insbesondere $a \neq 0$, so ist (nach § 1, Nr. 6) $\lim \frac{p_n}{p_{n-1}} = 1$, daher ist

$$p_1 + p_2 x + p_3 x^2 + \dots = (1-x)^{-1} p(x)$$

und folglich auch $p(x)$ für $|x| < 1$ konvergent.

Betrachtet man nun eine beliebige Potenzreihe

$$f(x) = a_1 + a_2 x + a_3 x^2 + \dots,$$

setzt

$$s_n = a_1 + a_2 + \dots + a_n$$

und versteht unter $h_n^{(k)}$ und $c_n^{(k)}$ die zu der Folge s_n gehörenden Hölderschen und Cesàroschen Mittelwerte, so wird insbesondere

$$(22) \qquad \sum_{n=1}^{\infty} \binom{n+k-1}{k} c_n^{(k)} x^{n-1} = (1-x)^{-k-1} f(x).$$

Nehmen wir an, es sei für irgendeinen Wert $k = 1, 2, \dots$

$$\lim_{n\to\infty} \frac{h_n^{(k)}}{p_n} = s,$$

so wird nach Satz I

$$(23) \qquad \lim_{n\to\infty} \frac{c_n^{(k)}}{p_n} = \frac{s}{\delta_k}\,.$$

Dividiert man nun den n-ten Koeffizienten der Reihe (22) durch den n-ten Koeffizienten der Reihe (21), so erhält man

$$\frac{c_n^{(k)}}{\gamma_n^{(k)}} = \frac{c_n^{(k)}}{p_n} : \frac{\gamma_n^{(k)}}{p_n},$$

also wegen (20) und (23)

$$\lim_{n\to\infty} \frac{c_n^{(k)}}{\gamma_n^{(k)}} = \frac{s}{a^k}.$$

Sind nun insbesondere die Zahlen p_n reell und positiv, so gilt dasselbe für die Koeffizienten der Reihe (21). Außerdem ist diese Reihe, wie aus (20) in Verbindung mit

$$\lim_{n\to\infty} (p_1 + p_2 + \dots + p_n) = \infty$$

folgt, für $x = 1$ divergent. Auf Grund eines bekannten Satzes von Cesàro (vgl. etwa Pólya-Szegö, a. a. O. S. 15, Aufgabe 88) ergibt sich hieraus, daß die Reihe (22), demnach auch $f(x)$ für $|x| < 1$ konvergiert und daß bei radialer Annäherung

$$\lim_{x\to 1} \frac{(1-x)^{-k-1} f(x)}{(1-x)^{-k-1} p(x)} = \lim_{x\to 1} \frac{f(x)}{p(x)} = \frac{s}{a^k}$$

wird. — Damit ist unser Satz III vollständig bewiesen[6]).

Ein bemerkenswertes Beispiel liefern die Zahlen

$$p_n = 1 + \frac{1}{2} + \dots + \frac{1}{n}.$$

Sie bilden wegen

$$\lim_{n\to\infty} \frac{p_n}{\log(n+1)} = 1$$

eine Mittelfolge mit $a = 1$. Hierbei wird

$$p(x) = 1 + \frac{x}{2} + \frac{x^2}{3} + \dots = -\frac{\log(1-x)}{x}.$$

Der Satz III liefert also in diesem Fall: Ist $f(x)$ eine Potenzreihe, für welche die Hölderschen Mittelwerte $h_n^{(k)}$ einer beliebigen Ordnung k der Bedingung

$$\lim_{n\to\infty} \frac{h_n^{(k)}}{\log(n+1)} = s$$

genügen, so ist $f(x)$ für $|x| < 1$ konvergent und bei radialer Annäherung wird

$$\lim_{x\to 1} \frac{f(x)}{\log \frac{1}{1-x}} = s.$$

---

[6]) Setzt man wie üblich $c_n^{(0)} = s_n$, so gilt der Satz auch für $k = 0$. Er liefert in diesem Fall aber nur eine spezielle Anwendung des Cesàroschen Satzes. Die Voraussetzung, daß die p_n eine Mittelfolge mit $a > 0$ bilden sollen, ist erst für $k > 0$ von wesentlicher Bedeutung.

§ 4.

Weitere Sätze über Mittelfolgen.

Wir haben schon in § 1 gesehen, daß jede Mittelfolge p_n mit von Null verschiedenem Quotientenlimes a einer Folge

$$(24) \qquad q_1 = 1, \quad q_n = \frac{1}{n} e^{\frac{a_2}{2} + \frac{a_3}{3} + \dots + \frac{a_n}{n}} \qquad (n > 1)$$

äquivalent ist, wobei die a_n gegen $\frac{1}{a}$ konvergieren. Außerdem wissen wir, daß $\Re(a) > 0$ sein muß. Es gilt aber auch der umgekehrte Satz:

VII. *Für jede konvergente Zahlenfolge*

$$a_2, a_3, a_4, \dots,$$

deren Grenzwert b einen positiven Realteil hat, bilden die Zahlen (24) *eine Mittelfolge mit dem Quotientenlimes* $\frac{1}{b}$.

Um dies zu erkennen, ändere man, was jedenfalls möglich ist, endlich viele der Zahlen a_n in der Weise ab, daß eine neue Folge

$$b_2, b_3, b_4, \dots$$

entsteht, deren Realteile

$$\beta_2, \beta_3, \beta_4, \dots$$

den Bedingungen

$$\beta_n \neq 0, \quad \beta_n \neq n$$

genügen. Die Folge q_n ist dann der Folge

$$r_1 = 1, \quad r_n = \frac{1}{n} e^{\frac{b_2}{2} + \frac{b_3}{3} + \dots + \frac{b_n}{n}}$$

äquivalent. Er wird hierbei von selbst

$$b_n \neq 0, \quad b_n \neq n, \quad \lim_{n \to \infty} b_n = b.$$

Die Folge r_n ist nun der Folge

$$s_1 = 1, \quad s_n = \frac{b_n}{n} \prod_{\nu=2}^{n} \frac{1}{1 - \frac{b_\nu}{\nu}} \qquad (n > 1)$$

äquivalent. Hier wird

$$s_1 + s_2 + \dots + s_n = \prod_{\nu=2}^{n} \frac{1}{1 - \frac{b_\nu}{\nu}} = \frac{n s_n}{b_n},$$

also gewiß

$$(25) \qquad \lim_{n \to \infty} \frac{s_1 + s_2 + \dots + s_n}{n s_n} = \frac{1}{b}.$$

Ferner ist

$$|s_n| \sim |r_n| = \frac{1}{n} e^{\frac{\beta_2}{2} + \frac{\beta_3}{3} + \cdots + \frac{\beta_n}{n}} \sim t_n,$$

wobei

$$t_1 = 1, \quad t_n = \frac{\beta_n}{n} \prod_{\nu=2}^{n} \frac{1}{1 - \frac{\beta_\nu}{\nu}}$$

zu setzen ist. Man schließt wie vorhin für die s_n, daß

$$\lim_{n \to \infty} \frac{t_1 + t_2 + \ldots + t_n}{n t_n} = \frac{1}{\beta} \quad (\beta = \lim_{n \to \infty} \beta_n = \Re(b))$$

ist. Jedenfalls sind also diese Quotienten nach oben beschränkt. Wegen $|s_n| \sim t_n$ gilt dasselbe auch für die Ausdrücke

$$\frac{|s_1| + |s_2| + \ldots + |s_n|}{n |s_n|}.$$

Da außerdem (25) gilt, so bilden die s_n eine Mittelfolge mit dem Quotientenlimes $\frac{1}{b}$. Wegen $q_n \sim s_n$ haben also auch die q_n diese Eigenschaft.

In Verbindung mit dem am Anfang des Paragraphen Gesagten ergibt sich also:

VIII. *Man erhält alle Mittelfolgen p_n mit von Null verschiedenem Quotientenlimes und nur solche, indem man für alle konvergenten Zahlenfolgen a_n und c_n, die den Bedingungen*

$$\lim_{n \to \infty} \Re(a_n) > 0, \qquad c_n \neq 0, \qquad \lim_{n \to \infty} c_n \neq 0$$

genügen,

$$p_n = \frac{c_n}{n} e^{\frac{a_1}{1} + \frac{a_2}{2} + \cdots + \frac{a_n}{n}} \qquad (n = 1, 2, \ldots) \tag{26}$$

setzt. Der zu (26) gehörende Quotientenlimes ist gleich dem reziproken Werte von $\lim_{n \to \infty} a_n$.

Hieraus ergibt sich unmittelbar:

IX. *Bilden die Zahlen p_n eine Mittelfolge mit dem von Null verschiedenen Quotientenlimes a, so stellen auch die absoluten Beträge $|p_n|$ eine Mittelfolge dar. Ihr Quotientenlimes ist gleich dem reziproken Werte des Realteils von $\frac{1}{a}$.*

Für $a = 0$ brauchen dagegen die als beschränkt anzunehmenden Quotienten

$$\frac{|p_1| + |p_2| + \ldots + |p_n|}{n |p_n|}$$

durchaus nicht immer zu konvergieren. Dies zeigt schon das Beispiel

$$1, 2, -1, -2, 1, 2, -1, -2, \ldots.$$

Es sei noch bemerkt, daß auf Grund des Satzes VIII unser Satz IV für den Fall, daß die Quotientenlimites a und b der gegebenen Mittelfolgen p_n und q_n beide von Null verschieden sind, als trivial erscheint. Denn haben p_n und q_n die Form (26), so erscheint auch $n\,p_n q_n$ als analog gebildeter Ausdruck, wobei an Stelle von a und b die Zahl

$$\frac{1}{\frac{1}{a}+\frac{1}{b}}=\frac{ab}{a+b}$$

tritt. Ist aber eine der Zahlen a, b gleich Null, so versagt diese Schlußweise.

Zum Schluß noch ein Nachtrag zum Satze I. Ist p_n eine Mittelfolge mit dem Quotientenlimes a, und gilt für eine Folge x_n und für irgendeinen Wert $k = 0, 1, 2, \ldots$

$$\lim_{n\to\infty}\frac{h_n^{(k)}}{p_n}=l_k,$$

so bedeutet das nur, daß

$$M^k(x_n)=l_k p_n + p_n \varepsilon_n, \qquad \lim_{n\to\infty}\varepsilon_n = 0$$

wird. Hieraus folgt (vgl. § 3)

$$h_n^{(k+1)} = M^{k+1}(x_n) = l_k M(p_n) + M(p_n \varepsilon_n) = l_k a\cdot p_n + p_n \eta_n, \quad \lim_{n\to\infty}\eta_n = 0,$$

also

$$\lim_{n\to\infty}\frac{h_n^{(k+1)}}{p_n} = l_k a. \tag{27}$$

Der Satz I lehrt nun, daß eine Gleichung der Form

$$\lim_{n\to\infty}\frac{c_n^{(k)}}{p_n} = l'_k \tag{28}$$

die Gleichung

$$\lim_{n\to\infty}\frac{c_n^{(k+1)}}{p_n} = l'_k\cdot\frac{a}{1+ka}$$

nach sich zieht.

Wenn also insbesondere $a = 0$ ist, so folgt aus (27) und (28), daß die Ausdrücke

$$\frac{h_n^{(k+l)}}{p_n}, \qquad \frac{c_n^{(k+l)}}{p_n} \qquad (l = 1, 2, \ldots)$$

mit wachsendem n gegen Null konvergieren. Dies zeigt, wie auch aus dem Früheren hervorgeht, daß die Mittelfolgen mit $a = 0$ einen Sonderfall darstellen, der sich von dem Falle $a \neq 0$ wesentlich unterscheidet.

(Eingegangen am 29. September 1929.)

67.

Gleichungen ohne Affekt

Sitzungsberichte der Preussischen Akademie der Wissenschaften 1930,
Physikalisch-Mathematische Klasse 443 - 449

Mit Hilfe seines Irreduzibilitätssatzes hat Hr. Hilbert[1] als erster bewiesen, daß es für jede Gradzahl n Gleichungen mit rationalen Koeffizienten gibt, die ohne Affekt sind, deren Galoissche Gruppe $\mathfrak{G}$ also mit der symmetrischen Gruppe $\mathfrak{S}_n$ übereinstimmt. Ebenso konnte er für jedes n die Existenz von Gleichungen n-ten Grades nachweisen, für die $\mathfrak{G}$ die alternierende Gruppe $\mathfrak{A}_n$ ist. Es sind später noch andere Verfahren zur Herstellung affektloser Gleichungen ersonnen worden[2], und einige dieser Verfahren erwiesen sich als geeignet, für jede Gradzahl n relativ einfache konkrete Beispiele anzugeben. Für den Fall $\mathfrak{G} = \mathfrak{A}_n$ kannte man bis jetzt nur den Hilbertschen Existenzbeweis, der noch keine Methode zur Konstruktion einfacher Beispiele liefert.

Es scheint mir von erheblichem Interesse zu sein, darauf hinzuweisen, daß schon unter den einfachsten Typen rationalzahliger Gleichungen, die in der Analysis eine Rolle spielen, die beiden Fälle $\mathfrak{G} = \mathfrak{S}_n$ und $\mathfrak{G} = \mathfrak{A}_n$ vorkommen. Ich werde im folgenden beweisen:

I. *Bedeutet L_n des Laguerresche Polynom*

$$L_n = \frac{e^x}{n!}\frac{d^n(x^n e^{-x})}{dx^n} = 1 - \binom{n}{1}\frac{x}{1!} + \binom{n}{2}\frac{x^2}{2!} - \cdots + (-1)^n \frac{x^n}{n!},$$

so ist $L_n = 0$ für jedes n eine Gleichung ohne Affekt.

II. *Die Galoissche Gruppe der Gleichung*

$$E_n = 1 + \frac{x}{1!} + \frac{x^2}{2!} + \cdots + \frac{x^n}{n!} = 0$$

ist für jedes durch 4 teilbare n die alternierende Gruppe. Für alle übrigen n ist die Gleichung ohne Affekt.

---

[1] *Über die Irreduzibilität ganzer rationaler Funktionen mit ganzzahligen Koeffizienten,* Journal für Math., Bd. 110 (1892), S. 104—129.

[2] M. Bauer, *Über Gleichungen ohne Affekt,* Journal für Math., Bd. 132 (1907), S. 33—35, und *Ganzzahlige Gleichungen ohne Affekt,* Math. Annalen, Bd. 64 (1907), S. 325—327. — I. Schur, *Beispiele für Gleichungen ohne Affekt,* Jahresber. der Deutschen Mathematiker-Vereinigung, Bd. 29 (1920), S. 145—150. — Ph. Furtwängler, *Über Kriterien für irreduzible und für primitive Gleichungen und über die Aufstellung affektloser Gleichungen,* Math. Annalen, Bd. 85 (1922), S. 34—40. O. Perron, *Über Gleichungen ohne Affekt,* Sitzungsberichte der Heidelberger Akademie, 1923, 3. Abhandlung.

In einer demnächst im Journal für die r. u. a. Mathematik erscheinenden Arbeit werde ich nach demselben Verfahren insbesondere zeigen, daß die GALOISsche Gruppe der Gleichung

$$J_n = \frac{1}{x}\int_0^x L_n dx = 1 - \binom{n}{1}\frac{x}{2!} + \binom{n}{2}\frac{x^2}{3!} - \cdots + (-1)^n \frac{x^n}{(n+1)!} = 0$$

für jedes ungerade n die alternierende Gruppe ist. In Verbindung mit dem Fall $E_{4m} = 0$ liefert dies für alle n, die nicht von der Form $4m+2$ sind, einfache Beispiele von Gleichungen n-ten Grades mit $\mathfrak{G} = \mathfrak{A}_n$.

Die Spezialfälle $L_n = 0$ und $J_n = 0$ sind auch deshalb bemerkenswert, weil es sich hier im Gegensatz zu den einfachsten bis jetzt veröffentlichten Beispielen affektloser Gleichungen um solche mit lauter reellen Wurzeln handelt.

Der Beweis der hier ausgesprochenen Sätze gelingt mit Hilfe von Betrachtungen, die der Idealtheorie und der Theorie der Permutationsgruppen angehören. Eine wichtige Rolle spielen auch die Irreduzibilitätssätze, die ich vor kurzem veröffentlicht habe[1].

§ 1.

Einige allgemeine Kriterien.

III. *Es sei Ω ein algebraischer Zahlkörper n-ten Grades mit der Diskriminante D. Geht die Primzahl p in D mindestens in der n-ten Potenz auf, so muß die Ordnung g der GALOISschen Gruppe $\mathfrak{G}$ des Körpers durch p teilbar sein.*

Denkt man sich nämlich den zu Ω gehörenden GALOISschen Körper Γ gebildet, so ist sein Grad gleich g. Als Körper über Ω ist Γ vom Relativgrad $\frac{g}{n}$. Nach einem bekannten Satz von HILBERT[2] ist daher die Diskriminante D^* von Γ durch $D^{\frac{g}{n}}$, also in unserm Fall durch $(p^n)^{\frac{g}{n}} = p^g$ teilbar. Dies erfordert aber, daß p ein Teiler von g sei. Denn andernfalls wäre[3], wenn t die Ordnung der Trägheitsgruppe ist, die zu einem in p aufgehenden Primideal von Γ gehört, die höchste in D^* enthaltene Potenz von p gleich $p^{g-\frac{g}{t}}$, also kleiner als p^g.

Genügt die Primzahl p den Bedingungen des Satzes III, so enthält also die Gruppe $\mathfrak{G}$ ein Element P der Ordnung p. Ist insbesondere $p > \frac{n}{2}$, so wird P ein Zyklus der Ordnung p, und hieraus folgt jedenfalls, daß $\mathfrak{G}$ eine primitive Permutationsgruppe sein muß. Soll $\mathfrak{G}$ nicht die alternierende Gruppe $\mathfrak{A}_n$

---

[1] *Einige Sätze über Primzahlen mit Anwendungen auf Irreduzibilitätsfragen. I.*, Sitzungsberichte der Berliner Akademie, 1929, S. 125—136.

[2] Vgl. den HILBERTschen »*Zahlbericht*«, Jahresbericht der Deutschen Mathematiker-Vereinigung, Bd. 4 (1897), S. 206.

[3] Vgl. *Zahlbericht*, S. 260.

als Untergruppe enthalten, so darf hierbei nach einem Satz von C. JORDAN[1] über primitive Gruppen nicht $p < n - 2$ sein. Dies liefert den Satz:

IV. *Enthält die Diskriminante D eines algebraischen Zahlkörpers n-ten Grades Ω die Primzahl p mindestens in der n-ten Potenz, und ist hierbei*

$$\frac{n}{2} < p < n - 2,$$

so ist die GALOIS*sche Gruppe des Körpers Ω die symmetrische oder die alternierende Gruppe n-ten Grades. Der zweite Fall tritt ein, wenn D eine Quadratzahl ist.*

Um diese Kriterien auf Gleichungen anwenden zu können, mache man von folgendem Satz von DEDEKIND[2] Gebrauch: Es sei

$$(1) \qquad F(x) = x^n + a_1 x^{n-1} + \cdots + a_n = 0$$

eine Gleichung mit ganzzahligen Koeffizienten, die im Körper P der rationalen Zahlen irreduzibel ist. Man bezeichne mit Δ die Diskriminante der Gleichung und mit D die Diskriminante des durch eine ihrer Wurzeln erzeugten Körpers Ω. Ist p eine Primzahl und lautet die Zerlegung von $F(x)$ in mod. p irreduzible Faktoren

$$F(x) \equiv F_1^{e_1} F_2^{e_2} \cdots F_r^{e_r} \pmod{p},$$

so setze man

$$F(x) = F_1^{e_1} F_2^{e_2} \cdots F_r^{e_r} - pM(x).$$

Dann und nur dann ist Δ durch eine höhere Potenz von p teilbar als D, wenn wenigstens für eine der Funktionen F_s die Bedingungen

$$(2) \qquad e_s > 1, \quad M(x) \equiv 0 \ (\text{modd. } p, F_s(x))$$

erfüllt sind.

Weiß man insbesondere, daß eine Kongruenz der Form

$$(3) \qquad F(x) \equiv x^k f(x) \pmod{p} \qquad (k > 1)$$

besteht, wobei die Diskriminante Δ' des Polynoms $f(x)$ nicht durch p teilbar ist, so kann man behaupten, daß mod. p der einzige mehrfache Primfaktor von $F(x)$ der Faktor $F_s = x$ ist. In diesem Fall ist aber die zweite der Bedingungen (2) identisch mit der Forderung, daß a_n mindestens durch p^2 teilbar sei. Hieraus folgt:

V. *Es liege eine ganzzahlige Gleichung der Form* (1) *vor, die folgenden Bedingungen genügt:*

a) *Die Funktion $F(x)$ ist im Körper der rationalen Zahlen irreduzibel.*

b) *Die Diskriminante Δ der Gleichung enthält die Primzahl p mindestens in der n-ten Potenz.*

c) *Das konstante Glied a_n ist durch p, aber nicht durch p^2 teilbar.*

---

[1] *Traité des Substitutions*, Note C, und *Sur la limite de transivité des groupes non alternés*, Bulletin de la Société mathématique de France, Bd. 1 (1872—73), S. 40—71 (Théorème I).

[2] Vgl. z. B. P. BACHMANN, *Allgemeine Arithmetik der Zahlkörper*, Leipzig 1905, S. 277.

d) *Es gilt eine Kongruenz der Form* (3), *wobei die Diskriminante des Polynoms* $f(x)$ *zu* p *teilerfremd ist.*

Die GALOIS*sche Gruppe* $\mathfrak{G}$ *der Gleichung besitzt dann eine durch* p *teilbare Ordnung. Ist insbesondere*

$$\frac{n}{2} < p < n - 2,$$

so ist $\mathfrak{G}$ *die symmetrische oder die alternierende Gruppe. Der zweite Fall tritt ein, wenn* Δ *eine Quadratzahl ist.*

§ 2.

Die Gleichungen $L_n = 0$ und $E_n = 0$.

Setzt man

$$A_n = (-1)^n n!\, L_n, \quad B_n = n!\, E_n,$$

so wird

$$A_n = x^n - \binom{n}{1} n x^{n-1} + \binom{n}{2} n(n-1) x^{n-2} - \cdots + (-1)^n n!, \tag{4}$$

$$B_n = x^n + n x^{n-1} + n(n-1) x^{n-2} + \cdots + n! \tag{5}$$

Diese Funktionen sind, wie ich in der am Schlusse der Einleitung zitierten Arbeit bewiesen habe, im Gebiete der rationalen Zahlen irreduzibel. Um auf sie den Satz V anwenden zu können, haben wir ihre Diskriminanten zu berechnen. Sie mögen mit Δ_n und Δ_n' bezeichnet werden.

Zunächst ist, wie man ohne Mühe beweist,

$$x A_n' = n A_n + n^2 A_{n-1} \tag{6}$$

$$A_n = (x - 2n + 1) A_{n-1} - (n-1)^2 A_{n-2}. \tag{7}$$

Durchläuft ξ_α die Nullstellen von A_n und η_β die von A_{n-1}, so wird

$$\Delta_n = (-1)^{\frac{n(n-1)}{2}} \prod_\alpha A_n'(\xi_\alpha), \tag{8}$$

$$R_n = \operatorname{Res}(A_n, A_{n-1}) = \prod_\alpha A_{n-1}(\xi_\alpha) = \prod_\beta A_n(\eta_\beta). \tag{9}$$

Aus (6) folgt

$$\prod_\alpha \xi_\alpha \cdot \prod_\alpha A_n'(\xi_\alpha) = n^{2n} \prod_\alpha A_{n-1}(\xi_\alpha),$$

also wegen (8) und (9)

$$(-1)^{\frac{n(n-1)}{2}} n!\, \Delta_n = n^{2n} R_n. \tag{10}$$

Die Rekursionsformel (7) liefert aber

$$A_n(\eta_\beta) = -(n-1)^2 A_{n-2}(\eta_\beta),$$

also

$$R_n = (-1)^{n-1} (n-1)^{2n-2} R_{n-1}. \tag{11}$$

Die Resultante R_2 der Funktionen

$$A_2 = x^2 - 4x + 2\,, \quad A_1 = x - 1$$

ist gleich

$$A_2(1) = 1 - 4 + 2 = -1\,.$$

Aus (11) folgt daher

$$R_n = (-1)^{1+2+\cdots+(n-1)}\, 2^4 \cdot 3^6 \cdots (n-1)^{2n-2}\,.$$

Die Formel (10) liefert nun[1]

$$\Delta_n = 2^3 \cdot 3^5 \cdot 4^7 \cdots n^{2n-1}\,. \tag{12}$$

Noch einfacher gestaltet sich die Berechnung der Diskriminante des Polynoms B_n. Aus

$$E_n = E_{n-1} + \frac{x^n}{n!}\,, \quad E'_n = E_{n-1}$$

folgt nämlich

$$B_n = nB_{n-1} + x^n\,, \quad B'_n = nB_{n-1}\,,$$

also

$$B_n = B'_n + x^n\,.$$

Durchläuft ζ_α die Nullstellen von B_n, so wird

$$\Delta'_n = (-1)^{\frac{n(n-1)}{2}} \prod_\alpha B'_n(\zeta_\alpha) = (-1)^{\frac{n(n-1)}{2}} \prod_\alpha (-\zeta_\alpha^n)$$

$$= (-1)^{\frac{n(n-1)}{2}} [B_n(0)]^n\,.$$

Das liefert

$$\Delta'_n = (-1)^{\frac{n(n-1)}{2}} (n!)^n\,. \tag{13}$$

Die Formeln (12) und (13) lehren uns auf Grund der bekannten Tatsache, daß $n!$ für $n \geqq 2$ keine Quadratzahl ist, daß Δ_n für kein $n \geqq 2$ eine Quadratzahl wird, und daß Δ'_n dann und nur dann diese Eigenschaft besitzt, wenn n durch 4 teilbar ist.

Eine Primzahl p, die den Bedingungen

$$\frac{n}{2} < p < n \tag{14}$$

genügt, geht ferner in Δ'_n genau in der n-ten Potenz auf und in Δ_n in der Potenz

$$p^{2p-1} > p^{n-1}\,,$$

d. h. mindestens in der n-ten Potenz. Ferner sind Δ_n und Δ'_n durch keine Primzahl oberhalb n teilbar.

---

[1] Dieses Resultat habe ich schon in meiner Arbeit *Über die Verteilung der Wurzeln bei gewissen algebraischen Gleichungen mit ganzzahligen Koeffizienten*, Math. Zeitschrift, Bd. 1 (1918) auf S. 385 angegeben. Die erste der dort benutzten Relationen ist fehlerhaft und durch $xL'_n = -nL_{n-1} + nL_n$ zu ersetzen.

Setzt man für eine Primzahl p des Intervalls (14)

$$n = p + m,$$

so ergibt sich aus (4) und (5) ohne Mühe

$$A_n \equiv x^p A_m, \quad B_n \equiv x^p B_m \pmod{p}.$$

Wegen $m < p$ sind hierbei die Diskriminanten der Polynome A_m und B_m zu p teilerfremd.

Beachtet man noch, daß die konstanten Glieder von A_n und B_n gleich $\pm n!$ sind, also p nur in der ersten Potenz enthalten, so erkennt man, daß A_n und B_n für jede Primzahl des Intervalls (14) allen Bedingungen des Satzes V genügen. Die Ordnung g der Galoisschen Gruppe $\mathfrak{G}$ ist also in beiden Fällen durch jede derartige Primzahl teilbar.

Gibt es unter diesen Primzahlen auch solche, die kleiner als $n - 2$ sind, so folgt aus V, daß $\mathfrak{G}$ genau das Verhalten zeigt, das den Aussagen unserer Sätze I und II entspricht. Das zu betrachtende Intervall

$$\frac{n}{2} < p < n - 2$$

enthält aber, wie aus den Tschebyscheffschen Resultaten folgt, für $n > 7$ mindestens eine Primzahl[1]. Wir haben also nur noch die Fälle $n \leqq 7$ zu behandeln.

§ 3.

Die Gradzahlen $n \leqq 7$.

Die Fälle $n = 2$ und $n = 3$ erledigen sich ohne weiteres auf Grund der Tatsache, daß die Galoissche Gruppe einer irreduziblen Gleichung zweiten oder dritten Grades allein durch das Verhalten der Diskriminante bestimmt ist.

In den übrigen Fällen haben wir nur zu zeigen, daß die zu untersuchende Galoissche Gruppe G die alternierende Gruppe $\mathfrak{A}_n$ umfaßt. Wir wissen schon, daß $\mathfrak{G}$ wegen der Irreduzibilität der zugehörigen Gleichung transitiv ist. Außerdem ist die Ordnung g von $\mathfrak{G}$ durch jede Primzahl p zwischen $\frac{n}{2}$ und n teilbar. In unseren Fällen

$$n = 4, 5, 6, 7$$

gibt es nur eine derartige Primzahl p_n, und zwar wird

$$p_4 = p_5 = 3, \quad p_6 = p_7 = 5.$$

In jedem Fall enthält $\mathfrak{G}$ einen Zyklus der Ordnung p_n, und hieraus folgt (vgl. C. Jordan, Traité des Substitutions, Note C), daß der Transitivitätsgrad der Gruppe $\mathfrak{G}$ mindestens gleich

$$l_n = n - p_n + 1$$

sein muß.

---

[1] Die Überlegung gestaltet sich besonders einfach, wenn man von der Tatsache Gebrauch macht, daß es für $x \geqq 29$ stets Primzahlen p gibt, die zwischen x und $\frac{5x}{4}$ liegen (vgl. meine am Schluß der Einleitung zitierte Arbeit, § 2).

Insbesondere wird

$$l_4 = 2\,, \quad l_5 = 3\,.$$

Dies zeigt schon, daß in den Fällen $n = 4$ und $n = 5$ die Ordnung der Gruppe $\mathfrak{G}$ durch $\frac{n!}{2}$ teilbar ist, was nur eintreten kann, wenn $\mathfrak{A}_n$ eine Untergruppe von $\mathfrak{G}$ ist.

Für $n = 7$ wird $l_7 = 3$, die Gruppe $\mathfrak{G}$ ist also mindestens dreifach transitiv. Bei 7 Vertauschungssymbolen gibt es aber, abgesehen von den Gruppen $\mathfrak{A}_7$ und $\mathfrak{S}_7$, keine dreifach transitive Gruppe (vgl. z. B. W. BURNSIDE, Theory of Groups of finite Order, Cambridge 1911, S. 216).

Ein wesentlich anderes Verhalten zeigt der Fall $n = 6$. Hier können wir nur schließen, daß der Transitivitätsgrad von $\mathfrak{G}$ mindestens gleich $l_6 = 2$ sein muß. Bei 6 Vertauschungssymbolen existieren aber zweifach transitive Gruppen, die $\mathfrak{A}_6$ nicht als Untergruppe enthalten (vgl. BURNSIDE, a. a. O., S. 215).

Das bis jetzt allein benutzte Kriterium erweist sich also als noch nicht ausreichend, um bei den Gleichungen

$$A_6 = 0\,, \quad B_6 = 0 \tag{15}$$

die GALOISsche Gruppe $\mathfrak{G}$ genau zu bestimmen.

Man gelangt aber leicht zum Ziele, indem man folgenden Satz von DEDEKIND benutzt, den zuerst Hr. M. BAUER zur Herstellung affektloser Gleichungen herangezogen hat: Es sei $F(x)$ ein im Gebiet der rationalen Zahlen irreduzibles ganzzahliges Polynom. Gilt für irgendeinen Primzahlmodul p eine Zerlegung der Form

$$F(x) \equiv F_1 F_2 \cdots F_r \pmod{p}\,,$$

wobei $F_1, F_2, \cdots, F_r$ mod. p irreduzible, untereinander inkongruente Polynome sind, so enthält die GALOISsche Gruppe der Gleichung $F = 0$ mindestens eine Permutation, die in r Zykeln zerfällt, deren Ordnungen mit den Graden der Funktionen $F_1, F_2, \cdots, F_r$ übereinstimmen.

Für die Gleichungen (15) liefert eine einfache Rechnung insbesondere für den Modul $p = 7$

$$A_6 \equiv B_6 \equiv (x+2)(x^2+2)(x^3 - 3x^2 - x - 2).$$

Die hier auftretenden Faktoren sind mod. 7 irreduzibel. In beiden Fällen enthält daher die Gruppe $\mathfrak{G}$ eine Permutation $\mathfrak{R}$ der Form

$$R = (\alpha, \beta)(\gamma, \delta, \varepsilon).$$

Folglich kommt in $\mathfrak{G}$ auch die Transposition $R^3 = (\alpha, \beta)$ vor. Da die Gruppe $\mathfrak{G}$, wie wir schon wissen, primitiv ist, muß sie mit der symmetrischen Gruppe übereinstimmen.

Ausgegeben am 1. Dezember.

68.

Zum Irreduzibilitätsbegriff in der Theorie der Gruppen linearer homogener Substitutionen (mit R. Brauer)

Sitzungsberichte der Preussischen Akademie der Wissenschaften 1930,
Physikalisch-Mathematische Klasse, 209 - 226

Eine Gruppe $\mathfrak{G}$[1] linearer homogener Substitutionen (Matrizen) heißt bekanntlich *reduzibel*, wenn sich eine Ähnlichkeitstransformation[2] P angeben läßt, so daß in den üblichen Bezeichnungen

$$(1) \qquad P^{-1}\mathfrak{G}P = \begin{pmatrix} \mathfrak{A} & 0 \\ \mathfrak{C} & \mathfrak{D} \end{pmatrix}$$

wird. Die Gruppe wird *zerfällbar* genannt, wenn man die Transformation P so wählen kann, daß in (1) $\mathfrak{C} = 0$ wird. Hierdurch sind auch die Begriffe irreduzibel und unzerfällbar festgelegt. An diese Betrachtung schließt sich dann in naheliegender Weise die Zerlegung der Gruppe $\mathfrak{G}$ in irreduzible Bestandteile und ebenso das Zerfällen der Gruppe in unzerfällbare Bestandteile an. Diese Überlegungen lassen sich auch so durchführen, daß man nur Gruppen und transformierende Substitutionen P zuläßt, die einem beliebig gegebenen Körper K angehören.

Daß für die Zerlegung einer Gruppe in irreduzible Bestandteile der Eindeutigkeitssatz gilt, ist für den Körper aller Zahlen schon seit Hrn. A. Loewy (Trans. of the Am. Math. Soc. Bd. 4, 1903, S. 44) bekannt[3]. Der entsprechende Eindeutigkeitssatz für das Zerfällen in unzerfällbare Bestandteile ist erst im Jahre 1925 von Hrn. W. Krull (Mathem. Zeitschr. 23, S. 161, § 8) aufgestellt worden. Der Krullsche Beweis, der etwas später von Hrn. O. Schmidt (Mathem. Zeitschr. Bd. 29, 1929, S. 34) nicht unwesentlich vereinfacht worden ist, beruht auf an und für sich wichtigen abstrakten gruppentheoretischen Prinzipien, durch die der eigentliche Ursprung des Satzes in ein besonders helles Licht

[1] Der Gruppenbegriff wird hier in der allgemeinen Weise gefaßt, die der Arbeit: Über die Äquivalenz der Gruppen linearer Substitutionen von G. Frobenius und I. Schur (Berliner Sitzungsber. 1906, S. 209) zugrunde liegt.

[2] Unter einer Transformation soll im folgenden stets eine Substitution mit nicht verschwindender Determinante verstanden werden.

[3] Daß dieser Eindeutigkeitssatz auch für beliebige Körper und sogar für solche mit von Null verschiedener Steinitzscher Charakteristik richtig ist, ist erst später bewiesen worden.

gesetzt wird. Es schien uns aber von Interesse zu sein, den Beweis auf etwas direkterem Wege zu erbringen, um zu zeigen, daß der Satz nicht aus dem Rahmen der speziellen Theorie der Gruppen linearer Substitutionen herausfällt.

Die beiden im folgenden gegebenen Beweise, die ursprünglich unabhängig voneinander verliefen, sind so dargestellt, daß der Hauptunterschied zwischen den beiden Gedankengängen erst an einer Stelle hervortritt, wo eine eigentümliche Schwierigkeit auftaucht, die erst mit *Hilfe des Kriteriums für Unzerfällbarkeit* (§ 2) überwunden wird.

Der Krullsche Satz ist in der Theorie der Gruppen linearer Substitutionen schon deshalb von grundlegendem Interesse, weil er einen besonders einfachen Zugang zu dem für die Anwendungen so wichtigen Begriff der vollständig reduziblen Gruppe zuläßt; es sind das diejenigen Gruppen, deren irreduzible Bestandteile mit den unzerfällbaren zusammenfallen. Im letzten Paragraphen gehen wir auf einen Punkt in der Theorie der vollständig reduziblen Gruppen genauer ein, der, wie uns scheint, in den früheren Darstellungen nicht genügend klar hervorgehoben worden ist.

§ 1. Über die Eigensysteme einer Gruppe linearer homogener Substitutionen.

Werden die Substitutionen s einer im Körper K rationalen Gruppe $\mathfrak{G}$ linearer homogener Substitutionen in der Form

$$x_\varkappa^s = \sum_{\lambda=1}^{n} g_{\varkappa\lambda}^s\, x_\lambda \qquad (\varkappa = 1, 2, \cdots, n)$$

geschrieben, so verstehe man für jede Linearform

$$y = p_1 x_1 + p_2 x_2 + \cdots + p_n x_n$$

unter y^s den Ausdruck

$$y^s = p_1 x_1^s + p_2 x_2^s + \cdots + p_n x_n^s$$

Hat man m linear unabhängige in K rationale Linearformen $y_1, y_2, \cdots, y_m$, so bilden sie, wie wir sagen, ein *Eigensystem* von $\mathfrak{G}$, wenn für jedes s Formeln der Gestalt

(2) $$y_\mu^s = \sum_{\nu=1}^{m} b_{\mu\nu}^s\, y_\nu \qquad (\mu = 1, 2, \cdots, m)$$

gelten. Die Substitutionen

$$S = (b_{\mu\nu}^s)$$

bilden dann eine mit $\mathfrak{G}$ homomorphe Gruppe, die wir *die zu dem Eigensystem gehörende Transformationsgruppe* $\mathfrak{H}$ nennen. Man sieht unmittelbar, daß wenn

(3) $$y_\mu = \sum_{\lambda=1}^{n} p_{\mu\lambda}\, x_\lambda \qquad (\mu = 1, 2, \cdots, m)$$

ist und die Matrix $(p_{\mu\nu})$ mit P bezeichnet wird, die Gleichung

(4) $$P\mathfrak{G} = \mathfrak{H}P$$

gilt.

Sind bei dieser Betrachtung die k Linearformen (3) nicht voneinander unabhängig, und ist man irgendwie auf Formeln der Gestalt (2) geführt worden, so gilt immer noch (4). Ist die Gruppe $\mathfrak{H}$ hierbei in K irreduzibel und ist $m \leqq n$, so muß in diesem Falle von selbst $P = 0$ werden. Der Beweis ergibt sich in genau derselben Weise wie bei dem viel benutzten »*Verkettungssatz*« in »Neue Begründung der Theorie der Gruppencharaktere«, Berliner Sitzungsber. 1905, Satz I, S. 405.

Wendet man auf die y eine in K rationale lineare homogene Transformation an, so tritt an Stelle von $\mathfrak{H}$ eine hierzu ähnliche Gruppe.

I. *Liegen zwei Eigensysteme*

(5) $$y_1, y_2, \cdots, y_k$$

und

(6) $$z_1, z_2, \cdots, z_l$$

der Gruppe $\mathfrak{G}$ vor und haben die zugehörigen Transformationsgruppen $\mathfrak{H}$ und $\mathfrak{K}$ keinen irreduziblen Bestandteil gemeinsam, so sind die $k+l$ Linearformen (5) *und* (6) *linear unabhängig.*

Wäre das nämlich nicht der Fall, so betrachte man den Modul $\mathfrak{M}$ derjenigen linearen homogenen Verbindungen Y der Funktionen (5) mit Koeffizienten aus K, die gleichzeitig als ebensolche lineare Verbindungen Z der Funktionen (6) darstellbar sind. Bilden

$$Y_1 = Z_1, \quad Y_2 = Z_2, \cdots, Y_r = Z_r$$

eine Basis des Moduls $\mathfrak{M}$, so ist es klar, daß diese Funktionen wieder ein Eigensystem der Gruppe $\mathfrak{G}$ liefern. Dieses Eigensystem gehöre zur Transformationsgruppe $\mathfrak{L}$. Durch lineare Transformation der Eigensysteme (5) und (6) kann erzielt werden, daß die neu entstehenden Eigensysteme die Gestalt haben

$$Y_1, Y_2, \cdots, Y_r, \quad Y_{r+1}, \cdots, Y_k$$

bzw.

$$Z_1, Z_2, \cdots, Z_r, \quad Z_{r+1}, \cdots, Z_l.$$

Die zugehörigen mit $\mathfrak{H}$ und $\mathfrak{K}$ ähnlichen Transformationsgruppen $\mathfrak{H}_1$ und $\mathfrak{K}_1$ hätten dann die Form

$$\mathfrak{H}_1 = \begin{pmatrix} \mathfrak{L} & 0 \\ \mathfrak{L}_1 & \mathfrak{L}_2 \end{pmatrix}, \quad \mathfrak{K}_1 = \begin{pmatrix} \mathfrak{L} & 0 \\ \mathfrak{L}_3 & \mathfrak{L}_4 \end{pmatrix}.$$

Das widerspricht aber der über $\mathfrak{H}$ und $\mathfrak{K}$ gemachten Voraussetzung.

§ 2. Das Kriterium für Unzerfällbarkeit.

II. *Eine im Körper K rationale Gruppe $\mathfrak{G}$ ist dann und nur dann in K unzerfällbar, wenn die charakteristische Funktion jeder mit allen Matrizen von $\mathfrak{G}$ vertauschbaren Matrix V Potenz einer in K irreduziblen Funktion ist*[1].

---

[1] Auf dies Kriterium hat im Fall des Körpers aller Zahlen bereits I. Schur, Berliner Sitzungsber. 1928, S. 100, hingewiesen.

Es sei dies nämlich für ein solches V nicht richtig. Dann läßt sich in K, wie wir behaupten, eine Ähnlichkeitstransformation P so bestimmen, daß

$$P^{-1}VP = \begin{pmatrix} C_1 & 0 \\ 0 & C_2 \end{pmatrix} \tag{7}$$

wird, wobei C_1 und C_2 quadratische Matrizen mit teilerfremden charakteristischen Funktionen sind[1].

Dies ergibt sich so: Es sei

$$\psi(x) = x^m - c_1 x^{m-1} - \cdots - c_m$$

ein irreduzibler Teiler von $\phi(x) = |xE - V|$. Man bestimme einen Erweiterungskörper K', in dem eine Größe ϑ existiert, für die $\psi(\vartheta) = 0$ wird Dann wird auch $\phi(\vartheta) = 0$, und man kann eine zu der durch $V, V^2, \cdots$ gebildeten Gruppe $\mathfrak{V}$ gehörende in $K(\vartheta)$ rationale Eigenfunktion y bestimmen, für die insbesondere

$$y^V = \vartheta y \tag{8}$$

wird. Dann läßt sich y in der Form

$$y = y_1 + y_2\vartheta + \cdots + y_m \vartheta^{m-1}$$

mit in K rationalen y_μ schreiben. Aus (8) folgt dann

$$\begin{aligned} y_1^V &= \qquad\qquad y_m c_m \\ y_2^V &= y_1 \qquad + y_m c_{m-1} \\ &\cdot\ \cdot\ \cdot\ \cdot\ \cdot\ \cdot\ \cdot\ \cdot \\ y_m^V &= \qquad y_{m-1} + y_m c_1 . \end{aligned}$$

Die hier auftretende Koeffizientenmatrix

$$C = \begin{pmatrix} 0 & 0 & \cdots & 0 & c_m \\ 1 & 0 & \cdots & 0 & c_{m-1} \\ \cdot & \cdot & \cdot & \cdot & \cdot \\ 0 & 0 & \cdots & 1 & c_1 \end{pmatrix}$$

weist bekanntlich als charakteristische Determinante die Funktion $\psi(x)$ auf.

Da $\psi(x)$ in K irreduzibel ist, muß offenbar die durch C erzeugte zyklische Gruppe $\mathfrak{C}$ in K irreduzibel sein. Hieraus folgt aber auf Grund von § 1, daß die Funktionen $y_1, y_2, \cdots, y_m$ linear unabhängig sind, also ein Eigensystem der Gruppe $\mathfrak{V}$ bilden, zu der als Transformationsgruppe die Gruppe $\mathfrak{C}$ gehört. Durch eine in K rationale Ähnlichkeitstransformation Q kann dann erreicht werden, daß $Q^{-1}VQ$ die Form

$$Q^{-1}VQ = \begin{pmatrix} C & 0 \\ V_1 & V_2 \end{pmatrix} \tag{9}$$

erhält.

---

[1] Es handelt sich hierbei um eine naheliegende Erweiterung der bekannten Jacobischen Transformation einer Matrix für den Fall eines beliebigen Grundkörpers, die schon von andern Autoren in ähnlicher Weise behandelt worden ist.

Indem man dieselbe Betrachtung auf die Matrix V_2 anwendet, erkennt man, daß auch zu jedem beliebigen in K rationalen Teiler $\psi(x)$ eine Zerlegung der Form (9) angegeben werden kann, bei der wieder die charakteristische Funktion der Matrix C gleich $\psi(x)$ wird.

Ist nun $\phi(x)$ nicht Potenz einer in K irreduziblen Funktion, so läßt sich $\phi(x)$ als Produkt $\psi_1(x)\psi_2(x)$ mit in K rationalen teilerfremden Polynomen $\psi_1(x)$ und $\psi_2(x)$, deren Grade etwa k und $l = n - k$ seien, schreiben. Die zugehörigen Zerlegungen der Form (9) liefern dann zwei Eigensysteme

$$(10) \qquad y_1, y_2, \cdots, y_k \quad \text{und} \quad z_1, z_2, \cdots, z_l$$

der Gruppe $\mathfrak{B}$, die zu Transformationsgruppen C_1^λ bzw. C_2^λ gehören, wobei die charakteristischen Funktionen von C_1 und C_2 gerade die Funktionen $\psi_1(x)$ und $\psi_2(x)$ werden. Da diese Funktionen teilerfremd sind, können die erwähnten Transformationsgruppen keinen irreduziblen Bestandteil gemeinsam haben. Es liegt also der Fall des Satzes I vor, und folglich müssen die $n = k + l$ Funktionen (10) linear unabhängig sein. Führt man diese Funktionen als neue Veränderliche ein, so erhält man eine Zerfällungsformel der Gestalt (7).

Der Beweis des Satzes II ergibt sich nunmehr ohne Mühe. Setzt man

$$P^{-1}\mathfrak{G}P = \begin{pmatrix} \mathfrak{G}_{11} & \mathfrak{G}_{12} \\ \mathfrak{G}_{21} & \mathfrak{G}_{22} \end{pmatrix},$$

so wird wegen der vorausgesetzten Vertauschbarkeit von V mit allen Substitutionen von $\mathfrak{G}$ insbesondere

$$C_1\mathfrak{G}_{12} = \mathfrak{G}_{12}C_2 \quad \text{und} \quad C_2\mathfrak{G}_{21} = \mathfrak{G}_{21}C_1 .$$

Hieraus folgt, da C_1 und C_2 teilerfremde charakteristische Funktionen haben, in bekannter Weise[1], daß

$$\mathfrak{G}_{12} = 0, \quad \mathfrak{G}_{21} = 0$$

sein muß, was für eine unzerfällbare Gruppe auszuschließen ist.

Daß umgekehrt die Substitutionen einer zerfällbaren Gruppe $\mathfrak{G}$ mit Matrizen V vertauschbar sind, deren charakteristische Funktion $\phi(x)$ durch zwei verschiedene irreduzible Funktionen teilbar ist, liegt auf der Hand. Man kann sogar erreichen, daß $\phi(x)$ z. B. die Form

$$\phi(x) = x^k (x - 1)^l$$

erhält.

§ 3. Vorbereitende Schritte zum Beweis des Krullschen Satzes.

Der Krullsche Satz besagt folgendes:

III. Ist die in K rationale Gruppe $\mathfrak{G}$ der linearen Substitutionen

$$x_\varkappa^s = \sum_{\lambda=1}^{n} g_{\varkappa\lambda}^s x_\lambda$$

[1] Vgl. A. Voss, Sitzungsber. d. math.-phys. Klasse der Akademie der Wissenschaften zu München, Bd. XIX (1889), S. 283. Der Beweis ergibt sich höchst einfach nach der Methode, die zu dem auf S. 211 erwähnten »Verkettungssatz« führt.

den beiden ebenfalls in K rationalen Gruppen

(11) $$\mathfrak{H} = \begin{pmatrix} \mathfrak{H}_1 & & & \\ & \mathfrak{H}_2 & & \\ & & \ddots & \\ & & & \mathfrak{H}_p \end{pmatrix}, \quad \mathfrak{K} = \begin{pmatrix} \mathfrak{K}_1 & & & \\ & \mathfrak{K}_2 & & \\ & & \ddots & \\ & & & \mathfrak{K}_q \end{pmatrix}$$

ähnlich, und sind hierbei die Gruppen

(12) $$\mathfrak{H}_1, \mathfrak{H}_2, \cdots, \mathfrak{H}_p,$$

(13) $$\mathfrak{K}_1, \mathfrak{K}_2, \cdots, \mathfrak{K}_q$$

sämtlich in K unzerfällbar, so wird $p = q$ und die Gruppen (12) *sind bei passender Reihenfolge den Gruppen* (13) *ähnlich*[1].

Auf Grund dieses Satzes sind demnach die unzerfällbaren Bestandteile einer Gruppe $\mathfrak{G}$, abgesehen von Ähnlichkeitstransformationen, eindeutig bestimmt.

Im folgenden nehmen wir den Krullschen Satz, der doch für $n = 1$ evident ist, für Gruppen, deren »*Grad*« (d. h. die Anzahl der Veränderlichen) kleiner als n ist, als bewiesen an. Hat man nun zwei Gruppen $\mathfrak{R}$ und $\mathfrak{S}$, deren Grade beide kleiner als n sind, so nennen wir die Gruppen teilerfremd, wenn keiner der (eindeutig bestimmten) unzerfällbaren Bestandteile von $\mathfrak{R}$ einem ebensolchen Bestandteil von $\mathfrak{S}$ ähnlich ist.

Die folgende Betrachtung stützt sich auf das Studium der zu der Gruppe $\mathfrak{G}$ gehörenden Eigensysteme. Zwei Eigensysteme sollen voneinander *unabhängig* heißen, wenn zwischen ihren Linearformen keine lineare Beziehung besteht.

Man habe nun ein Paar

(14) $$y_1, y_2, \cdots, y_h \quad \text{und} \quad z_1, z_2, \cdots, z_k$$

von unabhängigen Eigensystemen der Gruppe $\mathfrak{G}$ mit den Transformationsgruppen $\mathfrak{A}$ und $\mathfrak{B}$. Hierbei soll die Anzahl $h+k$ der (linear unabhängigen) Linearformen (14) gleich dem Grad n von $\mathfrak{G}$ sein. Ferner liege ein zweites Paar von Eigensystemen

$$u_1, u_2, \cdots, u_l \quad \text{und} \quad v_1, v_2, \cdots, v_m \qquad (l+m=n)$$

genau derselben Art mit den Transformationsgruppen $\mathfrak{C}$ und $\mathfrak{D}$ vor.

Wir betrachten die $h+l$ Linearformen

(15) $$y_1, y_2, \cdots, y_h, u_1, u_2, \cdots, u_l$$

und bezeichnen die Anzahl der linear unabhängigen unter ihnen mit r.

IV. Ist

$$h+l = n \quad \text{und} \quad r = n,$$

so sind $\mathfrak{A}$ und $\mathfrak{D}$ ähnliche Gruppen; dasselbe gilt für $\mathfrak{B}$ und $\mathfrak{C}$.

Man denke sich nämlich jede der Formen y_γ in der Gestalt

(16) $$y_\gamma = U_\gamma + V_\gamma \qquad (\gamma = 1, 2, \cdots, h)$$

[1] Es ist selbstverständlich, daß nur der Fall $p > 1$, $q > 1$ zu behandeln ist.

geschrieben, wobei U_γ eine lineare homogene Verbindung der u_λ und V_γ eine ebensolche Verbindung der v_μ sein soll. Eine solche Darstellung ist auf Grund unserer Annahme jedenfalls möglich. Aus der vorausgesetzten Unabhängigkeit der Funktionen (15) folgt offenbar, daß zwischen den V_γ keine lineare Beziehung bestehen kann.

Ist für eine beliebige Substitution s von $\mathfrak{G}$

$$y_\gamma^s = \sum_{\delta=1}^{h} a_{\gamma\delta} y_\delta \qquad (\gamma = 1, 2, \cdots, h)$$

so folgt aus (16)

$$U_\gamma^s + V_\gamma^s = \sum_{\delta=1}^{h} a_{\gamma\delta} (U_\delta + V_\delta).$$

Das erfordert offenbar, daß insbesondere

$$V_\gamma^s = \sum_{\delta=1}^{h} a_{\gamma\delta} V_\delta \qquad (17)$$

wird. Nun ist aber $h = n - l = m$. Der Übergang von den v_μ zu den (linear unabhängigen) V_γ stellt also eine Ähnlichkeitstransformation dar. Die Gleichungen (17) setzen in Evidenz, daß $\mathfrak{A}$ und $\mathfrak{D}$ ähnliche Gruppen sind.

Drückt man analog die u_λ durch y_γ und $z_\varkappa$ aus, so erkennt man in derselben Weise, daß $\mathfrak{C}$ und $\mathfrak{B}$ ähnliche Gruppen sind.

V. *Sind die zu den Eigensystemen y_γ und u_λ gehörenden Transformationsgruppen $\mathfrak{A}$ und $\mathfrak{C}$ (im vorhin fixierten Sinne) teilerfremd und ist $r < n$, so muss $r = h + l$ sein.*

Wählt man in dem durch die Funktionen (15) bestimmten Modul eine Basis

$$w_1, w_2, \cdots, w_r$$

von r linear unabhängigen Formen, so liefert sie offenbar ein Eigensystem der Gruppe $\mathfrak{G}$. Eine Abänderung der Basis w_ϱ bedeutet nur eine Ähnlichkeitstransformation der zugehörigen Transformationsgruppe.

Man kann hierbei die Basis w_ϱ auf zwei verschiedene Arten wählen. Erstens so, daß die h ersten w_ϱ mit den h Funktionen y_γ übereinstimmen, die folgenden $r-h$ gewisse unter den Formen u_λ, etwa $u_1, u_2, \ldots, u_{r-h}$ werden. Es kann aber auch die Basis so gewählt werden, daß sie die Gestalt

$$u_1, u_2, \cdots, u_l, y_1, y_2, \cdots, y_{r-l} \qquad (18)$$

erhält. Die zu diesen Basen gehörenden Transformationsgruppen $\mathfrak{M}$ und $\mathfrak{N}$ sind jedenfalls einander ähnlich.

Man stelle wieder die h Funktionen y_γ in der Form (16) dar. Hierbei werden wegen der linearen Unabhängigkeit der Funktionen (18) die Linearformen

$$V_1, V_2, \cdots, V_{r-l} \qquad (19)$$

linear unabhängig sein. Ersetzt man in (18) die Formen $y_1, y_2, \ldots, y_{r-l}$ durch die Formen (19), so entsteht nur eine lineare Transformation des Eigensystems (18). Das neue Eigensystem

$$(20) \qquad u_1, u_2, \cdots, u_l, V_1, V_2, \cdots, V_{r-l}$$

zerfällt aber in zwei Eigensysteme

$$u_1, u_2, \cdots, u_l \quad \text{und} \quad V_1, V_2, \cdots, V_{r-l}.$$

Denn einerseits hat für $\sigma = 1, 2, \cdots, r-l$ jedes V_σ^s die Gestalt $\sum_{\mu=1}^{m} c_\mu v_\mu$, andererseits aber die Gestalt

$$d_1 u_1 + d_2 u_2 + \cdots + d_l u_l + e_1 V_1 + e_2 V_2 + \cdots + e_{r-l} V_{r-l}.$$

Da die u_λ von den v_μ unabhängig sind, muß hierbei

$$d_1 = d_2 = \cdots = d_l = 0$$

sein. Ebenso einfach erkennt man, daß die u_λ^s von den v_σ unabhängig sind.

Die zum Eigensystem (20) gehörenden Transformationsgruppe $\mathfrak{N}^*$ ist also der Gruppe $\mathfrak{N}$ ähnlich und hat die Form

$$\mathfrak{N}^* = \begin{pmatrix} \mathfrak{C} & 0 \\ 0 & \mathfrak{D}^* \end{pmatrix}.$$

Ebenso kann man eine zu $\mathfrak{M}$ ähnliche Gruppe der Form

$$\mathfrak{M}^* = \begin{pmatrix} \mathfrak{A} & 0 \\ 0 & \mathfrak{B}^* \end{pmatrix}$$

angeben.

Ist nun, wie wir vorausgesetzt haben, $r < n$ und sind $\mathfrak{A}$ und $\mathfrak{C}$ teilerfremd, so lehrt ein Vergleich der unzerfällbaren Bestandteile der untereinander ähnlichen Gruppen $\mathfrak{M}^*$ und $\mathfrak{N}^*$, daß auf Grund des für r Veränderliche schon als richtig anzusehenden Krullschen Satzes die unzerfällbaren Bestandteile von $\mathfrak{C}$ unter den unzerfällbaren Bestandteilen von $\mathfrak{B}^*$ vorkommen müssen. Das erfordert aber insbesondere, daß der Grad $r-h$ von $\mathfrak{B}^*$ mindestens gleich l sei. Da aber andererseits $r \leqq h+l$ ist, muß demnach $r = h+l$ sein.

§ 4. Fortsetzung.

Man nehme nun an, unsere Gruppe $\mathfrak{G}$ sei auf zwei verschiedene Arten durch Ähnlichkeitstransformation in die vollständig zerfallenden Gruppen $\mathfrak{H}$ und $\mathfrak{K}$ übergeführt [vgl. Formel (11)]. Es sei zunächst eine der unzerfällbaren Gruppen $\mathfrak{H}_\sigma$ einer der unzerfällbaren Gruppen $\mathfrak{K}_\tau$ ähnlich, z. B. seien $\mathfrak{H}_1$ und $\mathfrak{K}_1$ ähnlich. Hierbei mögen unter den $\mathfrak{H}_\sigma$ die Gruppen $\mathfrak{H}_1, \mathfrak{H}_2, \cdots, \mathfrak{H}_f$ und nur diese der Gruppe $\mathfrak{H}_1$ ähnlich sein. Für die Gruppe $\mathfrak{K}_1$ mögen $\mathfrak{K}_1, \mathfrak{K}_2, \cdots, \mathfrak{K}_g$ die entsprechende Eigenschaft in bezug auf $\mathfrak{K}_1$ aufweisen. Ferner sei $f \leqq g$. Ist $f = p$, so kann offenbar nicht g größer als f sein, weil sonst der Grad der Gruppe $\mathfrak{K}$ größer als n wäre. In diesem Fall ist der

KRULLsche Satz für unsere beiden Zerfällungen gewiß richtig. Man darf also annehmen, daß $f < p$ sei. Setzt man

$$(21)\quad \begin{aligned} \mathfrak{A} &= \begin{pmatrix} \mathfrak{H}_{f+1} & & \\ & \ddots & \\ & & \mathfrak{H}_p \end{pmatrix}, & \mathfrak{B} &= \begin{pmatrix} \mathfrak{H}_1 & & \\ & \ddots & \\ & & \mathfrak{H}_f \end{pmatrix}, \\ \mathfrak{C} &= \begin{pmatrix} \mathfrak{K}_1 & & \\ & \ddots & \\ & & \mathfrak{K}_f \end{pmatrix}, & \mathfrak{D} &= \begin{pmatrix} \mathfrak{K}_{f+1} & & \\ & \ddots & \\ & & \mathfrak{K}_q \end{pmatrix}, \end{aligned}$$

so erscheinen die Gruppen

$$\mathfrak{H}' = \begin{pmatrix} \mathfrak{A} & 0 \\ 0 & \mathfrak{B} \end{pmatrix}, \quad \mathfrak{K}' = \begin{pmatrix} \mathfrak{C} & 0 \\ 0 & \mathfrak{D} \end{pmatrix}$$

als der Gruppe $\mathfrak{G}$ ähnliche Gruppen. Die zugehörigen Ähnlichkeitstransformationen liefern vier Eigensysteme y_γ, $z_\varkappa$, u_λ, v_μ von der früher betrachteten Art. Die Gradzahlen h, k, l, m sind hierbei sämtlich größer als Null, und da $\mathfrak{B}$ und $\mathfrak{C}$ als ähnliche Gruppen erscheinen, so wird $k = l$ und also $h = m$, was insbesondere $h + l = n$ nach sich zieht. Man beachte nun, daß die Gruppen $\mathfrak{A}$ und $\mathfrak{C}$ hierbei jedenfalls teilerfremd zu nennen sind. Hieraus folgt aber auf Grund des Satzes V, daß hier $r = n$ sein muß. Es liegt also der Fall des Satzes IV vor, d. h. $\mathfrak{A}$ und $\mathfrak{D}$ sind ähnliche Gruppen. Da der KRULLsche Satz für die Gradzahl $h < n$ dieser beiden Gruppen als richtig zu gelten hat, ergibt sich ohne weiteres, daß in diesem Fall die Behauptungen des KRULLschen Satzes zutreffen.

Es bleibt also nur noch der Fall zu erledigen, daß keine der Gruppen $\mathfrak{H}_\sigma$ einer der Gruppen $\mathfrak{K}_\tau$ ähnlich ist.

Es sei noch folgendes bemerkt. Tritt der noch zu behandelnde Fall ein und stimmt der Grad einer der Gruppen $\mathfrak{H}_\sigma$ mit dem Grad einer der Gruppen $\mathfrak{K}_\tau$ überein, sind etwa $\mathfrak{H}_1$ und $\mathfrak{K}_1$ von demselben Grad, so gelangt man ohne weiteres zum KRULLschen Satz, indem man die Gruppen $\mathfrak{A}$, $\mathfrak{B}$, $\mathfrak{C}$, $\mathfrak{D}$ entsprechend den Formeln (21) wählt, nur daß hierbei f durch 1 zu ersetzen ist, denn es sind wieder $\mathfrak{A}$ und $\mathfrak{C}$ teilerfremde Gruppen, deren Gradsumme $h + l$ gleich n wird. *Wir können uns also nur noch auf den Fall beschränken, daß die Grade der Gruppen $\mathfrak{H}_\sigma$ von denen der Gruppen $\mathfrak{K}_\tau$ sämtlich verschieden sind.*

§ 5. Erster Beweis des KRULLschen Satzes (von I. SCHUR).

Man nehme an, unter den Gruppen $\mathfrak{H}_\sigma$ sei $\mathfrak{H}_1$ von kleinstem Grade k und unter den Gruppen $\mathfrak{K}_\tau$ sei $\mathfrak{K}_1$ von kleinstem Grade l. Die Gruppen $\mathfrak{A}$, $\mathfrak{B}$, $\mathfrak{C}$, $\mathfrak{D}$ wähle man dann entsprechend den Formeln (21) mit $f = 1$. Zu diesen Gruppen als Transformationsgruppen lassen sich dann Eigensysteme y_γ, $z_\varkappa$, u_λ, v_μ der Gruppe $\mathfrak{G}$ angeben, auf die die Überlegungen des § 3 angewendet werden können.

Da nach Voraussetzung nicht $k = l$ sein soll, so darf $k < l$ angenommen werden. Dann wird

$$m \geqq l, \quad h = n - k = l + m - k > m \geqq l > k.$$

Zugleich ergibt sich

$$(22) \quad \begin{aligned} h + l &> m + l = n, & h + m &> l + m = n, \\ k + l &< n, & k + m &< n. \end{aligned}$$

Unter den Formen

$$y_1, y_2, \cdots, y_h, \quad u_1, u_2, \cdots, u_l$$

müssen daher n linear unabhängige vorkommen, weil sonst der Fall $r < n$ bei teilerfremden $\mathfrak{A}$, $\mathfrak{C}$ vorliegen würde, was für $h + l > n$ nach Satz V unmöglich ist. In genau derselben Weise ergibt sich, daß auch unter den Formen

$$y_1, y_2, \cdots, y_h, \quad v_1, v_2, \cdots, v_m$$

n linear unabhängige vorkommen müssen. Man setze

$$(23) \quad y_\gamma = U_\gamma + V_\gamma, \qquad (\gamma = 1, 2, \cdots, h)$$

wobei wie früher U_γ nur von den u_λ und V_γ nur von den v_μ abhängt.

Da man alle n Veränderlichen x_ν durch die y_γ und u_λ ausdrücken kann, so kann man die x_ν auch mit Hilfe der u_λ und V_γ darstellen. Daher müssen unter den V_γ genau m linear unabhängige vorkommen. Ebenso muß die Anzahl der linear unabhängigen unter den U_γ genau gleich l sein.

Indem man die Veränderlichen y_γ, u_λ und v_μ drei passend gewählten in K rationalen linearen Transformationen unterwirft, kann erreicht werden, daß die Gleichungen (23) die Form

$$(24) \quad \begin{aligned} &y_1 = u_1 + v_1, \quad y_2 = u_2 + v_2, \cdots, \quad y_k = u_k + v_k, \\ &y_{k+1} = u_{k+1}, \cdots, \quad y_l = u_l, \quad y_{l+1} = v_{k+1}, \cdots, \quad y_h = v_m \end{aligned}$$

erhalten. Man kann nämlich zunächst die y_γ so transformieren, daß die letzten $h - l$ nur von den v_μ abhängen. Diese Funktionen sind dann linear unabhängige Verbindungen der v_μ und wegen

$$h - l = m - k$$

kann durch eine lineare Transformation der v_μ erreicht werden, daß dies die Funktionen $v_{k+1}, v_{k+2}, \cdots, v_m$ werden. Indem man lineare Verbindungen dieser $m - k$ Veränderlichen v_μ von den l ersten y_γ abzieht, wird erreicht, daß diese Ausdrücke von $v_{k+1}, v_{k+2}, \cdots, v_m$ nicht abhängen. Man kann diese y_γ so transformieren, daß die v-Bestandteile einfach die Form

$$v_1, v_2, \cdots, v_k, \quad 0, 0, \cdots, 0$$

erhalten. Die l hier enthaltenen u-Bestandteile sind noch linear unabhängig und durch eine lineare Transformation der u_λ kann erreicht werden, daß sie mit den Veränderlichen $u_1, u_2, \cdots, u_l$ übereinstimmen. Auf diese Weise entstehen Formeln der Gestalt (24).

Ist nun wie früher

$$y'_\gamma = \sum_{\delta=1}^{h} a'_{\gamma\delta} y_\delta, \qquad (\delta = 1, 2, \cdots, h)$$

so erkennt man durch Einsetzen der Ausdrücke (24), daß die zu den y_γ gehörende Transformationsgruppe $\mathfrak{A}$ die Form

$$\mathfrak{A} = \begin{pmatrix} \mathfrak{A}_{11} & \mathfrak{A}_{12} & \mathfrak{A}_{13} \\ 0 & \mathfrak{A}_{22} & 0 \\ 0 & 0 & \mathfrak{A}_{33} \end{pmatrix}$$

erhält, wobei $\mathfrak{A}_{11}, \mathfrak{A}_{22}, \mathfrak{A}_{33}$ Gruppen in $k, l-k, h-l$ Veränderlichen bedeuten. Zugleich wird

$$(25) \qquad \mathfrak{C} = \begin{pmatrix} \mathfrak{A}_{11} & \mathfrak{A}_{12} \\ 0 & \mathfrak{A}_{22} \end{pmatrix}, \quad \mathfrak{D} = \begin{pmatrix} \mathfrak{A}_{11} & \mathfrak{A}_{13} \\ 0 & \mathfrak{A}_{33} \end{pmatrix}.$$

Insbesondere ergibt sich, daß $u_{k+1}, u_{k+2}, \cdots, u_l$ bzw. $v_{k+1}, v_{k+2}, \cdots, v_m$ Eigensysteme der Gruppen $\mathfrak{C}$ und $\mathfrak{D}$ bilden.

Man betrachte nun das Eigensystem $z_1, z_2, \cdots, z_k$ mit der Transformationsgruppe $\mathfrak{B}$. Sei

$$z_\varkappa = U_\varkappa + V_\varkappa, \qquad (\varkappa = 1, 2, \cdots, k)$$

wo die $U_\varkappa$ nur von den u_λ und die $V_\varkappa$ nur von den v_μ abhängen. Da $\mathfrak{B}$ und $\mathfrak{C}$ teilerfremde Gruppen sind und $k+l$ kleiner als n ist (vgl. (22)), so lehrt wieder der Satz V, daß

$$z_1, z_2, \cdots, z_k, \quad u_1, u_2, \cdots, u_l$$

linear unabhängige Formen sind. Genau dasselbe gilt wegen $k+m<n$ für

$$z_1, z_2, \cdots, z_k, \quad v_1, v_2, \cdots, v_m.$$

Hieraus folgt, daß $U_1, U_2, \cdots, U_k$ und ebenso $V_1, V_2, \cdots, V_k$ linear unabhängig sind. Da sie sich bei Anwendung der Transformationen s von $\mathfrak{G}$ in genau derselben Weise transformieren wie die $z_\varkappa$, so bilden sie Eigensysteme der Gruppen $\mathfrak{C}$ bzw. $\mathfrak{D}$, und zwar solche, zu denen die Transformationsgruppe $\mathfrak{B}$ gehört. Man setze

$$U_\varkappa = \sum_{\alpha=1}^{k} p_{\varkappa\alpha} u_\alpha + \sum_{\beta=k+1}^{l} q_{\varkappa\beta} u_\beta,$$

$$V_\varkappa = \sum_{\alpha=1}^{k} r_{\varkappa\alpha} v_\alpha + \sum_{\gamma=k+1}^{m} s_{\varkappa\gamma} v_\varkappa.$$

Die zugehörigen vier Matrizen bezeichne man mit P, Q, R, S.

Wir behaupten, daß

$$(26) \qquad |P| = 0, \quad |R| = 0, \quad |P-R| \neq 0.$$

Wäre nämlich $|P| \neq 0$, so würden die Funktionen

$$U_1, U_2, \cdots, U_k \quad \text{und} \quad u_{k+1}, u_{k+2}, \cdots, u_l$$

zwei voneinander unabhängige Eigensysteme der Gruppe $\mathfrak{C}$ liefern. Also würde $\mathfrak{C}$ zerfallen, was der früher gemachten Voraussetzung widerspricht.

Es kann aber auch nicht $|R|$ von Null verschieden sein, denn das würde ebenso nach sich ziehen, daß $\mathfrak{D}$ zerfiele, und zwar der Gruppe

$$\begin{pmatrix} \mathfrak{B} & 0 \\ 0 & \mathfrak{A}_{33} \end{pmatrix}$$

ähnlich wäre. Man könnte daher durch weitere Zerfällung von $\mathfrak{A}_{33}$ ein vollständiges Zerfallen von $\mathfrak{D}$ in unzerfällbare Bestandteile erhalten, unter denen $\mathfrak{B}$ vorkommt. Da aber wegen $m < n$ für $\mathfrak{D}$ der Krullsche Satz als richtig angesehen werden kann, widerspricht das der früheren Annahme, daß $\mathfrak{D}$ in die unzerfällbaren Gruppen $\mathfrak{K}_1, \mathfrak{K}_2, \cdots, \mathfrak{K}_q$, deren Grade größer als der von $\mathfrak{B}$ sein soll, zerfällt.

Daß nun aber $P - R$ von nicht verschwindender Determinante sein soll, erkennt man so: Die n Linearformen

$$y_1, y_2, \cdots, y_k, \quad z_1, z_2, \cdots, z_k$$

oder, was dasselbe ist,

$$\begin{aligned} &u_1 + v_1, \cdots, u_k + v_k, \quad u_{k+1}, \cdots, u_l, \\ &\qquad v_{k+1}, v_{k+2}, \cdots, v_m, \qquad U_1 + V_1, \cdots, U_k + V_k \end{aligned}$$

sollen doch linear unabhängig sein. Man kann aber von den k letzten Funktionen Verbindungen der h ersten so abziehen, daß sie die Form

$$\sum_{\alpha=1}^{k} (p_{\varkappa\alpha} - r_{\varkappa\alpha}) u_\alpha \qquad (\varkappa = 1, 2, \cdots, k)$$

erhalten. Da diese Funktionen linear unabhängig bleiben, muß die Determinante ihrer Koeffizientenmatrix $P - R$ von Null verschieden sein.

Es darf nunmehr ohne Beschränkung der Allgemeinheit angenommen werden, daß

$$P - R = E \tag{27}$$

wird, denn anderenfalls genügt es, auf das Eigensystem $z_\varkappa$ die lineare Transformation $(P - R)^{-1}$ anzuwenden.

Die Forderung, daß die Linearformen $U_1, U_2, \cdots, U_k$ der u_λ mit der Koeffizientenmatrix

$$M = (P, Q)$$

ein Eigensystem der Gruppe $\mathfrak{C}$ mit der Transformationsgruppe $\mathfrak{B}$ bilden sollen, bedeutet aber nach § 1 nur, daß

$$M\mathfrak{C} = \mathfrak{B}M$$

wird. Dies liefert insbesondere wegen (25)

$$P\mathfrak{A}_{11} = \mathfrak{B}P.$$

Ebenso folgt durch Betrachtung der Gruppe $\mathfrak{D}$, daß

$$R\mathfrak{A}_{11} = \mathfrak{B}R$$

wird. Hieraus folgt aber wegen (27)

$$\mathfrak{A}_{11} = \mathfrak{B}.$$

Also ist insbesondere die Matrix R mit allen Matrizen Substitutionen von $\mathfrak{B}$ vertauschbar. Da aber $\mathfrak{B}$ unzerfällbar sein soll und R von verschwindender Determinante ist, folgt aus dem Kriterium Satz II, daß alle charakteristischen Wurzeln von R gleich Null sein müßten. Dann würde aber aus

$$P = E + R$$

folgen, daß $|P| \neq 0$ ist, was einen Widerspruch liefert.

§ 6. Zweiter Beweis des Krullschen Satzes (R. Brauer).

Die im vorigen Paragraphen durchgeführte Betrachtung geht von dem Bestreben aus, allein mit Hilfe der einfachen in §§ 3 und 4 verwendeten Begriffsbildungen zum Ziele zu gelangen. Kürzer und durchsichtiger ist folgende Überlegung.

Man schicke folgenden Zusatz zum Kriterium für die Unzerfällbarkeit (Satz II) voraus:

Satz II: Ist $\mathfrak{K}$ eine im gegebenen Grundkörper unzerfällbare Gruppe, sind $M_1, M_2, \cdots, M_q$ im Körper rationale, mit allen Substitutionen von K vertauschbare Matrizen und sind ihre Determinanten sämtlich gleich Null, so ist auch ihre Summe $S = M_1 + M_2 + \cdots + M_m$ von verschwindender Determinante.*

Es genügt offenbar, den Beweis für $m = 2$ zu erbringen. Wäre nun in diesem Fall $|S| \neq 0$, so ist auch S mit allen Substitutionen von $\mathfrak{K}$ vertauschbar, dasselbe gilt demnach auch für

$$N_1 = S^{-1} M_1, \quad N_2 = S^{-1} M_2.$$

Für diese Matrizen würde aber

$$N_1 + N_2 = E \tag{28}$$

werden, wobei noch

$$|N_1| = |N_2| = 0$$

wird. Dies würde nach Satz II das Verschwinden aller charakteristischen Wurzeln von N_1 und N_2 nach sich ziehen, was mit der Gleichung (28) unverträglich ist.

Es mögen nun die Gruppen $\mathfrak{H}, \mathfrak{K}, \mathfrak{H}_\sigma, \mathfrak{K}_\tau$ dieselbe Bedeutung haben wie im § 3. Die Grade von $\mathfrak{H}_\sigma$ und $\mathfrak{K}_\tau$ bezeichne man mit h_σ und k_τ. Ist k_1 die größte der Zahlen k_τ, so darf auf Grund der am Schluß des § 4 gemachten Bemerkung

$$h_1 < k_1, \; h_2 < k_1, \; \cdots, \; h_p < k_1 \tag{29}$$

angenommen werden. Es sei P eine Ähnlichkeitstransformation, die der Gleichung

$$P^{-1}\mathfrak{H}P = K \tag{30}$$

genügt. Wir können dann

$$P = (P_{\alpha\beta}), \quad Q = P^{-1} = (Q_{\beta\alpha}) \qquad \binom{\alpha = 1, 2, \cdots, p}{\beta = 1, 2, \cdots, q}$$

setzen, wobei $P_{\alpha\beta}$ eine Matrix mit h_α Zeilen und k_β Spalten, dagegen $Q_{\beta\alpha}$ eine solche mit k_β Zeilen und h_α Spalten sein soll.

Aus der Gleichung (30) folgt nun

$$\mathfrak{H}P = P\mathfrak{K}, \quad Q\mathfrak{H} = \mathfrak{K}Q.$$

Das liefert aber auf Grund der Formel (11)

$$\mathfrak{H}_\alpha P_{\alpha\beta} = P_{\alpha\beta}\mathfrak{K}_\beta, \quad Q_{\beta\alpha}\mathfrak{H}_\alpha = \mathfrak{K}_\beta Q_{\beta\alpha}$$

und demnach auch

$$Q_{\beta\alpha}\mathfrak{H}_\alpha P_{\alpha\beta} = Q_{\beta\alpha}P_{\alpha\beta}\mathfrak{K}_\beta, \quad Q_{\beta\alpha}\mathfrak{H}_\alpha P_{\alpha\beta} = \mathfrak{K}_\beta Q_{\beta\alpha}P_{\alpha\beta},$$

also

$$\mathfrak{K}_\beta Q_{\beta\alpha}P_{\alpha\beta} = Q_{\beta\alpha}P_{\alpha\beta}\mathfrak{K}_\beta.$$

Folglich ist die quadratische Matrix

$$M_{\beta\alpha} = Q_{\beta\alpha}P_{\alpha\beta}$$

des Grades k_β mit allen Substitutionen von $\mathfrak{K}_\beta$ vertauschbar. Wählt man nun insbesondere $\beta = 1$, so weist für jedes α die Matrix $Q_{1\alpha}$ mehr Zeilen als Kolonnen auf (und entsprechend $P_{\alpha 1}$ mehr Kolonnen als Zeilen). Hieraus folgt, daß die Determinanten aller Matrizen $M_{1\alpha}$ verschwinden müßten. Das widerspricht aber auf Grund des Satzes II* wegen der Unzerfällbarkeit von $\mathfrak{K}_1$ der aus $QP = E$ folgenden Tatsache, daß

$$S = \sum_{\alpha=1}^{s} Q_{1\alpha}P_{\alpha 1} = \sum_{\alpha=1}^{s} M_{1\alpha}$$

die Einheitsmatrix des Grades k, also von nicht verschwindender Determinante wäre.

§ 7. Eine Bemerkung zum Krullschen Satz.

Sind die unzerfällbaren Bestandteile $\mathfrak{H}_1, \mathfrak{H}_2, \cdots, \mathfrak{H}_p$ einer Gruppe $\mathfrak{G}$ linearer Substitutionen vom Grade n einander ähnlich, so bezeichne man $\mathfrak{G}$ etwa als elementare Gruppe. Jede nicht elementare Gruppe $\mathfrak{G}$ läßt sich dann in elementare Gruppen

$$\mathfrak{M}_1, \mathfrak{M}_2, \cdots, \mathfrak{M}_m \tag{31}$$

vollständig zerfällen, und diese Gruppen sind wieder abgesehen von Ähnlichkeitstransformationen eindeutig bestimmt. Eine Ähnlichkeitstransformation P, die ein Zerfallen der Gruppe $\mathfrak{G}$ in die elementaren Bestandteile (31) bewirkt, liefert zugleich m voneinander unabhängige Eigensysteme

$$\mathfrak{E}_1^{(1)}, \mathfrak{E}_2^{(1)}, \ldots, \mathfrak{E}_m^{(1)}, \tag{32}$$

wobei $\mathfrak{E}_\mu^{(1)}$ zur Transformationsgruppe $\mathfrak{M}_\mu$ gehört, und umgekehrt ergibt jeder Komplex von Eigensystemen dieser Art eine Ähnlichkeitstransformation P.

Aus dem Satz V folgt nun ohne weiteres folgende nicht uninteressante Tatsache:

VI. Kennt man für die elementaren Bestandteile (31) *der Gruppe* $\mathfrak{G}$ *neben dem Komplex* (32) *von Eigensystemen einen zweiten Komplex*

$$\mathfrak{E}_1^{(2)}, \mathfrak{E}_2^{(2)}, \ldots, \mathfrak{E}_m^{(2)}$$

derselben Art, so besteht jeder der 2^q *Komplexe*

$$\mathfrak{E}_1^{(\alpha_1)}, \mathfrak{E}_2^{(\alpha_2)}, \ldots, \mathfrak{E}_m^{(\alpha_m)} \qquad (\alpha_\mu = 1 \text{ oder } 2) \tag{33}$$

aus voneinander unabhängigen Eigensystemen, so daß also jeder dieser Komplexe eine Ähnlichkeitstransformation der Gruppe $\mathfrak{G}$ *auf die gewünschte Art liefert.*

§ 8. Einige Eigenschaften der vollständig reduziblen Gruppen.

In den Anwendungen wird gewöhnlich der Nachweis, daß eine gegebene Gruppe linearer Substitutionen $\mathfrak{G}$ (z. B. eine endliche oder eine Hermitesche Gruppe) vollständig reduzibel ist, geführt, indem man zeigt, daß wenn $\mathfrak{G}$ irgend einer Gruppe der Form

$$\mathfrak{H} = \begin{pmatrix} \mathfrak{A} & 0 \\ \mathfrak{C} & \mathfrak{D} \end{pmatrix} \tag{33}$$

ähnlich ist, $\mathfrak{G}$ auch der Gruppe

$$\mathfrak{K} = \begin{pmatrix} \mathfrak{A} & 0 \\ 0 & \mathfrak{D} \end{pmatrix}$$

ähnlich ist, und genauer wird sogar bewiesen, daß eine Ähnlichkeitstransformation von der Gestalt

$$P = \begin{pmatrix} E_1 & 0 \\ F & E_2 \end{pmatrix}$$

existiert, durch die $\mathfrak{H}$ in $\mathfrak{K}$ übergeführt wird. Dies scheint eine weitergehende Eigenschaft als die durch den Begriff der vollständigen Reduzibilität bedingte zu sein, was die Gruppe etwa als *total reduzibel* kennzeichnen würde. Es ist nun von einigem Interesse festzustellen, daß folgender Satz gilt:

VII. Jede vollständig reduzible Gruppe ist zugleich total reduzibel[1].

---

[1] Das Umgekehrte ist trivial und liegt der erwähnten in den Anwendungen viel benutzten Betrachtungsweise zugrunde.

Eine andere wichtige Frage ist die folgende: Kann behauptet werden, daß der Satz gilt:

VIII. Liegt eine vollständig reduzible Gruppe $\mathfrak{G}$ vor und weiß man, daß sie einer Gruppe der Form (33) *ähnlich ist, so müssen auch die Gruppen $\mathfrak{A}$ und $\mathfrak{D}$ vollständig reduzibel sein.*

Man erkennt ohne Mühe, daß beide Sätze als bewiesen angesehen werden können, wenn der folgende Satz gilt:

IX. Ist eine Gruppe $\mathfrak{H}$ der Form (33) *vollständig reduzibel, so kann man eine »Haupttransformation«, d. h. eine Ähnlichkeitstransformation der entsprechenden Gestalt*

$$U = \begin{pmatrix} P & 0 \\ R & S \end{pmatrix} \tag{34}$$

angeben, so daß

$$U^{-1}\mathfrak{H}U = \begin{pmatrix} \mathfrak{G}_1 & & & \\ & \mathfrak{G}_2 & & \\ & & \ddots & \\ & & & \mathfrak{G}_r \end{pmatrix} = \mathfrak{N}$$

wird, wobei die Gruppen $\mathfrak{G}_\varrho$ sämtlich irreduzibel sind.

Der Grad von $\mathfrak{G}_\varrho$ werde im folgenden mit n_ϱ bezeichnet. Der Beweis ergibt sich etwa so: Man bestimme zunächst, was jedenfalls möglich ist, eine Haupttransformation A vom Typus (34), so daß

$$\mathfrak{H}_1 = A^{-1}\mathfrak{H}A = \begin{pmatrix} \mathfrak{G}_1 & 0 \\ \mathfrak{K} & \mathfrak{L} \end{pmatrix},$$

wird, wobei $\mathfrak{G}_1$ irreduzibel ist. Diese Gruppe kann noch auf die Normalform $\mathfrak{N}$ gebracht werden, und es darf hierbei angenommen werden, daß, wenn unter den Gruppen $\mathfrak{G}_\varrho$ genau f der Gruppe $\mathfrak{G}_1$ ähnlich sind,

$$\mathfrak{G}_1 = \mathfrak{G}_2 = \cdots = \mathfrak{G}_f$$

wird. Ist etwa

$$V^{-1}\mathfrak{H}_1 V = \mathfrak{N}, \tag{35}$$

so setze man

$$V = \begin{pmatrix} V_{11} & V_{12} & \cdots & V_{1r} \\ V_{21} & V_{22} & \cdots & V_{2r} \end{pmatrix},$$

wobei insbesondere die Anzahl der Zeilen in $V_{1\varrho}$ gleich n_1 und die Anzahl der Spalten gleich n_ϱ sein soll. Aus (35) folgt

$$\mathfrak{G}_1 V_{1\varrho} = V_{1\varrho}\mathfrak{G}_\varrho.$$

Dies liefert auf Grund des »Verkettungssatzes« (vgl. S. 211) $V_{1\varrho} = 0$ für $\varrho > f$, während $V_{1\varrho}$ für $\varrho \leq f$ mit allen Substitutionen von $\mathfrak{G}_1$ vertauschbar wird. Ist daher die Determinante von $V_{1\varrho}$ gleich Null, so muß auch (nach dem

Verkettungssatz) $V_{1\xi} = 0$ sein. Da aber wegen $|V| \neq 0$ nicht alle $V_{1\xi}$ verschwinden können, läßt sich eine Matrix n-ten Grades von nicht verschwindender Determinante

$$W = \begin{pmatrix} W_{11} & \cdots & W_{1f} & 0 \\ W_{21} & \cdots & W_{2f} & 0 \\ \cdot & \cdot & \cdot & \cdot \\ W_{f1} & \cdots & W_{ff} & 0 \\ 0 & \cdots & 0 & E'' \end{pmatrix}$$

angeben, in der E'' die Einheitsmatrix des Grades $n - fn_1$ bedeutet, während alle $W_{\alpha\beta}$ mit $\mathfrak{G}_1$ vertauschbare Matrizen bedeuten, wobei insbesondere

$$W_{11} = V_{11}, \quad W_{12} = V_{12}, \ldots, W_{1f} = V_{1f}.$$

Diese Matrix W ist dann mit allen Substitutionen von $\mathfrak{N}$ vertauschbar. Setzt man daher

$$VW^{-1} = X,$$

so wird auch

$$X^{-1}\mathfrak{H}_1 X = \mathfrak{N}$$

und hierbei hat X die Form

$$X = \begin{pmatrix} E' & 0 \\ X_3 & X_4 \end{pmatrix},$$

wobei E' die Einheitsmatrix des Grades n_1 ist. Hierbei wird insbesondere

$$X_4^{-1}\mathfrak{L}X_4 = \begin{pmatrix} \mathfrak{G}_2 & & & \\ & \mathfrak{G}_3 & & \\ & & \ddots & \\ & & & \mathfrak{G}_r \end{pmatrix} = \mathfrak{N}'.$$

Die Gruppe $\mathfrak{L}$ darf aber, weil A eine Haupttransformation war, in der Form

$$(36) \qquad \mathfrak{L} = \begin{pmatrix} \mathfrak{L}_1 & 0 \\ \mathfrak{C}_1 & \mathfrak{D}_1 \end{pmatrix}$$

angenommen werden, wobei $\mathfrak{D}_1$ und $\mathfrak{D}$ ähnliche Gruppen sind. Man nehme nun den Satz IX, der für $n = 1$ und $n = 2$ gewiß richtig ist, für weniger als n Veränderliche als bewiesen an. Dann kann an Stelle von X_4 eine Haupttransformation Y vom Typus (36) angegeben werden, für die gleichfalls

$$Y^{-1}\mathfrak{L}Y = \mathfrak{N}'$$

wird. Die Matrix $X_4^{-1}Y$ ist dann mit allen Substitutionen von $\mathfrak{N}'$ und demnach die Matrix

$$Z = \begin{pmatrix} E' & 0 \\ 0 & X_4^{-1}Y \end{pmatrix}$$

mit allen Substitutionen von $\mathfrak{N}$ vertauschbar. Setzt man nun

$$XZ = B = \begin{pmatrix} E' & 0 \\ B_3 & Y \end{pmatrix}, \quad AB = C,$$

so wird auch

$$B^{-1}\mathfrak{H}_1 B = \mathfrak{N}$$

und

$$C^{-1}\mathfrak{H} C = \mathfrak{N}.$$

Offenbar ist hier B als Haupttransformation vom Typus (34) zu bezeichnen; da auch A diese Eigenschaft besitzt, gilt das auch für C. Unser Satz ist hiermit bewiesen. Es sei besonders hervorgehoben, daß diese Betrachtungen für jeden gegebenen Grundkörper K gelten.

Ausgegeben am 17. Juni.

69.

Einige Bemerkungen zur Theorie der unendlichen Reihen

Sitzungsberichte der Berliner Mathematischen Gesellschaft 29, 3 - 13 (1930)

Die folgenden Ausführungen knüpfen an zwei Arbeiten an, in denen ich mich mit Mittelbildungen in der Reihentheorie beschäftigt habe: Über die Äquivalenz der Cesàroschen und Hölderschen Mittelwerte, Math. Ann. 74 (1913), S. 447—458, und Zur Theorie der Cesàroschen und Hölderschen Mittelwerte, Math. Zeitschrift 31 (1929), S. 391—407. Diese Arbeiten werden im folgenden kurz mit M. I und M. II zitiert.

Ich verstehe wie in M. II unter einer Mittelfolge mit dem Quotientenlimes a eine Folge $p_1, p_2, \ldots$ von Null verschiedener Zahlen, für die der Grenzwert

$$\lim_{n\to\infty} \frac{p_1+p_2+\cdots+p_n}{np_n} = a$$

existiert und die Quotienten

$$\frac{|p_1|+|p_2|+\cdots+|p_n|}{n\,|p_n|} \qquad (n = 1, 2, \ldots)$$

nach oben beschränkt sind. Bezeichnet man mit

$$h_n^{(k)} \text{ und } c_n^{(k)} \quad (k = 1, 2, \ldots,\ n = 1, 2, \ldots)$$

die zu einer gegebenen Folge $x_1, x_2, \ldots$ gehörenden Hölderschen und Cesàroschen Mittelwerte, so gilt folgende Erweiterung des bekannten Knopp-Schneeschen Äquivalenzsatzes:

I. *Dann und nur dann haben die Zahlen* $p_1, p_2, \ldots$ $(p_n \neq 0)$ *die Eigenschaft, daß für jede Folge* x_n *und für jedes* $k = 1, 2, \ldots$ *die beiden Grenzwerte*

$$\lim_{n\to\infty} \frac{h_n^{(k)}}{p_n} = l_k, \quad \lim_{n\to\infty} \frac{c_n^{(k)}}{p_n} = l'_k$$

entweder gleichzeitig existieren oder nicht existieren, wenn die p_n *eine Mittelfolge bilden. Ist* a *der Quotientenlimes dieser Mittelfolge und haben die Limites* l_k *und* l'_k *einen Sinn, so besteht zwischen ihnen die Beziehung*

$$(1) \qquad l_k = \frac{(1+a)(1+2a)\ldots(1+(k-1)a)}{k!}\cdot l'_k. \qquad (k>1)$$

1) Vorgetragen in der 259. Sitzung am 30. Oktober 1929.

Bei dem in M. II für diesen Satz angegebenen Beweise lag es mir weniger daran, möglichst große Kürze zu erzielen als den Zusammenhang zwischen dem Satz und den allgemeinen Eigenschaften der Mittelfolgen auf breiterer Basis darzustellen. Eine besonders wichtige Rolle spielten hierbei die Sätze:

II. *Der zu einer Mittelfolge gehörende Quotientenlimes a ist entweder gleich Null oder eine Zahl mit positivem Realteil.*

III. *Sind p_n und q_n zwei Mittelfolgen mit den Quotientenlimites a und b, so bilden die Zahlen np_nq_n eine Mittelfolge mit dem Quotientenlimes $\frac{ab}{a+b}$. Auszuschließen ist der Fall $a = b = 0$.*

Der Satz II setzt in Evidenz, warum der in (1) auftretende Zahlenfaktor nicht den Wert Null haben kann, der Satz III gestattet einen allgemeinen Hilfssatz (M. II, Satz VI) abzuleiten, aus dem der Satz I ohne Mühe folgt. Eine einfache Analyse lehrt aber, daß es zum Beweis des Satzes I genügt, nur einen geringen Teil der in II und III enthaltenen Aussagen zu kennen:

IV. *Bilden die Zahlen p_n eine Mittelfolge mit dem Quotientenlimes a, so ist $a \neq -1$ und die Zahlen np_n stellen eine Mittelfolge mit dem Quotientenlimes $\frac{a}{a+1}$ dar.* Für diesen Satz werde ich in § 1 einen kurzen, direkten Beweis angeben und in § 2 zeigen[2]), wie man hieraus den Satz I sehr einfach folgern kann. Zugleich wird sich eine nicht unwesentliche Vereinfachung des von mir in M. I veröffentlichten Beweises für den Knopp-Schneeschen Äquivalenzsatz ergeben.

Im letzten Paragraphen behandle ich einige Fragen, auf die man beim Studium der Mittelfolgen geführt wird. Es ergeben sich hierbei weitere, nicht uninteressante Ergänzungen zum Äquivalenzsatz.

§ 1.

Beweis des Satzes IV. Folgerungen.

Von den in M. II, § 1 aufgezählten Eigenschaften der Mittelfolgen brauche ich nur das Einfachste, was dort mit wenigen Worten bewiesen werden konnte.

1. Für jede Mittelfolge p_n ist $\lim_{n\to\infty} n|p_n| = \infty$.
2. Dann und nur dann stellt die lineare Transformation

$$v_n = \frac{p_1u_1 + p_2u_2 + \cdots + p_nu_n}{np_n} \qquad (n = 1, 2, \ldots)$$

eine konvergenzerhaltende Operation dar, wenn die p_n eine Mittel-

2) § 2 ist erst bei der Niederschrift im Dezember 1929 hinzugekommen.

folge bilden. Ist a der zugehörige Quotientenlimes, so folgt aus $\lim\limits_{n\to\infty} u_n = u$ stets $\lim\limits_{n\to\infty} v_n = au$.

3. Bilden die Zahlen p_n eine Mittelfolge mit dem Quotientenlimes a, so gilt dasselbe für jede Folge q_n, für welche die Quotienten $\frac{q_n}{p_n}$ einem von Null verschiedenen Grenzwerte zustreben.

Um nun Satz IV zu beweisen, schließe man folgendermaßen. Aus

$$\frac{|p_1|+|p_2|+\cdots+|p_n|}{n|p_n|} < M$$

folgt auch

$$\frac{|p_1|+2|p_2|+\cdots+n|p_n|}{n\,.\,n|p_n|} \leqq \frac{n(|p_1|+|p_2|+\cdots+|p_n|)}{n\,.\,n|p_n|} < M. \tag{2}$$

In Verbindung mit $\lim\limits_{n\to\infty} n|p_n| = \infty$ ergibt sich schon hieraus auf Grund des bekannten Toeplitzschen Kriteriums (vgl. M. II, Einleitung), daß für jede Nullfolge $\varepsilon_1, \varepsilon_2, \ldots$ auch die Ausdrücke

$$\eta_n = \frac{p_1\varepsilon_1 + 2p_2\varepsilon_2 + \cdots + np_n\varepsilon_n}{n^2 p_n} \qquad (n = 1, 2, \ldots)$$

eine Nullfolge bilden.

Es sei nun

$$s_n = p_1 + p_2 + \cdots + p_n = (a+\varepsilon_n)np_n. \tag{3}$$

Nach Voraussetzung wird dann $\lim \varepsilon_n = 0$. Aus (3) folgt

$$\sum_{\nu=1}^{n} s_\nu = np_1 + (n-1)p_2 + \cdots + p_n = a\sum_{\nu=1}^{n} \nu p_\nu + \sum_{\nu=1}^{n} \nu p_\nu \varepsilon_\nu.$$

Die links stehende Summe läßt sich aber auch in der Form

$$(n+1)s_n - \sum_{\nu=1}^{n} \nu p_\nu$$

schreiben. Wir erhalten demnach

$$(a+1)\frac{\sum\limits_{\nu=1}^{n} \nu p_\nu}{n^2 p_n} = \frac{n+1}{n}\cdot\frac{s_n}{np_n} - \frac{\sum\limits_{\nu=1}^{n} \nu p_\nu \varepsilon_\nu}{n^2 p_n}. \tag{4}$$

Der rechts stehende Ausdruck konvergiert auf Grund des oben Gesagten gegen a. Wäre nun $a = -1$, so würde sich aus (4)

$$0 = a \neq -1$$

ergeben. Daher ist $a+1$ von Null verschieden und folglich liefert (4)

$$\lim_{n\to\infty} \frac{p_1 + 2p_2 + \cdots + np_n}{n^2 p_n} = \frac{a}{a+1}.$$

In Verbindung mit (2) ergibt dies den Satz IV.

Aus diesem Satz folgt ohne Mühe:

V. *Bilden die Zahlen p_n eine Mittelfolge mit dem Quotientenlimes a und ist h eine positive ganze Zahl, so ist $a \neq -\frac{1}{h}$ und die Zahlen*

$$p_n^{(h)} = n^h p_n$$

bilden eine Mittelfolge mit dem Quotientenlimes

$$a^{(h)} = \frac{a}{ha+1}.$$

Denn weiß man schon, daß dies für einen Wert von $h = 1, 2, \ldots$ richtig ist, so folgt aus IV, daß

$$\frac{a}{ha+1} \neq -1, \quad \text{d. h. } a \neq -\frac{1}{h+1}$$

wird, und daß die Zahlen

$$p_n^{(h+1)} = n \cdot p_n^{(h)}$$

eine Mittelfolge mit dem Quotientenlimes

$$\frac{\frac{a}{ha+1}}{\frac{a}{ha+1}+1} = \frac{a}{(h+1)a+1}$$

bilden.

Beachtet man, daß für $k = 2, 3, \ldots$

$$\lim_{n\to\infty} \frac{1}{n^{k-1}} \binom{n+k-2}{k-1} = \frac{1}{(k-1)!}$$

ist, so ergibt sich wegen 3., daß zugleich mit den Zahlen p_n auch die Zahlen

$$\binom{n+k-2}{k-1} p_n \qquad (n = 1, 2, \ldots)$$

eine Mittelfolge repräsentieren. Hieraus folgt aber wegen 2. in Verbindung mit

$$\lim_{n\to\infty} \frac{n \cdot \binom{n+k-2}{k-1}}{\binom{n+k-1}{k}} = k$$

VI. *Bilden die Zahlen p_n eine Mittelfolge, so stellt die lineare Transformation*

$$v_n = \frac{\sum_{\nu=1}^{n} \binom{\nu+k-2}{k-1} p_\nu u_\nu}{\binom{n+k-1}{k} p_n} \qquad (n = 1, 2, \ldots)$$

eine konvergenzerhaltende Operation dar.

§ 2.
Beweis des Satzes I.

Der besseren Übersicht wegen zeige ich zunächst, wie sich der Knopp-Schneesche Äquivalenzsatz (Fall $p_n = 1$) am einfachsten beweisen läßt.

Bedeutet M die gewöhnliche Mittelbildung

$$y_n = \frac{x_1 + x_2 + \cdots + x_n}{n},$$

so wird in den üblichen Bezeichnungen

$$h_n^{(k)} = M^k(x_n).$$

Setzt man

$$S_k = \frac{1}{k} E + \frac{k-1}{k} M \qquad (k = 2, 3, \ldots)$$

und versteht unter C_k die Operation, die den Übergang von der Folge x_n zu den Cesàroschen Mittelwerten $c_n^{(k)}$ bewirkt, so besteht (vgl. M. I, § 2) die Beziehung

$$(5) \qquad M C_{k-1} = S_k C_k.$$

Hieraus folgt wegen $C_1 = M$

$$(6) \qquad M^k = S_2 S_3 \ldots S_k C_k.$$

Dies liefert unmittelbar die Tatsache, daß aus $\lim c_n^{(k)} = s$ auch $\lim h_n^{(k)} = s$ folgt.

Um das Umgekehrte zu beweisen, hat man zu zeigen, daß für jedes k auch S_k^{-1} (ebenso wie S_k) eine konvergenzerhaltende Operation darstellt. Dies habe ich in M. I aus dem allgemeineren Satz gefolgert, der besagt, daß für jede Zahl α mit positivem Realteil die Operation

$$S = \alpha E + (1-\alpha) M$$

„reversibel" ist. Der Beweis erforderte eine etwas umständliche Rechnung. Es war mir entgangen, daß man für $\alpha = \frac{1}{k}$ die Reversibilität der Operation S_k unmittelbar aus den Formeln (5) und (6) folgern kann.

Aus (6) ergibt sich nämlich ohne Weiteres (was in M. I, § 4, auch ausdrücklich hervorgehoben wird), daß C_k (und also auch C_{k-1}) mit M vertauschbar ist. Die Formel (5) liefert daher

$$C_{k-1} M = S_k C_k = \frac{1}{k} \cdot C_k + \frac{k-1}{k} C_k M \tag{7}$$

oder auch

$$C_k = k \,.\, C_{k-1} M + (1-k) C_k M.$$

Setzt man

$$C_k C_{k-1}^{-1} = U_k,$$

so wird also

$$C_k = (k E + (1-k) U_k) C_{k-1} M.$$

Vergleicht man dies mit (7), so erhält man

$$S_k^{-1} = k E + (1-k) U_k. \tag{8}$$

Diese Relation setzt aber in Evidenz, daß S_k^{-1} eine konvergenzerhaltende Operation ist. Denn U_k bedeutet nur den einfachen Prozeß

$$v_n = \frac{1}{\binom{n+k-1}{k}} \sum_{\nu=1}^{n} \binom{\nu+k-2}{k-1} u_\nu, \tag{9}$$

dem man unmittelbar ansieht, daß er eine konvergenzerhaltende Operation darstellt (das bedeutet nur die längst bekannte Tatsache, daß aus $\lim c_n^{(k-1)} = s$ auch $\lim c_n^{(k)} = s$ folgt)[3]).

Um nun zu dem allgemeineren Satz I zu gelangen, schließt man folgendermaßen. Wie in M. II, § 2, verstehe man, wenn eine Folge von Null verschiedener Zahlen p_n gegeben ist und eine lineare Transformation

$$v_n = \sum_{\nu=1}^{n} a_{n\nu} u_\nu \qquad (n = 1, 2, \ldots) \tag{A}$$

---

3) Auf diese einfache Schlußweise bin ich erst durch die Note des Herrn A. F. Andersen, Bemerkung zum Beweis des Herrn Knopp für die Äquivalenz der Cesàro- und Hölder-Summabilität, Math. Zeitschrift, Bd. 28 (1928), S. 356—359 geführt worden. Herr Andersen zitiert meine Arbeit, beachtet aber nicht, daß die von ihm abgeleiteten Relationen mit den von mir benutzten im wesentlichen identisch sind. Der Kernpunkt des von ihm erzielten Fortschritts tritt, wie ich glaube, am deutlichsten hervor, wenn man seinen Ansatz, wie das hier geschieht, mit meiner Beweisanordnung in Verbindung bringt und das Hauptgewicht auf die neuhinzukommende Formel (8) legt.

vorliegt, unter A^* die Operation

$$v_n = \frac{1}{p_n} \sum_{\nu=1}^{n} a_{n\nu} p_\nu u_\nu. \qquad (n = 1, 2, \ldots)$$

Es wird dann einfach $A^* = P^{-1}AP$, wobei P den Prozeß $v_n = p_n u_n$ bedeutet. Die lineare Transformation

$$v_n = \frac{p_1 u_1 + p_2 u_2 + \cdots + p_n u_n}{n p_n}$$

ist in diesen Bezeichnungen M^* zu nennen. ferner ist

$$S_k^* = \frac{1}{k} E + \frac{k-1}{k} M^*$$

zu setzen. Aus (6) folgt dann

$$M^{*k} = S_2^* S_3^* \ldots S_k^* C_k^*,$$

und der Beweis des Satzes I erfordert wie in M. II nur noch den Nachweis, daß S_k^* und S_k^{*-1} für jede Mittelfolge konvergenzerhaltende Operationen sind. Für S_k^* liegt das auf der Hand, für S_k^{*-1} schließt man so: Aus (8) folgt

$$S_k^{*-1} = kE + (1-k)\, U_k^*,$$

und man braucht nur zu wissen, daß die aus der linearen Transformation (9) hervorgehende Operation U_k^* konvergenzerhaltend ist. Daß dies der Fall ist, bildet aber den Inhalt des im vorigen Paragraphen bewiesenen Satzes VI.

§ 3.

Über eine spezielle Klasse von Zahlenfolgen.

In M. II, § 4 habe ich bewiesen, daß man die allgemeinste Mittelfolge p_n mit von Null verschiedenem Quotientenlimes a erhält, indem man

$$p_n = \frac{c_n}{n} e^{\frac{a_1}{1} + \frac{a_2}{2} + \cdots + \frac{a_n}{n}}$$

setzt und verlangt, daß die Grenzwerte

$$\lim_{n \to \infty} c_n = c, \quad \lim_{n \to \infty} a_n = a'$$

existieren und den Bedingungen

$$c \neq 0, \quad \Re(a') > 0$$

genügen sollen (es wird dann $a a' = 1$). Dafür kann man aber offenbar auch etwas einfacher sagen: Es muß p_n die Form

$$p_n = e^{u_n + \frac{v_1}{1} + \frac{v_2}{2} + \cdots + \frac{v_n}{n}}$$

haben, wobei die Folgen $u_1, u_2, \cdots$ und $v_1, v_2, \cdots$ konvergieren sollen und der Realteil von $\lim v_n$ größer als -1 sein soll.

Dies führt auf das Studium der Folgen

$$(10) \qquad w_n = u_n + \frac{v_1}{1} + \frac{v_2}{2} + \cdots + \frac{v_n}{n}$$

mit der Forderung, daß die Grenzwerte

$$\lim_{n\to\infty} u_n = u, \quad \lim_{n\to\infty} v_n = v$$

existieren sollen. Eine solche Folge möge etwa eine **Folge von logarithmischem Typus** genannt werden.

Im folgenden soll gezeigt werden, daß man diese Folgen in ähnlicher Weise, wie das für die Mittelfolgen p_n der Fall war, durch einfache Eigenschaften gewisser Mittelbildungen charakterisieren kann.

VII. *Eine Zahlenfolge w_n ist dann und nur dann von logarithmischem Typus, wenn die Folge der Zahlen*

$$w_n' = w_n - M(w_n) = w_n - \frac{w_1 + w_2 + \cdots + w_n}{n}$$

konvergent ist. Es wird hierbei

$$\lim_{n\to\infty} w_n' = \lim_{n\to\infty} v_n.$$

1. Lassen sich die w_n auf die Form (10) mit konvergenten u_n und v_n bringen, so wird

$$M(w_n) = M(u_n) + \frac{1}{n}\left[\frac{n\,v_1}{1} + \frac{(n-1)\,v_2}{2} + \cdots + \frac{v_n}{n}\right]$$

$$= M(u_n) + \frac{n+1}{n}\left[\frac{v_1}{1} + \frac{v_2}{2} + \cdots + \frac{v_n}{n}\right] - M(v_n),$$

also

$$w_n' = u_n - M(u_n) + M(v_n) - \frac{1}{n}\left[\frac{v_1}{1} + \frac{v_2}{2} + \cdots + \frac{v_n}{n}\right].$$

Hierbei wird

$$\lim_{n\to\infty} [u_n - M(u_n)] = u - u = 0, \quad \lim_{n\to\infty} M(v_n) = v,$$

und das noch hinzukommende Glied strebt offenbar wegen der Konvergenz der v_n dem Grenzwert 0 zu. Es wird also in der Tat $\lim w_n' = v$.

Weiß man umgekehrt, daß $\lim w_n' = w'$ existiert, so wird $w_1' = 0$ und für $n > 1$

$$n w_n' - (n-1) w_{n-1}' = n w_n - (n-1) w_{n-1} - w_n = (n-1)(w_n - w_{n-1}).$$

Das liefert

$$w_n - w_{n-1} = w_n' - w_{n-1}' + \frac{w_n'}{n-1} = w_n' - w_{n-1}' + \frac{w_n'}{(n-1)n} + \frac{w_n'}{n},$$

und hieraus folgt durch Addition für w_n eine Darstellung der Form (10) mit

$$u_n = w_1 + w_n' + \sum_{\nu=2}^{n} \frac{w_\nu'}{(\nu-1)\nu}, \quad v_n = w_n'.$$

Diese Zahlenfolgen sind aber konvergent, wenn $\lim w_n'$ existiert.

Es ist nun bemerkenswert, daß man bei dieser Betrachtungsweise nichts Neues erhält, wenn man anstatt der gewöhnlichen Mittelbildung M die Hölderschen oder Cesàroschen Mittelbildungen höherer Ordnung benutzt:

VIII. *Eine Zahlenfolge w_n ist dann und nur dann von logarithmischem Typus, wenn für irgendeine positive ganze Zahl k einer der Grenzwerte*

$$\lim_{n \to \infty} [w_n - M^k(w_n)] = L_k$$

oder

$$\lim_{n \to \infty} [w_n - C_k(w_n)] = L_k'$$

existiert.

Der Beweis beruht auf dem Hilfsatz:

IX. *Ist*

$$f(x) = c_0 + c_1 x + \cdots + c_m x^m = c_0 \prod_{\mu=1}^{m} (1 - \omega_\mu x) \qquad (c_0 \neq 0)$$

und sind die Realteile der Größen ω_μ sämtlich kleiner als 1, *so ist, wenn*

$$T_k = c_0 E + c_1 M + \cdots + c_m M^m$$

gesetzt wird, neben T_k auch T_k^{-1} eine konvergenzerhaltende Operation[4]).

Dies folgt unmittelbar aus dem auf S. 7 erwähnten Satz über die Reversibilität der Operation $\alpha E + (1-\alpha) M$ für $\Re(\alpha) > 0$. Denn es wird

$$T_k = c_0 \prod_{\mu=1}^{m} (E - \omega_\mu M),$$

4) Vgl. hierzu W. A. Hurwitz und L. L. Silverman, American M. S. Trans. 18 (1917), S. 1—20.

und jeder Faktor läßt sich in der Form

$$E-\omega_\mu M = (1-\omega_\mu)[\alpha_\mu E+(1-\alpha_\mu)M]$$

schreiben, wobei

$$\alpha_\mu = \frac{1}{1-\omega_\mu}$$

einen positiven Realteil hat.

Der Satz VIII besagt nun in Verbindung mit VII nur, daß die Grenzwerte L_k und L'_k dann und nur dann existieren, wenn der Grenzwert L_1 einen Sinn hat, daß also die Operationen $E-M^k$ und $E-C_k$ der Operation $E-M$ äquivalent sind. Für $E-M^k$ ist das sehr leicht zu sehen. Denn es wird

$$E-M^k = T_k(E-M) \tag{11}$$

mit

$$T_k = E+M+\cdots+M^{k-1} = \prod{}'(E-\varrho M), \tag{12}$$

wo ϱ alle von 1 verschiedenen k-ten Einheitswurzeln durchläuft. Der Realteil einer solchen Zahl ϱ ist aber gewiß kleiner als 1.

Um das Analoge für die Operation $E-C_k$ zu beweisen, gehe man so vor. Setzt man wie früher

$$S_k = \frac{1}{k}E+\frac{k-1}{k}M,$$

so wird

$$M^k = P_k C_k \text{ mit } P_k = S_2 S_3 \ldots S_k,$$

also

$$P_k(E-C_k) = P_k-M^k.$$

Führt man die ganze rationale Funktion

$$f_k(x) = \frac{1}{1-x}\left[\frac{(1+x)(1+2x)\ldots(1+(k-1)x)}{k!}-x^k\right] \tag{13}$$

ein und setzt

$$F_k = f_k(M),$$

so wird

$$P_k-M^k = F_k(E-M),$$

also auch

$$P_k(E-C_k) = F_k(E-M). \tag{14}$$

Da P_k eine reversible Operation ist, haben wir nur noch zu zeigen, daß neben F_k auch F_k^{-1} eine konvergenzerhaltende Operation ist. Hierzu genügt es zu wissen, daß wenn

(15) $$f_k(x) = \frac{1}{k!}\prod_{\mu=1}^{k-1}(1-\omega_\mu x)$$

gesetzt wird, die Realteile der ω_μ sämtlich kleiner als 1 sind.

Dies erkennt man folgendermaßen. Man ersetze in (15) x durch $\frac{1}{y}$ und multipliziere mit y^{k-1}. Wegen (13) erhält man

$$\frac{1}{y-1}\left[\frac{y(y+1)\dots(y+k-1)}{k!}-1\right] = \prod_{\mu=1}^{k-1}(y-\omega_\mu).$$

Der links stehende Ausdruck konvergiert für $y \to 1$ gegen einen von Null verschiedenen Wert. Daher sind die ω_μ nur die von 1 verschiedenen Wurzeln der Gleichung

$$\frac{y(y+1)\dots(y+k-1)}{k!} = 1.$$

Setzt man $y = 1+\alpha+i\beta$, so ergibt sich insbesondere

$$\prod_{\nu=1}^{k}\left|\frac{\nu+\alpha+i\beta}{\nu}\right| = \prod_{\nu=1}^{k}\sqrt{\left(1+\frac{\alpha}{\nu}\right)^2+\frac{\beta^2}{\nu^2}} = 1.$$

Diese Gleichung kann aber für $\alpha \geqq 0$ nur dann bestehen, wenn $\alpha = \beta = 0$, d. h. $y = 1$ wird. Die Realteile der ω_μ sind daher in der Tat kleiner als 1.

Damit ist der Satz VIII vollständig bewiesen.

Es sei noch bemerkt, daß, wenn der Grenzwert L_1 existiert, die Grenzwerte L_k und L'_k aus den Formeln

$$L_k = kL_1, \quad L'_k = \left(1+\frac{1}{2}+\dots+\frac{1}{k}\right)L_1$$

zu berechnen sind. Dies ergibt sich ohne Mühe auf Grund der Gleichungen (11), (12), (13) und (14) unter Berücksichtigung der Tatsache, daß

$$f_k(1) = -\left[\frac{1}{2}+\frac{2}{3}+\dots+\frac{k-1}{k}-k\right] = 1+\frac{1}{2}+\dots+\frac{1}{k}$$

wird.

70.

Affektlose Gleichungen in der Theorie der Laguerreschen und Hermiteschen Polynome

Journal für die reine und angewandte Mathematik 165, 52 - 58 (1931)

In einer vor kurzem erschienenen Arbeit [1]) bin ich zu folgenden Resultaten gelangt:

1. Bedeutet L_n das Laguerresche Polynom

$$L_n = \frac{e^x}{n!}\frac{d^n(x^n e^{-x})}{dx^n} = \sum_{\nu=0}^{n}\binom{n}{\nu}\frac{(-x)^\nu}{\nu!},$$

so ist $L_n = 0$ für jedes n eine Gleichung ohne Affekt.

2. Die Galoissche Gruppe der Gleichung

$$E_n = \sum_{\nu=0}^{n}\frac{x^\nu}{\nu!} = 0$$

ist für jedes durch 4 teilbare n die alternierende Gruppe n-ten Grades $\mathfrak{A}_n$. Für alle übrigen n ist die Gleichung ohne Affekt.

Im folgenden will ich noch auf einige weitere Folgen von Gleichungen aufmerksam machen, deren Galoissche Gruppe mit der symmetrischen oder alternierenden Gruppe übereinstimmt.

I. *Die Galoissche Gruppe der Gleichung*

$$J_n = \frac{1}{x}\int_0^x L_n\,dx = \sum_{\nu=0}^{n}\binom{n}{\nu}\frac{(-x)^\nu}{(\nu+1)!} = 0$$

ist für jedes ungerade n und für alle geraden n, für die n + 1 eine Quadratzahl ist, die alternierende Gruppe $\mathfrak{A}_n$. *In allen übrigen Fällen ist die Gleichung ohne Affekt* [2]).

II. *Bedeutet*

$$H_m(x) = (-1)^m e^{\frac{x^2}{2}}\frac{d^m e^{-\frac{x^2}{2}}}{dx^m} = \sum_{\mu=0}^{\left[\frac{m}{2}\right]}(-1)^\mu\binom{m}{2\mu}1\cdot 3\cdot 5\cdots(2\mu-1)x^{m-2\mu}$$

das m-te Hermitesche Polynom und setzt man

$$H_{2n}(x) = K_n^{(0)}(x^2),\qquad H_{2n+1}(x) = xK_n^{(1)}(x^2),$$

so sind

---

[1]) „Gleichungen ohne Affekt", Sitzungsberichte der Berliner Akademie 1930, S. 443—449. — Im folgenden wird diese Arbeit kurz mit G. zitiert werden.

[2]) Das Polynom J_n kann auch mit Hilfe der Gleichung

$$J_n = -\frac{1}{n+1}\frac{dL_{n+1}}{dx}$$

gekennzeichnet werden.

$$K_n^{(0)}(x) = 0, \qquad K_n^{(1)}(x) = 0$$

für $n > 12$ affektlose Gleichungen n-ten Grades [3]).

Durch diese Spezialfälle erfährt der bekannte Hilbertsche Beweis für die Existenz von Gleichungen beliebigen Grades mit rationalen Koeffizienten, deren Galoissche Gruppe mit der symmetrischen bzw. alternierenden Gruppe übereinstimmt, eine bemerkenswert einfache Illustration. Insbesondere führen die Gleichungen $E_{4k} = 0$ und $J_{2k+1} = 0$ auf den Fall der alternierenden Gruppe. Es wäre von Interesse, diesen Fall auch für die bei diesen Beispielen noch nicht vorkommenden Gradzahlen der Form $4k + 2$ in ähnlich konkreter Weise zu verwirklichen.

§ 1. Einige Hilfssätze.

Der Beweis der Sätze I und II beruht in erster Linie auf einem Kriterium, das ich in der mit G. zitierten Arbeit (§ 1) abgeleitet habe:

A. *Es sei*

$$F(x) = x^n + a_1 x^{n-1} + \cdots + a_n = 0 \tag{1}$$

eine Gleichung mit ganzen rationalen Koeffizienten, die folgende Eigenschaften besitzt:

a) *Die Funktion $F(x)$ ist im Körper der rationalen Zahlen irreduzibel.*

b) *Es läßt sich eine Primzahl p angeben, die in der Diskriminante Δ der Gleichung mindestens in der n-ten Potenz aufgeht.*

c) *Das konstante Glied a_n ist durch p, aber nicht durch p^2 teilbar.*

d) *Es gilt eine Kongruenz der Form*

$$F(x) \equiv x^k f(x) \pmod{p}, \qquad (k > 1)$$

wobei die Diskriminante Δ' des Polynoms $f(x)$ zu p teilerfremd ist.

Die Galoissche Gruppe $\mathfrak{G}$ der Gleichung besitzt dann eine durch p teilbare Ordnung g. Ist hierbei insbesondere

$$\frac{n}{2} < p < n - 2,$$

so ist $\mathfrak{G}$ die symmetrische oder die alternierende Gruppe. Der zweite Fall tritt ein, wenn Δ eine Quadratzahl ist.

Dieses Kriterium führt nur für genügend große Werte von n zum Ziele. Bei kleineren Werten von n mache ich von einem bekannten Satz von Dedekind Gebrauch:

B. *Es sei wieder* (1) *eine irreduzible ganzzahlige Gleichung. Gilt für irgendeine Primzahl q eine Zerlegung der Form*

$$F(x) \equiv F_1 F_2 \cdots F_r \pmod{q},$$

wobei $F_1, F_2, \ldots, F_r$ mod. q irreduzible, untereinander inkongruente Polynome sind, so enthält die Galoissche Gruppe der Gleichung mindestens eine Permutation, die in r Zykeln zerfällt, deren Ordnungen mit den Graden der Polynome $F_1, F_2, \ldots, F_r$ übereinstimmen [4]).

Von entscheidender Bedeutung sind für uns auch die Irreduzibilitätssätze, die ich in einer früheren Arbeit [5]) bewiesen habe:

---

[3]) Es ist zu vermuten, daß auch die Gradzahlen $n \leq 12$ dasselbe Verhalten zeigen, doch konnte ich das bis jetzt nur für $n \leq 7$ beweisen.

[4]) Diesen Satz hat zuerst Herr M. Bauer in seiner Arbeit „Ganzzahlige Gleichungen ohne Affekt", Math. Annalen **64** (1907), S. 325–327 zur Herstellung affektloser Gleichungen herangezogen. Einen elementaren Beweis des Dedekindschen Satzes habe ich in meiner Arbeit „Beispiele für Gleichungen ohne Affekt", Jahresbericht der Deutschen Mathematiker-Vereinigung **29** (1920), S. 145–150 angegeben.

[5]) „Einige Sätze über Primzahlen mit Anwendungen auf Irreduzibilitätsfragen", II, Sitzungsberichte der Berliner Akademie 1929, S. 370–391.

C. *Im allgemeinen ist jedes Polynom der Form*

(2) $$h(x) = 1 + g_1 \frac{x}{2!} + g_2 \frac{x^2}{3!} + \cdots + g_{n-1} \frac{x^{n-1}}{n!} \pm \frac{x^n}{(n+1)!}$$

mit ganzen rationalen g_ν im Körper der rationalen Zahlen irreduzibel. Hier sind folgende Ausnahmen möglich: 1. Ist n von der Form $2^r - 1$ ($r \geqq 2$), so kann $h(x)$ erst nach Forthebung des Faktors $x + 2$ oder $x - 2$ irreduzibel werden. 2. Für $n = 8$ kann $h(x)$ das Produkt zweier irreduzibler Funktionen der Grade 2 und 6 sein.

D. *Die Polynome*

$$x^{-1}H_3(x), \quad H_4(x), \quad x^{-1}H_5(x), \quad H_6(x), \ldots$$

sind im Körper der rationalen Zahlen irreduzibel.

§ 2. Die Diskriminanten der verallgemeinerten Laguerreschen Polynome.

In ihrem Buche „Aufgaben und Lehrsätze aus der Analysis", Bd. II, S. 94 und S. 294 haben G. Pólya und G. Szegö eine Verallgemeinerung der Laguerreschen Polynome eingeführt: Ist α eine Konstante, so setze man

$$\frac{d^n(e^{-x}x^{n+\alpha})}{dx^n} = n!\, e^{-x}x^\alpha L_n^{(\alpha)}(x).$$

Es wird dann

$$L_n^{(\alpha)}(x) = \sum_{\nu=0}^{n} \binom{n+\alpha}{n-\nu} \frac{(-x)^\nu}{\nu!}.$$

Für eine rationale Zahl $\alpha = \frac{\lambda}{\mu}$ empfiehlt es sich, die Ausdrücke

$$F_n(x, \lambda, \mu) = (-1)^n n!\, \mu^n L_n^{\left(\frac{\lambda}{\mu}\right)}\left(\frac{x}{\mu}\right)$$

einzuführen. Setzt man

(3) $$k_n = n(\lambda + \mu n),$$

so kann dieses Polynom in der Form

(4) $$F_n(x, \lambda, \mu) = x^n - \frac{k_n}{1} x^{n-1} + \frac{k_{n-1}k_n}{1\cdot 2} x^{n-2} - \cdots + (-1)^n \frac{k_1 k_2 \cdots k_n}{1\cdot 2 \cdots n}$$

geschrieben werden. Es bestehen dann, wie eine einfache Rechnung zeigt, die Relationen

(5) $$xF_n' = nF_n + k_n F_{n-1} \qquad (n \geqq 1,\ F_0 = 1)$$

(5′) $$F_n = (x - l_n)F_{n-1} - m_n F_{n-2} \qquad (n \geqq 2),$$

wobei

(6) $$l_n = k_n - k_{n-1} = \lambda + \mu(2n-1), \qquad m_n = \mu k_{n-1}$$

zu setzen ist[6]).

Auf Grund dieser Formeln läßt sich die Diskriminante Δ_n des Polynoms $F_n(x, \lambda, \mu)$ in genau derselben Weise explizit berechnen, wie das im Laguerreschen Fall $\lambda = 0$, $\mu = 1$ gelingt (vgl. G., § 2). Man erhält den Ausdruck

(7) $$\Delta_n = \mu^{\frac{n(n-1)}{2}} n!\, k_2 k_3^2 k_4^3 \cdots k_n^{n-1}.$$

---

[6]) Die Rekursionsformel (5) findet sich schon bei Pólya und Szegö a. a. O. Es läßt sich umgekehrt ohne Mühe folgendes beweisen: Kennt man für eine Folge von Polynomen

$$F_n = x^n + c_1^{(n)}x^{n-1} + \cdots + c_n^{(n)} \qquad (F_0 = 1)$$

Relationen von der Gestalt (5) und (5′) mit konstanten k_n, l_n, m_n und von Null verschiedenen k_n, so muß die Konstante k_n die Form (2) und das Polynom F_n die Form (3) haben.

§ 3. Die Polynome J_n.

Setzt man in (4) $\lambda = \mu = 1$, also $k_n = n(n+1)$, so wird man auf den Ausdruck

$$(8) \qquad G_n = x^n - \binom{n}{1}(n+1)\,x^{n-1} + \binom{n}{2}(n+1)\,n x^{n-2} - \cdots + (-1)^n (n+1)!$$

geführt, der mit unserem Polynom J_n in der Beziehung

$$G_n = (-1)^n (n+1)!\, J_n$$

steht. Für die Diskriminante Δ_n von G_n erhält man aus (7) den Wert [7])

$$\Delta_n = 2^2 \cdot 3^4 \cdot 4^6 \cdots n^{2n-2} \cdot (n+1)^{n-1}.$$

Diese Formel setzt in Evidenz, daß Δ_n dann und nur dann eine Quadratzahl wird, wenn n ungerade oder $n+1$ ein ungerades Quadrat ist. Ferner geht aus ihr hervor, daß Δ_n durch keine oberhalb $n+1$ liegende Primzahl teilbar ist und eine Primzahl p des Intervalls

$$(9) \qquad \frac{n+1}{2} < p < n$$

genau in der Potenz p^{2p-2} enthält. Wegen

$$2p - 2 > n + 1 - 2$$

ist der hier auftretende Exponent mindestens gleich n.

Setzt man, wenn p eine dieser Primzahlen ist, $n = p + m$, so wird $p + m < 2p - 1$, also

$$(10) \qquad p > m + 1.$$

Aus (8) ergibt sich ohne Mühe die Kongruenz

$$G_n \equiv x^p G_m \pmod{p}$$

Hierbei ist wegen (10) die Diskriminante Δ_m des Faktors G_m zu p teilerfremd.

Da außerdem das konstante Glied $\pm (n+1)!$ von G_n unsere Primzahl nur in der ersten Potenz enthält, so erkennen wir, daß für das Polynom G_n die Bedingungen b), c) und d) des Hilfssatzes A. in bezug auf jede Primzahl des Intervalls (9) erfüllt sind.

Was nun die Bedingung a), also die Irreduzibilität von G_n anbetrifft, so beachte man, daß J_n die Form (2) hat. Ein Zerfallen von G_n in Faktoren mit rationalen Koeffizienten käme daher nach C. nur für $n = 2^r - 1$ und $n = 8$ in Betracht. Im ersten Fall müßte aber $G_n(2) = 0$ sein. Dies trifft nicht zu, weil n ungerade ist und für jede in n aufgehende Primzahl q aus (8)

$$G_n(2) \equiv 2^n \pmod{q}$$

folgt. Wäre ferner G_8 reduzibel, so könnte nur ein Zerfallen in zwei ganzzahlige Faktoren A, B der Grade 2 und 6 stattfinden. Es ist aber

$$G_8 \equiv x^7(x-2) \pmod{7},$$

folglich müßten die konstanten Glieder von A und B beide durch 7 teilbar sein. Dies ist auszuschließen, weil ihr Produkt 9! die Primzahl 7 nur in der ersten Potenz enthält.

Die Funktion G_n ist daher für alle Werte von n irreduzibel. In Verbindung mit dem Früheren folgt hieraus auf Grund des Hilfssatzes A., daß die Ordnung g_n der Galoisschen Gruppe $\mathfrak{G}$ unserer Gleichung durch jede Primzahl des Intervalls (9) teilbar sein muß.

Kommt unter diesen Primzahlen auch nur eine vor, die kleiner als $n-2$ ist, so wird $\mathfrak{G}$ nach A. entweder die symmetrische Gruppe $\mathfrak{S}_n$ oder die alternierende Gruppe $\mathfrak{A}_n$.

---

[7]) Auf anderem Wege habe ich diese Diskriminante in meiner Arbeit „Über die Verteilung der Wurzeln bei gewissen algebraischen Gleichungen mit ganzzahligen Koeffizienten", Math. Zeitschrift 1 (1918), S. 377–402 (§ 3), berechnet.

Welcher Fall eintritt, hängt nur von dem Verhalten der Diskriminante Δ_n ab, das wir schon beherrschen. Der zu beweisende Satz I gilt also jedenfalls für alle Gradzahlen n, für die das Intervall

$$\frac{n+1}{2} < p < n-2$$

wenigstens eine Primzahl enthält.

Auf Grund der Tatsache, daß es für $x \geqq 24$ stets Primzahlen p gibt, die den Bedingungen

$$x < p \leqq \frac{5x}{4}$$

genügen [8]), erkennt man leicht, daß nur noch die Werte

$$n = 2, 3, 4, 5, 6, 7, 9, 13$$

eine Ausnahme bilden könnten.

Die ersten beiden Fälle erledigen sich unmittelbar auf Grund der Bemerkung, daß die Galoissche Gruppe einer irreduziblen Gleichung zweiten oder dritten Grades allein durch das Verhalten der Diskriminante bestimmt ist. In den übrigen Fällen benutzen wir die Tatsache, daß $\mathfrak{G}$ jedenfalls transitiv ist und eine Ordnung g_n besitzt, die durch jede Primzahl des Intervalls (9) teilbar ist. Das liefert insbesondere

$$(11) \qquad g_4 \equiv 0 \pmod{3}, \quad g_7 \equiv 0 \pmod{5}, \quad g_{13} \equiv 0 \pmod{11}.$$

Hieraus folgt schon aus rein gruppentheoretischen Gründen, daß unsere Gruppe $\mathfrak{G}$ in den Fällen

$$n = 4, 7, 13$$

die alternierende Gruppe umfassen muß. Denn es gibt keine andere transitive Gruppe eines dieser Grade, deren Ordnung der zugehörigen Kongruenz (11) genügt [9]).

In den Fällen $n = 5, 6, 9$ reicht das bisher Bewiesene noch nicht aus, um $\mathfrak{G}$ als eine der Gruppen $\mathfrak{S}_n$ oder $\mathfrak{A}_n$ zu kennzeichnen. Hier schließen wir so: Aus der Transitivität von $\mathfrak{G}$ folgt in Verbindung mit

$$g_6 \equiv 0 \pmod{5}, \quad g_9 \equiv 0 \pmod{7},$$

daß $\mathfrak{G}$ jedenfalls eine primitive Permutationsgruppe sein muß. Es gelten ferner, wie eine einfache Rechnung zeigt, die Kongruenzen

$$G_5 \equiv (x-3)(x-8)(x^3+4x^2-2x-7) \pmod{23},$$
$$G_6 \equiv (x+6)(x^2+3)(x^3-2x^2-5x+4) \pmod{23},$$
$$G_9 \equiv (x-5)(x^3+x^2+x+3)(x^5+5x^4+x^3-4x^2+3x+3) \pmod{13}.$$

Die hier auftretenden Faktoren sind nach dem zugehörigen Primzahlmodul irreduzibel. Aus dem Hilfssatz B. ergibt sich daher, daß unsere Gruppe $\mathfrak{G}$ in allen drei Fällen eine Permutation enthält, die in eine passend gewählte Potenz erhoben einen Zyklus der Ordnung 3 liefert. Eine primitive Gruppe, die einen solchen Zyklus enthält, muß aber bekanntlich die alternierende Gruppe umfassen.

Damit ist der Satz I für alle Werte von n als bewiesen anzusehen.

---

[8]) Vgl. meine Arbeit „Einige Sätze über Primzahlen mit Anwendungen auf Irreduzibilitätsfragen", I, Sitzungsberichte der Berliner Akademie 1929, S. 125–136 (§ 2). – Dort wird dieser Satz für $x \geqq 29$ ausgesprochen, er gilt aber schon für $x \geqq 24$.

[9]) Der Fall $n = 4$ ist trivial. Für $n = 7$ vgl. W. Burnside, „Theory of Groups of finite Order", Cambridge 1911, S. 214, für $n = 13$ vgl. G. A. Miller, „On the transitive substitution groups of degrees thirteen and fourteen", Quarterly Journal 29 (1898), S. 224–249.

§ 4. Beweis des Satzes II.

Auch die Hermiteschen Polynome und die aus ihnen hervorgehenden Funktionen $K_n^{(0)}$ und $K_n^{(1)}$ hängen in einfacher Weise mit den verallgemeinerten Laguerreschen Polynomen zusammen (vgl. Pólya und Szegö, a. a. O., S. 295). In den Bezeichnungen des § 2 wird

$$K_n^{(0)}(x) = F_n(x, -1, 2), \qquad K_n^{(1)}(x) = F_n(x, 1, 2).$$

Die Diskriminanten $D_n^{(0)}$ und $D_n^{(1)}$ dieser Polynome lassen sich daher mit Hilfe der Formel (7) berechnen. Es ergibt sich

$$(12) \qquad D_n^{(\varepsilon)} = 2^{\frac{n(n-1)}{2}} \prod_{\nu=2}^{n} [\nu^\nu (2\nu - 1 + 2\varepsilon)^{\nu-1}] \qquad (\varepsilon = 0, 1).$$

Für $n > 1$ kann keine dieser Zahlen eine Quadratzahl sein.

Dies läßt sich für $n < 7$ durch eine direkte Rechnung bestätigen. Ist aber $n \geqq 7$, so wende man folgende präzisere Fassung des Tschebyscheffschen Satzes an, die man Herrn Robert Breusch [10]) verdankt.

Sobald $n \geqq 7$ ist, enthält das Intervall $n < p < 2n$ wenigstens zwei Primzahlen, von denen die eine von der Form $4x - 1$, die andere von der Form $4x + 1$ ist.

Aus der Formel (12) geht hervor, daß eine Primzahl p dieses Intervalls in $D_n^{(\varepsilon)}$ genau in der Potenz $p^{\frac{p-2\varepsilon-1}{2}}$ enthalten ist. Wählt man, was nach Breusch möglich ist, $p \equiv 2\varepsilon - 1 \pmod 4$, so wird der Exponent ungerade. Folglich kann $D_n^{(\varepsilon)}$ keine Quadratzahl sein.

Hieraus folgt, daß die Galoissche Gruppe $\mathfrak{G}^{(\varepsilon)}$ der Gleichung

$$(13) \qquad K_n^{(\varepsilon)}(x) = 0 \qquad (n > 1)$$

von der alternierenden Gruppe verschieden sein muß.

Um auf diese Gleichung den Hilfssatz A. anwenden zu können, muß man die Betrachtung auf die Primzahlen des Intervalls

$$(14) \qquad \frac{2n + 2\varepsilon}{3} < p < n$$

beschränken.

Eine solche Primzahl p geht in $D_n^{(\varepsilon)}$ genau in der Potenz

$$p^p \cdot p^{\frac{p-2\varepsilon-1}{2}} = p^{\frac{3p-2\varepsilon-1}{2}}$$

auf, und der hier auftretende Exponent ist größer als $\frac{1}{2}(2n - 1)$, also mindestens gleich n. Ferner ist das konstante Glied

$$(-1)^n \cdot 1 \cdot 3 \cdot 5 \cdots (2n - 1 + 2\varepsilon)$$

von $K_n^{(\varepsilon)}$ nur durch die erste Potenz von p teilbar. Setzt man $n = p + m$, so wird

$$p + m < \frac{3p - 2\varepsilon}{2}, \quad \text{also} \quad p > 2m + 2\varepsilon.$$

Man beweist nun ohne Mühe, daß die Kongruenz

$$K_n^{(\varepsilon)}(x) \equiv x^p K_m^{(\varepsilon)}(x) \pmod p$$

gilt. Da die Diskriminante $D_m^{(\varepsilon)}$ von $K_m^{(\varepsilon)}(x)$ wegen (12) nur durch Primzahlen unterhalb $2m + 2\varepsilon$ teilbar ist, muß sie zu p teilerfremd sein. Endlich ist auch die Irreduzibilität

[10]) Die Arbeit des Herrn Breusch wird demnächst in der Mathematischen Zeitschrift erscheinen.

der Funktion $K_n^{(\varepsilon)}(x)$ gesichert. Denn der Hilfssatz D. besagt sogar, daß $K_n^{(\varepsilon)}(x^2)$ ein im Gebiet der rationalen Zahlen irreduzibles Polynom ist.

Wir sehen also, daß für die Gleichung (13) die vier Bedingungen des Hilfssatzes A. in bezug auf jede Primzahl des Intervalls (14) erfüllt sind. Folglich ist die Galoissche Gruppe $\mathfrak{G}^{(\varepsilon)}$ der Gleichung jedenfalls eine transitive Permutationsgruppe, deren Ordnung diese Primzahlen als Teiler aufweisen muß.

Existiert wenigstens eine Primzahl p, die den Bedingungen

$$\frac{2n+2\varepsilon}{3} < p < n-2 \tag{15}$$

genügt, so lehrt unser Hilfssatz in Verbindung mit dem Früheren, daß $\mathfrak{G}^{(\varepsilon)}$ mit der symmetrischen Gruppe $\mathfrak{S}_n$ übereinstimmen muß.

Auf Grund der in § 3 angeführten Regel über die Primzahlen eines Intervalls $\left(x, \frac{5x}{4}\right)$ erkennt man leicht, daß das Intervall (15) stets Primzahlen enthält, wenn nicht einer der folgenden Ausnahmefälle vorliegt:

$$\varepsilon = 0, \qquad n = 2, 3, 4, 5, 6, 7, 8, 9, 11, 12, 13,$$
$$\varepsilon = 1, \qquad n = 2, 3, 4, 5, 6, 7, 8, 9, 10, 11, 12, 13, 19.$$

Diese Fälle $n = 2$ und $n = 3$ führen wieder ohne weiteres auf $\mathfrak{G}^{(\varepsilon)} = \mathfrak{S}_n$. Auch die Fälle $n = 13$ und $n = 19$ bilden keine Ausnahme. Es muß nämlich bei uns

$$G_{13}^{(0)} \equiv G_{13}^{(1)} \equiv 0 \pmod{11}, \qquad G_{19}^{(1)} \equiv 0 \pmod{17}$$

sein, weil die Primzahl 11 bzw. 17 in das zugehörige Intervall (14) fällt. Abgesehen von der symmetrischen und der alternierenden Gruppe existiert aber keine transitive Permutationsgruppe des Grades 13 oder 19, deren Ordnung den Teiler 11 oder 17 aufweist. Für $n = 13$ habe ich das schon auf S. 56 benutzt, für $n = 19$ folgt die Richtigkeit der Behauptung aus den Ergebnissen von E. Martin [11]) über primitive Permutationsgruppen des Grades 18.

Ebenso erledigt sich auch der Fall $\varepsilon = 0$, $n = 4$ auf Grund der Bemerkung, daß $\frac{8}{3} < 3 < 4$ ist und daher $G_4^{(0)}$ durch 3 teilbar sein muß.

Auf die übrigen Ausnahmefälle $n \leqq 12$ soll hier nicht eingegangen werden.

---

[11]) „On the imprimitive substitution groups of degree fifteen and the primitive substitution groups of degree eighteen", American Journal **23** (1901), S. 259–286.

Eingegangen 31. Dezember 1930.

71.

Einige Bemerkungen über die Diskriminante eines algebraischen Zahlkörpers

Journal für die reine und angewandte Mathematik 167, 264 - 269 (1932)

1. Es sei K ein algebraischer Zahlkörper des Grades n mit der Diskriminante D. Ist p eine Primzahl, so soll die höchste Potenz von p, die in D aufgeht, im folgenden stets mit p^δ bezeichnet werden.

In seinem Bericht über die Theorie der algebraischen Zahlkörper [1]) hat Herr Hilbert bewiesen, daß für Galoissche Körper K der Exponent δ unterhalb einer allein von der Gradzahl n abhängenden Schranke $\gamma(n)$ gelegen ist. Der Beweis wird von Herrn Hilbert mit Hilfe seiner Theorie der zu einem Primideal gehörenden Trägheitsgruppe erbracht. Ein expliziter Ausdruck für die Schranke $\gamma(n)$ wird nicht angegeben.

Eine Abschätzung für $\gamma(n)$ ergibt sich unmittelbar aus einem allgemeineren Satze des Herrn Hensel [2]): Ist K ein beliebiger Zahlkörper des Grades n mit der Differente $\mathfrak{d}$ und gelten für ein in der Primzahl p aufgehendes Primideal $\mathfrak{p}$ die Beziehungen [3])

$$\mathfrak{p}^e \top p, \quad p^s \top e, \quad \mathfrak{p}^d \top \mathfrak{d},$$

so ist stets

$$d \leqq se + e - 1. \tag{1}$$

Ist K insbesondere ein Galoisscher Körper, so wird bekanntlich e ein Teiler von n und $e\delta = nd$. Aus (1) folgt daher

$$\delta \leqq sn + n - \frac{n}{e}$$

und etwas weniger genau

$$\delta \leqq sn + n - 1. \tag{2}$$

Bezeichnen wir die höchste Potenz von p, durch die n teilbar ist, mit p^a, so wird wegen $e \mid n$ jedenfalls $s \leqq a$. Aus (2) ergibt sich daher

$$\delta \leqq an + n - 1, \tag{3}$$

und dies liefert, weil der Exponent a höchstens gleich $\frac{\log n}{\log p}$ sein kann, den Hilbertschen Satz in der präziseren Fassung

---

[1]) Jahresbericht der Deutschen Mathematiker-Vereinigung **4** (1897), Satz 80.

[2]) Über die Entwicklung der algebraischen Zahlen in Potenzreihen, Math. Ann. **55** (1902), S. 301—356. — Vgl. auch M. Bauer, Über die Differente eines algebraischen Zahlkörpers, Math. Ann. **83** (1921), S. 74—76; M. Bauer, Verschiedene Bemerkungen über die Differente und die Diskriminante eines algebraischen Zahlkörpers, Math. Zeitschrift **16** (1923), S. 1—12, und Ö. Ore, Bemerkungen zur Theorie der Differente, Math. Zeitschrift **25** (1926), S. 1—8.

[3]) Sind a und b zwei ganze Zahlen oder Ideale, so soll das Zeichen $a^k \top b$ zum Ausdruck bringen, daß a^k die höchste Potenz von a ist, die in b aufgeht.

(4) $$\delta \leqq \frac{n \log n}{\log 2} + n - 1.$$

2. Diese für Galoissche Körper gewonnene Ungleichung gilt auch für beliebige Körper. Das ergibt sich aus einem schönen Satz des Herrn Ore [1]), dem es gelungen ist, den größten Wert $\mu(n, p)$, den der Exponent δ für Körper n-ten Grades annehmen kann, genau zu bestimmen: Lautet die Darstellung der Zahl n im Ziffernsystem mit der Basis p

$$n = c_1 p^{a_1} + c_2 p^{a_2} + \cdots + c_r p^{a_r} \quad (1 \leqq c_\varrho \leqq p - 1),$$

so wird

$$\mu(n, p) = c_1(a_1 + 1)p^{a_1} + c_2(a_2 + 1)p^{a_2} + \cdots + c_r(a_r + 1)p^{a_r} - r.$$

Will man von dem Oreschen Satz keinen Gebrauch machen, so kann man schon aus der Ungleichung (3) eine allein von n abhängende obere Schranke für δ ableiten.

Ist nämlich K^* der zu K gehörende Galoissche Körper, so sei n^* der Grad und D^* die Diskriminante von K^*. Nimmt man an, es sei

$$p^{\delta^*} \mathrel{\top} D^*, \quad p^{a^*} \mathrel{\top} n^*,$$

so wird wegen (3)

$$\delta^* < a^* n^* + n^*.$$

Nun ist aber n^* ein Teiler von $n!$ und, da der Exponent der höchsten in $n!$ aufgehenden Potenz von p bekanntlich kleiner als $\frac{n}{p-1}$ ist, so wird

$$\delta^* < \frac{n n^*}{p - 1} + n^*.$$

Andererseits ist aber (vgl. Hilbert, a. a. O. S.206) D^* durch $D^{\frac{n^*}{n}}$ teilbar. Folglich ist für jeden Körper K

$$\delta \leqq \frac{n}{n^*}\delta^* < \frac{n^2}{p-1} + n \leqq n^2 + n.$$

3. Die Ungleichung (3) läßt sich auch ohne Benutzung des Henselschen Satzes sehr einfach beweisen. Sie folgt unmittelbar aus einer etwas allgemeineren Regel: Für einen Galoisschen Körper K läßt sich die Zahl

$$\sigma = \left[\frac{\delta}{n}\right]$$

als der größte ganzzahlige Exponent charakterisieren, für den p^σ in der Spur $S(\omega)$ jeder ganzen Zahl ω des Körpers aufgeht.

Ist nämlich wieder $\mathfrak{p}$ ein Primidealteiler von p und bedeuten $\mathfrak{p}', \mathfrak{p}'', \ldots, \mathfrak{p}^{(r-1)}$ die zu $\mathfrak{p}$ konjugierten Primideale, so wird bekanntlich

(5) $$p = (\mathfrak{p}\mathfrak{p}' \cdots \mathfrak{p}^{(r-1)})^e, \quad \mathfrak{d} = (\mathfrak{p}\mathfrak{p}' \cdots \mathfrak{p}^{(r-1)})^d \mathfrak{q},$$

wobei das Ideal $\mathfrak{q}$ zu p teilerfremd ist. Da nun

$$e\delta = nd, \quad \left[\frac{d}{e}\right] = \left[\frac{\delta}{n}\right] = \sigma$$

ist, so wird

(6) $$d = \sigma e + e', \quad 0 \leqq e' \leqq e - 1.$$

---

[1]) Existenzbeweise für algebraische Körper mit vorgeschriebenen Eigenschaften, Math. Zeitschrift 25 (1926), S. 471—489. — In neuerer Zeit hat Herr W. R. Thompson, On the possible forms of discriminants of algebraic fields I, American Journal of Mathematics 53 (1931), S. 81—90, auf Grund der Oreschen Untersuchungen sogar alle für δ in Betracht kommenden Werte angegeben.

Aus (5) folgt nun

$$\mathfrak{d} = p^{\sigma}(\mathfrak{p}\mathfrak{p}' \cdots \mathfrak{p}^{(r-1)})^{e'}\mathfrak{q},$$

und diese Gleichung setzt in Evidenz, daß p^{σ} die höchste Potenz von p bedeutet, durch die $\mathfrak{d}$ teilbar ist. Das ist identisch mit der Aussage, daß $\frac{1}{p^{\sigma}}$ die höchste Potenz von $\frac{1}{p}$ ist, die unter den Zahlen des gebrochenen Ideals $\frac{1}{\mathfrak{d}}$ vorkommt. Nach Dedekind ist aber $\frac{1}{\mathfrak{d}}$ nichts anderes als die Gesamtheit aller Zahlen ξ des Körpers K, für die $S(\xi\omega)$ einen ganzzahligen Wert erhält, wie auch die ganze Zahl ω in K gewählt wird. Da für $\xi = \frac{1}{p^{\sigma}}$

$$S(\xi\omega) = \frac{1}{p^{\sigma}} S(\omega)$$

ist, so erkennen wir, daß die Zahl σ die erwähnte Eigenschaft besitzt.

Insbesondere muß p^{σ} in $S(1) = n$ aufgehen. Wegen $p^{a} \top n$ muß also $\sigma \leqq a$ sein. In Verbindung mit der Formel (6) erhalten wir

$$\sigma n \leqq \delta = \sigma n + \frac{ne'}{e} \leqq \sigma n + n - \frac{n}{e} \leqq an + n - 1. \tag{7}$$

4. Die von Herrn Ore für beliebige Körper K gelöste Aufgabe, den größten Wert zu bestimmen, den der Exponent δ annehmen kann, wenn der Grad n und die Primzahl p vorgeschriebene Werte haben, ist für Galoissche Körper noch nicht erledigt. Daß die obere Schranke $an + n - 1$ im allgemeinen nicht das gesuchte Maximum liefert, folgt schon aus den Bemerkungen, die Herr M. Bauer (Math. Zeitschrift, Bd. 16, S. 4) über das Auftreten des Falles

$$d = se + e - 1$$

bei Galoisschen Körpern veröffentlicht hat. Es sollen hier noch einige Ergänzungen hinzugefügt werden.

Soll bei einem Galoisschen Körper

$$\delta = an + n - 1 \tag{8}$$

sein, so muß, wie aus (7) folgt,

$$e = n, \quad \sigma = s = a \tag{9}$$

sein. Dies erfordert offenbar, daß

$$p = \mathfrak{p}^{n}, \quad N(\mathfrak{p}) = p \tag{10}$$

wird.

Die Zahlen n und p müssen folgenden Bedingungen genügen:

1. Die Zahl an muß durch $p - 1$ teilbar sein.

2. Setzt man $n = p^{a}m$, so muß m ein Teiler von $p - 1$ sein.

Das erstere findet sich schon bei M. Bauer a. a. O. Das zweite folgt noch einfacher aus derselben Quelle. In jedem Fall ist nach Hilbert der Exponent e die Ordnung der zum Primideal gehörenden Trägheitsgruppe $\mathfrak{T}$ und die Potenz p^{s} die Ordnung der Verzweigungsgruppe $\mathfrak{V}$. Außerdem ist der Index von $\mathfrak{V}$ in bezug auf $\mathfrak{T}$ ein Teiler von $N(\mathfrak{p}) - 1$. In unserem Fall liefert dies wegen (9) und (10) die angegebene Forderung für die Zahl m.

Diese beiden Bedingungen sind aber noch nicht ausreichend, um die Existenz eines

Galoisschen Körpers n-ten Grades mit der Eigenschaft (8) behaupten zu können. Dies zeigt das Beispiel

$$n = 9, \quad p = 3.$$

Der zu betrachtende Körper müßte (wie in jedem Falle $n = p^2$) ein Abelscher sein. Die Abelschen Körper K, die für eine vorgegebene Primzahl p der Forderung (8) genügen, lassen sich aber genau bestimmen:

Man verstehe unter E_h den durch eine primitive h-te Einheitswurzel erzeugten Kreisteilungskörper. Für $p > 2$ hat man, wenn n ein beliebiger Teiler von $p - 1$ ist, den Teilkörper n-ten Grades T von E_p zu bilden und für jede zu p teilerfremde positive Zahl r die Teilkörper K des Grades n von E_{pr} zu bestimmen, die der Bedingung $KE_r = TE_r$ genügen [1]). Ist ferner $p = 2$, so mögen, wenn a eine beliebige positive ganze Zahl ist, T_1 und T_2 die beiden von E_{2^a+1} verschiedenen Teilkörper des Grades 2^a von E_{2^a+2} bedeuten. Für jede ungerade Zahl r hat man alsdann diejenigen in $E_{2^a+2,r}$ enthaltenen Körper K des Grades 2^a aufzustellen, für die entweder $KE_r = T_1E_r$ oder $KE_r = T_2E_r$ wird.

Daß die hier aufgezählten Kreiskörper K die einzigen Abelschen Körper der verlangten Art sind, erkennt man ohne Mühe auf Grund bekannter Ergebnisse über die Diskriminanten der Kreiskörper. Der Beweis soll hier nicht näher ausgeführt werden.

5. Durch den Satz über Abelsche Körper erledigt sich zugleich der Fall $a = 0$. Denn soll für einen Galoisschen Körper K, dessen Grad n zu p teilerfremd ist, $\delta = n - 1$ sein, so muß wegen $p = \mathfrak{p}^n$ die Galoissche Gruppe $\mathfrak{G}$ von mit der zu dem Primideal $\mathfrak{p}$ gehörenden Trägheitsgruppe $\mathfrak{T}$ übereinstimmen und die Verzweigungsgruppe (wegen $a = 0$) die Ordnung 1 besitzen. Dann ist aber $\mathfrak{T} = \mathfrak{G}$ nach Hilbert eine zyklische Gruppe, also K ein zyklischer Körper.

Soll ferner $a = 1$ sein, so führen die beiden in Nr. 4 aufgestellten Bedingungen nur auf den Fall

$$n = p(p - 1).$$

Es gibt unendlich viele Galoissche Körper dieses Grades, für die (8) gilt, also $\delta = 2n - 1$ wird.

Ist nämlich c eine beliebige zu p teilerfremde ganze rationale Zahl, so betrachte man die im Gebiete R der rationalen Zahlen irreduzible Gleichung

$$x^p = cp. \tag{11}$$

Der zugehörige Galoissche Körper K wird, wenn ξ eine Wurzel der Gleichung und ζ eine primitive p-te Einheitswurzel bedeutet, durch ξ und ζ erzeugt. Sein Grad n ist gleich $p(p - 1)$.

Setzt man

$$\vartheta = \frac{(1-\zeta)\xi^{p-1}}{p}, \quad (1-\zeta)^{p-1} = p\varepsilon,$$

so wird ε eine Einheit des Körpers $R(\zeta)$. Wir erhalten

$$\vartheta^{p^2-p} = p\varepsilon^p c^{p^2-2p+1}, \tag{12}$$

woraus insbesondere folgt, daß ϑ eine ganze algebraische Zahl ist. Versteht man unter $\mathfrak{p}$ das Ideal (ϑ, p) des Körpers K, so lehrt uns die Gleichung (12) ferner, daß $p = \mathfrak{p}^n$, also

[1]) Unter dem Produkt zweier Zahlkörper A und B hat man hierbei, wie oft üblich ist, den durch die Zahlen von A und B erzeugten Körper zu verstehen.

$\mathfrak{p}$ ein Primideal sein muß. Zugleich ergibt sich, daß ϑ nur durch die erste Potenz von $\mathfrak{p}$ teilbar ist.

Hieraus schließt man in bekannter Weise, daß die n Zahlen

$$1, \vartheta, \vartheta^2, \ldots, \vartheta^{n-1}$$

im Gebiete R mod. p linear unabhängig sein müssen. Dies zeigt, daß ϑ in R einer irreduziblen (ganzzahligen) Gleichung

$$f(x) = x^n + a_1 x^{n-1} + \cdots + a_{n-1} x + a_n = 0$$

genügt, deren Diskriminante Δ sich von der Diskriminante D des Körpers K nur um einen zu p teilerfremden Faktor unterscheidet. Um also die höchste Potenz p^δ der Primzahl p zu finden, die in D aufgeht, hat man nur die analoge Aufgabe für

$$(13) \qquad \Delta = \pm N(f'(\vartheta))$$

zu lösen.

Setzt man

$$f(x) = \prod_{\nu=0}^{n-1} (x - \vartheta_\nu), \qquad (\vartheta_0 = \vartheta)$$

so folgt aus (12) für jedes ν, daß $\vartheta_\nu^{p^2-p}$ durch p, also ϑ_ν durch $\mathfrak{p}$ teilbar sein muß. Daher sind die Koeffizienten $a_1, a_2, \ldots, a_n$ durch p teilbare ganze Zahlen. Außerdem ist

$$\vartheta^p = \frac{(1-\zeta)^p (cp)^{p-1}}{p^p}$$

eine Größe des Körpers $R(\zeta)$, die also in R einer Gleichung des Grades $p-1$ genügt. Wir erkennen demnach, daß $f(x)$ von der Form

$$f(x) = x^{p^2-p} + p b_1 x^{p^2-2p} + \cdots + p b_{p-2} x^p + p b_{p-1}$$

sein muß, wobei $b_1, b_2, \ldots, b_{p-1}$ ganze rationale Zahlen bedeuten.

Dies liefert aber

$$f'(x) = (p^2 - p) x^{p^2-p-1} + p^2 g(x),$$

wo auch $g(x)$ ein ganzzahliges Polynom ist. Folglich ist wegen $p = \mathfrak{p}^n$

$$f'(\vartheta) \equiv (p^2 - p)\vartheta^{p^2-p-1} \pmod{\mathfrak{p}^{2n}} \qquad (n = p^2 - p),$$

also genau durch die Potenz

$$\mathfrak{p}^n \cdot \mathfrak{p}^{n-1} = \mathfrak{p}^{2n-1}$$

des Primideals $\mathfrak{p}$ teilbar. Da bei uns $N(\mathfrak{p}) = p$ ist, folgt aus (13), daß für den Körper K in der Tat $\delta = 2n - 1$ wird.

Dies gilt für jede zu p teilerfremde ganze Zahl c. Ist c insbesondere eine von p verschiedene Primzahl, so schließt man in bekannter Weise, daß die Diskriminante D des zugehörigen Körpers $K = K^{(q)}$ von der Form $\pm p^k q^l$ mit $l > 0$ sein muß. Die Körper

$$K^{(2)}, K^{(3)}, \ldots, K^{(q)}, \ldots \qquad (q \neq p)$$

liefern daher unendlich viele voneinander verschiedene Galoissche Körper des Grades $n = p^2 - p$ mit $\delta = 2n - 1$.

6. Die einfache Überlegung, die in dem Falle $K = R(\xi, \zeta)$ zur Bestimmung des Exponenten δ geführt hat, legt noch eine weitere Bemerkung nahe.

Es sei p eine Primzahl und $n = p^a m$ eine vorgegebene positive ganze Zahl mit zu p teilerfremdem m, wobei der Exponent a auch gleich Null sein darf. Man betrachte eine ganzzahlige Gleichung

$$F(x) = x^n + c_1 x^{n-1} + \cdots + c_{n-1} x + c_n = 0,$$

deren Koeffizienten folgenden Bedingungen genügen:

1. Es ist $p \top c_n$, d. h. c_n ist durch p, aber nicht durch p^2 teilbar.
2. Für $\nu \neq n$ ist c_ν durch p und $(n-\nu)c_\nu$ durch p^{a+1} teilbar.

Die Gleichung ist nach Eisenstein in R irreduzibel. Ist α eine Wurzel der Gleichung, so wird, wie schon Herr Perron [1]) für beliebige, dem Eisensteinschen Kriterium genügende Gleichungen gezeigt hat, im Körper $K = R(\alpha)$ das Ideal $(\alpha, p) = \mathfrak{p}$ ein Primideal ersten Grades, dessen n-te Potenz gleich p ist. Hieraus folgt wieder, daß die Diskriminante D des Körpers K die Primzahl p in derselben Potenz p^δ enthält wie die Diskriminante

$$\Delta = \pm N(F'(\alpha)) \tag{14}$$

der Gleichung. Auf Grund der gemachten Voraussetzungen wird aber

$$F'(x) \equiv n x^{n-1} \pmod{p^{a+1}},$$

also

$$F'(\alpha) \equiv p^a m \alpha^{n-1} \pmod{\mathfrak{p}^{an+n}}.$$

Da hier die rechts stehende Zahl genau durch $\mathfrak{p}^{an+n-1}$ teilbar ist, gilt dasselbe auch für $F'(\alpha)$. Das liefert wegen (14) in Verbindung mit $p = \mathfrak{p}^n$

$$\delta = an + n - 1.$$

Auf Grund der früheren Resultate über das Auftreten dieses Falles bei Galoisschen Körpern ergibt sich insbesondere:

Ist nicht gleichzeitig $p-1$ durch m und an durch $p-1$ teilbar oder liegt der Fall $p = 3, n = 9$ vor, so kann eine Gleichung $F(x) = 0$ der hier betrachteten Art niemals eine Galoissche Gleichung sein.

Allgemeinere Klassen von Gleichungen, die diese Eigenschaft aufweisen, liefern die weitergehenden Methoden der Herren Bauer und Ore. Herrn Bauer und anderen Autoren ist es bekanntlich sogar gelungen, allein mit Hilfe von Kongruenzbedingungen Gleichungen ohne Affekt zu konstruieren. Der hier behandelte Fall scheint mir aber als besonders einfaches und leicht zugängliches Beispiel einiges Interesse zu verdienen.

---

[1]) Über eine Anwendung der Idealtheorie auf die Frage nach der Irreduzibilität algebraischer Gleichungen, Math. Ann. 60 (1905), S. 448—458.

Eingegangen 31. August 1931.

72.

Untersuchungen über algebraische Gleichungen. I: Bemerkungen zu einem Satz von E. Schmidt

Sitzungsberichte der Preussischen Akademie der Wissenschaften 1933, Physikalisch-Mathematische Klasse, 403 - 428

Im Juli 1932 hat Hr. E. Schmidt im Mathematischen Kolloquium der Berliner Universität folgenden Satz mitgeteilt:

Jeder algebraischen Gleichung

$$f(x) = a_0 + a_1 x + \cdots + a_n x^n = 0 \qquad (a_0 a_n \neq 0) \tag{1}$$

mit reellen oder komplexen Koeffizienten ordne man den Ausdruck

$$P = \frac{1}{\sqrt{|a_0 a_n|}} (|a_0| + |a_1| + \cdots + |a_n|)$$

zu. Besitzt die Gleichung r reelle Wurzeln (mehrfache Wurzeln mehrfach gezählt), so wird

$$P > e^{\frac{r^2}{cn}}, \quad \textit{also} \quad r < \sqrt{cn \log P}.$$

Hierbei bedeutet c eine von der Wahl der Gleichung unabhängige positive Konstante.

Hr. Schmidt beweist den Satz auf funktionentheoretischem Wege durch mehrfache Anwendung der Poisson-Jensenschen Formel.

Es soll hier ein neuer Beweis angegeben werden, der nur algebraische Hilfsmittel benutzt und genauere Resultate liefert.

Ich werde folgendes beweisen:

1. Für jede Gleichung ist

$$r^2 - 2r < 4n \log P.$$

2. Für $n > 6$ ist

$$r^2 < 4n \log P.$$

3. Ist a eine positive Konstante, die unterhalb 4 liegt, so lassen sich Gleichungen beliebig hohen Grades angeben, für die die Anzahl r der reellen Wurzeln der Forderung

$$r^2 > an \log P$$

genügt[1].

[1] Daß die Größenordnung $r^2 = O(n \log P)$ nicht verbessert werden kann, ist schon in der Mitteilung enthalten, die Hr. Schmidt am 14. Juli 1932 in der phys.-math. Klasse der Berliner Akademie gemacht hat (vgl. Sitzungsberichte 1932, S. 321).

Zu diesen Resultaten gelange ich, indem ich an Stelle von P den Ausdruck

$$Q = \frac{1}{|a_0 a_n|}(|a_0|^2 + |a_1|^2 + \cdots + |a_n|^2)$$

betrachte, der zu P in den Beziehungen

$$Q \leqq P^2 \leqq (n+1)Q$$

steht.

Es wird uns gelingen, für einige Klassen von Gleichungen gegebenen Grades das genaue Minimum M des Ausdrucks Q zu bestimmen und zugleich die zugehörigen »Extremalfunktionen« $f(x) = E(x)$, für die Q gleich M wird, aufzustellen. Da Q (ebenso wie P) ungeändert bleibt, wenn $f(x)$ mit einem von Null verschiedenen konstanten Faktor multipliziert wird, darf man sich auf das Studium von Extremalfunktionen der Form

$$E(x) = 1 + a_1 x + \cdots + a_n x^n$$

beschränken. Eine solche Funktion soll im folgenden als *normiert* bezeichnet werden.

Uns interessiert vor allem die Gesamtheit $\mathfrak{G}_{p,q,n}$ der Gleichungen (1) mit mindestens p positiven und q negativen reellen Wurzeln[1], wobei p und q vorgeschriebene Werte haben sollen. Das zugehörige Minimum von Q heiße $M_{p,q,n}$. Kennt man diese Zahlen für alle Tripel p, q, n (mit $p+q \leqq n$), so kann man auch das Minimum $M_{r,n}$ von Q für die Gesamtheit $\mathfrak{G}_{r,n}$ von Gleichungen n-ten Grades mit mindestens r reellen Wurzeln angeben. Denn offenbar ist $M_{r,n}$ nichts anderes als die kleinste unter den Zahlen

$$M_{r,0,n},\ M_{r-1,1,n},\ \cdots,\ M_{0,r,n}.$$

Hierbei ist zu beachten, daß die Zahlen p und q ihre Rollen vertauschen, wenn in $f(x)$ das Argument x durch $-x$ ersetzt wird. Da Q bei dieser Substitution ungeändert bleibt, wird

$$M_{p,q,n} = M_{q,p,n}.$$

Man darf sich daher auf den Fall $p \geqq q$ beschränken.

Unser Hauptresultat lautet:

I. *Man verstehe unter k_ν den Bruch*

$$k_\nu = \frac{n+\nu}{n-\nu} \qquad (\nu = 1, 2, \cdots, n-1)$$

[1] Auch hier sind mehrfache Wurzeln mehrfach zu zählen.

und bilde für $p \geqq q$ die Ausdrücke

$$K_{p,0,n} = k_1\, k_2 \cdots k_{p-1}, \qquad (p \geqq 2)$$

$$K_{p,q,n} = \frac{k_1\, k_2 \cdots k_{p+q-1}}{k_{p-q+1}\, k_{p-q+3}\, k_{p-q+5} \cdots k_{p+q-1}}. \qquad (q \geqq 1)$$

Außerdem sei

$$K_{q,p,n} = K_{p,q,n}, \quad K_{0,0,n} = K_{1,0,n} = 1.$$

Es wird dann für $p \geqq q$

$$M_{p,q,n} = 2K_{p,q,n} \quad \text{oder} \quad M_{p,q,n} = 2K_{p,q+1,n},$$

je nachdem die Differenz $n-p-q$ gerade oder ungerade ausfällt.

Es wird uns auch gelingen, die zugehörigen Extremalfunktionen explizit anzugeben (§ 4).

Aus I wird sich ohne Mühe ergeben:

II. *Die Minima $M_{r,n}$ sind nach folgender Regel zu bestimmen:*

Es wird $M_{r,n} = 2$ für $r \leqq 1$ und für $r = 2$ bei geradem n. In allen übrigen Fällen hat man

$$M_{r,n} = 2\prod{}' \frac{n+\mu}{n-\mu}$$

zu setzen, wo μ diejenigen Zahlen des Intervalls $1, 2, \cdots, r-1$ zu durchlaufen hat, die mod. 2 der Zahl n kongruent sind.

III. *Besitzt die Gleichung (1) mindestens p positive und q negative reelle Wurzeln, so wird*

$$p^2 + q^2 - p - q \leqq n \log \frac{Q}{2} \quad \text{oder} \quad p^2 + q^2 - |p-q| \leqq n \log \frac{Q}{2},$$

je nachdem $n-p-q$ gerade oder ungerade ist. Weiß man, daß die Gleichung mindestens r reelle Wurzeln besitzt, so wird

$$r^2 - 2r \leqq 2n \log \frac{Q}{2}.$$

Für $n > 6$ wird

$$r^2 < 2n \log Q,$$

und es läßt sich für keine Konstante $a < 2$ eine Zahl N angeben, von der behauptet werden kann, daß für $n > N$ stets $r^2 < a\, n \log Q$ wird.

§ 1.

Eine Verallgemeinerung des Problems.

Ist

$$\xi = \varrho e^{i\vartheta}$$

eine Wurzel der Gleichung (1) und setzt man

$$f(x) = (x-\xi)(b_0 + b_1 x + \cdots + b_{n-1} x^{n-1}),$$

so wird

$$a_\nu = b_{\nu-1} - \xi b_\nu \qquad (b_{-1} = b_n = 0)$$

und

$$(2) \qquad Q = \frac{1}{|b_0 b_{n-1}|\varrho}(A + B\varrho + A\varrho^2)$$

mit

$$A = \sum_{\lambda=0}^{n-1} |b_\lambda|^2, \quad B = -2 \sum_{\nu=1}^{n-1} \Re(b_{\nu-1}\bar{b}_\nu e^{-i\vartheta})$$

Läßt man nun ϱ alle positiven Zahlen durchlaufen, ohne daß die Größen $b_0, b_1, \ldots, b_{n-1}$ und ϑ ihre Werte ändern, so erhält (2) seinen kleinsten Wert für $\varrho = 1$. Hieraus folgt:

IV. *Hält man einige Wurzeln der Gleichung $f(x) = 0$ fest und läßt man die übrigen Wurzeln längs vorgeschriebener, vom Nullpunkt ausgehender Halbstrahlen wandern, so erhält der Ausdruck Q seinen kleinsten Wert, wenn die sich ändernden Wurzeln auf den Einheitskreis fallen.*

Dies zeigt insbesondere, daß wir uns bei unserer Aufgabe, die Minima $M_{p,q,n}$ zu bestimmen, auf das Studium von Funktionen der Form

$$f(x) = (1-x)^p (1+x)^q \varphi(x)$$

beschränken können, wobei noch vorausgesetzt werden darf, daß in

$$(3) \qquad \varphi(x) = c_0 + c_1 x + \cdots + c_m x^m \qquad (m = n - p - q)$$

die Koeffizienten c_0 und c_m der Bedingung

$$(4) \qquad c_0 = 1, \quad |c_m| = 1$$

genügen[1].

Es liegt nun nahe, die Aufgabe allgemeiner zu fassen. Man denke sich ein Polynom

$$g(x) = \gamma_0 + \gamma_1 x + \cdots + \gamma_r x^r \qquad (\gamma_0 = 1, \ \gamma_r \neq 0)$$

gegeben und betrachte die Gesamtheit der durch $g(x)$ teilbaren Funktionen

$$f(x) = \sum_{\nu=0}^{n} a_\nu x^\nu = g(x)\varphi(x).$$

Es soll das Minimum $M_n(g)$ der zugehörigen Ausdrücke Q bestimmt werden.

Hierbei kann man sich wegen IV auf den Fall beschränken, daß die Nullstellen von $\varphi(x)$ auf dem Einheitskreis liegen. Insbesondere darf also, wenn $\varphi(x)$ die Form (3) hat (mit $m = n - r$), wieder angenommen werden, daß die Forderungen (4) erfüllt sind.

[1] Es empfiehlt sich nicht, von vornherein zu verlangen, daß die Nullstellen von $\varphi(x)$ auf dem Einheitskreis liegen sollen.

Um zu einer Lösung dieser Aufgabe zu gelangen, denken wir uns zunächst c_m als Größe vom absoluten Betrage 1 fest gewählt. Der Ausdruck

$$Q = \frac{1}{|\gamma_r|}\sum_{\nu=0}^{n} |a_\nu|^2$$

erscheint dann als reelle ganze rationale Funktion der $2m-2$ reellen Veränderlichen

$$u_\mu = \frac{c_\mu + \overline{c_\mu}}{2}, \quad v_\mu = \frac{c_\mu - \overline{c_\mu}}{2i}. \qquad (\mu = 1, 2, \cdots m-1)$$

Läßt man diese Größen alle reellen Zahlen durchlaufen, so wird Q ein wohlbestimmtes Minimum $M_n(g, c_m)$ besitzen. Für jede Extremalfunktion $f(x)$ werden die Ableitungen von Q nach den $2m-2$ Veränderlichen Null sein müssen. Unser Minimum $M_n(g)$ ist dann nichts anderes als die kleinste unter den Zahlen $M_n(g, c_m)$.

Die Rechnung gestaltet sich folgendermaßen. Es wird, wenn γ_ϱ für $\varrho < 0$ und $\varrho > r$ gleich Null gesetzt wird,

$$a_\nu = \sum_{\mu=0}^{m} c_\mu \gamma_{\nu-\mu}. \qquad (\nu = 0, 1, \cdots, n)$$

Hieraus folgt

$$\frac{\partial |a_\nu|^2}{\partial u_\mu} = \overline{a}_\nu \gamma_{\nu-\mu} + a_\nu \overline{\gamma}_{\nu-\mu}$$

$$\frac{\partial |a_\nu|^2}{\partial v_\mu} = i\overline{a}_\nu \gamma_{\nu-\mu} - i a_\nu \overline{\gamma}_{\nu-\mu}.$$

Soll also

$$\frac{\partial Q}{\partial u_\mu} = 0, \quad \frac{\partial Q}{\partial v_\mu} = 0$$

sein, so müssen die $m-1$ Gleichungen

$$(5) \qquad \sum_{\nu=0}^{n} a_\nu \overline{\gamma}_{\nu-\mu} = 0 \qquad (\mu = 1, 2, \cdots, m-1)$$

gelten.

Diese Gleichungen lassen eine einfache Deutung zu. Man setze

$$(6) \qquad g^*(x) = x^r \overline{g}\left(\frac{1}{x}\right) = \sum_{\varrho=0}^{r} \overline{\gamma}_{r-\varrho} x^\varrho$$

und bilde den Ausdruck

$$F(x) = g^* f = g g^* \varphi = \sum_{\lambda=0}^{n+r} A_\lambda x^\lambda.$$

Es wird dann

$$A_\lambda = \sum_{\nu=0}^{n} a_\nu \bar{\gamma}_{r-\lambda+\nu}.$$

Die Gleichungen (5) besagen also nur, daß die Koeffizienten

(7) $$A_{r+1}, A_{r+2}, \ldots, A_{r+m-1}$$

gleich Null werden oder, was dasselbe ist, daß $F(x)$ die Form

$$F(x) = F_1(x) + x^{m+r} F_2(x)$$

hat, wobei $F_1(x)$ und $F_2(x)$ Funktionen des Grades r bedeuten.

Mit Hilfe der A_λ läßt sich auch die Summe

$$S = |\gamma_r| Q = \sum_{\nu=0}^{n} |a_\nu|^2$$

einfach berechnen. Denn setzt man analog der Formel (6)

$$f^*(x) = x^n \bar{f}\left(\frac{1}{x}\right), \quad \varphi^*(x) = x^r \bar{\varphi}\left(\frac{1}{x}\right),$$

so wird S der Koeffizient von $x^n = x^{r+m}$ in

$$ff^* = g\varphi \cdot g^* \varphi^* = \varphi^* F.$$

Hieraus folgt aber wegen des Verschwindens der Koeffizienten (7) die für uns wichtige Formel

(8) $$S = |\gamma_r| Q = \bar{c}_0 A_r + \bar{c}_m A_{r+m}.$$

§ 2.
Berechnung der Minima $M_n(g)$.

Setzt man

$$g(x) g^*(x) = \sum_{\sigma=0}^{2r} h_\sigma x^\sigma,$$

so wird

$$h_\sigma = \sum_{\rho=0}^{r} \gamma_\rho \bar{\gamma}_{r-\sigma+\rho}.$$

Beachtet man, daß γ_ρ für $\varrho < 0$ oder $\varrho > r$ gleich Null sein soll, so darf man auch

$$h_\sigma = \sum_{\rho=0}^{\infty} \gamma_\rho \bar{\gamma}_{r-\sigma+\rho}$$

schreiben. Insbesondere läßt sich

$$h_{r+\alpha-\beta} = h_{\alpha\beta} \qquad (\alpha, \beta = 0, 1, 2, \cdots)$$

in der Form

$$h_{\alpha\beta} = \sum_{\lambda=0}^{\infty} \overline{\gamma}_{\lambda-\alpha}\gamma_{\lambda-\beta}$$

darstellen[1].

Diese Formeln setzen in Evidenz, daß die unendliche Matrix

$$H = (h_{\alpha\beta})$$

als eine Hermitesche zu bezeichnen ist. Da ferner für jedes $k \geqq 0$

$$\sum_{\alpha,\beta}{}_0^k h_{\alpha\beta}\overline{x}_\alpha x_\beta = \sum_{\lambda=0}^{r+k} |\gamma_\lambda x_0 + \gamma_{\lambda-1}x_1 + \cdots + \gamma_{\lambda-k}x_k|^2$$

wird und schon die ersten $k+1$ der hier auftretenden Linearformen (wegen $\gamma_0 = 1$) von der nicht verschwindenden Determinante

$$\begin{vmatrix} \gamma_0 & 0 & 0 \cdots 0 \\ \gamma_1 & \gamma_0 & 0 \cdots 0 \\ \cdot & \cdot & \cdot \quad \cdot \quad \cdot \\ \gamma_k & \gamma_{k-1}, & \cdots \gamma_0 \end{vmatrix}$$

sind, so gehört jeder Abschnitt von H zu einer positiven Hermiteschen Form. Daher sind die Determinanten

$$D_{k+1} = \begin{vmatrix} h_{00} & h_{01} & \cdots & h_{0k} \\ h_{10} & h_{11} & \cdots & h_{1k} \\ \cdot & \cdot & \cdot & \cdot \\ h_{k0} & h_{k1} & \cdots & h_{kk} \end{vmatrix} \qquad (k = 0, 1, 2, \cdots)$$

sämtlich von Null verschiedene (positive) Größen. In D_{k+1} sei $h_{\alpha\beta}^{(k)}$ die zu $h_{\alpha\beta}$ gehörende adjungierte Größe. Dann wird

$$h_{00}^{(k)} = h_{kk}^{(k)} = D_k$$

und

$$h_{k0}^{(k)} = \Delta_k = (-1)^k \begin{vmatrix} h_{01} & h_{02} & \cdots & h_{0k} \\ h_{11} & h_{12} & \cdots & h_{1k} \\ \cdot & \cdot & \cdot & \cdot \\ h_{k-1,1} & h_{k-1,2}, & \cdots & h_{k-1,k} \end{vmatrix}, \quad h_{0k}^{(k)} = \overline{\Delta}_k.$$

Hieraus folgt auf Grund eines bekannten Determinantensatzes

(9) $$D_k^2 - |\Delta_k|^2 = D_{k-1}D_{k+1}. \qquad (D_0 = 1)$$

---

[1] Für $|\alpha - \beta| > r$ wird $h_{\alpha\beta}$ von selbst gleich Null.

Wir kommen nun zur Diskussion der Gleichungen (5). Aus

$$F(x) = gg^*\varphi = \sum_{\lambda=0}^{n+r} A_\lambda x^\lambda, \quad \varphi(x) = \sum_{\nu=0}^{m} c_\nu x^\nu$$

folgt insbesondere

$$(10) \qquad A_{r+\mu} = \sum_{\nu=0}^{m} h_{\mu\nu} c_\nu. \qquad (\mu = 0, 1, \cdots m)$$

Die zu behandelnden Gleichungen

$$(11) \qquad A_{r+1} = 0, \quad A_{r+2} = 0, \cdots, \quad A_{r+m-1} = 0$$

liefern bei gegebenem c_m für die zu bestimmenden $m-1$ Koeffizienten $c_1, c_2, \ldots, c_{m-1}$ ebenso viele lineare Gleichungen mit der nicht verschwindenden Determinante D_{m-1}. Hieraus folgt:

1. *Bei gegebenem c_m gibt es nur eine normierte Extremalfunktion*

$$E_n(x) = g(x)\varphi_0(x),$$

für die

$$Q = M_n(g, c_m)$$

wird.

2. *Sind die Koeffizienten γ_ρ von $g(x)$ sämtlich reell und ist auch c_m reell (d. h. gleich ± 1), so sind die Koeffizienten von $E_n(x)$ sämtlich reell.*

Man kann auch den genauen Wert des Minimums $M_n(g, c_m)$ angeben. Faßt man nämlich die $m+1$ Gleichungen (10) als lineare Gleichungen für $c_0, c_1, \cdots, c_m$ auf, so bestimmen sich insbesondere c_0 und c_m mit Hilfe der Formeln

$$D_{m+1} c_0 = \sum_{\mu=0}^{m} h_{\mu 0}^{(m)} A_{r+\mu}, \quad D_{m+1} c_m = \sum_{\mu=0}^{m} h_{\mu m}^{(m)} A_{r+\mu}.$$

Dies liefert wegen (11)

$$D_{m+1} c_0 = D_m A_r + \Delta_m A_{r+m}, \quad D_{m+1} c_m = \overline{\Delta}_m A_r + D_m A_{r+m}.$$

Hieraus folgt auf Grund der Formel (9)

$$D_{m-1} A_r = c_0 D_m - c_m \Delta_m, \quad D_{m-1} A_{r+1} = c_m D_m - c_0 \overline{\Delta}_m.$$

Aus (8) ergibt sich daher

$$D_{m-1} S = (c_0 \bar{c}_0 + c_m \bar{c}_m) D_m - \bar{c}_0 c_m \Delta_m - \bar{c}_m c_0 \overline{\Delta}_m.$$

Wir erhalten also wegen $c_0 = 1$, $|c_m| = 1$

$$(12) \qquad |\gamma_r| D_{m-1} M_n(g, c_m) = 2D_m - 2\Re(c_m \Delta_m).$$

Unsere Überlegung gilt nur für $m > 1$. Für $m = 1$ liegt bei vorgegebenem c_1 überhaupt keine Minimumaufgabe vor. Man erkennt aber ohne Mühe, daß die Formel (12) auch für $m = 1$ ihre Gültigkeit behält, wenn hier unter $M_n(g, c_m)$ der zu der Funktion

$$f(x) = g(x)(1 + c_1 x)$$

gehörende Wert von Q verstanden und wieder $D_0 = 1$ gesetzt wird.

Läßt man nun in (12) die Größe c_m alle Größen vom absoluten Betrage 1 durchlaufen, so tritt folgendes ein. Für $\Delta_m = 0$ bleibt der Ausdruck konstant, für $\Delta_m \neq 0$ erhält er seinen kleinsten Wert, wenn

$$c_m \Delta_m = |\Delta_m|$$

wird.

Wir erhalten auf diese Weise eine vollständige Lösung unserer Aufgabe:

V. *Ist*

$$g(x) = \gamma_0 + \gamma_1 x + \cdots + \gamma_r x^r \qquad (\gamma_0 = 1, \gamma_r \neq 0)$$

ein gegebenes Polynom und betrachtet man die Gesamtheit der durch $g(x)$ *teilbaren Polynome* $f(x)$ *vom Grade* $n > r$, *so ist das Minimum* $M_n(g)$ *der zugehörigen Ausdrücke* Q *aus der Formel*

$$|\gamma_r| D_{m-1} M_n(g) = 2(D_m - |\Delta_m|) \qquad (m = n - r)$$

zu berechnen. Ist $\Delta_m \neq 0$, *so gibt es nur eine normierte Extremalfunktion* $E_n(x)$. *Ist dagegen* $\Delta_m = 0$, *so existieren im Gebiete der komplexen Zahlen unendlich viele normierte Extremalfunktionen. Sind die Koeffizienten von* $g(x)$ *reell, so ist im ersten Fall auch* $E_n(x)$ *ein Polynom mit reellen Koeffizienten. Im Falle* $\Delta_m = 0$ *gibt es genau zwei reelle normierte Extremalfunktionen.*

Es ist noch zu beachten, daß wegen (9)

$$|\Delta_m| = \sqrt{D_m^2 - D_{m-1} D_{m+1}}$$

gesetzt werden darf. Um also die Minima $M_n(g)$ für $n = r+1, r+2, \cdots$ zu berechnen, hat man nur die Werte der Determinanten

$$D_1, D_2, D_3, \cdots$$

zu kennen. Für $g(x) = 1 + \gamma x$ findet man z. B.

$$D_m = 1 + |\gamma|^2 + \cdots + |\gamma|^{2m}, \quad |\Delta_m| = |\gamma|^m.$$

Uns interessiert vor allem der Fall

$$g(x) = (1 - x)^p (1 + x)^q. \tag{13}$$

Für das folgende ist es von großer Wichtigkeit, daß für jedes n auch reelle Extremalfunktionen existieren. Einen einfachen direkten Beweis für diese Tatsache hat mir Herr E. Schmidt mitgeteilt, zu einer Zeit, als ich noch nicht im Besitze des Satzes V war.

Ist

$$f(x) = a_0 + a_1 x + \cdots + a_n x^n$$

ein durch (13) teilbares Polynom mit komplexen Koeffizienten, für das Q sein Minimum $M = M_{p,q,n}$ erreicht, so darf, wie wir wissen, $|a_0| = |a_n| = 1$ angenommen werden. Durch Multiplikation von $f(x)$ mit einem konstanten Faktor vom absoluten Betrage 1 kann erreicht werden, daß $a_n = \bar{a}_0$ wird. Es sei dies schon der Fall. Ist nun

$$a_\nu = a'_\nu + i a''_\nu, \qquad (\nu = 0, 1, \cdots n)$$

so sind auch die reellen Polynome

$$f_1(x) = \sum_{\nu=0}^{n} a'_\nu x^\nu, \quad f_2(x) = \sum_{\nu=0}^{n} a''_\nu x^\nu$$

durch $g(x)$ teilbar. Da M das genaue Minimum von Q sein soll, wird jedenfalls

$$(14) \qquad \begin{aligned} \sum_{\nu=0}^{n} a'^2_\nu &\geqq M\,|a'_0 a'_n| = M a'^2_0, \\ \sum_{\nu=0}^{n} a''^2_\nu &\geqq M\,|a''_0 a''_n| = M a''^2_0. \end{aligned}$$

Durch Addition folgt hieraus wegen $a'^2_0 + a''^2_0 = |a_0|^2 = 1$

$$\sum_{\nu=0}^{n} |a_\nu|^2 \geqq M.$$

Hier soll aber nach Voraussetzung das Gleichheitszeichen gelten. Folglich müssen auch die Relationen (14) Gleichungen sein. Dies zeigt, daß wenigstens eine der Funktionen $f_1(x), f_2(x)$ eine reelle Extremalfunktion liefert.

§ 3.

Eine Hilfsbetrachtung.

Um zu den expliziten Werten der Zahlen $M_{p,q,n}$ zu gelangen, hätte man nach Satz VI die zu der Funktion (13) gehörenden Determinanten $D_1, D_2, \cdots$ zu berechnen. Dies würde auf allzu umständliche Rechnungen führen.

Es soll hier ein anderer Weg eingeschlagen werden. Ich führe eine spezielle Klasse von Polynomen ein, mit deren Hilfe später für jedes Tripel p, q, n die zugehörigen Extremalfunktionen gebildet werden sollen.

Ist l eine gegebene positive ganze Zahl und bedeutet λ eine der Zahlen 0, 1, 2, $\cdots$, l, so setze ich

$$(15) \qquad R^{(0)}_{l,\lambda} = R_{l,\lambda} = (1-x)^{2l-2\lambda}(1+x)^{2\lambda}.$$

Für $k = 1, 2, \cdots l$ und $\lambda = 0, 1, \cdots l-k$ definiere ich die Polynome $R_{l,\lambda}^{(k)}$ auf Grund der Rekursionsformel

$$(16) \qquad R_{l,\lambda}^{(k)} = (2k+2\lambda-1)R_{l,\lambda}^{(k-1)} + (2l-2\lambda-1)R_{l,\lambda+1}^{(k-1)}.$$

Versteht man für jede Zahl a unter $(a)_\mu$ den Ausdruck

$$(a)_\mu = (a-1)(a-3)\cdots(a-2\mu+1), \quad (a)_0 = 1,$$

so ergibt sich aus (16) ohne Mühe für $h = 1, 2, \cdots k$

$$(17) \qquad R_{l,\lambda}^{(k)} = \sum_{\mu=0}^{h} \binom{h}{\mu} (2k+2\lambda)_{h-\mu}(2l-2\lambda)_\mu R_{l,\lambda+\mu}^{(k-h)}.$$

Insbesondere wird

$$(18) \qquad R_{l,\lambda}^{(k)} = \sum_{\mu=0}^{k} \binom{k}{\mu} (2k+2\lambda)_{k-\mu}(2l-2\lambda)_\mu R_{l,\lambda+\mu}.$$

Aus dieser Formel folgt ohne weiteres:

1. Alle Funktionen $R_{l,\lambda}^{(k)}$ sind vom Grade $2l$.
2. Die Entwicklung nach Potenzen von x ist stets symmetrisch, d. h. es ist

$$R_{l,\lambda}^{(k)}(x) = x^{2l} R_{l,\lambda}^{(k)}\left(\frac{1}{x}\right).$$

3. Die Funktion $R_{k,\lambda}^{(k)}$ ist von der Form

$$R_{l,\lambda}^{(k)} = (1-x)^{2l-2k-2\lambda}(1+x)^{2\lambda} S_{l,\lambda}^{(k)},$$

wobei $S_{l,\lambda}^{(k)}$ ein Polynom des Grades $2k$ ist, das weder für $x = 1$ noch für $x = -1$ verschwindet.

Aus der Rekursionsformel (16) ergibt sich ferner durch Induktion:

4. Für $x = 0$ erhält $R_{l,\lambda}^{(k)}$ den Wert

$$(19) \qquad r_{l,\lambda}^{(k)} = 2l(2l+2)\cdots(2l+2k-2),$$

wobei $r_{l,\lambda}^{(0)} = 1$ zu setzen ist.

Schwieriger ist es, folgendes zu beweisen:

5. *Entwickelt man $R_{l,\lambda}^{(k)}$ nach Potenzen von x, so werden* (*für $k \geqq 1$*) *die Koeffizienten von*

$$(20) \qquad x^{l-k+1}, \; x^{l-k+2}, \; \ldots, \; x^{l+k-1}$$

gleich Null.

Der Beweis ergibt sich auf Grund einer Reihe von Hilfsformeln. Zunächst folgt aus (18) ohne Mühe

$$R_{l,0}^{(l)} = 1\cdot 3\cdot 5\cdots(2l-1)\sum_{\lambda=0}^{l}\binom{2l}{2\lambda} R_{l,\lambda}.$$

Andererseits ist

$$2^{2l}(1+x^{2l}) = [(1+x)+(1-x)]^{2l} + [(1+x)-(1-x)]^{2l}$$
$$= 2\sum_{\lambda=0}^{l}\binom{2l}{2\lambda}(1-x)^{2l-2\lambda}(1+x)^{2\lambda}.$$

Dies liefert

(21) $$R^{(l)}_{l,0} = 1\cdot 3\cdot 5\cdots(2l-1)\cdot 2^{2l-1}(1+x^{2l}).$$

Hieraus folgt in Verbindung mit (17) für jedes k eine Gleichung der Form

(22) $$1+x^{2l} = \sum_{\mu=0}^{l-k} a^{(k)}_{l,\mu} R^{(k)}_{l,\mu},$$

wo $a^{(k)}_{l,\mu}$ eine wohlbestimmte positive rationale Zahl ist, deren Wert für uns ohne Bedeutung ist.

Setzt man für $\lambda+1 \leqq l-k$

$$D^{(k)}_{l,\lambda} = R^{(k)}_{l,\lambda} - R^{(k)}_{l,\lambda+1},$$

so folgt aus (16) ohne Mühe

(23) $$D^{(k)}_{l,\lambda} = (2k+2\lambda-1)D^{(k-1)}_{l,\lambda} + (2l-2\lambda-3)D^{(k-1)}_{l,\lambda+1}.$$

Ich behaupte, daß

(24) $$D^{(k)}_{l,\lambda} = -4xR^{(k)}_{l-1,\lambda}$$

wird. Diese Formel ist nämlich für $k=0$ direkt zu bestätigen. Weiß man schon, daß (24) richtig ist, wenn an Stelle von k der Index $k-1$ tritt, so folgt aus (16) und (23), daß die Formel auch für den oberen Index k gilt.

Wir kommen nun zum Beweis der Behauptung 5. Für $l=1$ haben wir nur den Ausdruck

$$R^{(1)}_{1,0} = (1-x)^2 + (1+x)^2 = 2+2x^2$$

zu betrachten. Hier trifft unsere Behauptung also zu. Sie sei schon für alle Funktionen $R^{(k)}_{l-1,\lambda}$ bestätigt. Versteht man für feste Werte k und $l \geqq k$ unter $\mathfrak{M}$ die Gesamtheit der Polynome, in deren Entwicklung nach Potenzen von x die $2k-1$ Potenzen (20) nicht vorkommen, so ist $\mathfrak{M}$ als ein *Modul* zu bezeichnen. Auf Grund der über die Ausdrücke $R^{(k)}_{l-1,\lambda}$ gemachten Voraussetzung folgt aus (24), daß

$$R^{(k)}_{l,\lambda} \equiv R^{(k)}_{k,\lambda+1} \text{ (mod. } \mathfrak{M})$$

gesetzt werden darf. Daher sind unter den $l-k+1$ Polynomen

$$R^{(k)}_{l,0},\ R^{(k)}_{l,1},\ \ldots,\ R^{(k)}_{l,l-k}$$

je zwei mod. $\mathfrak{M}$ einander kongruent. Aus (22) folgt daher, da $1 + x^{2l}$ gewiß in $\mathfrak{M}$ enthalten ist, für jedes λ

$$R_{l,\lambda}^{(k)} \sum_{\mu=0}^{l-k} a_{l,\mu}^{(k)} \equiv 0 \pmod{\mathfrak{M}}.$$

Beachtet man, daß der rechts auftretende Zahlenfaktor wegen der Positivität der $a_{l,\mu}^{(k)}$ von Null verschieden ist, so erkennt man, daß $R_{l,\lambda}^{(k)}$ in der Tat die Eigenschaft 5 besitzt.

Es ist für uns noch von Wichtigkeit, die expliziten Werte der Koeffizienten von x^{l-k} und x^{l+k} in der Entwicklung von $R_{l,\lambda}^{(k)}$ zu kennen. Bezeichnet man diese (nach 2) einander gleichen Koeffizienten mit $C_{l,\lambda}^{(k)}$, so wird für $k \geqq 1$

$$(25) \qquad (-1)^{l-k-\lambda} C_{l,\lambda}^{(k)} = r_{l,\lambda}^{(k)} K_{l-k-\lambda,\lambda,k+l}.$$

Der erste Faktor rechts ist hierbei aus der Formel (19), der zweite nach den in der Einleitung angegebenen Regeln zu bestimmen.

Man gelangt zu der Formel (25) auf folgendem Wege. Aus (21) folgt

$$(26) \qquad C_{l,0}^{(l)} = 2^{2l-1} \cdot 1 \cdot 3 \cdot 5 \cdots (2l-1).$$

Ist $k < l$, so wird wegen (16)

$$R_{l,\lambda}^{(k+1)} = (2k+2\lambda+1) R_{l,\lambda}^{(k)} + (2l-2\lambda-1) R_{l,\lambda+1}^{(k)}.$$

Auf der rechten Seite ist (nach 5) der Koeffizient von x^{l-k} gleich Null. Daher wird

$$(27) \qquad (2k+2\lambda+1) C_{l,\lambda}^{(k)} + (2l-2\lambda-1) C_{l,\lambda+1}^{(k)} = 0.$$

Andererseits liefert (24) unmittelbar

$$(28) \qquad C_{l,\lambda}^{(k)} - C_{l,\lambda+1}^{(k)} = -4 C_{l-1,\lambda}^{(k)}.$$

Aus (27) und (28) ergibt sich

$$(k+l) C_{l,\lambda}^{(k)} = -2(2l-2\lambda-1) C_{l-1,\lambda}^{(k)}.$$

Diese Formel gestattet uns, $C_{l,0}^{(l-1)}$ durch $C_{l-1,0}^{(l-1)}$, ebenso $C_{l,0}^{(l-2)}$ durch $C_{l-2,0}^{(l-2)}$ auszudrücken usw. Berechnet man die $C_{l-\nu,0}^{l-\nu}$ aus der Formel (26), so findet man insbesondere für jedes $k \geqq 1$

$$(-1)^{l-k} C_{l,0}^{(k)} = 2^{k-1} \frac{(2k)!\,(2l)!}{l!\,(k+l)!}.$$

Die Konstanten $C_{l,1}^{(k)}, C_{l,2}^{(k)}, \cdots$ lassen sich nun Schritt für Schritt mit Hilfe der Formel (27) berechnen. Eine einfache Rechnung zeigt dann, daß der sich so ergebende Ausdruck für $C_{l,\lambda}^{(k)}$ die Schreibweise (25) zuläßt.

§ 4.

Die reellen Extremalfunktionen $E_{p,q,n}$.

Wir kehren zu den Ausführungen der §§ 1 und 2 zurück. Unter $g(x)$ soll jetzt die mit Hilfe der vorgegebenen Zahlen p, q gebildete Funktion

$$g(x) = (1-x)^p(1+x)^q$$

verstanden werden. Man setze wieder

$$f(x) = \sum_{\nu=0}^{n} a_\nu x^\nu = g(x)\varphi(x), \quad \varphi(x) = \sum_{\mu=0}^{m} c_\mu x^\mu$$

mit

$$m = n-p-q, \quad c_0 = 1, \quad |c_m| = 1.$$

Bei vorgegebenem c_m gibt es, wie wir gesehen haben, nur eine Extremalfunktion $f(x)$, für die der Ausdruck Q, der in unserem Fall gleich $\sum |a_\nu|^2$ wird, seinen kleinsten Wert erreicht. Diese Funktion wurde durch die Forderung, daß in

$$F(x) = g^*(x)f(x) = \sum_{\lambda=0}^{n+p+q} A_\lambda x^\lambda$$

die Koeffizienten

$$A_{p+q+1}, \quad A_{p+q+2}, \ldots, \quad A_{p+q+m-1}$$

gleich Null sein sollen, eindeutig festgelegt. Der zugehörige Wert von Q ist in unserem Fall auf Grund der Formel (8) aus

$$Q = A_{p+q} + \bar{c}_m A_{p+q+m} \tag{29}$$

zu berechnen.

Beschränkt man sich, was für die Berechnung der Minima $M_{p,q,n}$ ausreicht, auf reelle c_μ, so hat man nur die beiden Fälle $c_m = 1$ und $c_m = -1$ zu unterscheiden. Die zugehörigen, eindeutig bestimmten Extremalfunktionen mögen mit $E^{(+)}_{p,q,n}$ und $E^{(-)}_{p,q,n}$ bezeichnet werden. Unter $E_{p,q,n}$ verstehe man diejenige unter diesen beiden Funktionen, die den kleineren Wert von Q liefert. Diese Zahl ist dann mit $M_{p,q,n}$ zu bezeichnen. Dann und nur dann, wenn $E^{(+)}_{p,q,n}$ und $E^{(-)}_{p,q,n}$ auf denselben Wert von Q führen, stehen uns zwei Funktionen $E_{p,q,n}$ zur Verfügung.

Nun wird bei uns

$$g^*(x) = (-1)^p g(x),$$

also

$$(-1)^p F(x) = (1-x)^{2p}(1+x)^{2q}\varphi(x).$$

Es handelt sich also nur noch darum, für $c_m = \pm 1$ eine Funktion dieser Gestalt vom Grade $p+q+n$ anzugeben, in der die Potenzen

$$x^{p+q+1}, \quad x^{p+q+2}, \quad \ldots, \quad x^{p+q+m-1}$$

nicht vorkommen.

Ist nun m eine gerade Zahl und $c_m = 1$, so genügt unseren Forderungen, wie aus den Ergebnissen des vorigen Paragraphen folgt, der Ausdruck

$$(-1)^p F(x) = \frac{R_{l,\lambda}^{(k)}}{r_{l,\lambda}^{(k)}}$$

für

$$2l = p+q+n, \quad l-k-\lambda = p, \quad \lambda = q,$$

d. h. für

$$l = \frac{p+q+n}{2}, \quad k = \frac{n-p-q}{2} = \frac{m}{2}, \quad \lambda = q. \tag{30}$$

Auf Grund der Formeln (25) und (29) ergibt sich zugleich als der zugehörige Wert von Q

$$Q = 2K_{p,q,n}\text{[1]}. \tag{31}$$

Für gerades m ist also

$$E_{p,q,n}^{(+)} = \frac{1}{(1-x)^p(1+x)^q} \cdot \frac{R_{l,\lambda}^{(k)}}{r_{l,\lambda}^{(k)}} \tag{32}$$

mit den Werten (30) *von k, l, λ zu setzen.*

Ich behaupte, *daß diese Funktion (für $p+q>0$) zugleich auch die gesuchte Funktion $E_{p,q,n}$ liefert.*

Denn nach Voraussetzung soll

$$E_{p,q,n}^{(-)} = (1-x)^p(1+x)^q\varphi(x), \quad \varphi(x) = 1 + c_1x + \cdots c_{m-1}x^{m-1} - x^m$$

sein. Wir wissen schon (nach Satz IV), daß die Nullstellen von $\varphi(x)$ auf dem Einheitskreis liegen müssen. Da die c_μ reell und m gerade sein sollen, muß $\varphi(x)$ für $x = 1$ und $x = -1$ verschwinden. Es ergibt sich also

$$E_{p,q,n}^{(-)} = (1-x)^{p+1}(1+x)^{q+1}\varphi_1(x),$$

[1] Die hier benutzte Formel (25) gilt nur für $k > 0$, d.h. für $n > p+q$. Die Gleichung (31) ist aber auch für $n = p+q$, d. h. für die Funktion $f(x) = g(x)$ richtig. Dies erkennt man, indem man die Summe Q der Quadrate der Koeffizienten von $(1-x)^p\,(1+x)^q$ direkt berechnet, etwa mit Hilfe der bekannten Integraldarstellung

$$Q = \frac{2^{p+q}}{2\pi}\int_0^{2\pi}(1-\cos\varphi)^p\,(1+\cos\varphi)^q\,d\varphi.$$

Auch die Formeln des vorigen Paragraphen führen ohne Mühe zum Ziele.

wo $\varphi_1(x)$ ein Polynom des Grades $m-2$ mit dem höchsten Koeffizienten 1 wird. Hieraus folgt aber offenbar

$$E^{(-)}_{p,q,n} = E^{(+)}_{p+1,q+1,n}.$$

Der zugehörige Wert von $Q^{(-)}$ ist daher aus der Formel

$$Q^{(-)} = 2K_{p+1,q+1,n}$$

zu berechnen. Eine einfache Rechnung liefert aber

$$K_{p+1,q+1,n} = \frac{n+p+q}{n-p-q} K_{p,q,n}.$$

Dies ist mit Ausnahme des Falles $p = q = 0$ größer als $K_{p,q,n}$. Im Ausnahmefall $p = q = 0$ wird.

$$E^{(+)}_{0,0,n} = 1 + x^n, \quad E^{(-)}_{0,0,n} = 1 - x^n.$$

Beide Funktionen liefern hier denselben Wert $Q = 2$.

Es sei nun $m = n - p - q$ eine ungerade Zahl. Ist

$$f(x) = (1-x)^p (1+x)^q \varphi(x)$$

ein reelles Polynom n-ten Grades, das den kleinsten Wert von Q liefert, so muß $\varphi(x)$ als reelles Polynom ungeraden Grades eine reelle Nullstelle besitzen, die nach Satz IV nur den Wert 1 oder -1 haben kann. Es darf also

$$f(x) = (1-x)^{p+1}(1-x)^q \varphi_1(x) \quad \text{oder} \quad f(x) = (1-x)^p (1-x)^{q+1} \varphi_1(x)$$

gesetzt werden, wo $\varphi_1(x)$ vom *geraden* Grad $m-1$ ist. Unter den Funktionen dieser Art führen aber, wie wir schon wissen, die Extremalfunktionen $E_{p+1,q,n}$ und $E_{p,q+1,n}$ auf die kleinsten Werte $2K_{p+1,q,n}$ und $2K_{p,q+1,n}$ des Ausdrucks Q. Nimmt man $p \geqq q$ an, so wird, wie aus der auf S. 405 angegebenen Definition der zu bildenden Zahlen hervorgeht, für $p > q$ die Zahl $K_{p,q+1}$ kleiner als $K_{p+1,q,n}$. Daher ist in diesem Fall nur eine normierte Extremalfunktion $E_{p,q,n}$ vorhanden, nämlich die aus (32) zu bestimmende Funktion

$$E^{(+)}_{p,q+1,n} = E_{p,q+1,n}.$$

Ist aber $p = q$, so wird

$$K_{p,q+1,n} = K_{p+1,q,n}.$$

In diesem Fall verfügt man also über zwei reelle Extremalfunktionen $E_{p,q,n}$. Dies ist auch von selbst klar, weil

$$f(x) = (1-x^2)^p \varphi(x) \quad \text{und} \quad f(-x) = (1-x^2)^p \varphi(-x)$$

auf denselben Wert von Q führen und bei ungeradem m nicht übereinstimmen können.

Damit ist insbesondere unser Hauptsatz I als vollständig bewiesen anzusehen.

Der Vollständigkeit wegen will ich im Falle eines geraden $m = n - p - q$ bei positivem $p+q$ die eindeutig bestimmte (normierte) Extremalfunktion $E_{p,q,n}$ explizit angeben. *Setzt man $m = 2k$, so ergibt sich aus dem Vorangehenden*

$$(33) \quad (2n-1)_k E_{p,q,n} = (1-x)^p (1+x)^q \sum_{\mu=0}^{k} \binom{k}{\mu} (m+2p)_\mu (m+2q)_{k-\mu} (1-x)^{m-2\mu} (1+x)^{2\mu},$$

wobei wieder für jedes a

$$(a)_0 = 1, \quad (a)_\mu = (a-1)(a-3)\cdots(a-2\mu+1)$$

zu setzen ist.

Hieraus folgt insbesondere, daß in diesem Falle *die Anzahl der reellen Nullstellen von $E_{p,q,n}$ genau gleich $p+q$ ist.* Denn die im (33) rechts auftretende Summe erhält für $x = 1$ und $x = -1$ von Null verschiedene Werte. Andere reelle Nullstellen kann aber $E_{p,q,n}$ nach Satz IV nicht besitzen.

Ich füge noch einige Bemerkungen über Polynome $f(x)$ mit komplexen Koeffizienten hinzu.

Nach den Ergebnissen des § 2 ist die Anzahl der zum Faktor $(1-x)^p (1+x)^q$ gehörenden normierten Extremalfunktionen im Komplexen gleich 1 oder unendlich groß, je nachdem die entsprechende Anzahl N im Reellen den Wert 1 oder 2 hat. Wir haben aber gesehen, daß N nur in den Fällen

a) $p = q = 0$, n beliebig

b) $p = q > 0$, $n \equiv p + q + 1 \pmod{2}$

von 1 verschieden ist. Eine einfache Überlegung zeigt, daß folgendes behauptet werden kann: Im ersten Fall hat jede normierte Extremalfunktion die Form $1 + \varepsilon x^n$ mit $|\varepsilon| = 1$. Im zweiten Fall sei $f_0(x)$ eine der beiden reellen normierten Extremalfunktionen. Die Gesamtheit der komplexen normierten Extremalfunktionen $f(x)$ erhält man dann, indem man für alle ε vom absoluten Betrage 1

$$f(x) = \frac{1+\varepsilon}{2} f_0(x) + \frac{1-\varepsilon}{2} f_0(-x)$$

bildet[1].

§ 5.

Die Minima $M_{r,n}$.

Um unsere Minima $M_{p,q,n}$ zu berechnen, hatten wir die beiden Fälle

$$n - p - q \equiv 0 \pmod{2}, \quad n - p - q \equiv 1 \pmod{2}$$

zu unterscheiden. Für $p \geqq q$ wird dann, wie sich ergeben hat,

$$(34) \quad M_{p,q,n} = 2K_{p,q,n}, \quad M_{p,q,n} = 2K_{p,q+1,n}.$$

[1] Es ergibt sich zugleich, daß die in § 2 eingeführte Determinante $\Delta_m = \Delta_{n-p-q}$, die zur Funktion $g(x) = (1-x)^p (1+x)^q$ gehören, nur in den beiden Ausnahmefällen a) und b) den Wert Null erhält.

Hierbei läßt sich der Ausdruck $K_{p,q,n}$ folgendermaßen charakterisieren: Es soll, wenn k_ν den Bruch

$$k_\nu = \frac{n+\nu}{n-\nu} \qquad (\nu = 1, 2, \cdots n-1)$$

bedeutet,

$$K_{p,q,n} = K_{q,p,n} = \Pi' k_\lambda \tag{35}$$

sein, wo λ die Zahlen

$$1, 2, \cdots, p+q-1$$

mit Ausnahme der q Werte

$$p-q+1, \quad p-q+3, \quad \cdots, \quad p+q-1$$

durchlaufen. Dies gilt für $p+q \geqq 2$. Außerdem ist

$$K_{0,0,n} = 1, \quad K_{1,0,n} = K_{0,1,n}$$

zu setzen.

Handelt es sich darum, bei vorgegebenem r unser Minimum $M_{r,n}$ zu berechnen, so hat man auf alle möglichen Arten r in der Form

$$r = p+q, \quad p \geqq q \geqq 0$$

zu zerlegen und die kleinste der Zahlen $M_{p,q,n}$ zu finden. Man hat auch hier die beiden Fälle

$$n \equiv r \pmod{2}, \quad n \equiv r+1 \pmod{2}$$

zu unterscheiden. Die Formel (35) setzt in Evidenz, daß der Ausdruck $K_{p,q,n}$ bei vorgegebenem $p+q$ für $p \geqq q$ mit zunehmendem q abnimmt. Hieraus schließt man leicht:

1. Für $r = 2\varrho$ wird

$$M_{r,n} = 2K_{\varrho,\varrho,n} \quad \text{oder} \quad M_{r,n} = 2K_{\varrho+1,\varrho,n},$$

je nachdem n gerade oder ungerade ist.

2. Für $r = 2\varrho+1$ wird

$$M_{r,n} = 2K_{\varrho+1,\varrho+1,n} \quad \text{oder} \quad M_{r,n} = 2K_{\varrho+1,\varrho,n},$$

je nachdem n wieder gerade oder ungerade ist.

Man überzeugt sich leicht, daß diese Formeln mit den in der Einleitung (Satz II) angegebenen übereinstimmen.

Es ergibt sich insbesondere, daß bei ungeradem $n-r$

$$M_{r,n} = M_{r+1,n}$$

gesetzt werden kann. Man darf sich demnach auf die Betrachtung gerader Differenzen $n-r$ beschränken, was ja auch für Gleichungen mit reellen Koeffizienten allein von Interesse ist.

In diesem Fall sollen auch die zugehörigen normierten reellen Extremalfunktionen angegeben werden. Aus den Ergebnissen des vorigen Paragraphen folgt ohne weiteres: Für $r = 2\varrho$, $n = 2\nu$ existiert, wenn vom trivialen Fall $r = 0$ abgesehen wird, nur eine solche Funktion, nämlich die Funktion

$$E_{r,n} = E_{\rho,\rho,n}.$$

Der Fall $r = 2\varrho + 1$, $n = 2\nu + 1$ führt auf zwei Extremalfunktionen, die Polynome $E_{\rho+1,\rho,n}$ und $E_{\rho,\rho+1,n}$, die ineinander übergehen, wenn x durch $-x$ ersetzt wird. Versteht man unter $E_{r,n}$ das Polynom $E_{\rho+1,\rho,n}$ so folgt aus der Formel (33): *Setzt man $n - r = 2k$, so wird für gerade Zahlen r und n*

$$(36)\qquad (2n-1)_k E_{r,n} = (1-x^2)^\rho \sum_{\mu=0}^{k} \binom{k}{\mu} (n)_\mu (n)_{k-\mu} (1-x)^{2k-2\mu} (1+x)^{2\mu}$$

und für ungerade Zahlen r und n

$$(36')\qquad (2n-1)_k E_{r,n} = (1-x^2)^\rho (1-x) \sum_{\mu=0}^{k} \binom{k}{\mu} (n+1)_\mu (n-1)_{k-\mu} (1-x)^{2k-2\mu} (1+x)^{2\mu}.$$

Hierbei bedeutet ϱ wie vorhin die Zahl $\frac{r}{2}$ bzw. $\frac{r-1}{2}$.

Aus diesen Formeln ergibt sich unmittelbar, daß die Funktion $E_{r,n}$ in beiden Fällen der Symmetriebedingung

$$(37)\qquad x^n E_{r,n}\left(\frac{1}{x}\right) = (-1)^{\left[\frac{r+1}{2}\right]} E_{r,n}(x)$$

genügt.

Die Funktionen $E_{r,n}$ lassen noch eine andere Darstellung zu. Zunächst ist

$$(38)\qquad E_{2\rho,2\nu}(x) = E_{\rho,0,\nu}(x^2) \qquad (\varrho > 0).$$

Dies ergibt sich so: Aus (36) folgt leicht, daß $E_{2\rho,2\nu}(x)$ eine gerade Funktion ist[1]. Setzt man $x^2 = y$, so wird

$$E_{2\rho,2\nu}(x) = 1 + b_1 y + b_2 y^2 + \cdots + b_\nu y^\nu$$

mit $|b_\nu| = 1$. Außerdem ist der Ausdruck durch $(1-y)^\rho$ teilbar und von möglichst kleiner Summe

$$1 + |b_1|^2 + |b_2|^2 + \cdots + |b_\nu|^2.$$

Durch diese Eigenschaften ist aber, wie wir wissen, die Funktion $E_{\rho,0,\nu}(y)$ eindeutig festgelegt.

[1] Dies folgt auch direkt aus der Tatsache, daß neben $E_{2\rho,2\nu}(x)$ auch $E_{2\rho,2\nu}(-x)$ als eine zum Minimum $M_{2\rho,2\nu}$ gehörende normierte Extremalfunktion zu kennzeichnen ist.

Ein Analogon zu (38) bildet die Formel

$$(38')\qquad (1-x)\,E_{2\rho+1,\,2\nu+1}(x) = E_{\rho,0,\nu+1}(x^2) - \frac{\nu+\varrho}{\nu}\,E_{\rho,0,\nu}(x^2).$$

Der weniger einfache Beweis soll hier nicht näher ausgeführt werden.

Trotz der übersichtlichen Gestalt dieser Ausdrücke für die Funktion $E_{r,n}$ scheint es schwierig zu sein, nähere Angaben über die Werte der Koeffizienten in ihrer Entwicklung nach Potenzen von x zu machen. Ich bin in dieser Hinsicht nur zu Teilresultaten gelangt. Insbesondere findet man für $r \leqq 6$

$$E_{1,2\nu+1} = 1 - x^{2\nu+1},\; E_{2,2\nu} = 1 - x^{2\nu},$$

$$E_{3,2\nu+1} = 1 + x^{2\nu+1} - \frac{1}{\nu}\sum_{\lambda=1}^{2\nu} x^{\lambda},$$

$$E_{4,2\nu} = 1 + x^{2\nu} - \frac{2}{\nu-1}\sum_{\mu=1}^{\nu-1} x^{2\mu},$$

$$E_{5,2\nu+1} = 1 - x^{2\nu+1} + \frac{1}{\nu(\nu-1}\sum_{\lambda=1}^{2\nu}\left[3\lambda - \frac{3+(-1)^{\lambda}}{2}(2\nu+1)\right]x^{\lambda}$$

$$E_{6,2\nu} = 1 - x^{\nu} + \frac{6}{(\nu-1)(\nu-2)}\sum_{\mu=1}^{\nu-1}(2\mu-\nu)\,x^{2\mu}.$$

§ 6.

Abschätzungen.

Um zu dem Schmidtschen Satz und seinem Analogon für den Ausdruck Q zu gelangen, hat man nur noch geeignete untere Schranken für die von uns bestimmten Minima $M_{r,n}$ anzugeben. Wir stützen uns hierbei auf die einfache Formel

$$(39)\qquad k_\nu = \frac{n+\nu}{n-\nu} = e^{a},\; a = \frac{2\nu}{n} + \frac{2\nu^3}{3n^3} + \cdots \qquad (1 \leqq \nu \leqq n-1)$$

Aus ihr folgt insbesondere

$$(40)\qquad k_\nu > e^{\frac{2\nu}{n}}.$$

In der Formel (35) wird, wie eine elementare Rechnung zeigt,

$$\sum{}'\lambda = p^2 + q^2 - p - q.$$

Ersetzt man rechts q durch $q+1$, so entsteht p^2+q^2-p+q. Hieraus folgt auf Grund der Formeln (34), (35) und (40)

$$M_{p,q,n} \geqq 2e^{\frac{p^2+q^2-p-q}{n}} \quad \text{oder} \quad M_{p,q,n} \geqq 2e^{\frac{p^2+q^2-(p-q)}{n}}, \qquad (p \geqq q)$$

je nachdem die Zahl $n-p-q$ gerade oder ungerade ist[1].

Ausführlicher wollen wir das Minimum $M_{r,n}$ behandeln. Da für ungerades $n-r$ die Zahl $M_{r,n}$ gleich $M_{r+1,n}$ wird, können wir uns im folgenden auf das Studium des Falles

$$r \equiv n \pmod{2}$$

beschränken.

Es wird dann insbesondere

$$M_{0,n} = M_{1,n} = M_{2,n} = 2.$$

Diese Fälle sind ohne Interesse, es sei also $r \geqq 3$. Es wird dann nach Satz III

$$M_{r,n} = \Pi' k_\mu,$$

wo μ für gerades r die geraden, für ungerades r die ungeraden Zahlen des Intervalls $1, 2, \cdots r-2$ zu durchlaufen hat. Setzt man

$$s_h = \sum{}' \mu^h, \qquad (h = 1, 2, \cdots)$$

so liefert die Formel (39)

$$(41) \qquad M_{r,n} = e^A, \quad A = \frac{2s_1}{n} + \frac{2s_3}{3n^3} + \cdots.$$

Ich gebe insbesondere die Werte von s_1 und s_3 an. Es wird

$$s_1 = \frac{r^2-2r}{4}, \quad s_3 = \frac{r^4-4r^3+r^2}{8} \quad \text{für gerade } r$$

$$s_1 = \frac{r^2-2r+1}{4}, \quad s_3 = \frac{r^4-4r^3+4r^2-1}{8} \quad \text{für ungerades } r.$$

In beiden Fällen wird demnach

$$(42) \qquad 2s_1 \geqq \frac{r^2-2r}{2}, \quad \frac{2s_3}{3} > \frac{r^4-4r^3}{12}.$$

Die Formel (41) liefert daher

$$M_{r,n} \geqq e^{\frac{r^2-2r}{2n}},$$

[1] Das Gleichheitszeichen gilt hier nur in den Fällen $p+q \leqq 2$.

wobei das Gleichheitszeichen zugelassen wird, damit auch die Fälle $r = 0, 1, 2$ keine Ausnahme bilden. Hieraus folgt, daß für jede Gleichung n-ten Grades mit r reellen Wurzeln

$$r^2 - 2r \leqq 2n \log \frac{Q}{2} \tag{43}$$

wird (vgl. Einleitung).

Für $r>4$ liefern die Formeln (41) und (42) die bessere Abschätzung

$$\frac{r^2-2r}{2n} + \frac{r^4-4r^3}{12n^3} < \log Q - \log 2\,. \tag{43'}$$

Hieraus soll gefolgert werden, daß für $n>6$ stets

$$r^2 < 2n \log Q \tag{44}$$

wird (vgl. Einleitung).

Dies folgt nämlich schon aus (43), wenn $2r<2n \log 2$ ist. Es sei also

$$r > n \log 2 > 0.69 \cdot n\,.$$

Für $n>6$ wird dann $r>4$. Aus (43) geht nun hervor, daß, damit (44) nicht gelte, sogar

$$\frac{r}{n} > \frac{r^4-4r^3}{12n^3} + \log 2$$

sein müßte. Setzt man $r = nz$, so liefert dies

$$z > \frac{r-4}{12} z^3 + \log 2\,.$$

Für $r \geqq 8$ würden wir

$$z > \frac{z^3}{3} + \log 2\,, \quad \text{d. h.} \quad z^3 - 3z + 3 \log 2 < 0$$

erhalten. Diese Relation ist aber unmöglich. Denn wegen $3 \log 2 > 2$ würde sich

$$z^3 - 3z + 2 = (z-1)^2 (z+2) < 0$$

ergeben.

Wir haben also nur noch die Fälle

$$r \leqq 7\,, \; n < \frac{r}{\log 2} \leqq \frac{7}{\log 2} < 11$$

zu behandeln. Für diese endlich vielen Ausnahmepaare r, n läßt sich die Ungleichung (44) mit Hilfe der genauen Werte der Minima $M_{r,n}$ von Q nachprüfen. Man überzeugt sich so ohne Mühe, daß (44) nur dann versagen kann, wenn $n \leqq 6$ und $r = n$ wird.

Um den Beweis des Satzes III zu Ende zu führen, hat man die Ausdrücke $M_{r,n}$ nach oben abzuschätzen.

Aus

$$2\,\mu^h < \int_{\mu}^{\mu+2} x^h\,dx$$

folgt

$$(45) \qquad 2\,s^h < \int_0^r x^h\,dx = \frac{r^{h+1}}{h+1}.$$

Wegen $r \leqq n$ und

$$\frac{1}{2} + \frac{1}{3\cdot 4} + \frac{1}{5\cdot 6} + \cdots = 1 - \frac{1}{2} + \frac{1}{3} - \frac{1}{4} + \cdots = \log 2$$

liefert daher die Formel (41)

$$(46) \qquad M_{r,n} < 2\,e^{\frac{r^2 \log 2}{n}} = 2^{\frac{r^2}{n}+1}.$$

Genauer ergibt sich auf Grund von

$$\frac{r^4}{3\cdot 4 n^3} + \frac{r^6}{5\cdot 6 n^5} + \cdots \leqq \frac{r^4}{n^3}\left[\frac{1}{3\cdot 4} + \frac{1}{5\cdot 6} + \cdots\right] < \frac{r^4}{3 n^3}$$

in Verbindung mit (41) und (45)

$$(47) \qquad \log M_{r,n} < \frac{r^2}{2n}\left[1 + \frac{2r^2}{3n^2} + \frac{2n\log 2}{r^2}\right].$$

Wählt man nun insbesondere $n \geqq 16$, so kann r so bestimmt werden, daß

$$(48) \qquad n^{\frac{3}{4}} < r < 2n^{\frac{3}{4}}, \quad r \equiv n \pmod{2}$$

wird. In (47) ergibt sich dann

$$\frac{2r^2}{3n^2} + \frac{2n\log 2}{r^2} < \frac{8n^{\frac{3}{2}}}{3n^2} + \frac{2n\log 2}{n^{\frac{3}{2}}} < \frac{5}{\sqrt{n}}.$$

Unter der Annahme (48) hat demnach die Extremalgleichung $E_{r,n} = 0$ die Eigenschaft, daß zwischen den Größen r, n und Q die Relation

$$(49) \qquad r^2 > \frac{2}{1 + \frac{5}{\sqrt{n}}} \cdot n \log Q$$

besteht.

Dies zeigt, daß auch die letzte Behauptung des Satzes III richtig ist. Man kann dieses Resultat in leicht verständlicher Fassung in der Form

$$\operatorname*{Lim\,sup}_{n \to \infty} \frac{r^2}{n \log Q} = 2$$

ausdrücken.

Operiert man mit dem Schmidtschen Ausdruck P, so erhält man auf Grund der Formeln (43), (44), (49) in Verbindung mit

$$Q \leqq P^2 \leqq (n+1) \log Q$$

die in der Einleitung angegebenen Resultate.

§ 7.

Anwendungen.

In einer interessanten Arbeit haben sich die HH. A. Bloch und G. Pólya[1] mit der Gesamtheit $\mathfrak{K}(\mu, \mu')$ der Gleichungen

$$a_0 + a_1 x + \cdots + a_n x^n = 0$$

beschäftigt, die bei vorgegebenen positiven Größen μ und μ' ($\mu' \leqq \mu$) den Bedingungen

$$(50) \qquad |a_0| \geqq \mu', \quad |a_n| \geqq \mu', \quad |a_\nu| \leqq \mu \qquad (\nu = 0, 1, 2, \cdots, n)$$

genügen. Sie haben bewiesen, daß die Anzahl r der reellen Wurzeln in $\mathfrak{K}(\mu, \mu')$ als ein $o(n)$ zu bezeichnen ist und daß genauer

$$r = O\left(\frac{n \log \log n}{\log n}\right)$$

gesetzt werden darf.

Ein wesentlich besseres Resultat liefert der Schmidtsche Satz. Da für jede Gleichung der Klasse $\mathfrak{K}(\mu, \mu')$

$$P = \frac{1}{\sqrt{|a_0 a_n|}} \sum_{\nu=0}^{n} |a_\nu| \leqq \frac{(n+1)\mu}{\mu'}$$

wird, ist r jedenfalls von der Größenordnung $O(\sqrt{n \log n})$.

Unsere Formeln (43) und (44) gestatten präzisere Abschätzungen. Wegen

$$Q = \frac{1}{|a_0 a_n|} \sum_{\nu=0}^{n} |a_\nu|^2 \leqq \frac{(n+1)\mu^2}{\mu'^2}$$

[1] *On the roots of certain algebraic equations*, Proceedings of the London Mathematical Society, Ser. 2, Band 33.

erhält man

$$(51) \qquad r^2 \leqq 2n \log(n+1) + 4n \log \frac{\mu}{\mu'},$$

wobei für $n \leqq 6$ links an Stelle von r^2 die Zahl $r^2 - 2r$ zu setzen ist.

Dies gilt nicht nur für konstante μ und μ'. Man hat hier bei $a_0 a_n \neq 0$ nur anzunehmen, daß

$$\mu = \operatorname{Max}(|a_0|, |a_1|, \cdots, |a_n|), \quad \mu' = \operatorname{Min}(|a_0|, |a_n|)$$

ist. Weiß man z. B., daß

$$\frac{\mu}{\mu'} < c(n+1)$$

ist, so wird (für $n > 6$)

$$r^2 < 6n \log(n+1) + 4n \log c.$$

Aus (51) folgt ferner, daß für eine Gleichung der Form

$$\sum_{\nu=0}^{n} b_\nu \nu^\alpha x^\nu = 0$$

mit positivem α und konstanten b_ν, die bei gegebenen Größen β, β' den Bedingungen

$$|b_0| \geqq \beta', \quad |b_n| \geqq \beta', \quad |b_\nu| \leqq \beta \qquad (\nu = 0, 1, \cdots n)$$

genügen, die Anzahl der reellen Wurzeln der Forderung

$$r^2 < (2 + 4\alpha) n \log(n+1) + 4n \log \frac{\beta}{\beta'}$$

unterliegt, sobald nur $n > 6$ wird.

Von einigem Interesse ist, es in diesem Zusammenhang das Verhalten unserer Extremalfunktionen $E_{r,n}$ weiterzuverfolgen. Aus (46) folgt unmittelbar, daß für $r^2 \leqq n$ und $r \equiv n \pmod{2}$

$$(52) \qquad M_{r,n} < 4$$

wird. Ist nun

$$E_{r,n} = a_0 + a_1 x + \cdots + a_n x^n,$$

so wird $a_0 = 1$, $|a_n| = 1$ und wegen (37)

$$|a_\nu| = |a_{n-\nu}|.$$

Für eine ungerade Zahl $n = 2\nu + 1$ liefert daher (52)

$$2(1 + |a_1| + |a_2| + \cdots + |a_\nu|) < 4.$$

Dies zeigt, daß die Gleichung $E_{r,n} = 0$ für ungerade Werte von r und n für $r^2 \leqq n$ zur Klasse $\mathfrak{K}(1, 1)$ gehört. *Es existieren also in dieser Klasse für jede ungerade Quadratzahl n Gleichungen n-ten Grades mit genau* $\sqrt{n}$ *reellen Wurzeln*[1].

Hr. E. Schmidt kann über das aus seinem hier behandelten Satz folgende Resultat hinausgehend beweisen, daß für die Gleichungen der Klasse $\mathfrak{K}(1, 1)$ die Anzahl r der reellen Wurzeln von der Größenordnung $O(\sqrt{n})$ ist, daß also eine Konstante C existiert, für die stets

$$r \leqq C\sqrt{n}$$

wird (vgl. Sitzungsberichte der Berliner Akademie, phys.-math. Klasse, 1932, S. 321). Unser Ergebnis zeigt, daß auch dann, wenn man von endlich vielen Ausnahmewerten n absehen will, die Konstante C nicht kleiner als 1 sein kann.

---

[1] In der oben zitierten Arbeit von Bloch und Pólya wird gezeigt, daß es für jedes n Gleichungen der Form

$$1 \pm x \pm x^2 \pm \cdots \pm x^n = 0$$

gibt, für die $x = 1$ eine Wurzel von der Vielfachheit

$$r \geqq \left[\sqrt{\frac{2n \log 2}{\log n}}\right] - 1$$

wird. Unsere Gleichung $E_{r,n} = 0$ ist keineswegs von dieser Form.

Ausgegeben am 30. Mai.

73.

Zur Theorie der einfach transitiven Permutationsgruppen

Sitzungsberichte der Preussischen Akademie der Wissenschaften 1933,
Physikalisch-Mathematische Klasse, 598 - 623

Man verdankt W. Burnside zwei wichtige Sätze über Permutationsgruppen:

I. *Eine transitive Permutationsgruppe, deren Grad eine Primzahl ist, muß entweder zweifach transitiv oder auflösbar sein*[1].

II. *Es sei $n = p^a$ eine von p verschiedene Potenz der Primzahl p. Enthält eine Permutionsgruppe 𝔊 des Grades n einen Zyklus P der Ordnung n, so ist 𝔊 entweder zweifach transitiv oder imprimitiv*[2].

Im Anschluß an diesen Satz spricht Burnside die Vermutung aus, daß ein analoges Resultat für jede Permutationsgruppe 𝔊 des Grades *n* gilt, die eine reguläre Abelsche Untergruppe 𝔥 der Ordnung *n* enthält[3]. In dieser Allgemeinheit trifft die Vermutung, wie schon ein einfaches Gegenbeispiel zeigt, nicht zu (§ 6). Dagegen ist sie für jede Gradzahl *n* richtig, wenn die Gruppe 𝔥 als zyklisch angenommen wird und *n* keine Primzahl ist:

III. *Enthält eine Permutationsgruppe 𝔊, deren Grad n keine Primzahl ist, einen Zyklus P der Ordnung n, so ist 𝔊 entweder zweifach transitiv oder imprimitiv.*

Der Beweis dieses so einfach klingenden Satzes gestaltet sich recht schwierig. In dem von ihm behandelten Falle einer Primzahlpotenz beweist Burnside den Satz mit Hilfe der Theorie der Gruppencharaktere, was ein Operieren mit Einheitswurzeln erfordert. Ich führe den Beweis unter Vermeidung von Irrationalitäten irgendwelcher Art. Es wird zunächst der durch die Burnsidesche Vermutung nahegelegte allgemeine Fall einer beliebigen regulären Permutationsgruppe 𝔥 studiert, die in einer umfassenderen Gruppe 𝔊 desselben Grades eingebettet ist. Hierdurch entsteht ein Zerfallen der Elemente von 𝔥 in gewisse Teilkomplexe, die ich als die primären Komplexe von 𝔥 bezeichne. Eine Hauptrolle spielt bei uns die Tatsache, daß diese Komplexe die »Ringeigenschaft« besitzen (§ 2).

---

[1] W. Burnside, *On the properties of groups of odd order*, Proceedings of the London Math. Society, Bd. XXXIII (1900), S. 174. — Vgl. auch meine Arbeit *Neuer Beweis eines Satzes von W. Burnside*, Jahresbericht der Deutschen Mathematiker-Vereinigung, Bd. 17 (1908), S. 171.

[2] W. Burnside, *Theory of Groups of Finite Order*, 2. Auflage (1911), S. 343.

[3] Die Gruppe 𝔊 muß dann offenbar transitiv sein.

Ich gewinne die primären Komplexe mit Hilfe eines durch jede Permutationsgruppe $\mathfrak{G}$ bestimmten Matrizenrings (§ 1). Man kann aber auch die genannten Komplexe auf rein gruppentheoretischem Wege definieren und die Untersuchung ohne Benutzung von Matrizen durchführen. Dies würde jedoch eine Erweiterung des Frobeniusschen Komplexkalküls erfordern, die darin besteht, daß man, wie das vielfach geschieht, die Gruppe $\mathfrak{H}$ als ein System von hyperkomplexen Größen auffaßt. Das Heranziehen des Matrizenrings schien mir auch deshalb den Vorzug zu verdienen, weil dieser Begriff bei einer Fortführung der Untersuchung gute Dienste leisten dürfte.

Der Satz III läßt bemerkenswerte Anwendungen auf andere Probleme der Gruppentheorie sowie auch auf Fragen aus der Zahlentheorie und der Analysis zu. Auf diese Anwendungen beabsichtige ich in einer später erscheinenden Arbeit einzugehen.

§ 1.

Der zu einer Permutationsgruppe gehörende Matrizenring.

Es sei $\mathfrak{G}$ eine Permutionsgruppe der Ordnung g in den Vertauschungssymbolen $1, 2, \cdots, n$. Jeder Permutation

$$S = \begin{pmatrix} \nu \\ \nu' \end{pmatrix} \qquad (\nu = 1, 2, \cdots, n) \tag{1}$$

von $\mathfrak{G}$ ordne man wie üblich die Matrix n-ten Grades

$$M = (e_{\alpha', \beta}) \qquad (\alpha, \beta = 1, 2, \cdots, n)$$

zu, wobei $e_{\varkappa\lambda}$ gleich 0 oder 1 sein soll, je nachdem $\varkappa \neq \lambda$ oder $\varkappa = \lambda$ ist.

Man betrachte nun die Gesamtheit $\mathfrak{V}$ der Matrizen

$$V = (v_{\alpha\beta}), \qquad (\alpha, \beta = 1, 2, \cdots, n)$$

die mit allen g Matrizen M vertauschbar sind. Offenbar hat $\mathfrak{V}$ die Eigenschaften eines Ringes, d. h. zugleich mit V_1 und V_2 gehören zu $\mathfrak{V}$ auch $V_1 V_2$ und $x_1 V_1 + x_2 V_2$ für beliebige konstante Größen x_1 und x_2. Im folgenden soll $\mathfrak{V}$ als *der zu der Gruppe* $\mathfrak{G}$ *gehörende Matrizenring* bezeichnet werden.

Eine einfache Rechnung liefert

$$MVM^{-1} = (v_{\alpha', \beta'}).$$

Damit also V zu $\mathfrak{V}$ gehöre, ist notwendig und hinreichend, daß für jede Permutation (1) von $\mathfrak{G}$ die n^2 Gleichungen

$$v_{\alpha\beta} = v_{\alpha'\beta'} \qquad (\alpha, \beta = 1, 2, \cdots, n) \tag{2}$$

gelten. Diese Bedingungen sind jedenfalls für die Einheitsmatrix E und die Matrix

$$W = \begin{pmatrix} 1 & 1 & \cdots & 1 \\ 1 & 1 & \cdots & 1 \\ \cdot & \cdot & \cdots & \cdot \\ 1 & 1 & \cdots & 1 \end{pmatrix}$$

erfüllt. Der Ring $\mathfrak{V}$ enthält daher sämtliche Matrizen $aE + bW$, die wegen $W^2 = nW$ einen Teilring $\mathfrak{V}_0$ von $\mathfrak{V}$ bilden. Man erkennt ohne weiteres, daß sich hieraus ein einfaches Kriterium für zweifache Transitivität ergibt:

A. *Dann und nur dann ist die Permutationsgruppe $\mathfrak{G}$ zweifach transitiv, wenn $\mathfrak{V} = \mathfrak{V}_0$ wird*[1].

Uns interessiert nur der Fall einer nicht zweifach transitiven Gruppe $\mathfrak{G}$. Der *Rang* r des Matrizenringes $\mathfrak{V}$, d. h. die Maximalanzahl linear unabhängiger Matrizen von $\mathfrak{V}$, muß dann mindestens gleich 3 sein[2].

Setzt man die Forderungen (2) für alle Permutationen S von $\mathfrak{G}$ an, so erkennt man, daß eine Matrix von $\mathfrak{V}$ nur dadurch charakterisiert ist, daß ihre n^2 Felder in r Teilkomplexe mit je einer Zahl zu besetzender Felder zerfallen. Man kann daher in $\mathfrak{V}$ eine Modulbasis

$$U_1, U_2, \cdots, U_r \tag{3}$$

angeben, die folgenden Bedingungen genügt:

1. Jeder Koeffizient der Matrix U_ρ ist 0 oder 1.

2. Jedes der n^2 Felder ist nur in einer der r Matrizen (3) mit der Zahl 1 zu besetzen.

Hieraus folgt zugleich, daß

$$U_1 + U_2 + \cdots + U_r = W \tag{4}$$

wird.

Die eindeutig bestimmte Basis (3) soll die *Hauptbasis* des Ringes $\mathfrak{V}$ heißen. Ich bezeichne ferner jedes U_ρ als ein *primäres* Element von $\mathfrak{V}$. Jeder Matrizenring, der eine Basis mit den Eigenschaften 1. und 2. besitzt und außerdem noch die Einheitsmatrix enthält, soll ein *Stammring* genannt werden. Ein solcher Ring $\mathfrak{V}$ besitzt offenbar folgende Eigenschaft:

B. *Ist $(v_{\alpha\beta})$ eine Matrix von $\mathfrak{V}$ und ersetzt man die $v_{\alpha\beta}$ durch andere Zahlen $v'_{\alpha\beta}$, ohne daß hierbei zwei einander gleiche Zahlen in voneinander verschiedene übergehen, so gehört auch die Matrix $(v'_{\alpha\beta})$ zu $\mathfrak{V}$.*

[1] Dieses Kriterium ist identisch mit einem von Frobenius und Burnside oft benutzten: Dann und nur dann ist $\mathfrak{G}$ zweifach transitiv, wenn die Gruppe der Matrizen M genau zwei irreduzible Bestandteile aufweist. Vgl. Burnside, *Theory of Groups* S. 338.

[2] Ist die Gruppe $\mathfrak{G}$ transitiv und bedeutet $\mathfrak{G}_1$ die Gesamtheit der Permutationen von $\mathfrak{G}$, die das Symbol 1 ungeändert lassen, so erkennt man leicht, daß $r-1$ die Anzahl der Transitivitätssysteme angibt, in die die Symbole $2, 3, \cdots n$ bei der Untergruppe $\mathfrak{G}_1$ zerfallen. — Hiervon soll aber im folgenden kein Gebrauch gemacht werden.

Hieraus folgt insbesondere:

C. *Es sei* $(v_{\alpha\beta})$ *eine ganzzahlige Matrix des Stammringes* $\mathfrak{V}$. *Ist k eine beliebige positive ganze Zahl, so ist auch die Matrix der nichtnegativen kleinsten Reste der* $v_{\alpha\beta}$ *mod. k in* $\mathfrak{V}$ *enthalten.*

§ 2.

Permutationsgruppen, die eine reguläre Untergruppe enthalten.

Ist $\mathfrak{G}$ eine Permutationsgruppe n-ten Grades und

$$\mathfrak{H} = H_1 + H_2 + \cdots + H_n$$

eine transitive Untergruppe der Ordnung n von $\mathfrak{G}$, so empfiehlt es sich, anstatt der Zeichen 1, 2, $\cdots$, n die n Elemente H_ν von $\mathfrak{H}$ als Vertauschungssymbole zu benutzen. Eine Permutation S von $\mathfrak{G}$ ist dann dadurch charakterisiert, daß sie jedes Element P von $\mathfrak{H}$ in ein Element P' überführt, wobei P' zugleich mit P alle Elemente von $\mathfrak{H}$ durchläuft. Wir deuten dies durch

$$P_S = P'$$

an. Ist insbesondere S in $\mathfrak{H}$ enthalten, so darf

$$P_S = PS \tag{5}$$

gesetzt werden.

Versteht man wie üblich unter e_R die Zahl 1 oder 0, je nachdem das Element R von $\mathfrak{H}$ das Einheitselement E bedeutet oder von E verschieden ist, so kann die zu der Permutation R von $\mathfrak{H}$ gehörende Matrix M in der Form

$$M = (e_{PRQ^{-1}}) \qquad (P, Q = H_1, H_2, \cdots, H_n)$$

geschrieben werden. Eine mit diesen n Matrizen vertauschbare Matrix V muß dann bekanntlich die Gestalt einer Frobeniusschen Gruppenmatrix

$$V = (v_{PQ^{-1}})$$

haben. Setzt man für jedes Element von $\mathfrak{H}$

$$R^* = (e_{R^{-1}PQ^{-1}}),$$

so wird

$$V = \Sigma v_R R^*. \qquad (R = H_1, H_2, \cdots, H_n) \tag{6}$$

Die Matrizen R^* stellen hierbei die Gruppe $\mathfrak{H}$ dar, d. h. es ist für je zwei Elemente R und S von $\mathfrak{H}$

$$(RS)^* = R^* S^*. \tag{7}$$

Ist V insbesondere eine primäre Matrix, d. h. ein Element der Hauptbasis (3) des Ringes $\mathfrak{V}$, so hat (6) die Form

$$V = R_1^* + R_2^* + \cdots + R_k^*,$$

wo $R_1, R_2, \cdots, R_k$ gewisse voneinander verschiedene Elemente des Gruppe $\mathfrak{H}$ sind. Den Komplex

$$\mathfrak{K} = R_1 + R_2 + \cdots + R_k$$

bezeichne ich dann entsprechend als einen *primären Komplex*.

Die r Matrizen der Hauptbasis unseres Ringes $\mathfrak{V}$ liefern also r wohlbestimmte Teilkomplexe

$$(8) \qquad \mathfrak{K}_1, \mathfrak{K}_2, \cdots, \mathfrak{K}_r$$

von Elementen der Gruppe $\mathfrak{H}$. Unter ihnen ist einer gleich dem Einheitselement E, und jedes Element von $\mathfrak{H}$ kommt in einem und nur einem Komplex $\mathfrak{K}_\rho$ vor. Dies folgt aus der Gleichung (4) in Verbindung mit der Tatsache, daß in unserem Fall die Matrix W gleich der Summe aller n Matrizen R^* wird. Es darf also

$$\mathfrak{K}_1 + \mathfrak{K}_2 + \cdots + \mathfrak{K}_r = \mathfrak{H}$$

gesetzt werden.

Neben den r Komplexen (8) werden wir auch Summen

$$\mathfrak{K} = \mathfrak{K}_\alpha + \mathfrak{K}_\beta + \cdots$$

mit voneinander verschiedenen Indizes $\alpha, \beta, \cdots$ zu betrachten haben. Einen solchen Komplex von Elementen der Gruppe $\mathfrak{H}$ bezeichne ich als einen *Hauptkomplex*. Sind $K_1, K_2, \cdots K_m$ die in $\mathfrak{K}$ vorkommenden Elemente von $\mathfrak{G}$, so wird die Matrix

$$(9) \qquad V = K_1^* + K_2^* + \cdots + K_m^*$$

zum Ring $\mathfrak{V}$ gehören. Setzt man wieder $V = (v_{PQ^{-1}})$, so wird v_R gleich 1 oder 0, je nachdem R in $\mathfrak{K}$ vorkommt oder nicht.

Damit nun V für jede Permutation S von $\mathfrak{G}$ mit der zugehörigen Matrix M vertauschbar sei, ist nach dem Früheren nur erforderlich, daß für je zwei Elemente P und Q von $\mathfrak{G}$

$$v_{PQ^{-1}} = v_{P'Q'^{-1}} \qquad (P' = P_S,\ Q' = Q_S)$$

wird. Dies besagt aber nur, daß $P'Q'^{-1}$ dann und nur dann im Komplex $\mathfrak{K}$ vorkommt, wenn dies für PQ^{-1} der Fall ist. Anders ausgedrückt liefert das: Ist P im Komplex $\mathfrak{K}Q$ enthalten, so liegt P' im Komplex $\mathfrak{K}Q'$. Diese Bedingung ist offenbar auch hinreichend, um $\mathfrak{K}$ als Hauptkomplex zu kennzeichnen, denn aus ihr folgt, daß die zugehörige Matrix (9) im Ring $\mathfrak{V}$ enthalten ist.

Wir wollen diese Ergebnisse zusammenfassend formulieren:

A. *Ist $\mathfrak{H}$ eine reguläre Permutationsgruppe des Grades n, so liefert jede Gruppe $\mathfrak{G}$ desselben Grades, die $\mathfrak{H}$ als Untergruppe enthält, ein Zerfallen der n Elemente von $\mathfrak{H}$ in gewisse wohlbestimmte Teilkomplexe $\mathfrak{K}_1, \mathfrak{K}_2, \cdots, \mathfrak{K}_r$. Diese Komplexe und die aus ihnen durch Addition entstehenden »Hauptkomplexe« $\mathfrak{K}$ sind dadurch charakterisiert, daß, wenn $\mathfrak{K}$ aus den Elementen $K_1, K_2, \cdots, K_m$ besteht, für jedes Element Q von $\mathfrak{H}$ und jede Permutation S von $\mathfrak{G}$*

$$(\mathfrak{K}Q)_S = \sum_{\mu=1}^{m} (K_\mu Q)_S = \mathfrak{K}Q_S \tag{10}$$

wird. Dann und nur dann ist $\mathfrak{G}$ zweifach transitiv, wenn $r = 2$ ist.

Aus der Ringeigenschaft der Matrizenmenge $\mathfrak{V}$ oder auch direkt aus (10) folgt zugleich:

B. *Jedes Produkt von Hauptkomplexen ist wieder ein Hauptkomplex.*

Im folgenden werden noch zwei einfache Regeln, deren Beweis auf der Hand liegt, eine Rolle spielen:

C. *Sind $\mathfrak{K}$ und $\mathfrak{L}$ zwei Hauptkomplexe, so ist auch ihr Durchschnitt $\mathfrak{D}$ ein Hauptkomplex.*

D. *Ist V eine Matrix des Ringes $\mathfrak{V}$, schreibt man sie in der Form (6) und ordnet die Summe nach den voneinander verschiedenen Werten der Koeffizienten v_R, so sind die hierbei auftretenden Teilkomplexe von Elementen als Hauptkomplexe zu bezeichnen.*

Von größerer Wichtigkeit ist folgender Satz, der uns eine neue, von dem Matrizenring $\mathfrak{V}$ unabhängige Definition der primären Komplexe $\mathfrak{K}_\rho$ liefert:

E. *Es sei $\mathfrak{G}_1$ die Gesamtheit derjenigen Permutationen von $\mathfrak{G}$, die das Einheitselement E von $\mathfrak{H}$ (als Vertauschungssymbol aufgefaßt) ungeändert lassen. Zerfallen bei $\mathfrak{G}_1$ die übrigen n − 1-Elemente von $\mathfrak{H}$ in die s Transitivitätssysteme*

$$\mathfrak{T}_1, \mathfrak{T}_2, \cdots, \mathfrak{T}_s,$$

so stimmen diese Systeme mit den von E verschiedenen unter unseren primären Komplexen $\mathfrak{K}_1, \mathfrak{K}_2, \cdots, \mathfrak{K}_r$ überein.

Ist nämlich $\mathfrak{K}$ ein $\mathfrak{K}_\rho$ und nicht gleich E, so liefert (10), wenn $Q = E$ und S ein beliebiges Element von $\mathfrak{G}_1$ ist, $\mathfrak{K}_S = \mathfrak{K}$. Das bedeutet aber nur, daß jedes $\mathfrak{K}_\rho$ ein $\mathfrak{T}_\sigma$ oder eine Summe von mehreren $\mathfrak{T}_\sigma$ sein muß[1]. Es ist nur noch zu zeigen, daß umgekehrt jedes System $\mathfrak{K} = \mathfrak{T}_\sigma$ für jedes Q aus $\mathfrak{H}$ und jedes S aus $\mathfrak{G}$ der Forderung (10) genügt.

[1] Weiß man bereits, daß $r = 1 + s$ sein muß, so ist unser Satz schon als bewiesen anzusehen (vgl. die Fußnote auf S. 5).

Um dies zu zeigen, beachte man zunächst folgendes: Weiß man schon, daß (10) bei beliebigem Q für zwei Permutationen $S = S_1$ und $S = S_2$ richtig ist, so wird

$$\mathfrak{K}Q_{S_1S_2} = \mathfrak{K}(Q_{S_1})_{S_2} = (\mathfrak{K}Q_{S_1})_{S_2} = ((\mathfrak{K}Q)_{S_1})_{S_2} = (\mathfrak{K}Q)_{S_1S_2},$$

d. h. (10) gilt auch für $S = S_1 S_2$. Da ferner die Forderung (10) für jede Permutation S von $\mathfrak{H}$ wegen (5) von selbst erfüllt ist und $\mathfrak{G}$ als das Produkt $\mathfrak{G}_1 \mathfrak{H}$ aufgefaßt werden kann, so hat man (10) nur noch unter der Annahme zu beweisen, daß S in $\mathfrak{G}_1$ enthalten ist.

Setzt man nun wieder

$$\mathfrak{K} = \mathfrak{T}_\sigma = \sum_{\mu=1}^{m} K_\mu,$$

so wird in unserem Kalkül offenbar

$$(11) \qquad (K_\mu Q)_S = E_{K_\mu QS}.$$

Als Element von $\mathfrak{G} = \mathfrak{G}_1 \mathfrak{H}$ kann aber QS in der Form $S_1 Q_1$ geschrieben werden, wo S_1 in $\mathfrak{G}_1$ und Q_1 in $\mathfrak{H}$ vorkommt. Wegen $E_{S_1} = E$ wird hierbei

$$(12) \qquad Q_S = E_{QS} = E_{S_1Q_1} = (E_{S_1})_{Q_1} = E_{Q_1} = Q_1$$

und, wenn $(K_\mu)_{S_1} = K_\nu$ ist,

$$(13) \qquad E_{K_\mu QS} = E_{K_\mu S_1 Q_1} = (K_\mu)_{S_1Q_1} = ((K_\mu)_{S_1})_{Q_1} = (K_\nu)_{Q_1} = K_\nu Q_1.$$

Aus den drei Relationen (11), (12) und (13) folgt aber, daß in der Tat $(\mathfrak{K}Q)_S$ durch $\mathfrak{K}Q_S$ ersetzt werden darf.

§ 3.

Ein Kriterium für Imprimitivität der Gruppe $\mathfrak{G}$.

Ein Komplex

$$(14) \qquad \mathfrak{K} = K_1 + K_2 + \cdots + K_m$$

von Elementen der Gruppe $\mathfrak{H}$ soll als *singulär* bezeichnet werden, wenn die Elemente K_μ eine von E und $\mathfrak{H}$ verschiedene Untergruppe erzeugen.

Wir können dann folgenden Satz aussprechen:

Es sei wieder $\mathfrak{G}$ eine Permutationsgruppe n-ten Grades, die eine reguläre Untergruppe $\mathfrak{H}$ desselben Grades enthält. Dann und nur dann ist die Gruppe $\mathfrak{G}$ imprimitiv, wenn sich unter den (durch $\mathfrak{G}$ bestimmten) Hauptkomplexen der Gruppe $\mathfrak{H}$ ein singulärer Komplex angeben läßt.

Ist nämlich $\mathfrak{G}$ imprimitiv und liegt irgendeine Einleitung der n Elemente von $\mathfrak{H}$ (als Vertauschungssymbole aufgefaßt) in Imprimitivitätszeilen vor, so liefert diejenige Zeile, in der das Einheitselement E vorkommt, einen Komplex (14), der folgende Eigenschaften besitzt:

1. Es ist $1<m<n$ und eins der K_μ ist gleich E.
2. Enthält der für irgendeine Permutation S von $\mathfrak{G}$ der Komplex

$$\mathfrak{K}_S = (K_1)_S + (K_2)_S + \cdots + (K_m)_S$$

mit $\mathfrak{K}$ wenigstens ein Element gemeinsam, so wird

$$\mathfrak{K}_S = \mathfrak{K}. \tag{15}$$

Da nun speziell jede Permutation S der Untergruppe $\mathfrak{G}_1$ von $\mathfrak{G}$ der Bedingung $E_S = E$ genügt, so gilt (15). Nach dem letzten Satz des vorigen Paragraphen ist daher $\mathfrak{K}$ als ein Hauptkomplex zu bezeichnen. Ferner ist für jedes der Elemente K_μ von $\mathfrak{K}$

$$E_{K_\mu} = K_\mu, \text{ also } \mathfrak{K}_{K_\mu} = \mathfrak{K}.$$

Andererseits ist aber wegen (5) und (10)

$$\mathfrak{K}_{K_\mu} = \mathfrak{K} K_\mu.$$

Folglich ist für jedes μ

$$\mathfrak{K} K_\mu = \mathfrak{K}.$$

Dies besagt aber nur, daß der Komplex $\mathfrak{K}$ die Gruppeneigenschaft besitzt[1]. Wegen $1<m<n$ liegt hier also ein singulärer Hauptkomplex vor.

Umgekehrt sei $\mathfrak{K}$ irgendein Hauptkomplex, dessen Elemente eine von E und $\mathfrak{H}$ verschiedene Untergruppe $\mathfrak{A}$ von $\mathfrak{H}$ erzeugen. Nach § 2, Satz B sind auch die Potenzen $\mathfrak{K}^2, \mathfrak{K}^3, \cdots$ Hauptkomplexe. Da bei genügend großem a die Potenz $\mathfrak{K}^a$ gleich $\mathfrak{A}$ wird[2], darf angenommen werden, daß schon $\mathfrak{K}$ selbst eine Untergruppe von $\mathfrak{H}$ ist. Die für einen Hauptkomplex $\mathfrak{K}$ geltenden Gleichungen (10) setzen aber in Evidenz, daß die Elemente jeder der $\frac{n}{m}$ zu $\mathfrak{K}$ gehörenden Nebengruppen durch jede Permutation S von $\mathfrak{G}$ in die Elemente einer Nebengruppe übergeführt werden. Es entsteht also ein Zerfallen der n Vertauschungssymbole in $\frac{n}{m}$ Imprimitivitätszeilen, d. h. die Gruppe $\mathfrak{G}$ ist imprimitiv.

§ 4.

Der allgemeine Fall einer Abelschen Gruppe $\mathfrak{H}$.

Von wesentlicher Bedeutung ist für uns folgender Satz:

A. *Es sei wieder $\mathfrak{H}$ eine reguläre Permutationsgruppe n-ten Grades, die in der Gruppe $\mathfrak{G}$ desselben Grades eingebettet ist. Ist $\mathfrak{H}$ eine Abelsche Gruppe, so haben*

[1] Diese Tatsache ist keineswegs neu, es handelt sich um eine bekannte Eigenschaft der Imprimitivitätszeilen einer regulären Permutationsgruppe.

[2] Hierbei wird mit den Komplexen nach den Regeln des Frobeniusschen Komplexkalküls operiert.

die durch $\mathfrak{G}$ bestimmten Hauptkomplexe $\mathfrak{K}$ von $\mathfrak{G}$ die Eigenschaft, daß für jede zu n teilerfremde ganze Zahl h neben

$$\mathfrak{K} = K_1 + K_2 + \cdots + K_m$$

auch

$$\mathfrak{K}^{(h)} = K_1^h + K_2^h + \cdots + K_m^h$$

ein Hauptkomplex wird.

Der Beweis kann folgendermaßen geführt werden:

1. Da offenbar

$$\mathfrak{K}^{(h)} = \mathfrak{K}^{(h+n)} = \mathfrak{K}^{(h+2n)} = \cdots$$

ist, darf h als positive ganze Zahl angenommen werden.

2. Weiß man schon, daß der Satz für jeden Hauptkomplex und für jede in n nicht aufgehende Primzahl $h = p$ richtig ist, so gilt er auch für jede zu n teilerfremde positive Zahl h. Denn ist h das Produkt der l Primzahlen $p, p', p'', \cdots$, so gehen aus einem Hauptkomplex $\mathfrak{K}$ die Hauptkomplexe

$$\mathfrak{L} = \mathfrak{K}^{(p)}, \quad \mathfrak{L}^{(p')} = \mathfrak{K}^{(pp')}, \quad \cdots$$

hervor. Nach l Schritten wird man auf $\mathfrak{K}^{(h)}$ geführt.

3. Ist $h = p$ eine Primzahl, so betrachte man die ganzzahlige Matrix

$$V = K_1^* + K_2^* + \cdots + K_m^*,$$

die, wie wir wissen, zum Matrizenring $\mathfrak{V}$ gehört. Dann ist auch die Matrix

$$V^p = (a_{PQ^{-1}}) \tag{16}$$

in $\mathfrak{V}$ enthalten. Da aber für eine Abelsche Gruppe $\mathfrak{H}$ auch die Matrizen K_μ^* wegen (7) untereinander vertauschbar sind, wird

$$V^p \equiv \sum_\mu (K_\mu^*)^p = \sum_\mu (K_\mu^p)^* = V^{(p)} \pmod{p}.$$

Beachtet man, daß für ein zu n teilerfremdes p die m Elemente K_μ^p voneinander verschieden sind, so erkennt man, daß die Matrix $V^{(p)}$ aus (16) dadurch hervorgeht, daß jede der ganzen Zahlen $a_{PQ^{-1}}$ durch ihren kleinsten positiven Rest mod. p ersetzt wird. Nach § 1, Satz C ist $V^{(p)}$ daher wieder im Ring $\mathfrak{V}$ enthalten. Dies bedeutet aber nur, daß $\mathfrak{K}^{(p)}$ ein Hauptkomplex ist.

Es kommt noch hinzu:

B. *Für jede zu n teilerfremde Zahl h geht ein primärer Komplex $\mathfrak{K}$ der Abelschen Gruppe $\mathfrak{H}$ in einen ebensolchen Komplex $\mathfrak{K}^{(h)}$ über.*

Denn genügt die ganze Zahl h' der Bedingung

$$hh' \equiv 1 \pmod{n}$$

und setzt man $\mathfrak{K}^{(h)} = \mathfrak{L}$, so wird $\mathfrak{L}^{(h')} = \mathfrak{K}$. Ließe sich daher $\mathfrak{L}$ als Summe zweier Hauptkomplexe darstellen, so würde das Analoge auch für $\mathfrak{K}$ gelten. Dies ist aber für einen primären Komplex $\mathfrak{K}$ nicht möglich.

Nimmt man an, daß die Zahl h zu n nicht teilerfremd ist, so ist der Komplex $\mathfrak{K}^{(h)}$, wenn seine Elemente nicht sämtlich gleich dem Einheitselement E sind, offenbar als ein singulärer Komplex zu bezeichnen. Ist h insbesondere eine in n aufgehende Primzahlpotenz p^ν, so gilt ferner für die zu $\mathfrak{K}$ gehörende Matrix V wieder die Kongruenz

$$V^{p^\nu} \equiv \sum_\mu (K_\mu^{p^\nu})^* \pmod{p}.$$

In Verbindung mit dem Kriterium des § 3 und dem vorhin benutzten Satz C des § 1 folgt hieraus:

C. *Ist $\mathfrak{H}$ eine Abelsche Gruppe und soll $\mathfrak{G}$ eine primitive Gruppe sein, so muß jeder primäre Komplex $\mathfrak{K}$ der Gruppe $\mathfrak{H}$ folgende Eigenschaft haben: Für jede in n aufgehende Primzahlpotenz p^ν und jedes von E verschiedene Element R von $\mathfrak{H}$ ist die Anzahl derjenigen Elemente K_μ von $\mathfrak{K}$, die der Gleichung $K_\mu^{p^\nu} = R$ genügen, eine durch p teilbare Zahl.*

§ 5.

Die rationalen Hauptkomplexe einer Abelschen Gruppe.

Läßt man h die $\varphi(n)$ zu n teilerfremden unter den Zahlen $1, 2, \cdots, n$ durchlaufen, so kann ein Hauptkomplex $\mathfrak{K}$ unserer Abelschen Gruppe $\mathfrak{H}$ die Eigenschaft haben, daß stets $\mathfrak{K}^{(h)} = \mathfrak{K}$ wird. In diesem Fall nenne ich $\mathfrak{K}$ einen *rationalen* Hauptkomplex.

Ist dies nicht der Fall, so wird es gewisse $e < \varphi(n)$ Zahlen

$$h_1, \ h_2, \cdots, h_e$$

geben, für die $\mathfrak{K}^{(h_\omega)} = \mathfrak{K}$ wird. Diese Zahlen bilden dann offenbar mod. n eine (multiplikative) Gruppe. Setzt man

$$f = \frac{\varphi(n)}{e},$$

so müssen unter den $\varphi(n)$ Komplexen $\mathfrak{K}^{(h)}$ genau f voneinander verschiedene, etwa

$$(17) \qquad \mathfrak{K}^{(a_1)}, \mathfrak{K}^{(a_2)}, \cdots, \mathfrak{K}^{(a_f)}$$

vorhanden sein. Die Summe

$$\mathfrak{S} = \mathfrak{K}^{(a_1)} + \mathfrak{K}^{(a_2)} + \cdots + \mathfrak{K}^{(a_f)},$$

die ich kurz die *Spur* von $\mathfrak{K}$ nenne, ist dann stets ein rationaler Hauptkomplex.

Geht man hierbei von einem primären Komplex $\mathfrak{K}$ aus, so sind auch die f Komplexe (17) primär. Da sie voneinander verschieden sein sollen, enthalten je zwei unter ihnen kein Element gemeinsam. Die Spur $\mathfrak{S}$ von $\mathfrak{K}$ ist ferner in dem Sinne *unzerlegbar*, daß sie nicht als Summe zweier rationaler Hauptkomplexe dargestellt werden kann. Umgekehrt ist offenbar jeder unzerlegbare rationale Hauptkomplex als die Spur eines primären Komplexes aufzufassen.

Die Anzahl der voneinander verschiedenen unter den unzerlegbaren rationalen Hauptkomplexe bezeichne ich mit s. Da insbesondere das Einheitselement E einen solchen Komplex darstellt, muß

$$2 \leqq s \leqq r$$

sein. Ist $s = 2$, so muß der von E verschiedene unzerlegbare rationale Hauptkomplex gleich der Summe $\mathfrak{M}$ der $n-1$ von E verschiedenen Elemente von $\mathfrak{H}$ sein.

Es gilt nun der Satz:

A. *Ist $\mathfrak{H}$ eine (reguläre) Abelsche Gruppe, deren Grad n keine Primzahlpotenz ist, so wird die Gruppe $\mathfrak{G}$ dann und nur dann zweifach transitiv, wenn die Zahl s den Wert 2 hat.*

Es ist offenbar nur zu zeigen, daß unter der über n gemachten Voraussetzung aus $s = 2$ auch $r = 2$ folgt. Dies ergibt sich folgendermaßen:

1. Es sei $\mathfrak{A}$ irgendeine von E und $\mathfrak{H}$ verschiedene Untergruppe der Gruppe $\mathfrak{H}$. Soll $s = 2$ sein, so müßte jeder primäre Komplex $\mathfrak{K}$ von $\mathfrak{H}$, der nicht gleich E ist, wenigstens ein Element der Gruppe $\mathfrak{A}$ enthalten. Denn wäre das nicht der Fall, so könnte auch in keinem Komplex $\mathfrak{K}^{(h)}$ für $(h, n) = 1$ ein Element von $\mathfrak{A}$ vorkommen. Dasselbe würde für die Spur $\mathfrak{S}$ von $\mathfrak{K}$ eintreten. Wir hätten daher in $\mathfrak{S}$ einen unzerlegbaren rationalen Hauptkomplex, der weder gleich E noch gleich $\mathfrak{M}$ sein kann. Dies widerspricht der Annahme $s = 2$.

2. Ist d ein Teiler der Zahl n, so verstehe man unter $\mathfrak{H}^{(d)}$ die Untergruppe von $\mathfrak{H}$, die alle Elemente R umfaßt, für welche $R^d = E$ ist. Man wähle irgendeine Zerlegung $n = ab$ der Zahl n in teilerfremde Faktoren a und b und betrachte die Untergruppen $\mathfrak{H}^{(a)}$ und $\mathfrak{H}^{(b)}$ von $\mathfrak{H}$. Die Gruppe $\mathfrak{H}^{(a)}$ hat folgende Eigenschaft: Ist

$$h' \equiv 1 \pmod{a}, \tag{18}$$

so wird für jedes Element A der Gruppe $A^{h'} = A$. Analoges gilt für $\mathfrak{H}^{(b)}$ in bezug auf die Kongruenz

$$h'' \equiv 1 \pmod{b}. \tag{19}$$

Ist nun $s = 2$, so enthält (nach 1.) jeder primäre Komplex $\mathfrak{K}$ von $\mathfrak{H}$, der nicht gleich E ist, ein Element A aus $\mathfrak{H}^{(a)}$ und ein Element B aus $\mathfrak{H}^{(b)}$. Ist daher

h' eine zu n teilerfremde Zahl, die der Bedingung (18) genügt, so enthält der primäre Komplex $\mathfrak{K}^{(h')}$ mit $\mathfrak{K}$ das Element A gemeinsam und muß daher gleich $\mathfrak{K}$ sein. Ebenso muß für jede zu n teilerfremde Zahl h'', die der Kongruenz (19) genügt, $\mathfrak{K}^{(h'')} = \mathfrak{K}$ sein. Hieraus würde aber folgen, daß auch $\mathfrak{K}^{(h'h'')} = \mathfrak{K}$ sein muß. Es ist aber jede zu n teilerfremde Zahl mod. n einem Produkt $h'\,h''$ kongruent. Dies zeigt, daß für $s = 2$ jeder primäre Komplex rational sein muß. Folglich ist $r = s = 2$.

Man beachte noch folgendes: Gehören alle Elemente eines Komplexes $\mathfrak{K}$ einer Untergruppe $\mathfrak{A}$ von $\mathfrak{H}$ an, so gilt dasselbe auch für jeden Komplex $\mathfrak{K}^{(h)}$. Hieraus folgt in unserer Terminologie, daß ein Hauptkomplex dann und nur dann als singulär zu bezeichnen ist, wenn seine Spur diese Eigenschaft besitzt. Aus dem Kriterium des § 3 ergibt sich daher:

B. *Ist $\mathfrak{H}$ eine Abelsche Gruppe, so ist die Gruppe $\mathfrak{G}$ dann und nur dann imprimitiv, wenn es unter den rationalen Hauptkomplexen von $\mathfrak{H}$ wenigstens einen singulären gibt.*

Handelt es sich nun darum, die Gesamtheit der Permutationsgruppen $\mathfrak{G}$ vom Grade n zu untersuchen, die eine gegebene reguläre Abelsche Gruppe $\mathfrak{H}$ desselben Grades enthalten und weder zweifach transitiv noch imprimitiv sind, so kann man sich, sobald n keine Primzahlpotenz ist, auf das Studium der rationalen Hauptkomplexe der Gruppe $\mathfrak{H}$ beschränken. Es ist hierbei zu beachten, daß auch die Gesamtheit dieser Komplexe offenbar die Ringeigenschaft besitzt.

§ 6.

Einige spezielle Permutationsgruppen mit regulärer Untergruppe.

Man gehe von einer beliebigen regulären Permutationsgruppe

$$\mathfrak{H} = H_1 + H_2 + \cdots + H_n$$

aus. Als Vertauschungssymbole benutze man wieder die n Elemente von $\mathfrak{H}$ und schreibe wie bis jetzt

$$H_\nu = \begin{pmatrix} P \\ PH_\nu \end{pmatrix}. \qquad (P = H_1, H_2, \cdots, H_n)$$

Eine zweite Permutationsgruppe $\mathfrak{A}$ in denselben Vertauschungssymbolen erhält man, indem man die sämtlichen Automorphismen der Gruppe $\mathfrak{H}$ ins Auge faßt und einem Automorphismus A, der H_ν in H'_ν überführt, die Permutation

$$A = \begin{pmatrix} P \\ P' \end{pmatrix}$$

zuordnet. Wir setzen hierbei auch deutlicher $P' = P_A$. Diese Permutationen lassen sämtlich das Einheitselement E von $\mathfrak{H}$ ungeändert. Die Ordnung von $\mathfrak{A}$ bezeichne man mit a.

Die Gruppen $\mathfrak{H}$ und $\mathfrak{A}$ haben nur die identische Permutation miteinander gemeinsam, ferner ist $\mathfrak{A}\,\mathfrak{H} = \mathfrak{H}\,\mathfrak{A}$. Man erhält daher in

$$\mathfrak{F} = \mathfrak{A}\,\mathfrak{H}$$

eine Gruppe der Ordnung $a\,n$. Diese Gruppe heißt nach Burnside (*Theory of Groups*, S. 85) das *Holomorph* der Gruppe $\mathfrak{H}$.

In $\mathfrak{F}$ spielt die Untergruppe $\mathfrak{A}$ die Rolle der Gruppe $\mathfrak{F}_{1}$, der Gesamtheit aller Permutationen von $\mathfrak{F}$, die E ungeändert lassen. Die zugehörigen r primären Komplexe $\mathfrak{K}_{\rho}$, in die die reguläre Untergruppe $\mathfrak{H}$ von $\mathfrak{F}$ zerfällt, erhält man, indem man zwei Elemente P und Q von $\mathfrak{H}$ dann und nur dann in ein $\mathfrak{K}_{\rho}$ aufnimmt, wenn sich ein Automorphismus A von $\mathfrak{H}$ angeben läßt, der P in Q überführt. Hierbei gilt folgendes:

a) Alle Elemente eines primären Komplexes $\mathfrak{K}$ sind von derselben Ordnung.

b) Ist ein Element von $\mathfrak{K}$ ein invariantes Element von $\mathfrak{H}$, so gilt dasselbe für alle Elemente von $\mathfrak{K}$.

c) Ist K ein Element von $\mathfrak{K}$, so enthält $\mathfrak{K}$ auch alle dem Element K ähnlichen Elemente von $\mathfrak{H}$[1]. Die sämtlichen Elemente von $\mathfrak{K}$ erzeugen daher stets eine invariante Untergruppe von $\mathfrak{H}$.

Soll nun die Gruppe $\mathfrak{F}$ zweifach transitiv, d. h. $r = 2$ sein, so müssen wegen a) alle von E verschiedenen Elemente der Gruppe $\mathfrak{H}$ von derselben Ordnung p sein. Hierbei müßte p eine Primzahl und n eine Potenz von p sein. Aus b) ergibt sich zugleich, daß $\mathfrak{H}$ eine Abelsche Gruppe vom Typus $(p, p, \cdots)$ sein muß. Eine solche Gruppe soll nach Frobenius als eine *elementare* Abelsche Gruppe bezeichnet werden. In diesem Fall läßt sich aber bekanntlich für jedes Paar von E verschiedener Elemente P, Q von $\mathfrak{H}$ in der Tat ein Automorphismus angeben, der P in Q überführt. Dies liefert die bekannte Tatsache, daß das Holomorph $\mathfrak{F}$ einer Gruppe $\mathfrak{H}$ dann und nur dann zweifach transitiv ist, wenn $\mathfrak{H}$ eine elementare Abelsche Gruppe ist.

Um auf eine Gruppe $\mathfrak{G}$ mit regulärer Untergruppe $\mathfrak{H}$ geführt zu werden, die weder zweifach transitiv noch imprimitiv ist, braucht man nur $\mathfrak{G}$ als das Holomorph $\mathfrak{F}$ einer einfachen Gruppe $\mathfrak{H}$ zu wählen, wobei der Fall einer Gruppe von Primzahlordnung auszuschließen ist. Die Eigenschaft c) der primären Komplexe setzt nämlich in Evidenz, daß hier kein Hauptkomplex von $\mathfrak{H}$ in unserer Terminologie als singulär zu bezeichnen ist. Aus dem Kriterium des § 3 ergibt sich daher, daß für eine einfache Gruppe $\mathfrak{H}$ das Holomorph $\mathfrak{F}$ primitiv ist, ohne zweifach transitiv zu sein.

Dagegen folgt aus der Eigenschaft a) der primären Komplexe der Untergruppe $\mathfrak{H}$ ihres Holomorphs $\mathfrak{F}$ leicht, daß für eine nicht elementare Abelsche Gruppe $\mathfrak{H}$ die Gruppe $\mathfrak{F}$ stets imprimitiv ist.

---

[1] Dies folgt durch Betrachtung der inneren Automorphismen von $\mathfrak{H}$.

Um nun für reguläre Abelsche Gruppen $\mathfrak{H}$ die in der Einleitung erwähnte Burnsidesche Vermutung zu widerlegen, gehe ich so vor.

Man wähle für $\mathfrak{H}$ eine elementare Abelsche Gruppe der Ordnung $n = p^\nu$, wobei p eine ungerade Primzahl und $\nu > 1$ sein soll. Es sei ferner d ein von 1 verschiedener Teiler von $p-1$. Die Kongruenz

$$x^d \equiv 1 \pmod{p}$$

besitzt dann in der Reihe der Zahlen $1, 2, \cdots p-1$ genau d Lösungen, die mit

(20) $$a_1, a_2, \cdots, a_d$$

bezeichnet werden mögen. Unter $\mathfrak{T}$ verstehe man irgendeine transitive Permutationsgruppe in den ν Symbolen $1, 2, \cdots \nu$. Die Ordnung von $\mathfrak{T}$ sei t.

Bilden nur die Elemente

(21) $$R_1, R_2, \cdots, R_\nu$$

eine Basis der Gruppe $\mathfrak{H}$, so betrachte man die $b = t\,d^\nu$ Automorphismen B von $\mathfrak{H}$, für die

(22) $$R'_\alpha = (R_\alpha)_B = R^{x_\alpha}_{\alpha'}, \qquad (\alpha = 1, 2, \cdots \nu)$$

wobei $\binom{\alpha}{\alpha'}$ eine Permutation von $\mathfrak{T}$ und x_α eine Zahl des Systems (20) sein soll. Diese Automorphismen B bilden eine Untergruppe $\mathfrak{B}$ der Automorphismengruppe $\mathfrak{A}$. Das Holomorph $\mathfrak{F}$ von $\mathfrak{H}$ enthält nun die Untergruppe

$$\mathfrak{G} = \mathfrak{H}\mathfrak{B}$$

der Ordnung $b\,n$. Sie umfaßt unsere reguläre Gruppe $\mathfrak{H}$.

Ich behaupte, *daß diese Gruppe $\mathfrak{G}$ primitiv, aber nicht zweifach transitiv ist.*

Um dies einzusehen, beachte man folgendes:

1. Die Gesamtheit $\mathfrak{G}_e$ der Permutationen von $\mathfrak{G}$, die das Element E von $\mathfrak{H}$ ungeändert lassen, ist hier die Untergruppe $\mathfrak{B}$ von $\mathfrak{G}$. Um daher die zugehörigen r primären Komplexe $\mathfrak{K}_\rho$ von $\mathfrak{H}$ zu erhalten, hat man zwei von E verschiedene Elemente P und Q von $\mathfrak{H}$ dann und nur dann in einen Komplex $\mathfrak{K}_\rho$ aufzunehmen, wenn es einen Automorphismus B in $\mathfrak{B}$ gibt, für den $P_B = Q$ wird.

2. Hieraus folgt insbesondere, daß

$$\mathfrak{K} = \sum_{\alpha=1}^\nu (R^{a_1}_\alpha + R^{a_2}_\alpha + \cdots + R^{a_\alpha}_\alpha)$$

ein primärer Komplex ist. Er enthält z. B. das Element $R_1 R_2$ nicht. Folglich ist $r > 2$. Die Gruppe $\mathfrak{G}$ ist demnach nicht zweifach transitiv.

3. Ist $\mathfrak{K}$ ein beliebiger Hauptkomplex, so sei $\mathfrak{L}$ die durch die Elemente von $\mathfrak{K}$ erzeugte Untergruppe von $\mathfrak{H}$. Der Fall $\mathfrak{K} = E$ werde hierbei ausgeschlossen. Ist

$$R = R_1^{z_1} R_2^{z_2} \cdots R_\nu^{z_\nu} \qquad (z_\alpha = 0, \cdots, 1, p-1)$$

ein Element von $\mathfrak{K}$, das nicht gleich E ist, so sind nicht alle ν Zahlen z_α gleich 0. Es sei etwa $z_1 > 0$. Wähle ich in $\mathfrak{B}$ den Automorphismus B so, daß

$$R_1' = R_1^{x_1}, R_2' = R_2, \cdots R_\nu' = R_\nu \qquad (x_1 \neq 1)$$

wird, so ergibt sich

$$R' = R_B = R_1^{x_1 z_1} R_2^{z_2} \cdots R_\nu^{z_\nu}.$$

Dieses Element liegt in $\mathfrak{K}$, folglich enthält die Gruppe $\mathfrak{L}$ das Element

$$R' R^{-1} = R_1^{(x_1 - 1) z_1}.$$

Da hier der Exponent nicht durch p teilbar sein soll, kommt in $\mathfrak{L}$ auch R_1 vor.

Andererseits kann ich, da die Gruppe $\mathfrak{T}$ transitiv sein soll, für jeden Index α aus der Reihe $1, 2, \cdots \nu$ einen Automorphismus

$$C = \begin{pmatrix} P \\ P'' \end{pmatrix}$$

in $\mathfrak{B}$ wählen, so daß

$$R_1'' = R_\alpha, R_2'' = R_\beta, \cdots R_\nu'' = R_\lambda$$

wird. Der Komplex $\mathfrak{K}$ enthält dann auch das Element

$$R'' = R_\alpha^{z_1} R_\beta^{z_2} \cdots R_\lambda^{z_\nu}.$$

Man schließt wie vorhin, daß die Gruppe $\mathfrak{L}$ auch das Element R_α enthalten muß.

Dies zeigt, daß in der Gruppe $\mathfrak{L}$ alle Basiselemente (21) vorkommen müssen, also wird $\mathfrak{L} = \mathfrak{H}$. Es gibt demnach keinen Hauptkomplex, der als singulär zu bezeichnen wäre. Nach § 3 ist unsere Gruppe $\mathfrak{G}$ eine primitive Gruppe [1].

Das einfachste Beispiel erhält man für

$$p = 3, \; d = 2, \; t = 2.$$

Es handelt sich dann um eine Gruppe $\mathfrak{G}$ der Ordnung 72 vom Grade 9.

§ 7.

Zyklische Gruppen $\mathfrak{H}$. Der Burnsidesche Fall $n = p^a$.

Wir kommen nun zu unserer eigentlichen Aufgabe. Es sei $\mathfrak{G}$ eine Permutationsgruppe des Grades n, die einen Zyklus P der Ordnung n enthält. Hierbei soll n keine Primzahl sein. Um den in der Einleitung formulierten

[1] Der Beweis, daß die hier gebildete Gruppe $\mathfrak{G}$ primitiv, aber nicht zweifach transitiv ist, kann auch ohne Benutzung der von uns eingeführten Begriffsbildungen leicht geführt werden.

Satz III zu beweisen, gehen wir so vor: Wir nehmen an, die Gruppe $\mathfrak{G}$ sei primitiv, aber nicht zweifach transitiv, und versuchen, einen Widerspruch abzuleiten.

Bezeichnet man die durch den Zyklus P erzeugte reguläre Gruppe mit $\mathfrak{H}$, so entsteht ein Zerfallen der $n-1$ von E verschiedenen Elemente von $\mathfrak{H}$ in $r-1$ primäre Komplexe $\mathfrak{K}_\rho$. Jeder von ihnen hat die Form

$$\mathfrak{K} = P^{\lambda_1} + P^{\lambda_2} + \cdots + P^{\lambda_m}. \qquad (\lambda_\mu = 1, 2, \cdots, n-1) \tag{23}$$

Die über die Gruppe $\mathfrak{G}$ gemachten Voraussetzungen bedeuten für diese Komplexe nach den Ergebnissen der §§ 2 und 3 folgendes:

a) Es ist stets $m < n-1$.

b) Der größte gemeinsame Teiler der $m+1$ Zahlen

$$\lambda_1, \lambda_2, \cdots, \lambda_m, n$$

ist stets gleich 1.

Neben den primären Komplexen $\mathfrak{K}$ betrachten wir wieder die Matrizen V des Ringes $\mathfrak{V}$. Versteht man unter Q die nach § 2 mit P^* zu bezeichnende Matrix, so ist Q^n die erste Potenz von Q, die gleich der Einheitsmatrix E wird. Jede Matrix V hat die Form

$$V = c_0 E + c_1 Q + c_2 Q^2 + \cdots + c_{n-1} Q^{n-1}.$$

Sind hier unter den Koeffizienten $c_1, c_2, \cdots c_{n-1}$ etwa

$$c_{\mu_1}, c_{\mu_2}, \cdots c_{\mu_k}$$

von Null verschieden, so muß auch

$$(\mu_1, \mu_2, \cdots, \mu_k, n) = 1 \tag{24}$$

sein. Denn sonst würden wir nach dem Früheren in

$$P^{\mu_1} + P^{\mu_2} + \cdots + P^{\mu_k}$$

einen singulären Hauptkomplex erhalten, was nicht sein darf. Zur Abkürzung wollen wir eine Matrix V, bei der (24) nicht zutrifft, als *singuläre Matrix* bezeichnen.

Um unser Beweisverfahren verständlicher zu machen, will ich es zunächst an dem schon von Burnside auf anderem Wege erledigten Fall einer Primzahlpotenz $n = p^a$ (mit $a > 1$) auseinandersetzen. Wir gelangen in mehreren Schritten zum Ziele.

1. Es sei wieder (23) ein von E verschiedener primärer Komplex von $\mathfrak{H}$. Wir wissen schon, daß es unter den m Exponenten λ_μ wenigstens einen geben muß, der durch die Primzahl p nicht teilbar ist. Genauer kann behauptet werden: Unter den m Zahlen (λ_μ, p^a) müssen alle Potenzen $p^0, p, p^2, \cdots p^{a-1}$ vorkommen. Denn sonst würde (vgl. § 5) die Spur $\mathfrak{S}$ des Komplexes $\mathfrak{K}$ alle

$\varphi(p^a)$ Potenzen P^x mit $(x, p) = 1$ enthalten, ohne alle von E verschiedenen Elemente von $\mathfrak{H}$ zu umfassen. Die Gesamtheit der in $\mathfrak{S}$ nicht auftretenden Potenzen von P würde daher einen singulären Hauptkomplex liefern, was nicht sein darf. Zugleich ergibt sich, daß

$$\mathfrak{S} = \mathfrak{M} = P + P^2 + \cdots + P^{n-1} \tag{25}$$

sein muß.

2. Man betrachte die Gesamtheit der zu p teilerfremden Zahlen

$$h_1, h_2, \cdots, h_k \tag{26}$$

aus der Reihe $1, 2, \cdots, p^a - 1$, für die in den Bezeichnungen des § 5

$$\mathfrak{K}^{(h_\varkappa)} = \mathfrak{K} \qquad (\varkappa = 1, 2, \cdots, k)$$

wird. Die k Zahlen (26) bilden mod. p^a eine Gruppe $\mathfrak{N}$ und es ist wegen (25)

$$m\varphi(p^a) = k(p^a - 1). \tag{27}$$

Da nun $\mathfrak{K}$ nach 1. ein Element R der Form $P^{p^{a-1}u}$ enthält und für jede Zahl

$$h = 1 + xp \qquad (x = 0, 1, \cdots, p^{a-1} - 1) \tag{28}$$

$R^h = R$ wird, muß $\mathfrak{K}^{(h)} = \mathfrak{K}$ sein. Denn diese Komplexe sind beide primär und haben miteinander das Element R gemeinsam. Die p^{a-1} Zahlen (28) bilden daher eine Untergruppe der Gruppe $\mathfrak{N}$. Folglich ist

$$k = p^{a-1} f,$$

wo f wegen $k \mid \varphi(p^a)$ ein Teiler von $p - 1$ sein muß. Für $p = 2$ ergibt sich $f = 1$, $k = p^{a-1} = \varphi(p^a)$. Aus (27) würde daher $m = p^a - 1$ folgen, was auszuschließen ist. Wir können uns also auf den Fall $p > 2$ beschränken. Da die Annahme $f = p - 1$ wieder auf $m = p^a - 1$ führen würde, muß

$$2 \leqq 2f \leqq p - 1 \tag{29}$$

sein.

3. Reduziert man die k Zahlen (26) mod. p, so ergeben sich im ganzen f verschiedene Reste

$$r_1, r_2, \cdots, r_f, \qquad (r_i = 1, 2, \cdots, p-1)$$

die mod. p eine Gruppe bilden müssen. Die Zahlen (26) stimmen dann mit den Ausdrücken

$$r_i + pz. \qquad (i = 1, 2, \cdots f, \quad z = 0, 1, \cdots p^{a-1} - 1)$$

Setzt man nun für $\alpha = 1, 2, \cdots, a - 1$

$$\mathfrak{A}_\alpha = E + P^{p^\alpha} + P^{2p^\alpha} + \cdots + P^{p^a - p^\alpha}, \tag{30}$$

so folgt aus dem bis jetzt Gesagten, daß $\mathfrak{K}$ die Form

$$\mathfrak{K} = \mathfrak{A}_1\mathfrak{B}_0 + \mathfrak{A}_2\mathfrak{B}_1 + \cdots + \mathfrak{A}_{a-1}\mathfrak{B}_{a-2} + \mathfrak{B}_{a-1}$$

haben muß, wobei jedes $\mathfrak{B}_\beta$ die Gestalt

$$(31) \qquad \mathfrak{B}_\beta = P^{p^\beta r_1 b_\beta} + \cdots + P^{p^\beta r_f b_\beta} \qquad (\beta = 0, 1, \cdots, a-1)$$

mit gewissen zu p teilerfremden Zahlen b_β.

4. Ich betrachte nun die dem primären Komplex $\mathfrak{K}$ entsprechende Matrix V des Ringes $\mathfrak{V}$. Setzt man analog den Formeln (30) und (31)

$$A_\alpha = E + Q^{p^\alpha} + Q^{2p^\alpha} + \cdots + Q^{p^a - p^\alpha},$$
$$B_\beta = Q^{p^\beta r_1 b_\beta} + \cdots + Q^{p^\beta r_f b_\beta},$$

so wird

$$(32) \qquad V = A_1 B_0 + A_2 B_1 + \cdots + A_{a-1} B_{a-2} + B_{a-1}.$$

Hierbei gelten, wie eine einfache Überlegung zeigt, für $\varkappa \leqq \lambda$, $\varkappa < \mu$ die Relationen

$$A_\varkappa A_\lambda = p^{a-\lambda} A_\varkappa, \quad A_\varkappa B_\mu = f A_\varkappa.$$

Bildet man nun unter Benutzung von (32) das Quadrat der ganzzahligen Matrix V und reduziert mod. p, so erhält man

$$V^2 \equiv 2f A_1 B_0 + 2f A_2 B_1 + \cdots + 2f A_{a-1} B_{a-2} + B_{a-1}^2 \pmod{p},$$

also

$$(33) \qquad V_1 = V^2 - 2fV \equiv B_{a-1}^2 - 2f B_{a-1} \pmod{p}.$$

Die rechts auftretende Matrix hat, wenn

$$Q^{p^{a-1} b_{a-1}} = R$$

gesetzt wird, die Form

$$B_{a-1}^2 - 2f B_{a-1} = d_0 E + d_1 R + d_2 R^2 + \cdots + d_{p-1} R^{p-1}.$$

Hier mußten die Zahlen $d_1, d_2, \cdots d_{p-1}$ sämtlich durch p teilbar sein. Denn sonst würde, wenn δ_i der kleinste positive Rest von d_i mod. p ist, auf Grund der Kongruenz (33) in Verbindung mit § 1, Satz C die Matrix

$$V_2 = \delta_1 R + \delta_2 R^2 + \cdots + \delta_{p-1} R^{p-1}$$

dem Ring $\mathfrak{V}$ angehören. Dies geht aber nicht, weil V_2 offenbar als singuläre Matrix des Ringes zu bezeichnen wäre.

Die Zahlen $d_1, d_2, \cdots, d_{p-1}$ können nun nicht die verlangte Eigenschaft haben. Denn setzt man

$$B_{a-1}^2 = c_0 E + c_1 R + \cdots + c_{p-1} R^{p-1},$$

so erscheinen hier die Koeffizienten als nicht negative ganze Zahlen, die der Bedingung

$$(34) \qquad\qquad c_0 + c_1 + \cdots + c_{p-1} = f^2$$

genügen. Ferner muß insbesondere, weil R_{a-1}^2 bei den f Substitutionen $R \rightarrow R^{r_\Lambda}$ ungeändert bleibt,

$$c_{r_1} = c_{r_2} = \cdots = c_{r_f}$$

sein. Hieraus folgt, daß diese Zahlen wegen (34) höchstens gleich f sein können. Für $i = r_1, r_2, \cdots, r_f$ ist daher

$$d_i = c_i - 2f$$

eine zwischen $-2f$ und $-f$ gelegene ganze Zahl. Aus (29) folgt daher, daß diese Zahlen d_i gewiß nicht durch p teilbar sind.

§ 8.

Der allgemeine Fall einer zyklischen Gruppe $\mathfrak{H}$.

Es handle sich nun um eine Zahl

$$n = p^a q^b r^c \cdots$$

mit mindestens zwei verschiedenen Primteilern $p, q, r, \cdots$. Nach den Ergebnissen des § 5 können wir uns auf das Studium der durch die Gruppe $\mathfrak{G}$ bestimmten *rationalen* Hauptkomplexe unserer zyklischen Gruppe $\mathfrak{H} = \{P\}$ beschränken. Da $\mathfrak{G}$ primitiv, aber nicht zweifach transitiv sein soll, müßte $\mathfrak{H}$ in $s > 2$ unzerlegbare rationale Hauptkomplexe

$$(35) \qquad\qquad \mathfrak{L}_1, \mathfrak{L}_2, \cdots, \mathfrak{L}_s$$

zerfallen, ohne daß ein singulärer Komplex vorkommt. Wir haben zu zeigen, daß ein solches Zerfallen in unserem Falle nicht möglich ist. Der Beweis soll wieder in einer Reihe von Einzelschritten geführt werden.

1. Versteht man unter $\mathfrak{F}_d$ für jeden Teiler d von n die Summe der $\varphi\left(\dfrac{n}{d}\right)$ Potenzen P^{dx} mit

$$x = 0, 1, \cdots \frac{n}{d} - 1, \qquad (x, p) = 1,$$

so wird offenbar jeder von E verschiedener Komplex $\mathfrak{L}_\sigma$ die Form

$$\mathfrak{L}_\sigma = \mathfrak{F}_{d_1} + \mathfrak{F}_{d_2} + \cdots$$

haben, wobei $d_1, d_2, \cdots$ voneinander verschiedene Teiler von n bedeuten, die sämtlich kleiner als n sind und der Bedingung

$$(d_1, d_2, \cdots) = 1$$

genügen. Um das Verhalten der Produkte $\mathfrak{F}_d \mathfrak{F}_t$ besser übersehen zu können, gehen wir in naheliegender Weise so vor. Wir betrachten die durch

$$A = P^{\frac{n}{p^a}}, \qquad B = P^{\frac{n}{q^b}}, \qquad C = P^{\frac{n}{r^c}}, \ldots$$

erzeugten zyklischen Untergruppen

$$\mathfrak{A}, \mathfrak{B}, \mathfrak{C}, \ldots$$

der Ordnungen $p^a, q^b, r^c, \cdots$. Es wird dann

$$\mathfrak{H} = \mathfrak{A}\mathfrak{B}\mathfrak{C}\cdots,$$

wobei es sich um ein direktes Gruppenprodukt handelt. Man setze für $\alpha = 0, 1, \cdots, a$

$$\mathfrak{A}_\alpha = \sum{}' A^{p^\alpha x} \qquad (x = 0, 1, \cdots p^{a-\alpha} - 1, (x, p) = 1)$$

und erkläre die Zeichen $\mathfrak{B}_\beta, \mathfrak{C}_\gamma, \cdots$ in analoger Weise. Insbesondere fallen hierbei $\mathfrak{A}_a, \mathfrak{B}_b, \mathfrak{C}_c, \cdots$ mit dem Einheitselement E zusammen. Ist nun

$$d = p^\alpha q^\beta r^\gamma \cdots$$

ein Teiler von n, so wird offenbar

$$\mathfrak{F}_d = \mathfrak{A}_\alpha \mathfrak{B}_\beta \mathfrak{C}_\gamma \cdots.$$

2. Unter den s Komplexen (35) sei etwa $\mathfrak{L}_s = E$, ferner sei $\mathfrak{L}_1$ derjenige Komplex, in dem

$$\mathfrak{F}_{\frac{n}{p}} = \mathfrak{A}_{a-1} \mathfrak{B}_b \mathfrak{C}_c \cdots$$

enthalten ist. Ich bilde dann die neuen Komplexe

$$\mathfrak{M}_1 = \mathfrak{L}_1 + E, \quad \mathfrak{M}_2 = \mathfrak{L}_2, \cdots, \quad \mathfrak{M}_{s-1} = \mathfrak{L}_{s-1},$$

deren Summe also gleich $\mathfrak{H}$ wird. Bezeichnet man nun mit $\mathfrak{N}$ die Untergruppe

$$\mathfrak{N} = \mathfrak{B}\mathfrak{C}\cdots,$$

so läßt sich jedes $\mathfrak{M}_\sigma$ in der Form

$$\mathfrak{M}_\sigma = \mathfrak{A}_0 \mathfrak{N}_0 + \mathfrak{A}_1 \mathfrak{N}_1 + \cdots + \mathfrak{A}_{a-1} \mathfrak{N}_{a-1} + \mathfrak{A}_a \mathfrak{N}_a$$

schreiben, wobei jedes $\mathfrak{N}_\alpha$ entweder ein rationaler Teilkomplex von $\mathfrak{N}$ oder gleich 0 (d. h. leer) ist. Diese Komplexe können auch Elemente gemeinsam haben, ferner muß $\mathfrak{N}_0$, damit $\mathfrak{M}_\sigma$ nicht singulär wird, von Null verschieden sein, und $\mathfrak{N}_a$ enthält nur für $\sigma = 1$ das Element E.

Ich behaupte nun, *daß für jedes* σ

(36) $$\mathfrak{N}_{a-1} = \mathfrak{N}_a$$

sein muß. Dies ergibt sich aus § 4, Satz C. Enthält nämlich $\mathfrak{M}_\sigma$ die m Elemente

$$M_1, M_2, \cdots, M_m$$

von $\mathfrak{H}$, so bilde man

$$M_1^p, M_2^p, \cdots, M_m^p. \tag{37}$$

Dies kommt dem gleich, daß in jedem Produkt $\mathfrak{A}_\alpha \mathfrak{N}_\alpha$ die Elemente von $\mathfrak{A}_\alpha$ und $\mathfrak{N}_\alpha$ durch ihre p-ten Potenzen ersetzt werden. Hierbei bleibt $\mathfrak{N}_\alpha$, weil p zu der Ordnung von $\mathfrak{N}$ teilerfremd und $\mathfrak{N}_\alpha$ entweder 0 oder ein rationaler Komplex ist, ungeändert. Dagegen zeigt $\mathfrak{A}_\alpha$ folgendes Verhalten: Für $\alpha = 0, 1, \cdots a-2$ liefern je p Elemente beim Übergang zu den p-ten Potenzen ein Element von $\mathfrak{A}_{\alpha+1}$, die $p-1$ Elemente von $\mathfrak{A}_{a-1}$ gehen in E über und $\mathfrak{A}_a$ bleibt ungeändert.

Würde nun die Gleichung (36) nicht gelten, so käme unter den Elementen (37) ein gewisses Element R, das von E verschieden ist, entweder $(p-1)$-mal oder einmal vor. Dies tritt nämlich ein, wenn R in $\mathfrak{N}_{a-1}$, aber nicht in $\mathfrak{N}_a$, oder in $\mathfrak{N}_a$, aber nicht in $\mathfrak{N}_{a-1}$ enthalten ist. Dieser Fall darf aber nach dem angeführten Satz bei einer primitiven Gruppe $\mathfrak{G}$ nicht eintreten.

3. Durch den Komplex $\mathfrak{M}_\sigma$ läßt sich nun eine ganze Zahl $\varkappa \geqq 0$ dadurch charakterisieren, daß

$$\mathfrak{N}_\varkappa = \mathfrak{N}_{\varkappa+1} = \cdots = \mathfrak{N}_a$$

und für $\varkappa > 0$

$$\mathfrak{N}_{\varkappa-1} \neq \mathfrak{N}_\varkappa$$

wird. Setzt man

$$\mathfrak{A}'_\alpha = \mathfrak{A}_\alpha + \mathfrak{A}_{\alpha+1} + \cdots + \mathfrak{A}_a = \sum_{y=0}^{p^{a-\alpha}-1} A^{p^\alpha y},$$

so darf

$$\mathfrak{M}_\sigma = \mathfrak{A}_0 \mathfrak{N}_0 + \cdots + \mathfrak{A}_{\varkappa-1} \mathfrak{N}_{\varkappa-1} + \mathfrak{A}'_\varkappa \mathfrak{N}_\varkappa \quad \text{bzw.} \quad \mathfrak{M}_\sigma = \mathfrak{A}'_0 \mathfrak{N}_0$$

gesetzt werden, je nachdem $\varkappa > 0$ oder $\varkappa = 0$ ist. Diese Zahl $\varkappa$ nenne ich die zur Primzahl p gehörende *Verknüpfungszahl*. Die Gleichung (36) besagt, daß hier $\varkappa < a$ ist. Der Komplex $\mathfrak{A}'_\varkappa \mathfrak{N}_\varkappa$ ist daher jedenfalls von E verschieden.

Für die Primzahl q bilde man in analoger Weise die Gruppen

$$\mathfrak{R} = \mathfrak{A}\mathfrak{C}\cdots, \quad \mathfrak{B}'_\beta = \mathfrak{B}_\beta + \mathfrak{B}_{\beta+1} + \cdots + \mathfrak{B}_b.$$

Man kann dann unseren Komplex $\mathfrak{M}_\sigma$ in der Form

$$\mathfrak{M}_\sigma = \mathfrak{B}_0 \mathfrak{R}_0 + \cdots + \mathfrak{B}_{\lambda-1} \mathfrak{R}_{\lambda-1} + \mathfrak{B}'_\lambda \mathfrak{R}_\lambda$$

schreiben, wobei jedes $\mathfrak{R}_\beta$ entweder Null ist oder einen rationalen Komplex von Elementen aus $\mathfrak{R}$ bedeutet. Hierbei soll, wenn $\lambda > 0$ ist, wieder $\mathfrak{R}_{\lambda-1}$ von $\mathfrak{R}_\lambda$ verschieden sein. Die Zahl λ soll dann wieder die zur Primzahl q gehörende

Verknüpfungszahl heißen. Da die Herstellung der Komplexe $\mathfrak{M}_\sigma$ unter Bevorzugung der Primzahl p erfolgt ist, kann hier nur behauptet werden, daß $\lambda \leqq b$ ist.

In analoger Weise erkläre man die Verknüpfungszahlen $\mu, \cdots$ für die Primzahlen $r, \cdots$.

4. Wir gehen darauf aus, zu zeigen, daß für unseren Komplex $\mathfrak{M}_\sigma$

$$\varkappa = 0, \quad \lambda = 0, \quad \mu = 0, \cdots \tag{38}$$

sein muß. Können wir dies beweisen, so ergibt sich, daß

$$\mathfrak{M}_\sigma = \mathfrak{A}'_0 \mathfrak{B}'_0 \mathfrak{C}'_0 \cdots = \mathfrak{A}\mathfrak{B}\mathfrak{C} \cdots = \mathfrak{H}$$

wird. Das würde aber erfordern, daß $s-1 = 1$ wird, was auf einen Widerspruch führt.

Hierbei ist zu beachten, daß es bereits genügt, die Gleichungen (38) allein für die in n aufgehenden *ungeraden* Primzahlen zu beweisen. Denn ist etwa $q = 2$, und weiß man schon, daß stets $\varkappa = 0, \mu = 0, \cdots$ ist, so betrachte man zwei voneinander verschiedene Komplexe $\mathfrak{M}_\sigma$ und $\mathfrak{M}_\tau$. In den vorhin eingeführten Bezeichnungen müßte

$$\mathfrak{M}_\sigma = (\mathfrak{B}_\beta + \mathfrak{B}_\gamma + \cdots)\mathfrak{R}, \quad \mathfrak{M}_\tau = (\mathfrak{B}_\delta + \mathfrak{B}_\varepsilon + \cdots)\mathfrak{R}$$

sein. Damit aber weder $\mathfrak{M}_\sigma$ noch $\mathfrak{M}_\tau$ ein singulärer Komplex wird, müßte sowohl unter $\beta, \gamma, \cdots$ als auch unter $\delta, \varepsilon, \cdots$ der Index 0 vorkommen. Das ist aber auszuschließen, weil $\mathfrak{M}_\sigma$ und $\mathfrak{M}_\tau$ kein Element gemeinsam haben dürfen.

5. Um (38) zu beweisen, werden wir das mehrfache Auftreten von Elementen der Gruppe $\mathfrak{H}$ in dem Komplex $\mathfrak{M}_\sigma^2$ zu untersuchen haben. Es empfiehlt sich hierbei, an Stelle des Komplexes $\mathfrak{M}_\sigma$ die zugehörige Matrix M_σ des Ringes $\mathfrak{V}$ zu betrachten.

Im Anschluß an das Frühere bezeichne man die den Elementen $A, B, C, \cdots$ von $\mathfrak{H}$ zuzuordnenden Matrizen $A^*, B^*, C^*, \cdots$ von $\mathfrak{V}$ mit $F, G, H, \cdots$ und führe analog den Bildungen $\mathfrak{A}_\alpha, \mathfrak{A}'_\alpha$ die Summen

$$S_\alpha = \sum{}' F^{p^\alpha x}, \quad S'_\alpha = \sum F^{p^\alpha y} \qquad (x, y = 0, 1, \cdots, p^{a-\alpha} - 1, (x, p) = 1)$$

ein, so daß also

$$S'_\alpha = S_\alpha + S_{\alpha+1} + \cdots + S_a, \quad S'_a = S_a = E$$

wird. In entsprechender Weise erkläre man für die Primzahlpotenzen $q^b, r^c, \cdots$ die Matrizen $T_\beta, T'_\beta, U_\gamma, U'_\gamma, \cdots$.

Sind wieder $\varkappa, \lambda, \mu, \cdots$ die zum Komplex $\mathfrak{M}_\sigma$ gehörenden Verknüpfungszahlen, so läßt sich M_σ als eine Summe von gewissen Matrizenprodukten $S_\alpha T_\beta U_\gamma \cdots$ darstellen, wobei

$$0 \leqq \alpha \leqq \varkappa, \quad 0 \leqq \beta \leqq \lambda, \quad 0 \leqq \gamma \leqq \mu, \cdots$$

wird und speziell überall $S_\varkappa$ durch $S'_\varkappa$ zu ersetzen ist, ebenso T_λ durch T'_λ usw. Damit ferner $\mathfrak{M}_\sigma$ kein singulärer Komplex wird, müssen auch Produkte der Form

$$S_0 T_\beta U_\gamma \cdots, \quad S_\alpha T_0 U_\gamma \cdots, \quad S_\alpha T_\beta U_0 \cdots \quad \text{usw.}$$

auftreten[1].

6. Die Matrizen S'_α haben die Eigenschaft (vgl. § 7), daß für $\alpha \leqq \alpha_1$

$$S'_\alpha S'_{\alpha_1} = p^{a-\alpha_1} S'_\alpha$$

wird. Hieraus folgt leicht: Setzt man

$$S''_0 = S'_0, \quad S''_1 = -S'_0 + pS'_1, \cdots, \quad S''_\alpha = -S'_{\alpha-1} + pS'_\alpha,$$

so bestehen die Beziehungen

$$(39) \qquad S''^2_\alpha = a_\alpha S''_\alpha, \quad S''_\alpha S''_{\alpha_1} = 0 \qquad (\alpha \neq \alpha_1)$$

mit

$$a_0 = a_1 = p^a, \quad a_2 = p^{a-1}, \quad a_3 = p^{a-2}, \cdots, \quad a_a = p.$$

Offenbar ist jedes S'_α und folglich auch jedes

$$S_\alpha = S'_\alpha - S'_{\alpha+1} \qquad (S_{a+1} = 0)$$

als lineare homogene Verbindung von $S''_0, S'', \cdots, S''_a$ mit rationalen Koeffizienten darzustellen. Wir haben ferner insbesondere die Formeln

$$(40) \qquad \begin{cases} S''_0 = S_0 + S_1 + \cdots + S_{\varkappa-1} + S'_\varkappa \\ S''_1 = -S_0 + (p-1)(S_1 + \cdots + S_{\varkappa-1} + S'_\varkappa) \\ S''_2 = -S_1 + (p-1)(S_2 + \cdots + S_{\varkappa-1} + S'_\varkappa) \\ S''_\varkappa = -S_{\varkappa-1} + (p-1) S'_\varkappa \end{cases}$$

zu benutzen, die wir auch kürzer in der Form

$$(41) \qquad S''_\alpha = a_{\alpha 0} S_0 + a_{\alpha 1} S_1 + \cdots + a_{\alpha,\varkappa-1} S_{\varkappa-1} + a_{\alpha\varkappa} S'_\varkappa \qquad (\alpha = 0, 1 \cdots \varkappa)$$

schreiben.

In analoger Weise erkläre man für $q^b, r^c, \cdots$ die Zeichen $T''_\beta, U''_\gamma, \cdots$ und die Zahlen $b_\beta, c_\gamma, \cdots$. Ferner setze man

$$(42) \qquad \begin{cases} T''_\beta = b_{\beta 0} T_0 + b_{\beta 1} T_1 + \cdots + b_{\beta,\lambda-1} T_{\lambda-1} + b_{\beta\lambda} T'_\lambda & (\beta = 0, 1, \cdots \lambda) \\ U''_\gamma = c_{\gamma 0} U_0 + c_{\gamma 1} U_1 + \cdots + c_{\gamma,\mu-1} U_{\mu-1} + c_{\gamma\mu} U'_\mu, \text{ usw.} \end{cases}$$

7. Die Matrix M_σ stelle man nun mit Hilfe der $S''_\alpha, T''_\beta, U''_\gamma, \cdots$ in der Form

$$(43) \qquad M_\sigma = \sum{}' x_{\alpha,\beta,\gamma} \cdots S''_\alpha T''_\beta U''_\gamma \cdots \qquad (\alpha = 0, 1, \cdots \varkappa, \ \beta = 0, 1, \cdots \lambda, \cdots)$$

---

[1] Von Wichtigkeit ist für uns, daß wegen $\varkappa < a$ keine der Matrizen $S_\alpha T_\beta U_\gamma \cdots$ gleich E wird.

dar. Hierbei sind die Koeffizienten $x_{\alpha,\beta,\gamma,}\cdots$ gewisse rationale Zahlen, unter den auch negative Werte vorkommen können. Wegen (39) wird dann

$$M_\sigma^2 = \sum' x^2_{\alpha,\beta,}\cdots a_\alpha b_\beta c_\gamma \cdots S''_\alpha T''_\beta U''_\gamma \cdots.$$

Drückt man hier die $S''_\alpha, T''_\beta, U''_\gamma, \cdots$ durch die $S_\alpha, T_\beta, U_\gamma, \cdots$ unter Benutzung der Formeln (41) und (42) aus, so entsteht ein Ausdruck

(44) $$M_\sigma^2 = \sum c_{\delta\varepsilon\eta}\cdots S_\delta T_\varepsilon U_\eta \cdots, \quad (\delta = 0, 1, \cdots \varkappa, \ \varepsilon = 0, 1, \cdots \lambda, \cdots)$$

wobei

(45) $$c_{\delta\varepsilon\eta}\cdots = \sum x^2_{\alpha,\beta,\gamma}\cdots a_\alpha b_\beta c_\gamma \cdots a_{\alpha\delta} b_{\beta\varepsilon} c_{\gamma\eta}\cdots$$

zu setzen ist. Auch in (44) hat man überall $S_\varkappa, T_\lambda, U_\mu, \cdots$ durch $S'_\varkappa, T'_\lambda, U'_\mu, \cdots$ zu ersetzen.

Die Gleichungen (40) und die analogen für die Primzahlen $q, r, \cdots$ setzen in Evidenz, daß insbesondere $c_{\varkappa\lambda\mu}\cdots > 0$ ist. Der zugehörige Faktor $S'_\varkappa T'_\lambda U'_\mu \cdots$ ist ferner wegen $\varkappa < a$ von der Einheitsmatrix verschieden.

Wir suchen nun in der Summe (44) diejenigen Glieder auf, für die

(46) $$c_{\delta\varepsilon\eta\ldots} = c_{\varkappa\lambda\mu\ldots}$$

wird. Da nun M_σ^2 ebenso wie M_σ dem Matrizenring $\mathfrak{V}$ angehört und $\mathfrak{V}$ ein Stammring ist, so muß auch die Summe V der Produkte $S_\delta T_\varepsilon U_\eta \cdots$, für die (46) gilt, eine in $\mathfrak{V}$ enthaltene Matrix sein (vgl. § 1). Damit zu V kein singulärer Hauptkomplex von $\mathfrak{H}$ gehöre, müssen ferner auch gewisse Koeffizienten der Form

$$c_{0\varepsilon\eta\ldots}, \quad c_{\delta 0\eta\ldots}, \quad c_{\delta\varepsilon 0\ldots}, \cdots$$

gleich $c_{\varkappa\lambda\mu\ldots}$ ausfallen.

Damit nun (46) gelte, muß wegen (45) folgendes eintreten: Jedesmal, wenn

$$x_{\alpha\beta\gamma\ldots} \neq 0$$

ist, gilt

(47) $$a_{\alpha\varkappa} b_{\beta\lambda} c_{\gamma\mu}\cdots = a_{\alpha\delta} b_{\beta\varepsilon} c_{\gamma\eta}\cdots.$$

Hierbei ist, wie uns die Formeln (40) lehren, stets

(48) $$a_{\alpha\varkappa} \geqq |a_{\alpha\delta}|, \quad b_{\beta\lambda} \geqq |b_{\beta\varepsilon}|, \quad c_{\gamma\mu} \geqq |c_{\gamma\eta}|, \cdots.$$

Es sei nun $p > 2$ und $\varkappa > 0$. Unter den von Null verschiedenen $x_{\alpha\beta\gamma\ldots}$ muß dann auch ein Koeffizient der Form $x_{\varkappa\beta\gamma\ldots}$ auftreten. Denn wäre stets $\alpha < \varkappa$, so würden in (43) nur $S''_0, \cdots S''_{\varkappa-1}$ vorkommen. Hierin erscheinen $S_0, S_1, \cdots$ aber nur in der Verbindung

$$S_{\varkappa-1} + S_\varkappa + \cdots + S_a.$$

Dies ist unzulässig, wenn $\varkappa$ die zu p gehörende Verknüpfungszahl sein soll.

Unter den Gleichungen (47) muß demnach mindestens eine vorkommen, die von der Form

$$a_{\varkappa\varkappa} b_{\beta\lambda} c_{\gamma\mu} \cdots = a_{\varkappa 0} b_{\beta\varepsilon} c_{\iota\eta} \cdots \tag{49}$$

ist. Hier ist aber wegen (40) für $p > 2$, $\varkappa > 0$

$$a_{\varkappa\varkappa} = p - 1 > 1, \quad b_{\beta\lambda} = q - 1 \text{ oder } 1 \text{ usw.},$$

dagegen hat $a_{\varkappa 0}$ einen der Werte -1 oder 0. Die Formeln (48) setzen nun in Evidenz, daß (49) nicht richtig sein kann. Für $p > 2$ muß daher $\varkappa = 0$ sein[1].

Ebenso erkennt man, daß zu jedem ungeraden Primteiler von n als Verknüpfungszahl der Wert 0 gehören muß. Nach dem früher Gesagten folgt aber hieraus, daß unsere Annahme, die Gruppe $\mathfrak{G}$ sei primitiv, aber nicht zweifach transitiv, nicht zulässig ist. Der Satz III ist also als bewiesen anzusehen.

§ 9.

Eine Ergänzung zum Satz III.

Es sei wieder $\mathfrak{G}$ eine Permutationsgruppe des Grades n, die einen Zyklus P der Ordnung n enthält. Man benutze wieder als Vertauschungssymbole die n Elemente der durch P erzeugten Gruppe $\mathfrak{H}$. Ist nun n keine Primzahl und $\mathfrak{G}$ nicht zweifach transitiv, so läßt sich, wie aus Satz III in Verbindung mit den Ausführungen des § 3 folgt, eine Untergruppe

$$\mathfrak{A} = E + P^d + P^{2d} + \cdots + P^{n-d}$$

von $\mathfrak{H}$ mit einem von 1 und n verschiedenen Teiler d von n angeben, so daß die Elemente der d Nebengruppen

$$\mathfrak{A}, \mathfrak{A}P, \cdots, \mathfrak{A}P^{d-1}$$

für die Gruppe $\mathfrak{G}$ ein System von Imprimitivitätszeilen bilden.

Hierbei liefern diejenigen Permutationen S von $\mathfrak{G}$, durch die in jeder Zeile die Vertauschungssymbole nur untereinander permutiert werden, bekanntlich eine invariante Untergruppe $\mathfrak{Z}$ von $\mathfrak{G}$. Nun werden aber insbesondere durch $S = P^d$ die $\frac{n}{d}$ Elemente jeder Nebengruppe $\mathfrak{A}P^\lambda$ (als Vertauschungssymbole aufgefaßt) nur zyklisch vertauscht (vgl. § 2). Daher enthält die Gruppe $\mathfrak{Z}$ das Element P^d, ihre Ordnung ist demnach mindestens gleich $\frac{n}{d}$.

---

[1] Man hat zu beachten, daß wir bei dieser Betrachtung von der bevorzugten Rolle, die p früher zur Herstellung der Komplexe $\mathfrak{M}_\sigma$ gespielt hat, keinen Gebrauch gemacht haben.

Ist n eine Primzahl und $\mathfrak{G}$ wieder nicht zweifach transitiv, so folgt aus dem Burnsideschen Satz I, daß $\mathfrak{G}$ die Gruppe $\mathfrak{H} = \{P\}$ als invariante Untergruppe enthält.

Es gilt also allgemein der Satz:

IV. *Enthält eine nicht zweifach transitive Gruppe $\mathfrak{G}$ des Grades n einen Zyklus der Ordnung n, so besitzt $\mathfrak{G}$ stets eine invariante Untergruppe, in der eine von E verschiedene Potenz des Zyklus vorkommt.*

Auch dieser Satz findet sich für den Fall einer Primzahlpotenz n schon bei Burnside, *Theory of Groups*, S. 343.

Ausgegeben am 3. August.

74.

Ein Beitrag zur elementaren Zahlentheorie

Sitzungsberichte der Preussischen Akademie der Wissenschaften 1933,
Physikalisch-Mathematische Klasse, 145 - 151

Ist p eine von Null verschiedene Größe, so bezeichne man die aus einer gegebenen Zahlenfolge

$$a_0, a_1, a_2, \cdots \tag{1}$$

hervorgehende Folge

$$a_n' = \frac{a_{n+1} - a_n}{p^{n+1}} \qquad (n = 0, 1, 2 \ldots)$$

als die erste Derivierte der Folge (1). Wendet man diesen Prozeß mehrfach an, so erhält man die Derivierten höherer Ordnung. Die m-te Derivierte wird also mit Hilfe der Formeln

$$a_n^{(m)} = \frac{a_{n+1}^{(m-1)} - a_n^{(m-1)}}{p^{n+1}} \qquad (n = 0, 1, 2 \ldots)$$

gebildet.

Ich will hier einen Satz beweisen, der als eine Ergänzung zu dem Fermatschen Satz der elementaren Zahlentheorie anzusehen ist:

I. *Ist p eine Primzahl und a eine zu p teilerfremde ganze rationale Zahl, so enthalten die $p-1$ ersten zu der Zahlenfolge*

$$a, a^p, a^{p^2}, \cdots \tag{2}$$

gehörenden Derivierten nur ganze Zahlen. Dagegen lassen sich zu p teilerfremde Zahlen a angeben, für die die p-te Derivierte der Folge (2) gebrochene Zahlen aufweist.

Über das Verhalten der p-ten Derivierten

$$a_0^{(p)}, a_1^{(p)}, a_2^{(p)}, \cdots \tag{3}$$

der Folge (2) läßt sich eine genauere Aussage machen:

II. *Ist p^h die höchste Potenz von p, die in $a^{p-1} - 1$ aufgeht*[1], *so sind für $h > 1$ auch die Zahlen (3) sämtlich ganz. Für $h = 1$ wird im Falle $p = 2$ die Zahl $a_0^{(2)}$ ein Bruch mit dem Nenner 2, während alle übrigen Zahlen $a_n^{(2)}$ ganzzahlig ausfallen. Für $h = 1, p > 2$ sind alle Zahlen $a_n^{(p)}$ Brüche mit dem Nenner p.*

---

[1] Die Fälle $a = \pm 1$, die für $p > 2$ auf $a_n^{(p)} = 0$ führen und für $p = 2$ die Folge $\frac{a - a^2}{4}, 0, 0, \ldots$ liefern, sind hierbei auszuschließen.

§ 1.

Eine Hilfsbetrachtung.

Ist x eine Variable und sind m und μ zwei positive ganze Zahlen, so verstehe man für $m \geqq \mu$ unter $\begin{bmatrix} m \\ \mu \end{bmatrix}$ das Gaußsche Polynom

$$\begin{bmatrix} m \\ \mu \end{bmatrix} = \frac{(1-x^m)(1-x^{m-1})\cdots(1-x^{m-\mu+1})}{(1-x)(1-x^2)\cdots(1-x^\mu)}.$$

Außerdem setze man wie üblich

$$\begin{bmatrix} m \\ 0 \end{bmatrix} = 1, \quad \begin{bmatrix} m \\ m+1 \end{bmatrix} = \begin{bmatrix} m \\ m+2 \end{bmatrix} = \cdots = 0.$$

Es gelten dann bekanntlich die Rekursionsformeln

$$(4) \qquad \begin{bmatrix} m+1 \\ \mu \end{bmatrix} = \begin{bmatrix} m \\ \mu \end{bmatrix} + x^{m+1-\mu} \begin{bmatrix} m \\ \mu-1 \end{bmatrix}$$

$$(5) \qquad \begin{bmatrix} m+1 \\ \mu \end{bmatrix} = \begin{bmatrix} m \\ \mu-1 \end{bmatrix} + x^\mu \begin{bmatrix} m \\ \mu \end{bmatrix}.$$

Setzt man

$$s_m = \begin{bmatrix} m+1 \\ 1 \end{bmatrix} = 1 + x + x^2 + \cdots + x^m,$$

so gilt noch, wie man leicht zeigt, die Gleichung

$$(6) \qquad s_{m-\mu} \begin{bmatrix} m+1 \\ \mu \end{bmatrix} = s_m \begin{bmatrix} m \\ \mu \end{bmatrix}.$$

Dies ist auch für $\mu = m+1$ richtig, wenn unter s_{-1} der Wert 0 verstanden wird.

Ist nun t eine zweite Veränderliche, so bilde ich für $m = 1, 2, \cdots$ die Ausdrücke

$$F_m(x, t) = \sum_{\mu=0}^{m} (-1)^\mu \begin{bmatrix} m \\ \mu \end{bmatrix} x^{\frac{\mu^2-\mu}{2}} (1+t)^{s_{m-\mu-1}}.$$

Bedeutet x eine positive ganze Zahl, so wird $F_m(x, t)$ eine ganze rationale Funktion von x und t, die in bezug auf t vom Grade s_{m-1} ist. Für ein beliebiges x hat man unter $(1+t)^{s_{m-\mu-1}}$ die formal gebildete Potenzreihe

$$(1+t)^{s_{m-\mu-1}} = \sum_{k=0}^{m} \binom{s_{m-\mu-1}}{k} t^k$$

zu verstehen.

Entwickelt man $F_m(x, t)$ nach Potenzen von t und entsteht hierbei

$$F_m(x, t) = \sum_{k=0}^{\infty} \frac{A_k^{(m)}}{k!} t^k,$$

so wird $A_k^{(m)}$ die ganze rationale, *ganzzahlige* Funktion

$$A_k^{(m)} = k! \sum_{\mu=0}^{m} (-1)^\mu \begin{bmatrix} m \\ \mu \end{bmatrix} x^{\frac{\mu^2-\mu}{2}} \binom{s_{m-\mu-1}}{k}.$$

Es gilt nun folgender Satz:

III. *Die Polynome* $A_0^{(m)}, A_1^{(m)}, \cdots, A_{m-1}^{(m)}$ *sind identisch gleich Null. Für* $k \geqq m$ *ist* $A_k^{(m)}$ *durch* $x^{\frac{m^2-m}{2}}$ *teilbar. Insbesondere wird*

$$A_m^{(m)} = x^{\frac{m^2-m}{2}} s_1 s_2 \cdots s_{m-1}. \qquad (A_1^{(1)} = 1) \tag{7}$$

Der Beweis beruht auf zwei Relationen, die für die Ausdrücke $F_m(x, t)$ bestehen. Setzt man

$$(1+t)^x = 1 + x t_1$$

mit

$$t_1 = t + \frac{x-1}{2} t^2 + \frac{(x-1)(x-2)}{6} t^3 + \cdots,$$

so wird

$$F_{m+1}(x, t) = (1+t) F_m(x, x t_1) - x^m F_m(x, t), \tag{8}$$

$$\frac{\partial F_{m+1}(x, t)}{\partial t} = s_m F_m(x, x t_1). \tag{9}$$

Die Formel (8) folgt leicht aus der Rekursionsformel (4) in Verbindung mit

$$(1+t)^{s_{m-\mu}} = (1+t)(1+t)^{x s_{m-\mu-1}} = (1+t)(1+x t_1)^{s_{m-\mu-1}}.$$

Die Formel (9) ergibt sich noch einfacher aus der Gleichung (6).

Um nun aus (8) und (9) den Satz III abzuleiten, schließt man folgendermaßen. Für

$$F_1(x, t) = (1+t)^{s_0} - 1 = t$$

sind unsere Behauptungen richtig. Für $m \geqq 1$ sei III schon bewiesen. Dann ergibt sich aus (8)

$$\sum_{k=0}^{\infty} \frac{A_k^{(m+1)}}{k!} t^k = (1+t) \sum_{k=m}^{\infty} \frac{A_k^{(m)}}{k!} x^k t_1^k - x^m \sum_{k=m}^{\infty} \frac{A_k^{(m)}}{k!} t^k.$$

Da auf der rechten Seite

$$t_1^k = t^k + \cdots$$

wird und die Potenzen $1, t, \cdots t^{m-1}$ nicht vorkommen, müssen $A_0^{(m+1)}$, $A_1^{(m+1)}, \cdots A_{m-1}^{(m+1)}$ identisch verschwinden. Außerdem wird

$$A_m^{(m+1)} = A_m^{(m)} x^m - A_m^{(m)} x^m = 0.$$

Ferner wissen wir schon, daß rechts jedes Polynom $A_k^{(m)}$ durch $x^{\frac{m^2-m}{2}}$ teilbar ist. Folglich muß $A_k^{(m+1)}$ durch

$$x^{\frac{m^2-m}{2}} \cdot x^m = x^{\frac{(m+1)^2-(m+1)}{2}}$$

teilbar sein.

Die Gleichung (7) ergibt sich unmittelbar aus (9). Denn vergleicht man die Reihenentwicklungen nach Potenzen von t auf beiden Seiten von (9), so erhält man insbesondere für die Koeffizienten von t^m

$$\frac{A_{m+1}^{(m+1)}}{m!} = s_m x^m \frac{A_m^{(m)}}{m!},$$

also

$$A_{m+1}^{(m+1)} = s_m x^m \cdot x^{\frac{m^2-m}{2}} s_1 s_2 \cdots s_{m-1}$$

in Übereinstimmung mit der Formel (7), wenn hier m durch $m+1$ ersetzt wird.

§ 2.

Beweis der Sätze I und II.

Geht man von einer beliebigen Zahlenfolge a_n aus, so kann man das allgemeine Glied $a_n^{(m)}$ der mit Hilfe der Größe p zu bildenden m-ten Derivierten aus der Formel

$$(10)\qquad p^{nm+\frac{m^2+m}{2}} a_n^{(m)} = \sum_{\mu=0}^{m} (-1)^\mu \begin{bmatrix} m \\ \mu \end{bmatrix} p^{\frac{\mu^2-\mu}{2}} a_{m+n-\mu}$$

berechnen, wobei

$$\begin{bmatrix} m \\ \mu \end{bmatrix} = \frac{(1-p^m)(1-p^{m-1})\cdots(1-p^{m-\mu+1})}{(1-p)(1-p^2)\cdots(1-p^\mu)}$$

zu setzen ist. Der Beweis ergibt sich leicht durch den Schluß von m auf $m+1$ auf Grund der Rekursionsformel (4) für die Gaußschen Polynome.

Für die Zahlenfolge $a_n = a^{p^n}$ erhält man insbesondere

$$p^{nm+\frac{m^2+m}{2}} a_n^{(m)} = a^{p^n} \sum_{\mu=0}^{m} (-1)^\mu \begin{bmatrix} m \\ \mu \end{bmatrix} p^{\frac{\mu^2-\mu}{2}} a^{p^n(p^{m-\mu}-1)}.$$

Setzt man

$$a^{p^n(p-1)} = 1 + p^{n+1} z_n,$$

so wird z_n nach dem Fermatschen Satz eine ganze rationale Zahl. Beachtet man noch, daß

$$p^{m-\mu} - 1 = (p-1)(1 + p + \cdots + p^{m-\mu-1}) = (p-1) s_{m-\mu-1}$$

ist, so erkennt man, daß

$$p^{mn + \frac{m^2+m}{2}} a_n^{(m)} = a^{p^n} F_m(p, p^{n+1} z_n)$$

gesetzt werden darf. Dies liefert auf Grund des Satzes III

$$p^{mn + \frac{m^2+m}{2}} a_n^{(m)} = a^{p^n} \sum_{k=m}^{s_{m-1}} \frac{p^{\frac{m^2-m}{2}} B_k^{(m)}}{k!} p^{k(n+1)} z_n^k,$$

wobei die $B_k^{(m)}$ ganze rationale Zahlen sind und insbesondere

(11) $$B_m^{(m)} = s_1 s_2 \cdots s_{m-1}$$

wird. Hieraus folgt

(12) $$a_n^{(m)} = a^{p^n} \sum_{k=m}^{s_{m-1}} \frac{p^{(k-m)(n+1)}}{k!} B_k^{(m)} z_n^k.$$

Da nun $a_n^{(m)}$ als reduzierter Bruch geschrieben nur einen Nenner der Form p^r aufweisen kann, so haben wir, um die Ganzzahligkeit des Ausdrucks (12) zu untersuchen, in den einzelnen Gliedern der Summe die höchste Potenz p^{e_k}, die in $k!$ aufgeht, mit der höchsten Potenz p^{f_k} zu vergleichen, durch die der Zähler

(13) $$p^{(k-m)(n+1)} B_k^{(m)} z_n^k$$

teilbar ist. Hierbei ist zu berücksichtigen, daß bekanntlich

(14) $$e_k \leqq \frac{k-1}{p-1}$$

ist.

Ist insbesondere

(15) $$z_n \equiv 0 \pmod{p},$$

so wird $f_k \geqq k$, also wegen (14) größer als e_k. In diesem Fall ist $a_n^{(m)}$ eine ganze Zahl, die durch p teilbar sein muß.

Es sei zunächst $p=2$. Für $n>0$ ist dann die Bedingung (15) stets erfüllt, wie auch die ungerade Zahl a gewählt wird. Ferner ist z_0 nur dann durch 2 teilbar, wenn a die Form $4x+1$ hat. Ist $a=4x-1$, so wird schon

$$a_0^{(2)} = \tfrac{1}{8}(a^4-3a^2+2a) = \tfrac{1}{2}(-1+4x+12x^2-64x^3+64x^4)$$

eine gebrochene Zahl mit dem Nenner 2. Da alle $a_n^{(m)}$ für $n>0$ ganze Zahlen sind, so wird auch für jedes $m>2$ die Zahl $a_0^{(m)}$ ein Bruch mit dem Nenner 2^{m-1}. Dies liefert den Satz

II′. *Ist $p=2$ und ist a von der Form $4x+1$, so enthalten alle Derivierten $a_n^{(m)}$ der Folge a^{2^n} nur ganze (gerade) Zahlen. Dagegen ist für $a=4x-1$ jede der Zahlen $a_0^{(m)}$ ein Bruch der Form $\dfrac{b_0^{(m)}}{2^{m-1}}$ mit ungeradem $b_0^{(m)}$. Die Zahlen $a_1^{(m)}, a_2^{(m)}, \ldots$ sind auch in diesem Fall für jedes m gerade ganze Zahlen.*

Für eine ungerade Primzahl p ist bekanntlich z_n dann und nur dann durch p teilbar, wenn dies schon für z_0 gilt, d. h. wenn

$$a^{p-1} \equiv 1 \pmod{p^2}$$

ist. *In diesem Fall sind also alle zur Zahlenfolge a^{p^n} gehörenden Derivierten ganzzahlig, und zwar ist jede der Zahlen $a_n^{(m)}$ durch p teilbar.*

Es sei nun $p \geqq 3$ und $a^{p-1}-1$ nicht durch p^2 teilbar. Ist wieder p^{f_k} die höchste Potenz von p, die in dem Ausdruck (13) aufgeht, so wird hier, weil z_n zu p teilerfremd ist, wegen (11) insbesondere $f_m=0$. Außerdem ist für $k>m$

$$f_k \geqq (k-m)(n+1) \geqq k-m\,.$$

Nehmen wir $m \leqq p-1$ an, so wird

$$e_m = 0\,, \quad e_{m+1} = 0 \text{ oder } 1$$

und für $k \geqq m+2$ wegen (14)

$$e_k \leqq e_{k-m+p-1} < \frac{k-m+p-1}{p-1} \leqq 1+\frac{k-m}{2} \leqq k-m\,.$$

In allen Fällen wird daher $e_k \leqq f_k$. Die Glieder der Summe (12) lassen sich also als Brüche mit zu p teilerfremden Nennern schreiben. Hieraus folgt, wie zu beweisen ist, daß alle $a_n^{(m)}$ ganze Zahlen sind.

Für $m=p$ erhalten wir

$$e_m = e_{m+1} = 1$$

und, wenn $k \geqq m+2$ wird, wegen (14)

$$e_k \leqq \frac{k-1}{p-1} = 1+\frac{k-p}{p-1} \leqq 1+\frac{k-p}{2} \leqq k-p\,.$$

In diesem Falle wird also

$$f_m - e_m = -1, \quad f_{m+1} - e_{m+1} \geqq 0, \quad f_{m+2} - e_{m+2} \geqq 0, \cdots .$$

Schreibt man die Glieder der Summe (12) als reduzierte Brüche, so weist der erste Bruch einen durch p teilbaren Nenner auf, während alle übrigen Nenner zu p teilerfremd sind. Folglich ist hier keine der Zahlen $a_n^{(p)}$ eine ganze Zahl.

Wegen

$$(p-1)! \equiv -1, \quad a^{p^n} \equiv a, \quad z_n^p \equiv z_n \pmod{p}$$

ergibt sich genauer, daß $p\,a_n^{(p)}$ eine ganze Zahl ist, die der Kongruenz

$$p\,a_n^{(p)} \equiv -a\,z_n \pmod{p}$$

genügt.

Damit sind die Sätze I und II vollständig bewiesen. Auf größere Schwierigkeiten führt die Aufgabe, auch für alle $m > p$ das Verhalten der Zahlen $a_n^{(m)}$ genauer zu untersuchen. Man müßte hierzu wissen, durch welche Potenz von p der Ausdruck $B_k^{(m)}$ in der Summe (12) für $k > m$ teilbar ist.

Zum Schluß sei noch bemerkt, daß die Zahlen $a_n^{(m)}$ für jede Primzahl p sämtlich positiv ausfallen, sobald $a > 1$ ist. Dies folgt aus der Tatsache, daß die Koeffizienten $A_k^{(m)}$ in der Reihenentwicklung des Ausdrucks $F_m(x, t)$ für jede ganze Zahl $x > 1$ positive Werte haben. Man beweist dies leicht durch den Schluß von m auf $m+1$ mit Hilfe der Formel (9) unter Berücksichtigung des Umstandes, daß in diesem Falle

$$t_1 = \frac{(1+t)^x - 1}{x} = t + \frac{x-1}{2}t^2 + \frac{(x-1)(x-2)}{6}t^3 + \cdots$$

ein Polynom mit positiven Koeffizienten wird.

Ausgegeben am 2. März.

75.

Über den Begriff der Dichte in der additiven Zahlentheorie

Sitzungsberichte der Preussischen Akademie der Wissenschaften 1936,
Physikalisch-Mathematische Klasse, 269 - 297

§ 1.

Festlegung der Bezeichnungen und Übersicht über die Hauptresultate.

Unter einer Menge A verstehe ich im folgenden stets eine Menge positiver ganzer Zahlen, also eine Teilmenge der Gesamtheit Z aller Zahlen

$$(Z) \qquad 1, 2, 3, \cdots.$$

Die zu A komplementäre Teilmenge von Z wird mit $\bar{A}$ bezeichnet. Für jede Zahl x aus Z soll $A(x)$ die Anzahl der Zahlen a aus A bedeuten, für die $a \leqq x$ ist. Außerdem werde noch $A(0) = 0$ gesetzt. Es ist demnach für $x = 0, 1, 2, \cdots$

$$(1) \qquad A(x) + \bar{A}(x) = x.$$

Die *Dichte*

$$\alpha = \Delta(A)$$

einer Menge A wird nach dem Vorgange von Hrn. Schnirelmann[1] als die untere Grenze der Verhältniszahlen

$$\frac{A(x)}{x} \quad \text{für } x = 1, 2, \cdots$$

definiert. Es ist also stets $0 \leqq \alpha \leqq 1$, und es wird dann und nur dann $\alpha = 1$, wenn $A = Z$ ist.

Sind beliebige $n \geqq 2$ Mengen

$$(2) \qquad A_1, A_2, \ldots, A_n$$

gegeben, so versteht man (ebenfalls nach Hrn. Schnirelmann) unter der *Summe*

$$C = A_1 + A_2 + \cdots + A_n$$

[1] *Ob additiwnich swoistwach tschissel* (russisch), Iswestija Donskowo Polytechnitscheskowo Instituta (Nowotscherkask), Bd. 14 (1930), S. 3—28, und *Über additive Eigenschaften der Zahlen*, Math. Annalen, Bd. 107 (1933), S. 649—690.

die Gesamtheit aller Zahlen c aus Z, die sich in der Form

$$c = e_1 a_1 + e_2 a_2 + \cdots + e_n a_n$$

darstellen lassen, wobei a_ν für $\nu = 1, 2, \ldots, n$ eine Zahl aus A_ν bedeuten und e_ν gleich 0 oder 1 sein soll.

Die so definierte Summenbildung ist ein assoziativer Prozeß, es ist also insbesondere

$$C = A_1 + (A_2 + A_3 + \cdots + A_n). \tag{3}$$

Dies zeigt, daß das Studium des Summenbegriffs auf den Fall $n = 2$ zurückgeführt werden kann.

Im folgenden soll, wenn von n Mengen (2) gesprochen wird,

$$\Delta(A_1) = \alpha_1, \; \Delta(A_2) = \alpha_2, \cdots, \; \Delta(A_n) = \alpha_n, \; \Delta(C) = \gamma$$

gesetzt werden, ferner wird stets die Voraussetzung gemacht, daß

$$\alpha_1 \leqq \alpha_2 \leqq \cdots \leqq \alpha_n$$

ist.

Eine der Hauptaufgaben der Theorie ist, möglichst günstige untere Schranken $\varphi(\alpha_1, \alpha_2, \cdots, \alpha_n)$ zu finden, so daß bei *jeder* Wahl der Mengen (2)

$$\gamma \geqq \varphi(\alpha_1, \alpha_2, \cdots, \alpha_n) \tag{4}$$

werden soll. Von dieser Art ist z. B. die triviale Ungleichung $\gamma \geqq \alpha_n$. Die im folgenden vorkommenden Abschätzungen (4) sollen stets so gemeint sein: Ist bei einer speziellen Wahl der Mengen (2) $\varphi > 1$, so soll dies nur bedeuten, daß $\gamma = 1$, also $C = Z$ wird. Man erkennt unmittelbar, daß bei dieser Deutung der Ungleichung (4) folgende Regel gilt: Ist $\psi(\alpha_1, \alpha_2, \cdots, \alpha_n)$ ein zweiter Ausdruck, für den bei jeder Wahl der Argumente α_ν im Intervall $0 \leqq x \leqq 1$ die Ungleichung $\psi \leqq \varphi$ gilt, so folgt aus (4) auch $\gamma \geqq \psi(\alpha_1, \alpha_2, \ldots, \alpha_n)$. In dieser Hinsicht darf also mit den Formeln (4) wie mit gewöhnlichen Ungleichungen operiert werden. Handelt es sich ferner darum, für einen gegebenen Ausdruck φ die Ungleichung (4) zu beweisen, so darf man sich auf den Fall $\gamma < 1$ beschränken.

Es ist vielfach die Vermutung ausgesprochen worden, daß für $n = 2$ stets

$$\gamma \geqq \alpha_1 + \alpha_2 \tag{5}$$

ist. Wäre dies richtig, so würde sich hieraus wegen (3) auch für beliebiges n

$$\gamma \geqq \alpha_1 + \alpha_2 + \cdots + \alpha_n \tag{5'}$$

ergeben.

Die vorliegende Arbeit stellt nur einen Versuch dar, einige Fragen, die durch diese noch unbewiesene Vermutung nahegelegt werden, weiter zu verfolgen. Ich stütze mich hierbei auf folgende Sätze, die unter Benutzung der oben eingeführten Bezeichnungen kurz so zu formulieren sind:

I. (E. Landau[1]). *Für $n = 2$ ist*

$$\gamma \geqq \alpha_1 + \alpha_2 - \alpha_1\alpha_2 .$$

II. (A. Khintchine[2]). *Für jedes n ist*

$$\gamma \geqq n\alpha_1 .$$

Ich beweise im folgenden noch zwei weitere Sätze:

III. *Für $n = 2$ ist*

$$\gamma \geqq \frac{\alpha_2}{1-\alpha_1}, \qquad \gamma \geqq \frac{\alpha_1}{1-\alpha_2} \tag{6}$$ [3].

IV. *Für $n = 2$ ist*

$$2\gamma \geqq \sqrt{\alpha_1^2 + 4\alpha_2^2} + \alpha_1 \geqq \sqrt{\alpha_2^2 + 4\alpha_1^2} + \alpha_2 .$$

In neuerer Zeit ist noch ein schöner Satz hinzugekommen, der erwähnt werden soll, obgleich ich von ihm keinen Gebrauch mache:

V. (A. Besicovitch[4]). *Sind A, B zwei Mengen mit den Dichten α, β und versteht man unter α^* die untere Grenze der Quotienten $\frac{A(x)}{x+1}$ für $x = 1, 2, \cdots$, so wird*

$$\gamma = \Delta(A + B) \geqq \alpha^* + \beta .$$

Durch mehrfaches Kombinieren der Sätze I—IV erhalten wir die Möglichkeit, folgende vier Hauptprobleme anzugreifen.

A. Für jedes $n \geqq 2$ soll die größte Zahl c_n bestimmt werden, für die stets, d. h. bei beliebiger Wahl der Mengen $A_1, A_2, \cdots, A_n$

$$\gamma \geqq c_n(\alpha_1 + \alpha_2 + \cdots + \alpha_n)$$

wird.

B. Bei gegebenem $m = 2, 3, \cdots$ soll für jedes $n > m$ die größte Zahl $c_n^{(m)}$ bestimmt werden, für die stets

$$\gamma \geqq c_n^{(m)}(\alpha_1 + \alpha_2 + \cdots + \alpha_m)$$

wird.

---

[1] *Die Goldbachsche Vermutung und der Schnirelmannsche Satz*, Göttinger Nachrichten, Jahrgang 1930, S. 255—276.

[2] *Zur additiven Zahlentheorie*, Matematitscheskij Sbornik, Bd. 39 (1932), S. 27—34. — Dieser Satz ist wohl als das wichtigste Resultat der allgemeinen Theorie der additiven Zusammensetzung von Mengen positiver ganzer Zahlen anzusehen. Aus ihm folgt insbesondere, daß die Vermutung (5′) zutrifft, wenn $\alpha_1 = \alpha_2 = \cdots = \alpha_n$ ist.

[3] Hierin ist insbesondere ein leicht zu beweisendes, aber grundlegendes Resultat enthalten, das von Hrn. Schnirelmann herrührt: Ist $\alpha_1 + \alpha_2 \geqq 1$, so wird $\gamma = 1$, d. h. $C = Z$. Zugleich ergibt sich, daß für $\gamma < 1$, $\alpha_1 \leqq \alpha_2$ die erste der Ungleichungen (6) der zweiten vorzuziehen ist.

[4] *On the density of the sum of two sequences of integers*, The Journal of the London Mathematical Society, Bd. 10 (1935), S. 246—48.

C. Es soll für jedes n die größte ganze Zahl m_n angegeben werden, für die stets

$$\gamma \geqq \alpha_1 + \alpha_2 + \cdots + \alpha_{m_n}$$

gilt.

D. Bei gegebenem n soll der kleinste Exponent $k_n \geqq 1$ bestimmt werden, für den stets die Ungleichung

$$\gamma^{k_n} \geqq \alpha_1^{k_n} + \alpha_2^{k_n} + \cdots + \alpha_n^{k_n}$$

besteht[1].

Ich werde im folgenden beweisen:

1. Es ist

$$c_2 \geqq \frac{2}{1+\sqrt{2}} > 0.8284, \qquad c_3 \geqq \frac{3\sqrt{2}}{\sqrt{2}+\sqrt{3}+\sqrt{6}} > 0.7581$$

und für $n \geqq 4$

$$\frac{1}{c_n} \leqq \frac{1}{c_3} + \sum_{\nu=4}^{\infty} \frac{1}{\sqrt{\nu^4 - \nu^3}},$$

woraus sich

$$c_n > 0.6148 \tag{7}$$

ergibt.

2. Setzt man für $h = 1, 2, \cdots$

$$S_h = 1 + \frac{1}{\sqrt{2}} + \frac{1}{\sqrt{3}} + \cdots + \frac{1}{\sqrt{h}},$$

so wird

$$c_n^{(m)} \geqq \frac{\sqrt{n}}{S_n - S_{n-m}}.$$

Hieraus folgt insbesondere

$$c_n^{(m)} > \frac{1}{2} \cdot \frac{\sqrt{n}}{\sqrt{n} - \sqrt{n-m}} \tag{8}$$

und bei gegebenem m für genügend großes n (z. B. für $n \geqq m^2$)

$$c_n^{(m)} > \frac{n}{m} - \frac{1}{4}\,[2].$$

[1] Es ist hierbei zu beachten, daß der Ausdruck $(\alpha_1^k + \alpha_2^k + \cdots + \alpha_n^k)^{\frac{1}{k}}$ bei wachsendem k bekanntlich nicht zunimmt.

[2] Diese Formeln für $c_n^{(m)}$ stellen Ergänzungen zum Khintchineschen Satz (Satz II) dar. Er besagt, daß $c_n^{(1)} = n$ ist, und liefert für jedes $m < n$

$$\gamma \geqq \Delta(A_m + A_{m+1} + \cdots + A_n) \geqq (n-m+1)\,\alpha_m \geqq \left(\frac{n}{m} - 1 + \frac{1}{m}\right)(\alpha_1 + \alpha_2 + \cdots + \alpha_m),$$

also $c_n^{(m)} \geqq \frac{n}{m} - 1 + \frac{1}{m}$.

3. Aus (8) folgt leicht

$$m_n \geqq \frac{3n}{4}.$$

4. Für jedes n ist

$$k_n \leqq \frac{\log \frac{3+\sqrt{5}}{2}}{\log 2} = 1.3886\cdots.$$

Insbesondere ist also

$$\gamma^2 \geqq \alpha_1^2 + \alpha_2^2 + \cdots + \alpha_n^2.$$

Es wird sich sogar ergeben, daß

$$\gamma^2 \geqq n\alpha_1^2 + (n-1)\alpha_2^2 + \cdots + 2\alpha_{n-1}^2 + \alpha_n^2 \quad (\alpha_1 \leqq \alpha_2 \leqq \cdots \leqq \alpha_n)$$

ist.

Sollte es gelingen, die Vermutung (5) zu bestätigen, so werden, wie ich ausdrücklich hervorheben will, sämtliche hier gewonnene Resultate als gegenstandslos anzusehen sein. Diese Ungleichung würde besagen, daß

$$c_n = 1,\ c_n^{(m)} = \frac{n}{m},\ m_n = n,\ k_n = 1$$

zu setzen ist.

§ 2.

Beweis des Satzes III.

Ist C eine beliebige Menge, deren Dichte γ von 0 und 1 verschieden ist, so enthält C insbesondere die Zahl 1, ferner ist die Menge $\overline{C}$ nicht leer. Versieht man jede Zahl z von Z (unten) mit dem Plus- oder Minuszeichen, je nachdem z zu C oder zu $\overline{C}$ gehört, so weist die Folge $1, 2, \ldots$ etwa folgendes Bild auf

$$\underset{+}{1}, \cdots \underset{+}{p_1}, \underset{-}{p_1+1}, \cdots \underset{-}{q_1}, \underset{+}{q_1+1}, \cdots \underset{+}{p_2}, \underset{-}{p_2+1}, \cdots \underset{-}{q_2}, \cdots.$$

Es treten also abwechselnd gewisse »Plussequenzen« und »Minussequenzen« auf, wobei die Anzahl der Sequenzen der einen oder anderen Art auch endlich sein kann.

Verfolgt man den Verlauf des Quotienten

$$Q(x) = \frac{C(x)}{x},$$

so erkennt man leicht, daß $Q(x)$ auf der ersten Plussequenz konstant gleich 1 ist und beim Durchlaufen einer späteren Plussequenz[1] zunimmt, dagegen beim Durchlaufen einer Minussequenz abnimmt. Ferner ist für jedes $\nu = 1, 2, \cdots$

$$Q(p_\nu) > Q(p_\nu + 1), \quad Q(q_\nu) < Q(q_\nu + 1).$$

Dies setzt in Evidenz, daß die Dichte γ, d. h. die untere Grenze aller Werte $Q(x)$ für $x = 1, 2, \cdots$ auch als die untere Grenze der (endlich- oder unendlich-vielen) Zahlen

$$Q(q_1), \quad Q(q_2), \cdots$$

aufgefaßt werden kann. Insbesondere folgt hieraus: Um zu zeigen, daß für eine gegebene Größe φ die Ungleichung $\gamma \geqq \varphi$ gilt, genügt es zu wissen, daß für alle Zahlen x von $\bar{C}$ die Ungleichung $C(x) \geqq \varphi x$ besteht.

Es sei nun insbesondere $C = A + B$ die Summe zweier Mengen A, B mit den Dichten α, β. Ist wieder $0 < \gamma < 1$, so betrachte man irgendeine Zahl x von $\bar{C}$ und eine ganze Zahl $y \geqq 0$, die kleiner als x ist. Für $y \neq x - 1$ betrachte man die ganzen Zahlen z des Intervalls

$$\text{(J)} \qquad y < z < x,$$

das mit dem Intervall

$$\text{(J')} \qquad y < z \leqq x - 1$$

identisch ist und demnach genau $\bar{B}(x-1) - \bar{B}(y)$ Zahlen aus $\bar{B}$ enthält. Beachtet man, daß für jede Zahl a von A, die kleiner als x ist, die Differenz $x - a$ in $\bar{B}$ liegen muß, so erhalten wir in J spezielle Zahlen aus $\bar{B}$, indem wir a alle Zahlen von A durchlaufen lassen, für die

$$y < x - a < x, \text{ d. h. } 0 < a < x - y$$

ist. Die Anzahl dieser Zahlen a ist gleich $A(x - y - 1)$. Daher ist

$$\bar{B}(x-1) - \bar{B}(y) \geqq A(x-y-1),$$

was wegen (1) auch in der Form

$$(9) \qquad x - y - 1 - B(x-1) + B(y) \geqq A(x-y-1)$$

geschrieben werden kann.

Diese Ungleichung ist in dem vorhin ausgeschlossenen Fall $y = x - 1$ von selbst richtig, weil dann links und rechts der Wert 0 steht. Ferner wird, weil x als Zahl von $\bar{C}$ auch in $\bar{B}$ liegen muß, $B(x-1) = B(x)$.

---

[1] Man beachte, daß es für $0 < \gamma < 1$ offenbar mindestens eine derartige Sequenz geben muß.

Wir können also (9) in der Form

$$(10) \qquad x-y-1 \geqq B(x)-B(y)+A(x-y-1)$$

schreiben[1].

Man bezeichne nun die (endlich- oder unendlich-vielen) Zahlen von $\bar{C}$, nach wachsender Größe geordnet, mit

$$x_1, x_2, x_3, \cdots$$

und setze noch $x_0 = 0$. Aus (10) folgt dann für $\mu = 1, 2, \cdots$

$$x_\mu - x_{\mu-1} - 1 \geqq B(x_\mu) - B(x_{\mu-1}) + A(x_\mu - x_{\mu-1} - 1).$$

Dies liefert, weil $A(z) \geqq \alpha z$ für $z = 0, 1, 2, \cdots$ ist,

$$x_\mu - x_{\mu-1} - 1 \geqq B(x_\mu) - B(x_{\mu-1}) + \alpha(x_\mu - x_{\mu-1} - 1).$$

Durch Addition dieser Ungleichungen ergibt sich für jedes $h = 1, 2, \cdots$

$$x_h - h \geqq B(x_h) + \alpha(x_h - h).$$

Hier ist aber

$$h = \bar{C}(x_h), \text{ also } x_h - h = C(x_h)$$

zu setzen.

Wir können also sagen, daß für jede Zahl $x = x_h$ der Menge $\bar{C}$

$$C(x) \geqq B(x) + \alpha C(x) \geqq \beta x + \alpha C(x),$$

also

$$(1-\alpha)C(x) \geqq \beta x$$

ist. Beachtet man, daß für $\gamma < 1$ auch $\alpha < 1$ sein muß, so kann durch $1-\alpha$ dividiert werden, was nach dem oben Gesagten

$$(11) \qquad \gamma \geqq \frac{\beta}{1-\alpha}$$

liefert.

Diese Formel ist für $\gamma = 0$ von selbst richtig, weil dann auch $\beta = 0$ sein muß. Für $\gamma < 1$ folgt aus ihr $1-\alpha > \beta$, d. h. $\alpha + \beta < 1$. Ist aber dies der Fall, so gilt (11) auch für $\gamma = 1$. Faßt man also (11) nach der in § 1 gemachten Festsetzung als abgekürzte Schreibweise für

$$\gamma \geqq \text{Min}\left(1, \frac{\beta}{1-\alpha}\right)$$

auf, so ist die Formel als in allen Fällen richtig anzusehen. Der Satz III ist hiermit bewiesen.

---

[1] Diese Formel ist keineswegs neu. Für $y = 0$ benutzt sie schon Hr. Schnirelmann, um zu zeigen, daß für $\alpha + \beta \geqq 1$ die Menge $\bar{C}$ leer, d. h. $C = Z$, $\gamma = 1$ sein muß.

§ 3.
Beweis des Satzes IV.

Dieser Satz ergibt sich aus den Sätzen I und III auf elementarem Wege ohne neue Hinzunahme von Betrachtungen aus der additiven Zahlentheorie.

Man setze für zwei beliebige Zahlen α, β, die den Bedingungen

$$0 \leqq \alpha < 1, \qquad 0 < \beta \leqq 1$$

genügen,

$$f(\alpha, \beta) = \alpha + \beta - \alpha\beta, \qquad g(\alpha, \beta) = \frac{\beta}{1 - \alpha}.$$

Für jedes Paar α, β bilde man den Ausdruck

$$H(y) = y^2 - \alpha y - \beta^2.$$

Dann wird, wie eine einfache Rechnung zeigt,

$$H(f(\alpha, \beta)) = \alpha\beta(1 + \alpha\beta - \alpha - 2\beta),$$

$$(1 - \alpha)^2 H(g(\alpha, \beta)) = \alpha\beta(2\beta + \alpha - \alpha\beta - 1).$$

Es gilt also die Identität

$$H(f) + (1 - \alpha)^2 H(g) = 0,$$

aus der hervorgeht, daß $H(f)$ und $H(g)$ entweder beide gleich Null oder von verschiedenen Vorzeichen sind.

Die Gleichung $H(y) = 0$ hat nur eine positive Wurzel

$$h(\alpha, \beta) = \tfrac{1}{2}\left(\alpha + \sqrt{\alpha^2 + 4\beta^2}\right).$$

Da bei uns f und g positiv sind, muß nach dem über $H(f)$ und $H(g)$ Gesagten diese Wurzel im Intervall (f, g) liegen. Hieraus folgt insbesondere, daß entweder $f \geqq h$ oder $g \geqq h$ sein muß. Dies gilt auch für $\beta = 0$, weil dann

$$f(\alpha, \beta) = h(\alpha, \beta) = \alpha$$

wird. Eine einfache Rechnung zeigt ferner, daß für $\beta \geqq \alpha$ stets $h(\alpha, \beta) \geqq h(\beta, \alpha)$ ist.

Sind nun A, B zwei Mengen mit der Summe $C = A + B$ und bezeichnet man wieder die Dichten von A, B, C mit α, β, γ, so besagen die Sätze I und III, daß gleichzeitig

$$\gamma \geqq f(\alpha, \beta), \qquad \gamma \geqq g(\alpha, \beta)$$

ist. Dies liefert nach dem vorhin Bewiesenen $\gamma \geqq h(\alpha, \beta)$ und für $\beta \geqq \alpha$

$$\gamma \geqq h(\alpha, \beta) \geqq h(\beta, \alpha). \tag{12}$$

§ 4.

Direkte Folgerungen aus den Sätzen I und III.

Haben die Zeichen $A, B, C, \alpha, \beta, \gamma$ dieselbe Bedeutung wie am Schluß des § 3, so folgt (für $\alpha < 1$) aus

$$\gamma \geqq \alpha + \beta - \alpha\beta, \qquad \gamma \geqq \frac{\beta}{1-\alpha} \tag{13}$$

die Ungleichung

$$(1 + \alpha - \alpha^2)\gamma \geqq \alpha + \beta - \alpha\beta + (\alpha - \alpha^2)\frac{\beta}{1-\alpha} = \alpha + \beta\,. \tag{14}$$

Dies liefert, weil stets $\alpha - \alpha^2 \leqq \frac{1}{4}$ ist,

$$\gamma \geqq \tfrac{4}{5}(\alpha + \beta), \text{ also } \gamma \geqq 0.8\,(\alpha + \beta)\,. \tag{15}$$

Die Formel (14) läßt noch eine weitergehende Folgerung zu. Liegen $n > 2$ Mengen $A_1, A_2, \cdots, A_n$ mit den Dichten $\alpha_1, \alpha_2, \cdots, \alpha_n$ vor, so sei wie in § 1

$$C = A_1 + A_2 + \cdots + A_n, \quad \Delta(C) = \gamma, \; \alpha_1 \leqq \alpha_2 \leqq \cdots \leqq \alpha_n.$$

Setzt man

$$A_1 = A, \quad A_2 + A_3 + \cdots + A_n = B, \quad \alpha_1 = \alpha, \quad \Delta(B) = \beta,$$

so folgt aus dem Khintchineschen Satz $\gamma \geqq n\alpha$, daß für $\gamma < 1$ die Zahl α kleiner als $\frac{1}{n}$ sein muß. Dann wird aber

$$1 + \alpha - \alpha^2 < 1 + \frac{1}{n} - \frac{1}{n^2}.$$

Die Ungleichung (14) liefert daher in diesem Fall

$$\gamma \geqq \frac{n^2}{n^2 + n - 1}(\alpha + \beta)\,. \tag{16}$$

Kennt man schon eine Zahl $d_{n-1} \leqq 1$, für die

$$\beta \geqq d_{n-1}(\alpha_2 + \alpha_3 + \cdots \alpha_n)$$

ist, so folgt aus (16)

$$\gamma \geqq \frac{n^2 d_{n-1}}{n^2 + n - 1}(\alpha_1 + \alpha_2 + \cdots + \alpha_n)\,.$$

In den Bezeichnungen des § 1 ergibt sich hieraus insbesondere

$$c_n \geqq \frac{n^2 c_{n-1}}{n^2 + n - 1}\,.$$

Z. B. wird für $n = 3$ wegen (15)

$$c_3 \geqq \frac{9}{11} \cdot \frac{4}{5} > 0.6545.$$

Dies braucht nicht weiter verfolgt zu werden, weil wir später wesentlich genauere Resultate gewinnen werden.

Aus (13) ergibt sich ferner für zwei Mengen A, B

$$2\gamma \geqq \alpha + \beta\left(1 - \alpha + \frac{1}{1-\alpha}\right) \geqq \alpha + 2\beta,$$

also

$$(17) \qquad \gamma \geqq \beta + \frac{\alpha}{2}.$$

Diese nicht unwichtige Ungleichung ergibt sich auch unmittelbar aus dem Satze IV, da

$$\tfrac{1}{2}\left(\alpha + \sqrt{\alpha^2 + 4\beta^2}\right) \geqq \tfrac{1}{2}(\alpha + 2\beta).$$

Sie kann auch als triviale Folgerung aus dem Besicovitchschen Satz $\gamma \geqq \alpha^* + \beta$ angesehen werden. Denn aus $A(x) \geqq \alpha x$ folgt für $x = 1, 2, \cdots$

$$\frac{A(x)}{x+1} \geqq \alpha \cdot \frac{x}{x+1} \geqq \alpha \cdot \frac{1}{2},$$

was $\alpha^* \geqq \frac{\alpha}{2}$ liefert.

Für $\beta \geqq \alpha$ folgt aus (17), daß *a* fortiori

$$(17') \qquad \gamma \geqq \alpha + \frac{\beta}{2}$$

ist. Dies ergibt sich schon allein aus dem Landauschen

$$\gamma \geqq \alpha + \beta - \alpha\beta = \alpha + \beta(1 - \alpha).$$

Denn ist γ nicht gleich 1, so wird $\alpha < \frac{1}{2}$ also $1 - \alpha > \frac{1}{2}$ und $\beta(1-\alpha) \geqq \frac{\beta}{2}$[1].

[1] Man beachte, daß hier nicht etwa $\beta(1-\alpha) > \frac{\beta}{2}$ geschrieben werden darf. Denn β könnte gleich Null sein. Für $\beta \geqq \alpha > 0$ wird wegen $1 - \alpha + \frac{1}{1-\alpha} > 2$ sogar $\gamma > \beta + \frac{\alpha}{2}$.

Aus (17) kann gefolgert werden:

VI. *Für n Mengen $A_1, A_2, \cdots, A_n$ mit den Dichten $\alpha_1, \alpha_2, \cdots, \alpha_n$ ist für $\alpha_1 \leqq \alpha_2 \leqq \cdots \leqq \alpha_n$ stets*

$$\gamma = \Delta(A_1 + A_2 + \ldots + A_n) \geqq \frac{\alpha_n}{2} + \frac{1}{2}(\alpha_1 + \alpha_2 + \cdots + \alpha_n).$$

Denn dies ist, wie wir schon wissen, für $n = 2$ richtig. Hat man die Formel für $n - 1$ Mengen schon bewiesen, so wird

$$\beta = \Delta(A_2 + A_3 + \cdots + A_n) \geqq \frac{\alpha_n}{2} + \frac{1}{2}(\alpha_2 + \alpha_3 + \cdots + \alpha_n),$$

also

$$\gamma \geqq \beta + \frac{\alpha_1}{2} \geqq \frac{\alpha_n}{2} + \frac{1}{2}(\alpha_2 + \alpha_3 + \cdots + \alpha_n) + \frac{\alpha_1}{2} = \frac{\alpha_n}{2} + \frac{1}{2}(\alpha_1 + \alpha_2 + \cdots + \alpha_n).$$

Aus VI ergibt sich insbesondere: *Ist die Summe $A_1 + A_2 + \ldots + A_n$ nicht die Gesamtheit Z aller natürlichen Zahlen, so muß*

(18) $$\alpha_1 + \alpha_2 + \ldots + \alpha_n < 2$$

sein.

Dies liefert eine bemerkenswerte Ergänzung zum Schnirelmannschen Satz, der besagt, daß für $n = 2$ und $A_1 + A_2 \neq Z$ die Summe $\alpha_1 + \alpha_2$ kleiner als 1 sein muß[1].

Ich füge noch folgendes hinzu: Für $n > 2$ erhält man durch fortgesetztes Kombinieren der Sätze I, II und III eine große Anzahl von Möglichkeiten, Abschätzungen der Form $\gamma \geqq \varphi(\alpha_1, \alpha_2, \cdots \alpha_n)$ abzuleiten. Es scheint nicht leicht zu sein, eine Übersicht über die Gesamtheit dieser Relationen zu gewinnen oder auch nur die Anzahl der »wesentlichen« unter ihnen zu bestimmen[2]. Es möge nur hervorgehoben werden, daß man mit Hilfe der Produkte

$$f_\nu = (1 - \alpha_1)(1 - \alpha_2) \cdots (1 - \alpha_\nu)$$

neben der vielbenutzten Formel

(19) $$\gamma \geqq 1 - f_n,$$

die sich allein durch wiederholtes Anwenden von I ergibt, durch fortgesetztes Anwenden von III ohne Mühe

$$\gamma \geqq \frac{\alpha_n}{f_{n-1}}$$

[1] Die Schranke 2 in der Formel (18) läßt sich, wie in § 7 gezeigt werden wird, durch eine kleinere Zahl ersetzen.

[2] Schon für $n = 2$ ist die Relation $\gamma \geqq \frac{\alpha_1}{1 - \alpha_2}$ als nicht wesentlich anzusehen, weil sie (für $\alpha_1 \leqq \alpha_2$) aus $\gamma \geqq \frac{\alpha_2}{1 - \alpha_1}$ folgt.

und unter Hinzunahme von (19)

$$\gamma \geqq \frac{1 - f_{n-1}}{1 - \alpha_n}$$

erhält. Beide Formeln setzen in Evidenz, daß, wenn γ nicht gleich 1 sein soll. $\alpha_n < f_{n-1}$ sein muß[1].

Weitergehende Folgerungen läßt ein Kombinieren der Sätze II und IV zu.

§ 5.

Lineare Abschätzungen.

Wir betrachten wieder zwei Mengen A, B mit der Summe $C = A + B$. Es sei ferner wie früher

$$\alpha = \Delta(A), \beta = \Delta(B), \gamma = \Delta(C), \alpha \leqq \beta.$$

Wir suchen Abschätzungen für γ abzuleiten, die ebenso wie die Formel (17) die Gestalt

$$\gamma \geqq a\alpha + b\beta \tag{20}$$

haben, wobei a und b positive, von α, β unabhängige Größen sein sollen.

Unendlich viele Formeln dieser Art liefert folgender Satz:

VII. *Weiß man, daß für eine zunächst beliebig zu wählende Größe* $n \geqq 2$

$$\gamma \geqq n\alpha \tag{21}$$

ist, so gilt (20) *für je zwei positive Zahlen a und b, die den Bedingungen*

$$a + b\sqrt{n^2 - n} = n, \tag{22}$$

$$a \geqq \frac{n}{2n-1} \tag{23}$$

genügen.

Der Beweis ist mit Hilfe von IV leicht zu führen. Da sich nämlich aus (22) und (23), wenn $\sqrt{n^2 - n} = r$ gesetzt wird,

$$b \leqq \frac{1}{r}\left(n - \frac{n}{2n-1}\right) = \frac{2r}{2n-1} < 1$$

---

[1] Dies läßt sich auch allein aus (19) folgern. Denn für $\gamma < 1$ muß

$$\alpha_n + 1 - f_{n-1} \leqq \alpha_n + \Delta(A_1 + A_2 + \cdots + A_{n-1}) < 1$$

sein.

ergibt, ist (20) wegen $\gamma \geqq \beta$ für $\alpha = 0$ gewiß richtig. Für $\alpha > 0$ setze man

$$\frac{\beta}{\alpha} = q.$$

Wir haben dann nur zu zeigen, daß unter den gemachten Voraussetzungen für alle Werte $q \geqq 1$

$$\frac{\gamma}{\alpha} \geqq a + bq$$

wird. Auf Grund des Satzes IV und der Annahme (21) ist aber[1]

$$(24) \qquad \frac{\gamma}{\alpha} \geqq h(q) = \frac{1}{2}\left(1 + \sqrt{4q^2 + 1}\right), \frac{\gamma}{\alpha} \geqq n.$$

Hierbei wird, wie eine einfache Rechnung zeigt,

$$h(r) = n \text{ und } h(q) > n \text{ für } q > r. \qquad (r = \sqrt{n^2 - n})$$

Da nun wegen (22) für $q \leqq r$

$$a + bq \leqq a + br = n \leqq \frac{\gamma}{\alpha}$$

gilt, so haben wir nur noch zu zeigen, daß für $q > r$

$$h(q) \geqq a + bq, \text{ d. h. } q^2 \geqq (a + bq)^2 - (a + bq)$$

wird. Dies besagt nur, daß für $q > r$

$$F(q) = (1 - b^2) q^2 - (2a - 1) bq + a - a^2 \geqq 0$$

sein soll. Wegen $h(r) = n = a + br$ wird hierbei $F(r) = 0$, also ist

$$F(q) = (1 - b^2)(q - r)\left(q - \frac{a - a^2}{r(1 - b^2)}\right).$$

Soll dieser Ausdruck für $q > r$ positiv ausfallen, so ist nur erforderlich, daß der zweite Faktor für $q = r$ nicht negativ wird.

---

[1] Hier tritt die Wichtigkeit der Tatsache, daß der Satz IV in

$$2\gamma \geqq \alpha + \sqrt{\alpha^2 + 4\beta^2}$$

eine in bezug auf α, β, γ homogene Ungleichung liefert, deutlich hervor.

Dies gibt wegen (22)

$$r^2(1-b^2)-a+a^2 = r^2-(n-a)^2-a+a^2 = (2n-1)a-n \geqq 0,$$

führt also nur auf die Nebenbedingung (23)[1].

Um den nun bewiesenen Satz VII für das Studium der Summe C von n Mengen $A_1, A_2, \ldots, A_n$ nutzbar zu machen, wähle man in VII, wenn wieder

$$(25) \qquad \alpha_\nu = \Delta(A_\nu),\ \alpha_1 \leqq \alpha_2 \leqq \cdots \leqq \alpha_n \qquad (\nu = 1, 2, \cdots n)$$

ist,

$$A = A_1,\ B = A_2 + A_3 + \cdots + A_n.$$

Dann trifft auf Grund des Khintchineschen Satzes die Voraussetzung (21) zu. Wir können daher aus VII folgern:

VII′. *Kennt man schon für beliebige $n-1$ Mengen $A_2, \cdots, A_n$, deren Dichten $\alpha_2, \alpha_3, \cdots, \alpha_n$ der Bedingung $\alpha_2 \leqq \alpha_3 \leqq \cdots \leqq \alpha_n$ genügen, eine Ungleichung*

$$\beta = \Delta(A_2 + \cdots + A_n) \geqq a_2'\alpha_2 + \cdots + a_n'\alpha_n,$$

so erhält man für beliebige n Mengen mit den Dichten (25) eine Ungleichung

$$(26) \qquad \gamma = \Delta(A_1 + A_2 + \cdots + A_n) \geqq a_1\alpha_1 + a_2\alpha_2 + \cdots + a_n\alpha_n,$$

indem man irgendein Paar von positiven Zahlen a, b gemäß den Voraussetzungen (22) und (23) wählt und

$$a_1 = a,\ a_2 = ba_2',\ a_3 = ba_3',\cdots,\ a_n = ba_n'$$

setzt.

VII″. *Wählt man für $\nu = 2, 3, \cdots$ zwei positive Größen u_ν, v_ν, die den Forderungen*

$$u_\nu \geqq \frac{\nu}{2\nu-1},\ u_\nu + v_\nu\sqrt{\nu^2-\nu} = \nu$$

genügen, und setzt man $a_1 = u_n$ und

$$a_\lambda = u_{n-\lambda+1}\, v_{n-\lambda+2}\, v_{n-\lambda+3} \cdots v_{n-1}\, v_n \qquad (\lambda = 2, 3, \cdots, n;\ u_1 = 1),$$

so besteht für jedes System von n Mengen $A_1, A_2, \cdots, A_n$ die Ungleichung (26).

---

[1] Untersucht man nach dieser Methode die Gültigkeit der Formel (20) für Zahlen a des Intervalls $0 < a < \frac{n}{2n-1}$, so gelangt man ohne große Mühe zu folgendem Ergebnis: Für $0 < a \leqq \frac{1}{2}$ erhält man die Ungleichung (17) als günstigstes Resultat und für $\frac{1}{2} < a < \frac{n}{2n-1}$ hat man in (20) die Zahl b gleich $4(a-a^2)$ zu wählen. — Hiervon wird im folgenden kein Gebrauch gemacht werden.

Der Satz VII′ wird bei der Behandlung der Hauptprobleme A und B (vgl. § 1) eine wichtige Rolle spielen. Als Anwendung des Satzes VII″ erwähne ich nur den Fall

$$u_\nu = 1,\ v_\nu = \frac{\nu - 1}{\sqrt{\nu^2 - \nu}} = \sqrt{\frac{\nu - 1}{\nu}},$$

der, wie eine einfache Rechnung zeigt, für jedes n auf die Ungleichung

$$(27) \qquad \sqrt{n} \cdot \gamma \geqq \sum_{\lambda=1}^{n} \sqrt{n - \lambda + 1} \cdot \alpha_\lambda \qquad (\alpha_1 \leqq \alpha_2 \leqq \cdots \leqq \alpha_n)$$

führt. Für $n = 2$ erhält man insbesondere

$$\gamma \geqq \alpha_1 + \frac{\alpha_2}{\sqrt{2}},$$

was eine Verbesserung gegenüber der Formel (17′) des § 4 liefert.

§ 6.

Abschätzungen von γ mit Hilfe von Produkten der α_ν.

Unter Beibehaltung der Bezeichnungen des § 5 können wir folgenden Satz aussprechen:

VIII. *Weiß man, daß für zwei gegebene Mengen A, B eine ganze Zahl $n \geqq 2$ wählen läßt, für die*

$$\gamma \geqq n\alpha \qquad (\alpha \leqq \beta)$$

wird, so besteht für $m = 2, 3, \cdots, n$ die Ungleichung

$$(28) \qquad \gamma^m \geqq \frac{n^m}{r^{m-1}} \cdot \alpha\beta^{m-1} \qquad (r = \sqrt{n^2 - n}).$$

Da diese Formel für $\alpha = 0$ gewiß richtig ist, können wir $\alpha > 0$ annehmen. Es ist dann nur zu beweisen, daß

$$\left(\frac{\gamma}{\alpha}\right)^m \geqq \frac{n^m}{r^{m-1}} q^{m-1} \qquad (\beta = q\alpha)$$

ist. Für $q \leqq r$ folgt dies aus $\gamma \geqq n\alpha$. Ist aber $q > r$, so haben wir wegen (24) nur noch zu zeigen, daß in diesem Fall

$$(h(q))^m \geqq \frac{n^m}{r^{m-1}} q^{m-1} \qquad (2h(q) = 1 + \sqrt{4q^2 + 1})$$

wird. Da nun $h(r) = n$ ist, genügt es zu wissen, daß

$$g(q) = \frac{h((q))^m}{q^{m-1}}$$

für $q \geqq r$ mit wachsendem q zunimmt.

Dies ergibt sich wohl am einfachsten folgendermaßen. Setzt man $h(q) = x$, so wird $q = \sqrt{x^2 - x}$. Mit wachsendem x wächst auch q und umgekehrt. Ferner ist die Forderung $q \geqq r$ mit $x \geqq n$ identisch. Wir haben also nur zu beweisen, daß die Funktion

$$f(x) = g^2(q) = \frac{x^{2m}}{x^{m-1}(x-1)^{m-1}} = \frac{x^{m+1}}{(x-1)^{m-1}}$$

für $x \geqq n$ mit wachsendem x wächst. Dies folgt aber unmittelbar aus

$$\frac{f'(x)}{f(x)} = \frac{m+1}{x} - \frac{m-1}{x-1} = \frac{2x-m-1}{x(x-1)} \geqq \frac{2n-m-1}{x(x-1)} > 0.$$

Aus dem Satz VIII folgt leicht:

VIII'. *Sind $A_1, A_2, \cdots, A_n$ beliebige $n \geqq 2$ Mengen mit den Dichten $\alpha_1, \alpha_2, \cdots, \alpha_n$, so genügt die Dichte γ der Summe $C = A_1 + A_2 + \cdots + A_n$ für $m = 1, 2, \cdots, n$ den Ungleichungen*

(29) $$\gamma^m \geqq g_n^{(m)} \cdot \alpha_1 \alpha_2 \cdots \alpha_m \qquad (\alpha_1 \leqq \alpha_2 \leqq \cdots \leqq \alpha_n)$$

mit

$$g_n^{(m)} = n^{\frac{m}{2}} \sqrt{\frac{n!}{(n-m)!}}.$$

Für $m = 1$ und beliebiges n ist nämlich (28) mit dem Khintchineschen $\gamma \geqq n\alpha_1$ identisch. Für $m > 1$ nehme man an, die Formel (29) sei schon bewiesen, wenn an Stelle von m die Zahl $m-1$ tritt. Setzt man in VIII

$$A = A_1, \quad B = A_2 + A_3 + \cdots + A_n,$$

so darf schon benutzt werden, daß

$$\beta^{m-1} \geqq g_{n-1}^{(m-1)} \cdot \alpha_2 \alpha_3 \cdots \alpha_n \cdot.$$

Aus (28) folgt dann

$$\gamma^m \geqq \frac{n^m}{\gamma^{m-1}} g_{n-1}^{(m-1)} \cdot \alpha_1 \alpha_2 \cdots \alpha_m.$$

Der hier auftretende Zahlenfaktor ist aber gleich

$$\frac{n^m}{n^{\frac{m-1}{2}}(n-1)^{\frac{m-1}{2}}} \cdot (n-1)^{\frac{m-1}{2}} \sqrt{\frac{(n-1)!}{(n-m)!}} = n^{\frac{m}{2}} \sqrt{\frac{n!}{(n-m)!}},$$

was (29) liefert.

Für $m = 2$ erhalten wir insbesondere

$$\gamma^2 \geqq n\sqrt{n^2 - n} \cdot \alpha_1 \alpha_2 . \tag{30}$$

Setzt man ferner $m = n$, so ergibt sich

$$\gamma^n \geqq n^{\frac{n}{2}} \sqrt[n]{n! \cdot \alpha_1 \alpha_2 \cdots \alpha_n}, \tag{31}$$

woraus wegen

$$n! > n^n e^{-n}$$

die Ungleichung

$$\gamma \geqq \frac{n}{\sqrt{e}} \cdot \sqrt[n]{\alpha_1 \alpha_2 \cdots \alpha_n} \geqq 0.6065 \cdot n \cdot \sqrt[n]{\alpha_1 \alpha_2 \cdots \alpha_n} \tag{32}$$

folgt[1]. Von Interesse sind auch die sich aus (31) in Verbindung mit

$$\gamma \geqq \Delta(A_{n-1} + A_n), \quad \gamma \geqq \Delta(A_{n-2} + A_{n-1} + A_n), \cdots$$

ergebenden Formeln

$$\gamma^2 \geqq \sqrt{8} \cdot \alpha_{n-1} \alpha_n, \quad \gamma^3 \geqq \sqrt{162} \cdot \alpha_{n-2} \alpha_{n-1} \alpha_n, \ldots .$$

Es sei noch bemerkt, daß der Khintchinesche Satz zunächst nur

$$\gamma \geqq n\alpha_1, \quad \gamma \geqq (n-1)\alpha_2, \cdots, \quad \gamma \geqq 2\alpha_{n-1}, \gamma \geqq \alpha_n,$$

also

$$\gamma^m \geqq \frac{n!}{(n-m)!} \cdot \alpha_1 \alpha_2 \cdots \alpha_m \tag{33}$$

liefert. Der Satz VIII' besagt, daß hier rechts für $m \geqq 2$ noch der Faktor

$$\sqrt{\frac{n^m}{n(n-1)\cdots(n-m+1)}} > e^{\frac{m^2-m}{4n}}$$

hinzugefügt werden darf. Für $m = n$ folgt ferner aus (33) an Stelle von (32) die weniger präzise Formel

$$\gamma \geqq \frac{n}{e} \cdot \sqrt[n]{\alpha_1 \alpha_2 \cdots \alpha_n} .$$

---

[1] Aus der Formel (7) des § 1, die im nächsten Paragraphen bewiesen werden wird, ergibt sich, daß hier der Faktor $\frac{1}{\sqrt{e}}$ durch die größere Zahl 0.6148 ersetzt werden kann. Sollte sich die Vermutung $\gamma \geqq \alpha_1 + \alpha_2 + \cdots + \alpha_n$ bestätigen lassen, so würde folgen, daß sogar der (größte in Betracht kommende) Zahlenfaktor 1 zulässig ist.

§ 7.

Das Hauptproblem A.

Um für jedes System von n Mengen $A_1, A_2, \cdots, A_n$ eine Ungleichung der Form

$$(34)\qquad \gamma \geqq d_n(\alpha_1 + \alpha_2 + \cdots + \alpha_n) \qquad (d_n > 0)$$

zu erhalten, wende man den Satz VII' des § 5 an.

Kennt man schon für $n - 1$ Mengen eine derartige untere Schranke d_{n-1}, so wird in den früheren Bezeichnungen

$$\beta \geqq d_{n-1}(\alpha_2 + \cdots + \alpha_n).$$

Man wähle dann die Konstanten a und b, so daß

$$a + b\sqrt{n^2 - n} = n, \quad a = bd_{n-1}$$

wird. Das führt nach VII' auf (34) mit

$$(35)\qquad d_n = \frac{nd_{n-1}}{d_{n-1} + \sqrt{n^2 - n}}.$$

Hierbei muß man aber wissen, daß

$$(36)\qquad d_n \geqq \frac{n}{2n - 1}$$

ist.

Sieht man zunächst von dieser Nebenforderung ab, so wird man, von dem gewiß zulässigen Wert $d_1 = 1$ ausgehend, auf

$$d_2 = \frac{2}{1 + \sqrt{2}}, \quad d_3 = \frac{3d_2}{d_2 + \sqrt{6}} \text{ usw.}$$

geführt. Schreibt man die Rekursionsformel (35) in der Gestalt

$$\frac{\sqrt{n}}{d_n} = \frac{\sqrt{n-1}}{d_{n-1}} + \frac{1}{\sqrt{n}},$$

so erkennt man unmittelbar, daß dieser Algorithmus für jedes n

$$d_n = \frac{\sqrt{n}}{S_n} \text{ mit } S_n = 1 + \frac{1}{\sqrt{2}} + \cdots + \frac{1}{\sqrt{n}}$$

liefert.

Daß nun dieser Ausdruck der Bedingung (36) genügt, ist leicht zu erkennen. Denn führt man in bekannter Weise den Ausdruck

$$R_n = 2\sqrt{n} - S_n \tag{37}$$

ein, so wird

$$R_n = \sum_{\nu=1}^{n} u_\nu \quad \text{mit } u_\nu = 2\left(\sqrt{\nu} - \sqrt{\nu - 1}\right) - \frac{1}{\sqrt{\nu}}.$$

Hierbei ist aber

$$u_\nu = 2\sqrt{\nu}\left(1 - \left(1 - \frac{1}{\nu}\right)^{\frac{1}{2}} - \frac{1}{2\nu}\right)$$

$$= 2\sqrt{\nu}\left(\frac{1}{2.4}\frac{1}{\nu^2} + \frac{1.3}{2.4.6}\cdot\frac{1}{\nu^3} + \cdots\right) > 0.$$

Wegen $u_1 = 1$ ist daher für $n \geqq 2$ stets $R_n > 1$ und folglich

$$d_n = \frac{\sqrt{n}}{2\sqrt{n} - R_n} > \frac{\sqrt{n}}{2\sqrt{n} - 1} > \frac{n}{2n - 1}. \tag{38}$$

Für das Maximum c_n aller zulässigen unteren Schranken d_n in der Ungleichung (34) ergibt sich daher

$$c_n \geqq \frac{\sqrt{n}}{S_n}.$$

Das liefert insbesondere

$$c_2 > 0.8284, \quad c_3 > 0.7581, \quad c_4 > 0.7182.$$

Es soll nun gezeigt werden, daß sich für $n = 4, 5, \ldots$ nach einer anderen Methode eine größere untere Schranke für c_n ableiten läßt.

Ist nämlich zunächst noch $n \geqq 2$ und kennt man eine positive Zahl e_{n-1}, für die $c_{n-1} \geqq e_{n-1}$ gilt, so fasse man die Summe

$$C = A_1 + A_2 + \cdots + A_n$$

der zu betrachtenden n Mengen $A_1, A_2, \ldots, A_n$ als die Summe der $n - 1$ Mengen

$$B_2 = A_1 + A_2, \quad B_3 = A_3, \ldots, \quad B_n = A_n$$

auf. Es wird dann

$$\gamma = \Delta(C) \geqq e_{n-1} \sum_{\nu=2}^{n} \Delta(B_\nu). \tag{39}$$

Hierin ist aber $\Delta(B_\nu) = \alpha_\nu$ für $\nu > 2$ und nach dem Landauschen Satz

$$\Delta(B_2) \geqq \alpha_1 + \alpha_2 - \alpha_1 \alpha_2.$$

Aus (39) folgt daher

$$\gamma + e_{n-1} \cdot \alpha_1 \alpha_2 \geqq e_{n-1} (\alpha_1 + \alpha_2 + \cdots + \alpha_n).$$

Ist aber, wie wir stets voraussetzen, $\alpha_1 \leqq \alpha_2 \leqq \cdots \leqq \alpha_n$, so wird nach (30)

$$\alpha_1 \alpha_2 \leqq f_n \gamma^2 \text{ mit } f_n = \frac{1}{n\sqrt{n^2 - n}},$$

also

$$(39') \qquad \gamma + e_{n-1} f_n \gamma^2 \geqq e_{n-1} \sigma \qquad (\sigma = \alpha_1 + \alpha_2 + \cdots + \alpha_n).$$

Hieraus folgt, wie ich behaupte, daß für

$$(40) \qquad e_n = \frac{e_{n-1}}{1 + f_n e_{n-1}}$$

stets

$$(41) \qquad \gamma \geqq e_n \sigma$$

gesetzt werden darf. Denn wäre bei spezieller Wahl der Mengen $A_1, A_2, \ldots, A_u$

$$(42) \qquad \gamma < e_n \sigma,$$

so würde sich wegen $0 \leqq \gamma \leqq 1$ aus (39')

$$\gamma + e_{n-1} f_n e_n \sigma \geqq e_{n-1} \sigma, \text{ d. h. } \gamma \geqq (1 - e_n f_n) e_{n-1} \sigma$$

ergeben. Aus (40) folgt aber

$$(1 - e_n f_n) e_{n-1} = e_n.$$

Es würde sich also ein Widerspruch gegen die Annahme (42) zeigen.

Die Rekursionsformel (40), die sich auch in der übersichtlicheren Form

$$\frac{1}{e_n} = \frac{1}{e_{n-1}} + f_n$$

schreiben läßt, liefert für jedes $m \geqq 1$

$$\frac{1}{e_n} = \frac{1}{e_m} + f_{m+1} + \cdots + f_n. \qquad (n > m)$$

Hieraus kann man schließen: Setzt man für ein festgewähltes m

$$e_m = d_m = \frac{m}{S_m} \qquad \left(S_m = \frac{1}{1} + \frac{1}{\sqrt{2}} + \cdots + \frac{1}{\sqrt{m}}\right)$$

und für $n > m$

$$(43) \qquad e_{m,n} = \frac{1}{d_m} + f_{m+1} + \cdots + f_n,$$

so wird $c_n \geqq e_{m,n}$.

Eine einfache Rechnung liefert nun

$$e_{1,2} < d_2, \quad e_{2,3} < d_3, \quad \text{dagegen } e_{3,4} > d_4.$$

Es empfiehlt sich daher in (43) für m die Zahl 3 zu wählen. Wir gelangen so zu dem Ergebnis: *Setzt man*

$$e_2 = d_2, \quad e_3 = d_3$$

und bestimmt für $n > 3$ die Zahl e_n aus

$$\frac{1}{e_n} = \frac{1}{\sqrt{3}} + \frac{1}{\sqrt{6}} + \frac{1}{\sqrt{9}} + \frac{1}{4\sqrt{4 \cdot 3}} + \frac{1}{5\sqrt{5 \cdot 4}} + \cdots + \frac{1}{n\sqrt{n^2 - n}},$$

so gilt für beliebige n Mengen $A_1, A_2, \ldots, A_n$ mit den Dichten $\alpha_1, \alpha_2, \ldots, \alpha_n$ die Ungleichung

$$\gamma = \Delta(A_1 + A_2 + \cdots + A_n) \geqq e_n(\alpha_1 + \alpha_2 + \cdots + \alpha_n).$$

Es ergibt sich insbesondere

$$c_4 \geqq e_4 > 0.7188, \quad c_5 \geqq e_5 > 0.6964$$

und für alle Werte von n

$$c_n > \lim_{\nu \to \infty} e_\nu > 0.6148. \tag{44}$$

Hierbei ist zu benutzen, daß die Reihe $f_4 + f_5 + \ldots$ wegen

$$f_\nu = \frac{1}{\nu\sqrt{\nu^2 - \nu}} = \frac{1}{\nu(\nu - 1)}\left(1 - \frac{1}{\nu}\right)^{\frac{1}{2}} = \frac{1}{\nu(\nu - 1)}\left(1 - \frac{1}{2\nu} - \frac{1}{8\nu^2} - \frac{1}{16\nu^3} - \cdots\right)$$

konvergent ist. Eine etwas mühsame Rechnung liefert

$$\frac{1}{e_n} < \frac{1}{\sqrt{3}} + \frac{1}{\sqrt{6}} + \frac{1}{\sqrt{9}} + \frac{1}{4\sqrt{4 \cdot 3}} + \cdots < 1.6263,$$

was auf (44) führt.

Hieraus folgt zugleich als Verbesserung des auf S. 279 gewonnenen Resultats: *Umfaßt die Summe $A_1 + A_2 + \ldots + A_n$ nicht alle Zahlen 1, 2, 3, ..., so muß*

$$\alpha_1 + \alpha_2 + \cdots + \alpha_n < 1.6263$$

sein.

§ 8.

Die Hauptprobleme B und C.

Es handelt sich hier darum, für jedes Paar positiver ganzer Zahlen m, n ($m < n$) eine (möglichst große) positive Größe $d_n^{(m)}$ zu finden, von der behauptet werden kann, daß bei beliebiger Wahl der Mengen $A_1, A_2, \ldots, A_n$

$$\gamma = \Delta(A_1 + A_2 + \cdots + A_n) \geqq d_n^{(m)}(\alpha_1 + \alpha_2 + \cdots + \alpha_m) \qquad (\alpha_\nu = \Delta(A_\nu)) \tag{45}$$

wird. Hierbei soll wie immer $\alpha_1 \leqq \alpha_2 \leqq \cdots \leqq \alpha_n$ sein. In den Bezeichnungen des § 1 ist eine derartige Größe durch die Ungleichung $d_n^{(m)} \leqq c_n^{(m)}$ charakterisiert. Der Khintchinesche Satz besagt, daß $d_n^{(1)} = n$ gesetzt werden darf[1]. Wir können also annehmen, daß $m \geqq 2$ ist.

Ist nun für das Zahlenpaar $m-1$, $n-1$ eine Größe $d_{n-1}^{(m-1)} \leqq c_{n-1}^{(m-1)}$ schon bekannt, so gilt insbesondere

$$\beta = \Delta(A_2 + \cdots + A_n) \geqq d_{n-1}^{(m-1)}(\alpha_2 + \cdots + \alpha_m).$$

Man wähle nun nach den Vorschriften des Satzes VII′ zwei positive Zahlen a, b, so daß

$$a + b\sqrt{n^2 - n} = n, \quad a = b d_{n-1}^{(m-1)},$$

also

$$a = d_n^{(m)} = \frac{n d_{n-1}^{(m-1)}}{\sqrt{n^2 - n} + d_{n-1}^{(m-1)}} \tag{46}$$

wird. Nach VII′ können wir dann schließen, daß für diese Zahl $d_n^{(m)}$ die Ungleichung (45) gilt, sofern nur die Bedingung

$$d_n^{(m)} \geqq \frac{n}{2n-1} \tag{47}$$

erfüllt ist.

Schreibt man (46) in der Form

$$\frac{\sqrt{n}}{d_n^{(m)}} = \frac{\sqrt{n-1}}{d_{n-1}^{(m-1)}} + \frac{1}{\sqrt{n}}$$

und setzt $d_{n-1}^{(1)} = n - 1$, so erhält man Schritt für Schritt

$$\frac{\sqrt{n}}{d_n^{(2)}} = \frac{1}{\sqrt{n-1}} + \frac{1}{\sqrt{n}}, \quad \frac{\sqrt{n}}{d_n^{(3)}} = \frac{1}{\sqrt{n-2}} + \frac{1}{\sqrt{n-1}} + \frac{1}{\sqrt{n}} \text{ usw.}$$

Allgemein ergibt sich ein Ausdruck für $d_n^{(m)}$, der die Schreibweise

$$d_n^{(m)} = \frac{\sqrt{n}}{S_n - S_{n-m}} \quad \text{mit} \quad S_\nu = 1 + \frac{1}{\sqrt{2}} + \cdots + \frac{1}{\sqrt{\nu}} \tag{48}$$

zuläßt. In den Bezeichnungen des § 7 wird hierbei $d_n^{(m)} > d_n$, die Formel (38) lehrt uns daher, daß die Forderung (47) erfüllt ist.

Damit ist bewiesen, daß der Ausdruck (48) *für jedes Zahlenpaar* m, n *eine untere Schranke für* $c_n^{(m)}$ *liefert* (vgl. § 1).

---

[1] Vgl. Fußnote auf S. 272. Es kann bekanntlich sogar behauptet werden, daß $c_n^{(1)} = n$ ist.

Benutzt man die durch (37) definierten Größen $R_1, R_2, \cdots$, so ergibt sich

$$d_n^{(m)} = \frac{\sqrt{n}}{2(\sqrt{n}-\sqrt{n-m}) - R_n + R_{n-m}},$$

was wegen $R_n > R_{n-m}$ auf

$$c_n^{(m)} > \frac{1}{2} \cdot \frac{\sqrt{n}}{\sqrt{n}-\sqrt{n-m}}$$

führt. Soll der rechts stehende Ausdruck mindestens gleich 1 sein, so muß $2\sqrt{n-m} \geqq \sqrt{n}$, d. h. $4m \leqq 3n$ sein. *Dies besagt, daß stets*

$$\gamma \geqq \alpha_1 + \alpha_2 + \cdots + \alpha_{\left[\frac{3n}{4}\right]}$$

gilt (vgl. § 1).

Um das Verhalten von $d_n^{(m)}$ bei festem m und wachsendem n genauer zu untersuchen, verfahre man folgendermaßen. Zunächst ist

$$d_n^{(2)} = \frac{\sqrt{n} \cdot \sqrt{n^2-n}}{\sqrt{n}+\sqrt{n-1}} = n\sqrt{n^2-n} - n^2 + n = n^2\left(\left(1-\frac{1}{n}\right)^{\frac{1}{2}} - 1 + \frac{1}{n}\right).$$

Dies liefert für $d_n^{(2)}$ die Reihenentwicklung

$$d_n^{(2)} = \frac{n}{2} - \frac{1}{2.4} - \frac{1.3}{2.4.6}\frac{1}{n} - \frac{1.3.5}{2.4.6.8}\frac{1}{n^2} - \cdots,$$

woraus für $n \geqq 3$

$$d_n^{(2)} > \frac{n}{2} - \frac{1}{8} - \frac{1}{16(n-1)} > \frac{n}{2} - \frac{1}{6}$$

folgt.

Für $m \geqq 3$ beachte man, daß

$$\sqrt{n}\,(S_n - S_{n-m}) = 1 + \sqrt{\frac{n}{n-1}} + \sqrt{\frac{n}{n-2}} + \cdots + \sqrt{\frac{n}{n-m+1}}$$
$$= 1 + \sum_{\mu=1}^{m-1}\left(1-\frac{\mu}{n}\right)^{-\frac{1}{2}}$$

wird. Setzt man

$$(49) \qquad a_0 = 1, \quad a_\nu = (-1)^\nu \binom{-\frac{1}{2}}{\nu} = \frac{1.3\cdots(2\nu-1)}{2.4\cdots 2\nu} \qquad \nu > 0$$

und

$$s_0 = m, \quad s_\nu = 1^\nu + 2^\nu + \cdots + (m-1)^\nu, \qquad (\nu > 0)$$

so erhält man für $d_n^{(m)}$ den Ausdruck

$$d_n^{(m)} = \frac{n}{s_0 + a_1 s_1 x + a_2 s_2 x^2 + \cdots} \qquad \left(x = \frac{1}{n}\right).$$

Entwickelt man nach Potenzen von x, so möge sich

$$d_n^{(m)} = n(b_0 - b_1 x - b_2 x^2 - b_3 x^3 - \cdots)$$

ergeben. Hierbei wird, wie eine einfache Rechnung zeigt,

$$b_0 = \frac{1}{m}, \quad b_1 = \frac{m-1}{4m}, \quad b_2 = \frac{m-1}{16}.$$

Es sind aber auch alle folgenden Koeffizienten $b_3, b_4, \ldots$ positiv. Dies folgt aus einem Satz von Hrn. Th. Kaluza[1] auf Grund der Tatsache, daß bei uns

$$(50) \qquad \frac{a_1}{a_0} < \frac{a_2}{a_1} < \frac{a_3}{a_2} < \cdots$$

und zugleich

$$(51) \qquad \frac{s_1}{s_0} < \frac{s_2}{s_1} < \frac{s_3}{s_2} < \cdots$$

ist. Hierbei ergibt sich (50) unmittelbar aus (49), während (51) nur eine bekannte, leicht zu beweisende Eigenschaft der Potenzsummen von beliebigen nichtnegativen Größen zum Ausdruck bringt[2].

Setzt man nun

$$d_n^{(m)} = \frac{n}{m} - \frac{m-1}{4m} - \frac{m-1}{16} \cdot \frac{1}{n} - \frac{1}{n^2} p_n^{(m)}, \quad p_n^{(m)} = b_3 + \frac{b_4}{n} + \cdots,$$

so folgt aus $b_3 > 0, b_4 > 0, \ldots$, daß $p_n^{(m)}$ *mit wachsendem n abnimmt.*

Insbesondere wird

$$p_n^{(m)} \leqq p_{m+1}^{(m)}, \text{ wobei } p_{m+1}^{(m)} \text{ aus}$$

$$-p_{m+1}^{(m)} = (m+1)^2 \left(d_{m+1}^{(m)} - \frac{m+1}{m} + \frac{m-1}{4m} + \frac{m-1}{16} \cdot \frac{1}{m+1} \right)$$

---

[1] *Über die Koeffizienten reziproker Potenzreihen*, Math. Zeitschrift, Bd. 28 (1928), S. 161 bis 170.

[2] Sind $x_1, x_2, \ldots$ nichtnegative Größen, die nicht alle einander gleich sind, so liefert schon die Cauchysche Ungleichung für $k \geqq 1$

$$(\Sigma x_\mu^k)^2 = \left(\Sigma x_\mu^{\frac{k-1}{2}} \cdot x_\mu^{\frac{k+1}{2}}\right)^2 < (\Sigma x_\mu^{k-1})(\Sigma x_\mu^{k+1}).$$

zu bestimmen ist. Andererseits ist aber

$$d_{m+1}^{(m)} = \frac{\sqrt{m+1}}{S_{m+1}-1} = \frac{\sqrt{m+1}}{2\sqrt{m+1}-R_{m+1}-1} > \frac{\sqrt{m+1}}{2\sqrt{m+1}-2}$$
$$= \frac{1}{2} + \frac{\sqrt{m+1}+1}{2m}.$$

Hieraus folgt

$$-p_{m+1}^{(m)} > (m+1)^2\left(-\frac{3}{16} + \frac{\sqrt{m+1}+1}{2m} - \frac{5m}{4} - \frac{1}{8(m+1)}\right),$$

was für $m \geqq 3$

$$p_{m+1}^{(m)} < \frac{3}{16}(m+1)^2$$

liefert. *Wir erhalten auf diese Weise für $m \geqq 3$, $n > m$*

$$c_n^{(m)} \geqq d_n^{(m)} > \frac{n}{m} - \frac{m-1}{4} - \frac{m-1}{16n} - \frac{3(m+1)^2}{16n^2}.$$

Insbesondere ergibt sich hieraus, wie eine einfache Rechnung zeigt, daß für $n \geqq \frac{3}{4}m^2$

$$c_n^{(m)} > \frac{n}{m} - \frac{1}{4}$$

wird.

Der Zusammenhang mit dem Khintchineschen Satz tritt deutlicher hervor, wenn wir unsere Ergebnisse so formulieren: *Setzt man*

$$\mu_m = \frac{1}{m}(\alpha_1 + \alpha_2 + \cdots + \alpha_m), \qquad (m = 2, 3, \cdots)$$

so wird für genügend großes n, insbesondere für $n \geqq \frac{3}{4}m^2$

$$\gamma \geqq \left(n - \frac{m}{4}\right)\mu_m.$$

Speziell ist schon für $n \geqq 3$

$$\gamma \geqq \left(n - \frac{1}{3}\right)\mu_2\ [1].$$

---

[1] Für kleinere Werte von m kann man natürlich durch direkte Abschätzung der Größen $d_{m+1}^{(m)}$ und $p_{m+1}^{(m)}$ genauere Resultate erzielen. Insbesondere läßt sich leicht zeigen, daß schon für $n \geqq 4$

$$\gamma \geqq \left(n - \frac{2}{3}\right)\mu_3$$

wird.

§ 9.

Das Hauptproblem D. Ungleichungen höheren Grades.

Es empfiehlt sich hier, eine Hilfsbetrachtung aus der elementaren Analysis vorauszuschicken.

Hilfssatz I. *Sind h und n zwei reelle Konstanten, die den Bedingungen*

$$n \geqq 2, \quad 4(2h-1)(n-1) \geqq 1 \tag{52}$$

genügen, und setzt man

$$f(x) = x^{2h} - (x^2 - x)^h,$$

so wird für $x \geqq n$

$$f(x) \geqq f(n). \tag{53}$$

Für $h \geqq 1$ ist dies evident, weil dann $f(x)$ als das Produkt der beiden für $x \geqq n$ mit wachsendem x monoton wachsenden Funktionen x^h und $x^h - (x-1)^h$ erscheint. Es sei also $h < 1$. Man bilde dann die Ableitung $f'(x)$ von $f(x)$ und schreibe sie in der Form

$$f'(x) = 2h(x^2 - x)^{h-1} F(x).$$

Hierbei wird für $x > 1$

$$F(x) = x\left(1 - \frac{1}{x}\right)^{1-h} - x + \frac{1}{2}$$
$$= \frac{1}{2} - (1-h) + \sum_{\nu=2}^{\infty} (-1)^\nu \binom{1-h}{\nu} \frac{1}{x^{\nu-1}}.$$

Für $0 < h < 1$ sind aber die Koeffizienten der hier auftretenden Summe sämtlich negativ. Daher ist $F(x) \geqq F(n)$ für $x \geqq n$. Hieraus folgt, daß $f(x)$ für $x \geqq n$ mit wachsendem x monoton wächst, sobald nur $F(n) \geqq 0$ ist. Es wird aber

$$\frac{1}{n-1} F(n) = \left(\frac{n}{n-1}\right)^h - \frac{n - \frac{1}{2}}{n-1} = \left(1 + \frac{1}{n-1}\right)^h - 1 - \frac{1}{2(n-1)},$$

wobei

$$\left(1 + \frac{1}{n-1}\right)^h = 1 + \frac{h}{n-1} - \frac{h(1-h)}{2(n-1)^2} + \cdots > 1 + \frac{h}{n-1} - \frac{h(1-h)}{2(n-1)^2}$$

gesetzt werden darf. Berücksichtigt man, daß bei uns $h(1-h) \leqq \frac{1}{4}$ wird, so erkennt man, daß (53) gewiß richtig ist, sobald

$$\frac{h}{n-1} - \frac{1}{8(n-1)^2} - \frac{1}{2(n-1)} \geqq 0$$

wird. Dies führt nur auf die Forderung (52) für h.

Hilfssatz II. *Man setze bei konstantem* $k > 0$

$$a_n^{(k)} = n^k - (n^2 - n)^{\frac{k}{2}}. \tag{54}$$

Dann und nur dann ist $a_n^{(k)} \geqq 1$ *für* $n = 2, 3, 4, \ldots$, *wenn*

$$k \geqq \frac{\log \frac{3+\sqrt{5}}{2}}{\log 2} = 1.3886\cdots \tag{55}$$

wird.

Aus dem Hilfssatz I folgt nämlich, daß schon für $k \geqq 1.25$

$$a_2^{(k)} < a_3^{(k)} < a_4^{(k)} < \cdots$$

ist. Die Forderung

$$a_2^{(k)} = 2^k - 2^{\frac{k}{2}} \geqq 1$$

besagt aber nur, daß $2^{\frac{k}{2}}$ mindestens gleich der positiven Wurzel

$$\xi = \frac{1+\sqrt{5}}{2}$$

der Gleichung $x^2 - x - 1 = 0$ sein soll. Dies liefert für k die Bedingung (55).

Wir können nun folgenden Satz beweisen, der als ein Analogon zum Satz VII aufgefaßt werden kann.

IX. *Weiß man, daß für zwei Mengen A, B mit den Dichten* α, β *eine Zahl* $n \geqq 2$ *gewählt werden kann, so daß*

$$\gamma = \Delta\,(A+B) \geqq n\,\alpha \qquad (\alpha \leqq \beta) \tag{56}$$

wird, so besteht für jedes Tripel von Konstanten a, b, k, die den Bedingungen

$$a + b\,(n^2 - n)^{\frac{k}{2}} = n^k, \quad 0 \leqq b \leqq 1, \tag{57}$$

$$k \geqq 1 + \frac{1}{4\,(n-1)} \tag{58}$$

genügen, die Ungleichung

$$\gamma^k \geqq a\,\alpha^k + b\,\beta^k. \tag{59}$$

Es genügt, wie beim Beweis des Satzes VII, nur den Fall $\alpha > 0$ zu betrachten. Setzt man $\beta = q\,\alpha$, so hat man nur zu zeigen, daß

$$\left(\frac{\gamma}{\alpha}\right)^k \geqq a + b\,q^k$$

ist. Für $q \geqq (n^2 - n)^{\frac{1}{2}}$ folgt dies unmittelbar aus (56) und (57). Ist aber $q \geqq (n^2 - n)^{\frac{1}{2}}$, so benutze man, daß nach Satz IV $\gamma \geqq x\,\alpha$ wird, wenn

$$\sqrt{1 + 4q^2} + 1 = 2x, \quad \text{d. h. } q^2 = x^2 - x$$

gesetzt wird. Es ist also nur zu beweisen, daß für $x \geqq n$

$$x^k \geqq a + b\,(x^2 - x)^{\frac{k}{2}}$$

ist. In Verbindung mit der Voraussetzung (57) gibt dies nur

$$x^k - n^k \geqq b\left((x^2 - x)^{\frac{k}{2}} - (n^2 - n)^{\frac{k}{2}}\right).$$

Diese Ungleichung ist aber unter der Voraussetzung (58) für $x \geqq n$ gewiß richtig. Denn sie gilt nach dem Hilfssatz I für $b = 1$, also auch für $b < 1$.

Setzt man insbesondere $b = 1$, so erhält (59) die Gestalt

(60) $$\gamma^k \geqq a_n^{(k)} \alpha^k + \beta^k,$$

wo $a_n^{(k)}$ die durch (54) definierte Größe bedeutet.

Sind nun $A_1, A_2, \ldots, A_n$ mit den Dichten

$$\alpha_1, \alpha_2, \ldots, \alpha_n, \quad \alpha_1 \leqq \alpha_2 \leqq \ldots \leqq \alpha_n,$$

so wende man den Satz IX auf die Mengen

$$A = A_1, \; B = A_2 + A_3 + \cdots + A_n$$

an, für die die Voraussetzung (56) auf Grund des Khintchineschen Satzes gewiß erfüllt ist. Aus (60) ergibt sich insbesondere durch den Schluß von $n - 1$ auf n:

IX'. *Bedeutet γ die Dichte der Menge $C = A_1 + A_2 + \cdots + A_n$, so gilt für jedes $k \geqq 1.25$ die Ungleichung*

$$\gamma^k \geqq a_n^{(k)} \alpha_1^k + a_{n-1}^{(k)} \alpha_2^k + \cdots + a_2^{(k)} \alpha_{n-1}^k + \alpha_n^k.$$

Für $k = 2$ ergibt sich speziell

(61) $$\gamma^2 \geqq n\alpha_1^2 + (n-1)\alpha_2^2 + \cdots + 2\,\alpha_{n-1}^2 + \alpha_n^2$$ [1].

---

[1] Dieses Resultat ist weitergehend als die früher gewonnenen Formeln (27) und (31). Um (27) aus (61) zu folgern, wende man auf (27) die Cauchysche Ungleichung an. Ebenso ergibt sich (31) aus (61) auf Grund des Satzes über das arithmetische und geometrischeMittel.

Allgemeiner folgt aus IX′ für $k \geqq 2$ wegen

$$a_\nu^{(k)} = \nu^k \left(1 - \left(1 - \frac{1}{\nu}\right)^{\frac{k}{2}}\right) \geqq \nu^k \left(1 - \left(1 - \frac{1}{\nu}\right)\right)$$

die Ungleichung

$$\gamma^k \geqq n^{k-1} \alpha_1^k + (n-1)^{k-1} \alpha_2^k + \cdots + 2^{k-1} \alpha_{n-1}^k + \alpha_n^k$$

und für $\frac{5}{4} \leqq k < 2$ wegen

$$a_\nu^{(k)} = \nu^k \left(1 - \left(1 - \frac{1}{\nu}\right)^{\frac{k}{2}}\right) = \nu^k \left(\frac{k}{2} \cdot \frac{1}{\nu} + \frac{1}{2} \cdot \frac{k}{2}\left(1 - \frac{k}{2}\right) \frac{1}{\nu} + \cdots\right)$$

die Ungleichung

$$\gamma^k \geqq \frac{k}{2} \left(n^{k-1} \alpha_1^k + (n-1)^{k-1} \alpha_2^k + \cdots + 2^{k-1} \alpha_{n-1}^k + \alpha_n^k\right).$$

Wendet man ferner den Hilfssatz II an, so folgt aus IX′:

IX″. Für $k \geqq 1.3887$ wird

$$\gamma^k \geqq \alpha_1^k + \alpha_2^k + \cdots + \alpha_n^k.$$

Ausgegeben am 20. Oktober

76.

Nachruf auf Leon Lichtenstein

Mathematische Zeitschrift 38, o. S. (1934)

Am 21. August dieses Jahres ist Leon Lichtenstein, der hervorragende Gelehrte, der Begründer und Herausgeber der mathematischen Zeitschrift, im Alter von 55 Jahren nach kurzem Leiden einem Herzschlag erlegen. Die Wissenschaft hat einen schmerzlichen Verlust zu beklagen, die Zeitschrift hat einen schweren Schlag erlitten. Alle, die dem Dahingegangenen nahestanden, trauern einem edelgesinnten Menschen nach.

Es ist hier nicht die Stelle, die bedeutenden Leistungen Lichtensteins auf den verschiedensten Gebieten der Analysis ausführlich zu würdigen. Um seine seltene Vielseitigkeit zu beleuchten, sei nur erwähnt, daß die Funktionentheorie, die Potentialtheorie und die Variationsrechnung ihm ebenso wesentliche Fortschritte verdanken wie die Hydrodynamik und die Theorie der Differential- und Integralgleichungen. In neuerer Zeit haben seine Untersuchungen zur Hydrodynamik eine besonders starke Wirkung ausgeübt. Sie führten zur Herstellung neuartiger Verbindungswege zwischen Mathematik und Astronomie. Ein Hauptmerkmal seiner Arbeiten ist strengste Selbstkritik und unermüdliche Hartnäckigkeit im Weiterverfolgen der in Angriff genommenen Probleme. Überall tritt ein meisterhaftes Beherrschen aller modernen Hilfsmittel der Analysis und Mengenlehre hervor.

Während seines ganzen Lebens war Lichtenstein von einem außerordentlich stark entwickelten Arbeitswillen erfüllt. Es war ihm ein Bedürfnis, seine Tatkraft und sein hervorragendes Organisationstalent in den Dienst immer neuer wissenschaftlicher Aufgaben zu stellen. Diese Eigenschaften, die ihn befähigt haben, in schweren Jahren neben der Herausgabe der Zeitschrift den Umbau und die Weiterführung des Jahrbuchs über die Fortschritte der Mathematik mit schönstem Erfolg zu übernehmen, hätten noch nicht ausgereicht, ihn zu dem wissenschaftlichen Redakteur großen Stils zu machen, der er für diese Zeitschrift geworden ist. Nur einem Gelehrten von hohem Rang mit weitverzweigten Beziehungen zu den Fachgenossen im In- und Ausland, der ein bewundernswert reiches Wissen mit nie versagendem Instinkt in der Beurteilung mathematischer Leistungen verband, konnte es gelingen, im Laufe von 15 Jahren ein wissenschaftliches Organ zu schaffen, das in der stattlichen Reihe der von ihm herausgegebenen 37 Bände den ganzen Reichtum der mathematischen Forschungsarbeit unserer Zeit widerspiegelt. Zu den Zierden dieser Bände gehören Lichtensteins zahlreiche eigene Beiträge.

Wir werden das Andenken des uns zu früh Entrissenen stets in Ehren halten.

Die Schriftleitung.

77.
Über einige Ungleichungen im Matrizenkalkül

Prace Matematyczno-fizyczne 44, 353 - 370 (1937)

Im ersten Band der von Leon Lichtenstein gegründeten Mathematischen Zeitschrift habe ich eine Arbeit[1] veröffentlicht, in der gezeigt wird, dass der bekannte Satz von Herrn J. Hadamard über die Determinante einer positiven Hermiteschen Form sich als Spezialfall eines allgemeineren Satzes auffassen lässt. Das von mir gewonnene Hauptresultat lässt sich so formulieren:

I. *Es sei*

$$H = \sum_{\varkappa, \lambda}^{n}{}_{1} h_{\varkappa\lambda} x_{\varkappa} \bar{x}_{\lambda} \qquad (h_{\varkappa\lambda} = \bar{h}_{\lambda\varkappa}) \tag{1}$$

eine positive Hermitesche Form mit der Determinante $D = |h_{\varkappa\lambda}|$. *Durchläuft*

$$G = \begin{pmatrix} 1 & 2 & \dots & n \\ \gamma_1 & \gamma_2 & \dots & \gamma_n \end{pmatrix}$$

die Permutationen einer gegebenen Permutationsgruppe $\mathfrak{G}$ *und bilden die unitären Matrizen* M_G *des Grades* m *eine Darstellung der Gruppe* $\mathfrak{G}$, *so erhält man stets, wenn*

$$S = \sum_{G} M_G \, h_{1\gamma_1} h_{2\gamma_2} \dots h_{n\gamma_n} \tag{2}$$

gesetzt wird, in der Matrix $S - D \cdot E_m$ *die Koeffizientenmatrix einer nichtnegativen Hermiteschen Form in* m *Veränderlichen.*

Hierbei ist unter E_m die Einheissmatrix des Grades m zu verstehen. Hieraus ergibt sich insbesondere:

---

[1]) *Über endliche Gruppen und Hermitesche Formen.* a. a. O, S. 184—207. Diese Arbeit wird im folgender kurz mit E. zitiert.

353

I'. *Ist* $\gamma(G)$ *ein beliebiger (eigentlicher) Charakter der Gruppe* $\mathfrak{G}$ *vom Grade* $\gamma(E) = m$, *so gilt für jede positive Hermitesche Form* (1) *mit der Determinante* D *die Ungleichung*

$$(3) \qquad \sum_{G} \gamma(G)\, h_{1 1_G}\, h_{2 2_G} \ldots h_{n n_G} \geqq m D.$$

Die Hadamardsche Ungleichung

$$D \leqq h_{11}\, h_{22} \ldots h_{nn}$$

folgt aus (3), indem man $\mathfrak{G}$ als Einheitsgruppe wählt und $\gamma(E) = 1$ setzt.

Die in *E.* angegebene Beweis des Satzes I macht von tiefer liegenden Resultaten der Darstellungstheorie Gebrauch und erfordert ausserdem eine nicht einfache Spezialuntersuchung. Hierbei ergaben sich zugleich die notwendigen und hinreichenden Bedingungen für das Auftreten des Gleichheitszeichens in der Ungleichung (3). Verzichtet man hierauf, so kann man, wie im folgenden (§§ 1—2) gezeigt wird, den Satz I auf durchaus elementarem Wege beweisen.

In § 3 leite ich einige Anwendungen des Satzes I ab.

In den letzten Paragraphen behandle ich eine allgemeinere Frage, auf die ich durch eine interessante Note von Herrn A. Khintchine[2]) geführt worden bin. Herr Khintchine beweist hier folgendes: Ist $(a_{\alpha\beta})$ eine Matrix mit m Zeilen und n Spalten, in der jeder Koeffizient $a_{\alpha\beta}$ entwerder 0 oder 1 ist, und setzt man

$$\sigma_\alpha = \sum_{\beta=1}^{n} a_{\alpha\beta}, \qquad s_\beta = \sum_{\alpha=1}^{m} a_{\alpha\beta}, \qquad A = \sum_{\alpha,\beta} a_{\alpha\beta},$$

so gilt, wenn q die grössere der beiden Zahlen m und n bedeutet, die Ungleichung

$$\sum_{\alpha=1}^{m} \sigma_\alpha^2 + \sum_{\beta=1}^{n} s_\beta^2 \leqq A\left(q + \frac{A}{q}\right).$$

Dieser Satz ist, wie ich hier zeigen will, als Spezialfall in einer allgemeineren Regel enthalten:

II. *Setzt man, wenn* $M = (c_{\varkappa\lambda})$ *eine beliebige quadratische Matrix des Grades* n *mit reellen oder komplexen Koeffizienten ist,*

$$\sigma(M) = \sum_{\varkappa=1}^{n} c_{\varkappa\varkappa}, \qquad \vartheta(M) = \sum_{\varkappa,\lambda}^{n}{}_{1} |c_{\varkappa\lambda}|^2,$$

---

[2]) *Über eine Ungleichung*, Matematičeskij Sbornik, Bo. 39 (1932), S. 35—39.

so gilt für je zwei Matrizen A und B die Ungleichung

$$\vartheta(AB) + \vartheta(BA) \leqq \vartheta(A)\,\vartheta(B) + |\sigma(AB)|^2.$$

Ich gebe zugleich eine Methode an, die auch für mehr als zwei Matrizen ähnlich geartete, allerdings wesentlich kompliziertere Ungleichungen abzuleiten gestattet.

§ 1.

Erster Schritt zum Beweise des Satzes I.

Ist $H = (h_{\varkappa\lambda})$ die Koeffizientenmatrix der positiven Hermiteschen Form (1), so lässt sich bekanntlich eine Matrix $A = (a_{\varkappa\lambda})$ so bestimmen, dass

$$H = A\bar{A}', \tag{4}$$

d. h.

$$h_{\varkappa\lambda} = \sum_{\nu=1}^{n} a_{\varkappa\nu}\,\overline{a_{\lambda\nu}} \qquad (\varkappa, \lambda = 1, 2, \ldots, n) \tag{5}$$

wird. Für jedes der n^n Systeme

$$(\rho) = (\rho_1, \rho_2, \ldots, \rho_n) \tag{6}$$

von n Indizes aus der Reihe $1, 2, \ldots, n$ und für jede Permutation

$$P = \begin{pmatrix} 1 & 2 & \ldots & n \\ \lambda_1 & \lambda_2 & \ldots & \lambda_n \end{pmatrix} \tag{7}$$

der Zahlen $1, 2, \ldots, n$ setze man

$$a_P^{(\rho)} = a_{\lambda_1\rho_1}\, a_{\lambda_2\rho_2} \ldots a_{\lambda_n\rho_n} \tag{8}$$

und

$$h_P = h_{1\lambda_1}\, h_{2\lambda_2} \ldots h_{n\lambda_n}. \tag{9}$$

Ist dann

$$Q = \begin{pmatrix} 1 & 2 & \ldots & n \\ \mu_1 & \mu_2 & & \mu_n \end{pmatrix}$$

eine zweite, nicht notwendig von P verschiedene Permutation, so wird

$$h_{P^{-1}Q} = h_{\lambda_1\mu_1}\, h_{\lambda_2\mu_2} \ldots h_{\lambda_n\mu_n}.$$

Dieses Produkt lässt sich wegen (5) in der Form

$$\sum_{\rho_1, \rho_2, \ldots, \rho_n} a_{\lambda_1\rho_1}\, a_{\lambda_2\rho_2} \ldots a_{\lambda_n\rho_n} \cdot \overline{a}_{\mu_1\rho_1}\, \overline{a}_{\mu_2\rho_2} \ldots \overline{a}_{\mu_n\rho_n}.$$

schreiben. Mit Hilfe der durch (8) erklärten Zeichen können wir daher schliessen, dass für je zwei Permutationen P und Q die Gleichung

$$h_{P^{-1}Q} = \sum_{\rho} a_P^{(\rho)} \overline{a}_Q^{(\rho)} \tag{10}$$

gilt.

Bilden nun die unitären Matrizen M_G eine Darstellung der Gruppe $\mathfrak{G}$, so wird für je zwei Permutationen P, Q von $\mathfrak{G}$

$$M_{P^{-1}Q} = M_{P^{-1}} M_Q, \qquad M_{P^{-1}} = M_P^{-1} = \overline{M}_P'.$$

Führt man nun für jedes der n^n Indizessysteme (6) die Matrix

$$F_\rho = \sum_P M_P^{-1} a_P^{(\rho)} \tag{11}$$

des Grades m ein, wobei P alle Permutationen der Gruppe $\mathfrak{G}$ durchläuft, so wird

$$\overline{F}_\rho' = \sum_P \overline{M}_{P^{-1}}' \overline{a}_P^{(\rho)} = \sum_P M_P \overline{a}_P^{(\rho)}.$$

Dies liefert

$$F_\rho \overline{F}_\rho' = \sum_{P,Q} M_{P^{-1}Q} a_P^{(\rho)} \overline{a}_Q^{(\rho)},$$

wo P und Q alle Elemente von $\mathfrak{G}$ durchlaufen. Aus (10) folgt daher

$$\sum_\rho F_\rho \overline{F}_\rho' = \sum_{P,Q} M_{P^{-1}Q} h_{P^{-1}Q}. \tag{12}$$

Bezeichnet man nun die Ordnung der Gruppe $\mathfrak{G}$ mit g, so lässt sich jede Permutation G von $\mathfrak{G}$ auf g verschiedene Arten als Produkt $P^{-1}Q$ schreiben. Die in (12) rechts auftretende Summe ist daher das g-fache der durch die Formel (2) definierten Matrix S.

Wir erhalten demnach

$$S = \sum_G M_G h_G = \frac{1}{g} \sum_\rho F_\rho \overline{F}_\rho'. \tag{13}$$

Diese Gleichung setzt in Evidenz, dass S eine Hermitesche Matrix ist, zu der eine nichtnegative Hermitesche Form gehört. Denn bekanntlich hat jede Matrix von der Gestalt $F_\rho \overline{F}_\rho'$ und auch jede Summe von solchen Bildungen diese Eigenschaft.

356

§ 2.

Beweis des Satzes I.

Wir haben noch zu zeigen, dass auch die Matrix $S-D\cdot E_m$ das Koeffizientensystem einer nichtnegativen Hermiteschen Form liefert.

Dies ist jedenfalls richtig, wenn wir die Matrix A, die bei gegebenem H nur der Bedingung (4) zu genügen hat, so wählen können, dass für mindestens g unter den Indizessystemen (ρ).

(14) $$F_\rho \bar{F}_\rho = D\cdot E_m$$

wird.

Um dieses Ziel zu erreichen, stelle man, was bekanntlich stets möglich ist, unsere positive Hermitesche Form in der Gestalt

$$\sum_{\varkappa,\lambda}^{n}{}_1 h_{\varkappa\lambda} x_\varkappa \bar{x}_\lambda = |a_{11}x_1 + a_{21}x_2 + \ldots + a_{n1}x_n|^2 + |a_{22}x_2 + a_{32}x_3 + \ldots + a_{n2}x_n|^2 + \ldots$$

dar. Die Matrix $H=(h_{\varkappa\lambda})$ erhält dann die Gestalt (4), wobei

$$A = \begin{vmatrix} a_{11} & 0 & 0 \ldots & 0 \\ a_{21} & a_{22} & 0 \ldots & 0 \\ a_{31} & a_{32} & a_{33} \ldots & 0 \\ \cdot & \cdot & \cdot & \cdot \\ \cdot & \cdot & \cdot & \cdot \\ \cdot & \cdot & \cdot & \cdot \\ a_{n1} & a_{n2} & a_{n3} \ldots & a_{nn} \end{vmatrix},$$

also

(15) $$a_{\varkappa\lambda} = 0 \text{ für } \varkappa < \lambda$$

wird.

Setzt man analog der Formel (9) für jede Permutation (7)

$$a_P = a_{1\lambda_1} a_{2\lambda_2} \ldots a_{n\lambda_n},$$

so ist dies wegen (15) nur für die identische Permutation $P=E$ von Null verschieden. Ausserdem wird

$$|a_E|^2 = D.$$

Man betrachte nun unter den n^n Indizessystemen (6) nur diejenigen $n!$, bei denen $\rho_1, \rho_2, \ldots, \rho_n$ voneinander verschieden sind. Bezeichnet man in diesem Fall die Permutation

$$\begin{pmatrix}1 & 2 & \dots & n\\ \rho_1 & \rho_2 & \dots & \rho_n\end{pmatrix}$$

mit R, so wird in der Summe (11) für jede Permutation P der Gruppe $\mathfrak{G}$

$$a_P^{(\rho)} = a_{\lambda_1\rho_1}\, a_{\lambda_2\rho_2} \dots a_{\lambda_n\rho_n} = a_{P^{-1}R},$$

also gleich 0, wenn P von R verschieden ist, und gleilh a_E, wenn $P = R$ wird. Dies zeigt, dass in der Summe (13) für die von uns zu betrachtenben $n!$ Indizessysteme (ρ)

$$F_\rho\, \bar{F}_\rho' = 0$$

oder

$$F_\rho\, \bar{F}_\rho' = a_E \bar{a}_E \cdot M_R^{-1}\, (\overline{M_{R^{-1}}})' = D \cdot E_m$$

wird, je nachdem die Permutation R in $\mathfrak{G}$ fehlt oder in $\mathfrak{G}$ vorkommt. Die g Permutationen R von $\mathfrak{G}$ liefern also g mal den Fall (14).

Damit ist der Satz I als bewiesen anzusehen. Wir erkennen zugleich, dass die Matrix $S - D \cdot E_m$ sich in der Gestalt

(16)
$$S - D \cdot E_m = {\sum_\rho}' F_\rho\, \bar{F}_\rho'$$

schreiben lässt, wo ρ nur diejenigen Indizessysteme (6) zu durchlaufen hat, bei denen mindestens zwei Indizes einander gleich sind[3]).

§ 3.

Ergänzende Bemerkungen und Folgerungen.

1. Wählt man als Gruppe $\mathfrak{G}$ die symmetrische Gruppe $\mathfrak{S}_n$ und als unitäre Darstellung M_G die reguläre Darstellung, so geht unsere Matrix $S - D \,.\, E_m$ in die „Gruppenmatrix"

(17)
$$T = (h_{PQ^{-1}} - D \,.\, e_{PQ^{-1}})$$

des Grades $m = n!$ über. Hierbei durchlaufen P und Q alle $n!$ Permutationen von $\mathfrak{S}_n$, unter e_R ist nach dem Vorgange von Frobenius 1 oder 0 zu verstehen, je nachdem die Permutation R gleich der Identität E oder von E verschieden ist.

Aus dem Satze I ergibt sich, dass T für jede positive Hermitesche Form H mit der Determinante D eine Hermitesche Matrix ist, zu der eine nichtnegative Hermitesche Form gahört. Man kann aber auch

[3]) Auf die Untersuchung der Frage, welche $F_\rho\, \bar{E}_\rho'$ hierbei von der Nullmatrix verschieden sein können, gehe ich hier nicht ein.

umgekehrt schliessen: *Weiss man, dass T diese Eigenschaft besitzt, so gilt der Satz I für jede Permutationsgruppe $\mathfrak{G}$ und jede unitäre Darstellung von $\mathfrak{G}$.*

Dies folgt aus einer allgemeinen, fast trivialen Regel:

A. *Ist*

$$H = \sum_{\mu, \lambda}{}_{1}^{n} h_{\varkappa\lambda} x_{\varkappa} \bar{x}_{\lambda} \qquad (h_{\varkappa\lambda} = \bar{h}_{\lambda\varkappa})$$

eine nichtnegative Hermitesche Form und sind

$$M_1, M_2, \ldots, M_n$$

beliebige quadratische Matrizen, deren Grad m keiner Beschränkung unterliegt, so stellt die Summe

$$C = \sum_{\nu, \lambda} h_{\varkappa\lambda} M_{\varkappa} \bar{M}'_{\lambda} = (c_{\alpha\beta}) \qquad (\alpha, \beta = 1, 2, \ldots, m) \tag{18}$$

eine Hermitesche Matrix dar, zu der eine nichtnegative Form

$$C(u, \bar{u}) = \sum_{\alpha, \beta}{}_{1}^{m} c_{\alpha\beta} u_{\alpha} \bar{u}_{\beta}$$

gehört.

Bestimmt man nämlich eine Matrix $(a_{\varkappa\lambda})$ des Grades n, so dass

$$h_{\varkappa\lambda} = \sum_{\mu=1}^{n} a_{\varkappa\mu} \bar{a}_{\lambda\mu} \qquad (\varkappa, \lambda = 1, 2, \ldots, n)$$

wird, und setzt

$$N_{\mu} = \sum_{\varkappa=1}^{n} a_{\varkappa\mu} M_{\varkappa}, \qquad (\mu = 1, 2, \ldots, n)$$

so wird, wie eine einfache Rechnung zeigt,

$$C = \sum_{\mu=1}^{n} N_{\mu} \bar{N}'_{\mu}$$

was unsere Behauptung in Evidenz setzt.

Weiss man nun, dass für jede positive Form H mit der Determinante D die Gruppenmatrix T eine nichtnegative Hermitesche Form bestimmt, so erscheint, wenn $\mathfrak{G}$ eine Untergruppe von $\mathfrak{S}_n$ mit den Permutationen $P_1, P_2, \ldots, P_g$ ist, die Matrix

359

$$T_1 = (h_{P_\rho P_\sigma^{-1}} - D e_{P_\rho P_\sigma^{-1}}) \qquad (\rho, \sigma = 1, 2, \ldots, g)$$

als ein „Hauptabschnitt" von T. Daher ist auch T_1 die Koeffizientenmatrix einer nichtnegativen Hermiteschen Form. Bilden nun die unitären Matrizen

$$M_{P_1}, M_{P_2}, \ldots, M_{P_g}$$

des Grades m eine Darstellung von $\mathfrak{G}$, so wird die Summe

$$C_1^* = \sum_{\rho, \sigma}^{g}{}_1 (h_{P_\rho P_\sigma^{-1}} - D e_{P_\rho P_\sigma^{-1}}) M_{P_\rho} \overline{M}'_{P_\sigma}$$

nach A. die Eigenschaft haben, eine nichtnegative Hermitesche Form zu liefern. Es ist aber hier

$$M_{P_\rho} \overline{M}'_{P_\sigma} = M_{P_\rho} M_{P_\sigma}^{-1} = M_{P_\rho P_\sigma^{-1}},$$

woraus leicht folgt, dass die von uns zu betrachtende Matrix $S - D \cdot E_m$ mit $g\, C_1$ übereinstimmt.

2. Der Vollständigkeit wegen will ich noch auf einen Satz aufmerksam machen, der sich an den von uns benutzten Satz A anschliesst.

B. *Es sei*

$$H = \sum_{\varkappa, \lambda}^{n}{}_1 h_{\varkappa\lambda}\, x_\varkappa \overline{x}_\lambda \qquad (h_{\varkappa\lambda} = \overline{h}_{\lambda\nu})$$

eine beliebige Hermitesche Form mit den (reellen) charakteristischen Wurzeln

$$\omega_1 \leqq \omega_2 \leqq \ldots \leqq \omega_n.$$

Bildet man für unitäre Martizen $M_1, M_2, \ldots, M_n$ *des Grades* m *die Summe* (18) *und bezeichnet man die* m *charakteristischen Wurzeln dieser (wieder Hermiteschen) Matrix mit*

$$\gamma_1 \leqq \gamma_2 \leqq \ldots \leqq \gamma_m,$$

so ist stets

(19) $$\gamma_1 \geqq n\,\omega_1, \quad \gamma_m \leqq n\,\omega_n.$$

Um dies zu beweisen, bestimme man, was nach dem Satz über die Transformation einer Hermiteschen Form auf die „Hauptachsen" gewiss möglich ist, eine unitäre Matrix $(u_{\varkappa\lambda})$ des Grades n, so dass

$$h_{\varkappa\lambda} = \sum_{\mu=1}^{n} \omega_\mu\, u_{\varkappa\mu}\, \overline{u}_{\lambda\mu}$$

wird. Setzt man dann

$$F_\mu = \sum_{\varkappa=1}^{n} u_{\varkappa\mu} M_\varkappa,$$

so wird, wie eine einfache Rechnung zeigt,

$$\sum_{\mu 1=}^{n} \omega_\mu F_\mu \overline{F}'_\mu = \sum_{\varkappa, \lambda} h_{\varkappa\lambda} M_\varkappa \overline{M}'_\lambda = C$$

und

$$\sum_{\mu=1}^{n} F_\mu \overline{F}'_\mu = \sum_{\varkappa, \lambda}^{n} M_\mu \overline{M}'_\mu = n E_m,$$

wo E_m wieder die Einheitsmatrix des Grades m bedeutet. Hieraus folgt, dass

$$C - n\omega_1 E_m = \sum_{\mu=1}^{n} (\omega_\mu - \omega_1) F_\mu \overline{F}'_\mu$$

und

$$n\omega_n E_m - C = \sum_{\mu=1}^{n} (\omega_n - \omega_\mu) F_\mu \overline{F}'_\mu$$

als Hermitesche Matrizen, zu denen nichtnegative Hermitesche Formen gehören, anzusehen sind. Ihre charakteristischen Wurzeln

$$\gamma_\alpha - n\omega_1, \text{ bzw. } n\omega_n - \gamma_\alpha \qquad (\alpha = 1, 2, \ldots, m)$$

sind daher nichtnegative reelle Zahlen. Dies liefert die Ungleichungen (19) [4]).

3. Die Tatsache, dass die Gruppenmatrix (17) für jede positive Hermitesche Form H eine nichtnegative Hermitesche Form in $n!$ Veränderlichen liefert, ist identisch mit der Eigenschaft, lauter nichtnegative Hauptunterdeterminanten aufzuweisen. Für jede von E verschiedene Permutation

$$P = \begin{pmatrix} 1 & 2 \ldots & n \\ \lambda_1 & \lambda_2 & \lambda_n \end{pmatrix}$$

ist daber insbesondere

---

[4]) Diese Ungleichungen liefern insbesondere für $m < n$ eine Methode, die Zahlen ω_1 und ω_n mit Hilfe der kleinsten bzw. grössten charakteristischen Wurzel einer Hermiteschen Form mit weniger als n Veränderlichen nach oben bzw. nach unten abzuschätzen. Sie liefern also eine Ergänzung zu dem vielbenutzten Satz über die Wurzeln der „Abschnitte" einer Hermiteschen Form.

$$\begin{vmatrix} h_E - D, & h_{P^{-1}} \\ h_P, & h_E - D \end{vmatrix} = (h_E - D)^2 - |h_P|^2 \geqq 0.$$

Dies liefert eine nicht uninteressante Verschärfung des Hadamardschen Satzes

$$D \leqq h_E = h_{11} h_{22} \ldots h_{nn}.$$

Wir erkennen, dass für *jedes* vom Hauptglied $h_{11} h_{22} \ldots h_{nn}$ verschiedene Glied der Summe

$$D = \sum \pm h_{1\lambda_1} h_{2\lambda_2} \ldots h_{n\lambda_n}$$

genauer

$$D \leqq h_{11} h_{22} \ldots h_{nn} - |h_{1\lambda_1} h_{2\lambda_2} \ldots h_{n\lambda_n}|$$

wird [5]).

4. Etwas tieferliegend ist eine weitere Anwendung des Satzes über die Gruppenmatrix (17).

Sind

$$H = \sum_{\varkappa, \lambda}^{n} {}_1 h_{\varkappa\lambda} x_\varkappa \bar{x}_\lambda, \qquad H_1 = \sum_{\varkappa, \lambda}^{n} {}_1 h_{\varkappa\lambda}^{(1)} x_\varkappa \bar{x}_\lambda$$

zwei nichtnegative Hermitesche Formen und setzt man

$$h_{\varkappa\lambda} h_{\varkappa\lambda}^{(1)} = h_{\varkappa\lambda}^{(2)},$$

so ist bekanntlich auch

$$H_2 = \sum_{\varkappa, \lambda}^{n} {}_1 h_{\varkappa\lambda}^{(2)} x_\varkappa \bar{x}_\lambda$$

eine nichtnegative Form [6]).

Herr A. Oppenheim [7]) hat zuerst auf eine interessante Ergänzung dieses Satzes aufmerksam gemacht: Bezeichnet man die Determinanten der Formen H, H_1, H_2 mit D, D_1, D_2, so wird stets

(20) $$D_2 \geqq D D_1.$$

Dies ergibt sich sogar in präziserer Gestalt recht einfach aus unseren Ergebnissen. Man bilde nämlich, wenn für jede Permutation (7)

---

5) Für den Fall, dass P eine Transposition ist, findet sich diese Ungleichung schon bei E. Fischer, *Über den Hadamardschen Determinantensatz*, Archiv der Mathematik und Physik (3), Bd. 13 (1908) S. 32—40.

6) Vgl. meine Arbeit *Bemerkungen zur Theorie der beschränkten Bilinearformen mit unendlich vielen Veränderlichen*, Journal für die r. u. a. Mathematik, Bd. 140 (1911) S. 11.

362

$$h_P^{(\alpha)} = h_{1\lambda_1}^{(\alpha)} h_{2\lambda_2}^{(\alpha)} \dots h_{n\lambda_n}^{(\alpha)} \qquad \left(\alpha = 0, 1, 2;\ \ h_{\varkappa\lambda}^{(0)} = h_{\varkappa\lambda}\right)$$

gesetzt wird, die Gruppenmatrizen

$$T_\alpha = \left(h_{PQ^{-1}}^{(\alpha)} - D_\alpha\, e_{PQ^{-1}}\right).$$

Da T_0 und T_1 nichtnegative Hermitesche Formen (in n Veränderlichen) liefern, gilt dasselbe auch für die Matrix $(c_{PQ^{-1}})$, wenn für jede Permutation R

$$\begin{aligned} c_R &= (h_R - D\, e_R)\left(h_R^{(1)} - D_1\, e_R\right) \\ &= h_R^{(2)} - D\, h_R^{(1)}\, e_R - D_1\, h_R\, e_R + D D_1\, e_R \end{aligned} \tag{21}$$

gesetzt wird. Ist nun $\zeta(R)$ der alternierende Charakter der symmetrischen Gruppe, d. h. $\zeta(R) = 1$ oder -1, je nachdem R eine gerade oder ungerade Permutation ist, so wird

$$\sum_{P,Q} c_{PQ^{-1}}\, \zeta(P)\, \zeta(Q) = \sum_{P,Q} c_{PQ^{-1}}\, \zeta(PQ^{-1}) = n! \sum_R c_R\, \zeta(R)$$

eine nichtnegative Grösse. Es wird aber, wie aus (21) folgt,

$$\sum_R c_R\, \zeta(R) = D_2 - D\, h_E^{(1)} - D_1\, h_E + D D_1,$$

also ist[8])

$$D_2 \geqq D\, h_E^{(1)} + D_1\, h_E - D D_1. \tag{22}$$

Wegen $h_E \geqq D$, $h_E^{(1)} \geqq D_1$ folgt hieraus die Ungleichung (20).

Die Formel (22) schreibt man besser in der Form

$$h_E^{(2)} - D_2 \leqq (h_E - D)\,(h_E^{(1)} - D_1),$$

was eine naheliegende Verallgemeinerung zulässt: *Sind*

$$H_\alpha = \sum_{\varkappa,\lambda} h_{\varkappa\lambda}^{(\alpha)}\, x_\varkappa\, \bar{x}_\lambda \qquad (\alpha = 0, 1, \dots, k-1)$$

[7]) *Inequalities connected with definite Hermitian forms.* Journal of the London Mathematical Society, Bd. V (1930), S. 114—119.

[8]) Diese Ungleichung führt bereits Herr Oppenheim a. a. O. als von mir herrührend an. Er gibt für sie auch einen direkten Beweis an. Der im Text entwickelte Beweis wird hier zum ersten Mal veröffentlicht.

k nichtnegative Hermitesche Formen, setzt man

$$h_{\varkappa\lambda}^{(k)} = h_{\varkappa\lambda}^{(0)}\, h_{\varkappa\lambda}^{(1)} \ldots h_{\varkappa\lambda}^{(k-1)}$$

und

$$H_k = \sum_{\varkappa,\,\lambda} h_{\varkappa\lambda}^{(k)}\, x_\varkappa\, \bar{x}_\lambda\,,$$

so gilt für die Determinanten $D_0, D_1, \ldots, D_k$ *der Formen* $H_0, H_1, \ldots, H$ *die Ungleichung*

$$h_{11}^{(k)} h_{22}^{(k)} \ldots h_{nn}^{(k)} - D_k \leqq \prod_{\alpha=0}^{k-1} \left(h_{11}^{(\alpha)} h_{22}^{(\alpha)} \ldots h_{nn}^{(\alpha)} - D_\alpha\right).$$

§ 4.

Der Satz II und seine Verallgemeinerung.

1. Setzt man für je zwei Matrizen n-ten Grades $A = (a_{\varkappa\lambda})$ und $B = (b_{\varkappa\lambda})$

$$\Delta(A, B) = \vartheta(A)\,\vartheta(B) + |\sigma(AB)|^2 - \vartheta(AB) - \vartheta(BA),$$

so ist zu beweisen, dass stets

$$\Delta(A, B) \geqq 0 \tag{23}$$

ist [9]. Es empfiehlt sich, anstatt $\Delta(A, B)$ den Ausdruck $\Delta(A, B')$ zu untersuchen. Berücksichtigt man, dass bekanntlich für je zwei Matrizen M und N

$$\vartheta(M) = \sigma(M\bar{M}')\,, \qquad \sigma(MN) = \sigma(NM)\,, \qquad \sigma(\bar{M}') = \overline{\sigma(M)}$$

ist, so erkennt man, dass

$$\begin{aligned} \Delta(A, \bar{B}') &= \sigma(A\bar{A}')\,\sigma(B\bar{B}') + \sigma(A\bar{B}')\,\sigma(B\bar{A}') \\ &\quad - \sigma(\bar{A}'A\bar{B}'B) - \sigma(A\bar{A}'B\bar{B}') \end{aligned} \tag{23'}$$

wird. Die zu beweisende Ungleichung (23) beruht nun auf einer einfachen Identität: ***Setzt man nämlich für je 4 Indizes $\varkappa, \lambda, \mu, \nu$ aus der Reihe $1, 2, \ldots, n$***

$$f_{\varkappa,\lambda,\mu,\nu} = a_{\varkappa\mu}\, b_{\lambda\nu} + a_{\lambda\nu}\, b_{\varkappa\mu} - a_{\varkappa\nu}\, b_{\lambda\mu} - a_{\lambda\mu}\, b_{\varkappa\nu}\,,$$

[9]) Die Bedeutung dieser Ungleichung tritt erst klar hervor, wenn man beachtet, dass bekanntlich $\vartheta(AB)$ und $\vartheta(BA)$ höchstens gleich $\vartheta(A)\,\vartheta(B)$ sind. Ausserdem ist, wie man mit Hilfe der „Schwarzschen" Ungleichung ebenso leicht zeigt, auch $|\sigma(AB)|^2 \leqq \vartheta(A)\,\vartheta(B)$. Die Ungleichung (23) liefert also eine Verbesserung gegenüber der roheren Abschätzung

$$\vartheta(AB) + \vartheta(BA) \leqq 2\,\vartheta(A)\,\vartheta(B).$$

so wird für beliebige komplexe Grössen $a_{\rho\sigma}$, $b_{\rho\sigma}$

(24) $$4\,\Delta(A, \overline{B}') = \sum_{\varkappa, \mu, \lambda, \nu}^{n}{}_{1} \mid f_{\varkappa, \lambda, \mu, \nu} \mid^2 .$$

Der Beweis dieser Identität lässt sich ohne Mühe durch eine einfache Rechnung führen. Ihr Ursprung tritt aber erst klar hervor, wenn man eine allgemeinere Betrachtung durchführt.

2. Es seien

(25) $$x_1, x_2, \ldots, x_k, y_1, y_2, \ldots, y_l, \ldots$$

komplexe Veränderliche in endlicher Anzahl und

(26) $$\overline{x}_1, \overline{x}_2, \ldots, \overline{x}_k, \overline{y}_1, \overline{y}_2, \ldots, \overline{y}_l, \ldots$$

die konjugiert komplexen Werte. Eine ganze rationale Funktion $f(x, y, \ldots; \overline{x}, \overline{y}, \ldots)$ der Veränderlichen (25) und (26) soll im folgenden als ein *nichtnegatives Hermitesches Polynom* bezeichnet werden, wenn sie folgenden Bedingungen genügt:

a. Der Ausdruck $f(x, y, \ldots; \overline{x}, \overline{y}, \ldots)$ nimmt für alle Werte der Argumente $x, y, \ldots$ nur reelle, nichtnegative Werte an.

b. Es lassen sich endlich viele ganze rationale Funktionen

$$\varphi_1(x, y, \ldots), \quad \varphi_2(x, y, \ldots), \ldots, \varphi_r(x, y, \ldots),$$

die nur von den Veränderlichen (25) abhängen, dagegen die Veränderlichen (26) nicht enthalten, so bestimmen, dass identisch

(27) $$f(x, y, \ldots; \overline{x}, \overline{y}, \ldots) = \sum_{\rho=1}^{r} \mid \varphi_\rho(x, y, \ldots) \mid^2$$

wird.[10])

Ein nichtnegatives Hermitesches Polynom besitzt nun eine bemerkenswerte Eigenschaft. Man betrachte nämlich neben den Veränderlichen (25) und (26) ebenso viele neue komplexe Veränderliche

$$\xi_1, \xi_2, \ldots \xi_k, \eta_1, \eta_2, \ldots, \eta_l, \ldots \text{ bzw. } \overline{\xi}_1, \overline{\xi}_2, \ldots, \overline{\xi}_k, \overline{\eta}_1, \overline{\eta}_2, \ldots \overline{\eta}_l, \ldots$$

und führe für jede Funktion g der Veränderlichen (25) und (26) die Differentiationsprozesse

---

10) Es ist hierbei zu beachten, dass z. B. der Ausdruck $(x\overline{x} - y\overline{y})^2$ zwar der Bedingung a. genügt, aber nicht als Hermitesches Polynom aufzufassen ist. Denn eine Darstellung der Form (27) ist hier nicht möglich.

$$D_{x,\xi}\, g = \sum_{\varkappa=1}^{k} \frac{\partial g}{\partial x_\varkappa}\, \xi_\varkappa, \qquad D_{\overline{x},\overline{\xi}}\, g = \sum_{\varkappa=1}^{k} \frac{\partial g}{\partial \overline{x}_\varkappa}\, \overline{\xi}_\varkappa,$$

$$\delta_{x,\xi}\, g = D_{x,\xi}\, D_{\overline{x},\overline{\xi}}\, g = \sum_{\varkappa,\lambda}^{k} \frac{\partial^2 g}{\partial x_\varkappa\, \partial \overline{x}_\lambda}\, \xi_\varkappa\, \overline{\xi}_\lambda$$

und die entsprechenden Prozesse

$$D_{y,\eta}\, g \quad , D_{\overline{y},\overline{\eta}}\, g \quad , \delta_{y,\eta}\, g \quad \text{u. s. w.}$$

ein.

Es gilt dann folgendes Polarisierungsprinzip, das zwar auf der Hand liegend ist, aber gute Dienste leistet:

Für jedes nichtnegative Hermitesche Polynom $f\,(x, y, \ldots; \overline{x}, \overline{y}, \ldots)$ *sind die Ausdrücke*

$$\delta_{x,\xi}\, f, \quad \delta_{y,\eta}\, f, \quad \delta_{x,\xi}\, \delta_{y,\eta}\, f \quad \text{u. s. w.}$$

wieder nichtnegative Hermitesche Polynome der in ihnen vorkommenden Veränderlichen.

Denn bedeutet $\overline{\varphi}_\rho\,(x, y, \ldots)$ dasjenige Polynom, das aus $\varphi_\rho\,(x, y, \ldots)$ dadurch hervorgeht, dass man jeden Koeffizienten durch den konjugiert komplexen Wert ersetzt, so wird in (27)

$$|\, \varphi_\rho\,(x, y, \ldots)\,|^2 = \varphi_\rho\,(x, y, \ldots)\ \overline{\varphi}_\rho\,(\overline{x}, \overline{y}, \ldots),$$

also

$$\delta_{x,\xi}\ |\, \varphi_\rho\, x, y, \ldots)\,|^2 = D_{x,\xi}\, \varphi_\rho\,(x, y, \ldots).\ \ D_{\overline{x},\overline{\xi}}\ \overline{\varphi}_\rho\,(\overline{x}, \overline{y}, \ldots),$$

was auch in der Form

$$|\, D_{x,\xi}\, \varphi_\rho\,(x, y, \ldots)\,|^2$$

geschrieben werden kann. Aus (27) folgt also

$$\delta_{x,\xi}\, f = \sum_{\rho=1}^{r} |\, D_{x,\xi}\, \varphi_\rho\,(x, y, \ldots,)\,|^2$$

und hierauf kann man wieder den Polarisierungsprozess $\delta_{y,\eta}$ anwenden u. s. w.

3. Um nun auf die Identität (24) geführt zu werden, schliesse man folgendermassen. Ist $A = (a_{\varkappa\lambda})$ eine Matrix n -ten Grades, so setze man

$$H = A\overline{A}' = (h_{\varkappa\lambda}) \qquad (h_{\varkappa\lambda}) = \sum_{\mu=1}^{n} a_{\varkappa\mu}\, \overline{a}_{\lambda\mu}).$$

und

(28) $$|\, x E_n - H\,| = x^n - c_1 x^{n-1} + c_2 x^{n-2} - \ldots \pm c_n.$$

366

Ferner bezeichne man die Spur der ν -ten Potenz von H mit s_ν. Dann wird bekanntlich

$$2c_2 = s_1^2 - s_2 = \sigma(A\bar{A}')\,\sigma(A\bar{A}') - \sigma(A\bar{A}'A\bar{A}').$$

Andererseits ist

$$c_2 = \sum_{\varkappa<\lambda} \begin{vmatrix} h_{\varkappa\varkappa} & h_{\varkappa\lambda} \\ h_{\lambda\varkappa} & h_{\lambda\lambda} \end{vmatrix} = \sum_{\varkappa<\lambda} \sum_{\mu<\nu} \begin{vmatrix} a_{\varkappa\mu} & a_{\varkappa\nu} \\ a_{\lambda\mu} & a_{\lambda\nu} \end{vmatrix} \begin{vmatrix} \bar{a}_{\varkappa\mu} & \bar{a}_{\varkappa\nu} \\ \bar{a}_{\lambda\mu} & \bar{a}_{\lambda\nu} \end{vmatrix},$$

was man auch in der Form

$$(29) \qquad 4c_2 = \sum_{\varkappa,\lambda,\mu,\nu}{}_1^n \begin{vmatrix} a_{\varkappa\mu}, & a_{\varkappa\nu} \\ a_{\lambda\mu}, & a_{\lambda\nu} \end{vmatrix} \begin{vmatrix} \bar{a}_{\varkappa\mu}, & \bar{a}_{\varkappa\nu} \\ \bar{a}_{\lambda\mu}, & \bar{a}_{\lambda\nu} \end{vmatrix}$$

schreiben kann.

Diese Formel zeigt, dass c_2 als ein nichtnegatives Hermitesches Polynom der Veränderlichen $a_{\rho\sigma}$ und $\bar{a}_{\rho\sigma}$ zu bezeichnen ist. Ist nun $B = (b_{\varkappa\lambda})$ eine zweite Matrix, so führe man die Differentiationsprozesse

$$D_{a,b}\, g = \sum_{\varkappa,\lambda}{}_1^n \frac{\partial g}{\partial a_{\varkappa\lambda}} b_{\varkappa\lambda}, \qquad \delta_{a,b}\, g = \sum_{\varkappa,\lambda,\mu,\nu}{}_1^n \frac{\partial^2 g}{\partial a_{\varkappa\lambda}\, \partial \bar{a}_{\mu\nu}} b_{\varkappa\lambda}\, \bar{b}_{\mu\nu}$$

ein und bilde die Ausdrücke

$$(30) \qquad D_{a,b} \begin{vmatrix} a_{\varkappa\mu} & a_{\varkappa\mu} \\ a_{\lambda\nu} & a_{\lambda\nu} \end{vmatrix} = a_{\varkappa\mu}\, b_{\lambda\nu} - a_{\lambda\nu}\, b_{\varkappa\mu} + b_{\varkappa\mu}\, a_{\nu\lambda} - b_{\lambda\nu}\, a_{\mu\nu} = f_{\varkappa,\lambda\mu,\nu}$$

Dann folgt aus (29)

$$(31) \qquad 4\,\delta_{a,b}\, c_2 = \sum_{\varkappa,\lambda,\mu,\nu}{}_1^n |f_{\varkappa,\lambda,\mu,\nu}|^2.$$

Andererseits erhält man durch eine einfache Rechnung

$$\delta_{a,b}\, \sigma(A\bar{A}')\,\sigma(A\bar{A}') = 2\,\sigma(A\bar{A}')\,\sigma(B\bar{B}') + 2\,\sigma(A\bar{B}')\,\sigma(B\bar{A}'),$$

$$\begin{aligned} \delta_{a,b}\, \sigma(A\bar{A}'A\bar{A}') &= \sigma(A\bar{B}'B\bar{A}') + \sigma(A\bar{A}'B\bar{B}') \\ &\quad + \sigma(B\bar{B}'A\bar{A}') + \sigma(B\bar{A}'A\bar{B}') \\ &= 2\,\sigma(A\bar{A}'B\bar{B}') + 2\,\sigma(\bar{A}'A\bar{B}'B). \end{aligned}$$

Aus (23') folgt daher in den früheren Bezeichnungen

$$\delta_{a,b}\, c_2 = \Delta(A,\bar{B}'),$$

woraus in Verbindung mit (30) die Identität (24) folgt.

367

4. Man erkennt nun leicht, wie man auch für beliebig viele Matrizen $A_1, A_2, \ldots, A_k$ Ungleichungen angeben kann, die der Ungleichung $\Delta(A, \overline{B'}) \geqq 0$ analog sind. Geht man von einer Matrix A aus, deren Koeffizienten $a_{\varkappa\lambda}$ als komplexe Veränderliche aufgefasst werden, und betrachtet eine beliebige ganze rationale Funktion Φ der Grössen $a_{\varkappa\lambda}$ und $\overline{a}_{\varkappa\lambda}$, von der man weiss, dass sie Eigenschaften eines nichtnegativen Hermiteschen Polynoms hat, so darf die Ungleichung $\Phi \geqq 0$ „polarisiert" werden. Man hat sich hierbei Differentiationsprozesse

$$\delta_\alpha = \sum_{\varkappa,\lambda,\mu,\nu} \frac{\partial^2}{\partial a_{\varkappa\lambda}\,\partial \overline{a}_{\mu\nu}}\, a^{(\alpha)}_{\varkappa\lambda}\, \overline{a}^{(\alpha)}_{\mu\nu}, \qquad \delta = \delta_1 \delta_2 \ldots \delta_k$$

zu bedienen.

Insbesondere liefern die durch (28) definierten Ausdrücke $c_1, c_2, \ldots, c_n$ zulässige Funktionen Φ, für die $\delta\Phi \geqq 0$ wird. Ausserdem darf, wie aus der Theorie der rationalen Darstellungen der allgemeinen linearen Gruppe folgt, für Φ bei gegebenem k jede Determinante der Form

$$\Phi = \begin{vmatrix} c_{\lambda_1} & c_{\lambda_1+1} & \ldots & c_{\lambda_1+\rho-1} \\ c_{\lambda_2-1} & c_{\lambda_2} & \ldots & c_{\lambda_2+\rho-2} \\ \cdot & \cdot & \cdot & \cdot \\ \cdot & \cdot & \cdot & \cdot \\ c_{\lambda_\rho-\rho+1} & c_{\lambda_\rho-\rho+2} & \ldots & c_{\lambda_\rho} \end{vmatrix} \qquad (c_0 = 1,\ c_{-1} = c_{-2} = \ldots = 0)$$

gewählt werden, wobei $\lambda_1, \lambda_2, \ldots, \lambda_\rho$ positive ganze Zahlen sind, die den Bedingungen

$$k = \lambda_1 + \lambda_2 + \ldots + \lambda_\rho, \quad \lambda_1 \geqq \lambda_2 \geqq \ldots \geqq \lambda_\rho$$

genügen sollen. Die zugehörigen Ungleichungen $\vartheta\Phi \geqq 0$ haben die Eigenschaft gemeinsam, dass die links stehenden Ausdrücke nur von der Spuren der Matrizen $A_\alpha \overline{A'}_\beta$ $(\alpha, \beta = 1, 2, \ldots, k)$ und gewisser unter ihren Produkten abhängen.

Schon der explizite Ausdruck, der sich für δc_3 ergibt, ist so kompliziert, dass ich diese Verallgemeinerungen des Satzes II nicht weiter verfolgen will.

5. Ich füge noch eine Bemerkung über das Auftreten des Gleichheitszeichens in der Ungleichung (23) hinzu.

Setzt man

$$\overline{B'} = C = (c_{\varkappa\lambda}), \text{ d. h. } c_{\varkappa\lambda} = \overline{b_{\lambda\varkappa}}$$

und bildet man für je vier Indizes $\varkappa, \lambda, \mu, \nu$

$$(32) \qquad g_{\varkappa,\lambda,\mu,\nu} = a_{\varkappa\mu}\, c_{\lambda\nu} + a_{\lambda\nu}\, c_{\varkappa\mu} - a_{\varkappa\nu}\, c_{\lambda\mu} - a_{\lambda\mu}\, c_{\varkappa\nu}\,,$$

so lehrt die Identität (24), dass

$$\Delta\,(A,B) = \sum_{\varkappa,\lambda,\mu,\nu}{}_1^n \,|\, g_{\varkappa,\lambda,\mu,\nu} \,|^2$$

wird. Die Gleichung

$$(33) \qquad \Delta\,(A,B) = 0$$

gilt also dann und nur dann, wenn alle Ausdrücke (32) verschwinden.

Sind ferner P und Q zwei Matrizen von nicht verschwindender Determinante und ersetzt man A und C durch PAQ und PCQ, so erfahren die Ausdrücke (32) eine lineare homogene Transformation. Hieraus folgt, dass die Gleichung (33) dann und nur dann gilt, wenn

$$\Delta\,(PAQ,\, \overline{Q'} B \overline{P'}) = 0$$

ist. Die hierzu gehörenden Ausdrücke (32) vereinfachen sich wesentlich, wenn man, falls r den Rang der Matrix A bedeutet, P und Q so bestimmt, dass in den üblichen Bezeichnungen

$$PAQ = \begin{pmatrix} E_r & 0 \\ 0 & 0 \end{pmatrix}$$

wird.

Eine einfache Diskussion liefert nun insbesondere folgendes Resultat: *Ist der Rang von A (bzw. B) grösser als 2, so geht die Ungleichung (23) nur dann in eine Gleichung über, wenn B (bzw. A) die Nullmatrix ist.*

§ 5.

Der Khintchinesche Satz.

Wählt man in der Ungleichung (23) bei beliebigem A für B diejenige Matrix, deren Koeffizienten $b_{\varkappa\lambda}$ sämtlich gleich 1 sind, so erhält man für

$$z_\varkappa = \sum_{\lambda=1}^{n} a_{\varkappa\lambda}\,, \quad k_\lambda = \sum_{\varkappa=1}^{n} a_{\varkappa\lambda}\,, \quad a = \sum_{\varkappa,\lambda}{}_1^n a_{\varkappa\lambda}\,, \quad t = \sum_{\varkappa,\lambda} |\, a_{\varkappa\lambda} \,|^2$$

speziell

$$\vartheta\,(AB) = n \sum_{\varkappa=1}^{n} |\, z_\varkappa \,|^2, \quad \vartheta\,(BA) = n \sum_{\varkappa=1}^{n} |\, k_\lambda \,|^2, \quad \sigma\,(AB) = a, \quad \vartheta\,(B) = n^2.$$

Unsere Ungleichung liefert daher für jede Matrix A

$$(34) \qquad n\sum_{\varkappa=1}^{m} |z_\varkappa|^2 + n\sum_{\lambda=1}^{n} |k_\lambda|^2 \leqq n^2 t + |a|^2$$

Sind insbesondere alle $a_{\varkappa\lambda}$ gleich Null oder Eins, so wird $t = a$, also geht (34) nach Division durch n in die in der Einleitung angegebene Khintchinesche Ungleichung über.

Nimmt man, wie das den von Herrn Khintchine in seinem speziellen Fall gemachten Voraussetzungen entspricht, insbesondere an, dass die Matrix A nur in den $m < n$ ersten Zeilen von 0 verschiedene Grössen enthält, so gilt sogar die präzisere Ungleichung

$$m\sum_{\varkappa=1}^{n} |z_\varkappa|^2 + n\sum_{\lambda=1}^{n} |k_\lambda|^2 \leqq mnt + |a|^2.$$

Man erhält dies, indem man in der Ungleichung (23) für B die Matrix wählt, die in den m ersten Kolonnen lauter Einsen, in den $n-m$ letzten lauter Nullen enthält.

78.

Arithmetische Eigenschaften der Potenzsummen einer algebraischen Gleichung

Composito Mathematica 4, 432 - 444 (1937)

(Meinem Freunde Edmund Landau zu seinem 60. Geburtstag am 14. Februar 1937.)

§ 1. *Übersicht über die Hauptresultate.*

Zu jedem Polynom

$$f(x) = x^n + a_1 x^{n-1} + \ldots + a_{n-1}x + a_n = \prod_{\nu=1}^{n} (x - x_\nu)$$

gehört die Folge der Potenzsummen

$$s_m = x_1^m + x_2^m + \ldots + x_n^m \quad (m = 1, 2, 3, \ldots),$$

die sich mit Hilfe der Rekursionsformeln

(1) $\quad s_m + a_1 s_{m-1} + \ldots + a_{m-1}s_1 + m a_m = 0 \quad (a_{n+1} = a_{n+2} = \ldots = 0)$

als ganze rationale Funktionen von $a_1, a_2, \ldots, a_n$ mit ganzen rationalen Koeffizienten darstellen lassen. Dagegen wird für $m \leqq n$ erst

(2) $$m!\, a_m = A_m(s_1, s_2, \ldots, s_m)$$

eine Funktion derselben Art.

Wählt man $a_1, a_2, \ldots, a_n$ als Größen eines beliebigen Körpers K der Charakteristik 0, so bestimmen die n ersten Potenzsummen

(3) $$s_1, s_2, \ldots, s_n$$

das Polynom $f(x)$ in eindeutiger Weise. [1]) Geht man aber von einem festgewählten Teilring (Integritätsbereich) R des Körpers K aus, so entsteht folgende Frage:

A. Kann man, wenn n Größen (3) aus R vorgegeben sind, ohne Benutzung der Rekursionsformeln (1) oder der expliziten

[1]) Dies gilt auch, wenn die Charakteristik von K größer als n ist. Im folgenden beschränke ich mich der Einfachheit wegen auf den Fall der Charakteristik 0.

Ausdrücke (2) entscheiden, ob die Größen (3) sich als die n ersten Potenzsummen eines Polynoms $f(x)$ auffassen lassen, dessen Koeffizienten $a_1, a_2, \ldots, a_n$ sämtlich in R enthalten sind?

Genügen die n Größen (3) aus R dieser Forderung, so will ich kurz sagen, *daß sie die Eigenschaft* (R) *besitzen.*

Für den Fall des Ringes R_0 der ganzen rationalen Zahlen verdankt man Herrn W. Jänichen [2]) eine sehr interessante Lösung der Aufgabe A:

I. *Dann und nur dann besitzen n ganze rationale Zahlen* (3) *die Eigenschaft* (R_0), *wenn für $m \leqq n$ die Kongruenzen*

$$\sum_{d|m} \mu(d)\, s_{\frac{m}{d}} \equiv 0 \pmod{m}$$

gelten.

Man kann diesen Satz noch etwas anders formulieren:

II. 1. *Ist $m > 1$ ein beliebiger Index, p eine in m aufgehende Primzahl und $m = kp^{\mu}$, so gelten für jedes Polynom $f(x)$ mit ganzen rationalen Koeffizienten die Kongruenzen*

$$s_m \equiv s_{\frac{m}{p}} \pmod{p^{\mu}}. \tag{4}$$

2. *Dann und nur dann besitzen n ganze rationale Zahlen* (3) *die Eigenschaft* (R_0), *wenn die Kongruenzen* (4) *für alle Indices $m = 2, 3, \ldots, n$ und jede in m aufgehende Primzahl p bestehen.*

Man hat hierbei zu beachten, daß in dem speziellen Falle

$$f(x) = x^n - ax^{n-1}$$

die m-te Potenzsumme s_m gleich a^m wird. In diesem Falle liefern die Kongruenzen (4) nur den kleinen Fermatschen Satz der elementaren Zahlentheorie. Man kann auch sagen, daß jedes ganzzahlige Polynom $f(x)$ sich in bezug auf die Kongruenzen (4) so verhält, als wären alle Nullstellen von $f(x)$ ganze rationale Zahlen.

Der erste Teil des Satzes II bleibt (in Analogie zum Fermatschen Satz der Idealtheorie) noch erhalten, wenn man von einem beliebigen algebraischen Zahlkörper K_1 und dem Ring R_1 aller ganzen Zahlen von K_1 ausgeht.

III. *Es sei $f(x)$ ein Polynom mit ganzen algebraischen Koeffizienten aus K_1. Ferner sei p eine rationale Primzahl und $\mathfrak{p}$ ein*

---

[2]) Über die Verallgemeinerung einer Gaußschen Formel aus der Theorie der höheren Kongruenzen [Sitzungsberichte der Berliner Mathematischen Gesellschaft **20** (1921), 23—29].

in p aufgehendes Primideal mit der Norm P. Für jeden Index m, der durch $Pp^{\mu-1}$ $(\mu \geqq 1)$ *teilbar ist, genügen die Potenzsummen von* $f(x)$ *der Kongruenz*

$$s_m \equiv s_{\frac{m}{P}} \pmod{\mathfrak{p}^{\mu}}. \tag{5}$$

Daß das Bestehen aller in Betracht kommenden Kongruenzen (5) für alle Indizes $m = 2, 3, \ldots$ nicht für jedes System von n ganzen Zahlen $s_1, s_2, \ldots, s_n$ aus einem beliebigen algebraischen Zahlkörper K_1 ausreicht, um behaupten zu können, daß das System die Eigenschaft (R_1) besitzt, setzt das Beispiel

$$f(x) = x^n - \binom{a}{1}x^{n-1} + \binom{a}{2}x^{n-2} - \ldots + (-1)^n\binom{a}{n}, \tag{6}$$

das auf

$$s_1 = s_2 = \ldots = s_n = a$$

führt, in Evidenz. Denn hier sind die Kongruenzen (5) für jede Zahl a aus R_1 gewiß richtig, dagegen brauchen die Binomialkoeffizienten $\binom{a}{m}$ nicht sämtlich ganze algebraische Zahlen zu sein.

Für jeden beliebigen Körper K (der Charakteristik 0) und jeden Teilring R gelten wesentlich kompliziertere Kriterien, die ich auch im Falle eines algebraischen Zahlkörpers nicht zu vereinfachen imstande bin.

IV. *Dann und nur dann besitzen n Größen* $s_1, s_2, \ldots, s_n$ *aus R die Eigenschaft (R), wenn die mit Hilfe der Gleichungen*

$$s_m = \sum_{d|m} dc_d^{\frac{m}{d}} \qquad (m = 1, 2, \ldots, n)$$

eindeutig bestimmten Größen $c_1, c_2, \ldots, c_n$ *aus K sämtlich in R enthalten sind.*

Dieses Kriterium ergibt sich sehr einfach mit Hilfe einer kleinen Abänderung der Jänichenschen Überlegungen. Etwas weniger auf der Hand liegend ist folgende Erweiterung von IV:

V. *Für jede (rationale) Primzahl p betrachte man den R enthaltenden Ring* $R^{(p)}$ *aller Größen* $\frac{r}{h}$, *wo r alle Größen aus R durchläuft und h eine beliebige zu p teilerfremde ganze rationale Zahl bedeutet. Dann und nur dann besitzen n Größen* $s_1, s_2, \ldots, s_n$ *aus* $R^{(p)}$ *die Eigenschaft* $(R^{(p)})$, *wenn für jeden Index* $m \leqq n$ *der Form*

$$m = kp^{\mu}, \quad (k, p) = 1, \quad \mu \geqq 0,$$

die mit Hilfe der n Gleichungen

$$s_m = z_{k,0}^{p^\mu} + p z_{k,1}^{p^{\mu-1}} + p^2 z_{k,2}^{p^{\mu-2}} + \ldots + p^\mu z_{k,p^\mu}$$

eindeutig bestimmten Größen $z_{k,\lambda}$ *von K sämtlich in* $R^{(p)}$ *enthalten sind.*

Auf Grund dieses Satzes liefert das Beispiel (6) ohne Mühe ein Resultat, das auch für die elementare Zahlentheorie von einem gewissen Interesse ist.

VI. *Ist K ein beliebiger Körper der Charakteristik* 0, *R ein beliebiger Teilring von K und p eine festgewählte (rationale) Primzahl, so gehören dann und nur dann sämtliche Binomialkoeffizienten* $\binom{a}{m}$ $(m=2, 3, \ldots)$ *für alle Größen a aus R zu* $R^{(p)}$, *wenn für jede Größe a aus R die Kongruenz*

$$a^p \equiv a \pmod{p}$$

gilt, d.h. $\frac{1}{p}(a^p - a)$ *in R enthalten ist* [3]).

Ich hebe ausdrücklich hervor, daß ich hier nur solche Eigenschaften der Potenzsummen eines Polynoms $f(x)$ berücksichtige, die sich ohne Kenntnis des Verhaltens der Nullstellen x_ν von $f(x)$ ergeben. Weiß man z.B. für ein Polynom $f(x)$ mit ganzen rationalen Koeffizienten, daß alle x_ν in einem algebraischen Zahlkörper K_1 liegen, so bestehen neben den Kongruenzen (4) auf Grund des Fermatschen Satzes der Idealtheorie in den früheren Bezeichnungen die (5) umfassenden Kongruenzen

$$s_{m+h} \equiv s_{\frac{m}{p}+h} \pmod{\mathfrak{p}^\mu} \quad (h=0, 1, 2, \ldots).$$

Das Studium der schwierigen Frage, was sich umgekehrt aus dem Bestehen der Gesamtheit dieser Kongruenzen über die Beziehungen der x_ν zum Körper K_1 folgern läßt, liegt außerhalb des Rahmens der vorliegenden Untersuchung.

§ 2. *Beweis des Satzes II.*

Betrachtet man neben dem Polynom $f(x)$ das reziproke Polynom

$$g(t) = 1 + a_1 t + \ldots + a_n t^n = \prod_{\nu=1}^{n} (1 - x_\nu t)$$

[3]) Hieraus folgt insbesondere, daß im Gebiet der ganzen rationalen Zahlen die Ganzzahligkeit der Binomialkoeffizienten aus dem kleinen Fermatschen Satz rein formal zu folgern ist. — Vgl. ferner § 5, Fußnote [5]).

so wird bekanntlich

$$\varphi(t) = -\frac{tg'(t)}{g(t)} = \sum_{\nu=1}^{n} \frac{x_\nu t}{1-x_\nu t} = s_1 t + s_2 t^2 + \ldots \tag{7}$$

Herr Jänichen gelangt zu seinem Satze auf folgendem Wege. Für beliebige Veränderliche $a_1, a_2, \ldots, a_n$ darf rein formal

$$g(t) = \prod_{m=1}^{\infty} (1-t^m)^{b_m} \tag{8}$$

gesetzt werden, wobei unter jedem Faktor die zugehörige binomische Reihe zu verstehen ist. Hierbei wird $b_1 = -a_1$ und allgemein kann jedes b_m rekursiv als der Koeffizient von $-t^m$ in der Potenzreihenentwicklung von

$$g(t) \cdot \prod_{\lambda=1}^{m-1} (1-t^\lambda)^{-b_\lambda}$$

eindeutig gekennzeichnet werden. Auf Grund der Tatsache, daß für eine ganze rationale Zahl z alle Binomialkoeffizienten $\binom{z}{h}$ $(h=2, 3, \ldots)$ ganze rationale Zahlen sind, erkennt man leicht, daß für jedes m *die Koeffizienten* $a_1, a_2, \ldots, a_m$ *dann und nur dann ganze rationale Zahlen sind, wenn die Exponenten* $b_1, b_2, \ldots, b_m$ *diese Eigenschaft besitzen.*

Auf Grund von (7) und (8) folgt ferner

$$\varphi(t) = \sum_{m=1}^{\infty} s_m t^m = \sum_{m=1}^{\infty} m b_m t^m (1-t^m)^{-1} = \sum_{m=1}^{\infty} m b_m (t^m + t^{2m} + \ldots).$$

Dies liefert durch Koeffizientenvergleichen

$$s_m = \sum_{d|m} d b_d \quad (m=1, 2, \ldots),$$

woraus in bekannter Weise umgekehrt

$$m b_m = \sum_{d|m} \mu(d)\, s_{\frac{m}{d}} \tag{9}$$

folgt. Der Jänichensche Satz I ergibt sich hieraus ohne weiteres.

Für eine Primzahlpotenz $m = p^\mu$ wird hierbei

$$p^\mu b_{p^\mu} = s_{p^\mu} - s_{p^{\mu-1}},$$

was für ganze rationale $a_1, a_2, \ldots, a_n$ die Kongruenz (4) im Falle $m = p^\mu$ liefert. Für $m = kp^\mu$ mit $k > 1$ ergibt sich aber (4) am einfachsten auf Grund der Tatsache, daß $x_1^k, x_2^k, \ldots, x_n^k$ wieder als die n Wurzeln einer Gleichung

$$x^n + a_1^{(k)} x^{n-1} + \ldots + a_n^{(k)} = 0 \tag{10}$$

mit ganzen rationalen Koeffizienten aufzufassen sind. Insbesondere besitzen demnach die Potenzsummen $s_k, s_{2k}, \ldots$ alle Eigenschaften, die den Potenzsummen $s_1, s_2, \ldots$ zukommen.

Um auch den zweiten Teil des Satzes II zu beweisen, benutze man wieder die Formel (9). Ist insbesondere $m = m_1 m_2$ mit $(m_1, m_2) = 1$ so läßt (9) die Schreibweise

$$mb_m = \sum_{d_1 | m_1} \mu(d_1) \sum_{d_2 | m_2} \mu(d_2)\, s_{\frac{m_1 m_2}{d_1 d_2}}$$

zu. Für

$$m_1 = k, \quad m_2 = p^\mu, \quad (k, p) = 1, \quad \mu > 0$$

wird hierbei für jeden Teiler d_1 von k die innere Summe gleich

$$s_{k_1 p^\mu} - s_{k_1 p^{\mu-1}}, \quad \left(k_1 = \frac{k}{d_1}\right). \tag{11}$$

Sind demnach die n ersten Potenzsummen $s_1, s_2, \ldots, s_n$ unseres Polynoms $f(x)$ ganze rationale Zahlen, die für alle $m \leqq n$ und für jede in m aufgehende Primzahl p (bei $m = k p^\mu$, $(k, p) = 1$) den Kongruenzen (4) genügen, so erkennt man, daß alle Differenzen (11) durch p^μ teilbar sind. Folglich ist für $m \leqq n$ die ganze rationale Zahl mb_m durch jede in m aufgehende Primzahlpotenz teilbar, was nur besagt, daß b_m ganz ist. Aus der Ganzzahligkeit von $b_1, b_2, \ldots, b_n$ folgt aber auch, daß alle a_m ganze rationale Zahlen sind.

Man erkennt ohne weiteres, daß die hier durchgeführten Betrachtungen nicht nur für den Ring R_0 der ganzen rationalen Zahlen, sondern auch für jeden Ring R stichhaltig bleiben, der folgender Forderung genügt:

B. Für jede Größe a von R sollen alle Binomialkoeffizienten $\binom{a}{h}$ $(h = 2, 3, \ldots)$ in R enthalten sein.

Dies zeigt, daß für jeden derartigen Ring R auch die Sätze I und II richtig bleiben. Hierbei soll eine Kongruenz der Form

$$r_1 \equiv r_2 \pmod{m}$$

zwischen zwei Elementen r_1, r_2 von R bei ganzem rationalem m nur bedeuten, daß das Element $\frac{1}{m}(r_1 - r_2)$ des Körpers K in R enthalten ist.

Ein Ring R, der der Forderung B. genügt, ist z.B. die Gesamtheit der (in bezug auf R_0) ganzwertigen Polynome in endlich vielen Variabeln.

§ 3. *Die Sätze III und IV.*

Besitzt unser Ring R die Eigenschaft B nicht, so bedarf der Jänichensche Ansatz (8) einer Abänderung.

In jedem Fall darf rein formal

$$(12)\qquad g(t) = 1 + a_1 t + \ldots + a_n t^n = \prod_{m=1}^{\infty} (1 - c_m t^m)$$

gesetzt werden, wobei

$$c_1 = -a_1,\ c_2 = -a_2,\ c_3 = a_1 a_2 - a_3$$

zu setzen ist und allgemein rekursiv c_m als Koeffizient von $-t^m$ in der Potenzreihenentwicklung von

$$g(t) \cdot \prod_{\lambda=1}^{m-1} (1 - c_\lambda t^\lambda)^{-1}$$

eindeutig gekennzeichnet werden kann. Hier wird jedes a_m eine ganze rationale Funktion von $c_1, c_2, \ldots, c_m$ mit ganzen rationalen Koeffizienten und umgekehrt jedes c_m eine ebensolche Funktion von $a_1, a_2, \ldots, a_m$. Wir können also sagen: *Für jedes $f(x)$ sind dann und nur dann $a_1, a_2, \ldots, a_n$ in unserem Ring R enthalten, wenn $c_1, c_2, \ldots, c_n$ diese Eigenschaft haben.*

Aus (7) und (8) folgt ferner

$$\varphi(t) = \sum_{m=1}^{\infty} s_m t^m = \sum_{m=1}^{\infty} \frac{m c_m t^m}{1 - c_m t^m} = \sum_{m=1}^{\infty} m(c_m t^m + c_m^2 t^{2m} + \ldots).$$

Dies liefert

$$(13)\qquad s_m = \sum_{d \mid m} d c_d^{\frac{m}{d}} \quad (m = 1, 2, 3, \ldots),$$

was insbesondere die Richtigkeit des Satzes IV in Evidenz setzt.

Um den Satz III zu beweisen, beachte man, daß insbesondere für jede Primzahlpotenz $m = p^\lambda$

$$(13')\qquad s_m = c_1^{p^\lambda} + p c_p^{p^{\lambda-1}} + \ldots + p^\lambda c_{p^\lambda}$$

wird. Ist nun R_1 die Gesamtheit der ganzen Zahlen eines algebraischen Zahlkörpers K_1 und gehören alle Koeffizienten $a_1, a_2, \ldots, a_n$ zu R_1, so gilt dies auch für alle Potenzsummen $s_1, s_2, \ldots$ und für unsere Hilfsgrößen $c_1, c_2, \ldots$ Man betrachte nun eine rationale Primzahl p und ein in p aufgehendes Primideal $\mathfrak{p}$ des Körpers K_1. Bedeutet P die Norm von $\mathfrak{p}$, so wird für jede Zahl c aus R_1

$$c^P \equiv c \pmod{\mathfrak{p}}$$

woraus

$$c^{Pp} \equiv c^p \quad (\mathrm{mod}\ \mathfrak{p}^2), \; c^{Pp^2} \equiv c^{p^2} \quad (\mathrm{mod}\ \mathfrak{p}^3) \text{ usw.}$$

folgt. Für $m = Pp^{\mu-1}$ $(\mu \geqq 1)$ ergibt sich hieraus in (13′)

$$c_1^m \equiv c_1^{p^{\mu-1}}, \quad pc_p^{\frac{m}{p}} \equiv pc_p^{p^{\mu-2}}, \ldots, \quad p^{\mu-1}c^P_{p^{\mu-1}} \equiv p^{\mu-1}c_{p^{\mu-1}} \; (\mathrm{mod}\ \mathfrak{p}^\mu).$$

Dies liefert

$$s_m \equiv c_1^{p^{\mu-1}} + pc_p^{p^{\mu-2}} + \ldots + p^{\mu-1}c_{p^{\mu-1}} \quad (\mathrm{mod}\ \mathfrak{p}^\mu).$$

Die rechte Seite ist aber nach (13′) gleich $s_{p^{\mu-1}}$ zu setzen, so daß

$$s_m \equiv s_{\frac{m}{P}} \quad (\mathrm{mod}\ \mathfrak{p}^\mu)$$

wird.

Daß diese Kongruenz auch für jedes Multiplum $m = kP_{p^{\mu-1}}$ von $P_{p^{\mu-1}}$ gilt, folgt wieder aus der Tatsache, daß die Zahlen

$$s_{kl} = s_e^{(k)} \quad (l = 1, 2, 3, \ldots)$$

als die Potenzsummen einer Gleichung der Form (10) mit Koeffizienten aus R_1 aufgefaßt werden können.

§ 4. *Eine Hilfsbetrachtung. Der Satz V.*

Man setze, wenn $x_1, x_2, \ldots, x_n$ voneinander unabhängige Veränderliche sind,

$$(14) \qquad g(t) = \prod_{\lambda=1}^{n} (1 - x_\lambda t) = 1 + a_1 t + \ldots + a_n t^n.$$

Für jede ganze rationale Zahl $k > 0$ bilde man, wenn ε alle k-ten Einheitswurzeln durchläuft,

$$(15) \qquad \prod_\varepsilon g(\varepsilon t) = \prod_{\lambda=1}^{n} (1 - x_\lambda^k t^k) = 1 + a_1^{(k)} t^k + \ldots + a_n^{(k)} t^{kn}.$$

Hierbei wird bekanntlich jeder Koeffizient $a_m^{(k)}$ eine ganze rationale Funktion $H_m^{(k)}$ von $a_1, a_2, \ldots, a_n$ mit ganzen rationalen Koeffizienten.

Setzt man $t^k = u$ und

$$1 + a_1^{(k)} u + \ldots + a_n^{(k)} u^n = g_k(u),$$

so treten wieder an Stelle der früher betrachteten Potenzsummen $s_1, s_2, \ldots$ die Ausdrücke $s_k, s_{2k}, \ldots$

Hat $g(t)$ insbesondere die Gestalt $1 - c_m t^m$ so wird $g_k(u)$ ein Ausdruck der Form

(16) $$h_m^{(k)}(u) = 1 + b_r u^r + b_{r+1} u^{r+1} + \ldots,$$

wo $rk \geqq m$ ist und $b_r, b_{r+1}, \ldots$ ganzzahlige ganze rationale Funktionen von c_m bedeuten. Ist insbesondere $m = kl$ ein Multiplum von k, so erhält man

(16′) $$h_m^{(k)}(u) = (1 - c_m u^l)^k = 1 - kc_m u^l + \ldots$$

Man stelle nun $g_k(u)$ entsprechend der Formel (12) in der Gestalt

$$g_k(u) = \prod_{m=1}^{\infty} (1 - c_{k,m} u^m)$$

dar, so daß nach (13) für jedes $l = 1, 2, \ldots$

(17) $$s_{kl} = \sum_{d|l} d c_{k,d}^{\frac{l}{d}}$$

und insbesondere für eine Primzahlpotenz $l = p^\mu$ $(\mu \geqq 0)$

(17′) $$s_{kp^\mu} = c_{k,1}^{p^\mu} + p c_{k,p}^{p^{\mu-1}} + \ldots + p^\mu c_{k,p^\mu}$$

wird.

Setzt man $c_{1,m} = c_m$, so gilt

$$g(t) = \prod_{m=1}^{\infty} (1 - c_m t^m),$$

und hieraus folgt in den hier eingeführten Bezeichnungen

$$g_k(u) = \prod_{r=1}^{\infty} (1 - c_{k,r} u^r) = \prod_{m=1}^{\infty} h_m^{(k)}(u).$$

Entwickelt man beide Produkte nach steigenden Potenzen von u und sucht man in beiden Potenzreihen den Koeffizienten einer Potenz u^l, so sind in dem linksstehenden Produkt nur die Indices $r \leqq l$ und rechts nur die Indices $m \leqq kl$ zu berücksichtigen. Die Formeln (16) und (16′) liefern, wie man unmittelbar erkennt, eine Relation der Form

(18) $$\varphi(c_{k,1}, c_{k,2}, \ldots, c_{k,l-1}) + c_{k,l} = \psi(c_1, c_2, \ldots, c_{kl-1}) + kc_{kl},$$

wo φ und ψ ganze rationale Funktionen ihrer Argumente mit ganzen rationalen Koeffizienten sind.

Diese Relationen sind hier nur für den Fall eines Polynoms der Form (17) abgeleitet worden. Auf Grund einer bekannten

Gaußschen Schlußweise erkennt man, daß sie für beliebige Veränderliche $a_1, a_2, \ldots, a_n$ gelten, wenn man die Potenzsummen s_m etwa mit Hilfe der Newtonschen Rekursionsformel (1) und die $c_{k,r}$ mit Hilfe der Formeln (17) bestimmt.

Es sei nun wieder R ein beliebiger Teilring eines Körpers K der Charakteristik 0. Ist p eine *festgewählte* Primzahl, so bilde man den früher eingeführten Ring $R^{(p)}$. Um den Satz V zu beweisen, genügt es zu zeigen[4]):

Sind für ein Polynom $f(x) = x^n + a_1 x^{n-1} + \ldots$ *alle Koeffizienten* a_m *im Körper* K *enthalten, und weiß man, daß erstens die* n *ersten Potenzsummen* $s_1, s_2, \ldots, s_n$ *Größen aus* $R^{(p)}$ *sind, und daß zweitens auch für jede Zahl*

$$m = kp^\mu \leqq n, \quad \mu \geqq 0, \quad (k, p) = 1 \tag{19}$$

die aus (17′) *zu berechnenden Größen*

$$c_{k,1}, c_{k,p}, \ldots, c_{k,p^\mu}$$

in $R^{(p)}$ *liegen, so gehören auch* $a_1, a_2, \ldots, a_n$ *zu* $R^{(p)}$.

Nach dem Früheren ist nur zu beweisen, daß alle Größen $c_1, c_2, \ldots, c_n$ in $R^{(p)}$ enthalten sind, demnach auch alle $c_{k,l}$ mit $kl \leqq n$. Für $l = 1$ folgt dies aus $c_{k,l} = s_k$. Es sei nun schon bekannt, daß $c_1, c_2, \ldots, c_{m-1}$ $(m > 1)$ in $R^{(p)}$ enthalten sind. Ist $(m, p) = 1$, so folgt schon aus

$$s_m = \sum_{d|m} d c_d^{\frac{m}{d}},$$

weil hier c_m nur in dem Glied mc_m auftritt, daß auch c_m zu $R^{(p)}$ gehört. Es sei also m von der Form (19) mit $\mu > 0$. Für $l < p^\mu$ geht für dieses k in (19) aus (18) hervor, daß auch $c_{k,1}, c_{k,2}, \ldots, c_{k,p^\mu-1}$ in $R^{(p)}$ enthalten sind. Ferner gilt dies auf Grund unserer Voraussetzung für c_{k,p^μ}. Setzt man in (18) $l = p^\mu$, so erkennt man, daß auch c_m in $R^{(p)}$ liegt.

Damit ist der Satz V als bewiesen anzusehen.

§ 5. *Eine Ergänzung zum Satz I. Der Satz IV.*

Unser Ring R möge in bezug auf eine *festgewählte* Primzahl p folgender Forderung genügen:

F_p. Für jedes Element a von R sei

$$a^p \equiv a \pmod{p},$$

d.h. $a^p = a + pa_1$, *wo auch* a_1 *in* R *enthalten sein soll.*

---

[4]) Man hat auf S. [4] 435 nur $z_{k,\nu} = c_{k,p^\nu}$ für $\nu = 0, 1, 2, \ldots$ zu setzen.

Hieraus folgt dann auch

$$a^{p^2} \equiv a^p \pmod{p^2}, \quad a^{p^3} \equiv a^{p^2} \pmod{p^3}, \ldots$$

Ferner erkennt man leicht, daß auch für den Ring $R^{(p)}$ die Forderung F_p erfüllt ist. Denn ist $c = \frac{a}{h}$, wo a ein Element von R ist und h eine zu p teilerfremde ganze rationale Zahl bedeutet, so wird

$$c^p - c = \frac{1}{h^p} \cdot (a^p - h^{p-1}a) = p \cdot \frac{a_1}{h^p} + (1 - h^{p-1}) \cdot \frac{a}{h^p},$$

was wegen $p/(1-h^{p-1})$ die Gestalt pc_1 mit $c_1 \subset R^{(p)}$ hat.

Auf Grund des Satzes V läßt sich hieraus ohne Mühe folgern:

II . *Dann und nur dann liegen alle Koeffizienten* $a_1, a_2, \ldots, a_n$ *unseres Polynoms* $f(x)$ *in* $R^{(p)}$, *wenn erstens die* n *Potenzsummen* $s_1, s_2, \ldots, s_n$ *in* $R^{(p)}$ *enthalten sind, und wenn zweitens für jeden Index*

$$m = kp^\mu \leqq n, \quad \mu > 0, \quad (k, p) = 1$$

in $R^{(p)}$ *die Kongruenz*

$$s_m \equiv s_{\frac{m}{p}} \pmod{p^\mu} \tag{20}$$

besteht.

Um dies zu beweisen, benutze man wieder die durch die Formeln (17) eindeutig bestimmten Größen c_{k,p^ν} $(\nu = 0, 1, \ldots)$. Liegen alle $a_1, a_2, \ldots, a_n$ in $R^{(p)}$, so gilt dies auch für alle s_m und alle c_{k,p^ν}. Die Differenz

$$d_m = s_m - s_{\frac{m}{p}}$$

läßt sich in der Form

$$d_m = \left(c_{k,1}^{p^\mu} - c_{k,1}^{p^{\mu-1}}\right) + p\left(c_{k,p}^{p^{\mu-1}} - c_{k,p}^{p^{\mu-2}}\right) + \cdots + \\ + p^{\mu-1}\left(c_{k,p^{\mu-1}}^p - c_{k,p^{\mu-1}}\right) + p^\mu c_{k,p^\mu} \tag{21}$$

schreiben. Ist aber für R, also auch für $R^{(p)}$ die Forderung F_p erfüllt, so wird jeder Summand der in (21) rechts stehenden Summe in $R^{(p)}$ kongruent 0 mod p^μ, folglich gilt dies auch für d_m, was die Kongruenz (20) liefert.

Weiß man umgekehrt, daß $s_1, s_2, \ldots, s_n$ in $R^{(p)}$ liegen und den Kongruenzen (20) genügen, so erhält man für jedes zu p teilerfremde k und für

$$m = k, k_p, k_{p^2}, \ldots, m \leqq n$$

Schritt für Schritt (innerhalb des Ringes $R^{(p)}$)

(22) $s_k = c_{k,1}$

(22′) $d_{kp} = (c_{k,1}^p - c_{k,1}) + pc_{k,p} \equiv 0 \pmod p$

(22″) $d_{kp^2} = (c_{k,1}^{p^2} - c_{k,1}^p) + p(c_{k,p}^p - c_{k,p}) + p^2 c_{k,p^2} \equiv 0 \pmod{p^2}$

usw. Aus (22) folgt $c_{k,1} \subset R^{(p)}$, aus (21′) ergibt sich daher

$$pc_{k,p} \equiv 0 \pmod{p^2}, \text{ d.h. } c_{k,p} \subset R^{(p)},$$

aus (22″) alsdann

$$p^2 c_{k,p^2} \equiv 0 \pmod{p^2}, \text{ d.h. } c_{k,p^2} \subset R^{(p)}$$

usw. Folglich sind neben den s_m auch alle c_{k,p^ν} in $R^{(p)}$ enthalten, demnach gilt dies auch für $a_1, a_2, \ldots, a_n$.

Der Satz VI ist nur ein Spezialfall von II. Denn setzt man für beliebiges a

$$f(x) = x^n - \binom{a}{1} x^{n-1} + \binom{a}{2} x^{n-2} - \ldots + (-1)^n \binom{a}{n},$$

so wird

$$g(t) = 1 - \binom{a}{1} t + \binom{a}{2} t^2 - \ldots + (-1)^n \binom{a}{n} t^n$$

der n-te Abschnitt der Potenzreihenentwicklung von

$$h(t) = (1-t)^a.$$

Daher stimmt der n-te Abschnitt von

$$-\frac{tg'(t)}{g(t)} = s_1 t + s_2 t^2 + \ldots$$

mit dem n-ten Abschnitt von

$$-\frac{th'(t)}{h(t)} = \frac{at}{1-t} = at + at^2 + \ldots$$

überein, d.h. es wird

$$s_1 = s_2 = \ldots = s_n = a.$$

Ist nun a in einem Ring R gelegen, der der Forderung F_p genügt, so sind in diesem speziellen Fall die Voraussetzungen des Satzes II gewiß erfüllt, folglich sind alle Binomialkoeffizienten $\binom{a}{m}$ für $m = 2, 3, \ldots$ in $R^{(p)}$ enthalten. [5])

[5]) Man beachte, daß der Grad n von $f(x)$ beliebig groß gewählt werden kann. Bei der Berechnung von

$$\binom{a}{m} = \frac{1}{m!} \cdot a(a-1) \cdots (a-m+1)$$

in unserem Körper K hat man unter $a - \nu$ das Element $a - \nu\varepsilon$ zu verstehen, wenn ε das Einheitselement von K bedeutet.

Soll umgekehrt für jedes a aus R jedes $\binom{a}{m}$ in $R^{(p)}$ liegen, so ergibt sich insbesondere, daß

$$(p-1)!\binom{a}{p} = \frac{1}{p}\cdot a(a-1)\cdots(a-p+1)$$

in $R^{(p)}$ enthalten ist. Es ist aber, wie in der elementaren Zahlentheorie bewiesen wird, für beliebiges a

$$a(a-1)\cdots(a-p+1) = a^p - a + p\,\gamma(a)$$

wo $\gamma(a)$ eine ganze rationale Funktion von a mit ganzen rationalen Koeffizienten ist. Es ergibt sich daher, daß in $R^{(p)}$

$$b = a^p - a \equiv 0 \pmod{p}$$

wird. Hieraus folgt in bekannter Weise, daß diese Kongruenz auch in R gilt. Denn ist

$$b = p\cdot\frac{c}{h},\; b, c \subset R,\; h = 1, 2, 3, \ldots, (h, p) = 1,$$

so bestimme man zwei ganze rationale Zahlen u, v, so daß $up + vh = 1$ ist. Es wird dann

$$bhu = pcu = (1-vh)c,$$

also

$$\frac{c}{h} = bu + cv \subset R.$$

Ein Beispiel für einen Ring R, der für eine passend gewählte Primzahl p der Forderung F_p genügt, erhält man, indem man die Gesamtheit R aller ganzen Zahlen eines algebraischen Zahlkörpers K des Grades k betrachtet und für p eine Primzahl

$$p = \mathfrak{p}_1\mathfrak{p}_2\ldots\mathfrak{p}_k$$

wählt, wobei $\mathfrak{p}_1, \mathfrak{p}_2, \ldots, \mathfrak{p}_k$ voneinander verschiedene Primideale von K sein sollen. Die Normen dieser Primideale müssen dann sämtlich gleich p sein. Für jede ganze Zahl a von K wird also

$$a^p \equiv a \pmod{\mathfrak{p}_\lambda} \quad (\lambda = 1, 2, \ldots, k),$$

was

$$a^p \equiv a \pmod{p}$$

liefert. Für eine solche Primzahl p ergibt sich also, ohne daß weitere Hilfsmittel der Idealtheorie herangezogen zu werden brauchen, daß für jede ganze Zahl a aus K alle Binomialkoeffizienten $\binom{a}{m}$ mod p ganz sind.

(Eingegangen den 18. Februar 1937.)

79.

On Faber Polynomials*

American Journal of Mathematics 67, 33 - 41 (1945)

By Issai Schur

I. Introduction.[2] Let

$$(1)\quad f(z) = z + a_1 + a_2/z + a_3/z^2 + \cdots = z\sum_{\nu=0}^{\infty} a_\nu z^{-\nu} = zg(1/z), \quad a_0 = 1$$

be a power series concerning the convergence of which no assumption is made.[3]

* Received November 8, 1943; Revised February 4, 1944.

[1] Died January 10, 1941, in Tel Aviv, Palestine. The Einstein Institute of Mathematics of the Hebrew University, Jerusalem, has undertaken the complete edition of the posthumous papers of the deceased, its honorary member since 1940. As the realization of this project under present conditions requires considerable time, some of the main results of this scientific legacy will be published in preliminary notes. The present note has been elaborated by Dr. M. Schiffer of the Hebrew University who worked over the notes left on the subject in cooperation with Professor M. Fekete, the general editor of the scientific legacy of the great scholar. The manuscript has been revised in this country.

[2] Grunsky gave necessary and sufficient conditions for the coefficients of a function in order that it be meromorphic and univalent in a given domain D. ("Koeffizientenabschätzungen für schlicht abbildende meromorphe Funktionen," *Mathematische Zeitschrift*, vol. 45 (1939), pp. 29-61). If, in particular, D is the exterior of the unit circle, these conditions take the form

$$\text{(i)}\qquad \Big|\sum_{\mu,\nu=1}^{m} \nu c_{\mu\nu} x_\mu x_\nu\Big| \leqq \sum_{\nu=1}^{m} \nu\, |x_\nu|^2, \qquad (m = 1, 2, \ldots),$$

where the $c_{\mu\nu}$ are defined by the formula (2) of this paper, if the function considered has the form (1). The identity $\nu c_{\mu\nu} = \mu c_{\nu\mu}$ is proved by Grunsky with the aid of Cauchy's residue theorem. The late Professor Schur wanted to bring the conditions (i) into a more easily evaluable form and investigated, therefore, the relations between the coefficients a_ν and the $c_{\mu\nu}$. This paper gives the results he obtained. Another paper, caused by the same problem, dealing with the transformation of quadratic forms to principal axes will appear elsewhere.

[3] In the formal algebra of power series, two series are called equal if corresponding coefficients are identical. We define the sum of $P(x) = \sum_{\nu=a}^{\infty} k_\nu x^\nu$ $(a > -\infty)$ and $P^*(x) = \sum_{\nu=a}^{\infty} k^*_\nu x^\nu$ to be the series $P(x) + P^*(x) = \sum_{\nu=a}^{\infty} (k_\nu + k^*_\nu) x^\nu$ and the product $P(x)P^*(x)$ to be $\sum_{\nu=2a}^{\infty} l_\nu x^\nu$ with $l_\nu = \sum_{\rho=a}^{\nu-a} k_\rho k^*_{\nu-\rho}$. Finally $P(x)^{-1}$ is the power series which satisfies $P(x)P(x)^{-1} = 1$, and the derivative $P'(x)$ of $P(x)$ is $\sum_{\nu=a}^{\infty} \nu k_\nu x^{\nu-1}$.

We define a polynomial $P_m(f)$ in $f(z)$ of degree m $(m=1,2,\cdots)$ such that

$$(2)\quad P_m(f)=z^m+c_{m1}/z+c_{m2}/z^2+\cdots+c_{m\mu}/z^\mu+\cdots=z^m+G_m(1/z),$$

$$G_m(x)=\sum_{\mu=1}^{\infty}c_{m\mu}x^\mu.$$

$P_m(f)$ is called the m-th Faber polynomial of $f(z)$. The existence and uniqueness of $P_m(f)$ for $m\geqq 1$ is easily shown by recursion.

Let

$$(3)\qquad Q(f)=q_0z^m+q_1z^{m-1}+\cdots+q_m+q'/z+\cdots$$

be any polynomial in $f(z)$ of degree m. Then, writing $P_0(f)=1$,

$$D(f)=Q(f)-q_0P_m(f)-q_1P_{m-1}(f)-\cdots-q_mP_0(f)=\alpha/z+\cdots$$

is a polynomial in $f(z)$ the development of which with respect to z contains only negative powers. This being evidently impossible unless $D(f)$ is identically zero, we have the development

$$(3')\qquad Q(f)=q_0P_m(f)+q_1P_{m-1}(f)+\cdots+q_mP_0(f).$$

Letting

$$(4)\qquad g(x)^m=\sum_{\mu=0}^{\infty}a_{m\mu}x^\mu\qquad (m=1,2,\cdots),\quad a_{m0}=1$$

and writing $x=1/z$ we have

$$f(z)^m=z^mg(x)^m=z^m+a_{m1}z^{m-1}+a_{m2}z^{m-2}+\cdots+a_{mm}+a_{m,m+1}/z+\cdots$$

whence, according to (3) and (3′),

$$(5)\quad f(z)^m=P_m(f)+a_{m1}P_{m-1}(f)+\cdots+a_{m,m-1}P_1(f)+a_{mm}P_0(f).$$

Let $\phi_m(x)=1+a_{m1}x+\cdots+a_{mm}x^m$ and $\psi_m(x)=a_{m,m+1}x+\cdots+a_{m,m+\nu}x^\nu+\cdots$. Then $f(z)^m=z^m\phi_m(x)+\psi_m(x)$ and therefore, by (2) and (5),

$$(6)\qquad \psi_m(x)=G_m(x)+a_{m1}G_{m-1}(x)+\cdots+a_{m,m-1}G_1(x).$$

This important identity establishes a relation between the coefficients $c_{\mu\nu}$ defined in (2) and the $a_{\mu\nu}$ defined in (4). In fact, comparing coefficients of like powers of x, we have for $\nu\geqq 1$, $m\geqq 1$,

$$(7)\qquad a_{m,m+\nu}=c_{m\nu}+a_{m1}c_{m-1,\nu}+a_{m2}c_{m-2,\nu}+\cdots+a_{m,m-1}c_{1\nu}.$$

In order to combine all these formulas in one, we introduce the infinite matrices

$$(8)\quad \begin{cases} A=\begin{pmatrix} 1 & 0 & 0 & \cdots \\ a_{21} & 1 & 0 & \cdots \\ a_{32} & a_{31} & 1 & \cdots \\ \cdot & \cdot & \cdot & \cdots \end{pmatrix} = (a_{\mu,\mu-\nu}), \quad a_{\mu 0}=1, \quad a_{\mu,-k}=0 \text{ for } k\geqq 1, \\ B=\begin{pmatrix} a_{12} & a_{13} & \cdots \\ a_{23} & a_{24} & \cdots \\ a_{34} & a_{35} & \cdots \\ \cdot & \cdot & \cdots \end{pmatrix} = (a_{\mu,\mu+\nu}), \qquad C=\begin{pmatrix} c_{11} & c_{12} & \cdots \\ c_{21} & c_{22} & \cdots \\ \cdot & \cdot & \cdots \end{pmatrix} = (c_{\mu\nu}). \end{cases}$$

Then (7) can be expressed in the equivalent forms

$$(7')\qquad B=AC, \qquad C=A^{-1}B.$$

With the aid of (7′) we shall give an *explicit formula for the* $c_{\mu\nu}$ *in terms of the coefficients* a_ν *of* $f(z)$. We shall see that each $c_{\mu\nu}$ is a polynomial in the a_ν with non-negative integer coefficients, and that $\nu c_{\mu\nu}=\mu c_{\nu\mu}$ (Grunsky's identity). This can also be shown by other arguments [4] but we shall calculate the coefficients of these polynomials explicitly, and shall see in particular that Grunsky's formula is an expression of a corresponding symmetry property of the polynomial coefficients.

II. Computation of the elements of the matrix *C*. We define, in conformity with (4),

$$(4')\qquad g(x)^{-m}=\sum_{\mu=0}^{\infty} a_{-m,\mu}x^{\mu}, \qquad (m=1,2,\cdots),\ a_{-m,0}=1.$$

In particular, we have in $a_{-1,\mu}=p_\mu$ the well-known Aleph-functions of Wronski. In order to establish relations between the $a_{-m,\mu}$ and the $a_{n\mu}$, we make use of the following simple lemma:

LEMMA. *Let* $g(x)=\sum_{\nu=0}^{\infty} a_\nu x^\nu$ *be an arbitrary power series. Then*

$$[g(x)^k - xg'(x)g(x)^{k-1}]_k = 0$$

where $[u(x)]_k$ *denotes the coefficient of* x^k *in the development of* $u(x)$ *in powers of* x.

---

[4] The integral character of the coefficients follows immediately by induction from (7) since i) $a_{m,\mu}$ (by (1) and (4)) is a polynomial in a_ν with integral coefficients for $m\geqq 1$, $\mu\geqq 0$; ii) $c_{1\nu}=a_{\nu+1}$ for $\nu\geqq 1$ by (1) and (2).

The truth of the lemma is evident since

$$g(x)^k = \sum_{\rho=0}^{\infty} a_{k\rho} x^{\rho'} \quad \text{and} \quad xg'(x)g(x)^{k-1} = \sum_{\rho=0}^{\infty} (\rho/k) a_{k\rho} x^{\rho}.$$

We apply the lemma with $k = \mu - \nu$, μ and ν ($\nu < \mu$) being arbitrary positive integers, and obtain

$$0 = [g(x)^{\mu-\nu} - xg'(x)g(x)^{\mu-\nu-1}]_{\mu-\nu} = \left[g(x)^{\mu}\left(\frac{1}{g(x)^{\nu}} - \frac{xg'(x)}{g(x)^{\nu+1}}\right)\right]_{\mu-\nu}$$

$$= \left[\frac{g(x)^{\mu}}{\nu x^{\nu-1}}\left(\frac{x^{\nu}}{g(x)^{\nu}}\right)'\right]_{\mu-\nu} = \left[\frac{g(x)^{\mu}}{\nu}\sum_{\lambda=0}^{\infty}(\lambda+\nu)a_{-\nu,\lambda}x^{\lambda}\right]_{\mu-\nu}.$$

Hence

$$(9) \quad a_{\mu,\mu-\nu} + \frac{\nu+1}{\nu} a_{\mu,\mu-\nu-1}a_{-\nu,1} + \frac{\nu+2}{\nu} a_{\mu,\mu-\nu-2}a_{-\nu,2} + \cdots + \frac{\mu}{\nu} a_{-\nu,\mu-\nu} = 0,$$

which, by (8) and (4'), yields

$$(10) \qquad A^{-1} = \left(\frac{\mu}{\nu}\, a_{-\nu,\mu-\nu}\right), \qquad a_{-\nu,-k} = 0 \text{ for } k \geqq 1.$$

From (7') and (10) we obtain the formula

$$(11) \qquad c_{\mu\nu} = \sum_{\lambda=1}^{\mu} \frac{\mu}{\lambda}\, a_{-\lambda,\mu-\lambda}a_{\lambda,\lambda+\nu}$$

as a starting point for further calculations.

We begin by computing $a_{-1,\mu} = p_{\mu}$, for which we obtain the well-known formula

$$(12) \quad p_{\mu} = \sum (-1)^{\alpha_1+\alpha_2+\cdots+\alpha_{\mu}} \frac{(\alpha_1+\alpha_2+\cdots+\alpha_{\mu})!}{\alpha_1!\,\alpha_2!\cdots\alpha_{\mu}!} a_1^{\alpha_1}\cdots a_{\mu}^{\alpha_{\mu}}$$
$$(\alpha_1 + 2\alpha_2 + \cdots + \mu\alpha_{\mu} = \mu).$$

Differentiating the identity $g(x)^{-1} = \sum_{\mu=0}^{\infty} p_{\mu}x^{\mu}$ $\lambda - 1$ times with respect to a_1 we have

$$(13) \qquad (-1)^{\lambda-1}\frac{(\lambda-1)!\,x^{\lambda-1}}{g(x)^{\lambda}} = \sum_{\mu=0}^{\infty}\frac{\partial^{\lambda-1}p_{\mu}}{\partial a_1^{\lambda-1}}x^{\mu}.$$

Hence by (4')

$$(14) \qquad a_{-\lambda,\mu-\lambda} = (-1)^{\lambda-1}\frac{1}{(\lambda-1)!}\frac{\partial^{\lambda-1}p_{\mu-1}}{\partial a_1^{\lambda-1}}$$

and so by (12)

$$(15) \quad a_{-\lambda,\mu-\lambda} = \sum_{\alpha_1+2\alpha_2+\cdots+(\mu-1)\alpha_{\mu-1}=\mu-1} (-1)^{\lambda-1+\alpha_1+\cdots+\alpha_{\mu-1}}$$
$$\times \frac{(\alpha_1+\alpha_2+\cdots\alpha_{\mu-1})!}{\alpha_1!\,\alpha_2!\cdots\alpha_{\mu-1}!}\binom{\alpha_1}{\lambda-1} a_1^{\alpha_1-(\lambda-1)}a_2^{\alpha_2}\cdots a_{\mu-1}^{\alpha_{\mu-1}}.$$

The m-th Faber polynomial $P^*_m(f^*)$ of $f^*(z) = f(z) + c$ is evidently connected with the m-th Faber polynomial $P_m(f)$ of $f(z)$ by the relation $P^*_m(f^*) = P_m(f^* - c)$ which, since $P_m(f^* - c) = P_m(f)$, shows that the matrices C associated according to (2) and (8) with $f(z)$ and $f^*(z)$ are the same and thus do not depend on a_1. For our final aim, to compute the elements $c_{\mu\nu}$ of C, we may, therefore, assume henceforth that $a_1 = 0$. The coefficients which correspond to this assumption will be denoted $a_{ik}{}^{(0)}$.

From (15) (with $a_1 = 0$) we have

$$(16)\quad a^{(0)}_{-\lambda,\mu-\lambda} = \sum (-1)^{\alpha_2+\alpha_3+\cdots+\alpha_{\mu-\lambda}} \frac{(\lambda - 1 + \alpha_2 + \cdots \alpha_{\mu-\lambda})!}{(\lambda-1)!\,\alpha_2! \cdots \alpha_{\mu-\lambda}!} a_2^{\alpha_2} \cdots a_{\mu-\lambda}^{\alpha_{\mu-\lambda}}$$

$$(2\alpha_2 + \cdots + (\mu-\lambda)\alpha_{\mu-\lambda} = \mu - \lambda).$$

Also

$$(17)\quad a^{(0)}_{\lambda,\mu+\lambda} = \sum \frac{\lambda!}{(\lambda - \beta_2 - \beta_3 - \cdots)!\,\beta_2!\beta_3! \cdots \beta_{\mu+\lambda}!} a_2^{\beta_2} a_3^{\beta_3} \cdots a_{\mu+\lambda}^{\beta_{\mu+\lambda}}$$

$$(2\beta_2 + \cdots + (\mu+\lambda)\beta_{\mu+\lambda} = \mu + \lambda).$$

Introducing (16) and (17) into (11) we get

$$(18)\quad c_{\mu\nu} = \sum_{\lambda=1}^{\mu} (\mu/\lambda) \sum_{A=\mu-\lambda} (-1)^{\alpha} \frac{(\lambda - 1 + \alpha)!\, a_2^{\alpha_2} a_3^{\alpha_3} \cdots a_{\mu-\lambda}^{\alpha_{\mu-\lambda}}}{(\lambda-1)!\,\alpha_2!\,\alpha_3! \cdots \alpha_{\mu-\lambda}!}$$

$$\times \sum_{B=\lambda+\nu} \frac{\lambda!\, a_2^{\beta_2} a_3^{\beta_3} \cdots a_{\lambda+\nu}^{\beta_{\lambda+\nu}}}{(\lambda-\beta)!\,\beta_2!\,\beta_3! \cdots \beta_{\lambda+\nu}!}$$

where the abbreviations $\alpha = \alpha_2 + \alpha_3 + \cdots + \alpha_{\mu-\lambda}$, $\beta = \beta_2 + \beta_3 + \cdots + \beta_{\lambda+\nu}$, $A = 2\alpha_2 + 3\alpha_3 + \cdots + (\mu-\lambda)\alpha_{\mu-\lambda}$, $B = 2\beta_2 + 3\beta_3 + \cdots + (\lambda+\nu)\beta_{\lambda+\nu}$ have been introduced. From (18) we see that $c_{\mu\nu}$ has degree $[\frac{1}{2}(\mu+\nu)]$ (at most) and weight $\mu + \nu$.

Let

$$(19)\quad c_{\mu\nu} = \sum_{\Gamma=\mu+\nu} C^{(\mu,\nu)}_{\gamma_2\gamma_3\cdots\gamma_{\mu+\nu}} a_2^{\gamma_2} a_3^{\gamma_3} \cdots a_{\mu+\nu}^{\gamma_{\mu+\nu}},$$

$$\gamma = \gamma_2 + \cdots + \gamma_{\mu+\nu}, \quad \Gamma = 2\gamma_2 + \cdots + (\mu+\nu)\gamma_{\mu+\nu}.$$

We have now to compute the integers $C^{(\mu,\nu)}_{\gamma_2\gamma_3\cdots\gamma_{\mu+\nu}}$. From (18) and (19) we obtain

$$(20)\quad C^{(\mu,\nu)}_{\gamma_2\gamma_3\cdots\gamma_{\mu+\nu}} = \sum_{\lambda=1}^{\mu} \mu \sum_{A=\mu-\lambda} (-1)^{\alpha} \frac{(\lambda-1+\alpha)!}{\gamma_2! \cdots \gamma_{\mu+\nu}!\,(\lambda-\gamma+\alpha)!}$$

$$\times \binom{\gamma_2}{\alpha_2} \cdots \binom{\gamma_{\mu-\lambda}}{\alpha_{\mu-\lambda}} = \frac{\mu(\gamma-1)!}{\gamma_2! \cdots \gamma_{\mu+\nu}!} \sum_{\lambda=1}^{\mu} \sum_{A=\mu-\lambda} (-1)^{\alpha} \binom{\lambda-1+\alpha}{\gamma-1} \binom{\gamma_2}{\alpha_2} \cdots \binom{\gamma_{\mu-\lambda}}{\alpha_{\mu-\lambda}}.$$

Taking into consideration that in (20) the summation indices $\lambda, \alpha_2, \cdots, \alpha_{\mu+\nu}$ are always connected by the equation $\lambda = \mu - A$, we may transform it into the form

$$(21) \quad C^{(\mu,\nu)}_{\gamma_2\gamma_3\ldots\gamma_{\mu+\nu}} = \frac{\mu(\gamma-1)!}{\gamma_2!\,\gamma_3!\cdots\gamma_{\mu+\nu}!} \sum (-1)^\alpha \binom{\gamma_2}{\alpha_2}\binom{\gamma_3}{\alpha_3}\cdots\binom{\gamma_{\mu-1}}{\alpha_{\mu-1}}\binom{\mu-1-A+\alpha}{\gamma-1}$$

where the summation is to be extended over all non-negative integer values of α_i, the symbol $\binom{u}{v}$ being defined in the usual way for $u \geqq v$ and as 0 for $u < v$ even if u is negative. Thus we have to calculate only the expressions

$$(22) \quad D^{(\mu)}_{\gamma_2\gamma_3\ldots\gamma_{\mu+\nu}} = \sum (-1)^\alpha \binom{\gamma_2}{\alpha_2}\binom{\gamma_3}{\alpha_3}\cdots\binom{\gamma_{\mu-1}}{\alpha_{\mu-1}}\binom{\mu-1-A+\alpha}{\gamma-1}.$$

Since (with our convention concerning $\binom{u}{v}$) the expression $\binom{\mu-1-A+\alpha}{\gamma-1}$ vanishes unless $\mu - A + \alpha \geqq \gamma$, that is unless $\mu - \gamma \geqq \alpha_2 + 2\alpha_3 + \cdots + (\mu+\nu-1)\alpha_{\mu+\nu}$, we see that $\alpha_\mu = \alpha_{\mu+\nu} = \cdots = \alpha_{\mu+\nu} = 0$, and so we have

$$(23) \quad D^{(\mu)}_{\gamma_2\ldots\gamma_{\mu+\nu}} = \sum (-1)^\alpha \binom{\gamma_2}{\alpha_2}\cdots\binom{\gamma_{\mu+\nu}}{\alpha_{\mu+\nu}}\binom{\mu-1-A+\alpha}{\gamma-1}$$

where α_i again takes only non-negative integer values and

$$\alpha = \alpha_2 + \alpha_3 + \cdots + \alpha_{\mu+\nu}, \qquad A = 2\alpha_2 + 3\alpha_3 + \cdots + (\mu+\nu)\alpha_{\mu+\nu}.$$

III. The explicit formula for $c_{\mu\nu}$. The expression (23) can be summed successively with the aid of the following lemma.

LEMMA. *Let m and n be integers, $m \geqq 1$, $n \geqq 0$. Let $b^{(m)}_{n,k} = 0$ for $k > n(m-1)$ or $k < 0$, and let $b^{(m)}_{n,k}$ be defined for $0 \leqq k \leqq n(m-1)$ by*

$$(24) \quad \left(\frac{1-x^m}{1-x}\right)^n = \sum_{k=0}^{n(m-1)} b^{(m)}_{n,k}\, x^k.$$

(Thus $b^{(m)}_{n,k}$ is a non-negative integer for $m \geqq 1$, $n \geqq 0$, and k arbitrary). *Then* (assuming the above convention concerning $\binom{u}{v}$) *we have for arbitrary positive integers h and r the identities*

$$(25)\quad \sum_{\nu=0}^{n}(-1)^{\nu}\binom{n}{\nu}\binom{h+n-1+r-m\nu}{h+n-1}=\sum_{\rho=0}^{r}b_{n,\rho}^{(m)}\binom{h-1+r-\rho}{h-1}$$
$$=\sum_{\rho=-\infty}^{+\infty}b_{n,\rho}^{(m)}\binom{h-1+r-\rho}{h-1}.$$

((25) is trivially true for $h>0,\ r\leqq 0$).

We have (by the binomial theorem)

$$(26)\qquad (1-x)^{-(h+n)}=\sum_{\mu=0}^{\infty}\binom{h+n-1+\mu}{h+n-1}x^{\mu}$$

whence

$$(27)\qquad \left[\frac{(1-x^{m})^{n}}{(1-x)^{h+n}}\right]_{r}=\sum_{\mu+m\nu=r}^{\mu,\nu\geqq 0}(-1)^{\nu}\binom{n}{\nu}\binom{h+n-1+\mu}{h+n-1}$$
$$=\sum_{\nu=0}^{n}(-1)^{\nu}\binom{n}{\nu}\binom{h+n-1+r-m\nu}{h+n-1}.$$

On the other hand, by (24),

$$(28)\qquad \left[\frac{(1-x^{m})^{n}}{(1-x)^{h+n}}\right]_{r}=\left[\sum_{\rho=0}^{n(m-1)}b_{n,\rho}^{(m)}x^{\rho}\sum_{\sigma=0}^{\infty}\binom{h-1+\sigma}{h-1}x^{\sigma}\right]_{r}$$
$$=\sum_{\rho+\sigma=r}^{\rho,\sigma\geqq 0}b_{n,\rho}^{(m)}\binom{h-1+\sigma}{h-1}=\sum_{\rho=0}^{r}b_{n,\rho}^{(m)}\binom{h-1+r-\rho}{h-1}.$$

Comparing (27) and (28) we obtain (25).

In the case $h=0$, $n>0$, combination of (24) with (27) yields the additional equality

$$(29)\qquad \sum_{\nu=0}^{n}(-1)^{\nu}\binom{n}{\nu}\binom{n-1+r-m\nu}{n-1}=b_{n,r}^{(m)}.$$

To carry out the summation in (23) we apply (25) and (29). Let γ_j $(2\leqq j\leqq \mu+\nu)$ be the last non-vanishing term in $\gamma_2,\cdots,\gamma_{\mu+\nu}$. If $j=2$, then by (23) and (29) (and the convention about $\binom{u}{v}$)

$$(30)\quad D_{\gamma_2\cdots\gamma_{\mu+\nu}}^{(\mu)}=\sum_{\alpha_2}(-1)^{\alpha_2}\binom{\gamma_2}{\alpha_2}\binom{\mu-1-\alpha_2}{\gamma_2-1}=b_{\gamma_2,\mu-\gamma_2}^{(1)}.$$

If $j\geqq 3$ we set $\alpha=\alpha_3+\cdots+\alpha_j$, $\bar{A}=3\alpha_3+\cdots+j\alpha_j$, $\bar{\gamma}=\gamma_3+\cdots+\gamma_j$, and obtain

$$(31)\quad D_{\gamma_2\cdots\gamma_{\mu+\nu}}^{(\mu)}=\sum_{\alpha_3,\ldots,\alpha_j}(-1)^{\bar{\alpha}}\binom{\gamma_3}{\alpha_3}\cdots\binom{\gamma_j}{\alpha_j}$$
$$\sum_{\alpha_2}(-1)^{\alpha_2}\binom{\gamma_2}{\alpha_2}\binom{\mu-1-\bar{A}+\bar{\alpha}-\alpha_2}{\bar{\gamma}+\gamma_2-1}.$$

The inner sum can be evaluated by applying (25) with $\nu=\alpha_2$, $n=\gamma_2$, $h=\bar{\gamma}$, $m=1$, $r=\mu-\gamma-\bar{A}+\bar{\alpha}$. We obtain

$$(32)\qquad \sum_{\alpha_2=0}^{\gamma_2}(-1)^{\alpha_2}\binom{\gamma_2}{\alpha_2}\binom{\mu-1-\bar{A}+\bar{\alpha}-\alpha_2}{\bar{\gamma}+\gamma_2-1}=\sum_{\rho} b^{(1)}_{\gamma_2,\rho}\binom{\mu-\gamma_2-\rho-1-\bar{A}+\bar{\alpha}}{\bar{\gamma}-1}$$

and thus from (23) and (31)

$$(33)\qquad D^{(\mu)}_{\gamma_2\ldots\gamma_{\mu+\nu}}=\sum_{\rho} b^{(1)}_{\gamma_2,\rho}D^{(\mu-\gamma_2-\rho)}_{0\gamma_3\ldots\gamma_{\mu+\nu}}.$$

Now if $j\geqq 4$ we separate all terms in $D^{(\mu-\gamma_2-\rho)}_{0\gamma_3\ldots\gamma_{\mu+\nu}}$ which contain α_3 and apply (25) with $\nu=\alpha_3$, $n=\gamma_3$, and $m=2$, obtaining

$$(34)\qquad D^{(\mu)}_{\gamma_2\ldots\gamma_{\mu+\nu}}=\sum_{\rho_2,\rho_3} b^{(1)}_{\gamma_2,\rho_2}b^{(2)}_{\gamma_3,\rho_3}D^{(\mu-\gamma_2-\gamma_3-\rho_2-\rho_3)}_{00\gamma_4\ldots\gamma_{\mu+\nu}}.$$

We continue in this way and at each step the dependence of $D^{(\mu')}_{\gamma_2\ldots\gamma_{\mu+\nu}}$ on a further $b^{(i-1)}_{\gamma_i,\rho_i}$ is expressed. Finally we consider $D^{(\mu-\gamma_2-\cdots-\gamma_{j-1}-\rho_2-\cdots-\rho_{j-1})}_{00\ldots0\gamma_j\ldots\gamma_{\mu+\nu}}$. Let $\mu'=\mu-\gamma_2-\cdots-\gamma_{j-1}-\rho_2-\cdots\rho_{j-1}$. Then by (23) and (29) (with $\alpha_j=\nu$, $n=\gamma_j$, $r=\mu'-\gamma_j$, $m=j-1$) we have

$$(35)\qquad D^{(\mu')}_{00\ldots0\gamma_j\ldots\gamma_{\mu+\nu}}=\sum(-1)^{\alpha_j}\binom{\gamma_j}{\alpha_j}\binom{\mu'-1-(j-1)\alpha_j}{\gamma_j-1}=b^{(j-1)}_{\gamma_j,\mu-\gamma-\rho_2-\cdots-\rho_{j-1}}.$$

Hence if $j\geqq 3$

$$(36)\qquad D^{(\mu)}_{\gamma_2\ldots\gamma_{\mu+\nu}}=\sum_{\rho_2,\ldots,\rho_{j-1}} b^{(1)}_{\gamma_2,\rho_2}b^{(2)}_{\gamma_3,\rho_3}\cdots b^{(j-2)}_{\gamma_{j-1},\rho_{j-1}}b^{(j-1)}_{\gamma_j,\mu-\gamma-\rho_2-\cdots-\rho_{j-1}}.$$

Since $b^{(m)}_{0,k}=0$ for $k>0$ and $b^{(m)}_{0,k}=1$ for $k=0$, we may write (30) and (36) in the common form (valid for each admissible set of the γ_i's)

$$(37)\qquad D^{(\mu)}_{\gamma_2\ldots\gamma_{\mu+\nu}}=\sum b^{(1)}_{\gamma_2,\rho_2}b^{(2)}_{\gamma_3,\rho_3}\cdots b^{(\mu+\nu-1)}_{\gamma_{\mu+\nu},\rho_{\mu+\nu}};\quad \rho_2+\rho_3+\cdots+\rho_{\mu+\nu}=\mu-\gamma.$$

In particular we see by (19), (21), (22) and (37) that the $c_{\mu\nu}$ are *polynomials in* $a_2, a_3,\cdots$ *with non-negative integer coefficients.*

An elegant expression can be given to (37) in the following way. By the definition of the $b^{(m)}_{n,k}$ we have

$$\left(\frac{1-x^{\lambda-1}}{1-x}\right)^{\gamma_\lambda}=\sum_{\rho_\lambda=0}^{\infty} b^{(\lambda-1)}_{\gamma_\lambda,\rho_\lambda}x^{\rho_\lambda}$$

and so

$$\left[\prod_{\lambda=2}^{\mu+\nu}\left(\frac{1-x^{\lambda-1}}{1-x}\right)^{\gamma_\lambda}\right]_{\mu-\gamma}=\sum_{\rho_2,\ldots,\rho_{\mu+\nu}} b^{(1)}_{\gamma_2,\rho_2}b^{(2)}_{\gamma_3,\rho_3}\cdots b^{(\mu+\nu-1)}_{\gamma_{\mu+\nu},\rho_{\mu+\nu}}.$$

Hence we have the following

THEOREM. *Let* $\gamma = \gamma_2 + \gamma_3 + \cdots + \gamma_{\mu+\nu}$, $\Gamma = 2\gamma_2 + 3\gamma_3 + \cdots + (\mu+\nu)\gamma_{\mu+\nu}$. *Then*

$$(38) \quad c_{\mu\nu} = \sum_{\Gamma=\mu+\nu} \frac{\mu(\gamma-1)!}{\gamma_2!\,\gamma_3!\cdots\gamma_{\mu+\nu}!}\left[\prod_{\lambda=2}^{\mu+\nu}\left(\frac{x-x^\lambda}{1-x}\right)^{\gamma_\lambda}\right]_\mu a_2^{\gamma_2}a_3^{\gamma_3}\cdots a_{\mu+\nu}^{\gamma_{\mu+\nu}},$$

where $[\cdots]_\mu$ *denotes the* μ*-th coefficient of* x *in the expansion of the expression in the bracket.*

Grunsky's law of symmetry, namely that $\nu c_{\mu\nu} = \mu c_{\nu\mu}$, may be derived immediately from (38). For

$$\nu C^{(\mu,\nu)}_{\gamma_2\ldots\gamma_{\mu+\nu}} = \mu\nu\,\frac{(\gamma-1)!}{\gamma_2!\cdots\gamma_{\mu+\nu}!}\,D^{(\mu)}_{\gamma_2\ldots\gamma_{\mu+\nu}}$$

and

$$\mu C^{(\nu,\mu)}_{\gamma_2\ldots\gamma_{\mu+\nu}} = \mu\nu\,\frac{(\gamma-1)!}{\gamma_2!\cdots\gamma_{\mu+\nu}!}\,D^{(\nu)}_{\gamma_2\ldots\gamma_{\mu+\nu}}.$$

Therefore, we have only to prove that

$$(39) \quad \left[\prod_{\lambda=2}^{\mu+\nu}\left(\frac{1-x^{\lambda-1}}{1-x}\right)^{\gamma_\lambda}\right]_{\mu-\gamma} = \left[\prod_{\lambda=2}^{\mu+\nu}\left(\frac{1-x^{\lambda-1}}{1-x}\right)^{\gamma_\lambda}\right]_{\nu-\gamma}.$$

Now the expression

$$(40) \quad q(x) = \prod_{\lambda=2}^{\mu+\nu}\left(\frac{1-x^{\lambda-1}}{1-x}\right)^{\gamma_\lambda} = 1 + q_1x + \cdots + q_nx^n, \quad n = \sum_{\lambda=2}^{\mu+\nu}(\lambda-2)\gamma_\lambda$$

satisfies the equation $x^nq(1/x) = q(x)$ which yields $q_{n-s} = q_s$. Since $n = \Gamma - 2\gamma = (\mu-\gamma) + (\nu-\gamma)$ we thus have $q_{\mu-\gamma} = q_{\nu-\gamma}$, which is equivalent to (39).

80.

Ein Satz über quadratische Formen mit komplexen Koeffizienten

American Journal of Mathematics 67, 472 - 480 (1945)

Im folgenden werde ich den Satz beweisen:

I. *Jede quadratische Form mit reellen oder komplexen Koeffizienten* $f(x) = \sum_{\kappa,\lambda=1}^{n} c_{\kappa\lambda} x_\kappa x_\lambda$ $(c_{\kappa\lambda} = c_{\lambda\kappa})$ *laesst sich in der Gestalt*

$$(1) \qquad f(x) = \sum_{\nu=1}^{n} \omega_\nu \phi_\nu(x)^2, \qquad \phi_\nu(x) = \sum_{a=1}^{n} d_{\nu a} x_a$$

darstellen, wobei $\omega_1, \cdots, \omega_n$ *nicht-negative reelle Zahlen sind und*

$$(2) \qquad |\phi_1|^2 + |\phi_2|^2 + \cdots + |\phi_n|^2 = |x_1|^2 + |x_2|^2 + \cdots + |x_n|^2$$

oder, was dasselbe ist,

$$(3) \qquad \sum_{a=1}^{n} d_{\kappa a} \bar{d}_{\lambda a} = e_{\kappa\lambda}, \qquad \sum_{\beta=1}^{n} d_{\beta\kappa} \bar{d}_{\beta\lambda} = e_{\kappa\lambda} \qquad (e_{\kappa\kappa} = 1,\ e_{\kappa\lambda} = 0 \text{ für } \kappa \neq \lambda).$$

Mit anderen Worten:

I. *Jede symmetrische Matrix* $C = (c_{\kappa\lambda})$ *laesst sich mit Hilfe einer unitären Substitution auf die Form*

$$(4) \qquad UCU' = \begin{pmatrix} \omega_1 & 0 & \cdots & 0 \\ 0 & \omega_2 & \cdots & 0 \\ \cdot & \cdot & \cdots & \cdot \\ 0 & 0 & \cdots & \omega_n \end{pmatrix}$$

bringen, wo $\omega_1, \cdots, \omega_n$ *nichtnegative reelle Zahlen sind.*

Dies bedeutet genauer: Jede symmetrische Bilinearform $f(x, y) = \sum_{\kappa,\lambda=1}^{n} c_{\kappa\lambda} x_\kappa y_\lambda$ laesst sich in der Form

$$(5) \qquad f(x, y) = \sum_{\nu=1}^{n} \omega_\nu \phi_\nu(x) \phi_\nu(y)$$

darstellen, wobei die $\phi_\nu(x) = \sum_{a=1}^{n} d_{\nu a} x_a$ den Bedingungen (2) bezw. (3) genügen.

---

* Received November 8, 1943. This paper has been edited, after the author's death, by Professors Fekete and M. Schiffer of the University of Jerusalem.

472

1. Bezeichnungen. Jeder Matrix n-ten Grades $C=(c_{\kappa\lambda})$ $(\kappa,\lambda=1,\cdots,n)$ entspricht einerseits die lineare Substitution (C): $x_\kappa'=\sum_{\lambda=1}^{n}c_{\kappa\lambda}x_\lambda$ $(\kappa=1,2,\cdots,n)$ mit unabhängigen Veränderlichen $x_1,\cdots,x_n$, andererseits die Bilinearform

(6) $$C(x,y)=\sum_{\kappa,\lambda=1}^{n}c_{\kappa\lambda}x_\kappa y_\lambda.$$

Für (C) führen wir die Bezeichnung ein: Ist $z=\sum_{\nu=1}^{n}\xi_\nu x_\nu$ eine beliebige Linearform, so bedeutet $z'=z^C$ die Linearform $z'=z^C=\sum_{\nu=1}^{n}\xi_\nu(\sum_{a=1}^{n}c_{\nu a}x_a)$ $=\sum_{a=1}^{n}x_a(\sum_{\nu=1}^{n}c_{\nu a}\xi_\nu)$. Wird (identisch in den x_a)

(7) $$z'=\omega z \qquad (\omega \text{ konstant})$$

und $z\neq 0$, so heisst (bekanntlich) z eine Invariante der Substitution (C). Derartige Invarianten gibt es bekanntlich dann und nur dann, wenn für ω eine charakteristische Wurzel der Gleichung

$$|C-xE|=|c_{\kappa\lambda}-xe_{\kappa\lambda}|=0$$

gewählt wird.

Zu jeder nicht identisch verschwindenden Linearform z lassen sich n linear unabhängige Linearformen

$$z_\kappa=\sum_{\lambda=1}^{n}s_{\kappa\lambda}x_\lambda, \quad (\kappa=1,\cdots,n), \qquad |s_{\kappa\lambda}|\neq 0, \quad z_1=z$$

wählen, und zwar auch solche, die eine unitäre (bezw. reell orthogonale) Substitution bestimmen, wenn z „normiert" ist, *d. h.* $\sum_{\nu=1}^{n}|\xi_\nu|^2=1$ ist, bezw. wenn die ξ_ν reell sind und $\sum_{\nu=1}^{n}\xi_\nu^2=1$ wird. Bildet man für jedes κ die transformierte Linearform $z'_\kappa=z_\kappa{}^C=\sum_{\lambda=1}^{n}s_{\kappa\lambda}(\sum_{a=1}^{n}c_{\lambda a}x_a)$ und drückt man die z'_κ durch die z_κ aus, so erhält man in (C_1): $z'_\kappa=\sum_{\lambda=1}^{n}c'_{\kappa\lambda}z_\lambda$ $(\kappa=1,\cdots,n)$ eine zu (C) ähnliche Substitution (C_1), mit der Matrix

(8) $$C_1=SCS^{-1} \qquad (S=(s_{\kappa\lambda})).$$

Für die Bilinearform $C(x,y)$ gilt ferner folgendes: Ist $S=(s_{\kappa\lambda})$ irgend eine Matrix (Substition) und ersetzt man simultan („kogredient") die x_κ, y_λ durch $x_\kappa=\sum_{\mu=1}^{n}s_{\mu\kappa}u_\mu$, $y_\lambda=\sum_{\nu=1}^{n}s_{\nu\lambda}v_\nu$, so wird

$$C(x, y) = \sum_{\kappa,\lambda,\mu,\nu} c_{\kappa\lambda} s_{\mu\kappa} s_{\nu\lambda} u_\mu v_\nu = \sum_{\mu,\nu} c_{\mu\nu}'' u_\mu v_\nu$$

wo

(9) $$C_2 = (c_{\mu\nu}'') = SCS'.$$

wird. Hierbei bedeutet S' die zu S "konjugierte," die "transponierte" Matrix. (N. B. Nur dann, wenn S orthogonal ist, wird dies eine Aehnlichkeitstransformation, d. h. $S' = S^{-1}$, nicht dagegen, wenn S nur als unitär, aber komplex bekannt ist, denn alsdann ist nur $S' = \bar{S}^{-1}$.) Im folgenden bezeichne ich in bekannter Weise, wenn C_1, C_2, C_3, C_4 vier Matrizen n-ten Grades $C_a = (c_{\kappa\lambda}{}^{(a)})$ sind, mit $\begin{pmatrix} C_1 & C_2 \\ C_3 & C_4 \end{pmatrix}$ die Matrix des Grades $2n$, die ausführlicher geschrieben, die Gestalt

$$M = \begin{pmatrix} c_{11}{}^{(1)} & \cdots & c_{1n}{}^{(1)} & c_{11}{}^{(2)} & \cdots & c_{1n}{}^{(2)} \\ \vdots & & \vdots & \vdots & & \vdots \\ c_{n1}{}^{(1)} & \cdots & c_{nn}{}^{(1)} & c_{n1}{}^{(2)} & \cdots & c_{nn}{}^{(2)} \\ c_{11}{}^{(3)} & \cdots & c_{1n}{}^{(3)} & c_{11}{}^{(4)} & \cdots & c_{1n}{}^{(4)} \\ \vdots & & \vdots & \vdots & & \vdots \\ c_{n1}{}^{(3)} & \cdots & c_{nn}{}^{(3)} & c_{n1}{}^{(4)} & \cdots & c_{nn}{}^{(4)} \end{pmatrix}$$

hat. Mit diesen "zusammengesetzten" Bildungen kann man im Kalkül additiv und multiplikativ bekanntlich ebenso operieren wie mit Zahlenmatrizen, nur dass man bei der Multiplikation auf die Reihenfolge der Faktoren achtgeben muss. Man beachte insbesondere, dass die Transponierte von M gleich $M' = \begin{pmatrix} C'_1 & C'_3 \\ C'_2 & C'_4 \end{pmatrix}$ zu setzen ist.

2. Der Stickelbergersche Beweis für das Hauptachsentheorem. Um das Folgende verständlicher zu machen, gebe ich hier den schönen, klassisch gewordenen, Stickelbergerschen Beweis für das Hauptachsentheorem wieder. Ist $C = (c_{\kappa\lambda})$ eine *reelle* symmetrische Matrix und ω eine charakteristische Wurzel von C, so bestimme man eine zugehörige invariante Linearform $z = \sum_{\nu=1}^{n} \xi_\nu x_\nu$ mit $z^C = \omega z$, was auf

(10) $$\sum_{\nu=1}^{n} c_{\nu a} \xi_\nu = \omega \xi_a$$

führt. Die $\xi_1, \cdots, \xi_n$ brauchen zunächst noch nicht reell zu sein, man darf aber den noch unbestimmt bleibenden Proportionalitätsfaktor so wählen, dass $|\xi_1|^2 + |\xi_2|^2 + \cdots + |\xi_n|^2 = 1$ wird. Aus (10) folgt aber (Cauchy!) wegen $c_{\nu a} = c_{a\nu} = \bar{c}_{\nu a}$

$$\omega = \omega \sum_{a=1}^{n} |\xi_a|^2 = \sum_{\nu,a} c_{\nu a}\xi_\nu\bar{\xi}_a = \sum_{\nu,a} c_{a\nu}\xi_\nu\bar{\xi}_a$$

und

$$\bar{\omega} = \sum_{\nu,a} c_{\nu a}\bar{\xi}_\nu\xi_a = \sum_{\nu,a} c_{a\nu}\bar{\xi}_a\xi_\nu = \omega;$$

also ist ω reell, und folglich darf man $\xi_1, \cdots, \xi_n$ auch reell wählen. Wählt man, was jedenfalls möglich ist, n Linearformen $z_\kappa = \sum_{\lambda=1}^{n} s_{\kappa\lambda}x_\lambda$, die eine reelle orthogonale Transformation bestimmen, so dass $z_1 = z$ wird, so führt die Einführung von $z_1, z_2, \cdots, z_n$ als neue Veränderliche auf eine Aehnlichkeitstransformation (vgl. 1) $SCS^{-1} = (c'_{\kappa\lambda})$, worin wegen $z' = \omega z$, $z = z_1$ in der ersten Zeile $c'_{11} = \omega_1$, $c'_{12} = \cdots = c'_{1n} = 0$ wird. Da aber $S^{-1} = S'$ wird, erhalten wir in SCS^{-1} auch SCS', d. h. von neuem Symmetrie, also $c'_{\kappa\lambda} = c'_{\lambda\kappa}$;

insbesondere wird $SCS^{-1} = \begin{pmatrix} \omega & 0 & \cdot & \cdot & \cdot & 0 \\ 0 & d_{22} & \cdot & \cdot & \cdot & d_{2n} \\ \cdot & \cdot & & & & \cdot \\ \cdot & \cdot & & & & \cdot \\ \cdot & \cdot & & & & \cdot \\ 0 & d_{n2} & \cdot & \cdot & \cdot & d_{nn} \end{pmatrix}$. Die symmetrische reelle Matrix $(d_{\nu\mu})$ kann man nun weiterhin ebenso behandeln usw.

3. Der Haupthilfssatz. Ist $U = (u_{\kappa\lambda})$ eine unitäre Substitution n-ten Grades, so setze man

$$u_{\kappa\lambda} = p_{\kappa\lambda} + iq_{\kappa\lambda}, \qquad (p_{\kappa\lambda}) = P, \ (q_{\kappa\lambda}) = Q.$$

Jede symmetrische Matrix $C = (c_{\kappa\lambda})$ mit $c_{\kappa\lambda} = a_{\kappa\lambda} + ib_{\kappa\lambda}$, $(a_{\kappa\lambda}) = A$, $(b_{\kappa\lambda}) = B$ liefert dann bei der Transformation UCU' eine neue Zerlegung in Real- und Imaginärteil $UCU' = A^* + iB^*$. Hierbei wird

$$UCU' = (P + iQ)(A + iB)(P' + iQ') = A^* + iB^*,$$

woraus folgt

$$\text{(11)} \qquad \begin{aligned} A^* &= PAP' - QBP' - PBQ' - QAQ' \\ B^* &= PAQ' - QBQ' + PBP' + QAP'. \end{aligned}$$

Operiert man ferner bei der unitären Substitution U mit komplexen Veränderlichen $x_\nu = u_\nu + iv_\nu$, so liefert

$$x'_\kappa = u'_\kappa + iv'_\kappa = \sum_{\lambda=1}^{n} u_{\kappa\lambda}x_\lambda = \sum_{\lambda=1}^{n} (p_{\kappa\lambda} + iq_{\kappa\lambda})(u_\lambda + iv_\lambda)$$

die Formeln

$$(12) \qquad u'_\kappa = \sum_{\lambda=1}^{n} (p_{\kappa\lambda} u_\lambda - q_{\kappa\lambda} v_\lambda), \qquad v'_\kappa = \sum_{\lambda=1}^{n} (q_{\kappa\lambda} u_\lambda + p_{\kappa\lambda} v_\lambda).$$

Hier handelt es sich um eine lineare Transformation in den $2n$ reellen Veränderlichen, $u_1, \cdots, u_n, v_1, \cdots, v_n$ die wegen $\sum_{\kappa=1}^{n} | x'_\kappa |^2 = \sum_{\kappa=1}^{n} | x_\kappa |^2$ auf

$$u_1'^2 + \cdots + u_n'^2 + v_1'^2 + \cdots + v_n'^2 = u_1^2 + \cdots + u_n^2 + v_1^2 + \cdots + v_n^2,$$

also auf eine relle orthogonale Transformation führt. *Hält man an der Reihenfolge* $u_1, \cdots, u_n, v_1, \cdots, v_n$ *fest,* so erscheint als Matrix der Transformation die Matrix

$$(12') \qquad D = \begin{pmatrix} P & -Q \\ Q & P \end{pmatrix}.$$

Man bilde nun mit Hilfe der Matrix $C = A + iB$ die "zugeordnete" *reelle symmetrische Matrix des Grades* $2n$ $R = \begin{pmatrix} A & B \\ B & -A \end{pmatrix} = R(C) = R(A + iB)$. Es gilt dann der für uns ausschlaggebende Hilfssatz:

II. *Ist U eine unitäre Transformation $U = P + iQ$ in den n Veränderlichen $x_1, \cdots, x_n$, und bildet man neben $C = A + iB$ noch $UCU' = A^* + iB^*$, so hat die Bildung $R(C)$ die Grundeigenschaft:*

$$(13) \qquad DR(C)D' = R(UCU') = \begin{pmatrix} A^* & B^* \\ B^* & -A^* \end{pmatrix}.$$

Der Beweis beruht auf einer einfachen Rechnung: Es wird

$$DR(C)D' = \begin{pmatrix} P & -Q \\ Q & P \end{pmatrix} \begin{pmatrix} A & B \\ B & -A \end{pmatrix} \begin{pmatrix} P' & Q' \\ -Q' & P' \end{pmatrix} = \begin{pmatrix} PA - QB, & PB + QA \\ QA + PB, & QB - PA \end{pmatrix} \begin{pmatrix} P' & Q' \\ -Q' & P' \end{pmatrix}$$

$$= \begin{pmatrix} PAP' - QBP' - PBQ' - QAQ', & PAQ' - QBQ' + PBP' + QAP' \\ QAP' + PBP' - QBQ' + PAQ', & QAQ' + PBQ' + QBP' - PAP' \end{pmatrix}.$$

Ein Vergleich mit den Formeln (11) liefert unseren Hilfssatz. Man beachte noch folgendes: Die Schreibweise $R = \begin{pmatrix} A & B \\ B & -A \end{pmatrix}$ ist an die Reihenfolge $u_1, \cdots, u_n, v_1 \cdots v_n$ geknüpft. Zieht man die natürliche Reihenfolge $u_1, v_1, \cdots, u_n, v_n$ vor, so erhält die reelle symmetrische Matrix R die Koeffizientenmatrix $R_1 = \begin{pmatrix} a_{11} & b_{11} & a_{12} & b_{12} \cdots \\ b_{11} & -a_{11} & b_{12} & -a_{12} \cdots \\ \cdots & \cdots & \cdots & \cdots \end{pmatrix}$. Hierbei geht R_1 aus R durch eine Aehnlichkeitstransformation hervor. Man beachte noch folgendes: Die charakteristischen Wurzeln einer Matrix der Form R haben (auch für *beliebige* zwei Teilmatrizen A und B) die Gestalt $\omega_1, \omega_2, \cdots, \omega_n, -\omega_1, -\omega_2 \cdots, -\omega_n$. Dies folgt am einfachsten aus der Formel

$$\begin{pmatrix} 0 & E \\ -E & 0 \end{pmatrix} \begin{pmatrix} A & B \\ B & -A \end{pmatrix} = \begin{pmatrix} -A & -B \\ -B & A \end{pmatrix} \begin{pmatrix} 0 & E \\ -E & 0 \end{pmatrix},$$

woraus hervorgeht, dass R und $-R$ einander aehnliche Matrizen sind, dass also die charakteristische Determinante von R eine gerade Funktion der Unbekannten ist. Hieraus folgt, dass R jedenfalls im symmetrischen Fall auch nichtnegative charakteristische Wurzeln besitzt.

4. Beweis des Satzes I. Für unsere symmetrische Matrix $C = (c_{\kappa\lambda})$, $c_{\kappa\lambda} = a_{\kappa\lambda} + i b_{\kappa\lambda}$ suchen wir diejenigen nicht identisch verschwindenden Linearformen $\psi = \sum_{\nu=1}^{n} \xi_\nu x_\nu$, für die die transformierte Funktion $\psi' = \sum_{\nu=1}^{n} \xi_\nu \sum_{a=1}^{n} c_{\nu a} x_a$ sich nur um einen konstanten Faktor $\bar{\omega}$ von $\bar{\psi} = \sum_{\nu=1}^{n} \bar{\xi}_\nu x_\nu$ unterscheidet, d. h. es soll $\psi' = \psi^C = \bar{\omega}\bar{\psi}$ sein. Hier kann nur der absolute Betrag von $\bar{\omega}$ bestimmt sein. Denn existiert eine solche Funktion und setzt man für alle $\xi_\nu = e^{i\phi} \xi_\nu^{(1)}$, so erhält man $e^{i\phi}(\sum_{\nu=1}^{n} \xi_\nu^{(1)} x_\nu)' = \bar{\omega} e^{-i\phi} \sum_{\nu=1}^{n} \overline{\xi_\nu^{(1)}} x_\nu$. Ist aber $|\bar{\omega}| = \omega$, $\bar{\omega} = \omega e^{i\alpha}$, so setze man $\phi = \alpha/2$. An Stelle von $\bar{\omega}$ tritt dann in $\psi' = \bar{\omega}\psi$ die reelle nichtnegative Grösse ω. Man betrachte also von vornherein nur die "Halbinvarianten" $\psi = \sum_{\nu=1}^{n} \xi_\nu x_\nu$, für die bei reellem nicht negativem ω, $\psi' = \omega \psi$ oder, was dasselbe ist,

$$\sum_{\nu=1}^{n} c_{\nu a} \xi_\nu = \omega \bar{\xi}_a \tag{14}$$

wird. Setzt man $\xi_\nu = \zeta_\nu - i\eta_\nu$, so erhält man

$$\sum_{\nu=1}^{n} (a_{\nu a} + i b_{\nu a})(\zeta_\nu - i\eta_\nu) = \omega(\zeta_a + i\eta_a)$$

also

$$\sum_{\nu=1}^{n} (a_{\nu a}\zeta_\nu + b_{\nu a}\eta_\nu) = \omega\zeta_a; \qquad \sum_{\nu=1}^{n} (b_{\nu a}\zeta_\nu - a_{\nu a}\eta_\nu) = \omega\eta_a. \tag{15}$$

Dies besagt aber nur, dass im symmetrischen Fall C Halbinvarianten mit reellem nichtnegativem ω bezitzt; es gehört nämlich zu jeder solchen „Wurzel" der zugeordneten Matrix $R = R(C)$ eine solche Halbinvariante von C. Genauer: Jede Halbinvariante $\psi = \sum_{\nu=1}^{n} (\zeta_\nu - i\eta_\nu) x_\nu$ von C bestimmt in $\Psi(u, v) = \sum_{\nu=1}^{n} \zeta_\nu u_\nu$

2

$+\sum_{\nu=1}^{n}\eta_\nu v_\nu$ eine zum gleichen Faktor gehörende Invariante der reellen Matrix $R=R(C)$. Um nun den Satz I zu beweisen, schliesse man so: Man bestimme eine Wurzel $\omega\geqq 0$ von $R=R(C)$ und eine zugehörige Halbinvariante $\psi=\sum_{\nu=1}^{n}\xi_\nu x_\nu$ von C. Diese ξ_ν darf man als normiert ansehen, da man sonst die ξ_ν durch $\dfrac{\xi_\nu}{\sqrt{|\xi_1|^2+\cdots+|\xi_n|^2}}$ ersetzen kann, was die Forderung an ψ nicht beeinflusst. Die Linearform ψ ergänze man zu einem System $\psi=\psi_1,\psi_2,\cdots,\psi_n$ von Linearformen derart, dass $|\psi_1|^2+\cdots+|\psi_n|^2=|x_1|^2+\cdots+|x_n|^2$ wird. Sie liefern dann ein System mit unitärer Matrix $U=P+iQ$. In den reellen Veränderlichen u_ν, v_ν liefern sie $2n$ reelle Linearformen $\Psi_1,\cdots,\Psi_{2n}$ mit $\Psi_1=\Psi(u,v)$, die ein Orthogonalsystem mit der Koeffizientenmatrix $D=\begin{pmatrix}P & -Q\\ Q & P\end{pmatrix}$ bestimmen. Bildet man (vgl. 2) DRD^{-1} so enthält diese Matrix, weil $\Psi_1=\Psi(u,v)$ eine zu ω gehörende Invariante ist, in der ersten Zeile nur die Grössen $\omega,0,0,\cdots,0$ und wegen der Symmetrie von R (und wegen $D^{-1}=D'$) gilt dasselbe auch für die erste Kolonne. Der Hilfssatz II lehrt uns aber, dass, wenn $UCU'=A^*+iB^*$ gesetzt wird, die erste Zeile von $DRD'=DRD^{-1}$ nur die Elemente der ersten Zeilen von A^* und B^* enthält. Hieraus folgt aber, dass die von uns gewonnene Matrix UCU' die Gestalt $UCU'=\begin{pmatrix}\omega & 0 & \cdots & 0\\ 0 & c^*_{22} & \cdots & c^*_{2n}\\ \cdot & \cdot & & \cdot\\ \cdot & \cdot & & \cdot\\ \cdot & \cdot & & \cdot\\ 0 & c^*_{n2} & \cdots & c^*_{nn}\end{pmatrix}$ hat. Das genügt aber, um den Satz I aussprechen zu können. Denn die Matrix der $c^*_{\kappa\lambda}$ $(\kappa,\lambda=2,3\cdots n)$ ist wieder symmetrisch und kann in derselben Weise weiter behandelt werden, was zuletzt auf eine Schlussform $WCW'=\begin{pmatrix}\omega_1 & 0 & \cdots & 0\\ 0 & \omega_2 & & \\ \cdot & & \cdot & \\ \cdot & & & \cdot\\ \cdot & & & \cdot\\ 0 & \cdots & \cdots & \omega_n\end{pmatrix}$ mit nichtnegativem reellen ω_ν führt, bei unitärem W.

N. B. Hier ergibt sich, dass die ω eindeutig als die sämtlichen p positiven Wurzeln von $R=R(C)$ charakterisiert werden koennen, wozu noch $n-p$ Nullen hinzukommen. Man kann die ω_ν^2 aber auch als die Wurzeln der beiden "Normen" $\bar{C}C$ *und* $C\bar{C}$, die nichtnegative Hermitesche Formem liefern, kennzeichnen. Dies ergibt sich aus

$$C_1 = WCW',\ C_1\bar{C}_1 = WCW'\bar{W}\bar{C}\bar{W}' = WC\bar{C}W^{-1} = \begin{pmatrix} \omega_1^2 & 0 & \cdot & \cdot & \cdot & 0 \\ 0 & \omega_2^2 & \cdot & \cdot & \cdot & 0 \\ \cdot & & & & & \\ \cdot & & & & & \\ 0 & \cdot & \cdot & \cdot & \cdot & \omega_n^2 \end{pmatrix};$$

analog für $\bar{C}C$ (vgl. die Bemerkung am Schluss der Notiz).

5. Folgerungen aus I. Wir wissen nunmehr, dass jede symmetrische Bilinearform $f = \sum_{\kappa=1} c_{\kappa\lambda} x_\kappa y_\lambda$ sich in der folgenden Form screiben laesst:

$$f(x, y) = \sum_{\kappa,\lambda=1}^{n} c_{\kappa\lambda} x_\kappa y_\lambda = \omega_1 \phi_1(x) \phi_1(y) + \cdots + \omega_n \phi_n(x) \phi_n(y)$$

mit

$$\sum_{\nu=1}^{n} |\phi_\nu(x)|^2 = \sum_{\nu=1}^{n} |x_\nu|^2, \qquad \sum_{\nu=1}^{n} |\phi_\nu(y)|^2 = \sum_{\nu=1}^{n} |y_\nu|^2.$$

Die $\phi_1, \cdots, \phi_n$ kann man wegen der linearen Unabhängigkeit eines unitären Systems beliebig wählen, also auch so, dass $\phi_\nu = 1$, $\phi_\lambda = 0$ für $\lambda \neq \nu$ wird. Folglich sind die Werte $\omega_1, \omega_2, \cdots, \omega_n$ Werte der *quadratischen Form* $f(x, x)$ mit $|x_1|^2 + \cdots + |x_\nu|^2 = 1$. Für $\sum_{\nu=1}^{n} |x_\nu|^2 \leqq 1$, $\sum_{\nu=1}^{n} |y_\nu|^2 \leqq 1$ erhalten wir ferner, wenn $\omega_1 \geqq \omega_2 \geqq \cdots \geqq \omega_n$ ist, nach der Schwarzschen Ungleichung

$$|f(x, y)| \leq \omega_1 \sum_{\nu=1}^{n} |\phi_\nu(x)|\ |\phi_\nu(y)|$$

$$\leq \omega_1 \sqrt{\sum_{\nu=1}^{n} |\phi_\nu(x)|^2 \sum_{\nu=1}^{n} |\phi_\nu(y)|^2} = \omega_1 \sqrt{\sum_{\nu=1}^{n} |x_\nu|^2 \sum_{\nu=1}^{n} |y_\nu|^2} \leq \omega_1.$$

Das gibt den für reelle $c_{\kappa\lambda}$ und x_ν, y_ν bekannten Satz:

III. *Jede symmetrische Bilinearform $f(x, y)$ hat die Eigenschaft, dass im Hilbertschen Raume $\sum_{\nu=1}^{n} |x_\nu|^2 \leq 1$, $\sum_{\nu=1}^{n} |y_\nu|^2 \leq 1$ das Maximum ihres absoluten Betrages auf dem Rande, und zwar schon für $x_1 = y_1, \cdots, x_n = y_n$, d. h. von der zugehörigen quadratischen Form $f(x, x)$ angenommen wird.*

Als unmittelbare Anwendungen ergeben sich Bemerkungen über quadratische Formen $\sum_{\kappa,\lambda=1}^{\infty} c_{\kappa\lambda} x_\kappa x_\lambda$ $(c_{\kappa\lambda} = c_{\lambda\kappa})$ mit unendlich vielen Veraenderlichen, die im Hilbertschen Raume $\sum_{\nu=1}^{\infty} |x_\nu|^2 \leq 1$ beschränkt sein sollen:

IV. *Eine quadratische Form $\sum_{\kappa,\lambda=1}^{\infty} c_{\kappa\lambda} x_\kappa x_\lambda$ ist bei $c_{\kappa\lambda} = c_{\lambda\kappa}$ auch für komplexe $c_{\kappa\lambda}$ dann und nur dann beschränkt, wenn dies für die zugehörige*

Bilinearform der Fall ist. Quadratische Form und Bilinearform besitzen ferner die gleiche obere Schranke.

Es kommt weiter hinzu: Setzt man $c_{\kappa\lambda} = a_{\kappa\lambda} + ib_{\kappa\lambda}$ so ist die komplexe quadratische Form dann und nur dann beschränkt, wenn dies für die reelle quadratische Form $\sum_{\kappa,\lambda=1}^{\infty} [a_{\kappa\lambda}(u_\kappa u_\lambda - v_\kappa v_\lambda) + b_{\kappa\lambda}(u_\kappa v_\lambda + v_\kappa u_\lambda)]$ in den Veränderlichen $u_1, v_1, u_2, v_2 \cdots$ gilt. Beim Uebergang von dem komplexen Fall zum reellen aendert sich die obere Schranke nicht.

Es ist also für $c_{\kappa\lambda} = c_{\lambda\kappa}$ nicht erforderlich, die "Normen" $C\bar{C}'$ bezw. $\bar{C}'C$ einzuführen.

Zusatz. Der Zusammenhang zwischen $R = \begin{pmatrix} A & B \\ B & -A \end{pmatrix}$ und den Normen

$$C\bar{C} = (A + iB)(A - iB)$$
$$= A^2 + B^2 + i(BA - AB) \text{ bezw. } \bar{C}C = A^2 + B^2 - i(BA - AB)$$

wird klar, wenn man $R^2 = \begin{pmatrix} A^2 + B^2, & AB - BA \\ BA - AB, & A^2 + B^2 \end{pmatrix}$ bildet. Diese Matrix hat die Gestalt $\begin{pmatrix} F & G \\ -G & F \end{pmatrix}$. Es wird aber

$$\begin{pmatrix} E & -iE \\ -iE & E \end{pmatrix} \begin{pmatrix} F & G \\ -G & F \end{pmatrix} = \begin{pmatrix} F + iG & 0 \\ 0 & F - iG \end{pmatrix} \begin{pmatrix} E & -iE \\ -iE & E \end{pmatrix}$$

wobei

$$\begin{pmatrix} E & -iE \\ -iE & E \end{pmatrix} \begin{pmatrix} E & iE \\ iE & E \end{pmatrix} = \begin{pmatrix} 2E & 0 \\ 0 & 2E \end{pmatrix}$$

wird. Dies zeigt, dass R^2 der Matrix $\begin{pmatrix} \bar{C}C & 0 \\ 0 & C\bar{C} \end{pmatrix}$ ähnlich ist. Die charakteristischen Wurzeln von $C\bar{C}$ (bezw. $\bar{C}C$) sind also in der Tat die Quadrate der Wurzeln von R, von zwei gleichen Quadraten nur eines gerechnet.

81.

Identities in the Theory of Power Series

American Journal of Mathematics, 69, 14 - 26 (1947)

1. Introduction. Let

$$g(x) = 1 + a_1x + a_2x^2 + \cdots a_nx^n + \cdots \tag{1}$$

be a power series which converges in a certain neighborhood of $x = 0$. We write

$$[g(x)]^n = \sum_{\rho=0}^{\infty} a_{n\rho}x^\rho, \qquad (a_{n0} = 1); \qquad n = 0, \pm 1, \pm 2, \cdots, \tag{2}$$

and introduce the infinite set of series

$$\phi_n(x) = \sum_{\nu=\sigma}^{\infty} a_{n-\nu,\nu}x^\nu; \qquad n = 0, \pm 1, \pm 2, \cdots. \tag{3}$$

We wish to prove the following theorems:

I. The ratio

$$\frac{\phi_{n+1}(x)}{\phi_n(x)} = \psi(x) \tag{4}$$

is independent of n.

II. If we put $f(x) = xg(x)$, then

$$\psi[f(x)] = g(x). \tag{5}$$

III. For every $n = 0, \pm 1, \pm 2, \cdots$

$$f'(x)\phi_n[f(x)] = [g(x)]^{n+1}. \tag{6}$$

In order to establish the truth of these propositions, it suffices evidently to prove Theorem III. For, dividing two identities (6) for $n + 1$ and n we get the identity (5) with $\psi(x) = \dfrac{\phi_{n+1}(x)}{\phi_n(x)}$; this proves further the inde-

* Received June 10, 1946.

[1] Died January 10th, 1941, Tel-Aviv, Palestine. This is the third posthumous paper of the deceased. The preceding two papers were: 1. "On Faber polynomials," *American Journal of Mathematics*, vol. 67 (1945), pp. 33-41. 2. "Ein Satz über quadratische Formen," *American Journal of Mathematics*, vol. 67 (1945), pp. 472-480. The present Note has been elaborated on the basis of a manuscript of Schur by M. Schiffer, Hebrew University, Jerusalem, in cooperation with Prof. M. Fekete.

pendence of $\psi(x)$ of the index n. Thus, Theorems I and II follow easily from Theorem III which will now be derived from Cauchy's Theorem.[2]

In fact, we have for small enough r

$$(7) \qquad a_{n-\nu,\nu} = 1/2\pi i \int_{|\xi|=r} \frac{[g(\xi)]^{n-\nu}}{\xi^{\nu+1}}\, d\xi,$$

whence, in view of (3), for $|x|$ small enough

$$(8) \qquad \phi_n(x) = 1/2\pi i \int_{|\xi|=r} \frac{[g(\xi)]^n}{\xi} \sum_{\nu=0}^{\infty} \frac{x^\nu}{\xi^\nu [g(\xi)]^\nu}\, d\xi$$

$$= 1/2\pi i \int_{|\xi|=r} \frac{g(\xi)^{n+1}}{\xi g(\xi) - x}\, d\xi.$$

Consider now the equation

$$(9) \qquad x = yg(y) = f(y)$$

which possesses for small enough $|x|$ a unique solution y in the neighborhood of $y = 0$. Obviously, $\phi_n(x)$ is equal to the residue of the integrand of (8) at the point $\xi = y$. Hence, we get finally

$$(10) \qquad \phi_n(x) = \phi_n[f(y)] = \frac{[g(y)]^{n+1}}{f'(y)},$$

which proves Theorem III.

Let us write the identity (5) in the form

$$(5') \qquad x\psi[f(x)] = f(x).$$

This is equivalent to the theorem

IV. The function $y = f(x) = xg(x)$ has the inverse function

$$(11) \qquad x = h(y) = y/\psi(y).$$

Another simple representation for the inverse function $h(y)$ is easily derived from (6). In fact, putting $n = -1$, we get

$$(6') \qquad f'(x)[1 + a_{-2,1}f(x) + a_{-3,2}f(x)^2 + \cdots a_{-k-1,k}f(x)^k + \cdots] = 1.$$

Integrating with respect to x between the limits 0 and x, we get identically in x

$$(12) \qquad x = \sum_{\nu=1}^{\infty} (a_{-\nu,\nu-1}/\nu) f(x)^\nu.$$

V. The inverse function $x = h(y)$ of $y = f(x)$ has the development

[2] The following proof is due to Mr. George Schur.

$$(12') \qquad x = h(y) = \sum_{\nu=1}^{\infty} (a_{-\nu,\nu-1}/\nu) y^{\nu}.$$

The calculation of the coefficients $a_{-\nu,\mu}$ is very much facilitated by the following remark. The coefficients $a_{-1,\mu}$ in the development

$$(13) \qquad [g(x)]^{-1} = \sum_{\mu=0}^{\infty} a_{-1,\mu} x^{\mu}$$

are given by the well known formula

$$(13') \qquad a_{-1,\mu} = \sum_{\alpha_1+2\alpha_2+\cdots+\mu\alpha_\mu=\mu} (-1)^{\alpha_1+\alpha_2+\cdots+\alpha_\mu} \frac{(\alpha_1+\alpha_2+\cdots+\alpha_\mu)!}{\alpha_1!\alpha_2!\cdots\alpha_\mu!} a_1^{\alpha_1} a_2^{\alpha_2}\cdots a_\mu^{\alpha_\mu}.$$

If, on the other hand, we differentiate identity (2) with respect to a_k and compare the coefficients of x^μ on both sides, we find

$$(14) \qquad \partial a_{n\mu}/\partial a_1 = -n a_{n-1,\mu-k} \qquad (\mu = k, k+1, \cdots).$$

Thus, by means of (14), we may compute all coefficients $a_{-\nu,\mu}$ by differentiating the $a_{-1,\mu}$. In fact, we obtain

$$(15) \qquad \partial a_{-n,\mu+1}/\partial a_1 = -n a_{-n-1,\mu}$$

whence, by iteration,

$$(15') \qquad a_{-n,\mu} = \frac{(-1)^{n-1}}{(n-1)!} \frac{\partial^{n-1} a_{-1,\mu+n-1}}{\partial a_1^{n-1}}$$

The coefficients in the development (12′) have, therefore, the form

$$(15'') \qquad \frac{a_{-\nu,\nu-1}}{\nu} = \frac{(-1)^{\nu-1}}{\nu!} \frac{\partial^{\nu-1} a_{-1,2(\nu-1)}}{\partial a_1^{\nu-1}}$$

and may be easily calculated from (13′).

We further point out the following identity which results immediately from (11) and (12′):

$$(16) \qquad \psi(x) \cdot \sum_{\nu=1}^{\infty} (a_{-\nu,\nu-1}/\nu) x^{\nu-1} \equiv 1.$$

The identity (12′) is closely related to Lagrange's inversion formula. This formula permits to solve the equation

$$(17) \qquad x = a + y g(x)$$

for any given function $g(x)$, analytic at $x = a$, for small enough y. If $\phi(x)$ is a function which is analytic at $x = a$, we obtain, by the formula mentioned above, the following development of $\phi(x)$ into a series in powers of y:

$$(18)\qquad \phi(x)=\phi(a)+\sum_{\nu=1}^{\infty} y^\nu/\nu![(d^{\nu-1}/dx^{\nu-1})(\phi'(x)g(x)^\nu)]_{x=a}$$

which converges for small enough y.

Let us put in (18) $a=0$, $\phi(x)=x$ and use our notations from (2). We obtain

$$(19)\qquad x=\sum_{\nu=1}^{\infty}(a_{\nu,\nu-1}/\nu)y^\nu$$

as an inversion formula for

$$(19')\qquad x=yg(x).$$

If we replace $g(x)$ by $g(x)=g(x)^{-1}$ we have to put instead of $a_{\nu,\nu-1}$ the coefficient $a_{-\nu,\nu-1}$. Thus, the inversion of $y=xg(x)$ is given exactly by (12′). This identity is, therefore, a simple consequence of Lagrange's formula.

Next, we apply Lagrange's formula (18) with $a=0$, $\phi(x)=x^k$ $(k=1,2,\cdots)$. We find

$$(20)\qquad x^k/k=\sum_{\nu=\sigma}^{\infty} a_{k+\nu,\nu}(y^{k+\nu}/(k+\nu)).$$

Putting $x=yg(x)$, we immediately obtain

$$(20')\qquad [g(x)]^k/k=\sum_{\nu=0}^{\infty} a_{-(k+\nu),\nu}(y^\nu/(k+\nu)).$$

Let us replace here again $g(x)$ by $g(x)^{-1}$ and at the same time $a_{\nu,\mu}$ by $a_{-\nu,\mu}$. We obtain the identity

$$(21)\qquad [g(x)]^{-k}/k=\sum_{\nu=0}^{\infty} a_{-(k+\nu),\nu}(y^\nu/(k+\nu))$$

in x and y, if these variables are connected by the equation

$$(21')\qquad y=xg(x)=f(x).$$

Multiplying both sides of (21) by $y^k=x^kg(x)^k$, leads to

$$(21'')\qquad x^k/k=\sum_{\nu=0}^{\infty} a_{-(k+\nu),\nu}(y^{k+\nu}/(k+\nu)),\qquad (k=1,2,\cdots).$$

Differentiating the last identity with respect to x, we obtain, in virtue of (3) and (21′)

$$(22)\qquad x^{k-1}=\sum_{\nu=0}^{\infty} a_{-(k+\nu),\nu}y^{k+\nu-1}\cdot f'(x)=y^{k-1}\cdot f'(x)\phi_{-k}[f(x)]$$

whence in view of (21′)

$$(22')\qquad [g(x)]^{-k+1}=f'(x)\phi_{-k}[f(x)].$$

Thus, we have derived identity (6) for n negative from Lagrange's formula.

2

2. Inverse Matrices. Lagrange's formula as well as our identity (6) may be proved by means of Cauchy's Theorem. The main task of this paper is to prove Theorem III in a purely arithmetic way and so open a new access to Lagrange's formula.

The decisive role in the establishment of the basic identities, used in this proof, is played by the following trivial

LEMMA. *Denote by* $[\psi(x)]_{k.}$ *the coefficient of* x^k *in the development of the arbitrary analytic function* $\psi(x)$ *into powers of* x. *With this notation, the function* (1) *satisfies for* $k=1,2,\cdots$ *the equations*

$$[g(x)^k + xg(x)^{k-1}g'(x)]_{k.} = 0, \tag{23}$$

$$[g(x)^{-k} + xg(x)^{-k-1}g'(x)]_{k.} = 0. \tag{23'}$$

The truth of this lemma follows immediately from the fact that

$$g(x)^{k-1}g'(x) = (1/k)(g(x)^k)', \qquad g(x)^{-k-1}g'(x) = (-1/k)(g(x)^{-k})' \tag{24}$$

whence

$$[xg(x)^{k-1}g'(x)]_{k.} = a_{k,k}, \qquad [xg(x)^{-k-1}g'(x)]_{k.} = -a_{-k,k} \tag{24'}$$

which, in virtue of (2), proves (23) and (23′).

By means of the preceding lemma, we prove now the following

THEOREM. *For every function* $g(x)$ *of the type* (6) *define the two matrices*

$$M = (a_{\mu,\mu-\nu}) = \begin{pmatrix} 1 & 0 & 0 & \cdots \\ a_{21} & 1 & 0 & \cdots \\ a_{32} & a_{31} & 1 & \cdots \\ \cdot & \cdot & \cdot & \cdots \\ \cdot & \cdot & \cdot & \cdots \end{pmatrix}, \quad N = (a_{\nu,\mu-\nu}) = \begin{pmatrix} 1 & 0 & 0 & \cdots \\ a_{11} & 1 & 0 & \cdots \\ a_{12} & a_{21} & 1 & \cdots \\ \cdot & \cdot & \cdot & \cdots \end{pmatrix} \tag{25}$$

with $a_{n\rho}$ vanishing for $\rho<0$ and being defined by (2) for $\rho\geqq 0$. Then, the inverse matrices are given by the formulae

$$M^{-1} = ((\mu/\nu)a_{-\nu,\mu-\nu}), \qquad N^{-1} = ((\nu/\mu)a_{-\mu,\mu-\nu}). \tag{26}$$

Proof. Obviously, all four matrices mentioned in the theorem are triangular matrices, the diagonals of which consist of units. To prove, therefore, that M and M^{-1} are in fact inverse matrices, it suffices to show that for $\mu>\nu\geqq 1$ we have

$$J_{\mu\nu} = \sum_{\nu\leqq\lambda\leqq\mu} a_{\mu,\mu-\lambda}\cdot(\lambda/\nu)a_{-\nu,\lambda-\nu} = 0. \tag{27}$$

Now, it is easily verified that

$$(28)\qquad [g(x)^{\mu}\cdot(x^{\nu}g(x)^{-\nu})'/x^{\nu-1}]_{\mu-\nu}=\sum_{\nu\leq\lambda\leq\mu}a_{\mu,\mu-\lambda}\lambda a_{-\nu,\lambda-\nu}=\nu J_{\mu\nu}$$

and that, therefore,

$$(28')\qquad \nu J_{\mu\nu}=[\nu g(x)^{\mu}(g(x)^{-\nu}-xg(x)^{-\nu-1}g'(x))]_{\mu-\nu}.$$
$$=\nu[g(x)^{\mu-\nu}-xg(x)^{\mu-\nu-1}g'(x)]_{\mu-\nu}=0$$

because of (23). Thus, we have proved (27).

In exactly the same way, we may prove for every $\mu>\nu\geq 1$ that

$$(29)\qquad J_{\mu\nu}=\sum_{\nu\leq\lambda\leq\mu}(\lambda/\mu)a_{-\mu,\mu-\lambda}\cdot a^{\nu}{}_{,\lambda-\nu}=0$$

which is equivalent to the matrix equation $N^{-1}\cdot N=1$. In fact, we have

$$(30)\qquad [g(x)^{-\mu}((x^{\nu}g(x)^{\nu})'/x^{-\nu-1})]_{\mu-\nu}.=\sum_{\nu\leq\lambda\leq\mu}\lambda a_{-\mu,\mu-\lambda}a_{\nu,\lambda-\nu}=\mu J_{\mu\nu}.$$

On the other hand, we may write the left hand expression in the form

$$(30')\qquad [\nu g(x)^{-\mu}(g(x)^{\nu}+xg(x)^{\nu-1}g'(x))]_{\mu-\nu}.$$
$$=\nu[g(x)^{-(\mu-\nu)}+xg(x)^{-(\mu-\nu)-1}g'(x)]_{\mu-\nu}.$$

which vanishes in view of (23′). Hence, $y_{\mu\nu}=0$, which completes our proof.

We introduce a further matrix

$$(31)\qquad K=(\mu\delta_{\mu\nu})=\begin{pmatrix}1&0&0&0&\cdot\\0&2&0&0&\cdot\\0&0&3&0&\cdot\\\cdot&\cdot&\cdot&\cdot&\cdot\end{pmatrix}$$

and write $M=M(g)$, $N=N(g)$ in order to emphasize the dependence of these matrices on the function $g(x)$. Then, we obviously have in view of (25) and (26) the matrix equation

$$(32)\qquad M^{-1}(g)=KN(1/g)K^{-1},$$

since replacing g by $1/g$ means a change from $a_{\nu,\mu}$ to $a_{-\nu,\mu}$ in all matrices. Hence,

$$(33)\qquad K=M(g)\cdot K\cdot N(1/g)$$

or replacing g by $1/g$,

$$(33')\qquad K=M(1/g)\cdot K\cdot N(g)$$

i. e.,

$$(33'')\qquad N(g)^{-1}=K^{-1}M(1/g)K=((\nu/\mu)a_{-\mu,\mu-\nu}).$$

Thus, we see that the knowledge of M^{-1}, leading to the identity (32), provides a new way for calculating N^{-1}.

3. Lagrange's Inversion Formula. The matrix identities found in the last paragraph will be applied now to prove Lagrange's formula—and thus all its consequences—in a purely algebraic way.

First of all, we want to solve the equation

$$y = xg(x) \tag{21'}$$

by means of a series in powers of y

$$x = y + A_1 y^2 + A_2 y^3 + \cdots . \tag{34}$$

In order to determine all A_ν insert in (34) $y = xg(x)$ and compare on both sides the coefficient of x^m. Putting $\delta_{km} = \begin{cases} 1 \\ 0 \end{cases}$ for $m \begin{cases} = k \\ \neq k \end{cases}$ we get

$$\delta_{1m} = a_{1,m-1} + A_1 a_{2,m-2} + A_2 a_{3,m-3} + \cdots A_{m-1} a_{m,0}, \quad (m = 1, 2, \cdots). \tag{35}$$

$$\delta = \begin{pmatrix} \delta_{11} \\ \delta_{12} \\ \cdot \\ \cdot \\ \cdot \\ \cdot \end{pmatrix}, \quad A = \begin{pmatrix} 1 \\ A_1 \\ A_2 \\ \cdot \\ \cdot \\ \cdot \end{pmatrix}; \tag{35'}$$

in this notation (35) may be written as

$$\delta = N \cdot A \tag{35''}$$

which yields by inversion

$$A = N^{-1} \cdot \delta, \tag{36}$$

whence, in view of (26) and (35'),

$$A_\mu = (1/\mu + 1) a_{-(\mu+1),\mu}. \tag{37}$$

Thus, we have solved the equation (21') uniquely by the development

$$x = y + a_{-2,1}(y^2/2) + a_{-3,2}(y^3/3) + \cdots \tag{34'}$$

which is exactly the statement of Theorem V.

Next, let us deal with the more general question of determining the coefficients in the development

(38) $$x^k = B_k y^k + B_{k+1} y^{k+1} + \cdots$$

where y and x are connected by the equation (21′). Comparing on both sides the coefficient of x^m, we obtain

(39) $$\delta_{km} = B_k A_{k,m-k} + B_{k+1} A_{k+1,m-k-1} + \cdots + B_m a_{m,0}.$$

In order to express (39) in the form of a vector equation, we define the vectors

(39′) $$\delta_k = \begin{pmatrix} \delta_{k1} \\ \delta_{k2} \\ \cdot \\ \cdot \\ \cdot \\ \cdot \end{pmatrix}, \quad B = \begin{pmatrix} B_1 \\ B_2 \\ \cdot \\ \cdot \\ B_k \\ \cdot \\ \cdot \\ \cdot \end{pmatrix} \text{ with } B_1 = \cdots B_{k-1} = 0,\ B_k = 1, \cdots$$

By means of these definitions we may write instead of (39)

(39″) $$\delta_k = N \cdot B$$

whence, on multiplication by N^{-1},

(40) $$B = N^{-1} \cdot \delta_k \qquad \text{i. e.,} \qquad B_\mu = (k/\mu) a_{-\mu,\mu-k}.$$

The development (38) has, therefore, the form

(41) $$x^k = y^k + (k/(k+1)) a_{-(k+1),1} y^{k+1} + (k/(k+2)) a_{-(k+2),2}\, y^{k+2} + \cdots, \ k = 2, 3, \cdots.$$

The formula (41), valid in view of (34′) also for $k = 1$, is identical with (21″), i. e., with Lagrange's inversion formula for the equation $y = xg(x)$. We have derived here this important formula in a purely arithmetic way.

It is usual to give the inversion formula for the equation

(42) $$x = yg(x).$$

We have already dealt in **1** with the connections of the corresponding results (compare formula (20)).

We have derived already in **1** the identity (6), for negative n, from equation (21) in a purely formal way. Hence, having proved (21) by arithmetic means only, we did the same for identity (6) in case of n negative. But this identity may be conceived as an identity between the coefficients of x^m on both sides, which are polynomials in n, a_1, a_2, $\cdots$. Therefore, these identities remain valid for n positive also.

We may even generalise this last result. We put

$$(43) \qquad \gamma(x) = a_1x + a_2x^2 + \cdots, \qquad g(x) = 1 + \gamma(x)$$

and define for *every* real or complex κ

$$(44) \quad g(x)^\kappa = \sum_{\nu=0}^{\infty} \binom{\kappa}{\nu} \gamma(x)^\nu = \sum_{\nu=0}^{\infty} a_{\kappa,\nu} x^\nu, \quad \phi_\kappa(x) = \sum_{\nu=0}^{\infty} a_{\kappa-\nu,}{}^\nu x^\nu.$$

Evidently, the $a_{\kappa-\nu,\nu}$ are still polynomials in $\kappa, a_1, a_2, \cdots$. Hence, the identity (6), being valid for $n = -1, -2, -3 \cdots$, remains valid for all complex values of n. Thus, we have proved the most general form of (6) by purely algebraic means.

Finally, we mention another group of identities. In analogy to $\phi_n(x)$ we define series

$$(45) \qquad \psi_n(x) = \sum_{\nu=0}^{\infty} a_{n+\nu,\nu} x^\nu.$$

We emphasize the correspondence between ϕ_n, ψ_n and the initial function $g(x)$ by the notation $\phi_n(x;g)$ and $\psi_n(x;g)$. Then, we have obviously

$$(46) \qquad \psi_n(x;g) = \phi_{-n}(x;(1/g)).$$

For every integer value of n we have, in view of (16),

$$(47) \qquad g(x)^{n+1} = (xg(x))'\phi_n(xg(x);g).$$

Replacing $g(x)$ by $1/g(x)$ yields, in virtue of (46),

$$(47') \quad g(x)^{-(n+1)} = (x/g(x))'\phi_n(x/g(x);1/g) = (x/g(x))'\psi_{-n}\ (x/g(x);g).$$

Writing $-n$ instead of n yields clearly

$$(47'') \qquad g(x)^{n+1} = E(x)\psi_n(x/g(x);g), \qquad E(x) = g(x) - xg'(x).$$

From (47″) it is obvious that

$$(48) \qquad \psi(x) = \psi_{n+1}(x)/\psi_n(x)$$

is independent of n; but this result is also a consequence of definition (46) and Theorem I.

Further, we may write, in view of (47) and (47″),

$$(49) \quad g(x)^{n+1} = (g(x) + xg'(x))\psi_n(xg(x) = (g(x) - xg'(x))\psi_n(x/g(x)),$$

whence the result that

$$(49') \qquad \psi_n(x/g(x))/\phi^n(xg(x)) = g(x) + xg'(x)/g(x) - xg'(x)$$

is independent of n.

4. Another Inversion Formula. In this paragraph we shall consider series of the type

$$(50)\qquad w = z + a_1 + a_2/z + a_3/z^2 + \cdots = zg(1/z),$$
$$g(x) = 1 + a_1 x + a_2 x^2 + \cdots.$$

We wish to invert (50) into the form

$$(51)\qquad z = w + A_1 + A_2/w + \cdots.$$

In order to determine the coefficients A_ν, put $x = 1/z$ and consider the identity in z:

$$(51')\qquad z = zg(x) + A_1 + A_2 x/g(x) + A_3 x^2/g(x)^2 + \cdots.$$

Comparing the coefficients of x^ν on both sides of this identity yields

$$(52)\qquad A_1 = -a_1, \qquad a_\nu + \sum_{\rho=1}^{\nu=1} A_{\rho+1} a_{-\rho,\nu-\rho-1} = 0 \qquad (\nu = 2, 3, \cdots).$$

We introduce the vectors

$$(52')\qquad C = \begin{pmatrix} -a_2 \\ -a_3 \\ -a_4 \\ \cdot \\ \cdot \\ \cdot \\ \cdot \end{pmatrix}, \qquad D = \begin{pmatrix} A_2 \\ A_3 \\ \cdot \\ \cdot \\ \cdot \\ \cdot \\ \cdot \end{pmatrix};$$

then, the system of equations of (52) may be written, in view of definition (25), in a single vector formula

$$(52'')\qquad C = N(1/g) \cdot D,$$

whence, in virtue of (26),

$$(53)\qquad D = N(1/g)^{-1} \cdot C, \quad \text{i.e.,} \quad \mu A_{\mu+1} = -\sum_{\lambda=1}^{\mu} \lambda a_{\mu,\mu-\lambda} \cdot a_{\lambda+1}.$$

We introduce the series

$$(54)\qquad \phi(x) = a_2 x^2 + 2a_3 x^3 + \cdots + n a_{n+1} x^{n+1} + \cdots.$$

We have by (53) evidently

$$(55)\qquad [g(x)^n \cdot \phi(x)]_{n+1.} = \sum_{\lambda=1}^{n} \lambda a_{n,n-\lambda} \cdot a_{\lambda+1} = -nA_{n+1}.$$

On the other hand,

(56) $$g(x) + \phi(x) - 1 = a_1 x + 2a_2 x^2 + 3a_3 x^3 + \cdots = xg'(x);$$

hence, in virtue of (55) and (56),

(57) $$-nA_{n+1} = [xg(x)^n \cdot g'(x) - g(x)^{n+1} + g(x)^n]_{n+1}.$$

Now, we apply the lemma of **2**; in virtue of (23) with $k = n + 1$ we have

(57′) $$-nA_{n+1} = [g(x)^n]_{n+1.} = a_{n,n+1}.$$

We find, therefore, for (51) the simple expression

(58) $$z = w - a_1 - a_{1,2}/1 \cdot (1/w) - a_{2,3}/2 \cdot (1/w^2) - \cdots - a_{n,n+1}/n \cdot (1/w^n) - \cdots$$

If we write $x = 1/z$, $y = 1/w$, we may put (50) into the form

(42′) $$x = yg(x).$$

This allows the following interpretation of (58):

(59) $$-1/x = -1/y + a_1 + (a_{1,2}/1)y + (a_{2,3}/2)y^2 + \cdots + (a_{n,n+1}/n)y^n + \cdots,$$

i. e., this series is a generalization of Lagrange's inversion formula (20) for $k = -1$. One might be tempted to apply directly (20) with $k = -1$; but in this formula appears the term $a_{k+1,1}/(k+1)$ which is undefined for $k = -1$. If, however, we replace this meaningless term by a_1 the formula (20) with $k = -1$ is the same, term by term, as (59).

Let us write (20) with $k = 1$; we obtain

(60) $$x = y + (a_{2,1}/2)y^2 + (a_{3,2}/3)y^3 + \cdots + (a_{n,n-1}/n)y^n + \cdots.$$

Multiplying (59) by (60) we obtain the identity

(61) $$(1 - a_1 y - (a_{1,2}/1)y^2 - (a_{2,3}/2)y^3 - \cdots)(1 + (a_{2,1}/2)y + (a_{3,2}/3)y^2 + \cdots) = 1.$$

There arises now the question of generalizing Lagrange's formula (20) for general k. We proceed in an analogous way as in **3**. We solve equation (42) by the development (60):

(62) $$x = yh(y) = y(1 + (a_{2,1}/2)y + (a_{3,2}/3)y^2 + \cdots).$$

We introduce this development into the formula (20), valid for positive integer values of k. After dividing by y^k we obtain

(63) $$h(y)^k/k = \sum_{\nu=0}^{\infty} (a_{k+\nu,\nu}/k + \nu)y^\nu.$$

If we write

$$(64)\qquad h(y)^n = \sum_{\nu=0}^{\infty} b_{n,\nu} y^\nu \qquad (n = 0, \pm 1, \pm 2, \cdots)$$

we get, by comparing the coefficients of like powers of y^m on both sides of (63),

$$(65)\qquad b_{k,m}/k = a_{k+m,m}/k + m \qquad (k = 1, 2, 3 \cdots; m = 0, 1, 2, \cdots).$$

By definitions (2), (62) and (64), the $a_{k+m,m}$ and $b_{k,m}$ are, for m fixed, polynomial functions of $k, a_1, a_2, \cdots$. Therefore, on each side of (65) stands a rational function of k and both functions coincide for positive integer values of k. Hence, these functions are identical and the equality (65) holds for *every* (complex) value of k. Formula (20) is, therefore, also true for every k, except for negative integers for which one of its terms becomes meaningless.

In order to generalize (20) for the case of negative integers too, we have only to replace the undefined quotient $a_{k+n,n}/(k+n)$ in the case $k = -n$ by the limit

$$\lim_{k \to -n} a_{k+n,n}/(k+n).$$

We have obviously

$$(66)\qquad \lim_{l=0} \frac{g(x)^l - 1}{l} = \log g(x),$$

whence, by comparing the coefficients of x^m on both sides,

$$(67)\qquad \lim_{l=0} a_{l,m}/l = [\log g(x)]_m. \qquad (m = 1, 2, \cdots).$$

Hence, in the case $k = -n$, we have to replace in (20) the term $a_{k+n,n}/(k+n)$ by $[\log g(n)]_n$.

If we put

$$(68)\qquad \log g(x) = \sum_{\nu=1}^{\infty} \gamma_\nu x^\nu$$

we may write Lagrange's inversion formula (20) for $k = -n$ in the form

$$(69)\qquad \frac{x^{-n}}{-n} = \frac{y^{-n}}{-n} + (a_{-(n-1),1}/-(n-1))y^{-(n-1)} + \cdots (a_{-1,n-1}/-1)y^{-1} + \gamma_n + (a_{1,n+1}/1)y + \cdots.$$

In a similar way, we obtain a new identity by adding to both sides of (63) the term $-1/k$ and then passing to the limit $k = 0$. We obtain

$$(70)\qquad \log h(y) = \sum_{\nu=1}^{\infty} (a_{\nu,\nu}/\nu) y^\nu.$$

On the other hand, we have in view of $x = yg(x)$ and $x = yh(y)$ obviously $h(y) = g(x)$ and thus

$$\log g(x) = \sum_{\nu=1}^{\infty} (a_{\nu,\nu}/\nu) y^{\nu}. \tag{70'}$$

Finally, we apply the formula (69) in the case of series (50). We put, as before, $x = 1/z$, $y = 1/w$ which transforms equation (50) into (42) and vice versa. Instead of (69), we obtain, for positive integers n,

$$z^n/n = w^n/n + (a_{-(n-1),1}/(n-1))w^{(n-1)} + \cdots + (a_{-1,n-1}/1)w - \gamma_n - a_{1,n+1}/1 \cdot (1/w) - a_{2,n+2}/2 \cdot (1/w^2) - \cdots. \tag{71}$$

Consider now the polynomial

$$P_n(w) = n[w^n/n + (a_{-(n-1),1}/(n-1))w^{n-1} + \cdots + (a_{-1,n-1}/1)w - \gamma_n]; \tag{72}$$

it has the remarkable property that by introducing $w = zg(1/z) = f(z)$ we get a development

$$P_n(f(z) = z^n + \alpha_1/z + \alpha_2/z^2 + \cdots, \tag{72}$$

with z^n as the only non-negative power of z. By this characteristic property the polynomial $P_n(w)$ is associated uniquely with the series $w = f(z)$ and is called the n-th Faber polynomial of $f(z)$. It plays an important role in the theory of conformal representation.[3]

On comparing the developments (68) and (70′) we obtain, in view of (20), the equality

$$\sum_{k=1}^{\infty} \gamma_k x^k = \sum_{k=1}^{\infty} k\gamma_k \sum_{\nu=0}^{\infty} (a_{k+\nu,\nu}) y^{k+\nu}/k + \nu = \sum_{\nu=1}^{\infty} (a_{\nu,\nu}/\nu) y^{\nu}. \tag{73}$$

Comparing the coefficients of equal powers of y on both sides yields

$$\sum_{\nu=0}^{m-1} (m-\nu)\gamma_{m-\nu} a_{m,\nu} = a_{m,m} \qquad (m = 1, 2, \cdots), \tag{74}$$

an interesting relation between the $a_{\mu\nu}$.

[3] Compare: Schur, I., "On Faber Polynomials," *American Journal of Mathematics*, vol. 67 (1945), pp. 33-41.

Anhang

Resultate von I. Schur aus dem noch nicht veröffentlichten Nachlaß, in Form von Aufgaben und in Arbeiten anderer Autoren

Die letzten drei der vorstehend unter Nr. 79, 80 und 81 abgedruckten Abhandlungen von I. SCHUR sind nicht mehr zu seinen Lebzeiten, sondern bereits als posthume Arbeiten veröffentlicht worden. Sie wurden aus dem wissenschaftlichen Nachlaß von SCHUR von M. FEKETE und M. SCHIFFER ausgewählt, überarbeitet und dem American Journal of Mathematics zum Abdruck eingereicht. Im Nachlaß seines Sohnes GEORG SCHUR fanden sich aber noch weitere unveröffentlichte Manuskripte von I. SCHUR. Von diesen bringen wir hier in einem ersten Teil die folgenden in leicht überarbeiteter Fassung:

82. Multiplikativ signierte Folgen positiver ganzer Zahlen.
83. Ganzzahlige Potenzreihen und linear rekurrente Zahlenfolgen.
84. Arithmetisches über die Tschebyscheffschen Polynome.

Der Bearbeiter der ersten dieser Arbeiten, R.H. HUDSON, hat entdeckt, daß die SCHURsche Untersuchung über multiplikativ signierte Folgen für einige neuere Arbeiten von Interesse ist und insbesondere den Beweis für eine bisher als unbewiesen geltende Vermutung von W.H. MILLS enthält[1]. Es zeugt für die mathematische Weitsicht SCHURS, daß er diese Frage bereits vor mehr als 30 Jahren aufgeworfen und gelöst hat.

Von einer Veröffentlichung zweier restlicher Manuskripte: a) Zur Primzahllehre, b) Potenzsummen quadratischer Gleichungen, sehen wir ab, da SCHUR sie nicht mehr zum Abschluß gebracht hat.

Da SCHUR geeignete Resultate gern in Form von Aufgaben publiziert hat, folgt in einem zweiten Teil eine Zusammenstellung der von ihm in Zeitschriften und Büchern gestellten Aufgaben mit Hinweisen auf die Lösungen.

Schließlich hat SCHUR zahlreiche Anregungen an andere Mathematiker gegeben, von denen einige es verdienen, als Ergebnisse von SCHUR in die Gesammelten Abhandlungen aufgenommen zu werden. Soweit sie uns bekannt geworden sind, sind sie im folgenden in einem dritten Teil in der Weise zusammengestellt, daß wir die Veröffentlichungen – sie haben andere Mathematiker als Verfasser – in dem Umfang wiedergeben, wie es für das Erkennen des SCHURschen Anteils erforderlich ist.

Den Abschluß bildet eine Aufstellung der bei I. SCHUR angefertigten Dissertationen.

---

[1] D.H. LEHMER and EMMA LEHMER: On runs of residues, Proc. Amer. Math. Soc. **13**, 102 – 106 (1962). – W.H. MILLS: Bounded consecutive residues and related problems, Proc. Symposia in pure mathematics **8**, 170 – 174 (1965).

Teil I

Nachgelassene Manuskripte von I. Schur

82. Multiplikativ signierte Folgen positiver ganzer Zahlen

Von I. Schur und G. Schur[1]

Man ordne jeder positiven ganzen Zahl n ein Vorzeichen $\sigma(n)=\pm 1$ zu, wobei $\sigma(ab)=\sigma(a)\,\sigma(b)$ ist, und untersuche die Frage: Welche unendlichen Folgen ganzer Zahlen n haben die Eigenschaft, daß niemals für drei aufeinanderfolgende Zahlen $n, n+1, n+2$

$$\sigma(n)=\sigma(n+1)=\sigma(n+2)=+1$$

ist? Wir werden zeigen, daß nur zwei solche Folgen existieren. Sie sind definiert durch:

I. *Ist* $\sigma(3)=1$, *so ist für alle* n, k *und* N *mit* $(N,3)=1$

$$\sigma(3n+1)=1, \quad \sigma(3n+2)=-1, \quad \sigma(3^k N)=\sigma(N).$$

II. *Ist* $\sigma(3)=-1$, *so ist für alle* n, k *und* N *mit* $(N,3)=1$

$$\sigma(3n+1)=1, \quad \sigma(3n+2)=-1, \quad \textit{aber} \quad \sigma(3^k N)=(-1)^k\sigma(N).$$

Wir schreiben statt $\sigma(n)=1$ kurz $(n)_+$ und anderenfalls $(n)_-$. Der Fall $(1)_+(2)_+(3)_-$ kann ausgeschlossen werden, denn dann wäre $(8)_+(9)_+(10)_-$, also $(5)_-$ und $(15)_+(16)_+(17)_-$. Nun gibt $(49)_+(50)_+(51)_+$ einen Widerspruch.

I.

Wir betrachten zuerst den Fall, daß $(3)_+$ ist. Dann ist notwendig $(2)_-$, da $(1)_+$ ist. Die positiven ganzen Zahlen zerfallen in zwei Klassen R und F, wo R alle Zahlen enthält, die entsprechend zu I. signiert sind, und F alle anderen Zahlen. Es ist zu beweisen, daß F leer ist.

---

[1] Die vorliegende Arbeit ist, in Schurs eigener Handschrift, im Nachlaß seines Sohnes Georg aufgefunden worden. Sie trägt den Vermerk „Tel Aviv 6.10.39", ist also kurz nach Schurs Ankunft in Israel entstanden. Damals war Schur aufs schärfste gegen eine Veröffentlichung in irgendeiner Form. Es kann daher angenommen werden, daß zu Schurs Lebzeiten niemand anders außer Schurs Sohn etwas von dem Inhalt erfahren hat. Die Niederschrift war nur für Schurs eigenen Gebrauch bestimmt. Daher war für eine Veröffentlichung eine Überarbeitung notwendig. Diese hat in dankenswerter Weise Dr. Richard H. Hudson (Duke University, Durham, N.C.) übernommen (siehe Einleitung zum Anhang). An einigen Stellen hat er den Beweis etwas vereinfacht. In der Mitte des Manuskripts findet sich der Vermerk „weiter auf Seite ... (ohne Seitenangabe) nach Georgs Notizen". Eine solche Seite existiert aber nicht. Dagegen lag dem Manuskript eine Seite bei, die von Schurs Sohn geschrieben war. Mit ihrer Hilfe konnte der Beweis beendet werden. Es ist daher angemessen, I. Schur und Georg Schur als Verfasser zu nennen.

Angenommen, das sei nicht der Fall und p das kleinste Element von F. Dann ist p offenbar eine Primzahl. Nun ist $p=5$ unmöglich, da dann $(3)_+(4)_+(5)_+$ ist. Daher ist $(9)_+$, $(10)_+$ und $p=11$ ist unmöglich. Wäre $p=7$, so wäre $(12)_+$ und $(14)_+$, also $(13)_-$; wegen $(25)_+(26)_+(27)_+$ ist das aber nicht möglich. Hieraus folgt auch, daß $p=13$, also $(13)_-$ unmöglich ist. Wir können also in diesem Fall $p>13$ voraussetzen.

Der folgende Hilfssatz ist nützlich.

Hilfssatz A. *Ist* $(n)_-$ *und* $(n+1)_-$, *so ist* $(2n+1)_-$.

Denn dann ist $(2n)_+$ und $(2n+2)_+$, also $(2n+1)_-$.

Man bezeichne die Klasse der Zahlen, die nur Primteiler kleiner als p besitzen, mit K. Diese Zahlen gehören also zu R. Der folgende Hilfssatz ist klar.

Hilfssatz B. *Ist* $n=3^k N$ *in* R *mit* $k>0$ *und* $N\geqq 1$, $(N,3)=1$, *so ist dann und nur dann* $\sigma(n)=1$, *wenn* $n\equiv 3^k \pmod{3^{k+1}}$ *ist*.

Für den Nachweis, daß F leer ist, behandeln wir die Fälle $p\equiv 1$ und $p\equiv -1 \pmod 3$ getrennt.

1) Es sei $p\equiv 1 \pmod 3$.

Dann ist $p\in F$ und $p+1\in K$, also $(p)_-$ und $(p+1)_-$, nach Hilfssatz A also $(2p+1)_-$. Andererseits ist $2p+1$ durch 3 teilbar, also in K. Wir unterscheiden nun drei Fälle.

1a) $p\equiv 1 \pmod 9$. Hier ist $(2p+1)_+$ nach Hilfssatz B. Widerspruch.

1b) $p\equiv 4 \pmod 9$. Da $6|(5p+1)$, ist $5p+1$ in K und $5p+1\equiv 3 \pmod 9$, nach Hilfssatz B also $(5p+1)_+$. Andererseits ist $(5p)_+$ und daher $(5p-1)_-$ und $(5p+2)_-$, hiermit auch $(10p+4)_+$, ferner $(10p+5)_+$, da $(2p+1)_-$ ist. Folglich ist $(10p+3)_-$, $(10p+6)_-$ und $(5p+3)_+$. Die Zahlen $5p+3$ und $5p-1$ liegen in F, da $p\equiv 4 \pmod 9$ ist. Ist daher eine von ihnen durch 8 teilbar, so erhält man einen Widerspruch. Für $p\equiv 1$ oder $\equiv 5 \pmod 8$ ist also die Behauptung bewiesen. Es sei daher $p\equiv 3$ oder $\equiv 7 \pmod 8$. Da $(p-1)_+$ ist, ist die ganze Zahl $\left(\frac{5p-5}{2}\right)_+$. Nun war $(5p-1)_-$, also $\left(\frac{5p-1}{2}\right)_+$ und damit $\left(\frac{5p-3}{2}\right)_-$. Wegen $p\equiv 3 \pmod 4$ ist daher $\left(\frac{5p-3}{4}\right)_+$, $\left(\frac{5p+1}{4}\right)_+$ und $\left(\frac{5p-7}{4}\right)_-$, $(5p-7)_-$. Da $5p-7$ und $5p-3$ wegen $(5p-7)_-$ und $(5p-3)_+$ in F liegen, erhält man wieder einen Widerspruch, wenn eine von ihnen durch 8 teilbar ist. Das trifft aber für $p\equiv 3$ oder $\equiv 7 \pmod 8$ zu. Der Fall 1b) ist also erledigt.

1c) $p\equiv 7 \pmod 9$. Hier ist $(p)_-$, $(p-1)_-$, also $(2p-1)_-$ nach Hilfssatz A. Ferner ist $(2p+1)_-$, da $2p+1\equiv 6 \pmod 9$, also in K ist.

1cα) $p\equiv 7 \pmod{27}$. Es ist $5p+1\equiv 9 \pmod{27}$, also $(5p+1)_+$, $(5p)_+$, $(5p-1)_-$, $(5p+2)_-$, folglich $(10p+4)_+$, $(10p+5)_+$ wegen $(2p+1)_-$; ferner ist $(10p+3)_-$, $(10p+6)_-$ und $(20p+6)_+$. Andererseits ist $(20p+4)_+$, also $(20p+5)_-$ und $(4p+1)_+$. Ferner ist $(4p+2)_+$, daher $(4p+3)_-$ und $(8p+6)_+$. Wegen $(8p+8)_+$ ist $(8p+7)_-$. Da aber $8p+7\equiv 9 \pmod{27}$ ist, erhält man einen Widerspruch.

1cβ) $p\equiv 25 \pmod{27}$. Hier ist $9|(4p-1)$, also $(4p-1)_-$. Ferner ist $(10p-5)_+$ wegen $(2p-1)_-$. Wir unterscheiden zwei Fälle.

Zunächst sei $(10p-4)_+$. Dann ist $(10p-6)_-$, $(10p-3)_-$, also $(20p-6)_+$ und $(20p-5)_+$ wegen $(4p-1)_-$, ferner $(20p-4)_-$, $(5p-1)_-$, $\left(\frac{5p-1}{2}\right)_+$. Nun ist einerseits $9|(5p+1)$, also $(5p+1)_-$, $\left(\frac{5p+1}{2}\right)_+$ und daher $\left(\frac{5p+3}{2}\right)_-$, $(5p+3)_+$. Andererseits ist $(5p+5)_+$, also $(5p+4)_-$, $(10p+8)_+$, $\left(\frac{10p+8}{3}\right)_+$ und $\left(\frac{10p+5}{3}\right)_+$, also $\left(\frac{10p+2}{3}\right)_-$, $(10p+2)_-$, $(5p+1)_+$. Das gibt einen Widerspruch.

Nunmehr sei $(10p-4)_-$ und folglich $\left(\frac{5p-2}{3}\right)_+$, $\left(\frac{5p-5}{3}\right)_+$, $\left(\frac{5p-8}{3}\right)_-$. Das gibt einen Widerspruch, da $5p-8\equiv 9 \pmod{27}$ ist.

1cγ) $p\equiv 16 \pmod{27}$. Da $9|(4p-1)$ ist, ist hier $(4p-1)_+$, ferner $(4p-2)_+$ wegen $(2p-1)_-$, also $(4p-3)_-$. Aus $(4p-4)_-$ folgt $(8p-7)_-$ nach Hilfssatz A. Andererseits ist $(8p-2)_-$. Nun ist $2p-1$ und $4p-3$ in F. Man erhält daher einen Widerspruch, wenn eine von diesen Zahlen durch 5 teilbar ist, d.h. für $p\equiv 3$ oder $\equiv 2 \pmod 5$ ist der Fall erledigt. Ist aber $p\equiv 4 \pmod 5$, so sind $8p-7$ und $8p-2$ durch 5 teilbar, und es ist $\left(\frac{8p-2}{5}\right)_+$, $\left(\frac{8p-7}{5}\right)_+$, also $\left(\frac{8p-12}{5}\right)_-$ und $(2p-3)_+$. Das widerspricht aber Hilfssatz A, da $(p-2)_-$ und $(p-1)_-$ sind.

Es bleibt also noch der Fall zu untersuchen, daß gleichzeitig $p\equiv 16 \pmod{27}$ und $p\equiv 1 \pmod 5$, also $p\equiv 16 \pmod{135}$ ist. Wir zerlegen diesen Fall in drei Unterfälle mod 405.

1cγ_1) $p\equiv 286 \pmod{405}$. Aus $5|(4p+1)$ folgt $(4p+1)_-$ und $(8p+2)_+$. Ferner ist $(8p)_+$, also $(8p+1)_-$ und $\left(\frac{16p+2}{3}\right)_+$. Wegen $9|(4p-1)$ folgt hier $(4p-1)_+$, also $\left(\frac{16p-4}{3}\right)_+$. Demnach ist $\left(\frac{16p-1}{3}\right)_-$ und $\left(\frac{16p-1}{15}\right)_+$. Ferner ist $\left(\frac{16p-16}{15}\right)_+$, folglich $\left(\frac{16p+14}{15}\right)_-$, $(8p+7)_-$. Das gibt einen Widerspruch, da $8p+7\equiv 27 \pmod{81}$ ist.

1cγ_2) $p\equiv 151 \pmod{405}$. Da $5p+1\equiv 27 \pmod{81}$ ist, ist $(5p+1)_+$, also $(5p+2)_-$ wegen $(5p)_+$. Folglich ist $(10p+4)_+$, $(10p+5)_+$ wegen $(2p+1)_-$, also $(10p+3)_-$, $(10p+6)_-$, $(20p+6)_+$. Andererseits ist $(20p+4)_+$, also $(20p+5)_-$ und $(4p+1)_+$. Das ergibt einen Widerspruch, da $5|(4p+1)$, also $4p+1$ in K ist.

1cγ_3) $p\equiv 16 \pmod{405}$. Hier ist $5p+1\equiv 0 \pmod{81}$. Daher ist $5p+1$ in K, aber der Rest mod 243 steht nicht fest. Nimmt man zunächst $(5p+1)_+$ an, so ist der Beweis derselbe wie in 1cγ_2). Es sei daher $(5p+1)_-$. Dann ist, wie gezeigt werden soll, $(5p-3)_+$ und $(5p-4)_-$. Ist nämlich $(5p-2)_-$, also $(10p-4)_+$, so ist wie in 1c) $(2p-1)_-$, also $(10p-5)_+$ und $(10p-3)_-$, $(10p-6)_-$, folglich $(5p-3)_+$ und $(5p-4)_-$ wegen $(5p-5)_+$. Ist dagegen $(5p-2)_+$, so ist $(5p-1)_-$ wegen $(5p)_+$, also $\left(\frac{5p-1}{2}\right)_+$, $\left(\frac{5p+1}{2}\right)_+$ und daher $\left(\frac{5p-3}{2}\right)_-$, $\left(\frac{5p+3}{2}\right)_-$. Man erhält $(5p-3)_+$ und $(5p-4)_-$ wegen $(5p-2)_+$. Also gehören in beiden Fällen $5p-4$ und $5p-3$ zu F.

Ferner war $(2p-1)_-$ und $(4p-3)_-$, also sind $2p-1$ und $4p-3$ ebenfalls in F. Ist daher eine von diesen Zahlen durch 7 teilbar, so liegt sie in K, und man erhält einen Widerspruch. Dies ist der Fall, wenn $p\equiv 5 \pmod 7$ bzw. $\equiv 2, 4$ oder $6 \pmod 7$ ist.

Es sei daher $p\equiv 3 \pmod 7$. Zu Beginn der Arbeit war gezeigt worden, daß man $p>13$ annehmen kann. Also ist $(13p)_-$. Da nun $13p-1\equiv 0 \pmod{18}$ ist, ist $13p-1$ in K und $(13p-1)_-$, folglich $(26p-1)_-$ nach Hilfssatz A und $26p-1$ in F. Nun ist hier $7|(26p-1)$ und $5|(26p-1)$, also $35|(26p-1)$ und damit $26p-1$ in K. Das gibt wegen $p\equiv 3 \pmod 7$ einen Widerspruch.

Für den Abschluß des Beweises von Fall 1) hat man daher nur noch zu zeigen, daß nicht gleichzeitig

$$p\equiv 16 \pmod{81}, \qquad p\equiv 1 \pmod 5, \qquad p\equiv 1 \pmod 7$$

sein kann. Hierzu nehme man zunächst $(11p+1)_+$ an. Dann ist $(11p-1)_-$ wegen $(11p)_+$. Wegen $11p+1\equiv 6 \pmod 9$ sind $11p+1$ und $11p-1$ beide in F. Da hier $11p+1$ durch 3 und $11p-1$ durch 5 teilbar ist, erhält man einen Widerspruch, wenn eine dieser Zahlen durch 4 teilbar ist. Das ist aber stets der Fall, da es sich um aufeinanderfolgende gerade Zahlen handelt.

Es sei daher $(11p+1)_-$. Wegen $14|(11p+3)$ ist $(11p+3)_-$, weil in K. Damit folgt $\left(\frac{11p+1}{2}\right)_+$, $\left(\frac{11p+3}{2}\right)_+$ und $\left(\frac{11p-1}{2}\right)_-$, also $(11p-1)_+$, $(11p)_+$, $(11p-2)_-$ und $\left(\frac{11p-2}{3}\right)_-$, $\left(\frac{11p+1}{3}\right)_-$, also $\left(\frac{22p-4}{3}\right)_+$, $\left(\frac{22p+2}{3}\right)_+$ und $\left(\frac{22p-1}{3}\right)_-$, $(22p-1)_-$. Andererseits ist $27|(22p-1)$, also $22p-1$ in K. Das steht aber im Widerspruch zu $22p-1\equiv 27 \pmod{81}$.

2) Es sei $p\equiv -1 \pmod 3$.

Da p in F ist, ist $(p)_+$, $(p-1)_+$, $(p-2)_-$, $(p+1)_-$. Ist nun $p\equiv 2 \pmod 9$, so ist $p+1\equiv 3 \pmod 9$, also in K und $(p+1)_+$. Das gibt einen Widerspruch. Ist $p\equiv 5 \pmod 9$, also $p-2\equiv 3 \pmod 9$, so ist $p-2$ in K und $(p-2)_+$, was wiederum unmöglich ist. Ist schließlich $p\equiv 8 \pmod 9$, so ist $(5p-7)_-$ und $(5p-1)_+$, da beide Zahlen durch 6 teilbar sind, also in K liegen. Ferner ist $(5p-5)_-$. Wegen $\left(\frac{5p-7}{2}\right)_+$, $\left(\frac{5p-5}{2}\right)_+$ ist $\left(\frac{5p-3}{2}\right)_-$ und $(5p-3)_+$, $(5p-1)_+$, also $(5p-2)_-$. Weiter ist $2p-1\equiv 6 \pmod 9$, also in K und $(2p-1)_-$; folglich ist $(10p-5)_+$. Wegen $(10p-4)_+$ folgt $(10p-3)_-$. Andererseits ist $(10p-2)_-$, nach Hilfssatz A also $(20p-5)_-$, mithin $(4p-1)_+$. Das widerspricht Hilfssatz A, da $(2p-1)_-$ und $(2p)_-$ sind.

II.

Wir betrachten nunmehr den Fall $(3)_-$, benutzen dieselben Bezeichnungen, wobei die Klassen R und F jetzt mittels der Signierung von II. definiert sind, und zeigen zunächst, daß $p>31$ angenommen werden kann. Für $p=2$ wäre nämlich $(2)_+$, also $(8)_+$, $(9)_+$, $(10)_-$, $(5)_-$, also $(15)_+$, $(16)_+$, $(17)_-$ und $(49)_+$, $(50)_+$, $(51)_+$, was nicht möglich ist. $p=3$ ist nicht möglich, weil $(3)_-$ ist. Der Reihe nach erhält man nun $(4)_+$, $(6)_+$, $(5)_-$, $(15)_+$, $(16)_+$, $(14)_-$, $(17)_-$, $(7)_+$ und $(9)_+$, $(10)_+$, $(11)_-$, $(24)_+$, $(25)_+$, $(26)_-$, $(13)_+$, $(23)_-$. Wegen $(63)_+$, $(64)_+$ ist $(62)_-$, $(31)_+$. Also ist

$p \neq 5, 7, 11, 13, 17, 23, 31$. Wäre $p=19$, also $(19)_-$, so wäre $(95)_+$, $(96)_+$ und damit $(94)_-$, $(188)_+$ im Widerspruch zu $(186)_+$, $(187)_+$. Auch $p=29$ ist unmöglich, sonst wäre $(29)_+$, $(116)_+$ im Widerspruch zu $(114)_+$, $(115)_+$. Daher kann $p>31$ angenommen werden.

Der Hilfssatz B ist hier zu ersetzen durch

Hilfssatz B′. *Es sei* $n=3^k N$ *eine Zahl aus* R *und* $(3, N)=1$. *Dann ist* $\sigma(3^k N)=1$, *wenn* $n \equiv 3^k \pmod{3^{k+1}}$ *für gerades* k *und* $n \equiv -3^k \pmod{3^{k+1}}$ *für ungerades* k *ist.*

Für den Nachweis, daß F leer ist, unterscheiden wir auch jetzt die Fälle $p \equiv 1$ und $p \equiv -1 \pmod 3$.

1) $p \equiv 1 \pmod 3$.

Dann ist $(p)_-$ und $(p+1)_-$, also $(2p+1)_-$ wegen Hilfssatz A.

1a) $p \equiv 7 \pmod 9$. Dann ist $2p+1 \equiv 6 \pmod 9$ in R, und man erhält einen Widerspruch nach Hilfssatz B′.

1b) $p \equiv 4 \pmod 9$. Hier ist $(p-1)_-$, also $(2p-1)_-$. Es sei zunächst $(4p-1)_+$. Dann ist, da $(4p-2)_+$ ist, $(4p-3)_-$. Wegen $(4p-4)_-$ ist $(8p-7)_-$. Andererseits ist $\left(\frac{4p+2}{3}\right)_-$, $\left(\frac{4p-1}{3}\right)_-$, also $\left(\frac{8p+1}{3}\right)_-$, $(8p+1)_+$. Ferner ist $(8p)_+$, also $(8p+2)_-$, $(4p+1)_+$. Damit sind $2p-1$, $4p-3$ und $4p+1$ in F. Man erhält daher einen Widerspruch, wenn eine dieser Zahlen durch 5 teilbar ist, d.h. für $p \equiv 3, 2$ oder $1 \pmod 5$. Es sei also $p \equiv 4 \pmod 5$. Dann ist $\left(\frac{8p-7}{5}\right)_+$, $\left(\frac{8p-2}{5}\right)_+$, also $\left(\frac{8p-12}{5}\right)_-$ und $(2p-3)_+$. Das aber widerspricht Hilfssatz A, da $(p-2)_-$ und $(p-1)_-$ ist.

Nunmehr sei $(4p-1)_-$. Dann ist $4p-1$ in F, ebenso $2p-1$ in F, und man erhält einen Widerspruch, wenn $p \equiv 4$ oder $\equiv 3 \pmod 5$ ist. Wegen $(4p)_-$ ist $(8p-1)_-$. Ist nun $p \equiv 2 \pmod 5$, so ist, da $(2p+1)_-$ ist für $p \equiv 1 \pmod 3$, $\left(\frac{8p-1}{5}\right)_+$ und $\left(\frac{8p+4}{5}\right)_+$. Folglich ist $\left(\frac{8p-6}{5}\right)_-$, $(4p-3)_-$. Da hier $5|(4p-3)$ ist, ist $4p-3$ in K, und man erhält einen Widerspruch. Ist schließlich $p \equiv 1 \pmod 5$, so ist $5|(4p+1)$, und $4p+1$ liegt in K. Damit folgt $(4p+1)_-$, $(4p)_-$, $\left(\frac{8p+1}{3}\right)_+$, $\left(\frac{8p+4}{3}\right)_+$ und $\left(\frac{8p+7}{3}\right)_-$, $(8p+7)_+$. Nun ist aber $15|(8p+7)$, also ist $8p+7$ in K und $(8p+7)_-$. Damit ist der Fall 1b) als unmöglich erwiesen.

1c) $p \equiv 1 \pmod 9$. Da $6|(5p+1)$ ist, ist $5p+1$ in K und $(5p+1)_+$. Ferner ist $(5p)_+$, also $(5p-1)_-$, $(5p+2)_-$, $(10p+4)_+$. Andererseits ist $(10p+5)_+$, folglich $(10p+3)_-$, $(10p+6)_-$, $(5p+3)_+$, $(20p+6)_+$. Ferner ist $(20p+4)_+$, also $(20p+5)_-$, $(4p+1)_+$. Weiter ist $(4p+2)_+$, also $(4p+3)_-$. Da $(4p+4)_-$ ist, ist $(8p+7)_-$, $\left(\frac{8p+7}{3}\right)_+$. Wegen $(2p+1)_-$ ist $\left(\frac{8p+4}{3}\right)_+$, also $\left(\frac{8p+1}{3}\right)_-$ und $\left(\frac{8p+10}{3}\right)_-$, $(4p+5)_-$. Da $4p+5$ durch 9 teilbar ist, ist $4p+5$ in K. Man erhält einen Widerspruch für $p \equiv 1 \pmod{27}$, da dann $4p+5 \equiv 9 \pmod{27}$ ist, also $(4p+5)_+$. Ist aber $p \equiv 19 \pmod{27}$, so ist $8p+1 \equiv 18 \pmod{27}$, also in K und daher $(8p+1)_-$. Dem aber widerspricht $\left(\frac{8p+1}{3}\right)_-$.

Es muß also noch $p\equiv 10 \pmod{27}$ widerlegt werden. Hier ist $(p-1)_+$. Wir fanden bereits $(5p-1)_-$ und $(5p+3)_+$, es sind also $5p-1$ und $5p+3$ in F. Daher ergibt sich ein Widerspruch, wenn eine dieser beiden Zahlen durch 8 teilbar ist, d.h. wenn $p\equiv 5$ oder $\equiv 1 \pmod 8$ ist. Ist aber $p\equiv 7 \pmod 8$, so ist $5p-3$ in K, also $(5p-3)_-$. Nun ist $\left(\frac{5p-1}{2}\right)_+$, $\left(\frac{5p-5}{2}\right)_+$, also $\left(\frac{5p-3}{2}\right)_-$. Das gibt einen Widerspruch. Ist schließlich $p\equiv 3 \pmod 8$, so ist $8|(5p-7)$, also $5p-7$ in K und $\left(\frac{5p-7}{4}\right)_+$. Andererseits ist $\left(\frac{5p-3}{4}\right)_+$, also $\left(\frac{5p+1}{4}\right)_-$. Das ist nicht möglich, da $(5p+1)_+$ ist im Falle 1c).

2) $p\equiv -1 \pmod 3$.

Dann ist $(p)_+, (p-1)_+$ und $(p-2)_-, (p+1)_-$.

2a) $p\equiv 8 \pmod 9$. Dann ist $(p-2)_+$, was dem Vorstehenden widerspricht.

2b) $p\equiv 5 \pmod 9$. Hier ist $p+1\equiv 6 \pmod 9$ und damit $(p+1)_+$, im Widerspruch zu Vorstehendem.

2c) $p\equiv 2 \pmod 9$.

2cα) $p\equiv 11 \pmod{27}$. Dann ist $(p-2)_+$. Widerspruch.

2cβ) $p\equiv 2 \pmod{27}$. Da $3|(2p-1)$ ist, ist $(2p-1)_-$. Wegen $(2p)_-$ ist $(4p-1)_-$. Ferner ist $9|(4p+1)$, also $(4p+1)_+, (4p)_+, (4p-1)_-, (4p+2)_-, (2p+1)_+$. Wegen $(2p+2)_+$ ist $(2p+3)_-$. Nun ist $(4p-1)_-$, $(2p+1)_+$ und $(2p+3)_-$. Daher sind $4p-1$, $2p+1$ *und* $2p+3$ in F, und man erhält einen Widerspruch, wenn $p\equiv 4$, 2 oder 1 (mod 5) ist. Im Fall $p\equiv 3 \pmod 5$ ist $10|(7p-1)$, also $(7p-1)_+$. Wegen $(7p)_+$ ist $(7p+1)_-$, $\left(\frac{7p+1}{3}\right)_+$, ferner $\left(\frac{7p+7}{3}\right)_+$, also $\left(\frac{7p+4}{3}\right)_-$, $(7p+4)_+$. Es ist aber $9|(7p+4)$, und der Widerspruch folgt aus $7p+4\equiv 18 \pmod{27}$.

2cγ) $p\equiv 20 \pmod{27}$. Wie in 2cβ) ist $(2p-1)_-, (4p-1)_-$. Nun ist $9|(8p-7)$, also $(8p-7)_-$, ferner $(8p-4)_-$, $\left(\frac{8p-4}{3}\right)_+$, $\left(\frac{8p-7}{3}\right)_+$, also $(8p-1)_+$. Andererseits ist $(8p-2)_+$, also $(8p-3)_-$, und aus $(8p-4)_-$ folgt $(16p-7)_-$.

Nun war $(4p-1)_-$, also $4p-1$ in F. Ist also $p\equiv 4 \pmod 5$, so ist $4p-1$ in K. Widerspruch.

Ist $p\equiv 1 \pmod 5$, so ist $5|(8p-3)$, $(8p-3)_-$, $\left(\frac{8p-3}{5}\right)_+$ und $\left(\frac{8p-8}{5}\right)_+$, also $(8p-13)_+$. Nun ist $15|(8p-13)$, also $8p-13$ in K und man erhält einen Widerspruch, da $8p-13\equiv 3 \pmod 9$ ist.

Ist $p\equiv 2 \pmod 5$, so ist wegen $(16p-7)_-$ hier $\left(\frac{16p-7}{5}\right)_+$ und $\left(\frac{16p-2}{5}\right)_+$, da $(8p-1)_+$ war. Folglich ist $\left(\frac{16p-12}{5}\right)_-$, $\left(\frac{4p-3}{5}\right)_-$, aber $\frac{4p-3}{5}$ ist in K. Also ist $(4p-3)_-$. Widerspruch.

Schließlich sei $p\equiv 3 \pmod 5$. Dann ist $10|(7p-1)$, also $(7p-1)_+$, $(7p)_+$ und $(7p+1)_-$, mithin $7p+1$ in F, da $7p+1\equiv 6 \pmod 9$ ist. Ist nun $p\equiv 1 \pmod 4$, so ist $12|(7p+1)$. Widerspruch. Es sei also $p\equiv 3 \pmod 4$. Dann ist $12|(11p-1)$, also $(11p-1)_-$. Wegen $(11p)_-$ ist $(22p-1)_-$, also $22p-1$ in F. Andererseits ist $15|(11p+2)$, folglich $(11p+2)_+$, $\left(\frac{22p+4}{5}\right)_+$ und wegen $\left(\frac{22p-1}{5}\right)_+$ folgt $\left(\frac{22p+9}{5}\right)_-$,

$\left(\frac{22p-6}{5}\right)_-$, $(22p+9)_+$, $(22p-6)_+$, $(11p-3)_-$. Daher sind $22p+9$ und $11p-3$ beide in F. Ferner ist $7p+4\equiv 9 \pmod{27}$, also in K und $(7p+4)_+$. Nun war $\left(\frac{7p-1}{5}\right)_-$, $\left(\frac{7p+4}{5}\right)_-$, also $\left(\frac{14p+3}{5}\right)_-$, $(14p+3)_+$. Da auch $(14p+2)_+$ ist, folgt $(14p+1)_-$, $(14p+4)_-$. Ferner ist $(14p)_-$, $(28p+1)_-$, $\left(\frac{28p+1}{3}\right)_+$. Da $\left(\frac{28p+4}{3}\right)_+$ ist, folgt $\left(\frac{28p+7}{3}\right)_-$, $(28p+7)_+$ und $(4p+1)_+$ wegen $(7)_+$. Nun ist $(4p)_+$, also $(4p+2)_-$, $(2p+1)_+$. Daher ist $2p+1$ in F.

Zusammenfassend sehen wir, daß die Zahlen $4p-1$, $22p-1$, $22p+9$, $11p-3$ und $2p+1$ alle in F liegen. Ist nun $p\equiv 1 \pmod 7$, so ist $35|(22p-1)$ wegen $p\equiv 3 \pmod 5$. Für $p\equiv 2 \pmod 7$ ist $7|(4p-1)$, für $p\equiv 3 \pmod 7$ ist $7|(2p+1)$, für $p\equiv 5 \pmod 7$ ist $35|(22p+9)$ und für $p\equiv 6 \pmod 7$ ist $14|(11p-3)$. In allen diesen Fällen erhält man also einen Widerspruch. Es bleibt also nur noch der Fall, daß gleichzeitig $p\equiv 20 \pmod{27}$, $p\equiv 4 \pmod 7$ und $p\equiv 3 \pmod{20}$ ist. Hier ist $35|(31p+2)$, also $(31p+2)_+$. Da $p>31$ angenommen wurde, ist $(31p)_+$, also $(31p+1)_-$. Ferner war $(7p-1)_+$ für $p\equiv 3 \pmod 5$ und $(7p)_+$, $(7p-2)_-$, $(7p+1)_-$, also $\left(\frac{7p-2}{3}\right)_+$, $\left(\frac{7p+1}{3}\right)_+$, $\left(\frac{7p-5}{3}\right)_-$, $(7p-5)_+$. Schließlich war $(4p+1)_+$ gezeigt. Da $p\equiv 20 \pmod{27}$ ist, ist 27 ein Teiler von $4p+1$ und 54 ein Teiler von $7p-5$ und $31p+1$. Diese Zahlen sind also in K.

Nun ist für $p\equiv 20 \pmod{81}$ die Kongruenz $31p+1\equiv -27 \pmod{81}$ erfüllt, für $p\equiv 47 \pmod{81}$ ist $4p+1\equiv 27 \pmod{81}$, für $p\equiv 74 \pmod{81}$ ist $7p-5\equiv 27 \pmod{81}$. Daher liefern $(31p+1)_+$ bzw. $(4p+1)_-$ bzw. $(7p-5)_-$ je einen Widerspruch. Damit ist der Fall II vollständig bewiesen.

III.

Es sei noch bemerkt, daß in jeder multiplikativ signierten Folge, in der nicht alle $\sigma(n)=+1$ sind, Tripel existieren, für die $\sigma(n)=1$, $\sigma(n+1)=-1$, $\sigma(n+2)=1$ ist.

Anderenfalls sei p die erste Zahl, für die $\sigma(p)=-1$ ist. Dann ist p Primzahl. Ist $p>2$, so ist $2|(p+1)$, also $(p-1)_+$, $(p)_-$, $(p+1)_+$. Ist aber $p=2$, so ist $(1)_+$, $(2)_-$. Für $(3)_+$ ist nichts mehr zu beweisen. Also sei $(3)_-$. Da dann $(4)_+$ und $(6)_+$ ist, müßte $(5)_+$ sein, sonst wäre man fertig. Wegen $(8)_-$, $(9)_+$ müßte $(7)_-$ sein. Dann ist aber $(14)_+$, $(15)_-$, $(16)_+$ und die Behauptung bewiesen.

83. Ganzzahlige Potenzreihen und linear rekurrente Zahlenfolgen

Von I. SCHUR[1]

§ 1. Periodische Zahlenfolgen und Potenzreihen

Eine Folge ganzer rationaler Zahlen $A_0, A_1, \ldots$ heißt mod m periodisch (reinperiodisch), wenn sich eine ganze Zahl h angeben läßt, so daß

$$A_{\nu+h} \equiv A_\nu \pmod{m}$$

wird. Die kleinste dieser Zahlen $h = h(m)$ heißt *die* Periode der Folge mod m; alle übrigen Perioden sind die Multipla von $h(m)$. Offenbar ist die Folge mod m dann und nur dann periodisch, wenn dies für jede in m aufgehende Primzahlpotenz p^α der Fall ist. Ist

$$m = \prod_p p^\alpha = p_1^{\alpha_1} p_2^{\alpha_2} \cdots p_r^{\alpha_r},$$

so wird $h(m)$ das kleinste gemeinsame Vielfache von $h(p_1^{\alpha_1}), h(p_2^{\alpha_2}), \ldots, h(p_r^{\alpha_r})$, kürzer: $h(m) = \{h(p_1^{\alpha_1}), h(p_2^{\alpha_2}), \ldots, h(p_r^{\alpha_r})\}$.

Die Folge $A_0, A_1, \ldots$ nennen wir kurz *modular* periodisch, wenn sie für *jede* Primzahlpotenz periodisch ist.

Bildet man formal die Potenzreihe

$$\mathfrak{G}(x) = A_0 + A_1 x + \cdots,$$

so wird die Folge $A_0, A_1, \ldots$ mod p^α dann und nur dann periodisch mit der Periode h, wenn

$$\mathfrak{G}(x) \equiv \frac{A_0 + A_1 x + \cdots + A_{h-1} x^{h-1}}{1 - x^h} \pmod{p^\alpha}.$$

Hierbei bedeutet $\mathfrak{G}(x) \equiv \mathfrak{H}(x) \pmod{m}$, daß die Koeffizienten von $\mathfrak{G}(x) - \mathfrak{H}(x)$ sämtlich durch m teilbar sind. Man nennt h auch die Periode mod p^α von $\mathfrak{G}(x)$.

I. *Ist für eine ganzzahlige Potenzreihe* $\mathfrak{G}(x)$ *die Reihe* $x\,\mathfrak{G}(x)$ mod p^α *periodisch, so ist auch* $\mathfrak{G}(x)$ *von derselben Art.*

Denn schreibt man

$$x\,\mathfrak{G} = A_0 + A_1 x + A_2 x^2 + \cdots,$$

---

[1] Das im Nachlaß vorgefundene handschriftliche Manuskript wurde dankenswerterweise von Herrn RUDOLF KOCHENDÖRFFER für den Druck vorbereitet.

so wird $A_h \equiv A_0, A_{h+1} \equiv A_1, \ldots$ und $A_{2h} \equiv A_h \equiv A_0$, und dann wird für

$$\mathfrak{G} = A_1 + A_2 x + \cdots$$

daher $A_{h+1} \equiv A_1, A_{h+2} \equiv A_2, \ldots, A_{2h} \equiv A_h$ und so weiter. Oder auch

$$x\,\mathfrak{G} \equiv \frac{A_0 + A_1 x + \cdots + A_{h-1} x^{h-1}}{1-x^h} \equiv \frac{A_1 x + \cdots + A_h x^h}{1-x^h},$$

also

$$\mathfrak{G} \equiv \frac{A_1 + \cdots + A_h x^{h-1}}{1-x^h}.$$

Hieraus folgt:

I'. *Ist* $x^n\,\mathfrak{G}$ *periodisch, so sind auch* $x^{n-1}\mathfrak{G}$, $x^{n-2}\mathfrak{G}, \ldots, \mathfrak{G}$ *mit der gleichen Periode periodisch.*

Es gilt ferner der für uns wichtige Satz:

II. *Sind* $\mathfrak{G}(x)$ *und* $\mathfrak{H}(x)$ $\bmod p^\alpha$ *periodisch, so sind es auch* $\mathfrak{G}(x) + \mathfrak{H}(x)$ *und* $x\,\mathfrak{G}(x)\,\mathfrak{H}(x)$.

Beweis. Die Perioden von $\mathfrak{G}$ und $\mathfrak{H}$ seien h und k. Dann ist $n = \{h, k\}$ sowohl für $\mathfrak{G}$ als auch für $\mathfrak{H}$ eine Periode, also

$$\mathfrak{G} \equiv \frac{G_{n-1}}{1-x^n}, \quad \mathfrak{H} \equiv \frac{H_{n-1}}{1-x^n} \pmod{p^\alpha},$$

wobei G_{n-1} und H_{n-1} Polynome sind, deren Grade $n-1$ nicht übersteigen. Hieraus folgt schon, daß $\mathfrak{G} + \mathfrak{H} \bmod p^\alpha$ periodisch und die Periode von $\mathfrak{G} + \mathfrak{H}$ ein Teiler von $n = \{h, k\}$ ist. Ferner wird

$$x\,\mathfrak{G}\mathfrak{H} \equiv \frac{x\,G_{n-1}\,H_{n-1}}{(1-x^n)^2} \equiv G_{n-1}\,H_{n-1}(x + 2x^{n+1} + 3x^{2n+1} + \cdots) \pmod{p^\alpha}.$$

Es ist aber $1 + 2y + 3y^2 + \cdots$ offenbar $\bmod p^\alpha$ periodisch mit der Periode p^α, also

$$\frac{x}{(1-x^n)^2} \equiv \frac{x(1 + 2x^n + 3x^{2n} + \cdots + p^\alpha x^{(p^\alpha - 1)n})}{1 - x^{p^\alpha n}}$$

$$\equiv \frac{x(1 + 2x^n + \cdots + (p^\alpha - 1)\,x^{(p^\alpha - 2)n})}{1 - x^{p^\alpha n}} \pmod{p^\alpha}.$$

Das ergibt

$$x\,\mathfrak{G}\mathfrak{H} \equiv \frac{x\,G_{n-1}\,H_{n-1}(1 + 2x^n + \cdots + (p^\alpha - 1)\,x^{p^\alpha n - 2n})}{1 - x^{p^\alpha n}} \pmod{p^\alpha}.$$

Der Grad des Zählers ist hierbei höchstens $1 + 2n - 2 + p^\alpha n - 2n = p^\alpha n - 1$. Dies zeigt, daß die Periode $\bmod p^\alpha$ von $x\,\mathfrak{G}\mathfrak{H}$ ein Teiler von $p^\alpha\{h, k\}$ ist.

Aus II folgt unmittelbar, daß der analoge Satz auch für $r > 2$ Potenzreihen $\mathfrak{G}_1, \mathfrak{G}_2, \ldots, \mathfrak{G}_r$ gilt, die $\bmod p^\alpha$ periodisch sind mit den Perioden $h_1, h_2, \ldots, h_r$. Für die Periode h' von $\mathfrak{G}_1 + \mathfrak{G}_2 + \cdots + \mathfrak{G}_r$ läßt sich kaum etwas Genaueres als $h' | \{h_1, h_2, \ldots, h_r\}$ aussagen.

Dagegen läßt sich für das Produkt $\mathfrak{P}=x^{r-1}\mathfrak{G}_1\mathfrak{G}_2\cdots\mathfrak{G}_r$ ein viel genaueres Resultat angeben. Ist wieder $n=\{h_1, h_2, \ldots, h_r\}$, so kann man auch hier

$$\mathfrak{G}_s \equiv \frac{G_{n-1}^{(s)}}{1-x^n} \pmod{p^\alpha}$$

und

$$\mathfrak{P}=x^{r-1}\mathfrak{G}_1\mathfrak{G}_2\cdots\mathfrak{G}_r \equiv x^{r-1}\frac{G_{n-1}^{(1)}G_{n-1}^{(2)}\cdots G_{n-1}^{(r)}}{(1-x^n)^r} \pmod{p^\alpha}$$

setzen. Nun ist

$$\frac{1}{(1-y)^r}=1+\binom{r}{r-1}y+\binom{r+1}{r-1}y^2+\cdots.$$

Diese Potenzreihe ist mod p^α periodisch mit der Periode $p^{\rho+\alpha}$, wenn $p^\rho \leqq r-1 < p^{\rho+1}$ ist. Denn der allgemeine Koeffizient dieser Reihe ist $B_\nu=\binom{r-1+\nu}{r-1}$, und es ist

$$B_{\nu+p^{\rho+\alpha}}-B_\nu=\binom{p^{\rho+\alpha}}{1}\binom{r-1+\nu}{r-2}+\binom{p^{\rho+\alpha}}{2}\binom{r-1+\nu}{r-3}+\cdots+\binom{p^{\rho+\alpha}}{r-1}.$$

Dies folgt, indem man den Koeffizienten von t^{r-1} in dem Produkt

$$(1+t)^{p^{\rho+\alpha}+r-1+\nu}=(1+t)^{p^{\rho+\alpha}}(1+t)^{r-1+\nu}$$

berechnet. Es ist zu zeigen, daß $\binom{p^{\rho+\alpha}}{\lambda}$ für $\lambda=1,2,\ldots,r-1$ durch p^α teilbar ist. Nun ist

$$\binom{p^{\rho+\alpha}}{\lambda}=\frac{p^{\rho+\alpha}(p^{\rho+\alpha}-1)\cdots(p^{\rho+\alpha}-\lambda+1)}{\lambda!}.$$

Wegen $\alpha\geqq 1$ und $\lambda-1<\lambda\leqq r-1<p^{\rho+1}$ ist in jedem Faktor des Zählers der Subtrahend durch eine kleinere Potenz von p teilbar als $p^{\rho+\alpha}$. Der Zähler ist also genau durch die Potenz $p^{\rho+\alpha}p^t$ teilbar, wenn p^t die höchste Potenz von p ist, die in $(\lambda-1)!$ aufgeht. Also ist $\binom{p^{\rho+\alpha}}{\lambda}$ genau durch dieselbe Potenz von p teilbar wie $\frac{p^{\alpha+\rho}}{\lambda}$, also mindestens durch p^α und nur dann genau durch p^α, wenn

$$\lambda=\mu\, p^\rho \leqq r-1 < p^{\rho+1}$$

ist. Ferner ergibt sich für

$$\frac{1}{(1-y)^r}=1+\binom{r}{r-1}y+\cdots$$

die Kongruenz

$$\binom{r-1+\nu+p^{\rho+\alpha}}{r-1}\equiv\binom{r-1+\nu}{r-1} \pmod{p^\alpha}$$

auf Grund des Beweises nicht nur für $v=0, 1, \ldots$, sondern auch für $v=-1, -2, \ldots, -(r-1)$. Daher ist

$$\binom{p^{\rho+\alpha}}{r-1} \equiv \binom{p^{\rho+\alpha}+1}{r-1} \equiv \cdots \equiv \binom{p^{\rho+\alpha}+r-2}{r-1} \equiv 0 \pmod{p^\alpha}.$$

Folglich ist

$$\frac{1}{(1-y)^r} \equiv \frac{1}{1-y^{p^{\rho+\alpha}}} (B_0 + B_1 y + \cdots + B_{p^{\rho+\alpha}-r} y^{p^{\rho+\alpha}-r}) \pmod{p^\alpha}.$$

Das ergibt

$$\mathfrak{G}_1 \mathfrak{G}_2 \cdots \mathfrak{G}_r \equiv \frac{G_{n-1}^{(1)} \cdots G_{n-1}^{(r)}}{1-x^{p^{\rho+\alpha} n}} (B_0 + B_1 x^n + \cdots + B_{p^{\rho+\alpha}-r} x^{(p^{\rho+\alpha}-r)n}) \pmod{p^\alpha}.$$

Hier ist der Zähler höchstens vom Grade $rn - r + p^{\rho+\alpha} n - rn = p^{\rho+\alpha} n - r$. Dies zeigt; daß $p^{\rho+\alpha} n$ jedenfalls durch die Periode von $x^{r-1} \mathfrak{G}_1 \cdots \mathfrak{G}_r$ teilbar ist.

II′. *Sind* $\mathfrak{G}_1, \mathfrak{G}_2, \ldots, \mathfrak{G}_r$ *ganzzahlige Potenzreihen, die* mod p^α *periodisch mit den Perioden* $h_1, h_2, \ldots, h_r$ *sind, setzt man* $n = \{h_1, h_2, \ldots, h_r\}$ *und ist* $p^\rho \leqq r-1 < p^{\rho+1}$, *so ist* $p^{\rho+\alpha} n$ *ein Multiplum der Periode* mod p^α *von* $x^{r-1} \mathfrak{G}_1 \mathfrak{G}_2 \cdots \mathfrak{G}_r$. *Ferner ist* n *ein Multiplum der Periode von* $\mathfrak{G}_1 + \mathfrak{G}_2 + \cdots + \mathfrak{G}_r$.

Von Interesse ist auch der Satz:

III. *Sind* $\mathfrak{G} = A_0 + A_1 x + \cdots$ *und* $\mathfrak{H} = B_0 + B_1 x + \cdots$ mod p^α *periodisch, so gilt das auch für* $\mathfrak{R} = A_0 B_0 + A_1 B_1 x + \cdots$. *Analoges gilt für jedes System endlich vieler periodischer Reihen* $\mathfrak{G}_1, \mathfrak{G}_2, \ldots, \mathfrak{G}_r$ *(mit gleichem Modul).*

Hier ist der Beweis auf der Hand liegend. Denn sind wieder h und k die Perioden von $\mathfrak{G}$ und $\mathfrak{H}$, so haben $\mathfrak{G}$ und $\mathfrak{H}$ auch die gemeinsame Periode $n = \{h, k\}$. Es ist also

$$A_{v+n} \equiv A_v, \quad B_{v+n} \equiv B_v, \quad \text{folglich } A_{v+n} B_{v+n} \equiv A_v B_v \pmod{p^\alpha}.$$

Z.B.

$$\frac{x^{r-1}}{(1-x)^r} = \sum_{\lambda=0}^{\infty} \binom{r-1+\lambda}{r-1} x^{r-1+\lambda} = \sum_{v=0}^{\infty} \binom{v}{r-1} x^v$$

ist periodisch, oder einfacher

$$\sum_{v=0}^{\infty} \binom{v}{n} x^v \quad \text{für } n = 1, 2, \ldots.$$

Ist also $\mathfrak{G} = \sum_{v=0}^{\infty} A_v x^v$ periodisch, so auch

$$\sum_{v=0}^{\infty} \binom{v}{n} A_v x^v = \frac{x^n \mathfrak{G}^{(n)}(x)}{n!}.$$

Andere Beispiele werden später auftreten.

§ 2. Rekurrente Folgen

Es sei

$$f(x)=x^n-c_1x^{n-1}+c_2x^{n-2}-c_3x^{n-3}+\cdots\pm c_n$$

ein ganzzahliges Polynom. Eine Folge ganzer rationaler Zahlen $A_0, A_1, A_2, \ldots$ ist dann eine zugehörige rekurrente Folge, wenn für $\nu=n, n+1, n+2, \ldots$

$$(1)\qquad A_\nu-c_1A_{\nu-1}+c_2A_{\nu-2}-\cdots\pm c_nA_{\nu-n}=0$$

ist. Dies tritt dann und nur dann ein, wenn für $\mathfrak{G}(t)=A_0+A_1t+\cdots$

$$(2)\qquad (1-c_1t+c_2t^2-\cdots\pm c_nt^n)\,\mathfrak{G}(t)=B_0+B_1t+\cdots+B_{n-1}t^{n-1}$$

wird. Hierbei drücken sich $B_0, B_1, \ldots, B_{n-1}$ durch die „Anfangswerte" $A_0, A_1, \ldots, A_{n-1}$ so aus:

$$B_0=A_0,\quad B_1=A_1-c_1A_0,\quad B_2=A_2-c_1A_1+c_2A_0,\ldots$$

$$B_{n-1}=A_{n-1}-c_1A_{n-2}+\cdots\mp c_{n-1}A_0.$$

Man sieht sofort, daß umgekehrt die $A_0, A_1, \ldots, A_{n-1}$ sich ganzzahlig durch die $B_0, B_1, \ldots, B_{n-1}$ ausdrücken lassen:

$$(3)\qquad A_0=B_0,\quad A_1=B_1+c_1B_0,\quad A_2=B_2+c_1B_1+(c_1^2-c_2)B_0,\ldots.$$

Man kann dies so darstellen. Man setze

$$\psi=\frac{1}{1-c_1t+c_2t^2-\cdots\pm c_nt^n}=P_0+P_1t+P_2t^2+\cdots.$$

Die P_ν bilden eine zu f gehörende rekurrente Folge. Es ist sogar hier (1) für $\nu=1,2,\ldots$ erfüllt:

$$(4)\qquad P_0=1,\quad P_1-c_1P_0=0,\quad P_2-c_1P_1+c_2P_0=0,\ldots.$$

Daraus folgt

$$P_0=1,\quad P_1=c_1,\quad P_2=c_1^2-c_2,\quad P_3=c_1^3-2c_1c_2+c_3,$$

$$P_4=c_1^4-3c_1^2c_2+2c_1c_3+c_2^2-c_4,$$

$$P_5=c_1^5-4c_1^3c_2+3c_1^2c_3+3c_1c_2^2-2c_1c_4-2c_2c_3+c_5.$$

$$\cdots\cdots\cdots\cdots\cdots\cdots\cdots\cdots$$

Die P_ν, die „Wronskischen Funktionen", sind mit die wichtigsten symmetrischen Funktionen der elementaren Algebra. Aus (4) folgt, daß sich die $c_1, c_2, \ldots, c_n$, wenn $c_{n+1}=c_{n+2}=\cdots=0$ gesetzt wird, durch die $p_1, p_2, \ldots$ umgekehrt in derselben Weise ausdrücken lassen wie die p_ν durch die c_ν (Involution!). Es wird

$$P_\nu=\sum_{\nu=\alpha_1+2\alpha_2+\cdots+n\alpha_n}(-1)^{\alpha_2+\alpha_4+\cdots}\frac{(\alpha_1+\alpha_2+\cdots+\alpha_n)!}{\alpha_1!\,\alpha_2!\cdots\alpha_n!}c_1^{\alpha_1}c_2^{\alpha_2}\cdots c_n^{\alpha_n}.$$

Die Formeln (3) lassen sich in der Form

$$A_0=B_0,\quad A_1=B_1+P_1B_0,\quad A_2=B_2+P_1B_1+P_2B_0,$$

$$A_3=B_3+P_1B_2+P_2B_1+P_3B_0,\ldots$$

schreiben. Setzt man

$$f(x)=(x-x_1)(x-x_2)\cdots(x-x_n),$$

so wird

$$\psi=\frac{1}{(1-t\,x_1)(1-t\,x_2)\cdots(1-t\,x_n)}=\sum_{\nu=0}^{\infty}P_\nu t^\nu.$$

Das gibt wegen $\frac{1}{1-x_\lambda t}=\sum_{\alpha=0}^{\infty}x_\lambda^\alpha t^\alpha$

$$P_\nu=\sum x_1^{\nu_1}x_2^{\nu_2}\cdots x_n^{\nu_n}\qquad(\nu_1+\nu_2+\cdots+\nu_n=\nu),$$

d.h. gleich der Summe aller $\binom{n-1+\nu}{n-1}$ Produkte der ν-ten Ordnung. Nimmt man an, es seien die $x_1,\ldots,x_n$ voneinander verschieden, so liefert die Partialbruchzerlegung von $t^{n-1}\psi$

$$\frac{t^{n-1}}{(1-x_1 t)\cdots(1-x_n t)}=\sum_{\lambda=1}^{n}\frac{1}{f'(x_\lambda)}\cdot\frac{1}{1-x_\lambda t}.$$

Das führt auf die Darstellung

$$P_\nu=\sum_{\lambda=1}^{n}\frac{x_\lambda^{n-1+\nu}}{f'(x_\nu)}\qquad(\nu=-n+1,\,-n+2,\ldots,0,1,\ldots),\tag{5}$$

wenn $P_{-1}=P_{-2}=\cdots=P_{-n+1}=0$ gesetzt wird.

Die Formel (2) zeigt, daß für jede rekurrente Folge $A_0, A_1,\ldots$ die zugehörige Potenzreihe $\mathfrak{G}(t)=A_0+A_1 t+\cdots$ in der Form

$$\mathfrak{G}(t)=B_0\,\psi+B_1\,t\,\psi+\cdots+B_{n-1}\,t^{n-1}\,\psi$$

geschrieben werden kann. Und da $B_0, B_1,\ldots,B_{n-1}$ bei passender Wahl der Anfangswerte $A_0, A_1,\ldots,A_{n-1}$ als beliebige ganze rationale Zahlen gewählt werden können, so ergibt sich der Satz:

Satz. *Die n Koeffizientenfolgen*

$$P_\nu, P_{\nu-1}, P_{\nu-2},\ldots,P_{\nu-n+1}\qquad(\nu=0,1,\ldots)$$

von ψ, $t\,\psi,\ldots,t^{n-1}\,\psi$ bilden ein Fundamentalsystem von rekurrenten Folgen für die Gleichung

$$f(x)=x^n-c_1x^{n-1}+\cdots\pm c_n=0,$$

d.h. man erhält alle rekurrenten Folgen, indem man in

$$A_\nu=B_0P_\nu+B_1P_{\nu-1}+\cdots+B_{n-1}P_{\nu-n+1}$$

für $B_0, B_1,\ldots,B_{n-1}$ beliebige ganze rationale Zahlen wählt.

Insbesondere werden die Potenzsummen s_ν, die als rekurrente Folge mit den Anfangswerten $s_0, s_1,\ldots,s_{n-1}$ aufzufassen sind, die Darstellung

$$s_\nu=n\,P_\nu-(n-1)\,c_1\,P_{\nu-1}+(n-2)\,c_2\,P_{\nu-2}-\cdots\mp c_{n-1}\,P_{\nu-n+1}\tag{6}$$

zulassen (Formel von Crocchi). Denn es ist

$$\frac{s_0}{x}+\frac{s_1}{x^2}+\cdots=\frac{f'(x)}{f(x)}=\sum_{\lambda=1}^{n}\frac{1}{x-x_\lambda},$$

für $x=1/t$ also

$$\frac{\frac{n}{t^{n-1}}-\frac{(n-1)\,c_1}{t^{n-2}}+\cdots\mp c_{n-1}}{\frac{1}{t^n}-\frac{c_1}{t^{n-1}}+\cdots\mp c_n}=s_0\,t+s_1\,t^2+\cdots,$$

d.h.

$$\frac{n-(n-1)\,c_1\,t+\cdots\mp c_{n-1}\,t^{n-1}}{1-x_1\,t+\cdots\pm c_n\,t^n}=s_0+s_1\,t+\cdots.$$

§ 3. Periodizität bei rekurrenten Folgen

Es sei $F(x)=x^k+b_1\,x^{k-1}+\cdots+b_k$ ein ganzzahliges Polynom, das in bezug auf eine Primzahl p irreduzibel ist. Ich denke mir $F(x)$ normiert gewählt, d.h. b_λ als absolut kleinsten Rest mod p. Z.B. x^2+2x-1 ist mod 3 durch x^2-x-1 zu ersetzen. Für $k=1$ nehme man b_1 als durch p nicht teilbar an. Ist

$$F(x)=(x-\xi_1)\cdots(x-\xi_k),$$

so sind $\xi_1, \ldots, \xi_k$ voneinander verschieden (weil $F(x)$ irreduzibel ist). Bekanntlich wird $x^{p^k}\equiv x$ (modd p, $F(x)$), d.h.

$$x^{p^k}-x=x\,p\,G(x)+x\,F(x)\,H(x),$$

wo $G(x)$ und $H(x)$ ganzzahlige Polynome sind.

Das gibt für $x=\xi_\lambda$ ($\lambda=1, \ldots, k$)

$$\xi_\lambda^{p^k-1}=1+p\,G(\xi_\lambda), \quad \text{also} \quad \xi_\lambda^{p^{\alpha-1}(p^k-1)}=1+p^\alpha\,G_\alpha(\xi_\lambda).$$

Genauer gibt es eine kleinste positive ganze Zahl m, Teiler von p^k-1, so daß $x^m\equiv 1$ (modd p, $F(x)$) wird, und dann ist analog

$$\xi_\lambda^m=1+p\,G_1(\xi_\lambda), \quad \xi_\lambda^{p^{\alpha-1}m}=1+p^\alpha\,G_\alpha(\xi_\lambda).$$

Für

$$\psi=\frac{t^{k-1}}{1+b_1\,t+\cdots+b_k\,t^k}=\sum_{\nu=0}^{\infty}\left(\sum_{\lambda=1}^{k}\frac{\xi_\lambda^\nu}{F'(\xi_\lambda)}\right)t^\nu=\sum_{\nu=0}^{\infty}p_{\nu-k+1}\,t^\nu$$

erhalten wir für $h=p^{\alpha-1}\,m$

$$p_{\nu-k+1+h}-p_{\nu-k+1}=\sum_{\lambda=1}^{k}\frac{\xi_\lambda^\nu}{F'(\xi_\lambda)}(\xi_\lambda^h-1)=p^\alpha\sum_{\lambda=1}^{k}\frac{\xi_\lambda^\nu\,G_\alpha(\xi_\lambda)}{F'(\xi_\lambda)}.$$

Wenn nun $G_\alpha(x)=N_0+N_1\,x+\cdots+N_r\,x^r$ ist, so wird dies gleich

$$p^\alpha(N_0\,p_{\nu-k+1}+N_1\,p_{\nu-k+2}+\cdots+N_r\,p_{\nu-k+1+r}),$$

d.h. eine ganze Zahl. Die zu $F(x)$ gehörenden rekurrenten Folgen sind also nach § 2 sämtlich rein periodisch, und zwar ergibt sich nach § 1, daß sie mod p^α alle die Periode $p^{\alpha-1}m$ haben oder wenigstens einen Teiler von $p^{\alpha-1}m$.

Habe ich jetzt ein Produkt $R=F_1(x)F_2(x)\cdots F_r(x)$ von gleichen oder verschiedenen mod p irreduziblen Polynomen

$$F_\rho = x^{k_\rho} + b_1^{(\rho)} x^{k_\rho-1} + \cdots + b_{k_\rho}^{(\rho)},$$

wobei $b_{k_\rho}^{(\rho)}$ für $k_\rho=1$ nicht durch p teilbar sein soll, so wird für jedes ρ

$$x^{k_\rho-1}\psi_\rho = \frac{x^{k_\rho-1}}{1+b_1^{(\rho)}t+\cdots+b_{k_\rho}^{(\rho)}t^{k_\rho}}$$

mod p^α rein periodisch. Daher gilt das auch für $x^{r-1}\prod_{\rho=1}^{r} x^{k_\rho-1}\psi_\rho$. Ist daher $R=x^n+b_1x^{n-1}+\cdots+b_n$ und

$$\psi = \frac{1}{1+b_1t+\cdots+b_nt^n},$$

so ist auch wegen $r-1+\sum_\rho (k_\rho-1)=n-1$

$$t^{n-1}\psi = \sum_{\nu=0}^{\infty} Q_{\nu-n+1}t^\nu, \quad Q_{-1}=\cdots=Q_{-n+1}=0 \qquad (Q_\nu \text{ das frühere } P_\nu).$$

Es sei jetzt $f(x)=x^n+a_1x^{n-1}+\cdots+a_n$ ein beliebiges ganzzahliges Polynom und p eine in a_n nicht aufgehende Primzahl. Man denke sich $f(x)$ mod p in kongruente oder inkongruente irreduzible Faktoren $F_1, F_2, \ldots, F_r$ zerlegt. Setzt man $R(x)=F_1F_2\cdots F_r$, so wird $f(x)=R(x)-p\,S(x)$ mit $S(x)=c_1x^{n-1}+c_2x^{n-2}+\cdots+c_n$. Für

$$\psi(t) = \frac{1}{1+a_1t+\cdots+a_nt^n}$$

wird

$$t^{n-1}\psi = \sum_{\nu=0}^{\infty} P_{\nu-n+1}t^\nu = \frac{t^{n-1}}{1+b_1t+\cdots+b_nt^n-p\,t\,\varphi(t)}$$

$$= \frac{t^{n-1}}{(1+b_1t+\cdots+b_nt^n)\left(1-\dfrac{p\,t\,\varphi(t)}{1+b_1t+\cdots+b_nt^n}\right)}$$

mit $\varphi(t)=c_1+c_2t+\cdots+c_nt^{n-1}$. Dies läßt sich in der Form schreiben

$$t^{n-1}\psi = t^{n-1}\psi\left[1+\frac{p\,t\,\varphi}{1+b_1t+\cdots}+\frac{p^2t^2\varphi^2}{(1+b_1t+\cdots)^2}+\cdots\right]$$
$$\equiv t^{n-1}\psi + t^{n-1}\psi^2\,p\,t\,\varphi + t^{n-1}\psi^3t^2p^2\varphi^2+\cdots+t^{n-1}\psi^\alpha t^{\alpha-1}p^{\alpha-1}\varphi^{\alpha-1}$$

mod p^α. Die Summe kann aber als Summe mod p^α periodischer Potenzreihen gedeutet werden. Denn $t\varphi$ ist in bezug auf t vom Grade n. Jedes Glied hat die Form $t^{n-1}\psi^{l+1}(t\varphi)^l$. Das Glied höchsten Grades in t hat die Gestalt

$$\gamma\,p^l t^{n-1}\psi^{l+1}t^{nl} = \gamma\,p^l t^{n-1}\frac{(t^{n-1}\psi)^{l+1}}{t^{(n-1)l+n-1}}t^{nl}$$
$$= \gamma\,p^l t^l (t^{n-1}\psi)^{l+1},$$

was nach § 1 noch periodisch ist. Die übrigen Glieder enthalten Potenzen von t mit kleineren Exponenten, und die Regel § 1, Satz I′ kommt zur Anwendung. Sucht man die Periode für den Modul p^α, so ist bei den Gliedern von $p^l t^{n-1} \psi^{l+1}(t\varphi)^l$ nur zu der Periode mod $p^{\alpha-l}$, die uns bei ψ schon als bekannt anzusehen ist, $p^{\alpha-l+\rho}$ als Faktor hinzuzufügen, wenn $p^\rho \leqq l < p^{\rho+1}$ ist. Da $p^l > l \geqq p^\rho$ ist, wird hier $l-\rho \geqq 1$, so daß höchstens der Faktor $p^{\alpha-1}$ hinzukommen kann.

Jedenfalls erhalte ich den

Hauptsatz. *Ist bei*

$$f(x) = x^n + a_1 x^{n-1} + \cdots + a_n$$

die Primzahl p zu a_n teilerfremd, so ist jede zu $f(x)$ gehörende rekurrente Folge $A_0, A_1, \ldots$ mod p^α *für $\alpha = 1, 2, \ldots$ rein periodisch. Ist $p^\rho \leqq n-1 < p^{\rho+1}$, so wird für $M = \{1, 2, \ldots, n\}$ die Periode h der Folge* mod p^α *ein Teiler von $p^{2\alpha-2+\alpha+\rho}(p^M-1)$.*

Hierbei ist benutzt worden, daß

$$\{p^{k_1}-1, p^{k_2}-1, \ldots, p^{k_r}-1\} = p^{\{k_1, k_2, \ldots, k_r\}} - 1$$

ist. Bei $t^{n-1}\psi$ erhalte ich daher höchstens die Periode $p^{\alpha+\rho} p^{\alpha-1}(p^M-1)$. Der Übergang zu $f(x)$ liefert höchstens noch einmal den neuen Faktor $p^{\alpha-1}$.

Operiere ich mit den Potenzsummen s_ν, so vereinfacht sich das Ganze erheblich. Für ein mod p irreduzibles Polynom $F(x)$ mit den Wurzeln $\xi_1, \ldots, \xi_k$ wird wie früher $\xi_\lambda^{p^k-1} \equiv 1 \pmod p$, woraus wie für jede rekurrente Folge mod p^α als Periode ein Teiler von $p^{\alpha-1}(p^k-1)$ folgt. Für $R(x) = F_1(x) F_2(x) \cdots F_r(x)$ ergibt sich die Potenzsumme als *Summe* der zu den Faktoren gehörenden Potenzsummen, was nach § 1, Satz über die Summen, nur auf einen Teiler von $p^{\alpha-1}(p^M-1)$ als Periode mod p^α führt. Erst der Übergang zu $f(x)$ kann noch eine Potenz $\leqq p^{\alpha-1}$ als Faktor hinzutreten lassen. Also:

Satz I. *Für $(a_n, p) = 1$ ist bei der Folge $s_0, s_1, s_2, \ldots$ der Potenzsummen von $f(x) = x^n + a_1 x^{n-1} + \cdots + a_n$ die Periode* mod p^α *ein Teiler von $p^{2\alpha-2}(p^M-1)$.*

Schön ist der Satz, der aus dem Hauptsatz unmittelbar folgt:

Satz II. *Für ein Polynom der Form*

$$f(x) = x^n + a_1 x^{n-1} + \cdots + a_{n-1} x \pm 1$$

ist jede rekurrente Folge $A_0, A_1, \ldots$ rein periodisch.

§ 4. Nicht reinperiodische Zahlenfolgen mod m [2]

Eine Folge $A_0, A_1, \ldots$ und die zugehörige Potenzreihe $\mathfrak{G}(x)$ heißen mod m nicht reinperiodisch vom Typus k, h, wenn für $\nu \geqq k$

$$A_{\nu+h} \equiv A_\nu \pmod m$$

ist; h heißt dann wieder die Periode. Der „Rest" $A_k, A_{k+1}, \ldots$ ist dann reinperiodisch mod m. Es wird dann

$$\mathfrak{G}(t) \equiv A_0 + A_1 t + \cdots + A_{k-1} t^{k-1} + \frac{A_k t^k + \cdots + A_{k+h-1} t^{k+h-1}}{1-t^h} \pmod m,$$

[2] Anmerkung des Bearbeiters: Statt *nicht reinperiodisch* wäre der im allgemeinen verwendete Ausdruck *gemischtperiodisch* vorzuziehen.

also wird

$$\mathfrak{G}(t) \equiv \frac{B_0 + B_1 t + \cdots + B_{k+h-1} t^{k+h-1}}{1-t^h} \qquad (\text{mod } m),$$

d.h. $\mathfrak{G}(t)$ wird einer unecht gebrochenen rationalen Funktion $\frac{Z_{k+h-1}(t)}{1-t^h}$ mod m kongruent. Wenn umgekehrt

$$\mathfrak{G}(t) \equiv \frac{B_0 + B_1 t + \cdots + B_{k+h-1} t^{k+h-1}}{1-t^h} \qquad (\text{mod } m)$$

ist, so kann ich für $h \geqq k$ in den ersten k Gliedern des Zählers $B_\lambda t^\lambda$ $(\lambda = 0, 1, \ldots, k-1)$ den Faktor 1 durch $1 - t^h + t^h$ ersetzen. Es wird dann

$$\begin{aligned} \mathfrak{G}(t) &= \sum_{\lambda=0}^{k-1} B_\lambda t^\lambda + \frac{1}{1-t^h} [B_0 t^h + B_1 t^{h+1} + \cdots + B_k t^k + \cdots] \\ &\equiv \sum_{\lambda=0}^{k-1} B_\lambda t^\lambda + \frac{t^k}{1-t^h} Z_{h-1} \qquad (\text{mod } m), \end{aligned}$$

der Typus ist also k, h. Ist aber $k > h$, so wähle ich $l = 2, 3, \ldots$ so groß, daß $l h \geqq k$ wird, und setze

$$\mathfrak{G}(t) \equiv \frac{Z_{k+h-1}}{1-t^h} = \frac{1}{1-t^{lh}} \cdot \frac{1-t^{lh}}{1-t^h} Z_{k+h-1} \equiv \frac{1}{1-t^{lh}} Z_{k+lh-1} \qquad (\text{mod } m).$$

Ich erkenne nun, weil hier $k \leqq l h$ ist, daß $\mathfrak{G}(t)$ vom Typus $k, l h$ ist.

Satz I. *Ist* $\mathfrak{G}(t)$ mod m *kongruent einer unecht gebrochenen rationalen Funktion* $\frac{Z_{k+h-1}}{1-t^h}$ *und ist l die kleinste ganze Zahl, die* $\geqq k/h$ *ist, so ist* $\mathfrak{G}(t)$ *nicht reinperiodisch vom Typus $k, l h$.*

Hieraus folgt am einfachsten der

Satz II. *Ist $A_0, A_1, \ldots$ eine zum ganzzahligen Polynom $f(x) = x^n + a_1 x^{n-1} + \cdots + a_n$ gehörende rekurrente Folge und ist p eine in a_n aufgehende Primzahl, so ist für jedes $\alpha \geqq 1$ die Folge mod p^α eine nicht reinperiodische Folge.*

Beweis. Setzt man

$$\psi = \frac{1}{1 + a_1 t + \cdots + a_n t^n},$$

so wird (§ 2)

$$\mathfrak{G}(t) = B_0 \psi + B_1 t \psi + \cdots + B_{n-1} t^{n-1} \psi.$$

Es sei $0 \leqq k < n$ die größte Zahl, für die $(a_k, p) = 1$ wird. Man setze

$$\Psi = \frac{1}{1 + a_1 t + \cdots + a_k t^k}.$$

Dann wird mit ganzzahligem φ

$$\psi = \frac{1}{1 + a_1 t + \cdots + a_k t^k - p t^{k+1} \varphi} = \Psi + p t^{k+1} \varphi \Psi^2 + \cdots,$$

also

$$\psi \equiv \Psi + p\,t^{k+1}\varphi\,\Psi^2 + \cdots + p^{\alpha-1}t^{(k+1)(\alpha-1)}\varphi^{\alpha-1}\Psi^{\alpha} \pmod{p^\alpha}.$$

Nach § 1, Satz II, ist aber jede der Funktionen $\Psi, p\,t\,\Psi^2, \ldots, p^{\alpha-1}t^{\alpha-1}\Psi^{\alpha}$ reinperiodisch. Es gibt also eine Zahl h, für die jede dieser Funktionen $\equiv \frac{Z_{h-1}^{(\mu)}}{1-t^h}$ wird. Das gibt

$$\mathfrak{G}(t) \equiv \frac{(B_0 + B_1 t + \cdots + B_{n-1}t^{n-1})(Z_{h-1}^{(1)} + t^k\varphi\, Z_{h-1}^{(2)} + t^{2k}\varphi^2 Z_{h-1}^{(3)} + \cdots)}{1-t^h} \pmod{p^\alpha}.$$

Das beweist unseren Satz.

Man kann auf Grund des Früheren auch den Typus genau angeben, das Resultat ist aber kompliziert.

Man beachte, daß, wenn alle $a_1, a_2, \ldots, a_n$ durch p teilbar sind, $\Psi = 1$ wird. In diesem Falle wird

$$\mathfrak{G}(t) \equiv B_0 + B_1 t + \cdots + B_{n-1}t^{n-1} \pmod{p},$$

$$\mathfrak{G}(t) \equiv (B_0 + B_1 t + \cdots + B_{n-1}t^{n-1})(1 - a_1 t - \cdots - a_n t^n) \pmod{p^2},$$

allgemein

$$\mathfrak{G}(t) \equiv (B_0 + B_1 t + \cdots + B_{n-1}t^{n-1})(P_0 + P_1 t + \cdots + P_{\alpha-1}t^{\alpha-1}) \pmod{p^\alpha}.$$

Wenn aber

$$\mathfrak{G}(t) \equiv A_0 + A_1 t + \cdots + A_{N-1}t^{N-1} \pmod{p^\alpha}$$

ist, so heißt das: alle Koeffizienten $A_N, A_{N+1}, \ldots$ sind durch p^α teilbar.

§ 5. Ergänzende Bemerkungen über rekurrente Folgen

Ich habe bis jetzt die Diskriminante D des Polynoms $f(x)$ nicht benutzt. Ist D durch die zu betrachtende Primzahl p nicht teilbar, so vereinfacht sich die Bestimmung der Periode h mod p^α erheblich. Es kommt ja nur auf das Verhalten der Funktion

$$\psi = \frac{1}{1 + a_1 t + \cdots + a_n t^n}$$

an. Man hat nur die Periode mod p^α von

$$x^{n-1}\psi = t^{n-1}(P_0 + P_1 t + \cdots)$$

anzugeben. Dabei hat man zwei Tatsachen zu beachten.

1. Es ist bekanntlich

$$D = \begin{vmatrix} s_0 & s_1 \ldots s_{n-1} \\ s_1 & s_2 \ldots s_n \\ \multicolumn{2}{c}{\ldots\ldots\ldots\ldots} \\ s_{n-1} & s_n \ldots s_{2n-2} \end{vmatrix},$$

wenn die s_ν die Potenzsummen des Polynoms

$$f(x) = x^n + a_1 x^{n-1} + \cdots + a_n$$

bedeuten. Es sei nun für $\nu=0, 1, \ldots$

$$\Delta_\nu=\begin{vmatrix} s_0 & s_1 \cdots s_{n-2} & s_\nu \\ s_1 & s_2 \cdots s_{n-1} & s_{\nu+1} \\ \cdots & \cdots & \cdots \\ s_{n-1} & s_n \cdots s_{2n-3} & s_{\nu+n-1} \end{vmatrix} = s_\nu T_{n-1} + s_{\nu+1} T_{n-2} + \cdots + s_{\nu+n-1} T_0.$$

Es wird dann wegen $s_\nu + a_1 s_{\nu-1} + \cdots + a_n s_{\nu-n} = 0$ für $\nu \geqq n$

(1) $$\Delta_\nu + a_1 \Delta_{\nu-1} + \cdots + a_n \Delta_{\nu-n} = 0 \qquad (\nu = n, n+1, \ldots).$$

Außerdem ist $\Delta_0 = \Delta_1 = \cdots = \Delta_{n-2} = 0$, $\Delta_{n-1} = D$, also wegen (1)

$$\Delta_n + a_1 \Delta_{n-1} = 0, \qquad \Delta_{n+1} + a_1 \Delta_n + a_2 \Delta_{n-2} = 0, \ldots.$$

Das liefert, weil $0, 0, \ldots, 0, P_0, P_1, P_2, \ldots$ die durch die n Anfangswerte $0, 0, \ldots, 0, 1$ eindeutig bestimmte rekurrente Folge ist,

(2) $$D P_{\nu-n+1} = \Delta_\nu = s_\nu T_{n-1} + \cdots + s_{\nu+n-1} T_0.$$

Wenn also $(D, p) = 1$ ist, so folgt hieraus in Verbindung mit

$$s_\nu = n P_\nu + (n-1) a_1 P_{\nu-1} + \cdots + a_{n-1} P_{\nu-n+1},$$

daß die beiden rekurrenten Folgen $P_{\nu-n+1}$ und s_ν dieselbe Periode mod p^α besitzen. Dasselbe gilt folglich auch für *alle* rekurrenten Folgen.

Die gemeinsame Periode h mod p^α ist also in diesem Hauptfall die Periode von $s_0, s_1, s_2, \ldots$, die nach dem Früheren allein durch die Zerlegung von $f \equiv F_1 F_2 \cdots F_r$ (mod p) in irreduzible Faktoren bestimmt ist.

2. Das zweite ist ein eleganter Beweis für eine Tatsache, die aus einer anderen Quelle folgt: Ist $(D, p) = 1$ und ist

$$f(x) \equiv FG \qquad (\text{mod } p^\alpha),$$

wobei F und G (ebenso wie f) normiert sind, so kann man zwei Polynome F_1 und G_1 von kleineren Graden als F und G mod p so bestimmen, daß

$$f \equiv (F + p^\alpha F_1)(G + p^\alpha G_1) \qquad (\text{mod } p^{\alpha+1})$$

wird. Denn ist $f = FG + p^\alpha H$, so ist nur zu erreichen, daß

$$p^\alpha H \equiv p^\alpha (F G_1 + G F_1) + p^{2\alpha} F_1 G_1 \qquad (\text{mod } p^{\alpha+1})$$

oder

$$H \equiv F G_1 + G F_1 \qquad (\text{mod } p)$$

wird. Ist aber $(D, p) = 1$, so müssen F und G mod p teilerfremd sein. Bei uns ist der Grad von H kleiner als der Grad n von f. Also lassen sich F_1 und G_1 bekanntlich in gewünschter Weise bestimmen.

Aus dieser Bemerkung folgt

Satz I. *Ist* $(D, p) = 1$ *und ist* $f(x) \equiv F_1 F_2 \cdots F_r$ (mod p), *so ist für jede zu* $f(x)$ *gehörende rekurrente Folge die Periode* mod p^α *gleich der Periode der entsprechenden Folge, die zu* $F_1 F_2 \cdots F_r$ *gehört.*

Das ist so zu verstehen: Ist $A_0, A_1, \ldots$ eine zu $f(x)$ gehörende Folge, so sind durch sie die Anfangswerte $A_0, \ldots, A_{n-1}$ eindeutig bestimmt. Diese Anfangswerte bestimmen eine zu $F_1 \cdots F_r = R$ gehörende Folge

$$B_0, B_1, \ldots \quad \text{mit} \quad B_0 = A_0, \ldots, B_{n-1} = A_{n-1}.$$

Es ist selbstverständlich, daß $h_A(p) = h_B(p)$. Der Satz besagt, daß auch für $\alpha > 1$ die Relation $h_A(p^\alpha) = h_B(p^\alpha)$ gilt.

Z.B. für $f(x) = x^2 - x - 1$ und die rekurrente Folge

$$\text{(A)} \qquad 1, 1, 2, 3, 5, 8, 13, \ldots$$

ist $h_A(9) = 24$. Setze ich $f(x) = x^2 + 2x - 1$, so hätte ich für (A) die Folge $1, 1, -1, 3, -7, 17, -41, \ldots$. Hier ist wieder $h_A(9) = 24$. Aber für $f(x) = x^2 - 4x - 1$ hätte ich $1, 1, 5, 21, 89, \ldots$ und $h_A(9) = 8$. Doch auch hier wird 24 eine Periode mod 9.

§ 6. Allgemeines über periodische Folgen

Jede reinperiodische Folge $A_0, A_1, \ldots$ bestimmt eine arithmetische Funktion $h(m) = h$, nämlich die kleinste Zahl h, für die

$$A_{\nu+h} \equiv A_\nu \pmod{m} \quad (\nu = 0, 1, \ldots).$$

Die Funktion $h(m)$ hat die Eigenschaften

1. $h(k)$ ist ein Teiler von $h(l)$, wenn k ein Teiler von l ist.
2. Ist $\{k, l\} = m$, so ist $h(m) = \{h(k), h(l)\}$.

Insbesondere wird

3. Für $m = p_1^{\alpha_1} p_2^{\alpha_2} \cdots p_r^{\alpha_r}$ ist $h(m) = \{h(p_1^{\alpha_1}), h(p_2^{\alpha_2}), \ldots, h(p_r^{\alpha_r})\}$.

Dies zeigt, daß man nur die Zahlen $h(2^\alpha), h(3^\alpha), \ldots, h(p^\alpha), \ldots$ für alle $\alpha = 1, 2, \ldots$ zu kennen hat. Für jede Primzahl p ist ferner

$$h(p) | h(p^2) | h(p^3) | \cdots, \quad \text{also} \quad h(p) \leqq h(p^2) \leqq \cdots.$$

Sind unendlich viele unter diesen Zahlen einander gleich, so sind sie von einer gewissen Stelle an alle einander gleich. Denn ist $h(p^\alpha) = h(p^\beta)$ und hierbei $\beta \geqq \alpha + 2$, so wird

$$h(p^\alpha) | h(p^{\alpha+1}) | h(p^\beta) = h(p^\alpha),$$

also $h(p^{\alpha+1}) = h(p^\alpha)$ und ebenso $h(p^{\beta-1}) = h(p^{\beta-2}) = \cdots = h(p^{\alpha+1}) = h(p^\alpha)$. Ist nun $h = h(p^\alpha) = h(p^{\alpha+1}) = \cdots$, so wird $A_{\nu+h} \equiv A_\nu \pmod{p^{\alpha+\lambda}}$ für alle $\lambda = 0, 1, \ldots$. Das gibt aber $A_{\nu+h} = A_\nu$, d.h. die Folge ist absolut periodisch mit der sich wiederholenden Teilfolge $A_0, A_1, \ldots, A_{h-1}$. In diesem Falle wird $h(m) | h$ für jedes m. Insbesondere wird hier $h(m)$ beschränkt. Dieser Fall kann als trivial angesehen werden.

Sieht man von diesem Fall ab, so hat man anzunehmen, daß für jede Primzahl p die Zahlen $h(p), h(p^2), \ldots$ „streckenweise monoton steigen“, d.h.

$$h(p) = \cdots = h(p^{\alpha_1 - 1}) < h(p^{\alpha_1}) = \cdots = h(p^{\alpha_2 - 1}) < h(p^{\alpha_2}) = \cdots.$$

Wenn man nun für jedes p die Exponenten $1<\alpha_1<\alpha_2<\cdots$ und die Zahlen $h(p), h(p^{\alpha_1}), h(p^{\alpha_2}), \ldots$ vorschreibt, so ist $h(m)$ eindeutig bestimmt. Setzt man

$$p_1=2,\ p_2=3,\ p_3=5,\ p_4=7,\ldots$$

und schreibt man $h_{\kappa\lambda}=h(p_\kappa^\lambda)$, so wird $h(m)$ durch die Matrix

$$H=\begin{pmatrix} h_{11} & h_{12} & h_{13}\cdots \\ h_{21} & h_{22} & h_{23}\ldots \\ \multicolumn{3}{c}{\dotfill} \end{pmatrix} \qquad (h_{\kappa\lambda}\geqq 1)$$

charakterisiert.

In dieser Matrix darf sich keine Zahl unendlich oft wiederholen. Denn ist etwa $h=h_{\rho_1\sigma_1}=h_{\rho_2\sigma_2}=\cdots$, so müßten hier, weil in jeder Zeile jede Zahl nur endlich oft vorkommt, unendlich viele verschiedene $\rho_1, \rho_2, \ldots$ vorkommen, und wir dürften annehmen, daß die $\rho_1, \rho_2, \ldots$ voneinander verschieden sind. Dann wäre aber $h_{\rho_\mu 1}\leqq h$ wegen $h_{\rho_\mu 1}|h_{\rho_\mu\sigma_\mu}$ für jedes ρ_μ, genauer $h_{\rho_\mu 1}|h$, also h eine Periode für p_{ρ_μ}. Das gäbe aber, für $v=qh+r$ $(0\leqq r<h)$, $A_v\equiv A_r \pmod{p_{\rho_\mu}}$ oder $p_{\rho_1}p_{\rho_2}\cdots|A_v-A_r$, also $A_v-A_r=0$. Die Folge wäre also wieder absolut periodisch, was der über die Zeilen gemachten Voraussetzung widerspricht.

Satz I. *Ist $h(m)$ eine arithmetische Funktion, die die Eigenschaften* 1., 2. (*also auch* 3.) *besitzt, so stelle man für alle Primzahlpotenzen p_κ^λ die Matrix $H=(h_{\kappa\lambda})$ mit $h_{\kappa\lambda}=h(p_\kappa^\lambda)$ auf. Kommt in ihr jedes Element nur endlich oft vor, so läßt sich stets eine reinperiodische (aber nicht absolut periodische) Folge $A_0, A_1, \ldots$ angeben, die* mod m *die Periode $h(m)$ aufweist.*

Beweis. Es sei h die kleinste in H vorkommende Zahl. Die Zahlen $A_0, A_1, \ldots, A_{h-1}$ schreibe man beliebig vor, wobei nur der Fall $A_0=\cdots=A_{h-1}=0$ ausgeschlossen sei. Die Zahl h kommt in H nur endlich oft vor, also auch nur in endlich vielen Zeilen, etwa $\rho_1, \rho_2, \ldots, \rho_k$. Für ρ_μ bestimme man den größten Index λ_μ, für den $h_{\rho_\mu,\lambda_\mu}=h$ wird. Dann unterliegt A_h nur den Bedingungen $A_h\equiv A_0 \pmod{p_{\rho_\mu}^{\lambda_\mu}}$, $\mu=1,\ldots,k$. Hierdurch wird $A_h \bmod \prod_{\mu=1}^{k} p_{\rho_\mu}^{\lambda_\mu}$ eindeutig bestimmt. Man wähle die kleinste positive Lösung, die oberhalb $A_0, A_1, \ldots, A_{h-1}$ liegt. Hat man schon $A_0, \ldots, A_{v-1}$ fixiert, so wird es nur endlich viele ρ geben, für die $v\geqq h_{\rho 1}$ wird. Für jedes dieser ρ bestimme man das größte $h_{\rho\lambda_\rho}\leqq v$. Es sei

$$v=q_{\rho\lambda_\rho}h_{\rho\lambda_\rho}+r_{\rho\lambda_\rho} \quad \text{mit} \quad 0\leqq r_{\rho\lambda_\rho}<h_{\rho\lambda_\rho},$$

also $r_{\rho\lambda_\rho}<v$. Dann unterliegt A_v den endlich vielen Bedingungen $A_v\equiv A_{r_{\rho\lambda_\rho}}$ $\pmod{p_\rho^{\lambda_\rho}}$ und nur diesen. Diese Forderungen lassen sich simultan mod $\prod_\rho p_\rho^{\lambda_\rho}$ erfüllen. Man wähle die kleinste positive Lösung, die größer als A_{v-1} ist. Auf diese Weise lassen sich Schritt für Schritt *alle* A_v eindeutig wählen. Hierbei wird

$$A_h<A_{h+1}<A_{h+2}<\cdots,$$

die Folge ist also gewiß nicht absolut periodisch.

Hat man nun eine „Periodenfunktion" $h(m)$, etwa die Periode einer zu einem Polynom

$$f(x)=x^n+a_1x^{n-1}+\cdots+a_n$$

mit $a_n = \pm 1$ gehörenden rekurrenten Folge, fest gewählt, so verstehe man unter der Gesamtheit der zugehörigen reinperiodischen Folgen die Menge derjenigen Folgen $A_0, A_1, \ldots$, für die $h(m)$ „eine" Periode mod m ist, wobei die genaue Periode $h'(m)$ auch ein echter Teiler von $h(m)$ sein kann. Diese Menge nenne man etwa $\mathfrak{M} = \mathfrak{M}(h(m))$. Es gilt nun der schöne

Satz II. *Für jede Menge $\mathfrak{M}$ läßt sich eine „Basis" angeben, d.h. eine abzählbare Menge von Folgen*

$$(\mathfrak{F}_0) \quad A_{00}, A_{01}, A_{02}, \ldots$$
$$(\mathfrak{F}_1) \quad A_{10}, A_{11}, A_{12}, \ldots$$
$$\ldots\ldots\ldots\ldots$$

aus $\mathfrak{M}$, so daß sich jede Folge $(\mathfrak{F})$ $A_0, A_1, \ldots$ aus $\mathfrak{M}$ in der Form

$$\mathfrak{F} = z_0 \mathfrak{F}_0 + z_1 \mathfrak{F}_1 + z_2 \mathfrak{F}_2 + \cdots$$

darstellen läßt, wobei $z_0, z_1, z_2, \ldots$ ganze Zahlen sind. Die Darstellung ist eindeutig, d.h. ist $\mathfrak{F}$ gegeben, so sind $z_0, z_1, z_2, \ldots$ eindeutig bestimmt. Die Basis besteht dann und nur dann aus endlich vielen Folgen, wenn $h(m)$ beschränkt, also alle $\mathfrak{F}$ absolut periodisch sind. Die Basis läßt sich normiert wählen, d.h. in der Gestalt

$$(\mathfrak{F}_0) \quad d_{00}, d_{01}, d_{02}, d_{03}, \ldots$$
$$(\mathfrak{F}_1) \quad 0, \; d_{11}, d_{12}, d_{13}, \ldots$$
$$(\mathfrak{F}_2) \quad 0, \; 0, \; d_{22}, d_{23}, \ldots$$
$$(\mathfrak{F}_3) \quad 0, \; 0, \; 0, \; d_{33}, \ldots$$
$$\ldots\ldots\ldots\ldots$$

wobei $0 < d_{\mu\mu}$, $d_{\mu\mu} | d_{\mu+1,\mu+1}$, $d_{\mu\mu} | d_{\mu\nu}$ wird.

Beim Beweise benutze ich folgende Tatsachen:

1. Zur Menge $\mathfrak{M} = \mathfrak{M}(h)$ gehört stets die Folge $(\mathfrak{F}_0)$ $1, 1, \ldots$ mit der Periode $h_0(m) = 1$.

2. Sind $(\mathfrak{F}')$ $B_0, B_1, \ldots$ und $(\mathfrak{F}'')$ $C_0, C_1, \ldots$ zwei Folgen aus $\mathfrak{M}$, so gehört auch $(\mathfrak{F}'\mathfrak{F}'')$ $B_0 C_0, B_1 C_1, \ldots$ zu $\mathfrak{M}$ (§ 1, III).

3. Ist $0, 0, \ldots, 0, C_n, C_{n+1}, \ldots$ eine Folge aus $\mathfrak{M}$, so erhält man auch bei Verschiebung (um höchstens n Stellen) nach links Folgen aus $\mathfrak{M}$ (§ 1, I).

4. Sind $\mathfrak{F}', \mathfrak{F}'', \ldots, \mathfrak{F}^{(n)}$ Folgen aus $\mathfrak{M}$, so ist für beliebige ganze Zahlen z', $z'', \ldots, z^{(n)}$ auch $z'\mathfrak{F}' + z''\mathfrak{F}'' + \cdots + z^{(n)}\mathfrak{F}^{(n)}$ eine Folge aus $\mathfrak{M}$.

5. Ist $(\mathfrak{F})$ $A_0, A_1, \ldots$ aus $\mathfrak{M}$ und nicht von der Form $A_0 \mathfrak{F}_0$, so sei etwa $A_n \neq A_0$. Dann ist $\mathfrak{F} - A_0 \mathfrak{F}_0$ oder eine hieraus durch Verschiebung nach links entstandene Folge von der Form $0, B_1, B_2, \ldots$ mit $B_1 \neq 0$ in $\mathfrak{M}$ enthalten. Bei allen Folgen dieser Art in $\mathfrak{M}$ wird wegen 4. das absolut kleinste $B_1 = \pm d_{11}$ in allen übrigen aufgehen und uns eine Folge

$$(\mathfrak{F}_1) \quad 0, d_{11}, d_{12}, d_{13}, \ldots, \qquad d_{11} > 0$$

in $\mathfrak{M}$ liefern. Für jedes $n > 1$ hat man die Folgen in $\mathfrak{M}$ zu betrachten, die mit n Nullen beginnen und an der $(n+1)$-ten Stelle eine von Null verschiedene Zahl C_n enthalten. Gibt es solche, so wird wieder wegen 4. das absolut kleinste $C_n = \pm d_{nn}$

in allen übrigen aufgehen und uns eine Folge

$$(\mathfrak{F}_n) \quad 0, 0, \ldots, 0, d_{nn}, d_{n,n+1}, \ldots$$

liefern. Gibt es keine solche, so darf es wegen 3. auch für $n' > n$ keine entsprechenden Folgen in $\mathfrak{M}$ geben. In diesem Fall möge n die *größte* Zahl sein, für die ein $\mathfrak{F}_n$ existiert. Wegen 3. werden auch $\mathfrak{F}_{n-1}, \mathfrak{F}_{n-2}, \ldots$ existieren. Wir haben nun endlich oder unendlich viele Folgen $\mathfrak{F}_0, \mathfrak{F}_1, \ldots$ zu betrachten. In jedem Falle bilden sie eine *Basis*. Denn ist $(\mathfrak{F})\, A_0, A_1, \ldots$ eine Folge aus $\mathfrak{M}$, so setze man $z_0 = A_0$ und bilde $\mathfrak{F} - z_0\mathfrak{F}_0$. Die Zahl $A_1 - z_0 = A_1 - A_0$ ist dann entweder 0 oder eine durch d_{11} teilbare ganze Zahl. In beiden Fällen setze man $A_1 - z_0 = d_{11} z_1$ und bilde $\mathfrak{F} - z_0\mathfrak{F}_0 - z_1\mathfrak{F}_1$. Ist das „identisch" Null oder nicht, so wird die Folge jedenfalls mit 2 Nullen beginnen und an dritter Stelle eine durch d_{22} teilbare Zahl $d_{22} z_2$ enthalten. Das letztere tritt dann und nur dann ein, wenn ein $\mathfrak{F}_2$ existiert. Man bilde dann $\mathfrak{F} - z_0\mathfrak{F}_0 - z_1\mathfrak{F}_1 - z_2\mathfrak{F}_2$. Diese Folge beginnt mit 3 Nullen. Ist ein $\mathfrak{F}_3$ nicht vorhanden, so muß $\mathfrak{F} - z_0\mathfrak{F}_0 - z_1\mathfrak{F}_1 - z_2\mathfrak{F}_2$ „identisch" Null sein. Ist ein $\mathfrak{F}_3$ vorhanden, so setze man $A_3 - z_0 d_{03} - z_1 d_{13} - z_2 d_{23} = A_3'$. Diese Zahl ist jedenfalls durch d_{33} teilbar. Man setze $A_3' = z_3 d_{33}$ und bilde wieder

$$\mathfrak{F} - z_0\mathfrak{F}_0 - z_1\mathfrak{F}_1 - z_2\mathfrak{F}_2 - z_3\mathfrak{F}_3$$

usw.

6. Auf diese Weise erhält man für jede Folge $(\mathfrak{F})\, A_0, A_1, \ldots$ aus $\mathfrak{M}$ wohlbestimmte ganze Zahlen $z_0, z_1, \ldots$, so daß in dem Sinne

$$\mathfrak{F} = z_0\mathfrak{F}_0 + z_1\mathfrak{F}_1 + \cdots \tag{1}$$

wird, daß für jedes ν

$$A_\nu = z_0 d_{0\nu} + z_1 d_{1\nu} + \cdots + z_\nu d_{\nu\nu} \quad (\nu = 0, 1, \ldots) \tag{2}$$

wird. Umgekehrt liefern beliebige ganze Zahlen $z_0, z_1, \ldots$ in (2) eine Folge $A_0, A_1, \ldots$ aus $\mathfrak{M}$.

7. Ist die Basis endlich, $\mathfrak{F}_0, \ldots, \mathfrak{F}_n$, so wird

$$\mathfrak{F} = z_0\mathfrak{F}_0 + \cdots + z_n\mathfrak{F}_n,$$

d.h.

$$A_\nu = z_0 d_{0\nu} + \cdots + z_n d_{n\nu}.$$

Ist jede Folge $\mathfrak{F}$ aus $\mathfrak{M}$ absolut periodisch, also von der Gestalt

$$A_0, A_1, \ldots, A_{h-1}, A_0, A_1, \ldots, A_{h-1}, \ldots$$

so setze man

$$(\mathfrak{F}_0') \quad 1, 0, \ldots, 0, 1, 0, \ldots, 0, 1, 0, \ldots$$

$$(\mathfrak{F}_1) \quad 0, 1, \ldots, 0, 0, 1, \ldots, 0, 0, 1, \ldots$$

$$\ldots\ldots\ldots\ldots\ldots\ldots$$

$$(\mathfrak{F}_{h-1}) \quad 0, 0, \ldots, 1, 0, 0, \ldots, 1, 0, 0, \ldots.$$

Dann wird $\mathfrak{F} = A_0\mathfrak{F}_0' + A_1\mathfrak{F}_1 + \cdots + A_{h-1}\mathfrak{F}_{h-1}$, also $n = h - 1$.

Ist umgekehrt die Basis endlich, aus $n+1$ Folgen $d_{0\nu}, d_{1\nu}, \ldots, d_{n\nu}$ ($d_{\kappa\lambda}=0$ für $k>\lambda$) bestehend, so wird zunächst $d_{n\nu}^2$ das Multiplum d_{nn} von $\mathfrak{F}_n$, also $d_{n\nu}^2=d_{nn}d_{n\nu}$. Ist $d_{n\nu}\neq 0$, so wird $d_{n\nu}=d_{nn}$, d.h. $d_{n\nu}=d_{nn}a_\nu$, wo $a_\nu=0$ oder 1 ist. Ist $h'(m)$ die zu $\mathfrak{F}_n$ gehörende Periodenfunktion, so wird, für $h=h'(2d_{nn})$, $d_{nn}a_{\nu+h}\equiv d_{nn}a_\nu \pmod{2d_{nn}}$, folglich $a_{\nu+h}\equiv a_\nu \pmod 2$. Da die Differenz $a_{\nu+h}-a_\nu$ gleich 0, 1 oder -1 ist, muß sie Null sein, d.h. $a_{\nu+h}=a_\nu$. Man verschiebe die $d_{n\nu}$ um eine Stelle nach links, bilde also $d_{n,\nu+1}$. Diese Folge beginnt mit $n-1$ Nullen, es wird daher

(3) $$d_{n,\nu+1}=q\,d_{n-1,\nu}+r\,d_{n\nu}.$$

Das gibt

$$d_{nn}=q\,d_{n-1,n-1},\qquad d_{n,n+1}=q\,d_{n-1,n}+r\,d_{nn}.$$

Man setze $d_{n-1,\nu}=d_{n-1,n-1}\,b_\nu$; wegen $d_{nn}=q\,d_{n-1,n-1}$ wird $d_{n\nu}=q\,d_{n-1,n-1}\,a_\nu$. Aus (3) ergibt sich

$$a_{\nu+1}=b_\nu+r\,a_\nu,$$

also $b_\nu=a_{\nu+1}-r\,a_\nu$. Dies zeigt, daß alle b_ν ganz sind und daß $b_{\nu+h}=b_\nu$, also $d_{n-1,\nu+h}=d_{n-1,\nu}$ wird. Ebenso erkennt man, daß

(4) $$d_{n-1,\nu+1}=q_1\,d_{n-2,\nu}+r_1\,d_{n-1,\nu}+s_1\,d_{n\nu}$$

mit ganzen q_1, r_1, s_1 wird. Insbesondere für $\nu=n-2$ wird $d_{n-1,n-1}=q_1\,d_{n-2,n-2}$. Setzt man $d_{n-2,\nu}=d_{n-2,n-2}\,c_\nu$, so erhält man

$$d_{n-1,\nu}=q_1\,d_{n-2,n-2}\,b_\nu,\qquad d_{n\nu}=q\,q_1\,d_{n-2,n-2}\,a_\nu.$$

Aus (4) ergibt sich dann

$$b_{\nu+1}=c_\nu+r_1\,b_\nu+q\,s_1\,a_\nu.$$

Dies zeigt, daß c_ν ganz ist und $c_{\nu+h}=c_\nu$ wird. Dieses Verfahren läßt sich fortsetzen und zeigt, daß für jedes $k=0, 1, \ldots, n$

$$d_{k\nu}=d_{kk}g_{k\nu},\qquad g_{k,\nu+h}=g_{k\nu},\qquad d_{k,\nu+h}=d_{k\nu}$$

wird, wobei die $g_{k\nu}$ ganz sind. Die Zahl h erscheint nun als gemeinsame Periode bei $\mathfrak{F}_0, \mathfrak{F}_1, \ldots, \mathfrak{F}_n$. Folglich ist jede Folge aus $\mathfrak{M}$ absolut periodisch.

8. Wir wollen nun zeigen, daß auch bei unendlich vielen Basisfolgen $d_{k\nu}=d_{kk}g_{k\nu}$ mit ganzen $g_{k\nu}$ für jedes k gilt. Jedenfalls folgt aus der Verschiebungsregel 3., daß d_{nn} für jedes n durch $d_{n-1,n-1}$ teilbar wird. Es sei $d_{nn}=d_{n-1,n-1}q_n$. Für $n=0$ ist ($\mathfrak{F}_0$) 1, 1, …, also gewiß $d_{0\nu}=d_{00}g_{0\nu}$. Es sei schon bekannt, daß $d_{k\nu}=d_{kk}g_{k\nu}$ mit ganzen $g_{k\nu}$ für $k=0, 1, \ldots, n-1$ gilt. Ich betrachte nun irgendeine Folge $\mathfrak{A}=\{a_\nu\}$ aus $\mathfrak{M}$, die ebenso wie $\mathfrak{F}_n$ mit n Nullen beginnt und in der $a_n\neq 0$ ist. Es muß dann jedenfalls a_n durch d_{nn} teilbar sein. Nehme ich eine Verschiebung um eine Stelle nach links vor und vergleiche $\mathfrak{A}'=\{a_{\nu+1}\}$ mit $\mathfrak{F}_{n-1}=\{d_{n-1,\nu}\}$, so wird $a_n=q\,d_{n-1,n-1}$, und es wird

$$\begin{aligned}\mathfrak{B}=\mathfrak{A}'-q\,\mathfrak{F}_{n-1}&=\{a_{\nu+1}-d_{n-1,n-1}\,g_{n-1,\nu}\,q\}\\&=\{a_{\nu+1}-a_n\,g_{n-1,\nu}\}=\{b_\nu\}.\end{aligned}$$

Hier wird $b_0 = \cdots = b_{n-1} = 0$ und $b_n = a_{n+1} - a_n g_{n-1,n}$. Ist diese Zahl nicht Null, so ist sie gewiß durch d_{nn} teilbar; also ist auch a_{n+1} durch d_{nn} teilbar. *A fortiori* gilt das auch für $b_n = 0$. Ist $b_n \neq 0$, so kann ich $\mathfrak{B}$ an Stelle von $\mathfrak{A}$ treten lassen. Es ergibt sich dann auch $b_{n+1} \equiv 0 \pmod{d_{nn}}$, also wegen $b_{n+1} = a_{n+2} - a_n g_{n-1,n+1}$ auch $a_{n+2} \equiv 0 \pmod{d_{nn}}$. Ist aber $b_n = 0$, so nehme ich in $\mathfrak{B}$ noch eine Verschiebung nach links vor. Die neue Folge $\{b_{\nu+1}\}$ muß sich wie $\mathfrak{A}$ verhalten, und es muß $b_{n+1} \equiv a_{n+2} \equiv 0 \pmod{d_{nn}}$ sein. Nun kann ich ebenso zeigen, daß a_{n+3} durch d_{nn} teilbar sein muß. Denn ist $b_n \neq 0$, so tritt $b_{n+2} = a_{n+3}$ an Stelle von a_{n+2}. Ist aber $b_n = 0$, so nehme ich bei $\mathfrak{B}$ eine Verschiebung nach links um eine oder zwei Stellen vor, wobei b_{n+2} die Rolle von a_{n+1} oder von a_n spielt. Auf diese Weise erkennt man Schritt für Schritt, daß alle $a_{n+1}, a_{n+2}, \ldots$ und folglich auch $d_{n,n+1}, d_{n,n+2}, \ldots$ durch d_{nn} teilbar sein müssen.

§ 7. Weitere Eigenschaften der Basis einer Menge $\mathfrak{M}$. Beispiele

Unsere Basis $\mathfrak{F}_k = \{d_{k\nu}\}$ ist nicht eindeutig bestimmt. Ich darf jedes $\mathfrak{F}_k$ durch $\bar{\mathfrak{F}}_k = \mathfrak{F}_k + a_{k+1}\mathfrak{F}_{k+1} + a_{k+2}\mathfrak{F}_{k+2} + \cdots$ ersetzen, wo $a_{k+1}, a_{k+2}, \ldots$ beliebige ganze Zahlen sind. Man kann die $\mathfrak{F}_k$ eindeutig fixieren, indem man etwa $(\mathfrak{F}_0)$ 1, 1, ... festhält und in $\mathfrak{F}_1, \mathfrak{F}_2, \ldots$ verlangt, daß in jeder „Kolonne" die Elemente

$$d_{1\nu}, d_{2\nu}, \ldots, d_{\nu-1,\nu}$$

Zahlen des Intervalls $0 \leqq x < d_{\nu\nu}$ werden. Setzt man wieder $d_{nn} = q_n d_{n-1,n-1}$ und $d_{n\nu} = d_{nn} g_{n\nu}$, so bedeutet dies, daß

$$0 \leqq g_{12} < q_2, \quad 0 \leqq g_{13} < q_2 q_3, \quad 0 \leqq g_{14} < q_2 q_3 q_4, \ldots$$
$$0 \leqq g_{23} < q_3, \quad 0 \leqq g_{24} < q_3 q_4, \quad 0 \leqq g_{25} < q_3 q_4 q_5,$$

usw. wird. Es scheint aber, daß dieses Fixieren sich nicht empfiehlt und die Untersuchung nur erschweren würde.

Wichtig und interessant ist vor allem, daß nach dem Früheren für jedes n

$$d_{n,\nu+1} - q_n d_{n-1,\nu} = u_n d_{n\nu} + u_{n+1} d_{n+1,\nu} + \cdots \tag{1}$$

mit ganzen (eindeutig bestimmten) $u_n, u_{n+1}, \ldots$ wird.

Das kann auch so geschrieben werden:

$$g_{n,\nu+1} - g_{n-1,\nu} = u_n g_{n\nu} + u_{n+1} q_{n+1} g_{n+1,\nu} + u_{n+2} q_{n+1} q_n g_{n+2,\nu} + \cdots. \tag{2}$$

Also

$$g_{n,n+1} - g_{n-1,n} = u_n, \quad g_{n,n+2} - g_{n-1,n+1} = u_n g_{n,n+1} + u_{n+1} q_{n+1}, \ldots.$$

Dies zeigt, daß insbesondere aus $\mathfrak{F}_{n-1}$ und $\mathfrak{F}_n$ allein Forderungen für $\mathfrak{F}_{n+1}, \mathfrak{F}_{n+2}, \cdots$ entstehen, z.B.

$$g_{n,n+2} - g_{n-1,n+1} - g_{n,n+1}(g_{n,n+1} - g_{n-1,n}) \equiv 0 \pmod{q_{n+1}},$$

allgemein

$$g_{n,\nu+1} - g_{n-1,\nu} - g_{n\nu}(g_{n,n+1} - g_{n-1,n}) \equiv 0 \pmod{q_{n+1}}. \tag{2'}$$

Ebenso erhält man

$$(2'')\qquad \begin{vmatrix} g_{n,n+1}-g_{n-1,n} & 1 & 0 \\ g_{n,n+2}-g_{n-1,n+1} & g_{n,n+1} & 1 \\ g_{n,\nu+1}-g_{n-1,\nu} & g_{n\nu} & g_{n+1,\nu} \end{vmatrix} \equiv 0 \pmod{q_{n+2}},$$

$$(2''')\qquad \begin{vmatrix} g_{n,n+1}-g_{n-1,n} & 1 & 0 & 0 \\ g_{n,n+2}-g_{n-1,n+1} & g_{n,n+1} & 1 & 0 \\ g_{n,n+3}-g_{n-1,n+2} & g_{n,n+2} & g_{n+1,n+2} & 1 \\ g_{n,\nu+1}-g_{n-1,\nu} & g_{n\nu} & g_{n+1,\nu} & g_{n+2,\nu} \end{vmatrix} \equiv 0 \pmod{q_{n+3}}$$

usw.

Wenn ich ferner eine beliebige Folge $\{A_\nu\}$ mit $\mathfrak{F}_n=\{d_{n\nu}\}$ „multipliziere", so beginnt die neue Folge $\{A_\nu d_{n\nu}\}$ mit n Nullen. Daher wird

$$A_\nu d_{n\nu}=z_{nn}d_{n\nu}+z_{n,n+1}d_{n+1,\nu}+\cdots$$

oder

$$(3)\qquad A_\nu g_{n\nu}=z_{nn}g_{n\nu}+z_{n,n+1}q_{n+1}g_{n+1,\nu}+z_{n,n+2}q_{n+1}q_{n+2}g_{n+2,\nu}+\cdots.$$

Hierbei wird

$$A_{nn}=z_{nn},\qquad A_{n+1}g_{n,n+1}=A_n g_{n,n+1}+z_{n,n+1}q_{n+1}\qquad \text{usw.}$$

Insbesondere wird

$$(4)\qquad (A_\nu-A_n)\,g_{n\nu}\equiv 0 \pmod{q_{n+1}}.$$

Es sei p^α irgendeine Primzahlpotenz. Dann können nicht alle $g_{n\nu}$ für $\nu>n$ durch p^α teilbar sein. Denn wegen der Periodizität von $d_{n\nu}$ muß es ein $k>0$ geben, für das

$$d_{n,\nu+k}=d_{nn}g_{n,\nu+k}\equiv d_{nn}g_{n\nu} \pmod{d_{nn}p^\alpha}$$

oder $g_{n,\nu+k}\equiv g_{n\nu} \pmod{p^\alpha}$ wird. Da $g_{nn}\equiv 1$ ist, müssen alle Zahlen $g_{nn}, g_{n,n+k}, g_{n,n+2k},\ldots$ kongruent 1 (mod p^α) sein. Aus (4) folgt daher:

Ist k die Periode von $\mathfrak{F}_n$ mod p^α, *so muß für jede Folge der Menge $\mathfrak{M}=\mathfrak{M}(h)$*

$$A_{\nu+k}-A_n\equiv 0 \pmod{q_{n+1}}$$

sein.

Besser: Gegeben ist die Funktion $h(m)$. Jedes $\mathfrak{F}_n$ hat eine Periode $h_n(m)\,|\,h(m)$, und jedenfalls ist $h(m)$ für jedes n *eine* Periode. Setzt man $h(m)=k$, so wird $d_{kk}\equiv d_{k0}$ (mod m) in $\mathfrak{F}_k$, d.h. $d_{kk}\equiv 0$ (mod m). Wegen $d_{k\nu}=d_{kk}g_{k\nu}$ sind also alle $d_{k\nu}$ durch m teilbar, also ist auch für $n>k$, wegen $d_{kk}\,|\,d_{nn}$, $d_{n\nu}\equiv 0$ (mod m). *Dies besagt, daß $h_n(m)=1$ wird für $n\geqq h(m)$.*

Ehe wir weitergehen, wollen wir einige Beispiele betrachten.

1. $h(m)=m$. *Für jedes $n=0,1,\ldots$ ist $M(n)\binom{\nu}{n}$, $\nu=0,1,\ldots$ eine Folge dieser Art, wenn $M(0)=1$ und $M(n)=\{1,2,\ldots,n\}=\prod_p p^\rho$ $(p^\rho\leqq n<p^{\rho+1})$ gesetzt wird. Diese Folgen bilden eine Basis.*

Beweis. Soll für jedes m und jedes v

$$F(n)\left[\binom{v+m}{n}-\binom{v}{n}\right]=F(n)\,[(1+x)^v((1+x)^m-1)|_n]\equiv 0 \pmod m$$

sein, so muß

$$F(n)\left[\binom{m}{1}\binom{v}{n-1}+\binom{m}{2}\binom{v}{n-2}+\cdots+\binom{m}{n-1}\binom{v}{1}+\binom{m}{n}\right]\equiv 0 \pmod m$$

sein für $v=0, 1, \ldots$. Das liefert für $m=1, 2, \ldots, n$

$$F(n)\binom{m}{1}, F(n)\binom{m}{2}, F(n)\binom{m}{3}, \ldots, F(n)\binom{m}{n}\equiv 0 \pmod m.$$

Für $m=2, 3, \ldots, n$ erhält man Schritt für Schritt $2|F(n)$, $3|F(n), \ldots, n|F(n)$, also $a\,M(n)=F(n)$. Für $\lambda=1, \ldots, n$ schreibe man aber $M(n)\binom{m}{\lambda}$ in der Form $M(n)\frac{m}{\lambda}\binom{m-1}{\lambda-1}$. Da $\frac{M(n)}{\lambda}$ und $\binom{m-1}{\lambda-1}$ ganz sind, ist dies durch m teilbar. Also hat $M(n)\binom{v}{n}$ für jedes n die Zahl m zur Periode mod m. Demnach ist $M(n)\binom{v}{n}$ vom Typus $\mathfrak{F}_n$, genauer

$$M(n)\binom{v}{n}=u_n\,d_{nv}+u_{n+1}\,d_{n+1,v}+\cdots$$

mit ganzen $u_n, u_{n+1}, \ldots$. Insbesondere wird (für $v=n$) $M(n)=d_{nn}\,u_n$. Umgekehrt muß $\mathfrak{F}_n$: $0, 0, \ldots, 0, d_{nn}, \ldots$ für $\lambda\leqq n$ mod λ die Periode λ haben. Das gibt $d_{nn}\equiv d_{n0} \pmod n$, $d_{nn}\equiv d_{n1} \pmod{n-1}, \ldots$, $d_{nn}\equiv d_{n,n-2} \pmod 2$, also $d_{nn}\equiv 0 \pmod{M(n)}$. Dies beweist unsere Behauptung.

In diesem Fall wird $g_{nv}=\binom{v}{n}$, ferner wird $q_n=\frac{M(n)}{M(n-1)}=p$ oder 1, je nachdem n eine Primzahlpotenz p^α ist oder nicht. (N.B. es ist $M(n)=e^{\psi(n)}$, wo $\psi(n)$ die bekannte Tschebyscheffsche Funktion ist.) Noch einmal:

Für $h(m)=m$ bilden $\mathfrak{F}_n=\left\{M(n)\binom{v}{n}\right\}$, $d_{nv}=M(n)\binom{v}{n}$ eine Basis.

2. Hieraus kann man eine allgemeine Regel ableiten:

Für $k=2, 3, \ldots$ und $h_k(m)=m^k$ bilden die Folgen

$$\mathfrak{F}_n=\left\{M(\sqrt[k]{n})\binom{v}{n}\right\} \quad (n=1, 2, \ldots;\ M(x)=M([x]))$$

eine Basis.

a. Wir haben zunächst zu zeigen, daß $M(\sqrt[k]{n})\binom{v}{n}$ die Periode m^k besitzt. Es genügt, dies für jede Primzahlpotenz $m=p^\alpha$ zu beweisen; d.h. es soll, wenn $p^\sigma\leqq[\sqrt[k]{n}]<p^{\sigma+1}$ ist,

$$p^\sigma\left\{\binom{v+p^{k\alpha}}{n}-\binom{v}{n}\right\}\equiv 0 \pmod{p^\alpha}$$

sein. Allgemein wird

$$p^{\tau}\left\{\binom{\nu+p^{\beta}}{n}-\binom{\nu}{n}\right\}\equiv 0 \pmod{p^{\alpha}},$$

wenn $\alpha \leqq \tau$ oder $\alpha > \tau$ und $\binom{\nu+p^{\beta}}{n}-\binom{\nu}{n}\equiv 0 \pmod{p^{\alpha-\tau}}$ wird.

Nun ist aber (vgl. 1. oder auch § 1) für $p^{\rho}\leqq n<p^{\rho+1}$ die genaue Periode von $\binom{\nu}{n}$ mod $p^{\alpha-\tau}$ die Potenz $p^{\alpha-\tau+\rho}$. Soll also

$$p^{\tau}\left\{\binom{\nu+p^{k\alpha}}{n}-\binom{\nu}{n}\right\}\equiv 0 \pmod{p^{\alpha}}$$

sein, so ist notwendig und hinreichend, daß $k\alpha \geqq \alpha-\tau+\rho$ für $\alpha>\tau$ wird, d.h. $(k-1)\alpha \geqq \rho-\tau$. Nun ist aber für unser σ, wenn $[\sqrt[k]{n}]=g$ gesetzt wird,

$$p^{\sigma}\leqq g\leqq \sqrt[k]{n}<g+1\leqq p^{\sigma+1},$$

also $p^{k\sigma}\leqq n<p^{k\sigma+k}$, mithin $\rho=k\sigma, k\sigma+1, \ldots, k\sigma+k-1$ oder $\rho=k\sigma+\mu$ mit $\mu=0,1,\ldots,k-1$. Für $\tau=\sigma$ und $\alpha\geqq\tau+1=\sigma+1$ wird aber $k\alpha\geqq\alpha-\sigma+\rho$, weil

$$(k-1)\,\alpha\geqq(k-1)(\sigma+1)\geqq k\sigma+\mu-\sigma=(k-1)\,\sigma+\mu$$

ist. Jedenfalls ist also $p^{\alpha k}$ eine Periode von $p^{\sigma}\binom{n}{\nu}$ mod p^{α} und also m^k eine Periode von $M(\sqrt[k]{n})\binom{\nu}{n}$ mod m.

b. Es ist nun zu zeigen, daß für $h(m)=m^k$ unser $d_{n\nu}=M(\sqrt[k]{n})\binom{\nu}{n}$ ist. Es genügt zu zeigen, daß $d_{nn}=M(\sqrt[k]{n})\,z_n$ mit ganzem z_n ist. Das ergibt sich aber sehr einfach. Für $1\leqq n<2^k$ ist $M(\sqrt[k]{n})=1$, für $2^k\leqq n<3^k$ wird $M(\sqrt[k]{n})=2$, für $3^k\leqq n<4^k$ ist $M(\sqrt[k]{n})=6$, für $4^k\leqq n<5^k$ ist $M(\sqrt[k]{n})=M(4)=12$, für $5^k\leqq n<7^k$ ist $M(\sqrt[k]{n})=M(5)=60$ usw. Für *jede* Primzahlpotenz p^{σ} wird $p^{\sigma}|M(\sqrt[k]{n})$ genau für $p^{\sigma}\leqq\sqrt[k]{n}$, d.h. für $p^{k\sigma}\leqq n$, und folglich wird $M(\sqrt[k]{n})=M(q^{\mu})$, wenn q^{μ} die größte Primzahlpotenz ist, für die $q^{\mu k}\leqq n$ wird. Andererseits ist aber $d_{n-1,n-1}|d_{nn}$ und $d_{nn}=1$ solange $M(\sqrt[k]{n})=1$, d.h. für $n<2^k$; aber für $n\geqq 2^k$ ist $d_{nn}\equiv 0 \pmod 2$, d.h. sobald $M(\sqrt[k]{n})\equiv 0 \pmod 2$ ist. Für $n\geqq 3^k$ ist ferner $d_{nn}\equiv 0 \pmod 3$, usw. Für jede Primzahlpotenz p^{σ} wird, sobald $n\geqq p^{k\sigma}$ ist, auch $d_{nn}\equiv 0 \pmod{p^{\sigma}}$; d.h. d_{nn} ist durch p^{σ} teilbar, wenn $M(\sqrt[k]{n})$ durch p^{σ} teilbar ist. Das besagt aber nur, daß d_{nn} durch $M(\sqrt[k]{n})$ teilbar ist.

Unser Resultat über $h(m)=m^k$ läßt bemerkenswerte Folgerungen zu. Damit

$$a\left[\binom{\nu+b}{n}-\binom{\nu}{n}\right]\equiv 0 \pmod m$$

wird, ist, wie wir schon erwähnt haben, notwendig und hinreichend, daß $a\binom{b}{c}$ für $c=1,2,\ldots,n$ durch m teilbar wird. Wir wissen, daß $M(\sqrt[k]{n})$ für jedes k die kleinste Zahl ist, für die bei beliebigem m die Periode mod m von $M(\sqrt[k]{n})\binom{\nu}{n}$ gleich

m^k wird. *Daher wird* $M(\sqrt[k]{n})\binom{m^k}{n}$ *durch* m *teilbar für* $m=2,3,\dots$, *oder*

$$M(\sqrt[k]{n})\,\frac{m^{k-1}}{n}\binom{m^k-1}{n-1}$$

ist für alle positiven ganzen Zahlen k, m, n *ganz.* Z.B. sind

$$12\cdot\frac{m}{16}\binom{m^2-1}{15},\qquad 2\cdot\frac{m^2}{16}\binom{m^3-1}{15},\qquad 2\,\frac{m^3}{16}\binom{m^4-1}{15}$$

ganze Zahlen. Ersetzt man m durch m^2, so erkennt man, daß

$$12\cdot\frac{m^2}{16}\binom{m^4-1}{15}$$

ganz ist.

84. Arithmetisches über die Tschebyscheffschen Polynome[1]

Von I. SCHUR[2]

§ 1. Einige Hauptformeln

Man setze wie üblich für $n=0, 1, 2, \ldots$

$$\cos n\varphi = T_n(\cos\varphi) = T_n(x) \tag{1.1}$$

mit $x=\cos\varphi$. Dann ist

$$T_0(x)=1, \quad T_1(x)=x, \quad T_2(x)=2x^2-1, \quad T_3(x)=4x^3-3x$$

und allgemein

$$2T_n(x)=\sum_{k=0}^{[n/2]}(-1)^k\left\{\binom{n-k}{k}+\binom{n-k-1}{k-1}\right\}(2x)^{n-2k}, \quad \binom{n-1}{-1}=0. \tag{1.2}$$

Bekanntlich gilt

$$T_n=T_n(x)=\tfrac{1}{2}(x+\sqrt{x^2-1})^n+(x-\sqrt{x^2-1})^n, \tag{1.3}$$

d.h. $T_n(x)$ ist die halbe Potenzsumme der Nullstellen des Polynoms $\xi^2-2x\xi+1$. Weiter gilt die Rekursionsformel

$$T_{n+1}=2xT_n-T_{n-1}, \quad T_0=1, \quad T_1=x \tag{1.4}$$

---

[1] Diese Arbeit aus dem Nachlaß von I. SCHUR behandelt, wie er selbst betont, interessante, aber nicht einfache arithmetische Eigenschaften einer bestimmten Klasse von Polynomen. Dazu sei eine Äußerung von G. SZEGÖ aus dem Vorwort seines Buches über Orthogonal Polynomials (AMS Colloquium Publications, vol. 23, New York 1939) zitiert. Er sagt:

"In general, we have preferred to discuss problems which may be stated and treated simply, and which could be presented in a more or less complete form. This was the main reason for devoting no space to the extremely interesting arithmetic and algebraic properties of orthogonal polynomials, such as, for instance, the recent important investigations of I. SCHUR concerning the irreducibility and related properties of Laguerre and Hermite polynomials."

Damit bezieht sich SZEGÖ auf bereits veröffentlichte Arbeiten von I. SCHUR in den Sitzungsberichten der Preußischen Akademie der Wissenschaften, Berlin (vgl. diese Gesammelten Abhandlungen, Nr. 64 und 65). Es ist daher angebracht, die Untersuchungen von I. SCHUR über die Tschebyscheffschen Polynome ebenfalls zu veröffentlichen.

Beweise für die von SCHUR in §§ 1 und 2 gegebene Zusammenstellung der benötigten Formeln findet man in den einschlägigen Lehrbüchern, z.B. F. G. TRICOMI, Vorlesungen über Orthogonalreihen, Berlin-Göttingen-Heidelberg 1955, Abschn. V, § 9, und G. PÓLYA und G. SZEGÖ, Aufgaben und Lehrsätze aus der Analysis 2, Berlin 1925, Abschn. VI. Im allgemeinen, so auch in dem oben genannten Buch G. SZEGÖ, Orthogonal Polynomials, werden die Tschebyscheffschen Polynome als Spezialfall der ultrasphärischen Polynome behandelt. Dabei ist zu beachten, daß man bei der Indizierung der $U_n(x)$ in der üblichen Bezeichnung den Index n durch $n+1$ ersetzen muß, um die von SCHUR benutzte Indizierung zu erhalten.

[2] Die Bearbeitung dieses von I. SCHUR nachgelassenen Manuskripts besorgte H. ROHRBACH.

und die Differentialgleichung

(1.5) $$(x^2-1)\,T_n''+x\,T_n'-n^2\,T_n=0.$$

Aus $\cos mn\varphi=\cos m(n\varphi)$ folgt

(1.6) $$T_m(T_n)=T_n(T_m)=T_{mn}.$$

Die Nullstellen x_α von $T_n(x)$ erhält man aus

$$T_n(\cos\varphi_\alpha)=\cos n\varphi_\alpha=0,$$

d.h. aus $\varphi_\alpha=(2\alpha-1)\dfrac{\pi}{2n}$, $\alpha=1,2,\ldots,n$, zu

$$2x_\alpha=\exp(2\alpha-1)\frac{\pi i}{2n}+\exp\left(-(2\alpha-1)\frac{\pi i}{2n}\right).$$

Es handelt sich also um $4n$-te Einheitswurzeln. Hieraus folgt, weil für jede primitive m-te Einheitswurzel ρ $(m>4)$ die Summe $\rho+\rho^{-1}$ vom Grade $\frac{1}{2}\,\varphi(m)$ ist, die Art des Zerfallens von $T_n(x)$ im Körper der rationalen Zahlen.

§ 2. Die Polynome $U_n(x)$

Aus (1.1) erhält man durch Differentiation nach φ

$$\frac{1}{n}\,T_n'(\cos n\varphi)=\frac{\sin n\varphi}{\sin\varphi}.$$

Man setze

$$U_n(x)=\frac{1}{n}\,T_n'(x).$$

Dann wird auch $U_n(x)$ ein ganzzahliges Polynom. Es ist

$$U_0(x)=0,\;\; U_1(x)=1,\;\; U_2(x)=2x,\;\; U_3(x)=4x^2-1,\;\ldots$$

Aus der Identität

$$1=\cos^2 n\varphi+\sin^2 n\varphi=\cos^2 n\varphi+(1-\cos^2\varphi)\left(\frac{\sin n\varphi}{\sin\varphi}\right)^2$$

folgt die „Pellsche Gleichung"

(2.1) $$T_n^2-(x^2-1)\,U_n^2=1.$$

Aus (1.3) ergibt sich durch Differentiation nach x

$$U_n=\frac{1}{n}\,T_n'=\frac{(x+\sqrt{x^2-1})^n-(x-\sqrt{x^2-1})^n}{2\sqrt{x^2-1}},$$

d.h. $U_n(x)$ ist die halbe Wronskische symmetrische Funktion der Gleichung $\xi^2-2x\xi+1=0$. Dies liefert mit (1.3)

(2.2) $$(x+\sqrt{x^2-1})^n=T_n+U_n\sqrt{x^2-1},$$

und hieraus folgt, wie üblich, für die „Pellschen Einheiten“ T_n und U_n

(2.3) $$T_{n+1}=x\,T_n+(x^2-1)\,U_n, \qquad U_{n+1}=T_n+x\,U_n.$$

Dies ergibt

(2.4) $$T_n=U_{n+1}-x\,U_n=x\,U_n-U_{n-1},$$

(2.5) $$U_{n+1}=2x\,U_n-U_{n-1}, \qquad U_0=0, \qquad U_1=1.$$

Noch weitere bemerkenswerte Identitäten sind hervorzuheben. Aus (1.4) und (2.5) für $n-1$ statt n erhält man mittels Induktion für $m=1,2,\dots,n-1$

(2.6) $$T_n=U_{m+1}\,T_{n-m}-U_m\,T_{n-m-1}, \qquad U_n=U_{m+1}\,U_{n-m}-U_m\,U_{n-m-1}.$$

Insbesondere folgt hieraus für $n=2k$, $m=k$ bzw. $n=2k+1$, $m=k$

(2.7) $$T_{2k}=U_{k+1}\,T_k-U_k\,T_{k-1}, \qquad U_{2k}=U_{k+1}\,U_k-U_k\,U_{k-1}$$

oder auch, in Verbindung mit (2.4),

(2.7′) $$U_{2k}=2\,T_k\,U_k,$$

bzw.

(2.8) $$T_{2k+1}=U_{k+1}\,T_{k+1}-U_k\,T_k, \qquad U_{2k+1}=U_{k+1}^2-U_k^2.$$

In der ersten Formel (2.8) ersetze man U_j nach (2.3) durch

$$(x^2-1)\,U_j=T_{j+1}-x\,T_j=x\,T_j-T_{j-1}.$$

Das ergibt

(2.8′) $$\begin{aligned}(x^2-1)\,T_{2k+1}&=\begin{vmatrix}x\,T_{k+1}-T_k & T_{k+1}-x\,T_k\\ T_k & T_{k+1}\end{vmatrix}\\ &=x\,(T_k^2+T_{k+1}^2)-2\,T_k\,T_{k+1}.\end{aligned}$$

Außerdem ist nach (1.4) bzw. (2.7) mit (2.3) und (2.1)

(2.9) $$T_{2k+2}=2x\,T_{2k+1}-T_{2k} \quad \text{bzw.} \quad T_{2k}=2\,T_k^2-1,$$

also $x\,T_{2k+1}=T_k^2+T_{k+1}^2-1$. Dies liefert wegen (2.8′)

(2.10) $$x+T_{2k+1}=2\,T_k\,T_{k+1}.$$

Zu beachten ist auch die Formel

(2.11) $$U_{mn}=U_m(T_n)\cdot U_n=U_n(T_m)\cdot U_m,$$

die sich aus (1.6) durch Differentiation nach x ergibt.

Um die Gleichung $U_n(x)=0$ zu behandeln, setze man

$$\frac{\sin n\varphi}{\sin\varphi}=0.$$

Das verschwindet für $\varphi_\alpha = \frac{\alpha\pi}{n}$, $\alpha = 1, 2, \ldots, n-1$; also hat $U_n(x)$ die Nullstellen $x_\alpha = \frac{1}{2}\left(\exp\frac{\alpha\pi i}{n} + \exp\left(-\frac{\alpha\pi i}{n}\right)\right)$, die dem Körper der $2n$-ten Einheitswurzeln angehören. Auch hier läßt sich das Zerfallen von $U_n(x)$ im Körper der rationalen Zahlen genau verfolgen.

§ 3. Kongruenzen nach Primzahlmoduln

Es sei $p > 2$ eine feste Primzahl und $x > 1$ eine gegebene positive ganze Zahl. Wie verhalten sich die Zahlen $T_1(x)$, $T_2(x)$, ... mod p und welche Primteiler p weisen die verschiedenen Zahlen $T_n(x)$ auf? Diese Fragen sind interessant und schwierig.

Zunächst ist, weil $T_n(x)$ die halbe Potenzsumme von $\xi^2 - 2x\xi + 1$ ist (vgl. (1.3)), für $p > 2$

$$T_p \equiv T_1 \equiv x \pmod p, \qquad \text{sogar } T_{p^2} \equiv T_p \pmod p$$

usw. Genauer gilt: Aus (2.2) folgt für $x^2 - 1 = D$, $p \nmid D$

$$T_p + U_p\sqrt{D} = (x + \sqrt{D})^p \equiv x + \left(\frac{D}{p}\right)\sqrt{D} \pmod p,$$

also

$$T_p \equiv x, \qquad U_p \equiv \left(\frac{D}{p}\right) \pmod p. \tag{3.1}$$

Ferner liefert

$$T_{p+1} + U_{p+1}\sqrt{D} = \left(x + \left(\frac{D}{p}\right)\sqrt{D}\right)(x + \sqrt{D}) = x^2 + \left(\frac{D}{p}\right)(x^2 - 1) + \left(x\left(\frac{D}{p}\right) + x\right)\sqrt{D}$$

die Kongruenzen

$$T_{p+1} \equiv x^2\left(1 + \left(\frac{D}{p}\right)\right) - \left(\frac{D}{p}\right), \qquad U_{p+1} \equiv x\left(1 + \left(\frac{D}{p}\right)\right) \pmod p, \tag{3.2}$$

also

$$\begin{aligned} &T_{p+1} \equiv T_2, \qquad U_{p+1} \equiv U_1 \qquad \text{für } \left(\frac{D}{p}\right) = +1, \\ &T_{p+1} \equiv T_0 = 1, \qquad U_{p+1} \equiv U_0 = 0 \qquad \text{für } \left(\frac{D}{p}\right) = -1. \end{aligned} \tag{3.2'}$$

Hieraus folgt, zugleich wegen der Rekursionsformeln,

Satz I. *Ist* $\left(\frac{D}{p}\right) = +1$, *so wird*

$$T_{p-1} \equiv 1, \quad T_p \equiv x \quad \textit{und} \quad U_{p-1} \equiv 0, \quad U_p \equiv 1 \pmod p.$$

Ist $\left(\frac{D}{p}\right)=-1$, *so wird*

$$T_p\equiv x,\quad T_{p+1}\equiv 1\quad \textit{und}\quad U_p\equiv -1,\quad U_{p+1}\equiv 0\pmod p.$$

Dies zeigt jedenfalls, daß für $\left(\frac{D}{p}\right)=1$ die $p-1$ Reste

$$T_0=1,\ T_1=x,\ \ldots,\ T_{p-2}$$

und für $\left(\frac{D}{p}\right)=-1$ die $p+1$ Reste

$$T_0=1,\ T_1=x,\ T_2=2x^2-1,\ \ldots,\ T_{p-1}=2x^2-1,\ T_p=x$$

sich periodisch wiederholen.

Man kann noch genauer schließen. Nach Definition von D ist

$$(x+\sqrt{D})(x-\sqrt{D})=x^2-D=1.$$

Hieraus folgt für $n=1,2,\ldots$ einerseits

$$(x-\sqrt{D})^n=(x+\sqrt{D})^{-n},$$

andererseits mit (2.2) und (2.1)

$$(x-\sqrt{D})^n=\frac{1}{T_n+U_n\sqrt{D}}=T_n-U_n\sqrt{D}.$$

Daher ergibt sich

$$\begin{aligned}(x+\sqrt{D})^{p-n}&=(x+\sqrt{D})^p(x-\sqrt{D})^n\equiv\left(x+\left(\frac{D}{p}\right)\sqrt{D}\right)(T_n-U_n\sqrt{D})\\&\equiv x\,T_n-\left(\frac{D}{p}\right)(x^2-1)\,U_n-\left(x\,U_n-\left(\frac{D}{p}\right)T_n\right)\sqrt{D}\pmod p.\end{aligned}$$

Das liefert einmal nach (2.2) und (2.3)

$$T_{p-n}\equiv x\left(1+\left(\frac{D}{p}\right)\right)T_n-\left(\frac{D}{p}\right)T_{n+1},$$

also

(3.3) $$T_{p-n}\equiv T_{n-1}\quad\text{für}\quad\left(\frac{D}{p}\right)=1,\qquad T_{p-n}\equiv T_{n+1}\quad\text{für}\quad\left(\frac{D}{p}\right)=-1,$$

zum andern nach (2.2) und (2.4) sowie (2.5)

$$U_{p-n}\equiv -x\,U_n+\left(\frac{D}{p}\right)T_n,$$

also

(3.3′) $$U_{p-n}\equiv -U_{n-1}\quad\text{für}\quad\left(\frac{D}{p}\right)=1,\qquad U_{p-n}\equiv -U_{n+1}\quad\text{für}\quad\left(\frac{D}{p}\right)=-1.$$

Entsprechend schließt man mit $(x+\sqrt{D})^{p+n}$. Zusammenfassend erhält man dann

Satz II. *Für* $n=0, 1, 2, \ldots$ *ist*

$$T_{p-n} \equiv T_{n-1}, \qquad T_{p+n} \equiv T_{n+1} \pmod p, \quad \textit{falls} \left(\frac{D}{p}\right) = 1 \textit{ ist},$$

$$T_{p-n} \equiv T_{n+1}, \qquad T_{p+n} \equiv T_{n-1} \pmod p, \quad \textit{falls} \left(\frac{D}{p}\right) = -1 \textit{ ist},$$

und

$$U_{p-n} \equiv -U_{n-1}, \qquad U_{p+n} \equiv U_{n+1} \pmod p, \quad \textit{falls} \left(\frac{D}{p}\right) = 1 \textit{ ist},$$

$$U_{p-n} \equiv -U_{n+1}, \qquad U_{p+n} \equiv U_{n-1} \pmod p, \quad \textit{falls} \left(\frac{D}{p}\right) = -1 \textit{ ist}.$$

Wenn $m>0$ die kleinste Zahl mit $T_m \equiv 1 \pmod p$ ist, so wird $U_m \equiv 0$ nach (2.1) und $T_{m+1} \equiv x\, T_m \equiv x$ nach (2.3). Damit folgt nach (1.4)

$$T_m \equiv 1, \; T_{m+1} \equiv T_1, \; T_{m+2} \equiv T_2, \; \ldots,$$

d.h. die Zahlen wiederholen sich periodisch, und weiter folgt mit Satz I, daß *m ein Teiler von* $p - \left(\frac{D}{p}\right)$ wird. Diese Zahl m heiße *die Periode* mod p *von*

$$\{T\} = \{T_0, T_1, T_2, \ldots\}.$$

Wenn ferner $T_l \equiv -1 \pmod p$ und l am kleinsten ist, so erhält man wie eben $U_l \equiv 0$ und $T_{l+1} \equiv -x$, also

$$T_l \equiv -T_0, \; T_{l+1} \equiv -T_1, \; T_{l+2} \equiv -T_2, \; \ldots, \tag{3.4}$$

schließlich $T_{2l} \equiv -T_l \equiv 1 \pmod p$. Dies zeigt, daß $2l$ durch m teilbar sein muß. Da in der Periode $T_0, T_1, \ldots, T_{m-1}$ alle Reste vorkommen müssen, muß $l<m$ sein. *Wenn also ein solches* l *existiert, muß* $m=2l$ *sein.*

Aus $T_m \equiv T_0$, $T_{m+1} \equiv T_1$ folgt mittels (1.4)

$$T_{m-1} \equiv 2x\, T_0 - T_1 \equiv 2\, T_1 - T_1 = T_1,$$

$$T_{m-2} \equiv 2x\, T_{m-1} - T_m \equiv 2x\, T_1 - T_0 = T_2$$

und in gleicher Weise $T_{m-i} \equiv T_i$. In der Periode ist also Umkehrung gestattet. Die Zahlen

$$T_0, \; T_1, \; T_2, \; \ldots, \; T_{m-1} \quad \text{und} \quad T_m, \; T_{m-1}, \; T_{m-2}, \; \ldots, \; T_1$$

sind in dieser Reihenfolge einander kongruent mod p. Es ist

$$p \,|\, T_{m-i} - T_i \qquad \text{für } i = 0, 1, 2, \ldots, m. \tag{3.5}$$

Im folgenden beschränke ich mich zunächst auf den auch an und für sich interessanten Spezialfall $x=2$.

§ 4. Der Fall $x=2$. Allgemeines über die Perioden

Für $x=2$ ist $D=3$, ferner

$$T_0=1, \; T_1=2, \; T_2=7, \; T_3=26, \; T_4=97, \; T_5=362, \; T_6=1351, \ldots$$

Betrachtet man diese Folge mod 16, so ergibt sich die Periode

$$T_0 \equiv 1,\ T_1 \equiv 2,\ T_2 \equiv 7,\ T_3 \equiv 10,\ T_4 \equiv 1,\ T_5 \equiv 10,\ T_6 \equiv 7,\ T_7 \equiv 2.$$

Es ist also jedes T_{2i+1} gerade. Ferner ist mod 3

$$T_0 \equiv 1,\ T_1 \equiv 2,\ T_2 \equiv 1,\ T_3 \equiv 2,\ \ldots,$$

also $T_{2i+1}+1$ durch 3 teilbar, $T_{2i+1}-1$ nicht. Aus $T_{2i+1}^2 - 3U_{2i+1}^2 = 1$ folgt

$$(T_{2i+1}-1, T_{2i+1}+1) = 1, \quad (T_{2i+1}-1)\frac{T_{2i+1}+1}{3} = U_{2i+1}^2,$$

also

$$T_{2i+1} = 1 + P_{2i+1}^2, \quad T_{2i+1} = -1 + 3Q_{2i+1}^2.$$

Nun hat eine Kongruenz $a x^2 + b y^2 \equiv 0 \pmod p$ mit $(ab, p) = 1$ genau dann Lösungen $x \not\equiv 0$, $y \not\equiv 0 \pmod p$, wenn $\left(\frac{a}{p}\right) = \left(\frac{-b}{p}\right)$ ist. Daher muß jede in T_{2i+1} aufgehende Primzahl $p > 3$ die Bedingungen $\left(\frac{-1}{p}\right) = \left(\frac{3}{p}\right) = 1$ erfüllen, also von der Form $12z+1$ sein. Weiter ist $T_{2i} \equiv 1 \pmod 3$ und ungerade. Aus

$$\left(\frac{T_{2i}-1}{2}, \frac{T_{2i}+1}{2}\right) = 1, \quad \frac{T_{2i}-1}{6}\cdot\frac{T_{2i}+1}{2} = \left(\frac{U_{2i}}{2}\right)^2$$

folgt daher

$$T_{2i} = 1 + 6R_{2i}^2, \quad T_{2i} = -1 + 2S_{2i}^2$$

und hieraus, daß jede in T_{2i} aufgehende Primzahl $p > 3$ die Bedingungen $\left(\frac{-6}{p}\right) = \left(\frac{2}{p}\right) = 1$, d.h. $\left(\frac{-3}{p}\right) = \left(\frac{2}{p}\right) = 1$ zu erfüllen hat, also von der Form $24z+7$ sein muß. Es gilt also

Satz I. *Unter den Primteilern $p > 3$ der Zahlen $T_2(2), T_3(2), \ldots$ sind nur solche der Form $12z+1$ und $24z+7$ vorhanden.*

Bemerkung. Die Primzahlen $p = 12z+1$ sind nicht sämtlich als Teiler vorhanden. Ich kenne bis jetzt nur $p = 241$ als fehlend. Es ist nämlich mod 241 (Berechnung mittels (1.4) für $x = 2$):

$$T_0 = 1,\ T_1 = 2,\ T_2 = 7,\ T_3 = 26,\ T_4 = 97,\ T_5 \equiv 121,\ T_6 \equiv 146,$$
$$T_7 \equiv 222,\ T_8 \equiv 19,\ T_9 \equiv 95,\ T_{10} \equiv 120,\ T_{11} \equiv -97,\ T_{12} \equiv -26,$$
$$T_{13} \equiv -7,\ T_{14} \equiv -2,\ T_{15} \equiv -1; \quad l = 15,\ m = 30.$$

Da die Periode $m = 30$ nicht durch 4 teilbar ist, geht $p = 241$ in keinem der $T_n(2)$ auf (Satz III).

Frage: Welche Primteiler $p = 12z+1$ treten bei den Zahlen $T_n(2)$ tatsächlich auf?

Nun sei $p = 24z+7$. Dann ist $\left(\frac{3}{p}\right) = -1$, also die Periode m ein Teiler von $p+1$. Es sei $m = 2k+1$ ungerade. Nach (3.5) ist $T_{k+1} = T_{m-k} \equiv T_k$ und nach (2.10)

$T_{2k+1}+2=2T_k T_{k+1}$. Es wäre also

$$1+2\equiv 2T_k^2, \quad \text{d.h. } 2T_k^2-3\cdot 1^2\equiv 0 \pmod p.$$

Es müßte mithin $\left(\frac{2}{p}\right)=\left(\frac{3}{p}\right)$ sein im Widerspruch zu $\left(\frac{3}{p}\right)=-1$, $\left(\frac{2}{p}\right)=1$. Es sei daher $m=2k$ gerade und $k=2i+1$ ungerade. Dann wäre nach (2.9) $T_{2k}=2T_k^2-1\equiv 1$, $T_k\equiv \pm 1$. Hier scheidet $T_k\equiv 1$ aus, da sonst k Periodenzahl wäre. Mit $T_k\equiv -1$ und (3.4) sowie (3.5) folgt weiter

$$T_{2k-1}\equiv -T_{k-1} \quad \text{und} \quad T_{2k-1}-T_1\equiv 0, \quad \text{d.h. } T_{k-1}+T_1\equiv 0.$$

Das gibt mit $T_1=2$ und (2.9)

$$T_{2i}+2=2T_i^2-1+2=2T_i^2+1\equiv 0,$$

also $\left(\frac{-2}{p}\right)=1$, was nicht zutrifft. Es muß daher m gerade und durch 4 teilbar sein, $m=4k$. Dann ist $T_{4k}\equiv 1$, also

$$T_{4k}=2T_{2k}^2-1\equiv 1, \quad \text{d.h. } T_{2k}\equiv \pm 1.$$

Wieder scheidet $T_{2k}=+1$ aus, da sonst bereits $2k$ Periodenzahl wäre. Es ist $T_{2k}\equiv -1$ und daher, wieder nach (2.9),

$$T_{2k}=2T_k^2-1\equiv -1, \quad \text{d.h. } T_k\equiv 0.$$

$k=1$ ist nicht möglich, da dann $T_1=x\equiv 0$ wäre, aber $x=2$ und $p>3$ ist. Damit ist gezeigt:

Satz II. *Ist p eine Primzahl der Form $24z+7$, so muß die Periode m von $\{T\}$ mod p ein Teiler $m=4k>4$ von $p+1$ sein, und es wird*

$$T_k=T_k(2)\equiv 0 \pmod p.$$

Wenn in der Periode ein $T_k=T_k(x)\equiv 0 \pmod p$ und k der kleinste Index mit dieser Eigenschaft ist (für beliebiges $x>1$, $p\nmid x^2-1$) so wird

(4.1) $$T_0=1,\ T_1=x,\ \ldots,\ T_{k-1},\ T_k\equiv 0,\ T_{k+i}\equiv -T_{k-i}.$$

Letzteres folgt mittels (1.4), denn es ist

$$T_{k+1}+T_{k-1}=2xT_k\equiv 0, \quad \text{also } T_{k+1}\equiv -T_{k-1}$$

und allgemein mittels Induktion einerseits

$$T_{k+i}=2xT_{k+i-1}-T_{k+i-2}\equiv -2xT_{k-i+1}+T_{k-i+2},$$

andererseits

$$T_{k-i+2}=2xT_{k-i+1}-T_{k-i},$$

also $T_{k+i}\equiv -T_{k-i}$ für $i=1,\ldots,k$. Für $i=k$ folgt $T_{2k}\equiv -T_0\equiv -1$. Das liefert allgemein

$$2k=l, \quad 4k=m,$$

und in der Periode mod p gibt es nur zwei T_k, nämlich T_k und T_{3k}, die durch p teilbar sind. Die sämtlichen $T_n(x)\equiv 0 \pmod p$ sind $T_k, T_{3k}, T_{5k}, T_{7k}, \ldots$. Zugleich hat sich ergeben:

$$k = \frac{m}{4} \,\Big|\, p - \left(\frac{D}{p}\right).$$

Ist umgekehrt m durch 4 teilbar, $m = 4j$, so gilt, auch für $x > 1$ beliebig, $p \nmid x^2 - 1$, nach (2.9)

$$T_{4j} = 2T_{2j}^2 - 1 \equiv 1, \qquad T_{2j} \equiv \pm 1, \qquad T_{2j} \equiv -1,$$

also $2T_j^2 - 1 \equiv -1$, d.h. $T_j \equiv 0$. Damit ist gezeigt:

Satz III. *Ist $x > 1$ beliebig, $p \nmid x^2 - 1$, $p > 3$, so ist p dann und nur dann Primteiler eines $T_n(x)$, wenn die Periode m* mod p *von $\{T\}$ durch 4 teilbar ist. Der kleinste Index k mit $T_k(x) \equiv 0$* (mod p) *ist $k = \frac{m}{4} > 1$.*

Für $x = 2$ und $p = 12z + 1$ ist stets $T_{\frac{p-1}{4}}(2) \equiv 0 \pmod{p}$, falls $\left(\frac{2}{p}\right) = -1$ ist. Denn aus $T_{p-1} \equiv 1$ folgt, wieder mit (2.9),

$$2T_{\frac{p-1}{2}}^2 - 1 \equiv 1, \qquad \text{d.h. } T_{\frac{p-1}{2}} \equiv \pm 1.$$

Ist

$$T_{\frac{p-1}{2}} \equiv -1, \qquad \text{so } 2T_{\frac{p-1}{4}}^2 - 1 \equiv -1, \qquad \text{d.h. } T_{\frac{p-1}{4}} \equiv 0,$$

die Behauptung also zutreffend. Es sei daher

$$T_{\frac{p-1}{2}} \equiv 1, \qquad \text{d.h. } T_{\frac{p-1}{4}} \equiv \pm 1. \tag{4.2}$$

Dieser Fall kann aber für $\left(\frac{2}{p}\right) = -1$ nicht eintreten. Denn dann ist $p \equiv 5 \pmod{8}$, also $\frac{p-1}{4} = 2j + 1$. Mit (4.2), d.h. $T_{2j+1} \equiv \pm 1$, folgt $U_{2j+1} \equiv 0$ nach (2.1), damit aber $U_{j+1}^2 - U_j^2 \equiv 0$ nach (2.8). Dies gibt, wieder wegen (2.1), $T_{j+1}^2 \equiv T_j^2$, also $T_{j+1} \equiv \pm T_j$. Nun ist einerseits $T_{2j+1} + 2 \equiv 1$ bzw. 3, andererseits nach (2.10) $T_{2j+1} + 2 = 2T_j T_{j+1} \equiv \pm 2T_j^2$. Durch Gleichsetzen erhält man die Kongruenzen

$$\pm 2T_j^2 - 1^2 \equiv 0 \quad \text{bzw.} \quad \pm 2T_j^2 - 3 \cdot 1^2 \equiv 0,$$

die für ihr Bestehen wegen $\left(\frac{3}{p}\right) = 1$ die Bedingungen $\left(\frac{2}{p}\right) = 1$ und $\left(\frac{-2}{p}\right) = 1$ erfordern. Beide sind wegen $p \equiv 5 \pmod{8}$ nicht erfüllt.

Fraglich ist also nur das Verhalten der Primzahlen $p = 24z + 7$. Unter diesen sind *keine* Primteiler der verlangten Art jedenfalls

$$p = 241, \quad 313, \quad 937, \quad 1033, \quad 1129, \quad 1609$$

mit

$$m = 30, \quad 78, \quad 234, \quad 129, \quad 47, \quad 402.$$

Satz IV. *Ist für $x > 1$ beliebig, $p \nmid x^2 - 1$, $p > 3$*

$$T_s(x) \equiv T_r(x) \pmod{p} \quad \textit{bei } s > r, \tag{4.3}$$

so muß $s \equiv r \pmod m$ *oder* $s \equiv -r \pmod m$ *sein, wo m die Periode* mod p *von* $\{T\}$ *bedeutet.*

Beweis. Es darf $s, r < m$ angenommen werden. Aus (4.3) und (2.1) folgt $U_s \equiv \pm U_r$. Ist $U_s \equiv U_r$, so folgt $T_{s+1} \equiv T_{r+1}$ aus (2.3) und dann aus der Rekursionsformel (1.4) sukzessive $T_{s-1} \equiv T_{r-1}, \ldots, T_{s-r} \equiv T_{r-r} = T_0 = 1$, d.h. $m \mid s-r$. Ist aber $U_s \equiv -U_r$, so liefert (2.3) zunächst

$$T_{r+1} = x\, T_r + (x^2-1)\, U_r, \qquad T_{s+1} \equiv x\, T_r - (x^2-1)\, U_r$$

und dieses mit (1.4) $T_{s+1} \equiv T_{r-1}$. Hiermit erhält man aus (1.4)

$$T_{s+2} = 2x\, T_{s+1} - T_s, \qquad T_r = 2x\, T_{r-1} - T_{r-2},$$

also $T_{s+2} \equiv T_{r-2}$ und, in gleicher Weise weiterschließend, $T_{s+r} \equiv T_{r-r} = T_0 = 1$, also $m \mid s+r$.

Folgerung. Die Zahlen $T_0, T_1, \ldots, T_h$ mit $2h < m$ sind (bei festem x) paarweise inkongruent mod p.

§ 5. Zusammengesetzte Moduln

Satz. *Ist* $k > 2$ *eine ungerade Zahl, die zu* $x(x^2-1)$ *teilerfremd ist, so sind für jedes feste x die Zahlen* $T_0(x), T_1(x), \ldots$ mod k *rein periodisch.*

Beweis. 1. Es ist $U_n(1) = n$. Denn es ist $U_0 = 0$, $U_1(1) = T_1'(1) = 1$, $U_2(1) = 2$ nach (2.5). Angenommen, es sei $U_h(1) = h$ bereits bewiesen. Dann folgt nach (2.5).

$$U_{h+1}(1) = 2\, U_h(1) - U_{h-1}(1) = 2h - h + 1 = h + 1.$$

2. Ist $p > 2$ Primzahl und $m = m(p)$ die zugehörige Periodenzahl, so setze man $M = p\, m(p)$. Aus $T_m(x) \equiv 1 \pmod p$ folgt $T_m = 1 + ap$, nach (2.1) also $U_m \equiv 0 \pmod p$ und weiter mittels (1.5)

$$\begin{aligned} T_M(x) &= T_p(T_m(x)) = T_p(1+ap) = T_p(1) + ap\, T_p'(1) + a^2 p^2\, T_p''(1) + \cdots \\ &= 1 + ap \cdot p\, U_p(1) + \cdots \equiv 1 \pmod{p^2}. \end{aligned} \tag{5.1}$$

Damit ist $U_M \equiv 0 \pmod p$, mittels (2.11) sogar

$$\begin{aligned} U_M(x) &= U_p(T_m)\, U_m = U_p(1+ap)\, U_m = (U_p(1) + ap\, U_p'(1) + \cdots)\, U_m \\ &= (p + ap\, U_p'(1) + \cdots)\, U_m \equiv 0 \pmod{p^2}. \end{aligned}$$

Aus beidem folgt nach (2.3)

$$T_{M+1} = x\, T_M + (x^2-1)\, U_M \equiv x \pmod{p^2}. \tag{5.2}$$

Nach (5.1) und (5.2) ist $M = p\, m(p)$ Periodenzahl mod p^2 für $\{T\}$. Es sei schon bekannt, daß $M_{h-1} = p^{h-1} m(p)$ eine Periode mod p^h ist. Dann hat man zu zeigen, daß $M_h = p^h m(p)$ eine Periode mod p^{h+1} ist. Man setze $M_{h-1} = N$, $M_h = M$. Nach Induktionsvoraussetzung ist

$$T_N(x) \equiv 1 \pmod{p^h}, \qquad T_{N+1}(x) \equiv x \pmod{p^h}. \tag{5.3}$$

Mit $T_N(x) = 1 + a\, p^h$ folgt nach (1.5)

$$\begin{aligned} T_M(x) &= T_p(T_N) = T_p(1 + a\, p^h) = T_p(1) + a\, p^h\, T_p'(1) + \cdots \\ &= 1 + a\, p^h \cdot p\, U_p'(1) + \cdots \equiv 1 \pmod{p^{h+1}}. \end{aligned} \tag{5.4}$$

Aus (5.3) folgt $T_{N+1}(x)\equiv x\,T_N \pmod{p^h}$ und damit aus (2.3) zunächst $U_N(x)\equiv 0 \pmod{p^h}$, hiermit aber auch nach (2.11)

$$\begin{aligned} U_M(x) &= U_{pN} = U_p(T_N)\,U_N = U_p(1+a\,p^h)\,U_N \\ &= U_p(1)\,U_N + a\,p^h\,U_p'(1)\,U_N + \cdots = p\,U_N + \cdots \\ &\equiv 0 \pmod{p^{h+1}}. \end{aligned}$$

Nun ergibt sich, wieder mit (2.3)

$$T_{M+1}(x) = x\,T_M + (x^2-1)\,U_M \equiv x\,T_M \equiv x \pmod{p^{h+1}}.$$

Zusammen mit (5.4) ist damit die Induktion vollendet.

3. Ist nun $k=p_1^{h_1}\,p_2^{h_2}\cdots p_r^{h_r}$ und kennt man Periodenzahlen

$$m(p_1^{h_1})=m_1, \qquad m(p_2^{h_2})=m_2, \ldots, m(p_r^{h_r})=m_r$$

nach den Moduln $p_1^{h_1}, p_2^{h_2}, \ldots, p_r^{h_r}$, so ist unmittelbar zu sehen, daß das kleinste gemeinsame Vielfache M der Zahlen $m_1, m_2, \ldots, m_r$ eine Periodenzahl mod k ist. Denn es wird jedenfalls M eine Periodenzahl für jedes m_ρ, d. h. es ist

$$T_M(x)\equiv 1, \qquad T_{M+1}(x)\equiv x \pmod{m_\rho} \qquad \text{für } \rho=1,2,\ldots,r,$$

also ist auch

$$T_M(x)\equiv 1, \qquad T_{M+1}(x)\equiv x \pmod{k}.$$

Zugleich ergibt sich, daß M durch jedes der m_ρ teilbar sein muß, daß also M *die* Periode mod k ist. Die Zerlegung von k in Primzahlpotenzen ist die kanonische Zerlegung, die m_ρ sind also paarweise teilerfremd.

§ 6. Weiteres über den Fall eines Primzahlmoduls

Ist $m=2n$ gerade und Periodenzahl mod p, $p>3$, $p\nmid x$, $p\nmid x^2-1$, also $T_{2n}(x)\equiv 1 \pmod{p}$, so wird nach (2.9)

$$2\,T_n^2-1\equiv 1 \pmod{p}, \qquad \text{d.h. } T_n^2-1\equiv (x^2-1)\,U_n^2\equiv 0 \pmod{p}$$

nach (2.1). Als Nullstellen dieser Kongruenz hat man also $x\equiv\pm 1$ und die Nullstellen von $U_n(x)$. Hierbei ist $U_n(1)=n$ und, wie man mittels (2.5) induktiv beweist, $U_n(-1)=(-1)^{n-1}\,n$ (vgl. § 5). Da $m|p\pm 1$ ist, sind 1 und -1 einfache Nullstellen mod p. Ferner ist $x=0$ nur für gerades n eine einfache Nullstelle von $U_n(x)$. Die übrigen Nullstellen sind aber jedenfalls einfach. Denn es ist

$$U_n=\frac{1}{n}\,T_n', \qquad \text{also} \qquad U_n'=\frac{1}{n}\,T_n''.$$

Nach (1.4) ist aber

$$(x^2-1)\,T_n''+x\,T_n'-n^2\,T_n=0 \quad \text{und} \quad T_n\not\equiv 0 \pmod{p}.$$

Letzteres folgt in bekannter Weise aus (2.9).

Nun ist aber speziell $m|p-\varepsilon$ für $\varepsilon=\left(\frac{x^2-1}{p}\right)$, also ist $U_N(x)\equiv 0$ insbesondere für $N=\frac{p-\varepsilon}{2}$. Man lasse x die $p-3$ Zahlen $2, 3, \ldots, p-2$ durchlaufen. Jedes x

liefert, sobald $\left(\frac{x^2-1}{p}\right)=\varepsilon$ wird, eine Lösung von $U_N(x)\equiv 0$. Ich erhalte für $\varepsilon=1$ gewisse P, für $\varepsilon=-1$ gewisse Q Lösungen. Das liefert zunächst, da $N=\frac{p-\varepsilon}{2}$ und $U_N(x)$ vom Grad $N-1$ ist, $\frac{p-\varepsilon}{2}-1$ Lösungen von $U_N(x)\equiv 0$. Ist N gerade, so ist darunter noch eine Nullstelle 0 enthalten, die nicht mitzählt. Ich erhalte also

Satz I. *Ist $p-1$ durch 4 teilbar, so ist*

$$P=\frac{p-5}{2}, \quad Q=\frac{p-1}{2}.$$

Ist aber $p+1$ durch 4 teilbar, so wird

$$P=\frac{p-3}{2}, \quad Q=\frac{p-3}{2}.$$

Bemerkung. 1. Für $p>5$ ist also $P>0$, $Q>0$.

2. Für jedes $x=2,3,\ldots,p-2$ ist $\varepsilon=1$, wenn $x-1$ und $x+1$ von gleichem, und $\varepsilon=-1$, wenn sie von ungleichem Restcharakter mod p sind. Wir können also Satz I auch beweisen, indem wir die Formel $\sum_{a=0}^{p-1}\left(\frac{a^2-1}{p}\right)=-1$ von E. Jacobsthal benutzen.

Setzt man $\overline{U}_N=U_N$ für ungerades N, sonst $\overline{U}_N=\frac{1}{x}U_n$, so erhält man also alle P bzw. Q in Betracht kommenden Zahlen x, indem man die sämtlichen (ungleichen) Lösungen der Kongruenz $\overline{U}_N\equiv 0 \pmod p$ bestimmt. Für jedes x hat man eine wohlbestimmte Periode $m=m(x) \bmod p$ zu betrachten. Ist m ungerade, so wird $m(-x)=m(p-x)=2m$. Denn ist $T_m(x)$ die erste Zahl, die kongruent 1 mod p wird, so ist

$$T_m(-x)=-T_m(x)\equiv -1 \pmod p, \qquad \text{d.h. erst } T_{2m}(-x)\equiv 1 \pmod p.$$

Man kann also annehmen, daß $m=2n$ gerade ist. Es wird dann $m|p-\varepsilon$, d.h. $n|N$. Aus $T_{2n}(x)\equiv 1$ folgt dann $U_n(x)\equiv 0 \pmod p$. Es ist aber für $N=nr$ nach (2.11) $U_N(x)=U_r(T_n)\,U_n$. (Das Polynom U_n ist jedenfalls für $n>2$ im Körper der rationalen Zahlen reduzibel; denn es ist $U_{2k}=2T_kU_k$ und $U_{2k+1}=(U_{k+1}-U_k)(U_{k+1}+U_k)$, wobei nur $U_2=2x$ linear ist.) Man denke sich nun U_n von vornherein in irreduzible Faktoren $F_1, F_2, \ldots, F_h$ zerlegt. Kann ich beweisen, daß jedes U_n einen irreduziblen Faktor besitzt oder in keinem U_j mit $j<n$ enthalten ist, so tritt folgendes ein: Wähle ich von vornherein x bzw. $-x$ als Lösung eines derartigen Faktors $F(x)=0$, so muß dann $m(x)=p-\varepsilon$ sein. Das führt auf den

Hauptsatz. *Sowohl für $\varepsilon=1$ als auch für $\varepsilon=-1$ gibt es eine Primitivzahl $x=g$, für die $m(g)=p-\varepsilon$ wird.*

Die Gleichung $U_n(x)=0$ führt (vgl. § 2) auf $\frac{\sin n\varphi}{\sin\varphi}=0$. Das gibt

$$\varphi=\frac{\pi}{n}, \quad \frac{2\pi}{n}, \ldots, \quad \frac{(n-1)\pi}{n},$$

also wird

$$(6.1)\qquad x=\cos\frac{\pi}{n},\quad \cos\frac{2\pi}{n},\dots,\cos\frac{(n-1)\pi}{n},\ \left[\cos\frac{(n-\nu)\pi}{n}=-\cos\frac{\nu\pi}{n}\right].$$

Also gilt:

Satz II. *Ist* $x\not\equiv 0 \pmod p$ *eine Lösung der Kongruenz* $\overline{U}_N(x)\equiv 0$, *so genügen auch die Zahlen* $T_1(x), T_2(x), \dots, T_{N-1}(x)$ *der Kongruenz.*

Es ist aber, wenn x eine Primitivzahl g ist und für m

$$T_m(T_k(g))=T_{mk}(g)\equiv 1 \pmod p$$

werden soll, nur erforderlich, daß $m\,k$ durch $p-\varepsilon$ teilbar wird. Ist nun $(k,p-\varepsilon)=1$, so muß $m=p-\varepsilon$ sein. Ist aber $(k,p-\varepsilon)=d>1$, so ist das kleinste m, das in Betracht kommt, $m=\frac{p-\varepsilon}{d}$.

Satz III. *Ist* $g=g_\varepsilon$ *eine Primitivzahl und* $x\equiv T_k(g)$ *für* $\left(\frac{x^2-1}{p}\right)=\varepsilon$, *so wird für* $(k,p-\varepsilon)=d$

$$m=m(x)=\frac{p-\varepsilon}{d}.$$

Es fehlt uns noch die Kenntnis der irreduziblen Faktoren von $U_n(x)$. Das ist aber sehr einfach. Die Wurzeln von $U_n(x)=0$ sind die Werte (6.1). Insbesondere wird aber $\cos\frac{\pi}{n}=\frac{1}{2}(\rho+\rho^{-1})$ für $\rho=\exp\frac{2\pi i}{2n}$. Hierbei genügt ρ der Kreisteilungsgleichung $F_{2n}(x)=0$ des Grades $\varphi(2n)$ und $\frac{1}{2}(\rho+\rho^{-1})$ bekanntlich einer Gleichung $G_n(x)=0$ des Grades $n'=\frac{1}{2}\varphi(2n)$.

Das genaue Studium der Zerlegung von $U_n(x)$ und $T_n(x)$ übergehe ich. Doch sei einiges über die Primitivzahlen gebracht, als erstes eine Tabelle. Dabei steht g_+ für g_ε mit $\varepsilon=+1$, g_- für g_ε mit $\varepsilon=-1$.

p	g_+	g_-	p	g_+	g_-	p	g_+	g_-
7	4	2	37	2	3	71	−3	20
11	2	3	41	13	5	73	6	4
13	2	3	43	6	3	79	−10	2
17	4	2	47	−2	4	83	2	3
19	5	3	53	5	3	89	13	2
23	6	4	59	2	11	97	14	4
29	5	4	61	2	3			
31	12	2	67	5	3			

Es sei $p+1=2^a k$ mit ungeradem k und $a\geqq 3$, ferner $\left(\frac{3}{p}\right)=-1$, also $m(2)|p+1$. Es muß dann, wenn $\left(\frac{2}{p}\right)=1$ und $m(2)$ durch 4 teilbar ist, $m(2)$ durch 2^a teilbar sein. Denn wäre das nicht der Fall, so wäre für $m=4j$ jedenfalls $T_j(2)\equiv 0 \pmod p$, aber da auch $2m|p+1$ gilt, gäbe es ein z mit $m(z)=2m$, also

$$T_{2j}(z)=T_j(2z^2-1)\equiv 0.$$

Es ist aber 2 eine Lösung dieser Kongruenz und folglich könnte z so gewählt werden, daß $2z^2-1\equiv 2$ wird, d.h. $2z^2\equiv 3$. Das widerspricht aber der Tatsache, daß $\left(\frac{2}{p}\right)=-\left(\frac{3}{p}\right)$ ist.

Ist insbesondere $p=2^q-1$, so gilt

Satz IV. *Für jede Primzahl $p=2^q-1$ (Mersenne, Euklid) ist 2 eine Primitivzahl der Klasse $\varepsilon=1$.*

Denn hier ist $\left(\frac{2}{p}\right)=1, \left(\frac{3}{p}\right)=-\left(\frac{p}{3}\right)=-\left(\frac{1}{3}\right)=-1$.

Dieselbe Betrachtung gilt auch für $p-1=2^a k$, $a\geqq 3$, wenn $\left(\frac{2}{p}\right)=1$ und $\left(\frac{3}{p}\right)=-1$, $\left(\frac{5}{p}\right)=-1$ wird, bei der speziellen Wahl $x=4$. Denn aufgrund der Sequenz $\underset{-}{3}\,\underset{+}{4}\,\underset{-}{5}$ gehört 4 zur Klasse $\varepsilon=1$. Hier ist aber $2x^2-1\equiv 4$ nicht möglich, also muß $2^a|m(4)$ sein.

Satz V. *Für jede Gaußsche Primzahl $p=2^{2^n}+1>5$ ist 4 eine Primitivzahl der Klasse $\varepsilon=1$.*

Denn es ist $p\equiv 1+1\equiv 2 \pmod 3$, $p\equiv 1+1\equiv 2 \pmod 5$, also ist 4 von der Klasse $\varepsilon=1$ und $m(4)\|2^{2^n}$, d.h. $T_{2^{2^n-2}}(4)\equiv 0 \pmod p$.

Diese hübschen Sätze lassen sich noch genauer fassen.

Kriterien für Primzahlen. 1. *Eine Zahl $p=2^q-1$ ist dann und nur dann Primzahl, wenn*

$$T_{\frac{p+1}{4}}(2)\equiv 0 \pmod p.$$

2. *Eine Zahl der Form $p=2^{2^n}+1>5$ ist dann und nur dann Primzahl, wenn*

$$T_{\frac{p-1}{4}}(4)\equiv 0 \pmod p.$$

Beweis. 1. Ist p keine Primzahl, sondern durch die Primzahl r teilbar, so ist für r jedenfalls die Periode

$$m=4\cdot\frac{p+1}{4}=p+1|r\pm 1, \qquad \text{d.h. } r\geqq p.$$

2. Man schließt analog mit 4 statt 2.

Bemerkung. Anstatt mit 2 bzw. 4 kann man mit $T_3(2)=26$, $T_5(2)=362,\ldots$ bzw. $T_3(4)=244$, $T_5(4)=15124,\ldots$ arbeiten.

Interessanter ist folgendes. 1. Ist $p=2^q-1$ und soll x eine Primitivzahl sein (d.h. mit $m=2^q$), so genügt es, daß $2z^2-1\equiv x \pmod p$ keine Lösung besitze (wie früher), d.h. aber wegen $\left(\frac{2}{p}\right)=1$, es braucht nur $\left(\frac{x+1}{p}\right)=-1$ zu sein. Da aber $\left(\frac{x^2-1}{p}\right)=-1$ sein muß, braucht man nur die Sequenz $\underset{+}{x-1}, \underset{-}{x+1}$ zu haben. Man verlange zunächst, daß dies für alle q gelte. Dann hat man nur $\left(\frac{-1}{p}\right)=-1$,

$\left(\frac{3}{p}\right)=-1$ zu benutzen. Insbesondere wird $\underset{+}{4}\ 5\ \underset{-}{6}$. Also wird neben 2 und $T_3(2)$, $T_5(2), \ldots$ auch 5, $T_3(5)$, $T_5(5), \ldots$ zulässig.

Unterscheidet man die Exponenten q nach (geraden) Moduln, so kann man auch weitere Fälle einführen. Ist z.B. $q\equiv 3 \pmod 4$, so wird $p=2^3-1\equiv 2 \pmod 5$, also $\underset{-}{5}$ und $\frac{1}{2}\ \underset{+}{\frac{3}{2}}\ \underset{-}{\frac{5}{2}}$. Das gibt $x=\frac{3}{2}$ und $T_3(\frac{3}{2})=9$, $T_5(\frac{3}{2})=\frac{123}{2}, \ldots$.

Operiert man nicht mit $T_n(x)$, sondern mit $2\,T_n(x)=S_n(2x)$, so wird insbesondere $S_2=y^2-2$, $S_4=S_2(S_2), \ldots$. So erhält man aus $x=2$ das Lehmersche Kriterium[1] $S_{2^k}(4)$, aus $x=\frac{3}{2}$ das Kriterium $S_{2^k}(3)$ und aus $x=5$ neu das Kriterium $S_{2^k}(10)$. Ferner unterscheide man q mod 12. Dann wird wegen $2^{12}-1=9\cdot 5\cdot 7\cdot 13$ neben 3 auch 5, 7, 13 einzuführen sein. Ist $q\equiv 5 \pmod{12}$, so ist $p\equiv 31 \pmod{5, 7, 13}$, $\underset{-}{13}$. Ich kann dann wegen $\underset{+}{50}\ \underset{-}{52}$ und $\underset{+}{\frac{9}{2}}\ \underset{-}{\frac{13}{2}}$ noch $x=51$, $\frac{11}{2}$ einführen. Ist $q\equiv 7 \pmod{12}$, so wird $p\equiv 127$ und $\underset{-}{5}\ \underset{-}{7}$. Das führt insbesondere auf $x=9, 19, 27, \frac{37}{2}$. Für $q\equiv 11 \pmod{12}$ wird $p\equiv 2047$ und $\underset{-}{5}\ \underset{-}{13}$, $x=51, 79, \frac{11}{2}$.

2. Nun sei $p=2^r+1$, $r=2^n>2$, $\underset{-}{3}\ \underset{-}{5}$. Auch hier wird x zulässig, wenn $x\underset{-}{-}1$, $x\underset{-}{+}1$ ist. Hier ist $\underset{-}{3}\ 4\ \underset{-}{5}$, $\underset{-}{10}\ 11\ \underset{-}{12}$, also $x=4$, 11 und $T_n(4)$, $T_n(11)$ für ungerades n zulässig.

§ 7. Einige Hilfsformeln

Bemerkenswert sind die Formeln

$$T_n^2-2x\,T_n\,T_{n+1}+T_{n+1}^2=1-x^2, \tag{7.1}$$

$$U_n^2-2x\,U_n\,U_{n+1}+U_{n+1}^2=1, \tag{7.2}$$

die unmittelbar aus (2.1) und (2.3) folgen. Hiermit hängen die Formeln

$$T_{2k+1}=-x+2\,T_k\,T_{k+1}=x+2(x^2-1)\,U_k\,U_{k+1}, \tag{7.3}$$

$$T_k\,T_{k+1}-(x^2-1)\,U_k\,U_{k+1}=x \tag{7.4}$$

eng zusammen.

Man setze ferner $T_{-n}=T_n$, $U_{-n}=-U_n$. Dann wird

$$2\,T_m\,T_n=T_{m+n}+T_{m-n}, \qquad T_{m+n}=T_m\,T_n+(x^2-1)\,U_m\,U_n, \tag{7.5}$$

$$2\,U_m\,T_n=U_{m+n}+U_{m-n}, \qquad U_{m+n}=U_m\,T_n+U_n\,T_m, \tag{7.5'}$$

$$2(x^2-1)\,U_m\,U_n=T_{m+n}-T_{m-n}. \tag{7.5''}$$

Ist r eine feste positive ganze Zahl, so folgt aus (7.5), (7.5'), (7.5''), daß $T_0, T_r, T_{2r}, \ldots$ bzw. $U_0, U_r, U_{2r}, \ldots$ aus $T_0, T_1, \ldots$ bzw. $U_0, U_1, \ldots$ hervorgehen, indem man x durch T_r ersetzt oder noch mit U_r multipliziert:

$$T_{ir}=T_i(T_r), \qquad U_{ir}=U_i(T_r)\,U_r. \tag{7.6}$$

Für $\rho=1, 2, \ldots, r-1$ wird ferner

$$T_{\rho+ir}=T_\rho\,T_{ir}+(x^2-1)\,U_\rho\,U_{ir},$$

$$U_{\rho+ir}=T_\rho\,U_{ir}+U_\rho\,T_{ir}.$$

---

[1] D. H. LEHMER, Journ. London Math. Soc. **10** (1935), 162–165.

Wichtiger sind die Formeln

$$U_{k-l}=\begin{vmatrix} U_k & U_{k+1} \\ U_l & U_{l+1} \end{vmatrix},$$

(7.7) $$T_{k-l}=\begin{vmatrix} T_k & T_{k+1} \\ U_l & U_{l+1} \end{vmatrix},$$

$$(1-x^2)\,U_{k-l}=\begin{vmatrix} T_k & T_{k+1} \\ T_l & T_{l+1} \end{vmatrix}.$$

Das ergibt sich am kürzesten so: Jede der Determinanten bleibt ungeändert (wegen der Rekursionsformeln), wenn k und l durch $k-1, l-1$ ersetzt werden. Also hat man nur das Indexpaar $k-l, 0$ zu betrachten. Dies liefert aber, wegen (2.3), die angegebenen Resultate. Für $k>l>0$ ergibt sich hieraus insbesondere

Satz I. *Es ist* – *auch* mod p – *für festes oder variables* x

$$(U_k, U_l)=U_{(k,l)}.$$

Denn ist $(k,l)=d$, $k=k_1 d$, $l=l_1 d$, so wird mit (7.6)

$$U_k=U_{k_1 d}=U_{k_1}(T_d)\,U_d, \qquad \text{d.h.}\quad U_d|U_k, \text{ analog } U_d|U_l.$$

Ist aber $(U_k, U_l)=D$, so folgt aus $(7.7)_1$, daß D auch in U_{k-l} aufgeht. Der Euklidische Algorithmus lehrt dann, daß D auch in U_d aufgeht.

Betrachtet man analog die T_n für $n=1,2,\ldots$, und ist wieder $(k,l)=d$, so wird in $(7.7)_3$ wegen $(1-x^2, T_n(x))=1$ nach (2.1) der größte gemeinsame Teiler $D=(T_k, T_l)$ ein Teiler von U_{k-l} und U_{k+l}. Nach Satz I ist also $D|U_{2d}$. Für $d=1$ wird daher $D|U_2=2x$. Ist aber $d>1$ und $k=k_1 d$, $l=l_1 d$, so wird $(T_{k_1}, T_{l_1})|U_2=2x$, also $2x=A_1 T_{k_1}(x)+B_1 T_{l_1}(x)$. Ersetzt man x durch $T_d(x)$, so wird

$$2T_d=A(x)\,T_k(x)+B(x)\,T_l(x).$$

Ist etwa k_1 gerade, so folgt $T_k(x)=T_{k_1}(T_d)\equiv\pm 1 \pmod{2T_d}$. Also ist $D=1$. Sind aber k_1 und l_1 beide ungerade, so werden T_k und T_l durch T_d teilbar und zwar ist $T_{k_1}=x+C(x)(2x)^3$, also

$$T_k(x)=T_d(x)+C_1(2T_d)^3, \qquad \text{d.h.}\quad \frac{T_k}{T_d}=1+8C_1T_d^2,$$

usw. Das gibt schließlich

Satz II. *Ist* $(k,l)=d$ *und* $k=k_1 d$, $l=l_1 d$, *so wird, wenn* k_1 *und* l_1 *ungerade sind,* $(T_k, T_l)=T_d$. *Ist aber eine der Zahlen* k_1, l_1 *gerade, so wird* $(T_k, T_l)=1$.

§ 8. Die Funktionswerte der $T_n(x)$ bei festem n mod p

Stets ist wie bisher $p>2$.

Für $n=2$ ist $T_2(x)=2x^2-1$. Hier ist $T_2(x)\equiv N \pmod p$ identisch mit $x^2\equiv\frac{N+1}{2}$. Nur für $N=-1$ habe ich die mehrfache Nullstelle 0, sonst ist die Anzahl A der Nullstellen $=0$ oder $=2$. Zur weiteren Verdeutlichung seien erst einige Tabellen gegeben. Die Berechnung erfolgt wieder mit der Rekursionsformel

(1.4). Ferner gilt $T_n(-x)=(-1)^n\, T_n(x)$.

$p=3$

$x\equiv$	T_1	T_2
1	1	1
−1	−1	1

$$T_{n+2}\equiv T_n \pmod 3.$$

$p=5$

$x\equiv$	T_1	T_2	T_3	T_4	T_5	T_6
1	1	1	1	1	1	1
−1	−1	1	−1	1	−1	1
2	2	2	1	2	2	1
−2	−2	2	−1	2	−2	1

Hier gelten die Relationen

$$T_7\equiv T_5\equiv T_1, \quad T_6\equiv T_0, \quad T_4\equiv T_2, \quad \text{allgemein } T_{n+6}\equiv T_n \pmod 5).$$

Die Spalte T_0 weist für jedes x und p den Wert 1 auf.

$p=7$

	T_1	T_2	T_3	T_4	T_5	T_6	T_7	T_8	T_9	T_{10}	T_{11}	T_{12}	T_{13}	T_{14}
1	1	1	1	1	1	1	1	1	1	1	1	1	1	1
−1	−1	1	−1	1	−1	1	−1	1	−1	1	−1	1	−1	1
2	2	0	−2	−1	−2	0	2	1	2	0	−2	−1	−2	0
−2	−2	0	2	−1	2	0	−2	1	−2	0	2	−1	2	0
3	3	3	1	3	3	1	3	3	1	3	3	1	3	3
−3	−3	3	−1	3	−3	1	−3	3	−1	3	−3	1	−3	3

Dies ist nur ein Teil der Tabelle. Die vollständige Tabelle enthält 24 Spalten. Denn, wie man sieht, hat jede der drei Doppelzeilen eine andere Periode, nämlich 2 bzw. 8 bzw. 6. Da das kgV (2, 6, 8) = 24 ist, gilt also $T_n\equiv T_{n+24} \pmod 7$. Außerdem gelten die Relationen:

$$T_1\equiv T_7\equiv T_{17}\equiv T_{23}, \qquad T_5\equiv T_{11}\equiv T_{13}\equiv T_{19},$$
$$T_2\equiv T_{10}\equiv T_{14}\equiv T_{22}, \qquad T_3\equiv T_{21}, \qquad T_4\equiv T_{20}, \qquad T_6\equiv T_{18},$$
$$T_8\equiv T_{16}, \qquad T_9\equiv T_{15}, \qquad T_5\equiv T_{12}\, T_1, \qquad T_2\equiv T_{12}\, T_2, \qquad T_9\equiv T_{12}\, T_3$$

u.a. Schreibt man die Spalten als Zeilen, etwa

$$T_2=\begin{pmatrix} 0 & 1 & -1 & 2 & -2 & 3 & -3 \\ -1 & 1 & 1 & 0 & 0 & 3 & 3 \end{pmatrix},$$

$$T_3=\begin{pmatrix} 0 & 1 & -1 & 2 & -2 & 3 & -3 \\ 0 & 1 & -1 & -2 & 2 & 1 & -1 \end{pmatrix},$$

$$T_{12}=\begin{pmatrix} 0 & 1 & -1 & 2 & -2 & 3 & -3 \\ 1 & 1 & 1 & -1 & -1 & 1 & 1 \end{pmatrix},$$

so erhebt sich die Frage, wann diese Zuordnungen sich als Permutationen erweisen.

$p=11$

Statt der Tabelle gebe ich nur die Relationen:

$$T_n \equiv T_{n+60} \pmod{11}, \quad T_1 \equiv T_{11} \equiv T_{49} \equiv T_{59},$$
$$T_7 \equiv T_{17} \equiv T_{43} \equiv T_{53}, \quad T_{13} \equiv T_{23} \equiv T_{37} \equiv T_{47},$$
$$T_{19} \equiv T_{29} \equiv T_{31} \equiv T_{41}, \quad T_2 \equiv T_{22} \equiv T_{38} \equiv T_{58},$$
$$T_3 \equiv T_{27} \equiv T_{33} \equiv T_{57}, \quad T_4 \equiv T_{16} \equiv T_{44} \equiv T_{56},$$
$$T_5 \equiv T_{55}, \quad T_6 \equiv T_{54}, \quad T_8 \equiv T_{28} \equiv T_{32} \equiv T_{52},$$
$$T_9 \equiv T_{21} \equiv T_{39} \equiv T_{51}, \quad T_{10} \equiv T_{50}, \quad T_{12} \equiv T_{48},$$
$$T_{14} \equiv T_{26} \equiv T_{34} \equiv T_{46}, \quad T_{15} \equiv T_{45}, \quad T_{18} \equiv T_{42},$$
$$T_{20} \equiv T_{40}, \quad T_{24} \equiv T_{36}, \quad T_{25} \equiv T_{35}, \quad T_{30}.$$

Setzt man

$$E=(0 \quad 1 \quad -1), \quad A=(2 \quad 4 \quad -2 \quad -4), \quad B=(3 \quad 5 \quad -3 \quad -5),$$

so wird

$$T_n = \begin{pmatrix} E & A & B \\ E_n & A_n & B_n \end{pmatrix} \tag{8.1}$$

mit

$$A_2=(-4 \quad -2 \quad -4 \quad -2), \quad B_2=(-5 \quad 5 \quad -5 \quad 5),$$
$$A_3=(4 \quad 2 \quad -4 \quad -2), \quad B_3=(0 \quad 1 \quad -1 \quad 0),$$
$$A_4=(-2 \quad -4 \quad -2 \quad -4), \quad B_4=(5 \quad 5 \quad 5 \quad 5),$$
$$A_5=(-1 \quad -1 \quad 1 \quad 1), \quad B_5=(-3 \quad 5 \quad 3 \quad -5),$$
$$B_6=(-1 \quad 1 \quad -1 \quad 1),$$
$$A_n = A_{10 \pm n}, \quad B_n = B_{12 \pm n},$$

während E_n sich mittels der Formeln

$$T_n(1)=1, \quad T_n(-1)=(-1)^n, \quad T_{2m}(0)=(-1)^m, \quad T_{2m+1}(0)=0 \tag{8.2}$$

ergibt.

Nach diesen Spezialfällen sei nun $p \geqq 13$ und n eine gegebene natürliche Zahl. In der Schreibweise (8.1) seien E, A, B als Klassen bezeichnet. Die Klasse E geht gemäß (8.2) in E_n über. Die Klasse $A=(x_1 \, x_2 \dots x_p)$ besteht aus den Zahlen x mit $\left(\frac{x^2-1}{p}\right)=1$, also der Periode $m|p-1$. Ist g eine Primitivzahl dieser Klasse und $\frac{p-1}{2}=N$, so ist

$$A=(T_1(g) \; T_2(g) \dots T_{N-1}(g)),$$

wobei $T_{N/2}(g)=0$ auszunehmen ist für $p\equiv 1 \pmod 4$; vgl. § 6, Satz I. Durch $T_n(x)$ gehen die $x_1, \ldots, x_P$ über in

$$T_n(T_i(g))=T_i(T_n(g)), \qquad i=1,2,\ldots,N-1, \ i\neq\frac{p-1}{4}.$$

Ist $(n, p-1)=1$, so ist $T_n(g)$ wieder eine Primitivzahl mod p, und ich erhalte in A_n eine Permutation der x_i. Ist aber $(n, p-1)=d>1$, so ist $T_n(g)$ von der Periode $m=\frac{p-1}{d}$. Ist insbesondere n ungerade, so wird $m=2k$ gerade, und ich brauche nur $i=1,2,\ldots,k-1, i\neq\frac{k}{2}$, zu betrachten. Ist $(n, m)=1$, so erfahren die Zahlen der Periode m eine Permutation. Analoges gilt für die Klasse $B=(y_1\, y_2 \ldots y_Q)$ der y mit $\left(\frac{y^2-1}{p}\right)=-1$ und der Periode $m|p+1$.

Damit bestätigt sich der folgende

Satz von Dickson[2]. *Ist $(n, p^2-1)=1$, so liefert $T_n(x)$ angewandt auf $x=0, 1, \ldots, p-1$ mod p eine Permutation, d.h. aus $T_n(x)\equiv T_n(y) \pmod p$ folgt $x\equiv y \pmod p$.*

Ich betrachte noch den Spezialfall $n=3$, $T_3(x)=4x^3-3x$. Ist $p=6n+1$, so liefert $T_3(x)$ für die Klasse B mit $m|p+1$ eine Permutation. Für die Klasse A gibt $T_3(x)\equiv y$ die Gesamtheit der Zahlen y mit der Periode

$$m=\frac{p-1}{3}=2n \qquad (2\leqq y\leqq p-2),$$

und es durchläuft y die von 0 verschiedenen Wurzeln der Kongruenz $U_n(y)\equiv 0 \pmod p$. Jede dieser Kongruenzen $T_3(x)\equiv y$ hat drei verschiedene Lösungen a, b, c, wobei sich b und c mit Hilfe von a aus

$$(8.3) \qquad 3(1-a^2)\equiv(2x+a)^2 \pmod p, \qquad a+b+c\equiv 0, \qquad \left(\frac{a^2-1}{p}\right)=1,$$

bestimmen. Hinzu kommt noch $1=T_3(1)\equiv T_3(3n)$, also $3n$ als Doppelwurzel.

Ist $p=6n-1$, so vertauschen sich die Klassen. Für die Klasse A ergibt sich eine Permutation, während für die Klasse B mit $m=2n$ und $T_3(x)\equiv z$ wieder die Kongruenz $U_n(z)\equiv 0 \pmod p$ zu lösen ist und die Wurzeln von $T_3(x)\equiv z$ sich wieder gemäß (8.3) aus einer von ihnen ergeben. Ist $p-1$ durch 4 teilbar, so hat auch $T_3(w)\equiv 0$ neben $w=0$ noch zwei Wurzeln, die beiden Wurzeln $w\equiv\pm T_{n/2}(y)$ von $4w^2\equiv 3$. Es ist außerdem $T_{2n}\equiv\frac{1}{2}$.

Einfacher: In beiden Fällen ist

$$y\equiv T_{3j}(g)\equiv T_{3j+6n}(g)\equiv T_{3j+12n}(g),$$

also

$$x\equiv T_j(g), \quad T_{j+2n}(g), \quad T_{j+4n}(g) \quad \text{oder} \quad x\equiv T_j(g), \quad -T_{n-j}(g), \quad -T_{n+j}(g).$$

Weit besser: Für $y=T_3(x)=4x^3-3x$ folgt

$$y-1=(x-1)(2x+1)^2, \qquad y+1=(x+1)(2x-1)^2,$$

---

[2] L. E. DICKSON: Ann. Math. **11**, 65–120 (1897), insbes. 91; vgl. auch I. SCHUR; Sitz. Ber. Preußische Akad. Wiss. 1923, 123–134, insbes. 124 = Gesammelte Abhandlungen, Nr. 50. In der Arbeit von DICKSON muß man auf S. 91, letzte Zeile, p^{2n-1} durch $p^{2n}-1$ ersetzen.

also

$$\left(\frac{y\pm 1}{p}\right)=\left(\frac{x\pm 1}{p}\right).$$

Nun Unterscheidung der Fälle $+\cdot+$, $-\cdot-$ usw. Setzt man dann

$$2x=u+u^{-1}, \quad \text{also} \quad (u-x)^2=x^2-1, \; u \text{ rational},$$

so wird

$$u^3=y+\sqrt{y^2-1}, \qquad u^{-3}=y-\sqrt{y^2-1}.$$

Also ist für $p=6n+1$ dann und nur dann $y\equiv T_3(x)$, wenn y^2-1 quadratischer Rest und $y+\sqrt{y^2-1}$ dritter Potenzrest mod p ist. Allgemeiner gilt

Satz I. *Ist $n=q\geqq 2$ eine Primzahl und $p\equiv 1 \pmod q$, so hat für $\left(\frac{y^2-1}{p}\right)=1$ die Kongruenz $y\equiv T_q(x) \pmod p$ dann und nur dann Lösungen x (in der Anzahl q), wenn $y+\sqrt{y^2-1}=w$ ein q-ter Potenzrest* mod p *ist.*

Beweis. Es wird $w^{-1}=y-\sqrt{y^2-1}$, also $w+w^{-1}=2y$. Ist $w=u^q$, so wird für $x=\frac{1}{2}(u+u^{-1})$

$$u=x+\sqrt{x^2-1}, \quad \text{also} \quad T_q(x)=\tfrac{1}{2}(u^q+u^{-q})=\tfrac{1}{2}(w+w^{-1})=y.$$

Ist umgekehrt $y=T_q(x)$, so wird

$$y^2-1=T_q^2(x)-1=(x^2-1)\,U_q^2(x), \quad \text{also} \quad \left(\frac{x^2-1}{p}\right)=1.$$

Daher läßt sich x in der Form $\frac{1}{2}(u+u^{-1})$ darstellen, wobei

$$u=x+\sqrt{x^2-1}, \qquad u^{-1}=x-\sqrt{x^2-1}$$

wird. Daher ergibt sich

$$y=T_q(x)=\tfrac{1}{2}(u^q+u^{-q}), \qquad \text{d.h.} \quad u^q=y+\sqrt{y^2-1}.$$

Hieraus folgt

Satz II. *Dann und nur dann ist x eine T-Primitivzahl für die Klasse A* (mit $\varepsilon=1$, $m|p-1$), *wenn $2x=u+u^{-1}$ ist, wobei u eine elementare Primitivzahl $u\equiv g$* mod p *ist.*

Ist dies nämlich der Fall und wäre $T_m(x)\equiv 1 \pmod p$ für ein $m<p-1$, so müßte, wenn h eine T-Primitivzahl wäre, $x\equiv T_k(h)$ mit $k>1$ gelten. Ist aber $q\geqq 2$ eine in k aufgehende Primzahl, so wäre

$$x=T_q\big(T_{k/q}(h)\big).$$

Das widerspricht aber Satz I.

Ist umgekehrt $u\not\equiv g$, $u\equiv g^r$, so sei $q|r$. Dann wäre $w\equiv a^q$ und $x=\frac{1}{2}(a^q+a^{-q})\equiv T_q(z)$, also

$$T_{\frac{p-1}{q}}(x)\equiv T_{\frac{p-1}{q}}\big(T_q(z)\big)\equiv T_{p-1}(z)\equiv 1.$$

Bemerkung. Hieraus folgt, daß nach Früherem für jede Primzahl $p=2^{2^n}+1>5$ mit $x=4$, 11 und ebenso mit $x=T_j(4)$, $T_j(11)$ bei ungeradem j die Zahl

$$u=x\pm\sqrt{x^2-1}=g$$

eine Primitivwurzel ist. Übrigens ist in diesem Fall bekanntlich (selbstverständlich) *jeder* Nichtrest g Primitivwurzel!

Schwieriger ist der Fall $p+1$, d.h. $\left(\frac{x^2-1}{p}\right)=-1$. Hier bilden die Zahlen $a+b\sqrt{v}$ für jeden festen Nichtrest v ein Galoissches Feld $\mathfrak{G}_2$, das von v unabhängig ist. Es sei $\gamma=r+s\sqrt{v}$ eine Primitivzahl des Feldes. Es wird dann $\bar{\gamma}=r-s\sqrt{v}=\gamma^p$, also

$$N(\gamma)=\gamma\bar{\gamma}=r^2-v s^2=\gamma^{p+1}.$$

Das ist eine elementare Primitivzahl g, wobei aber die Forderung $\gamma^{p+1}=g$ *nicht* ausreicht. Gibt man g vor, so kann man das Feld durch $v=g$ charakterisieren und darf $N(\gamma)=r^2-g s^2=g$ ansetzen. Es ist dann nur noch $\left(\frac{s^2+1}{p}\right)=-1$ zu verlangen. Setzt man $s^2\equiv t \pmod p$, so wird

$$\kappa=\gamma^{p-1}=\frac{\bar{\gamma}}{\gamma}=\frac{\bar{\gamma}^2}{\gamma\bar{\gamma}}=\frac{(r-\sqrt{g}\,s)^2}{g}\equiv\frac{r^2+g t}{g}-\frac{2rs}{\sqrt{g}},$$

also

$$\kappa=\gamma^{p-1}\equiv 1+2t-2s\sqrt{t+1}\equiv 1+2t-2\sqrt{t^2+t},$$

wofür auch

$$\kappa\equiv 1+2t-\sqrt{(1+2t)^2-1}\equiv\gamma^{p-1}$$

geschrieben werden kann.

Wir haben nun nur Zahlen des Feldes von der Form $\alpha=x+\sqrt{x^2-1}$ zu betrachten. Das sind einfach die von ± 1 verschiedenen Zahlen mit der Eigenschaft $N(\alpha)=1$ oder $\alpha\bar{\alpha}=\alpha^{1+p}\equiv 1$. Setzt man $\alpha=\gamma^l$, so wird $\gamma^{l(1+p)}\equiv 1$. Dies erfordert aber nur, daß l durch $p-1$ teilbar, $l=(p-1)k$ wird oder $\alpha=\kappa^k$. Es wird aber mit (1.2)

$$x=\frac{\alpha+\bar{\alpha}}{2},\qquad T_n(x)=\frac{\alpha^n+\bar{\alpha}^n}{2}$$

oder

$$x=\frac{\kappa^k+\bar{\kappa}^k}{2},\qquad T_n(x)=\frac{\kappa^{kn}+\bar{\kappa}^{kn}}{2}.$$

Dies liefert analog dem Falle $p-1$ die Sätze:

Satz III. *Um alle γ des Feldes zu erhalten, bestimme man alle $t=1,2,\dots,p-2$, die quadratische Reste* mod p *sind, während $t+1$ Nichtrest wird. Ferner wähle man eine feste Primitivzahl g und bilde, wenn $r^2\equiv g(1+t)$, $s^2\equiv t$ ist, die Zahlen $\gamma=r+s\sqrt{g}$. Hierunter gibt es mindestens ein t, so daß γ Primitivzahl des Feldes wird. Diese t liefern dann in $x=1+2t$ eine T-Primitivzahl der Klasse $p+1$ und umgekehrt.*

Satz IV. *Alle y der Klasse haben, wenn $\kappa=1+2t+2\sqrt{t+t^2}$ gesetzt wird und κ in $\gamma=r+s\sqrt{g}=\sqrt{g(1+t)}+\sqrt{tg}$ eine Primitivzahl des Feldes $\mathfrak{G}_2$ liefert, die Form*

$$y=\frac{\kappa^k+\bar{\kappa}^k}{2}.$$

Dann und nur dann hat $y=T_q(x)$ eine Lösung x, wenn k durch q teilbar ist.

Besonders einfach ist der Fall $\left(\frac{2}{p}\right)=-1$. In diesem Fall darf $t=1$ gesetzt werden. Zugleich wird $\underset{-}{2}\ \underset{+}{4}$, also ist 3 von der Klasse $p+1$. Wann ist 3 eine T-Primitivzahl der Klasse? Für $p=11$, 13, 19 ist dies der Fall, aber für $p=29$ nicht (erst $x=4$). Man beachte folgendes. Ist $m=m(x)=4j$, so werden, wie so oft benutzt, $T_j(x)$, $T_{3j}(x)$, $T_{5j}(x)$, ... durch p teilbar und nur diese. Hieraus folgt, daß *insbesondere 3 eine T-Primitivzahl der Klasse $p+1$ wird, wenn $p \doteq 4q-1$ (q Primzahl) wird.* Also für $p=11$, 19, 43, 67, 163, 211, ... Ist weiter $m=4j+2$, so werden

$$T_j+T_{j+1}\equiv 0, \quad T_{3j+1}+T_{3j+2}\equiv 0, \quad T_{5j+2}+T_{5j+3}\equiv 0, \dots \pmod p$$

und nur diese. Soll also 3 eine T-Primitivzahl für $p=8n+5$ sein, so ist erforderlich, daß $T_{2n+1}+T_{2n+2}\equiv 0$ wird. *Dies trifft zu und ist hinreichend, wenn $p=2q-1$ ist (q Primzahl der Form $4k+3$), damit 3 eine Primitivzahl für $p+1$ wird.* Also für $p=5$, 13, 37, 61, 157, 277, ...

Bemerkenswert ist, daß, wie aus den Formeln von §§ 2 und 7 leicht folgt, allgemein gilt:

(8.4) $$T_{2j}+1=2T_j^2, \qquad T_{2j}-1=2(x^2-1)U_j^2,$$

(8.5) $$T_{2j+1}+1=(x+1)(U_{j+1}-U_j)^2, \qquad T_{2j+1}-1=(x-1)(U_{j+1}+U_j)^2.$$

Aus diesen neuen Hauptformeln folgt insbesondere für $x=3$

$$T_{2j}=2T_j^2-1, \qquad T_{2j}=1+16U_j^2,$$
$$T_{2j+1}=4(U_{j+1}-U_j)^2-1, \qquad T_{2j+1}=2(U_{j+1}+U_j)^2+1.$$

Also wird $T_{2j}(3)$ nur durch Primzahlen der Form $8n+1$ teilbar.

Ferner ist

(8.6) $$T_{2j}+T_{2j+1}=(x+1)\{(U_{j+1}-U_j)^2+2(x-1)U_j^2\}.$$

Für $x=3$ wird also

$$T_{2j}+T_{2j+1}=4\{(U_{j+1}-U_j)^2+4U_j^2\}.$$

Jede Zahl der Form T_r+T_{r+1} ist also für $x=3$ nur durch Primzahlen der Form $4n+1$ teilbar.

Ich kann auch setzen

(8.7) $$T_{2j}+T_{2j+1}=2T_j^2+(x-1)(U_{j+1}+U_j)^2.$$

Dann wird für $x=3$

$$T_{2j}+T_{2j+1}=2\{T_j^2+(U_{j+1}+U_j)^2\}.$$

Ferner ist

(8.8) $$T_{2j-1}+T_{2j}=(x+1)\{(U_j-U_{j-1})^2+2(x-1)U_j^2\},$$

(8.9) $$T_{2j-1}+T_{2j}=2T_j^2+(x-1)(U_j+U_{j-1})^2.$$

Dann wird für $x=3$

$$T_{2j-1}+T_{2j}=4(U_j-U_{j-1})^2+16U_j^2=2T_j^2+2(U_j+U_{j-1})^2,$$

und es wird

$$T_{2j}+T_{2j+1}\equiv 0 \pmod p \quad \text{für } m=8j+2,$$
$$T_{2j-1}+T_{2j}\equiv 0 \pmod p \quad \text{für } m=8j-2.$$

§ 9. Die Funktionen $F_n(x)$ und $G_n(x)$

Man setze $2T_n(x)=F_n(2x)$, also

$$F_n(x)=2T_n\left(\frac{x}{2}\right), \qquad T_n(x)=\tfrac{1}{2}F_n(2x).$$

Es wird dann

(9.1) $$F_0(x)=2, \quad F_1(x)=x \quad \text{und} \quad F_{n+1}=xF_n-F_{n-1}.$$

Hieraus folgt, daß die $F_n=F_{-n}$ *normiert und ganzzahlig* sind:

$$F_0=2,\quad F_1=x,\quad F_2=x^2-2,\quad F_3=x^3-3x,\quad F_4=x^4-4x^2+2,$$
$$F_5=x^5-5x^3+5x,\quad F_6=x^6-6x^4+9x^2-2,\quad F_7=x^7-7x^5+14x^3-7x,\dots.$$

Für $x=0$ erhält man

$$F_{2j+1}(0)=0, \qquad F_{2j}(0)=(-1)^j\cdot 2$$

und an der Stelle $x=1$

$$F_{3j}(1)=(-1)^j\cdot 2,\qquad F_{3j+1}(1)=(-1)^j,\qquad F_{3j+2}(1)=(-1)^{j+1}.$$

Ferner setze man

$$G_n(x)=\frac{1}{n}F_n'(x)=U_n\left(\frac{x}{2}\right),\qquad G_{-n}(x)=-G_n(x).$$

Dann wird $G_0=0$, $G_1=1$ und $G_{n+1}=xG_n-G_{n-1}$, also

$$G_2=x,\quad G_3=x^2-1,\quad G_4=x^3-2x,\quad G_5=x^4-3x^2+1,$$
$$G_6=x^5-4x^3+3x,\quad G_7=x^6-5x^4+6x^2-1,\dots$$

und

$$G_{2j}(0)=0,\qquad G_{2j+1}(0)=(-1)^j,$$
$$G_{3j}(1)=0,\qquad G_{3j+1}(1)=G_{3j+2}(1)=(-1)^j.$$

Aus dem Früheren ergibt sich ohne Mühe

$$F_n(x)=\left(\frac{x+\sqrt{x^2-1}}{2}\right)^n+\left(\frac{x-\sqrt{x^2-1}}{2}\right)^n,$$

$$G_n(x)=\frac{1}{\sqrt{x^2-4}}\left(\frac{x+\sqrt{x^2-4}}{2}\right)^n-\left(\frac{x-\sqrt{x^2-4}}{2}\right)^n,$$

$$(x^2-4)F_n''+xF_n'-n^2F_n=0,\qquad F_n^2-(x^2-4)G_n^2=4,$$

$$2F_{n+1} = xF_n + (x^2-4)\,G_n,$$
$$F_n = 2G_{n+1} - xG_n = xG_n - 2G_{n-1}.$$
$$G_{2j} = F_j G_j, \qquad G_{2j+1} = G_{j+1}^2 - G_j^2,$$
$$F_k F_l = F_{k+l} + F_{k-l},$$
$$\begin{vmatrix} G_k & G_{k+1} \\ G_l & G_{l+1} \end{vmatrix} = G_{k-l}, \qquad \begin{vmatrix} F_k & F_{k+1} \\ G_l & G_{l+1} \end{vmatrix} = F_{k-l}, \qquad \begin{vmatrix} F_k & F_{k+1} \\ F_l & F_{l+1} \end{vmatrix} = (4-x^2)\,G_{k-l},$$
$$F_n'' - xF_n F_{n+1} + F_{n+1}^2 = 4 - x^2, \qquad G_n^2 - xG_n G_{n+1} + G_{n+1}^2 = 1,$$
$$F_{2j} + 2 = F_j^2, \qquad F_{2j} - 2 = (x^2-4)\,G_j^2,$$
$$F_{2j+1} + 2 = (x+2)(G_{j+1} - G_j)^2, \qquad F_{2j+1} - 2 = (x-2)(G_{j+1} + G_j)^2.$$

Wichtig ist vor allem, daß auch hier

$$F_{mn}(x) = F_m(F_n(x)), \qquad G_{mn}(x) = G_m'(G_n(x))\,G_n(x)$$

gilt.

Die Sätze über die Perioden bleiben sämtlich erhalten. Insbesondere gelten auch die Kriterien für die Primzahlen $p = 2^q - 1$ und $p = 2^{2^n} + 1$, nur daß hier ein Faktor 2 zu berücksichtigen ist: Bei $p = 2^q - 1$ tritt hier 4 und 10 an die Stelle von 2 und 5, für $q \equiv 3 \pmod 4$ hier 3 statt $\frac{3}{2}$. Bei $p = 2^{2^n} + 1$ tritt hier 8 und 22 an die Stelle von 4 und 11.

§ 10. Ein Satz über Primzahlen

Ist $p = 8n \pm 1$, so ist bekanntlich 2 quadratischer Rest mod p. Es kommt aus unseren Betrachtungen noch ein weiterer Satz hinzu. Ist $p = 16n \pm 1$, so ist eine der beiden Perioden $p - \varepsilon$ gleich $16n$. Für eine F-Primitivzahl x wird $F_{4n}(x) \equiv 0$. Setzt man $F_n(x) = y$, so wird $F_4(y) \equiv 0$. Setzt man $F_2(y) = z$, so wird $F_2(z) = z^2 - 2 \equiv 0$, also $z \equiv \sqrt{2}$ und damit $F_2(y) = y^2 - 2 \equiv \sqrt{2}$. Folglich ist

$$2 + \sqrt{2} \equiv y^2,$$

d.h. $2 + \sqrt{2}$ ist quadratischer Rest. Dasselbe gilt auch für $2 - \sqrt{2}$, denn auch dies ist eine Wurzel der Kongruenz $F_4(y) \equiv 0$. Wenn also $p \equiv \pm 1 \pmod{16}$ ist, so werden

$$\pm\sqrt{2}, \qquad \pm\sqrt{2+\sqrt{2}}, \qquad \pm\sqrt{2-\sqrt{2}}$$

rational. Wenn ferner $p \equiv \pm 1 \pmod{32}$ ist, so schließt man ebenso, daß alle Wurzeln von $F_8(y) \equiv 0$ rational sein müssen. So kann man allgemein schließen:

Satz. *Ist* $p = 2^k n \pm 1$ *Primzahl und* $k > 3$, *so sind die Zahlen*

$$(10.1) \qquad 2,\ 2+\sqrt{2},\ 2-\sqrt{2},\ 2+\sqrt{2+\sqrt{2}},\ 2-\sqrt{2+\sqrt{2}},\ 2+\sqrt{2-\sqrt{2}},\ 2-\sqrt{2-\sqrt{2}},\ \ldots$$

quadratische Reste mod p. *Diese* $2^{k-2} - 1$ *Reste sind stets inkongruent* mod p.

Beweis. Ist $p - \varepsilon = 2^k n$ (n ungerade), so gibt es jedenfalls Zahlen y, die mod p für F_n die Periode 2^k haben. Es wird dann

$$F_{2^{k-2}}(y) \equiv 0 \pmod p,$$

und dies ist hinreichend, d. h. *jede* Wurzel y_i dieser Kongruenz ist zulässig. Zugleich genügen alle $F_2(y_i)$ der Kongruenz

$$F_{2^{k-3}}(y) \equiv 0 \pmod p$$

usw., so daß sämtliche Ausdrücke (10.1) in Betracht kommen. Die Wurzeln jeder Kongruenz $F_2(y) \equiv 0$ sind aber mod p inkongruent, weil $F_2'(y) = 2\,G_2(y)$ nicht gleichzeitig $\equiv 0$ sein kann, da

$$F_2^2 - (y^2-4)\,G_2^2 = 4$$

ist.

Bemerkung. Ist $p \pm 1$ durch 2^k, aber nicht durch 2^{k+1} teilbar, so führt der nächste Schritt auf Nichtreste. Denn diese Größen w würden auf $F_{2^{k-1}}(w) \equiv 0$ führen. Es gehört dann aber w zur Periode 2^{k+1}, und die Potenz geht nicht mehr in $p-\varepsilon$ auf.

Man kann noch weitere Sätze dieser Art aufstellen. Weiß man, daß $p = 1 + 4 \cdot 3^k n$ ist, so ist $T_{3^k}(x) \equiv 0 \pmod p$, wobei alle x^2-1, auf die man stößt, quadratische Reste sind. Die Wurzeln von $T_3(z) \equiv 0$ sind nun $z \equiv 0, \frac{1}{2}\sqrt{3}, -\frac{1}{2}\sqrt{3}$. Ist $k > 1$, so ist auch $T_9(y) \equiv 0$ lösbar. Dies erfordert, daß $T_3(y) \equiv \frac{1}{2}\sqrt{3}$ wird. Dazu brauchen wir, wie wir wissen, daß

$$\frac{\sqrt{3}}{2} + \sqrt{\frac{3}{4} - 1} \equiv \frac{\sqrt{3}+\sqrt{-1}}{2} \equiv u^3, \quad \text{d.h.} \quad \sqrt[3]{\frac{\sqrt{3}+\sqrt{-1}}{2}}$$

rational wird, usw.

Ebenso kann man mit $p = 4 \cdot 5^k n + 1$ arbeiten. Die Wurzeln von $T_5(z) \equiv 0$ erhält man aus $T_5(y) = \frac{1}{2} F_5(2y)$ zu

$$2y \equiv \sqrt{\frac{5+\sqrt{5}}{2}}, \quad y \equiv \frac{1}{2}\sqrt{\frac{5+\sqrt{5}}{2}},$$

und nun wird $T_{25}(x)$ lösbar, wenn

$$\frac{1}{2}\sqrt{\frac{5+\sqrt{5}}{2}} + \frac{1}{2}\sqrt{\frac{\sqrt{5}-3}{2}} \equiv u^5$$

wird, usw. Ich begnüge mich mit diesen Andeutungen.

§ 11. Die Dicksonschen Polynome

Die Tschebyscheffschen Polynome sind von L. E. Dickson[3] verallgemeinert worden. Man setze

$$T_n(x,d) = \frac{(x+\sqrt{x^2-d})^n + (x-\sqrt{x^2-d})^n}{2},$$

$$U_n(x,d) = \frac{(x+\sqrt{x^2-d})^n - (x-\sqrt{x^2-d})^n}{2}.$$

[3] L. E. Dickson, a. a. O.[2]. Vgl. I. Schur: Sitz. Ber. Preuß. Akad. Wiss. 1923, 123–134 = Gesammelte Abhandlungen, Nr. 50.

Dann wird $T_n(x, 1) = T_n(x)$, $U_n(x, 1) = U_n(x)$. Allgemeiner folgt

(11.1) $$T_n(x, d) = (\sqrt{d})^n\, T_n\left(\frac{x}{\sqrt{d}}\right), \quad U_n(x, d) = (\sqrt{d})^{n-1}\, U_n\left(\frac{x}{\sqrt{d}}\right) = \frac{1}{n}\, T_n'(x, d),$$

(11.2) $$\begin{aligned} T_{n+1}(x, d) &= 2x\, T_n(x, d) - d\, T_{n-1}(x, d), \\ U_{n+1}(x, d) &= 2x\, U_n(x, d) - d\, U_{n-1}(x, d), \end{aligned}$$

also

$$T_0(x, d) = 1,\ T_1(x, d) = x,\ T_2(x, d) = 2x^2 - d,\ T_3(x, d) = 4x^3 - 3dx, \ldots$$
$$U_0(x, d) = 0,\ U_1(x, d) = 1,\ U_2(x, d) = 2x,\quad U_3(x, d) = 4x^2 - d, \ldots.$$

Die Funktionen sind ganzzahlige Polynome in x und in d.

Wie aus den Formeln für $T_n(x)$ und $U_n(x)$ folgt, ist insbesondere

(11.3) $$T_n^2(x, d) - (x^2 - d)\, U_n^2(x, d) = d^n,$$

genauer

(11.4) $$T_{2j}(x, d) + d^j = 2\, T_j^2(x, d), \qquad T_{2j}(x, d) - d^j = 2(x^2 - d)\, U_j^2(x, d),$$

(11.5) $$T_{2j+1}(x, d) + d^j \sqrt{d} = (x + \sqrt{d})\, \{U_{j+1}(x, d) - \sqrt{d}\, U_j(x, d)\}^2,$$

(11.5′) $$T_{2j+1}(x, d) - d^j \sqrt{d} = (x - \sqrt{d})\, \{U_{j+1}(x, d) + \sqrt{d}\, U_j(x, d)\}^2.$$

Die Formel (11.5) liefert, indem man die Koeffizienten von $\sqrt{d}$ vergleicht:

(11.6) $$\begin{aligned} T_{2j+1}(x, d) &= x\big(U_{j+1}^2(x, d) + d\, U_j^2(x, d)\big) - 2d\, U_j(x, d)\, U_{j+1}(x, d), \\ d^j &= U_{j+1}^2(x, d) + d\, U_j^2(x, d) - 2x\, U_j(x, d)\, U_{j+1}(x, d). \end{aligned}$$

Aus beiden Relationen (11.6) ergibt sich:

(11.7) $$T_{2j+1}(x, d) = 2(x^2 - d)\, U_j(x, d)\, U_{j+1}(x, d) + x\, d^j.$$

Die Formeln (11.5), (11.6), (11.7) traten bei $d = 1$ nicht auf. Die Formel (11.5′) ergibt sich aus § 7. Allgemein folgt aus ihnen

(11.8) $$d^n(d - x^2) = d\, T_n^2(x, d) - 2x\, T_n(x, d)\, T_{n+1}(x, d) + T_{n+1}^2(x, d).$$

Wir erhalten übrigens aus § 2

$$\begin{aligned} T_{n+1}(x, d) &= x\, T_n(x, d) + (x^2 - d)\, U_n(x, d), \\ T_n(x, d) &= U_{n+1}(x, d) - x\, U_n(x, d) = x\, U_n(x, d) - d\, U_{n-1}(x, d). \end{aligned}$$

Im engsten Zusammenhang mit den Grundformeln (11.4) und (11.5) stehen

(11.9) $$\begin{aligned} U_{2j}(x, d) &= 2\, T_j(x, d)\, U_j(x, d), \\ U_{2j+1}(x, d) &= U_{j+1}^2(x, d) - d\, U_j^2(x, d). \end{aligned}$$

Kompositionssatz. *Für je zwei natürliche Zahlen m und n ist*

(11.10) $$T_{mn}(x, d) = T_m\big(T_n(x, d), d^n\big).$$

Denn es ist nach (11.1)

$$T_m(T_n(x,d),d^n)=(\sqrt{d^n})^m\, T_m\left(\frac{T_n(x,d)}{\sqrt{d^n}}\right)=\sqrt{d^{mn}}\, T_m\left(T_n\left(\frac{x}{\sqrt{d}}\right)\right)$$
$$=\sqrt{d^{mn}}\, T_{mn}\left(\frac{x}{\sqrt{d}}\right)=T_{mn}(x,d).$$

Es handelt sich hier um lauter Identitäten. Sie brauchen nur für positive reelle d und positives $\sqrt{d}$ bewiesen zu werden.

Von Wichtigkeit ist noch folgendes: Es gilt

(11.11) $$T_n(x,a^2)=a^n\, T_n\left(\frac{x}{a}\right), \qquad U_n(x,a^2)=a^{n-1}\, U_n\left(\frac{x}{a}\right).$$

(11.12) $$T_n(x,a^2 b)=a^n\, T_n\left(\frac{x}{a},b\right), \quad U_n(x,a^2 b)=a^{n-1}\, U_n\left(\frac{x}{a},b\right).$$

Erwähnt sei noch: Man setze

$$T_{-n}(x,d)=d^{-n}\, T_n(x,d), \qquad U_{-n}(x,d)=-d^{-n}\, U_n(x,d).$$

Dann gelten die Rekursionsformeln auch für negatives n. Ferner wird

$$\begin{vmatrix} U_k(x,d) & U_{k+1}(x,d) \\ U_l(x,d) & U_{l+1}(x,d) \end{vmatrix}=d^l\, U_{k-l}(x,d),$$
$$\begin{vmatrix} T_k(x,d) & T_{k+1}(x,d) \\ U_l(x,d) & U_{l+1}(x,d) \end{vmatrix}=d^l\, T_{k-l}(x,d),$$
$$\begin{vmatrix} T_k(x,d) & T_{k+1}(x,d) \\ T_l(x,d) & T_{l+1}(x,d) \end{vmatrix}=d^l(d-x^2)\, U_{k-l}(x,d).$$

§ 12. Kongruenzen nach einem Primzahlmodul

Es sei p eine ungerade Primzahl, $(p,d)=1$, $(p,x^2-d)=1$, x eine der Zahlen $0,1,2,\ldots,p-1$. Setzt man $\left(\frac{x^2-d}{p}\right)=\varepsilon$, so wird

$$(x+\sqrt{x^2-d})^p\equiv x+(x^2-d)^{\frac{p-1}{2}}\,(x^2-d)^{\frac{1}{2}}\equiv x+\varepsilon\sqrt{x^2-d}\ (\mathrm{mod}\ p).$$

Das liefert

$$T_p(x,d)\equiv T_1(x,d), \qquad T_{p+1}(x,d)\equiv x^2+\varepsilon(x^2-d),$$

also

(12.1) $$\begin{array}{lll} T_p(x,d)\equiv T_1(x,d), & T_{p+1}(x,d)\equiv T_2(x,d) & \text{für } \varepsilon=1, \\ T_p(x,d)\equiv T_1(x,d), & T_{p+1}(x,d)\equiv d & \text{für } \varepsilon=-1. \end{array}$$

Die Rekursionsformel (11.2) zeigt dann, daß für $\varepsilon=1$ die Zahlen

(P) $$T_0(x,d)=1,\ T_1(x,d)=x,\ \ldots,\ T_{p-2}(x,d)$$

sich mit der Periode $p-1$ wiederholen. Für $\varepsilon=-1$ wird

$$T_{p+2}=2xd-dx=dx, \quad \text{d.h.} \quad T_{p+1}=dT_0, \quad T_{p+2}=dT_1.$$

Folglich verhalten sich hier die Zahlen $T_n(x,d)$ so, daß zunächst die Folge

$$(R) \qquad T_0(x,d),\ T_1(x,d),\ \ldots,\ T_{p-1}(x,d),\ T_p(x,d)=T_1(x,d)$$

auftritt, anschließend die Folge (dR), d.h. die mit d multiplizierte Folge (R), dann die Folge $(d^2 R)$ usw. Gehört d mod p zum Exponenten k, so erhalte ich als Periode die Gesamtheit der Folgen

$$(R),\ (dR),\ (d^2 R),\ \ldots,\ (d^{k-1} R),$$

also insgesamt $k(p+1)$ Zahlen. Für $\varepsilon=-1$ liegt daher eine Periode der Länge $k(p+1)$ vor.

Soll einmal $T_n(x,d)\equiv 0$ sein, so muß dies für $\varepsilon=1$ in (P), für $\varepsilon=-1$ in (R) auftreten. Sei r die kleinste Zahl, für die $T_r(x,d)\equiv 0$ ist. Ist $\left(\frac{d}{p}\right)=1$, $d\equiv a^2$, so wird nach (11.11)

$$T_r(x,a^2)\equiv a^r\, T_r\left(\frac{x}{a}\right)\equiv 0.$$

Jedenfalls ist dann

$$\varepsilon=\left(\frac{x^2-a^2}{p}\right)=\left(\frac{\left(\frac{x}{a}\right)^2-1}{p}\right),$$

und $p-\varepsilon$ muß durch 4 teilbar sein.

Es genügt also, den Fall $\left(\frac{d}{p}\right)=-1$ allein zu behandeln. Dazu sind noch weitere Formeln notwendig. Es ist

$$2T_k\left(\frac{x}{\sqrt{d}}\right) T_l\left(\frac{x}{\sqrt{d}}\right)=T_{k+l}\left(\frac{x}{\sqrt{d}}\right)+T_{k-l}\left(\frac{x}{\sqrt{d}}\right).$$

Für $k>l>0$ erhalte ich nach Multiplikation mit $(\sqrt{d})^{k+l}$

$$(12.2) \qquad 2T_k(x,d)\, T_l(x,d)=T_{k+l}(x,d)+d^l\, T_{k-l}(x,d).$$

Ist insbesondere $p=4n-1$, so wird

$$2T_{2n}(x,d)\, T_{2n-1}(x,d)=T_p(x,d)+d^{\frac{p-1}{2}}\, T_1(x,d).$$

Ist nun $\left(\frac{d}{p}\right)=-1$, so wird $d^{\frac{p-1}{2}}=-1$, also wegen $T_p(x,d)\equiv T_1(x,d)$

$$(12.3) \qquad 2T_{2n}(x,d)\, T_{2n-1}(x,d)\equiv 0.$$

Es ist also für $p\equiv -1 \pmod 4$ entweder $T_{2n-1}(x,d)$ oder $T_{2n}(x,d)$ durch p teilbar. Ferner habe ich nach (11.8) und (12.3)

$$-d^{2n-1}(x^2-d)\equiv d\,T_{2n-1}^2(x,d)+T_{2n}^2(x,d).$$

Ist nun $\left(\frac{x^2-d}{p}\right)=-1$, so ist $-d^{2n-1}(x^2-d)$ Nichtrest, folglich muß $T_{2n}(x,d)\equiv 0$ sein. Ist aber $\left(\frac{x^2-d}{p}\right)=+1$, so wird $-d^{2n-1}(x^2-d)$ Rest, also muß $T_{2n-1}(x,d)\equiv 0$ sein.

Satz I. *Ist $p=4n-1$, $\left(\frac{d}{p}\right)=-1$, so ist $T_{2n-1}(x,d)$ oder $T_{2n}(x,d)$ durch p teilbar, je nachdem $\left(\frac{x^2-d}{p}\right)=1$ oder -1 ist.*

Insbesondere wird für $p=4n-1$, $x=1$, $d=-1$

$$T_{2n-1}(1,-1)\equiv 0, \quad \text{falls } n \text{ gerade ist,}$$
$$T_{2n}(1,-1)\equiv 0, \quad \text{falls } n \text{ ungerade ist.}$$

Hierbei braucht $2n-1$ bzw. $2n$ keineswegs der kleinste Index zu sein. Das ist noch zu speziell. Allgemeiner ist nach (12.2) für $\left(\frac{d}{p}\right)=-1$

$$2\,T_{\frac{p+1}{2}}(x,d)\,T_{\frac{p-1}{2}}(x,d)\equiv T_p(x,d)+d^{\frac{p-1}{2}}\,T_1(x,d)\equiv T_p(x,d)-T_1(x,d)$$
$$\equiv 0 \pmod p.$$

Also ist entweder $T_{\frac{p-1}{2}}(x,d)$ oder $T_{\frac{p+1}{2}}(x,d)$ durch p teilbar. Ferner ist

$$d^{\frac{p-1}{2}}(d-x^2)=d\,T^2_{\frac{p-1}{2}}-2x\,T_{\frac{p-1}{2}}\,T_{\frac{p+1}{2}}+T^2_{\frac{p+1}{2}},$$
$$x^2-d\equiv d\,T^2_{\frac{p-1}{2}}+T^2_{\frac{p+1}{2}}.$$

Hauptsatz. *Ist $\left(\frac{d}{p}\right)=-1$ und $\left(\frac{x^2-d}{p}\right)=+1$, so wird $T_{\frac{p-1}{2}}(x,d)\equiv 0$, ist aber $\left(\frac{x^2-d}{p}\right)=-1$, so wird $T_{\frac{p+1}{2}}(x,d)\equiv 0 \pmod p$.*

Dies folgt auch aus (12.1) wegen

$$2\,T^2_{\frac{p-1}{2}}=T_{p-1}+d^{\frac{p-1}{2}}\,T_0\equiv T_{p-1}-1,$$

$$2\,T^2_{\frac{p+1}{2}}=T_{p+1}+d^{\frac{p+1}{2}}\,T_0\equiv T_{p+1}-d.$$

Satz II. *Ist k die kleinste positive ganze Zahl, für die $T_k(x,p)\equiv 0 \pmod p$ wird $(p\nmid k)$, so ist nur noch*

$$T_{3k}(x,p)\equiv T_{5k}(x,p)\equiv T_{7k}(x,p)\equiv\cdots\equiv 0 \pmod p.$$

Beweis. Es ist nach (12.2)

$$2\,T_k\,T_{2k}=T_{3k}+d^k\,T_k, \qquad 2\,T_k\,T_{4k}=T_{5k}+d^k\,T_{3k},\ldots$$

und ebenfalls nach (12.2)

$$2T_h T_k = T_{k+h} + d^k T_{k-h} \qquad \text{für } h=1,2,\ldots,k,$$

also ist T_{k+h} nicht durch p teilbar. Weiter ist

$$2T_k T_{h'} = T_{k+h'} + d^k T_{h'-k} \qquad \text{für } h'=k+1,\ldots,2k-1$$

und daher $T_{k+h'}$ nicht durch p teilbar, d.h. keine der Zahlen $T_{k+1}, T_{k+2}, \ldots, T_{3k-1}$ ist durch p teilbar. Durchläuft nun l die Zahlen $k+1, k+2, \ldots, 2k-1$, so wird

$$2T_{3k} T_l = T_{3k+l} + d^l T_{3k-l} \quad \text{und} \quad 3k-l = k+1,\ k+2, \ldots, 2k-1,$$

also ist keine der Zahlen T_{3k+l} $(3k+l = 4k+1, 4k+2, \ldots, 5k-1)$ durch p teilbar. Ferner ist

$$2T_k T_{l'} = T_{k+l'} + d^k T_{l'-k} \quad \text{für} \quad l' = 2k+1, \ldots, 3k,$$

und es ist $l'-k = k+1, \ldots, 2k$, also ist $T_{k+l'} \equiv 0$ für $k+l' = 3k+1, \ldots, 4k-1$. Es ist daher keine der Zahlen T_n mit $n = 3k+1, \ldots, 5k-1$ durch p teilbar. Es sei nun

$$T_{(2n-1)k+r} \equiv 0 \qquad \text{für } r=1,2,\ldots,2k-1$$

und dies die erste Zahl dieser Art. Dann wird

$$2T_k T_{(2n-2)k+r} = T_{(2n-1)k+r} + d^k T_{(2n-3)k+r}.$$

Hieraus würde aber $T_{(2n-3)k+r} \equiv 0$ folgen, was nicht zutrifft.

Ist nun $p = 2^q - 1$ eine Primzahl, so wird $\left(\frac{-1}{p}\right) = 1$. Ist weiter $\left(\frac{x^2+1}{p}\right) = -1$, so ist nach dem Hauptsatz

$$T_{2^{q-1}}(x, -1) \equiv 0 \ (\mathrm{mod}\ p), \tag{12.4}$$

und nach Satz II ist dann 2^{q-1} der einzige Index, der diese Eigenschaft hat. Ist umgekehrt (12.4) erfüllt, so muß p eine Primzahl sein. Denn wäre P eine Primzahl, die in $2^q - 1$ aufgeht, so wäre jedenfalls

$$P < \tfrac{1}{5}(2^q - 1) < 2^{q-2},$$

und der kleinste Index k, für den $T_k(x, -1) \equiv 0 \ (\mathrm{mod}\ P)$ ist, wäre in $1, 2, \ldots, P$ gelegen, d.h. es müßte $2^{q-1} < P$ sein, was ein Widerspruch ist.

Damit $p = 2^q - 1$ Primzahl wird, muß also, falls $d = -1$ ist, $\left(\frac{x^2+1}{p}\right) = -1$ sein. Das ist für $q \equiv 3 \ (\mathrm{mod}\ 4)$ mit $x=2$, $x=3$, für $q \equiv 5 \ (\mathrm{mod}\ 8)$ mit $x=4$ erfüllt.

Bemerkung. Für beliebige d ist nach (11.10)

$$T_2 = 2x^2 - d, \quad T_4 = 2T_2^2 - d^2, \quad T_8 = 2T_4^2 - d^4, \quad T_{16} = 2T_8^2 - d^8, \ldots.$$

Für $d = -2$, d.h. $T_{n+1} = 2xT_n + 2T_{n-1}$ genügt es, $x=1$ zu setzen, weil $\left(\frac{1+2}{p}\right) = -1$ ist. Das gibt das hübscheste neue Kriterium:

Satz III. *Dann und nur dann ist $p = 2^q - 1$ Primzahl, wenn für die Rekursion*

$$A_0 = 1, \quad A_1 = 1, \quad A_{n+1} = 2A_n + 2A_{n-1} \tag{12.5}$$

die Zahl $A_{2^{q-1}} \equiv 0$ (mod p) wird.

Für eine Primzahl $p=2^n+1>5$, $\left(\frac{3}{p}\right)=-1$ und $\left(\frac{1^2-3}{p}\right)=\left(\frac{-2}{p}\right)=1$ schließt man analog auf $T_{2^{n-1}}\equiv 0 \pmod p$ und ein Kriterium mittels der Rekursion (12.5). Man kann hier aber auch so schließen: Für $p=2^n+1>5$ ist $\underset{-}{3}\ \underset{-}{5}$, ebenso $-\underset{-}{3}\ -\underset{-}{5}$. Für $x=1$ wird $1+3=\underset{+}{4}$, also wird (§ 11, Anfang)

$$T_{\frac{p-1}{2}}=\frac{(1+4)^{\frac{p-1}{2}}+(1-4)^{\frac{p-1}{2}}}{2}=\frac{3^{\frac{p-1}{2}}+1^{\frac{p-1}{2}}}{2}.$$

Ebenso wird mit $x=2$ zunächst $4+5=\underset{+}{9}$ und damit

$$T_{\frac{p-1}{2}}=\frac{5^{\frac{p-1}{2}}+1^{\frac{p-1}{2}}}{2}.$$

Und man erhält das bekannte

Kriterium (LUCAS). *Dann und nur dann ist $p=2^n+1$ eine Primzahl, wenn eine der Kongruenzen*

$$3^{\frac{p-1}{2}}\equiv -1 \quad \textit{oder} \quad 5^{\frac{p-1}{2}}\equiv -1 \pmod p$$

besteht.

Das ist hübscher als alles übrige. Daß, wenn p eine Primzahl ist, 3 und 5 Primitivwurzeln sind, ist bekannt.

Man kann leicht noch weitere Kriterien für $p=2^n+1$ ableiten, z. B.

$$T_{\frac{p-1}{2}}(1,-3)\equiv 0 \pmod p, \qquad T_{\frac{p-1}{2}}(2,-3)\equiv 0 \pmod p,$$

$$T_{\frac{p-1}{2}}(1,-5)\equiv 0 \pmod p.$$

Nach E. Jacobsthal gilt bekanntlich

$$\sum_{x=0}^{p-1}\left(\frac{x^2-d}{p}\right)=-1.$$

Nimmt man wieder $\left(\frac{d}{p}\right)=-1$ an und sucht die x, für die $\left(\frac{x^2-d}{p}\right)=1$ oder $=-1$ ist, so wird nach der Jacobsthalschen Formel, weil $\left(\frac{0-d}{p}\right)=-(-1)^{\frac{p-1}{2}}$ ist,

$$\sum_{x-1}^{p-1}\left(\frac{x^2-d}{p}\right)=(-1)^{\frac{p-1}{2}}-1.$$

Für $p\equiv 1 \pmod 4$ erhält man also je $\frac{p-1}{2}$ Summanden $+1$ und -1. Die Kongruenzen $T_{\frac{p-1}{2}}\equiv 0$ und $T_{\frac{p+1}{2}}\equiv 0 \pmod p$ haben also je $\frac{p-1}{2}$ Wurzeln $\not\equiv 0$. Für

$p \equiv -1 \pmod 4$ hat man $\frac{p-3}{2}$ Summanden $+1$ und $\frac{p+1}{2}$ Summanden -1 und damit die Anzahl der von 0 verschiedenen Wurzeln der beiden Kongruenzen.

Damit haben wir

Satz IV. *Die Kongruenzen*

$$T_{\frac{p-1}{2}}(x, d) \equiv 0 \quad \textit{und} \quad T_{\frac{p+1}{2}}(x, d) \equiv 0 \pmod p$$

liefern für $\left(\frac{d}{p}\right) = -1$ *in sämtlichen Wurzeln, die von 0 verschieden sind, Zahlen x, für die* $T_{\frac{p-1}{2}}(x, d)$ *oder* $T_{\frac{p+1}{2}}(x, d)$ *durch p teilbar wird.*

Teil II
Von I. Schur veröffentlichte Aufgaben

Die von I. SCHUR gestellten Aufgaben, deren Lösung auch für bekannte Mathematiker reizvoll war, erschienen im Archiv der Mathematik und Physik, im Jahresbericht der Deutschen Mathematiker-Vereinigung und im Buch G. PÓLYA/G. SZEGÖ, Aufgaben und Lehrsätze aus der Analysis, Band 1 und Band 2, Berlin 1925. Sie werden im folgenden mit „Archiv" bzw. „Jahresbericht" bzw. „Pólya-Szegö" zitiert.

1. Archiv der Mathematik und Physik

Aufgabe 226 (Archiv (3) **13** (1908), 367 = Pólya-Szegö **2**, Abschn. VIII, Aufg. 121 und 122).

Es seien $a_1, a_2, \ldots, a_n$ voneinander verschiedene ganze Zahlen. Es soll bewiesen werden, daß die Funktion

$$(x-a_1)(x-a_2)\cdots(x-a_n)-1$$

stets irreduzibel ist. Ferner soll untersucht werden, in welchen Fällen die Funktion

$$(x-a_1)(x-a_2)\cdots(x-a_n)+1$$

reduzibel ist.

Lösung von W. FLÜGEL, Archiv (3) **15** (1909), 271–272 = Pólya-Szegö **2**, 346–347.

Aufgabe 275 (Archiv (3) **15** (1909), 259 = Pólya-Szegö **2**, Abschn. VIII, Aufg. 123 und 124).

Es seien $a_1, a_2, \ldots, a_n$ voneinander verschiedene ganze Zahlen. Es soll bewiesen werden, daß die Funktionen

$$(x-a_1)^2(x-a_2)^2\cdots(x-a_n)^2+1$$

und

$$(x-a_1)^4(x-a_2)^4\cdots(x-a_n)^4+1$$

im Gebiet der rationalen Zahlen irreduzibel sind.

Lösung von A. und R. BRAUER, Pólya-Szegö **2**, 347–348; ferner von A. BRAUER, R. BRAUER und H. HOPF, Jahresbericht **35** (1926), 99–112.

Aufgabe 383 (Archiv (3) **19** (1912), 275).

Es sei $M = 0{,}7246\ldots$ das Maximum der Funktion $\frac{\sin^2 x}{x}$. Man zeige, daß für alle reellen x und für alle positiven ganzzahligen n

$$\left|\frac{\sin x + \sin 2x + \cdots + \sin nx}{n+1}\right| < M$$

ist. Die Konstante M ist die kleinste Zahl, die dieser Bedingung genügt.

Aufgabe 384 (Archiv (3) **19** (1912), 275).

Man zeige, daß im Intervall $0<x<\pi$ für alle positiven ganzzahligen n

$$0<n\sin x-\sin x<\frac{4}{\pi}n^2\sin^2\frac{x}{2}$$

ist. Der Faktor $\frac{4}{\pi}$ kann hier durch keine kleinere Zahl ersetzt werden.

Lösung von C. SIEGEL, Archiv (3) **27** (1918), 166.

Aufgabe 386 (Archiv (3) **19** (1912), 276).

Die n^2 Elemente a_{ik} einer n-reihigen Determinante seien unabhängige Variable. Man zeige, daß unter den $n!$ Gliedern $\pm a_{1k_1}a_{2k_2}\cdots a_{nk_n}$ in der Entwicklung der Determinante nur $N=n^2-2n+2$ voneinander unabhängig sind, und gebe N Glieder an, durch die sich alle übrigen rational ausdrücken lassen.

Lösung von G. PÓLYA, Archiv (3) **24** (1916), 369.

Aufgabe 566 (Archiv (3) **27** (1918), 162 = Pólya-Szegö **1**, Abschn. I, Aufg. 178).

Es seien a_n und b_n $(n=0,1,2,\ldots)$ zwei Zahlenfolgen, die folgenden Bedingungen genügen:

a. Die Potenzreihe $f(x)=\sum\limits_{n=0}^{\infty}a_n x^n$ besitzt einen von Null verschiedenen Konvergenzradius r.

b. Der Grenzwert

$$\lim_{n\to\infty}\frac{b_n}{b_{n+1}}=q$$

existiert, und es ist $|q|<r$.

Setzt man

$$c_n=a_0b_n+a_1b_{n-1}+\cdots+a_nb_0,$$

so konvergiert $\frac{c_n}{b_n}$ mit wachsendem n gegen $f(q)$.

Lösung in Pólya-Szegö **1**, 189.

Aufgabe 567 (Archiv (3) **27** (1918), 162–163).

In der Entwicklung einer n-reihigen symmetrischen Determinante (mit beliebigen Elementen) sei s'_n die Anzahl der voneinander verschiedenen positiven Glieder und s''_n die entsprechende Anzahl für die negativen Glieder. Für $s_n=s'_n+s''_n$ findet sich schon bei Cayley die Rekursionsformel

$$s_{n+1}=(n+1)s_n-\binom{n}{2}s_{n-2}.$$

Man zeige, daß für $d_n=s'_n-s''_n$ die Rekursionsformel

$$d_{n+1}=-(n-1)d_n-\binom{n}{2}d_{n-2}$$

besteht und daß

$$\lim_{n=\infty}\frac{n^{\frac{1}{4}}s_n}{n!}=\frac{e^{\frac{3}{4}}}{\sqrt{\pi}},\qquad \lim_{n=\infty}\frac{(-1)^{n-1}n^{\frac{1}{4}}d_n}{n!}=\frac{e^{-\frac{1}{4}}}{2\sqrt{\pi}}$$

ist.

Aufgabe 568 (Archiv (3) **27** (1918), 163).

In der Entwicklung einer n-reihigen symmetrischen Determinante $|\alpha_{\kappa\lambda}|$, in der die n Hauptelemente $\alpha_{\kappa\kappa}$ Null sind, sei σ'_n die Anzahl der voneinander verschiedenen positiven Glieder und σ''_n die entsprechende Anzahl für die negativen Glieder. Setzt man

$$\sigma_n = \sigma'_n + \sigma''_n, \qquad \delta_n = \sigma'_n - \sigma''_n,$$

so wird

$$\sigma_{n+1} = n\,\sigma_n + n\,\sigma_{n-1} - \binom{n}{2}\sigma_{n-2}, \qquad \delta_{n+1} = -n\,\delta_n - n\,\delta_{n-1} - \binom{n}{2}\delta_{n-2}$$

und

$$\lim_{n=\infty} \frac{n^{\frac{1}{2}}\sigma_n}{n!} = \frac{e^{-\frac{1}{4}}}{\sqrt{\pi}}, \qquad \lim_{n=\infty} \frac{(-1)^{n-1} n^{\frac{1}{2}}\delta_n}{n!} = \frac{e^{\frac{3}{4}}}{2\sqrt{\pi}}.$$

Aufgabe 569 (Archiv (3) **27** (1918), 163).

Bezeichnet man das Differenzenprodukt $\prod_{\kappa<\lambda}{}_1^n (x_\kappa - x_\lambda)$ mit Δ, so ist bekanntlich ein Ausdruck der Form

$$F = \frac{1}{\Delta} \sum \pm f(x_{\lambda_1}, x_{\lambda_2}, \ldots, x_{\lambda_n})$$

eine symmetrische Funktion von $x_1, x_2, \ldots, x_n$. Hierbei ist die Summe über alle $n!$ Permutationen von $1, 2, \ldots, n$ zu erstrecken und für die geraden Permutationen das positive, für die ungeraden das negative Vorzeichen zu wählen. Es soll nun gezeigt werden: Ist

$$f = \prod_{\nu=1}^{n} \frac{1}{1 - x_1 x_2 \cdots x_\nu},$$

so wird

$$F = \frac{1}{\prod\limits_{\nu=1}^{n} (1 - x_\nu) \cdot \prod\limits_{\kappa<\lambda}{}_1^n (1 - x_\kappa x_\lambda)}.$$

Aufgabe 570 (Archiv (3) **27** (1918), 163).

Werden die Polynome $F_0, F_1, F_2, \ldots$ vermittelst der Formeln

$$F_0 = 1, \quad F_1 = 1, \quad F_{n+1} = F_n + n^2 x F_{n-1}$$

bestimmt, so ist für jede ungerade Primzahl $p = 2m + 1$

$$F_p \equiv F_m(2F_{m+1} - F_m) \equiv 1 - x^m \pmod{p}.$$

Wählt man insbesondere für x eine ganze Zahl, die quadratischer Rest mod p ist, und bezeichnet man mit u die kleinste ungerade positive Zahl, die der Kongruenz

$$u^2 x \equiv 1 \pmod{p}$$

genügt, so ist F_m oder $2F_{m+1} - F_m$ durch p teilbar, je nachdem u die Form $4n-1$ oder $4n+1$ hat.

2. Jahresbericht der Deutschen Mathematiker-Vereinigung

Aufgabe 46 (gemeinsam mit H. HASSE; Jahresbericht **36** (1927), 2. Abt., 38).

Sei m eine positive ganze Zahl. Es sollen alle ganzen teilerfremden Zahlen x, y gefunden werden, für die die beiden Quotienten

$$\frac{x^2+m}{y} \quad \text{und} \quad \frac{y^2+m}{x}$$

gleichzeitig ganz sind.

Lösung von A. und R. BRAUER, Jahresbericht **36** (1927), 2. Abt., 90–92.

Lösung und Ergänzung zur Lösung der Aufgabe 46 von L. TSCHAKALOFF, Jahresbericht **37** (1928), 2. Abt., 35–36.

Aufgabe 127 (Jahresbericht **41** (1932), 2. Abt., 35).

Sind k und n positive ganze Zahlen, und ist $k \leqq n$, so verstehe man unter $M_k(n)$ das kleinste gemeinsame Vielfache aller $\binom{n}{k}$ Produkte von je k voneinander verschiedenen unter den Zahlen $1, 2, \ldots, n$. Es soll bewiesen werden, daß

$$M_k(n) = M_1(n)\, M_1\left(\frac{n}{2}\right) \cdots M_1\left(\frac{n}{k}\right)$$

wird. Hierin ist für $i = 2, 3, \ldots, k$

$$M_1\left(\frac{n}{i}\right) = M_1\left(\left[\frac{n}{i}\right]\right)$$

zu setzen.

Lösungen von H. BRANDT, H. KNESER u.a., Jahresbericht **42** (1933), 2. Abt., 23–24.

Aufgabe 128 (Jahresbericht **41** (1932), 2. Abt., 67).

Um die Diskriminante D einer Gleichung der Form

$$f(x) = x^n + a_1 x^{n-1} + \cdots + a_{n-1} x + a_n \qquad (a_n \neq 0)$$

zu berechnen, kann man folgendermaßen verfahren: Man stelle für $x = 1, 2, \ldots, n$ die „Reduktionsformeln"

$$x^{n-1+\alpha} \equiv c_{\alpha 1} x^{n-1} + c_{\alpha 2} x^{n-2} + \cdots + c_{\alpha n} \qquad (\bmod f(x))$$

auf und bilde die Determinante Δ der n^2 Größen

$$(\alpha + \beta - 1)\, c_{\alpha\beta} \qquad (\alpha, \beta = 1, 2, \ldots, n).$$

Es wird dann

$$\Delta = (-1)^n a_n D.$$

Lösungen von J. FOX und W. SCHULZ, M. SCHIFFER, O. TAUSSKY u.a., Jahresbericht **42** (1933), 2. Abt., 117–120.

3. G. Pólya und G. Szegö, Aufgaben und Lehrsätze aus der Analysis

Aufgabe 77 (Pólya-Szegö **1**, Abschn. I, 12).

Es seien $p_1, p_2, \ldots, p_n, \ldots$ und $q_1, q_2, \ldots, q_n, \ldots$ zwei Folgen von positiven Zahlen und

$$\lim_{n\to\infty} \frac{p_1+p_2+\cdots+p_n}{n\,p_n}=\alpha, \quad \lim_{n\to\infty} \frac{q_1+q_2+\cdots+q_n}{n\,q_n}=\beta, \quad \alpha+\beta>0.$$

Dann ist

$$\lim_{n\to\infty} \frac{p_1 q_1+2p_2 q_2+\cdots+n\,p_n q_n}{n^2\,p_n q_n}=\frac{\alpha\beta}{\alpha+\beta}.$$

Lösung in Pólya-Szegö **1**, 166.

Aufgabe 168 (Pólya-Szegö **1**, Abschn. I, 30).

Die Folge

$$a_n=\left(1+\frac{1}{n}\right)^{n+p} \qquad n=1,2,3,\ldots$$

ist dann und nur dann monoton abnehmend, wenn $p\geqq\frac{1}{2}$ ist.

Lösung in Pólya-Szegö **1**, 186.

Aufgabe 171 (Pólya-Szegö **1**, Abschn. I, 31).

Die Zahl $e=\lim\limits_{n\to\infty}\left(1+\frac{1}{n}\right)^n$ liegt bekanntlich für einen beliebigen Wert von $n=1,2,3,\ldots$ im Intervall

$$\left(1+\frac{1}{n}\right)^n<e<\left(1+\frac{1}{n}\right)^{n+1}.$$

In welchem Viertel dieses Intervalles liegt e?

Lösung in Pólya-Szegö **1**, 187.

Aufgabe 172 (Pólya-Szegö **1**, Abschn. I, 31).

Die Folge

$$a_n=\left(1+\frac{x}{n}\right)^{n+1} \qquad n=1,2,3,\ldots$$

ist dann und nur dann monoton fallend, wenn $0<x\leqq 2$ ist.

Lösung in Pólya-Szegö **1**, 187.

Aufgabe 228 (Pólya-Szegö **1**, Abschn. III, 128).

$\sin\pi z$ ist eine eindeutige Funktion von $w=z(1-z)$. Entwickelt man $\sin\pi z$ nach den Potenzen von w, dann sind sämtliche Koeffizienten dieser Entwicklung (abgesehen vom absoluten Glied) positiv.

Lösung in Pólya-Szegö **1**, 307.

Aufgabe 178 (Pólya-Szegö **2**, Abschn. IV, 32).

Die Funktion

$$f(z)=z+a_2 z^2+a_3 z^3+\cdots$$

sei in $|z|<1$ regulär, schlicht und dem Betrage nach kleiner als M. Es sei $n\geqq 2$ eine ganze rationale Zahl. Es gibt eine nur von n abhängende Konstante ω_n derart, daß

$$|a_n|\leqq \omega_n$$

ist. Es sei ω_n die kleinste Konstante dieser Art. Dann gilt

$$|a_n|=\omega_n(1-M^{1-n}).$$

Lösung in Pólya-Szegö **2**, 210.

Aufgabe 196 (Pólya-Szegö **2**, Abschn. V, 74).

Es sei L das Maximum der absoluten Beträge der Koeffizienten des Polynoms

$$f(z)=z^n+a_1 z^{n-1}+a_2 z^{n-2}+\cdots+a_n,$$

und $z_1, z_2, \ldots, z_n$ seien die Nullstellen von $f(z)$. Dann ist

$$(1+|z_1|)(1+|z_2|)\cdots(1+|z_n|)\leqq 2^n \sqrt{n+1}\,L.$$

Lösung in Pólya-Szegö **2**, 265.

Aufgabe 68 (Pólya-Szegö **2**, Abschn. VI, 87).

Das Polynom n-ten Grades

$$f(x)=a_0 x^n+a_1 x^{n-1}+\cdots+a_{n-1}x+a_n$$

habe lauter verschiedene Nullstellen $x_1, x_2, \ldots, x_n$. Dann ist

$$\sum_{i=1}^{n}\frac{k x_i^{k-1} f'(x_i)-x_i^k f''(x_i)}{(f'(x_i))^3}=\begin{cases}0 & \text{für } 0\leqq k\leqq 2n-2\\ a_0^{-2} & \text{für } k=2n-1.\end{cases}$$

Lösung in Pólya-Szegö **2**, 284.

Aufgabe 53 (Pólya-Szegö **2**, Abschn. VII, 112).

Die Fibonaccischen Zahlen 0, 1, 1, 2, 3, 5, 8, 13, 21, 34, ... sind folgendermaßen definiert: Es ist $u_0=0$, $u_1=1$, $u_n+u_{n+1}=u_{n+2}$ für $n=0, 1, 2, \ldots$. Die lineare Transformation

$$y_n=\frac{u_1 x_1+u_2 x_2+\cdots+u_n x_n-u_n x_{n+1}}{\sqrt{u_n u_{n+2}}}$$

$(n=1, 2, 3, \ldots)$ ist orthogonal.

Lösung in Pólya-Szegö **2**, 315.

Bemerkung. Die ebenfalls von Schur gestellten Aufgaben 121, 122, 123 und 124 aus Pólya-Szegö **2**, Abschn. VIII und die Aufgabe 178 aus Pólya-Szegö **1**, Abschn. I stimmen mit den Aufgaben 226, 275 bzw. 566 des Archivs überein (s. Unterteil 1).

Das Werk von Pólya-Szegö erscheint jetzt in englischer Sprache: G. Pólya – G. Szegö. Problems and Theorems in Analysis, Berlin-Heidelberg-New York. Band **1** (1972) liegt bereits vor.

Teil III

Resultate von I. Schur in Arbeiten anderer Autoren

On the Magnitude of Coefficients of the Cyclotomic Polynomial

By Emma Lehmer

Until very recently all the results of the investigations into the magnitude of the coefficients of the cyclotomic polynomial

$$Q_n(x)=\prod_{\delta|n}(1-x^{n/\delta})^{\mu(\delta)} \tag{1}$$

tended to show that these coefficients are very small indeed. In fact for $n<105$ all the coefficients are ± 1, and 0, and for $n<385$ they do not exceed 2 in absolute value.

In 1883 Migotti[1] showed that the coefficients of $Q_n(x)$ are all ± 1 or 0 for n a product of two primes, but noted that the coefficient of x^7 in $Q_{105}(x)$ is -2. In 1895 Bang[2] proved that no coefficient of $Q_n(x)$ for $n=pqr$, ($p<q<r$, odd primes), exceeds $p-1$.

Nothing further was done on the problem until 1931, when I. Schur gave a very ingenious proof of the following theorem.

Schurs Theorem. *There exist cyclotomic polynomials with coefficients arbitrarily large in absolute value.*

As this proof has not been published, it is given below[3].

Proof. Let $n=p_1p_2\cdots p_t$, where t is odd and $p_1<p_2<\cdots<p_t$ are odd primes such that[4] $p_1+p_2>p_t$. To prove the theorem it is sufficient to show that the coefficient of x^{p_t} in $Q_n(x)$ is $1-t$. This can be done by taking $Q_n(x)$ modulo x^{p_t+1}. We then get

$$\begin{aligned} Q_n(x) &\equiv \prod_{i=1}^{t}(1-x^{p_i})/(1-x) \\ &\equiv (1+x+\cdots+x^{p_t-1})(1-x^{p_1})(1-x^{p_2})\cdots(1-x^{p_t-1}) \\ &\equiv (1+x+\cdots+x^{p_t-1})(1-x^{p_1}-x^{p_2}-\cdots-x^{p_t-1}) \quad (\text{mod } x^{p_t+1}). \end{aligned}$$

[1] Sitzungsberichte, Akademie der Wissenschaften, Wien. (math), (2), vol. 87 (1883), pp. 7–14.
[2] Nyt Tidsskrift for Mathematik, (B), vol. 6 (1895), pp. 6–12.
[3] This proof is essentially the one given by Schur in a letter to Landau.
[4] Such a set of primes exists for every t.

Collecting the coefficient of x^{p_t} in this last expression we see that it is precisely $-(t-1)$, so that as t increases we can exhibit arbitrarily large negative coefficients of the cyclotomic polynomials, which proves the theorem.

For the continuation of this paper see *Bulletin of the American Mathematical Society* 42 (1936), 389–392.

Über Sequenzen von Potenzresten

Von ALFRED BRAUER

§ 3. Eine Erweiterung des Satzes von van der Waerden

Herr I. SCHUR hat mich freundlicherweise darauf aufmerksam gemacht, daß sich der Satz von VAN DER WAERDEN mittels einer ähnlichen Methode, wie sie im § 1 angewandt wurde, so erweitern läßt, daß er direkt die Existenz beliebig langer Sequenzen von k-ten Potenzresten ergibt. Dagegen läßt sich dieser Satz allgemein nicht so erweitern, daß er auch die Existenz beliebig langer Sequenzen von Nichtresten direkt liefert. Es gilt:

Satz 5: Verteilt man die Zahlen $1, 2, \ldots, N$ *irgendwie auf* k *Klassen, so gibt es für jedes* l *eine nur von* k *und* l *abhängende Zahl* $N(k,l)$, *derart, daß für alle* $N \geqq N(k,l)$ *mindestens eine Klasse eine arithmetische Progression von* l *Gliedern enthält, deren Differenz ebenfalls zu dieser Klasse gehört.*

Beweis: Für $k=1$ ist der Satz richtig, man hat nur $N(1,l)=l$ zu setzen. Er sei für k Klassen schon bewiesen. Dann ist die Behauptung auch richtig, wenn an Stelle von $1, 2, \ldots, N$ für irgendein c die Zahlen $1 \cdot c, 2c, \ldots, Nc$ betrachtet werden; denn ein Verteilen dieser Größen auf k Klassen bedeutet auch ein Verteilen von $1, 2, \ldots, N$ auf k Klassen.

Auf Grund dieser Annahme läßt sich nun zeigen, daß der Satz auch für $k+1$ Klassen richtig ist. Ist nämlich $W(k+1, z)$ die sich aus dem Satz von VAN DER WAERDEN für Progressionen von z Gliedern bei einer Einteilung in $k+1$ Klassen ergebende Konstante, so genügt es,

$$N(k+1, l) = W\{k+1, (l-1)\, N(k,l)+1\}$$

zu setzen. Denn für $N \geqq N(k+1, l)$ gibt es dann nach dem Satze von VAN DER WAERDEN wenigstens eine Klasse $\mathfrak{K}$, die eine Progression

$$a, a+d, a+2d, \ldots, a+(l-1)\, N(k,l)\, d$$

von $(l-1)\, N(k,l)+1$ Gliedern enthält. Diese Progression enthält für $x=1, 2, \ldots, N(k,l)$ als Teilprogression von l Gliedern

$$a, a+xd, a+2xd, \ldots, a+(l-1)\, xd$$

mit der Differenz xd. Gehört nun für ein x die Zahl xd zu $\mathfrak{K}$, so sind wir fertig.

Wir müssen also annehmen, daß $d, 2d, \ldots, N(k, l)\, d$ sich auf die von $\mathfrak{K}$ verschiedenen k Klassen verteilen. Dann enthält aber nach der Induktionsvoraussetzung eine dieser Klassen eine Progression von l Gliedern, deren Differenz zu derselben Klasse gehört.

Die Arbeit, die den vorstehend wiedergegebenen § 3 enthält, erschien in den *Sitzungsberichten der Preussischen Akademie der Wissenschaften, Physikalisch-mathematische Klasse*, 1928, 9–16.

The following paper was to be published originally as a joint paper of A. BRAUER and I. SCHUR. But because of the circumstances A. BRAUER met the wishes of I. SCHUR and published it alone. Cf. the last paragraph of the Introduction. In 1954 a continuation of this paper was published by A. BRAUER and B. M. SEELBINDER; cf. Amer. Journ. Math. **76**, 343 – 346 (1954).

On a Problem of Partitions

By ALFRED BRAUER

Introduction. Let $a_1, a_2, \cdots, a_k$ be relatively prime positive integers. The question of determining the number of representations of any integer n in the form

$$n = a_1x_1 + a_2x_2 + \cdots + a_kx_k \qquad (x_\kappa > 0;\ \kappa = 1, 2, \cdots, k) \tag{1}$$

is one of the problems most treated in the additive theory of numbers. In this paper I shall determine bounds $F(a_1, a_2, \cdots, a_k)$ such that the equation (1) always has solutions in positive integers $x_1, x_2, \cdots, x_k$ for $n > F(a_1, a_2, \cdots, a_k)$. The existence of such a bound is used for instance in the latest researches on the density of the sum of two sets of integers.[1]

If $F(a_1, a_2, \cdots, a_k)$ is such a bound, it is easy to see that

$$G(a_1, a_2, \cdots, a_k) = F(a_1, a_2, \cdots, a_k) - \sum_{\kappa=1}^{k} a_\kappa$$

is a bound for the solubility of (1) in non-negative integers.

For $k = 2$ the solution of the problem has been known for a long time:

$$F(a_1, a_2) = a_1a_2 \tag{2}$$

* Received November 25, 1940.

[1] Cf. for instance H. Rohrbach, "Einige neuere Untersuchungen über die Dichte in der additiven Zahlentheorie," *Jahresbericht der Deutschen Mathematiker-Vereinigung*, vol. 48 (1938), p. 211.

is such a bound and it is the smallest possible bound; hence it follows that

$$G(a_1, a_2) = (a_1 - 1)(a_2 - 1) - 1. \tag{3}$$

Sylvester[2] noted that there exist exactly $(a_1 - 1)(a_2 - 1)/2$ integers not representable in the form

$$n = a_1 x_1 + a_2 x_2 \qquad (x_1 \geqq 0,\ x_2 \geqq 0).$$

For $k > 2$ the problem seems not to be solved; Frobenius mentioned it occasionally in his lectures. In § 1 it will be proved that for $a_1 \leqq a_2 \leqq \cdots \leqq a_k$

$$G(a_1, a_2, \cdots, a_k) = (a_1 - 1)(a_k - 1) - 1 \tag{4}$$

corresponding to (3), and that hence

$$\begin{aligned} F(a_1, a_2, \cdots, a_k) &= a_1 a_k + a_2 + a_3 + \cdots + a_{k-1} \\ &= S(a_1, a_2, \cdots, a_k) = S \end{aligned} \tag{5}$$

are such bounds. In § 2, the following results will be found instead of (4) and (5): Let

$$d_1 = a_1, \quad d_2 = (a_1, a_2), \cdots, \quad d_k = (a_1, a_2, \cdots, a_k) = 1$$

be the greatest common divisors, then

$$\begin{aligned} G(a_1, a_2, \cdots, a_k) &= a_2 \frac{d_1}{d_2} + a_3 \frac{d_2}{d_3} + \cdots + a_k \frac{d_{k-1}}{d_k} - \sum_{\kappa=1}^{k} a_\kappa, \\ F(a_1, a_2, \cdots, a_k) &= a_2 \frac{d_1}{d_2} + a_3 \frac{d_2}{d_3} + \cdots + a_k \frac{d_{k-1}}{d_k} = T(a_1, a_2, \cdots, a_k) = T \end{aligned} \tag{6}$$

are such bounds.

In § 3 the bounds (4) and (6) will be compared with each other. It will be proved that $S \geqq T$. We have $S = T$, if and only if S is the least possible bound. This is true if and only if an index r can be found such that $a_2, a_3, \cdots, a_r$ are all divisible by a_1 and such that $a_{r+1} = a_{r+2} = \cdots = a_k$.

In § 4 we inquire as to when T is the best possible bound. It will be proved that this is the case if for $\kappa = 3, 4, \cdots, k$ the integer a_κ / d_κ can be represented in the form

$$\frac{a_\kappa}{d_\kappa} = \sum_{\nu=1}^{\kappa-1} \frac{a_\nu}{d_{\kappa-1}} y_{\kappa\nu} \quad \text{with} \quad y_{\kappa\nu} \geqq 0. \tag{7}$$

This hypothesis is satisfied, in particular, if

$$a_\kappa > d_{\kappa-1} T(a_1/d_{\kappa-1}, a_2/d_{\kappa-1}, \cdots, a_{\kappa-1}/d_{\kappa-1})$$

holds for $\kappa = 3, 4, \cdots, k$. Therefore for every pair of given integers a_1 and a_2 it is possible to choose $a_3, a_4, \cdots, a_k$ successively such that T is the best bound.

[2] *Mathematical Questions, with their solutions, from the Educational Times*, vol. 41 (1884), p. 21.

It is interesting that for $k=3$ the condition (7) is not only sufficient, but also necessary. Set $(a_\kappa, a_\lambda)=d_{\kappa\lambda}$, and

$$a_1=d_{12}d_{13}b_1, \quad a_2=d_{12}d_{23}b_2, \quad a_3=d_{13}d_{23}b_3,$$

and assume $b_1 \leqq b_2 \leqq b_3$. Then we have $(b_1, b_2)=(b_2, b_3)=(b_1, b_3)=1$, and (7) becomes

$$b_3=b_1y_1+b_2y_2 \qquad (y_1 \geqq 0,\ y_2 \geqq 0), \tag{8}$$

and $T(a_1, a_2, a_3)$ is the smallest possible bound if and only if (8) is satisfied. For every pair of relatively prime integers b_1 and b_2 there exist exactly $(b_1-1)(b_2-1)/2$ integers b_3 for which $T(a_1, a_2, a_3)$ is not the best bound. For instance, $T(m, m+2, m+1)$ is the smallest possible bound if m is an even integer, and not the best bound if $m>1$ is odd.

In § 5 we determine the best bound U for k consecutive integers. It will be proved that

$$U(m, m+1, \cdots, m+k-1)=\left[\frac{m+k^2-3}{k-1}\right]m+\frac{k^2-k-2}{2}.$$

The results in § 1 are due to I. Schur; he proved them in his last lecture in Berlin in 1935. The improvement of these results in § 2 is due to the author. The theorems in § 3–5 result partly from discussions of Schur and the author. It was formerly intended to publish these results in a joint paper. I conform with Schur's wishes that the publishing be not longer postponed and that I publish the paper alone.

1. THEOREM 1. *Let $a_1 \leqq a_2 \leqq \cdots \leqq a_k$ be relatively prime positive integers. We put*

$$S=S(a_1, a_2, \cdots, a_k)=a_2+a_3+\cdots+a_{k-1}+a_1a_k. \tag{9}$$

For $n>S$ the Diophantine equation

$$a_1x_1+a_2x_2+\cdots+a_kx_k=n \tag{10}$$

always has solutions in positive integers $x_1, x_2, \cdots, x_k$.

Proof. For $k=2$ the theorem is known since (9) becomes (2). The bound (2) can be obtained easily since when $n=a_1a_2+r$ with $r>0$ the integer x_1 can always be determined such that

$$a_1x_1 \equiv r \pmod{a_2}$$

where $1 \leqq x_1 \leqq a_2$; hence $x_2=(n-a_1x_1)/a_2$ is a positive integer. This result can also be obtained geometrically by using the fact that $(a_1^2+a_2^2)^{\frac{1}{2}}$ is the distance between two neighboring lattice points on the straight line $a_1x_1+a_2x_2=n$, where a_1, a_2, n are integers and $(a_1, a_2)=1$.

Now suppose that $k \geqq 3$. We assume the theorem proved for all the integers less than k. If we put

(11) $$(a_1, a_3, \cdots, a_k) = d,$$

then $(a_2, d) = 1$, and the congruence

(12) $$n \equiv a_2 x_2 \pmod d$$

has solutions x_2. We may determine x_2 such that

(13) $$1 \leqq x_2 \leqq d.$$

According to the inductive hypothesis and (12) the equation

(14) $$\frac{n - a_2 x_2}{d} = \frac{a_1}{d} x_1 + \frac{a_3}{d} x_3 + \cdots + \frac{a_k}{d} x_k$$

can be solved in positive integers $x_1, x_3, \cdots, x_k$ if

$$\frac{n - a_2 x_2}{d} > \frac{a_3}{d} + \frac{a_4}{d} + \cdots + \frac{a_{k-1}}{d} + \frac{a_1 a_k}{d^2}$$

and hence, because of (13), if

(15) $$n > a_2 d + a_3 + a_4 + \cdots + a_{k-1} + \frac{a_1 a_k}{d}.$$

Therefore the equations (14) and (10) can be solved in positive integers if (15) is satisfied.

Denote by $S^{(d)}$ the right-hand side of (15). We have only to show that $S^{(d)} \leqq S$. This is true since we have

$$S - S^{(d)} = a_2(1 - d) + a_1 a_k \frac{d-1}{d}$$
$$= (d-1)\left(\frac{a_1 a_k}{d} - a_2\right) \geqq (d-1)(a_k - a_2) \geqq 0$$

by (9), (15), and (11).

Corollary. *For $n \geqq (a_1 - 1)(a_k - 1)$ the equation* (10) *always has solutions in non-negative integers.*

2. Without using Theorem 1 we shall now obtain another bound.

Theorem 2. *Let $a_1, a_2, \cdots, a_k$ be relatively prime positive integers. If we put*

$$(a_1, a_2, \cdots, a_\kappa) = d_\kappa \qquad (\kappa = 1, 2, \cdots, k)$$

the Diophantine equation (10) *always has solutions in positive integers $x_1, x_2, \cdots, x_k$ if*

$$n > a_2 \frac{d_1}{d_2} + a_3 \frac{d_2}{d_3} + \cdots + a_k \frac{d_{k-1}}{d_k} = T(a_1, a_2, \cdots, a_k) = T$$

holds.

By changing the numbering of the a_κ the value of T is possibly changed.

Proof. Since a_1/d_2 and a_2/d_2 are relatively prime, every integer m greater than $a_1 a_2 / d_2^2$ can be represented in the form

$$m = \frac{a_1}{d_2} y_1 + \frac{a_2}{d_2} y_2 \qquad (y_1 > 0,\ y_2 > 0).$$

Therefore every integer n divisible by d_2 and greater than

$$a_1 a_2 / d_2 = a_2 d_1 / d_2$$

is representable in the form

$$n = a_1 x_1 + a_2 x_2 \qquad (x_1 > 0,\ x_2 > 0).$$

Now we shall prove for $\kappa = 2, 3, \cdots, k$ that every integer N satisfying both the conditions

(16) $$N \equiv 0 \pmod{d_\kappa}$$

and

(17) $$N > a_2 \frac{d_1}{d_2} + a_3 \frac{d_2}{d_3} + \cdots + a_\kappa \frac{d_{\kappa-1}}{d_\kappa}$$

can be represented in the form

(18) $$N = a_1 x_1 + a_2 x_2 + \cdots + a_\kappa x_\kappa \qquad (x_1 > 0, x_2 > 0, \cdots, x_\kappa > 0).$$

For $\kappa = 2$ this result has been already proved. We assume it to be true for $\kappa = 2, 3, \cdots, l-1$, and we shall prove that it is true for $\kappa = l$. Because of (17) and (16) we can set

(19) $$N = a_2 \frac{d_1}{d_2} + a_3 \frac{d_2}{d_3} + \cdots + a_l \frac{d_{l-1}}{d_l} + b d_l \quad \text{with} \quad b \geqq 1.$$

The congruence

(20) $$a_l x_l \equiv b d_l \pmod{d_{l-1}}$$

has a solution x_l since

(21) $$(a_l, d_{l-1}) = d_l.$$

It follows from (20) and (21) that

$$x_l \equiv \frac{b d_l}{a_l} \left(\operatorname{mod} \frac{d_{l-1}}{d_l} \right).$$

Hence we can assume that

(22) $$0 < x_l \leqq \frac{d_{l-1}}{d_l}.$$

Therefore we obtain from (22) and (19)

(23) $$N - a_l x_l \geqq N - a_l \frac{d_{l-1}}{d_l} > a_2 \frac{d_1}{d_2} + a_3 \frac{d_2}{d_3} + \cdots + a_{l-1} \frac{d_{l-2}}{d_{l-1}}$$

and from (19) and (20)

(24) $$N - a_l x_l = a_2 \frac{d_1}{d_2} + a_3 \frac{d_2}{d_3} + \cdots + a_{l-1} \frac{d_{l-2}}{d_{l-1}} + \frac{a_l}{d_l} d_{l-1} + b d_l - a_l x_l \equiv 0 \pmod{d_{l-1}}.$$

According to the inductive hypothesis it follows from (23) and (24) that $N - a_l x_l$ can be represented in the form

$$N - a_l x_l = a_1 x_1 + a_2 x_2 + \cdots + a_{l-1} x_{l-1} \qquad (x_\lambda > 0 \text{ for } \lambda = 1, 2, \cdots, l-1)$$

whence

$$N = a_1 x_1 + a_2 x_2 + \cdots + a_{l-1} x_{l-1} + a_l x_l \qquad (x_\lambda > 0 \text{ for } \lambda = 1, 2, \cdots, l).$$

Thus, if (16) and (17) are satisfied, (18) is true for every κ, hence also for $\kappa = k$. This proves Theorem 2.

3. We now study the question as to when the bounds S and T are the smallest possible.

THEOREM 3. *The bound S is the smallest possible if an index r can be found such that*

(25) $$a_2 \equiv a_3 \equiv \cdots \equiv a_r \equiv 0 \pmod{a_1}$$

and

(26) $$a_{r+1} = a_{r+2} = \cdots = a_k.$$

Proof. Writing $k - r = m$ we get

(27) $$S = a_2 + a_3 + \cdots + a_r + (m-1) a_k + a_1 a_k$$

because of (26). If S is representable in the form $\sum_{\nu=1}^{k} a_\nu x_\nu$ with $x_\nu \geqq 1$, we have

(28) $$S = a_1 x_1 + a_2 x_2 + \cdots + a_r x_r + a_k z$$

where

(29) $$z \geqq m.$$

By (27) and (25) we get

$$S \equiv (m-1) a_k \pmod{a_1}$$

and by (28)

$$S \equiv a_k z \pmod{a_1}$$

hence

$$a_k z \equiv (m-1) a_k \pmod{a_1},$$
$$z \equiv m - 1 \pmod{a_1}$$

since a_1 and a_k are relatively prime. Therefore we have

$$z \geqq m - 1 + a_1$$

because of (29). It follows from (28) and (27) that

$$S = a_1 x_1 + a_2 x_2 + \cdots + a_r x_r + a_k z \geqq a_1 + a_2 + \cdots + a_r + (m-1) a_k + a_1 a_k = S + a_1.$$

This is not possible; hence S is not representable in the form $\sum_{\nu=1}^{k} a_\nu x_\nu$ with $x_\nu \geqq 1$, and the theorem is proved.

If the conditions (25) and (26) are not satisfied, however, S is not the best bound:

THEOREM 4. *We have* $S \geqq T$. *Here the sign of equality is true if and only if the conditions* (25) *and* (26) *are satisfied.*

Proof. We have

$$S - T = a_2 + a_3 + \cdots + a_{k-1} + a_1 a_k$$
$$- a_2 \frac{d_1}{d_2} - a_3 \frac{d_2}{d_3} - \cdots - a_{k-1} \frac{d_{k-2}}{d_{k-1}} - a_k d_{k-1},$$

hence

$$(30)\quad S - T = a_k(a_1 - d_{k-1}) - \frac{a_2}{d_2}(d_1 - d_2) - \frac{a_3}{d_3}(d_2 - d_3) - \cdots - \frac{a_{k-1}}{d_{k-1}}(d_{k-2} - d_{k-1})$$
$$\geqq a_k(a_1 - d_{k-1} - d_1 + d_2 - d_2 + d_3 - + \cdots - d_{k-2} + d_{k-1}) = 0.$$

It is now a question as to when $S = T$ holds. We have to distinguish between two cases.

1) In the first place we assume that

$$(31)\qquad d_1 = d_2 = \cdots = d_{k-1}.$$

Then $a_1 = d_1 = d_{k-1}$; all the parentheses in (30) are zero, and it follows that $S = T$. Since $a_1 = d_1$ and $d_{k-1} = (a_1, a_2, \cdots, a_{k-1})$ condition (31) is satisfied if

$$a_2 \equiv a_3 \equiv \cdots \equiv a_{k-1} \equiv 0 \pmod{a_1}.$$

Therefore (25) and (26) are satisfied for $r = k - 1$.

2) Next we assume that

$$d_1 \neq d_{k-1}.$$

Let κ be the smallest index such that $d_{\kappa-1} > d_\kappa$. From $d_{\kappa-1} - d_\kappa > 0$ it follows that the sign of equality in (30) is possible only if

$$(32)\qquad a_\kappa / d_\kappa = a_k.$$

Since $a_\kappa \leqq a_k$, we get $d_\kappa = 1$ from (32) and we have $a_\kappa = a_{\kappa+1} = \cdots = a_k$. Hence (26) is satisfied for $r = \kappa - 1$. Since κ was the smallest index of this kind, it follows that

$$a_1 = d_1 = d_2 = \cdots = d_{\kappa-1}$$

and therefore that $d_{\kappa-1}$ is divisible by a_1, and that

$$a_2 \equiv a_3 \equiv \cdots \equiv a_{\kappa-1} \equiv 0 \pmod{a_1}.$$

Thus (25) is also satisfied for $r = \kappa - 1$.

COROLLARY. *The bound S is the best possible if and only if $S = T$.*

4. Now we shall inquire as to when the bound T is the best possible.

THEOREM 5. *Suppose that $k \geqq 3$. If for $\kappa = 3, 4, \cdots, k$ the integer a_κ/d_κ is representable in the form*

$$\frac{a_\kappa}{d_\kappa} = \sum_{\nu=1}^{\kappa-1} \frac{a_\nu}{d_{\kappa-1}} y_{\kappa\nu} \quad \textit{with} \quad y_{\kappa\nu} \geqq 0, \tag{33}$$

then $T(a_1, a_2, \cdots, a_k)$ is the smallest possible bound.

The hypotheses of this theorem are satisfied in particular if

$$a_\kappa/d_\kappa > T(a_1/d_{\kappa-1}, a_2/d_{\kappa-1}, \cdots, a_{\kappa-1}/d_{\kappa-1}) \quad \text{for} \quad \kappa = 3, 4, \cdots, k,$$

for then a_κ/d_κ is certainly representable in the form (33), and even with positive $y_{\kappa\nu}$. Since $d_\kappa \leqq d_{\kappa-1}$, it is easy to determine integers $a_3, a_4, \cdots, a_k$ when a_1 and a_2 are given such that for these integers $T(a_1, a_2, \cdots, a_k)$ is the smallest possible bound.

Proof. We shall prove that $T(a_1/d_\kappa, a_2/d_\kappa, \cdots, a_\kappa/d_\kappa)$ is the best bound for $a_1/d_\kappa, a_2/d_\kappa, \cdots, a_\kappa/d_\kappa$ if (33) holds. For $\kappa = 2$ the bound T is always the best possible. Suppose that the statement is already proved for $2, 3, \cdots, \kappa - 1$. Then the integer $T(a_1/d_{\kappa-1}, a_2/d_{\kappa-1}, \cdots, a_{\kappa-1}/d_{\kappa-1})$ is not representable in the form $\sum_{\nu=1}^{\kappa-1} (a_\nu/d_{\kappa-1}) x_\nu$ with $x_\nu > 0$ and we have to prove that $T(a_1/d_\kappa, a_2/d_\kappa, \cdots, a_\kappa/d_\kappa)$ is also not representable in the form $\sum_{\nu=1}^{\kappa} (a_\nu/d_\kappa) x_\nu$ with $x_\nu > 0$. If this were not true, we would have

$$T\left(\frac{a_1}{d_\kappa}, \frac{a_2}{d_\kappa}, \cdots, \frac{a_\kappa}{d_\kappa}\right) = \frac{a_2 a_1}{d_\kappa d_2} + \frac{a_3 d_2}{d_\kappa d_3} + \cdots + \frac{a_\kappa d_{\kappa-1}}{d_\kappa^2} \tag{34}$$
$$= \frac{a_1}{d_\kappa} x_1 + \frac{a_2}{d_\kappa} x_2 + \cdots + \frac{a_\kappa}{d_\kappa} x_\kappa$$

where $x_1 > 0, x_2 > 0, \cdots, x_\kappa > 0$, and thus

$$\frac{a_1 a_2}{d_2} + \frac{a_3 d_2}{d_3} + \cdots + \frac{a_\kappa d_{\kappa-1}}{d_\kappa} = a_1 x_1 + a_2 x_2 + \cdots + a_\kappa x_\kappa. \tag{35}$$

Therefore, since d_κ is the greatest common divisor of a_κ and $d_{\kappa-1}$, we would have

$$a_\kappa x_\kappa \equiv 0 \pmod{d_{\kappa-1}},$$
$$x_\kappa \equiv 0 \pmod{d_{\kappa-1}/d_\kappa}.$$

Putting $x_\kappa = x'_\kappa d_{\kappa-1}/d_\kappa$ we get from (35) and (33)

$$(36)\quad \frac{a_1a_2}{d_2}+\frac{a_3d_2}{d_3}+\cdots+\frac{a_{\kappa-1}d_{\kappa-2}}{d_{\kappa-1}}$$
$$=a_1x_1+a_2x_2+\cdots+a_{\kappa-1}x_{\kappa-1}+a_\kappa x'_\kappa\frac{d_{\kappa-1}}{d_\kappa}-a_\kappa\frac{d_{\kappa-1}}{d_\kappa}$$
$$=a_1x_1+a_2x_2+\cdots+a_{\kappa-1}x_{\kappa-1}+(x'_\kappa-1)\sum_{\nu=1}^{\kappa-1}a_\nu y_{\kappa\nu}$$
$$=a_1z_1+a_2z_2+\cdots+a_{\kappa-1}z_{\kappa-1}$$

where $z_1, z_2, \cdots, z_{\kappa-1}$ are positive integers. On the other hand we have

$$(37)\quad T\left(\frac{a_1}{d_{\kappa-1}}, \frac{a_2}{d_{\kappa-1}}, \cdots, \frac{a_{\kappa-1}}{d_{\kappa-1}}\right)=\frac{a_1a_2}{d_{\kappa-1}d_2}+\frac{a_3d_2}{d_{\kappa-1}d_3}+\cdots+\frac{a_{\kappa-1}d_{\kappa-2}}{d^2_{\kappa-1}}.$$

From (36) and (37) we get

$$T\left(\frac{a_1}{d_{\kappa-1}}, \frac{a_2}{d_{\kappa-1}}, \cdots, \frac{a_{\kappa-1}}{d_{\kappa-1}}\right)=\frac{a_1}{d_{\kappa-1}}z_1+\frac{a_2}{d_{\kappa-1}}z_2+\cdots+\frac{a_{\kappa-1}}{d_{\kappa-1}}z_{\kappa-1}.$$

This is incompatible with the inductive hypothesis, and therefore the hypothesis (34) is not possible. Thus the assumption is proved for every κ, and for $\kappa = k$ we get Theorem 5.

Theorem 5 gives a sufficient condition that T be the smallest possible bound. In the case $k = 3$ we shall show that this condition is also necessary. For this purpose we shall prove two lemmas.

LEMMA 1. *Let a and b be relatively prime positive integers. Then every positive integer m not divisible by a or by b is representable either in the form*

$$(38)\qquad m = ax + by \qquad (x > 0,\ y > 0)$$

or in the form

$$(39)\qquad m = ab - ax - by \qquad (x > 0,\ y > 0).$$

Proof. Let u be a solution of the congruence

$$au \equiv m \pmod b$$

such that $0 < u < b$. If we put

$$m = au + bv$$

the integer m is represented in the form (38) if v is positive. If v is negative, however, $v = -y$ with $y > 0$, we obtain

$$m = ab - (ab - au) - by = ab - ax - by$$

where $x = b - u > 0$; thus m is represented in the form (39).

Finally m is not representable simultaneously in the forms (38) and (39), because if it were, we would have $m < ab$ and

(40) $$ax + by = ab - ax' - by'$$

It would then follow from (40) that

$$ab = a(x + x') + b(y + y').$$

This is impossible.

COROLLARY 1. *Let a and b be relatively prime positive integers. There are* $(a-1)(b-1)/2$ *integers of the set* $1, 2, \cdots, ab$ *representable in the form* (38) *and just as many in the form* (39).

Proof. The multiples of a and the multiples of b less than or equal to ab are not representable by (38) or by (39). Let m be one of the remaining $(a-1)(b-1)$ positive integers less than ab. If m is representable in the form (38), then $ab - m$ is representable in the form (39).

COROLLARY 2 (SYLVESTER). *If we have* $(a, b) = 1$, *then* $(a-1)(b-1)/2$ *integers are not representable in the form*

(41) $$m = ax + by \quad \text{with} \quad x \geqq 0,\ y \geqq 0.$$

Proof. The multiples of a and those of b are representable in the form (41).

LEMMA 2. *Let* a, b, m *be positive integers,* $(a, b) = 1$, *and* m *divisible neither by* a *nor by* b. *If* m *is representable in the form*

(42) $$m = ab - ax - by \qquad (x > 0, y > 0),$$

then every divisor of m *is representable in the same form.*

Proof. Let t be a divisor of m and put $m = tm_1$. If t is not representable in the form (42) then t is representable in the form

$$t = au + bv$$

by Lemma 1 since t is neither divisible by a nor by b. Hence

$$m = tm_1 = am_1u + bm_1v.$$

This is impossible because of (42), and therefore t is representable in the form (42).

Now let a_1, a_2, a_3 be three relatively prime positive integers. We put

(43) $$\begin{cases} (a_\kappa, a_\lambda) = d_{\kappa\lambda} & (\kappa, \lambda = 1, 2, 3;\ \kappa \neq \lambda), \\ a_1 = d_{12}d_{13}b_1, \quad a_2 = d_{12}d_{23}b_2, & a_3 = d_{13}d_{23}b_3 \end{cases}$$

where

(44) $$(b_1, b_2) = (b_1, b_3) = (b_2, b_3) = 1.$$

Let us assume for instance that $b_1 \leqq b_2 \leqq b_3$. Then we have

(45) $$b_1b_2 + b_3 \leqq \min(b_1b_3 + b_2,\ b_2b_3 + b_1)$$

and

$$(46)\qquad T = T(a_1, a_2, a_3) = a_2 a_1/d_{12} + a_3 d_{12} = d_{12}d_{13}d_{23}(b_1 b_2 + b_3) \leqq \min\{T(a_1, a_3, a_2), T(a_2, a_3, a_1)\}$$

because of (45). Here the condition (33) has the form

$$a_3 = (a_1/d_{12})y_{31} + (a_2/d_{12})y_{32} \qquad (y_{31} \geqq 0,\ y_{32} \geqq 0),$$

hence

$$d_{13}d_{23}b_3 = d_{13}b_1 y_{31} + d_{23}b_2 y_{32}.$$

By (43) and (44) we have

$$(d_{13}, d_{23}b_2) = (d_{23}, d_{13}b_1) = 1,$$

and therefore y_{32} is divisible by d_{13} and y_{31} by d_{23}. Dividing by $d_{13}d_{23}$ we observe that (33) has the form

$$(47)\qquad b_3 = b_1 y_1 + b_2 y_2 \qquad (y_1 \geqq 0,\ y_2 \geqq 0).$$

We shall now prove that (47) is also necessary in the case $k = 3$. Moreover, we shall give a second proof for Theorem 5 in the case $k = 3$.

THEOREM 6. *For $k = 3$ the bound T is the best possible if and only if (47) holds.*

Proof. If T is representable in the form

$$(48)\qquad T = a_1 x_1 + a_2 x_2 + a_3 x_3 \qquad (x_1 > 0,\ x_2 > 0,\ x_3 > 0),$$

then T is not the smallest bound. Therefore we have to prove that T is representable in the form (48) if and only if (47) is not satisfied.

Suppose that (47) is not satisfied. This is only possible if $b_1 > 1$. It then follows from Lemma 1 that

$$b_3 = b_1 b_2 - y'_1 b_1 - y'_2 b_2 \quad \text{with} \quad y'_1 > 0,\ y'_2 > 0,$$

and hence by (46) and (43)

$$T = d_{12}d_{13}d_{23}(b_1 b_2 + b_3) = d_{12}d_{13}d_{23}(b_3 + y'_1 b_1 + y'_2 b_2 + b_3) = d_{23}y'_1 a_1 + d_{13}y'_2 a_2 + 2d_{12}a_3;$$

therefore T is representable in the form (48).

Conversely, suppose that (48) is satisfied. Then we obtain from (46)

$$d_{12}d_{13}d_{23}b_1 b_2 + d_{12}d_{13}d_{23}b_3 = T = d_{12}d_{13}b_1 x_1 + d_{12}d_{23}b_2 x_2 + d_{13}d_{23}b_3 x_3.$$

As previously, it follows that x_1 is divisible by d_{23} and, in the same way, that x_2 is divisible by d_{13}, and x_3 by d_{12}. Therefore we have

$$(49)\qquad b_1 b_2 + b_3 = b_1 x'_1 + b_2 x'_2 + b_3 x'_3$$

where x'_1, x'_2, x'_3 are positive integers. This cannot happen if $b_1 = 1$. For $b_1 > 1$ we have $x'_3 > 1$ since

$$b_1 b_2 = b_1 x'_1 + b_2 x'_2$$

is impossible because of $(b_1, b_2) = 1$. Hence we obtain from (49)

$$b_3(x'_3 - 1) = b_1 b_2 - b_1 x'_1 - b_2 x'_2$$

where $x'_3 - 1 \geqq 1$. It now follows from Lemma 2 that b_3 is representable in the form

$$b_3 = b_1 b_2 - b_1 x''_1 - b_2 x''_2 \qquad (x''_1 > 0,\ x''_2 > 0),$$

and from Lemma 1 that (47) is not satisfied.

COROLLARY 1. *Let b_1 and b_2 be given integers. Then there exist exactly $(b_1 - 1)(b_2 - 1)/2$ positive integers b_3 for which $T(a_1, a_2, a_3)$ is not the best bound.*

This follows from the Corollary 2 of Lemma 1.

COROLLARY 2. *Let $a_1 = m$, $a_2 = m + 1$, $a_3 = m + 2$ be three consecutive integers with $m > 1$. The bound $T(m, m + 2, m + 1)$ is the best possible bound if and only if m is even.*

Proof. If m is even, we have

$$d_{13} = 2, \quad d_{12} = d_{23} = 1; \quad b_1 = \tfrac{1}{2}m, \quad b_2 = m + 1, \quad b_3 = \tfrac{1}{2}m + 1,$$

and hence $b_2 = b_1 + b_3$. Thus the condition (47) is satisfied and T is the best bound. If m is odd, $m, m + 1, m + 2$ are relatively prime in pairs, and (47) is not satisfied. In the latter case, we shall obtain the smallest possible bound in **5**.

5. THEOREM 7. *Denote by $U(m, m + 1, \cdots, m + k - 1)$ the smallest possible bound for k consecutive integers $m, m + 1, \cdots, m + k - 1$. Then we have*

$$U(m, m + 1, \cdots, m + k - 1) = \left[\frac{m + k^2 - 3}{k - 1}\right] m + \frac{k^2 - k - 2}{2}.$$

Proof. Let N be any positive integer representable in the form

$$N = m x_1 + (m + 1) x_2 + \cdots + (m + k - 1) x_k \qquad (x_\kappa > 0;\ \kappa = 1, 2, \cdots, k). \tag{50}$$

We set

$$\begin{cases} x_1 + x_2 + \cdots + x_k = y, \\ x_2 + 2x_3 + \cdots + (k - 1) x_k = z, \end{cases} \tag{51}$$

and accordingly

$$N = my + z. \tag{52}$$

Here we have $y \geqq k$ because of $x_\kappa > 0$; moreover it follows from (51) that

$$\binom{k}{2} \leqq z = (k-1)y - x_{k-1} - 2x_{k-2} - \cdots - (k-1)x_1$$
$$\leqq (k-1)y - \binom{k}{2} = \binom{k}{2} + (k-1)(y-k).$$

It is easy to see that for every fixed y the integer z can actually take each of the values

$$\binom{k}{2}, \binom{k}{2}+1, \cdots, \binom{k}{2} + (k-1)(y-k).$$

For, if z is one of these integers, we divide the non-negative integer $z - \frac{1}{2}k(k-1)$ by $k-1$:

$$z - \binom{k}{2} = (k-1)q + r \quad \text{with} \quad 0 \leqq r < k-1.$$

Then it is sufficient to choose

$$x_\kappa = 1 \quad \text{for} \quad 2 \leqq \kappa \leqq k-1, \quad \kappa \neq r+1$$

and

$$x_k = q+1, \quad x_{r+1} = 2, \quad x_1 = y-k-q \quad \text{for} \quad r > 0,$$
$$x_k = q+1, \qquad x_1 = y-k-q+1 \quad \text{for} \quad r = 0.$$

This is possible since

$$(k-1)q + r = z - \binom{k}{2} \leqq (k-1)(y-k),$$

and hence

$$y-k-q \geqq 1 \quad \text{for} \quad r > 0, \quad \text{and} \quad y-k-q+1 \geqq 1 \quad \text{for} \quad r = 0.$$

In both cases the conditions (51) are satisfied.

If we set $g = km + \frac{1}{2}k(k-1)$, then it follows from (52) that the integers

$$(53) \quad \begin{cases} g \\ g+m, \; g+m+1, \; \ldots, g+m+k-1 \\ g+2m, \; g+2m+1, \; \ldots, g+2m+2(k-1) \\ \cdots\cdots\cdots\cdots\cdots\cdots \\ g+(y-k)m, \; \ldots, g+(y-k)m+(y-k)(k-1) \\ \cdots\cdots\cdots\cdots\cdots\cdots \end{cases}$$

form the totality of positive integers representable in the form (50). The first elements of two successive lines in (53) have the difference m. The line beginning with $g + (y - k)m$ contains exactly $(y - k)(k - 1) + 1$ consecutive integers. Therefore the first line from which on all the following integers are representable must contain not less than m integers. It is necessary for this that y is the smallest integer for which

$$(54) \qquad m \leqq (y - k)(k - 1) + 1; \quad y \geqq \frac{m - 1}{k - 1} + k.$$

Since y is the smallest integer of this kind, we have

$$(55) \qquad y = \left[\frac{m - 1 + k - 2}{k - 1}\right] + k = \left[\frac{m + k^2 - 3}{k - 1}\right].$$

The preceding line contains only $(y - 1 - k)(k - 1) + 1$ integers, hence it contains less than m integers because of (54). Therefore it follows from (55) that the greatest integer not representable is

$$N = g + (y - k)m - 1 = \left[\frac{m + k^2 - 3}{k - 1}\right] m + \frac{k^2 - k - 2}{2}.$$

This proves Theorem 7.

In particular, we get for $k = 3$

$$U(m, m + 1, m + 2) = \left[\frac{m + 6}{2}\right] m + 2 = \frac{m^2 + 6m + 4}{2}$$
$$= T(m, m + 2, m + 1)$$

if m is even, and

$$U(m, m + 1, m + 2) = \left[\frac{m + 6}{2}\right] m + 2 = \frac{(m + 5)m}{2} + 2$$
$$= \frac{m^2 + 5m + 4}{2} < m^2 + 2m + 2 = T(m, m + 1, m + 2)$$

if $m > 1$ is odd.

INSTITUTE FOR ADVANCED STUDY,
PRINCETON, N. J.

Bemerkungen zu einem Determinantensatz von Minkowski

Von Hans Rohrbach in Berlin

Vor kurzem bewies Herr R. Tambs Lyche folgenden Satz[1]:

Sind in einer Matrix n-ten Grades $A=(a_{\kappa\lambda})$ *alle außerhalb der Hauptdiagonale stehenden Elemente nicht positiv, also*

$$a_{\kappa\lambda} \leqq 0 \quad \text{für } \kappa \neq \lambda, \tag{1}$$

lassen sich ferner n positive Größen $p_1, p_2, \ldots, p_n$ *so angeben, daß*

$$\sum_{\lambda=1}^{n} p_\lambda a_{\kappa\lambda} \geqq 0 \qquad (\kappa = 1, 2, \ldots, n) \tag{2}$$

ist, so besitzen die charakteristischen Wurzeln der Matrix A sämtlich einen nichtnegativen Realteil.

Da die Koeffizienten der charakteristischen Gleichung reell sind, folgt hieraus insbesondere, daß die Determinante von A nichtnegativ ist. Daher läßt sich der obige Satz als eine Erweiterung des folgenden Satzes von Minkowski[2] auffassen:

Genügen die Elemente der Matrix $A=(a_{\kappa\lambda})$ *den Bedingungen*

$$\begin{aligned} &a_{\kappa\lambda} < 0 && (\kappa \neq \lambda) \\ &\sum_{\lambda=1}^{n} a_{\kappa\lambda} > 0 && (\kappa = 1, 2, \ldots, n), \end{aligned} \tag{3}$$

so ist die Determinante von A positiv[3].

Herr Lyche beweist seinen Satz mit analytischen Hilfsmitteln und fügt hinzu, daß es ihm nicht gelungen sei, den Beweis auf rein algebraischem Wege zu führen. Im folgenden soll unter Benutzung einer Methode von Herrn I. Schur der Beweis rein algebraisch erbracht werden, wobei sich noch eine allgemeinere Aussage über die Wurzeln ergeben wird. Es gilt nämlich

Satz I: Ist ω *eine charakteristische Wurzel der Matrix A, deren Elemente die Bedingungen* (1) *und* (2) *erfüllen, so besitzt* ω *entweder einen positiven Realteil, oder es ist* $\omega = 0$. *Mindestens eine der Wurzeln, und zwar die mit dem kleinsten Realteil, ist reell. Sind speziell alle* $a_{\kappa\lambda} \neq 0$, *so hat A dann und nur dann die charakteristische Wurzel* $\omega = 0$, *wenn in den Bedingungen* (2) *überall das Gleichheitszeichen steht.*

[1] Un théorème sur les déterminants, Det Kongelige Norske Videnskabers Selskab, Forhandlinger Bd. I, Nr. 41, 1928.

[2] Zur Theorie der Einheiten in den algebraischen Zahlkörpern, Göttinger Nachrichten 1900, S. 90 u. 91.

[3] Läßt man in den Bedingungen (3) das Gleichheitszeichen zu, so folgt aus Minkowskis Beweis sofort, daß die Determinante von A nichtnegativ ist.

Beweis: Es sei zunächst $B=(b_{\kappa\lambda})$ eine Matrix, deren Elemente die Bedingungen

(4) $$b_{\kappa\lambda}\leqq 0 \quad \text{für } \kappa\neq\lambda,$$

(5) $$\sum_{\lambda=1}^{n} b_{\kappa\lambda}\geqq 0 \qquad (\kappa=1,2,\ldots,n)$$

erfüllen, für die also die Größen p_λ der Bedingung (2) sämtlich gleich 1 sind. Für solche Matrizen gilt der oben erwähnte Determinantensatz von MINKOWSKI. Diesen Satz pflegt Herr I. SCHUR in seinen Vorlesungen auf Grund einer Bemerkung von FROBENIUS folgendermaßen zu beweisen:

Es sei $b_{\kappa\lambda}=-c_{\kappa\lambda}$ $(\kappa\neq\lambda,\ c_{\kappa\lambda}\geqq 0)$, $b_{\kappa\kappa}=c_\kappa$, dann ist auf Grund von (5)

(6) $$\sum_{\substack{1\\ \lambda\neq\kappa}}^{n} c_{\kappa\lambda}\leqq c_\kappa \qquad (\kappa=1,2,\ldots,n).$$

Ist ferner ω eine charakteristische Wurzel von B, so hat das Gleichungssystem

(7) $$(c_\kappa-\omega)\,x_\kappa-\sum_{\substack{1\\ \lambda\neq\kappa}}^{n} c_{\kappa\lambda}x_\lambda=0 \qquad (\kappa=1,2,\ldots,n)$$

eine Lösung $x_1, x_2, \ldots, x_n$, die nicht aus lauter Nullen besteht. Ist x_κ die absolut größte der Größen x_λ, so ist

(8) $$|c_\kappa-\omega|\,|x_\kappa|\leqq \sum_{\substack{1\\ \lambda\neq\kappa}}^{n} c_{\kappa\lambda}\,|x_\lambda|\leqq\Big(\sum_{\substack{1\\ \lambda\neq\kappa}}^{n} c_{\kappa\lambda}\Big)\,|x_\kappa|.$$

Folglich ist, da $|x_\kappa|\neq 0$, auf Grund von (6)

(9) $$|c_\kappa-\omega|\leqq \sum_{\substack{1\\ \lambda\neq\kappa}}^{n} c_{\kappa\lambda}\leqq c_\kappa.$$

ω liegt also in einem Kreis um c_κ mit dem Radius c_κ, und dieser Kreis gehört, weil $c_\kappa\geqq 0$ ist, ganz der rechten Halbebene an. Da die gleiche Betrachtung für jede der charakteristischen Wurzeln möglich ist, sind deren Realteile sämtlich nichtnegativ. Insbesondere ergibt sich wie oben der Satz von MINKOWSKI.

Ist nun A eine Matrix, die den Bedingungen des Satzes I genügt, für die aber nicht alle Größen p_λ gleich 1 gewählt werden können, so bilde man die Matrix

$$P=\begin{pmatrix} p_1 & 0 \ldots 0\\ 0 & p_2 \ldots 0\\ \ldots & \ldots\\ 0 & 0 \ldots p_n\end{pmatrix}.$$

Dann ist

$$B=P^{-1}AP=\begin{pmatrix} a_{11} & \frac{p_2}{p_1}a_{12}\ldots & \frac{p_n}{p_1}a_{1n}\\ \frac{p_1}{p_2}a_{21} & a_{22}\quad\ldots & \frac{p_n}{p_2}a_{2n}\\ \ldots & \ldots & \ldots\\ \frac{p_1}{p_n}a_{n1} & \frac{p_2}{p_n}a_{n2}\ldots & a_{nn}\end{pmatrix}=(b_{\kappa\lambda})$$

eine Matrix, die mit Rücksicht auf (1) und (2) die Bedingungen (4) und (5) erfüllt. Da ähnliche Matrizen die gleichen charakteristischen Wurzeln besitzen, hat also auch A nur Wurzeln mit nichtnegativem Realteil.

Für die Fortsetzung vgl. *Jahresbericht der Deutschen Mathematiker-Vereinigung* 40 (1931), 49 – 53.

Dissertationen, die von I. Schur angeregt und betreut wurden

Tag der Promotion	Name des Promovenden	Thema der Dissertation
1. 8. 1917	MARIA VERBEEK	Über spezielle rekurrente Folgen und ihre Bedeutung für die Theorie der linearen Mittelbildungen und Kettenbrüche
13. 10. 1921	HEINZ PRÜFER	Unendliche Abelsche Gruppen von Elementen endlicher Ordnung
19. 12. 1921	ARTHUR COHN	Über die Anzahl der Wurzeln einer algebraischen Gleichung in einem Kreise
14. 8. 1922	DORA PRÖLSZ	Über Zahlkörper, die aus dem Körper der rationalen Zahlen durch Adjunktion von Wurzelausdrücken hervorgehen
15. 12. 1922	FELIX POLLACZEK	Über die Kreiskörper der l-ten und l^2-ten Einheitswurzeln
7. 3. 1923	MAXIMILIAN HERZBERGER	Über Systeme hyperkomplexer Größen
12. 3. 1924	HILDEGARD ILLE	Zur Irreduzibilität der Kugelfunktionen
9. 5. 1925	KARL DÖRGE	Über die ganzen rationalen Lösungspaare von algebraischen Gleichungen in zwei Variablen
16. 3. 1926	RICHARD BRAUER	Über die Darstellung der Drehungsgruppe durch Gruppen linearer Substitutionen
12. 10. 1928	UDO WEGNER	Über die ganzzahligen Polynome, die für unendlich viele Primzahlmoduln Permutationen liefern
19. 12. 1928	ALFRED BRAUER	Über diophantische Gleichungen mit endlich vielen Lösungen
19. 12. 1928	ARNOLD SCHOLZ	Über die Bildung algebraischer Zahlkörper mit auflösbarer Galoisscher Gruppe
7. 2. 1931	ROBERT FRUCHT	Über die Darstellung endlicher Abelscher Gruppen durch Kollineationen

Tag der Promotion	Name des Promovenden	Thema der Dissertation
9. 5. 1932	WILHELM SPECHT	Eine Verallgemeinerung der symmetrischen Gruppe
25. 7. 1932	BERNHARD NEUMANN	Die Automorphismengruppe der freien Gruppen
25. 7. 1932	HANS ROHRBACH	Die Charaktere der binären Kongruenzgruppen mod p^2
31. 5. 1933	RICHARD RADO	Studien zur Kombinatorik
12. 7. 1933	WOLFGANG HAHN	Die Nullstellen der Laguerreschen und Hermiteschen Polynome
8. 2. 1935	HELMUT WIELANDT	Abschätzungen für den Grad einer Permutationsgruppe von vorgeschriebenem Transitivitätsgrad
11. 12. 1935	KARL MOLSEN	Über spezielle Klassen irreduzibler Polynome
6. 5. 1936	ROSE PELTESOHN	Das Turnierproblem für Spiele zu je dreien
18. 6. 1936	FEODOR THEILHEIMER	Ein Beitrag zur Theorie der charakteristischen Invarianten

Dissertationen, die von I. Schur angeregt wurden, aber nicht mehr bis zum Abschluß betreut werden konnten

22. 2. 1937	WERNER SCHULZ	Reduzibilität, Irreduzibilität und Affektfreiheit bei gewissen Klassen von Polynomen
20. 4. 1937	RUDOLF KOCHENDÖRFFER	Untersuchungen über eine Vermutung von W. Burnside
1. 11. 1937	FRITZ DUEBALL	Einige Sätze über rationale Funktionen mit dem gleichen Wertevorrat für ausgewählte Mengen der Argumente
10. 11. 1937	KARL FRIEDRICH KIRSTEIN	Einige Abschätzungen für die Koeffizienten der Teiler eines Polynoms
7. 1. 1938	HEINZ WESTPHAL	Über die Nullstellen der Riemannschen Zetafunktion im kritischen Streifen
16. 2. 1938	TEH-HSIEN CHANG	Über aufeinanderfolgende Zahlen, von denen jede mindestens einer von n linearen Kongruenzen genügt, deren Moduln die ersten n Primzahlen sind.

Printed in the United States
By Bookmasters